제 2 판

ADVANCED POWER SYSTEM SIMULATION

SIMetrix / SIMPLIS

전력전자회로해석

심재원 / 박소민 / 차헌녕 / 김래영 / 이택기 / 김종수 공저

B.C.Info

본 교재의 모든 내용은

http://www.simplis.com/traning

과정의 내용을 해석하며 편집하였습니다.

Prologue

이 책은 SIMetrix/SIMPLIS Simulation Software의 교육과정에서 발췌하여 작성하였습니다. 책을 쓰면서 어떻게 하면 이 내용을 쉽게 전달할 수 있을까? 이 부분에서 빠진 내용은 없을까? 고민도 많았지만 처음 SIMetrix/SIMPLIS Simulation을 공부한다는 마음 가짐으로 작성하였습니다.

SIMetrix/SIMPLIS Simulation을 기술지원할 때부터 노트를 했던 사항들과 질문에 답한 내용들을 하나씩 추가하면서 이 책이 완성되었습니다. 일부분은 영문으로 된 내용을 번역하였고 일부분은 강의 내용을 추가하였습니다.

이 책은 전력전자를 연구하는 엔지니어 또는 이것을 공부하는 학생들에게 많은 도움을 줄 것이라고 확신합니다. 현재까지 사용되고 있는 SPICE 나 전력전자 Simulation software 보다 빠르고 정확한 Simulation입니다. 저는 이 분석 Software가 전력전자 발전에 도움이 될 것이라고 확신합니다.

이번에는 지난번에 부족했던 부분과 신 기능 및 MDM Module에 대하여 기술하였고 사용자가 보다 더 알기 쉽게 사용할 수 있도록 꾸며보았습니다. 언제든지 문의사항이 있으시면 문의하여 주세요.

마지막으로 이 책을 쓰면서 많은 도움을 주신 인터그레텍 김응연 대표님과 Mr. Tom Wilson 그리고 같이 애써 주신 여러 교수님들과 마지막까지 오타와 Upgrade된 도표 관련하여 많은 시간을 할애하여 주신 박소민 동료에게 고마운 마음을 전합니다.

2024 January 30

저자 : Shim, Jae-Weon

CONTENTS

CHAPTER 0 Before Start

CHAPTER 1 SIMetrix Training with tutorial

CHAPTER 2 SIMPLIS Training with tutorial

CHAPTER 3 DVM Training with tutorial

CHAPTER 4 SIMPLIS MDM TUTORIAL Training with tutorial

0 Before Start

0.1 운영 체제

SIMetrix/SIMPLIS 64비트 버전

- Windows® 11 Home, Pro (including variants) and Enterprise
- Windows® 10 Home, Pro and Enterprise - editions

Virtual Machines, Emulators and Older Operating Systems

- 중요 : 물리적 하드웨어에서 직접 실행되는 지원되는 운영 체제에서 SIMetrix/SIMPLIS 를 실행하는 경우에만 전체 지원을 제공합니다. 이는 가상 시스템에서 SIMetrix 를 실행하거나 지원되지 않는 운영 체제에서 에뮬레이션 중인 경우를 제외합니다. 그렇다고 해서 해당 시스템에서 SIMetrix 를 실행할 수 없거나 해당 시스템을 전혀 지원하지 않는 것은 아닙니다. 따라서 지원되는 OS 에서 재현할 수 있는 문제만 해결할 수 있습니다.

SIMetrix/SIMPLIS 32 비트 버전

- 32 비트 운영 체제에서 사용할 수 있는 SIMetrix/SIMPLIS 의 유일한 버전은 버전 8.3 입니다.
- 다른 모든 버전에는 64 비트 운영 체제가 필요합니다.

ARM 기반 Windows®

SIMetrix/SIMPLIS 는 ARM 기반 시스템에서 실행되는 것을 지원하지 않습니다.

하드웨어

다음 요구 사항을 모두 충족하는 시스템에서 이상 없이 작동합니다.

- 시스템이 위에 나열된 지원되는 운영 체제 중 하나를 실행하고 있습니다.
- 버전 9.1 이상의 경우, 프로세서(CPU)가 사양을 충족해야 합니다. 2015 년 6 월 이후에 제조된 AMD, Intel Core 및 Intel Xeon CPU 는 이 사양을 충족하며 2014 년경부터 제조된 대부분이 이 사양을 충족할 가능성이 높습니다. 자세한 제품 사양은 홈페이지를 참고해주세요.
- 시스템이 해당 운영 체제의 최소 하드웨어 요구 사항을 충족합니다

SIMetrix/SIMPLIS 는 CPU 집약적인 애플리케이션으로, 가장 강력한 프로세서와 가장 큰 메모리의 이점을 누릴 수 있습니다.

멀티 코어 프로세서

SIMetrix/SIMPLIS Pro 는 최대 4 개의 물리적 코어를 사용할 수 있고, SIMetrix/SIMPLIS Elite 는 16 개의 물리적 코어를 사용할 수 있습니다.

단, 다음 사항에 유의하시기 바랍니다.

- 일부 프로세서는 "하이퍼스레딩"이라는 기술을 사용하여 CPU 의 겉보기 수를 늘립니다. SIMetrix/SIMPLIS 는 하이퍼스레딩(논리적인) CPU 를 직접 사용하지 않습니다.
- 멀티 코어의 가장 큰 이점은 몬테카를로 분석 및 기타 다중 분석 모드를 실행할 때 달성됩니다. 이는 SIMetrix 및 SIMPLIS 시뮬레이터에 모두 적용됩니다. 이 애플리케이션의 경우 코어 카운트의 약 75%의 일반적인 성능 이점을 달성할 수 있습니다. 따라서 4 개의 코어에 대해 몬테카를로 실행은 약 3 배 더 빠르게 실행될 수 있습니다. SIMetrix 시뮬레이터는 단일 실행을 위한 속도 향상을 위해 여러 코어를 활용할 수도 있지만 달성된 성능 이점은 훨씬 더 작고 일반적으로 약 4 개 이상의 코어를 갖는 데는 거의 이점이 없습니다.

이전 버전의 시스템 요구 사항

이전 버전의 SIMetrix/SIMPLIS 는 출시 당시 지원되는 운영 체제에서 실행됩니다. 일반적으로 SIMetrix 의 모든 32 비트 버전은 이후 버전의 32 비트 Windows® 운영 체제에서도 실행되지만 특별한 설치 절차가 필요한 경우가 많습니다. 그러나 Windows®의 모든 버전에서 SIMetrix 를 테스트한 것은 아니며 지원되지 않는 운영 체제에 대해서는 아무런 보장도 제공할 수 없습니다.

64 비트 시스템에서 실행되는 이전 버전에는 문제가 있을 수 있습니다. 휴대용 라이센스(예: USB 보안 키 사용)를 사용하는 특정 5.3 이전 버전에서는 64 비트 시스템에서 작동하지 않습니다.

0.2 화면 구성

처음 실행을 하면 다음과 같은 화면이 펼쳐집니다. 화면 구성에 따라 약간의 차이가 있을 수 있습니다.

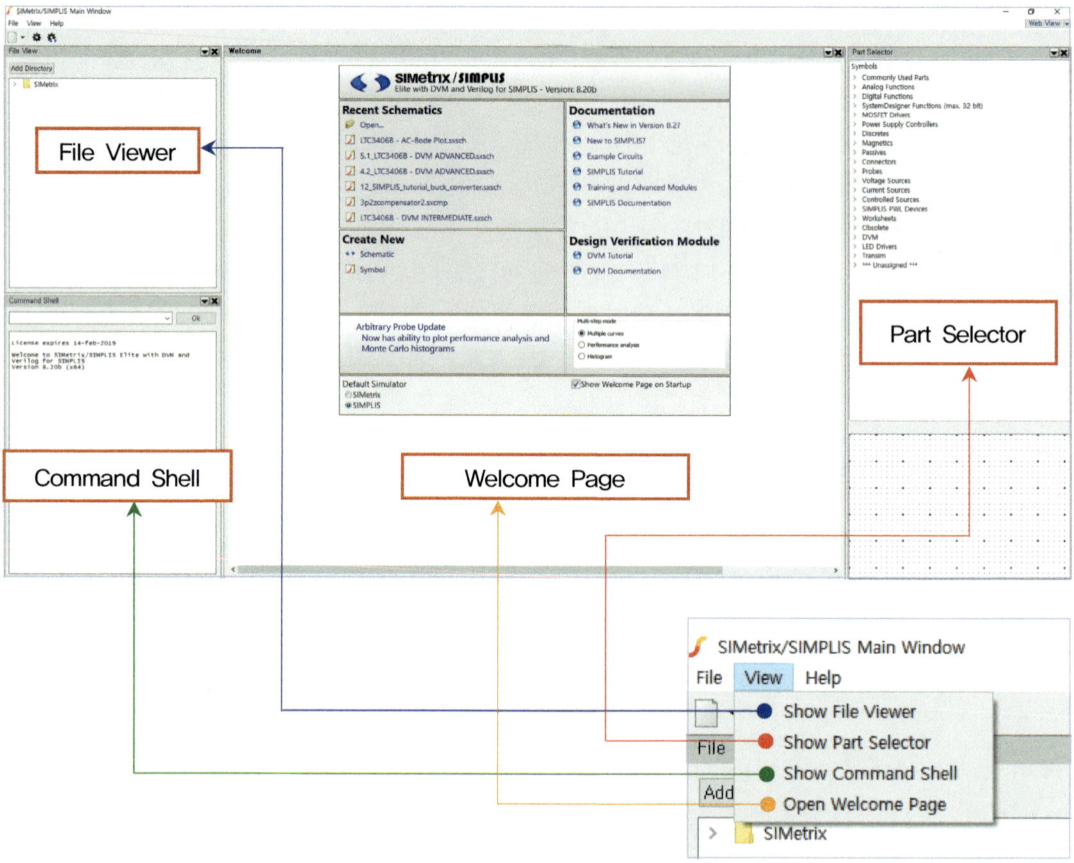

View 메뉴를 클릭하면 위와 같은 창이 나옵니다. 클릭하여 창을 지우거나 나타나게 할 수 있습니다.

맨 왼쪽에 있는 ▢▾모양의 아이콘 ▼을 클릭하면 다음과 같이 확장됩니다.

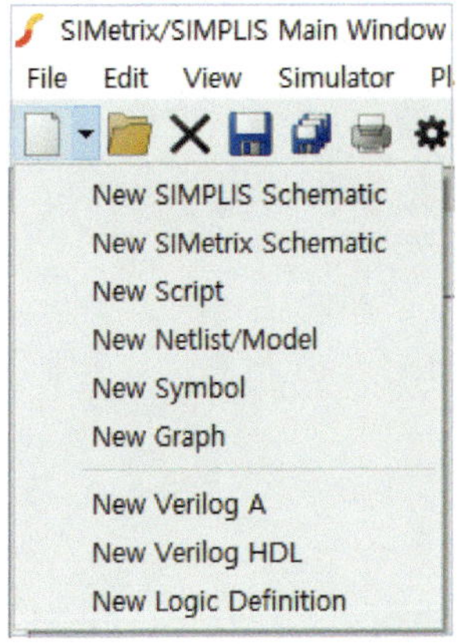

이 메뉴를 통하여 새로운 Schematic 창을 열거나 Netlist, Symbol 을 작성하고자 할 때 사용됩니다. 새 창이 열거나 기존의 도면을 불러오면 메뉴 구성이 다음과 같이 바뀝니다.

참고: Basic, Pro Elite 버전 또는 DVM Option 여부에 따라 구성에 차이가 있습니다.

File 관련 메뉴는 다음과 같습니다.

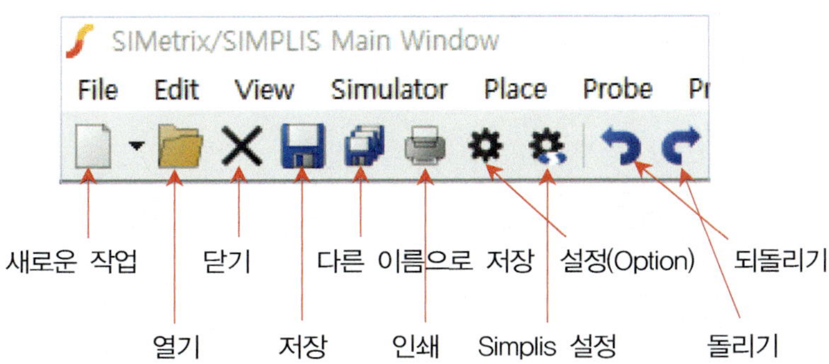

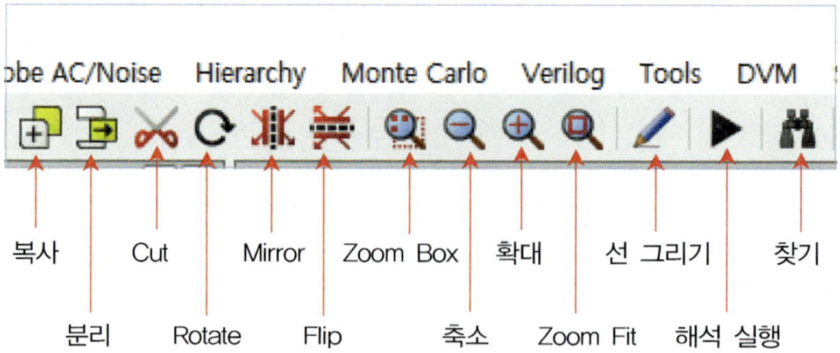

그리고 자주 사용하는 부품 아이콘으로 구성되어 있습니다.

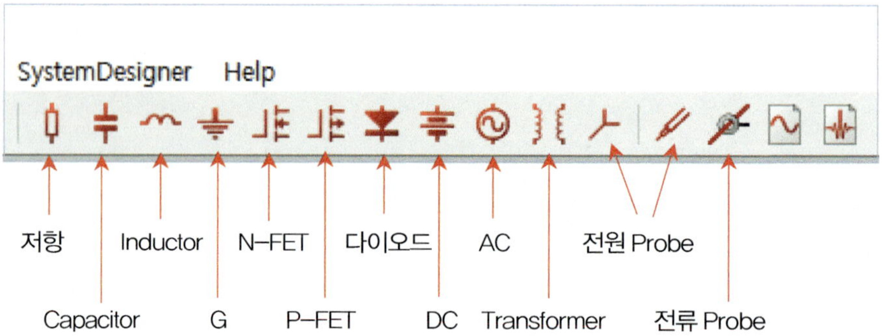

그리고 마지막으로 File ⇨ Option ⇨ Interface Color 을 클릭하면 다음과 같은 팝업 창이 오픈 되고 3 가지의 화면 색상을 변경할 수 있습니다.

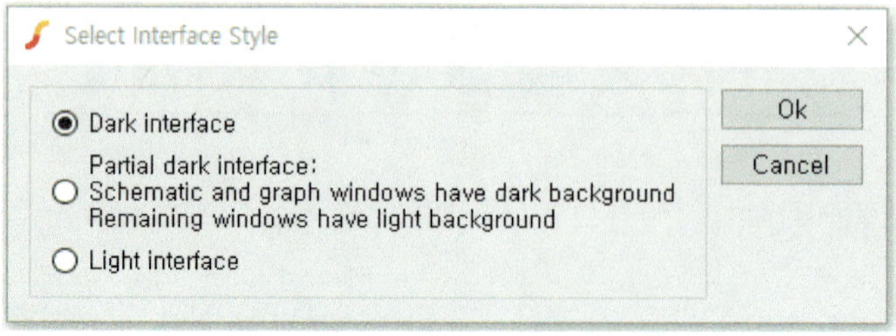

• 검은색 바탕화면(Dark Interface)

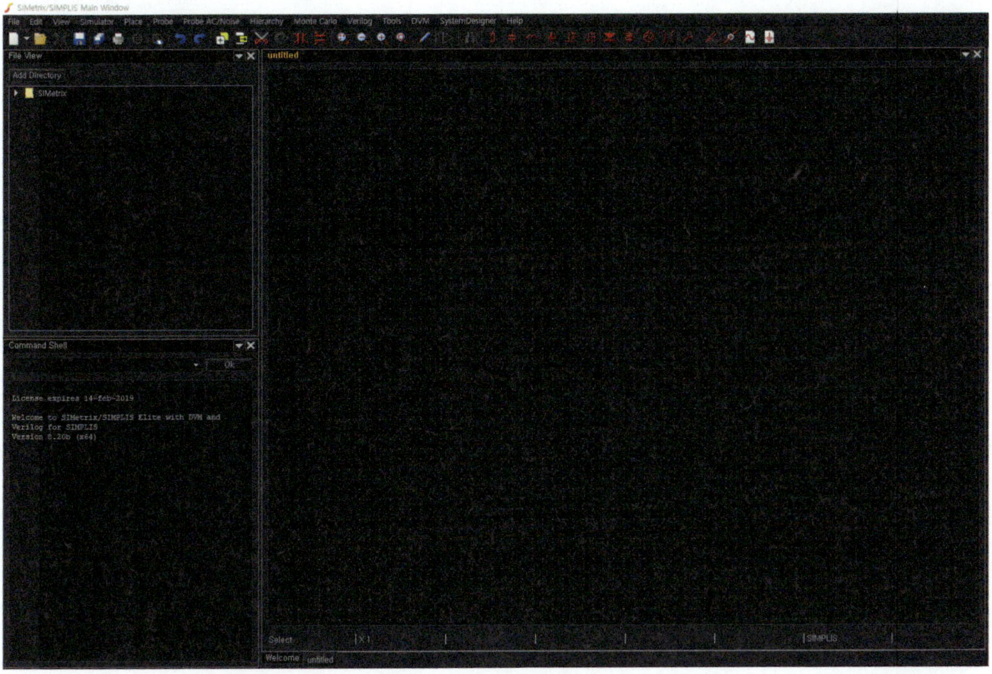

• Partial dark Interface (회로도 화면만 검은색으로)

- Light Interface (기본색상 – 전체 흰색 바탕)

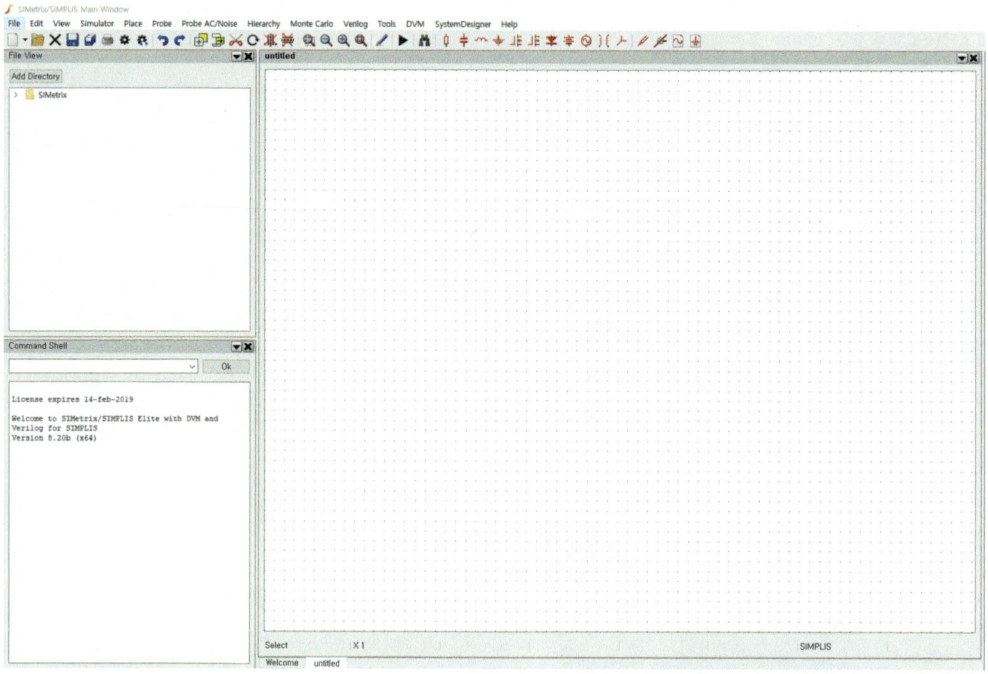

이상으로 기본적인 UI 에 대한 설명을 마치고 SIMPLIS 의 장점에 대하여 설명하겠습니다.

0.3 What is SIMPLIS?

SIMPLIS(SIMulation of Piecewise LInear Systems)는 스위칭 전력 시스템의 시뮬레이션 과제를 처리하도록 특별히 설계된 회로 시뮬레이터입니다. SPICE 와 마찬가지로 SIMPLIS 는 구성요소 수준에서 작동하지만 일반적으로 스위칭 회로의 과도 분석을 10 배~50 배 더 빠르게 수행할 수 있습니다. 스위칭 전력 시스템의 경우, SIMPLIS 가 사용하는 PWL-Piecewise Linear(세그먼트별 선형) 모델링 및 시뮬레이션 기술은 SPICE 에 비해 질적으로 우수한 수렴 동작을 합니다.

SIMPLIS 는 지수 표현식과 같은 비선형성을 해결하는 SPICE 기법을 사용하는 대신 일련의 PWL 직선 세그먼트를 사용하여 장치를 모델링 함으로써 분석 속도가 빠릅니다. 이러한 방식으로 장치를 모델링 함 으로써 SIMPLIS 는 완전한 비선형 시스템을 세그먼트별 선형 회로 토폴로지의 순환 시퀀스로 특성화할 수 있습니다. (선형화된 분석점 분석으로 비선형분석의 단점을 해결함) 이 방법은 반도체 장치가 고주파 스위치로 기능하는 전형적인 스위칭 전력 시스템을 정확하게 표현합니다.

그러나 동등한 정확도를 위해 PWL 시스템은 SPICE 의 비선형 방정식보다 더 빠르게 해결할 수 있습니다. 최종 결과는 SPICE 기반 접근 방식으로는 불가능한 복잡한 토폴로지를 모델링 할 수 있는 정확하고 매우 빠른 시뮬레이션입니다.

SIMPLIS 에는 세 가지 분석 모드가 있습니다: Transient, POP(Periodic Operating Point), and AC.

- SIMPLIS 과도 분석은 SPICE 의 분석과 유사하지만 일반적으로 10~50 배 더 빠르게 실행됩니다.
- Periodic Operating Point(POP) 분석은 주기적인 Switching 시스템의 정상 상태 작동 파형을 찾는 고유 한 분석 모드입니다.
- SIMPLIS AC 분석은 평균 모델을 도출할 필요 없이 Switching 시스템의 주파수 응답을 찾습니다. 이 접근 방식은 SIMPLIS 가 일정한 Switching 주파수 및 제어된 출력 신호에서 리플의 상대적 크기에 대한 제한과 같은 평균 모델 도출에 암묵적인 가정을 할 필요가 없음을 의미합니다. 결과적으로 SIMPLIS AC 분석은 작은 신호의 평균 모델이 이미 도출된 회로 토폴로지 또는 제어 방식에 국한되지 않습니다.

SIMetrix/SIMPLIS 는 폐쇄 루프 Switching 전원 공급 장치의 설계에 가장 널리 사용되는 시뮬레이션 도구입니다. SIMPLIS 가 다음과 같은 작업을 수행 할 수 있는 능력을 기반으로 복잡한 시스템의 분석을 실제 설계에 실용적으로 사용됩니다.

- 정상 상태의 주기 작동지점을 빠르게 찾습니다.
- 전체 비선형 시간 영역 Switching 회로에서 AC 분석을 수행합니다.
- SPICE 보다 10~50 배 빠른 시간 도메인 Transient 분석을 수행합니다.
- 탁월한 수렴 동작을 보여줍니다.

비선형 장치 특성은 일련의 조각 별 선형 직선 Segment 를 사용하여 모델링 되므로 이러한 장치에 대한 SIMPLIS 모델은 해당 SPICE 모델과 다릅니다. 장치 제조업체는 일반적으로 제품의 SPICE 모델을 제공합니다. SIMetrix/SIMPLIS 는 SIMetrix SPICE 및 SIMPLIS PWL 시뮬레이션 엔진을 모두 사용할 수 있다는 장점을 활용하여 SIMetrix/SIMPLIS 는 특정 유형의 2 단자 및 3 단자 SPICE 모델을 SIMPLIS 모델 형식으로 변환할 수 있습니다. 이 변환은 장치가 회로도면에 배치되어 있을 때 변환됩니다.

현재 지원되는 디바이스는 MOSFET, IGBT, JFET, BJT, 제너 다이오드 및 다이오드입니다. 변환 과정에서 SIMetrix/SIMPLIS 는 SPICE 모델을 사용하여 일련의 SIMetrix-SPICE 시뮬레이션을 실행하여 장치에 적합한 특성 곡선을 생성합니다. 그런 다음 곡선 피팅 알고리즘(Curve-fitting algorithm)이 SIMPLIS 모형에 해당하는 PWL 세그먼트를 계산합니다.

SIMPLIS 를 최대한 활용하려면 SIMPLIS 만의 세 가지 중요한 개념을 완전히 이해하는 것이 중요합니다.

- SIMPLIS 는 항상 시간영역 분석입니다.
- SIMPLIS 는 항상 Piecewise linear, 구간 단위로 선형입니다.
- SIMPLIS POP 의 기능과 중요한 이유

핵심 SIMPLIS 기능 외에도 SIMetrix/SIMPLIS 설계 검증 모듈(Design Verification Module)을 모든 SIMPLIS 버전에 추가할 수 있으므로 다음 작업을 수행할 수 있습니다.

- 일련의 시뮬레이션을 통해 설계도면을 실행합니다.
- 측정된 결과를 기록합니다.
- 회로 성능을 자세히 설명하는 테스트 보고서를 자동으로 생성합니다.

DVM 은 기본 제공되는 테스트 제품 군과 함께 제공되지만, 사용자가 설계한 테스트 플랜을 지원하는 것이 강점입니다. 비교적 간단한 구문을 사용하여 DVM 에 사용할 스키마를 5 분 이내에 구성할 수 있습니다.

- 테스트 정의 만들기
- 회로 매개변수 설정
- 구성 요소 값 할당
- 분석 지침 지정
- 출력 보고서에 포함할 파형 선택

DVM 에는 SIMPLIS Multi-Tone AC 분석 기능이 포함되어 있어 진정한 주기 작동점이 없는 Convertor 의 제어 루프를 특성화하는데 유용합니다.

SIMPLIS – Time Domain, All the Time

SIMPLIS 는 실험실의 회로처럼 시간 영역에서 작동합니다.

- 실험실의 전력 전자 Switching 시스템에는 DC 작동 지점이나 AC 모델에 대한 개념이 없습니다.
- 전원 스위치는 출력을 감지하고 그에 따라 회로 성능을 조절하려고 하는 펄스 폭 변조기 제어에 의해 결정된 대로 전원스위치가 켜졌다가 꺼집니다.
- 회로가 전환되지 않으면 올바르게 작동하지 않습니다.
- PWM 에는 DC 작동 지점이 없습니다.
- 일반적인 AC 모델은 이론적인 구성이며 실험실 벤치에는 존재하지 않습니다.

SIMPLIS 는 스위칭 전력 전자 시스템의 실제 시간 영역 동작을 모델링하기 위해 설계되었습니다. 실제 회로는 주파수 영역이 아닌 시간 영역에만 존재합니다. SIMPLIS 는 비선형 스위칭 시간 영역 동작을 항상 모델링 합니다. 그러나 실험실에서와 마찬가지로 정상 상태의 시간 영역 스위칭 시스템은 주파수 영역에 표시된 결과로 시간 영역에서 측정될 수 있습니다. 실험실에서 네트워크 분석기를 사용하여 시간 영역 회로를 섭동한 다음 푸리에 분석으로 시간 영역 데이터가 처리된 후 주파수 Sweep 을 봅니다. 이것은 주파수 도메인 특성화가 실제 하드웨어에서 실험실에서 수행되는 방식으로, 일부 정상 상태 시간 도메인 동작이 주파수 도메인에서 유용하게 플롯될 수 있지만 항상 시간 도메인에서 작동합니다. 모든 SIMPLIS AC 분석은 단일 시간 영역 회로에서 이러한 방식으로 수행됩니다.

SIMPLIS 시간 영역 시뮬레이션의 작업 예로서 "What is SIMPLIS?" 제목의 Self-Oscillating converter 가 아래에 나와 있습니다. 이 컨버터는 부하 전류에 의존하는 주파수로 진동하므로 소신호 평균 모델을 쉽게 유도할 수 없습니다. SIMPLIS POP 분석을 사용하여 정상 상태 동작을 빠르게 시뮬레이션 한 다음 SIMPLIS AC 분석은 동일한 시간 도메인 모델에서 루프 응답을 시뮬레이션 합니다. 이 컨버터의 시뮬레이션 결과는 하드웨어 측정값과 비교되었습니다. SIMPLIS 시뮬레이션을 실제 하드웨어 측정과 비교하는 방법에 대한 자세한 내용은 **PWL 모델의 정확도** 항목을 참조하십시오.

Test Circuit

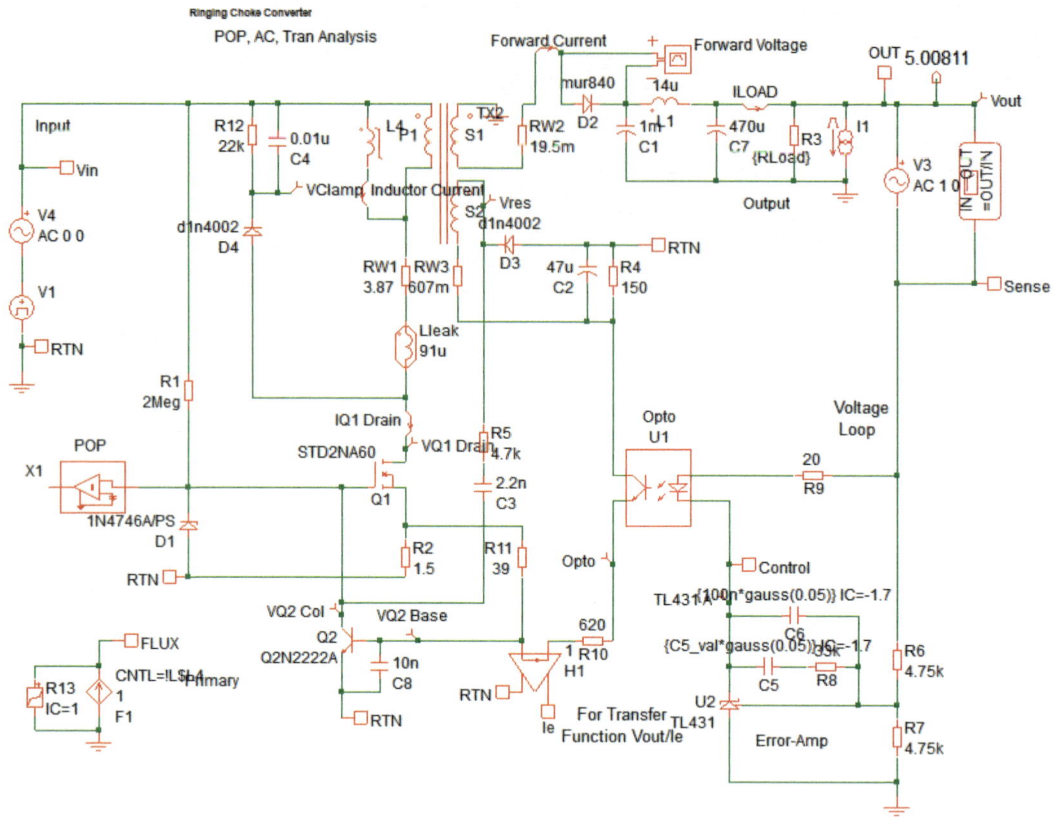

Time Domain Waveforms

- Red: Drain-to-Source Voltage (V)
- Green: Drain Current (A)

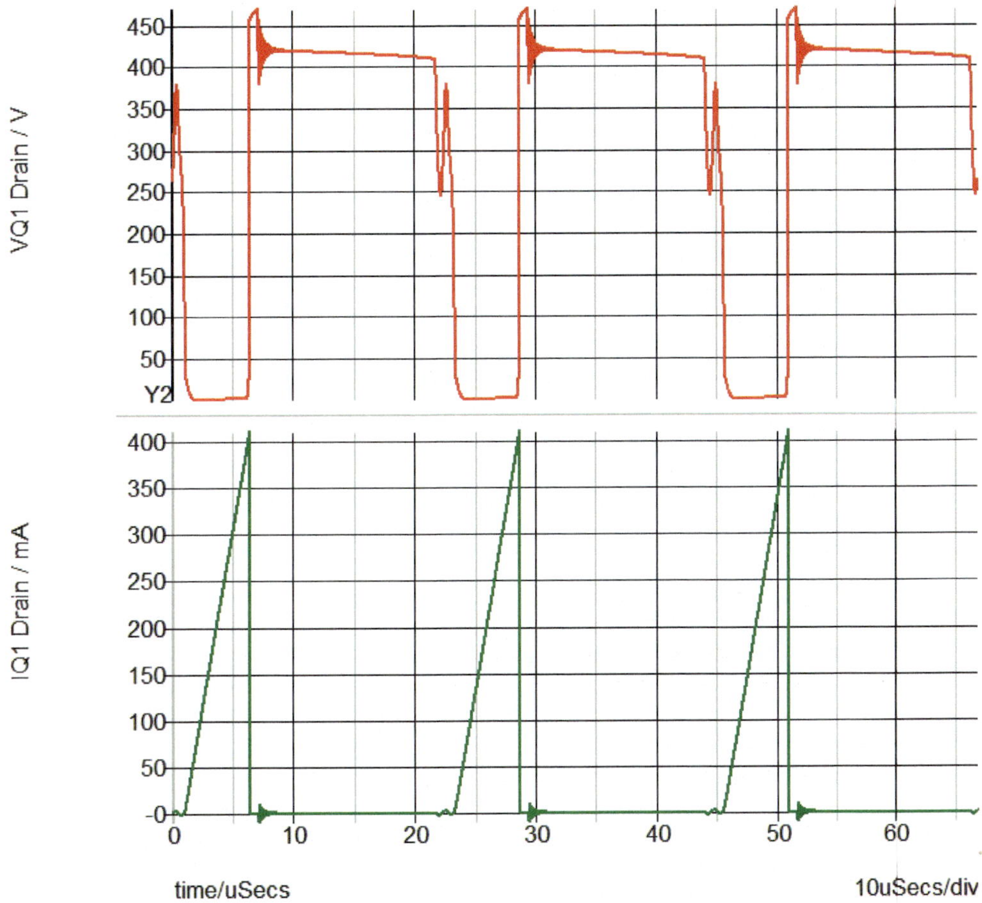

Frequency Response of Time Domain Model

- Red: Control to Output Phase (Deg)
- Green: Control to Output Gain (dB)

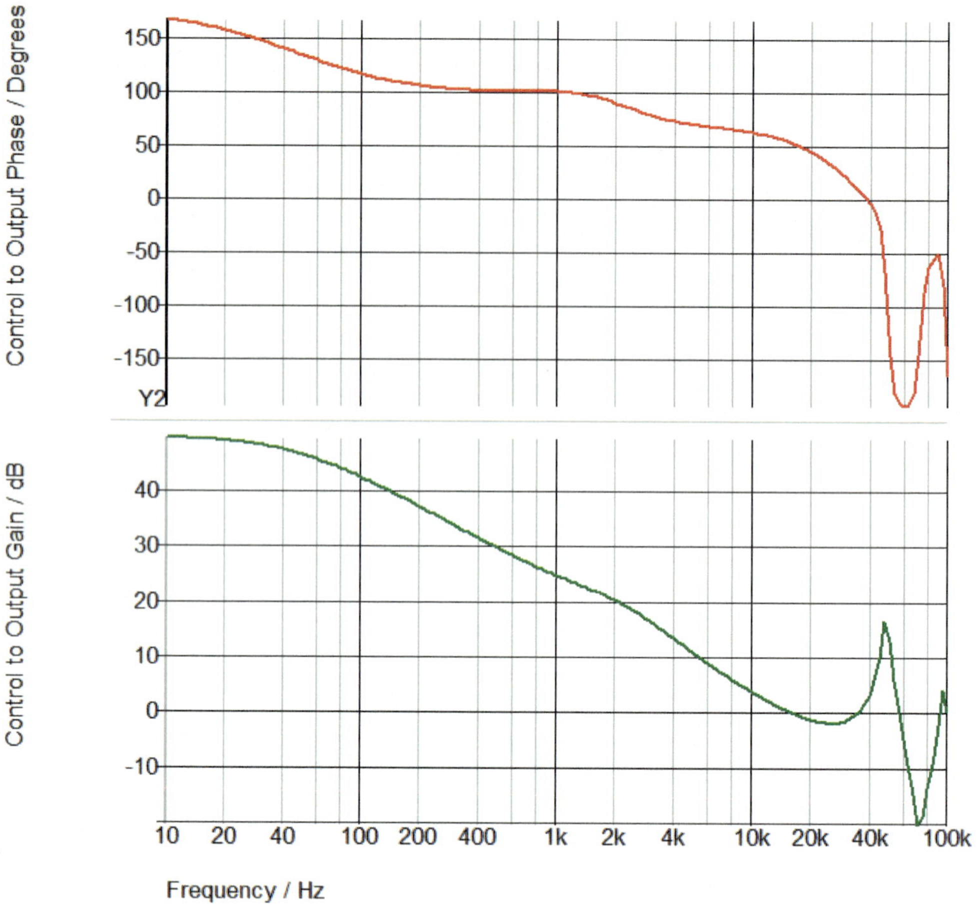

SIMPLIS – Piecewise Linear, All the Time

SIMPLIS 에서 모든 비선형 장치 특성은 일련의 PWL 직선 세그먼트를 사용하여 모델링 됩니다. 따라서 이러한 장치에 대한 SIMPLIS 동작 모델은 장치 물리학을 장치 특성에 매핑하려고 하는 해당 SPICE 모델과 다릅니다. 전체 SIMPLIS 시스템은 PWL 장치 모델로 구성되어 있기 때문에 SIMPLIS 가 해결하는 일련의 시스템 방정식도 조각 부분별로 선형입니다. 이 방정식 시스템의 위상과 값은 언제든지 근본적으로 바뀔 수 있지만, SIMPLIS 는 각 단계에서 선형 방정식 시스템을 해결하고 있습니다. 그 결과 SIMPLIS 는 SPICE 접근 방식으로 실제로 수행할 수 있는 것보다 훨씬 빠르고 정확하게 시스템 방정식을 풀 수 있습니다. SIMPLIS 가 PWL 시스템 방정식의 각 변화에 대해 해결하는 속도와 정확성은 SIMPLIS 가 전력 전자 시스템의 시뮬레이션 과제를 해결하는 데 효과적일 수 있는 핵심 이유입니다.

다음 섹션에서는 PWL 모델링에 대한 간략하지만 중요한 개요를 제공하고 일상적으로 달성할 수 있는 정확도 대 실험실 측정의 수준을 보여줍니다.

SIMPLIS Piecewise Linear Modeling Techniques – Overview

SIMPLIS는 일련의 부분적 직선 Segment를 사용하여 비선형 장치 특성에 근접하는 PWL (Piecewise Linear) 모델링을 기반으로 합니다. PWL 직선 세그먼트가 많을수록 정확도가 높아지지만 PWL 세그먼트가 많을수록 시뮬레이션 시간이 길어질 수 있습니다. PWL 모델링의 목표는 최소한의 CPU 시간을 소모하면서 원하는 수준의 정확도를 달성하는 것입니다. SIMPLIS는 필요한 수준의 정확도를 달성하기 위해 각 장치 모델에 필요한 복잡성 정도만 추가하는 사용자에게 보상을 제공합니다.

새로운 SIMPLIS 사용자는 흔히 전력 전자 시스템의 부분적인 선형 모델링은 본질적으로 현실의 대략적인 근사치여야 한다고 가정합니다. 이것은 대부분의 switching 시스템에는 해당되지 않습니다. 실제로 시뮬레이션 결과에서 주워진 정확도를 얻기 위해 모델링 및 시뮬레이션 노력이 얼마나 필요한지 실무적인 관점에서 볼 때, PWL 모델링은 종종 우수하다는 것이 입증되어 엔지니어가 일반적인 SPICE 모델링 접근법의 실질적인 범위를 초과하는 복잡성을 가진 시스템을 분석할 수 있습니다. 핵심은 정확한 결과에 가장 큰 기여를 하는 모델의 복잡성에 집중하는 것입니다. 일반적인 SIMPLIS PWL 시뮬레이션 결과는 실험실 측정과 비교할 때 PWL 모델링 기술을 사용해 달성할 수 있는 높은 수준의 정확도를 입증합니다.

아래 표는 SIMPLIS가 PWL 저항, PWL Capacitor 및 PWL Inductor를 PWL 직선 Segment 집합으로 표시하는 방법을 보여줍니다. PWL 저항은 전류 대 전압 평면에서 부분적으로 선형입니다. 이 곡선의 기울기는 전도율입니다. SIMPLIS는 자동으로 가장 왼쪽 끝과 오른쪽 끝의 PWL Segment 를 각각 음의 무한대 및 양의 무한대로 확장합니다.

PWL Capacitor는 기울기가 Capacitance인 전하 대 전압 평면에 정의됩니다. PWL Inductor는 flux linkage 대 전류 평면에서 정의되며 여기서 기울기는 inductance입니다. flux linkage의 단위는 Weber-Turns 또는 volt-seconds입니다.

PWL Resistor	PWL Capacitor	PWL Inductor
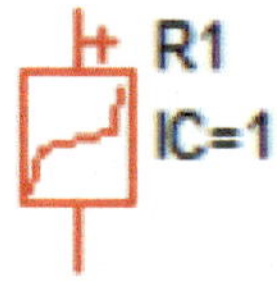	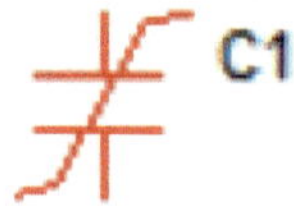	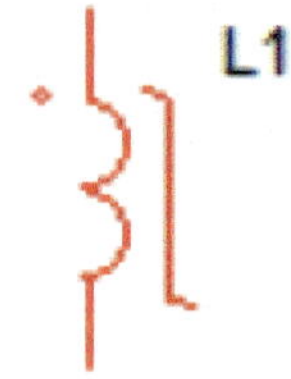
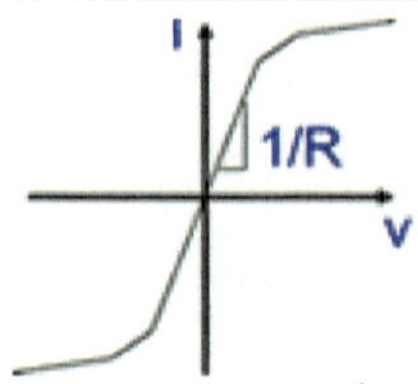	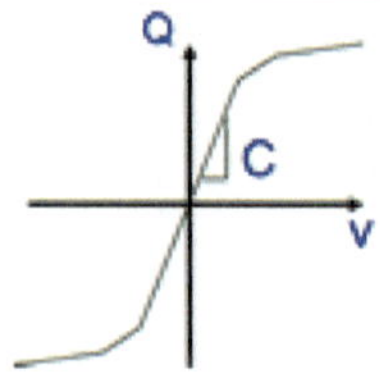	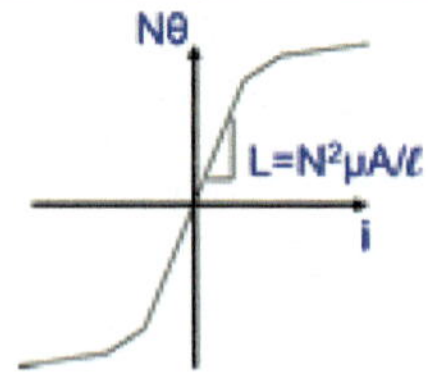
x–value ⇒ Voltage	x–value ⇒ Voltage	x–value ⇒ Current
y–value ⇒ Current	y–value ⇒ Charge	y–value ⇒ Flux Linkage
Slope=1/Resistance	Slope=Capacitance	Slope=Inductance

PWL 저항, Capacitor 및 Inductor를 보여주는 회로도의 예:
SelfOscillatingConverter_POP_AC_Tran.zip.
https://simplis.com/documentation/simplis/library/support/what_is_simplis/SelfOscillatingConverter_POP_AC_Tran.zip

Piecewise Linear Resistors

일반적인 전원 다이오드의 순방향 전송 특성은 다음과 같습니다. 빨간색 곡선은 SIMetrix-SPICE 시뮬레이션에서 얻은 것이고 파란색 곡선은 동일한 모델의 SIMPLIS PWL 버전에 대한 SIMPLIS 시뮬레이션에서 얻은 것입니다.

이 다이오드 모델 예는 SIMPLIS 모델 파라미터 추출 루틴에 의해 자동으로 생성되는 세 개의 세그먼트가 있는 PWL 저항입니다. 이 PWL 다이오드 모델은 다이오드 곡선의 무릎 주변을 제외하고는 좋습니다. 아래 그림은 결과의 정확도에 가장 크게 기여하는 집중 모델 정확도의 예입니다.

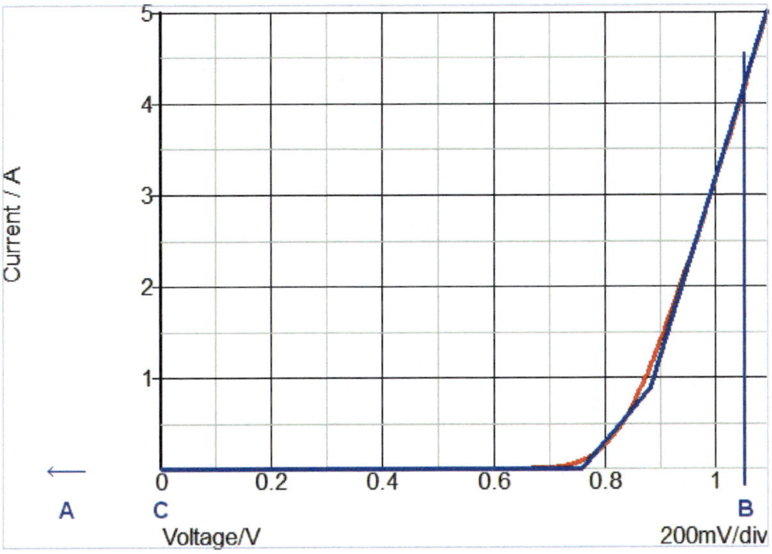

플라이백 컨버터 정류기로 사용되는 위의 다이오드에 대한 시뮬레이션 결과는 아래 곡선 세트에 나와 있습니다. 포인트 A, B 및 C는 임의의 Switching 사이클 동안 세 가지 다른 시간 순간을 나타냅니다. 위의 순방향 전송 특성에서도 동일한 요점이 나타납니다. 세 가지 포인트는 아래 표에 나와 있습니다.

Time point	Description	Forward Current (A)	Forward Voltage(V)
A	Reverse biased	−22n (−22V/100Meg)	−22
B	Forward biased	4.1	1.1
C	Zero biased	0	0

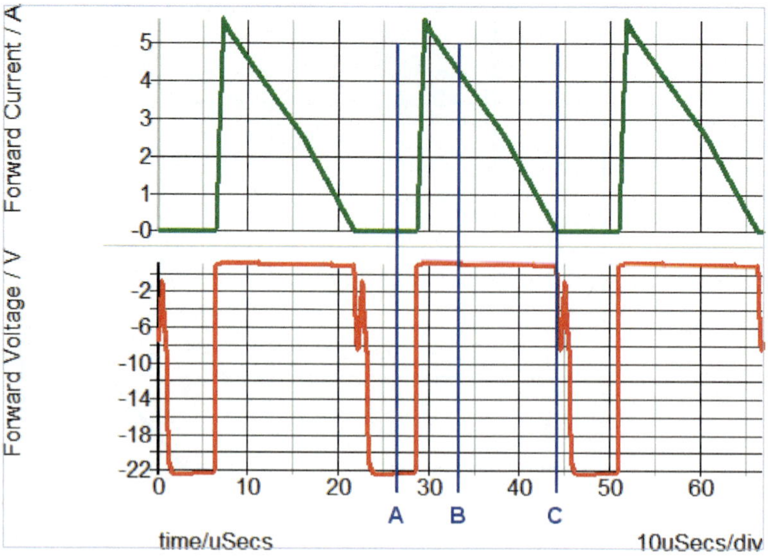

과도 파형을 기준으로 다이오드는 대부분의 Switching 기간 동안 전도(포인트 B) 또는 차단(포인트 A)을 수행합니다. 사실, 이 회로에서 다이오드는 소자 모델이 덜 정확한 다이오드 특성 곡선의 비선형 구간에서 매우 적은 시간을 소비하므로 3 개 세그먼트 PWL 모델 근사치에도 불구하고 시스템 동작을 정확하게 시뮬레이션 할 수 있습니다. 스위치 모드 전력 변환에서 정류 다이오드는 종종 전도 상태에서 차단 상태로 빠르게 전환됩니다. 이러한 다이오드에 PWL 저항 모델을 사용하면 모델 충실도가 약한 영역에서 작동하는 데 시간이 거의 걸리지 않으므로 정확한 결과를 얻을 수 있습니다.

반면에, 순방향 전송 특성의 지수 특성이 이용되는 아날로그 곱셈기 회로에서 동일한 다이오드가 사용된 경우, 3 세그먼트 PWL 모델은 지수 다이오드-전류 대 전압 특성을 적절하게 나타내지 못하기 때문에 시뮬레이션 결과의 정확도가 떨어집니다.

Piecewise Linear Capacitors

PWL 캐패시터 애플리케이션의 좋은 예는 다이오드의 접합 캐패시턴스입니다. PWL 저항 예제에 사용된 것과 동일한 다이오드는 선택적으로 장치의 접합 캐패시턴스를 모델링하기 위해 PWL 캐패시터를 포함할 수 있습니다. 레벨 1 모델을 선택하면 다이오드에 SIMPLIS 모델 파라미터 추출 루틴에 의해 결정된 캐패시턴스 값을 가진 4 세그먼트 PWL 캐패시터가 포함됩니다.

아래 곡선은 이 예에서 다이오드의 역전압에 대한 정전용량과 전하를 보여줍니다. 이 모델은 4 세그먼트 PWL 캐패시터를 사용하여 다이오드의 접합 캐패시턴스를 모델링합니다. 그래프에서 빨간색 곡선은 역전압에 따른 SPICE 모델의 연속 정전용량 변화를 보여줍니다. 파란색 곡선은 SIMPLIS 단계별 정전용량 대 역전압 곡선을 보여줍니다.

아래 그래프는 빨간색 SPICE 모델과 파란색 SIMPLIS 모델을 사용하여 전하 대 역전압을 보여줍니다. 커패시턴스 곡선의 점 간 오차는 종종 크지만 두 전하 곡선간 오차는 작습니다. 대부분의 스위치 모드 애플리케이션에서 총 용량성 전하 대 전압 특성은 전도 상태에서 차단 상태로의 장치 전환과 그 반대의 전환을 결정하는 주요 요인입니다. 결과적으로, PWL 커패시터는 스위치 모드 전력 변환 애플리케이션에서 접합 커패시턴스를 정확하게 표현하는 데 사용할 수 있습니다.

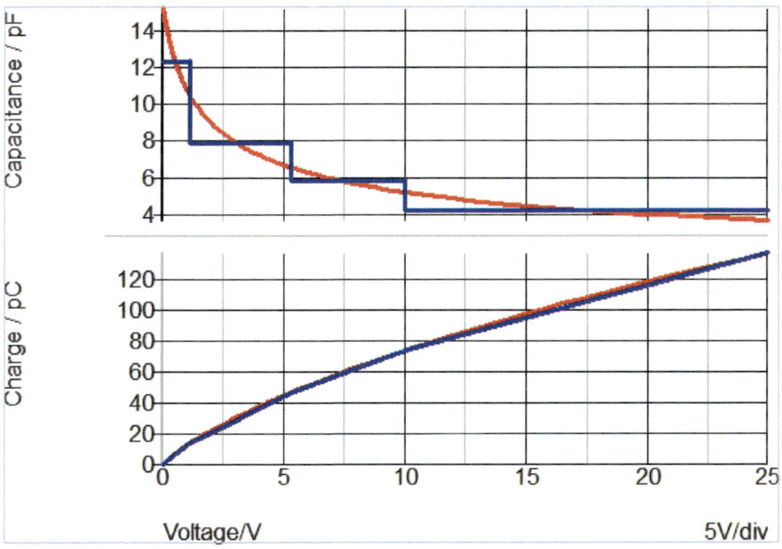

Piecewise Linear Inductors

Inductor 및 Transformer 의 포화 효과는 스위치 모드 전력 변환에서 중요한 요소입니다. SIMPLIS 는 PWL Inductor 를 사용하여 Inductor 또는 Transformer 의 포화 상태를 모델링하는 쉬운 방법을 제공합니다. 회로 예인 SelfOscillatingConverter_POP_AC_Tran.zip 에서 Transformer 는 자화 인덕턴스 L4, 누설 인덕턴스 Leak(91u) 및 권선 저항 RW1, RW2 및 RW3 과 결합된 이상적인 DC Transformer TX2 로 구성됩니다. Transformer 의 포화는 L4 의 PWL 정의에 의해 결정됩니다. 아래 그림에서 파란색으로 강조 표시된 구성 요소는 Transformer 를 나타냅니다.

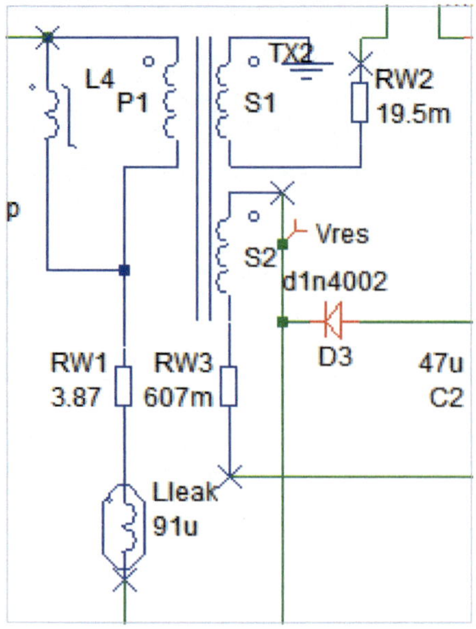

이 예제의 Transformer 는 3 개의 PWL Segment 로 구성된 자화 인덕턴스를 가지고 있습니다.

- 정상 또는 포화되지 않은 인덕턴스 1.6mWeber / 0.4A 또는 4mH.
- Inductor 의 첫 번째 포화 부분은 Inductor 전류가 0.4 와 0.45A 사이일 때 발생합니다. 이 영역의 인덕턴스는 (1.65m~1.6m) / (0.45~0.40) 또는 1mH 입니다.
- 최종 PWL Segment 는 "hard" saturation 를 나타냅니다. 이 Segment 의 인덕턴스는 100μH 입니다.

과도 시뮬레이션 동안 부하 단계가 100μs 에서 적용됩니다. 컨버터는 출력 전압이 떨어지고 Transformer 가 포화 상태가 되는 과부하 상태가 됩니다. 다음 그래프에서 부하 단계는 녹색이고 Inductor 전류는 빨간색입니다.

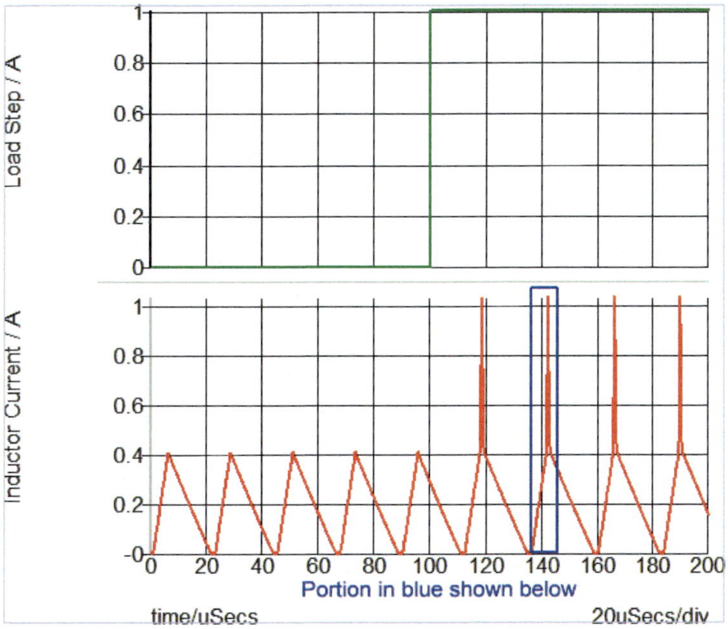

이 과부하 조건은 Transformer 포화 상태와 PWL Inductor가 포화 Inductor를 얼마나 밀접하게 표현하는지 보여줍니다. 다음 두 그래프는 PWL Inductor가 정의된 시간 영역 파형과 current-flux linkage 연결 평면을 자세히 보여줍니다. 세 개의 PWL Inductor 세그먼트는 current-flux linkage 연결 평면의 과도 및 xy 플롯에서 모두 볼 수 있습니다.

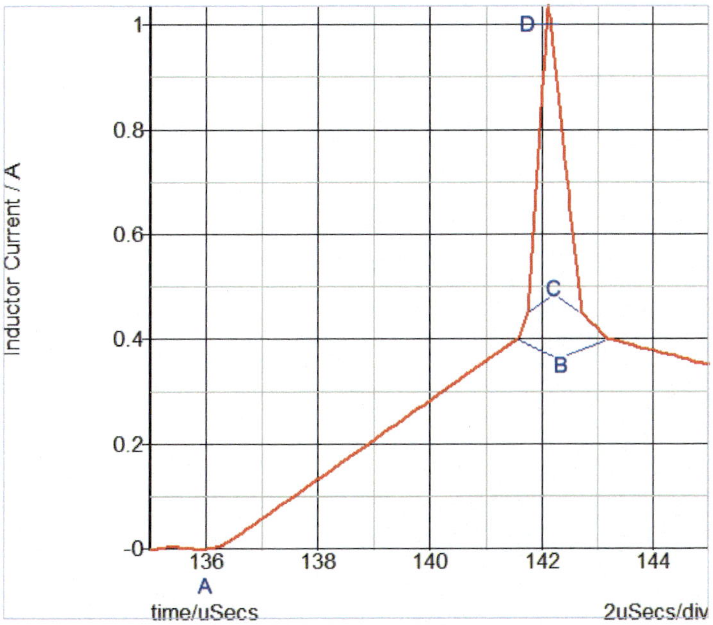

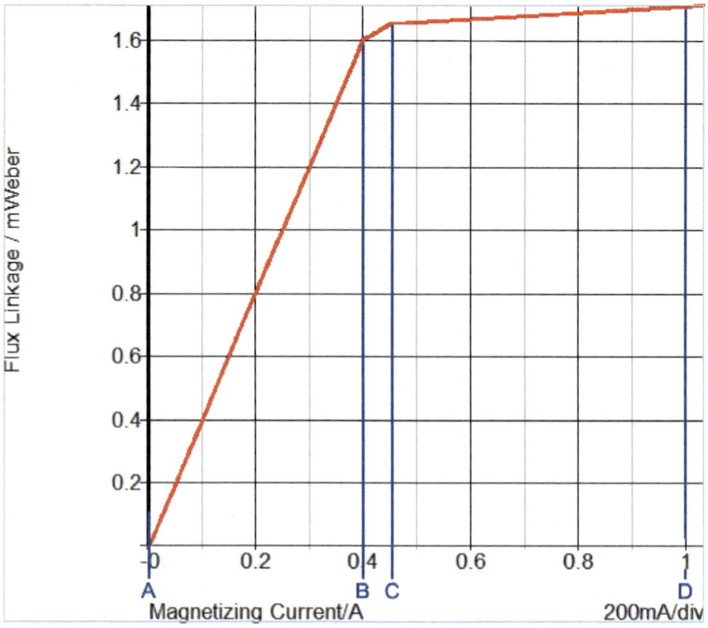

What SIMPLIS POP Does(and Why it Matters)

SIMPLIS POP(Periodic Operating Point) 분석은 안정적인 주기적 Switching 시스템의 정상 상태 ON-OFF 한계 주기를 찾는 데 뛰어납니다.

SIMPLIS 의 독창성으로 인해 POP 분석은 SIMPLIS 에서 마스터하기 가장 어렵지만 보람있는 측면 중 하나입니다. SIMPLIS 시뮬레이션 분석 기능을 최대한 활용하려면 SIMPLIS POP 분석과 POP 알고리즘이 어떻게 작동하는지 이해하는 것이 중요합니다. 이러한 주요 이점은 다음과 같습니다.

- 설계 과정 초기에 오류를 식별하여 시뮬레이션 시간을 절약
- 시간 영역 Switching 회로에서 AC 분석 가능

정상 상태에 도달하기 위해 POP 는 다음 작업을 수행하여 시간 도메인에서 시스템을 시뮬레이션 합니다.

❶ 각 Switching 사이클이 시작될 때 모든 Capacitor 전압과 모든 Inductor 전류의 snapshot 을 생성합니다.

❷ 추가 Switching 사이클 동안 시스템을 시뮬레이션한 후, 다음 Switching 사이클이 시작될 때 시스템의 또 다른 snapshot 을 만듭니다.

❸ 이 두 snapshot 사이의 각 Capacitor 전압과 각 Inductor 전류의 차이를 취하여 각 차이를 0 으로 설정합니다.

실제로 POP 가 Switching 시스템의 정상 상태를 발견하면 Capacitor 전압 또는 Inductor 전류에 대한 두 개의 연속 snapshot 값의 가장 큰 차이는 1.0e-10 % ~ 1.0e-13 %입니다. 이것은 1.0e-3 의 SPICE 에있는 일반적인 RELTOL 과 비교하여 아주 작은 오류입니다.

합리적인 초기 조건을 가진 시스템에서, SIMPLIS POP 알고리즘은 다음 조건을 반복적으로 추구하여 안정된 상태에 도달합니다.

- 각 Capacitor 전압에 대하여, 사이클 간 전압 차는 거의 0 입니다.
- 각 Inductor 전류에 대해 사이클 간 전류의 차이는 거의 제로입니다.
- 각 논리 소자는 각 Switching 사이클의 시작 시 동일한 상태를 갖습니다.
- 각 제어된 스위치는 각 Switching 사이클의 시작 시 동일한 상태를 유지합니다.

이 SIMPLIS POP 알고리즘은 다음과 같은 시간 샘플링된 스위칭 시스템의 정상 상태 작동 지점을 찾는 데 가장 효과적입니다.

- Switching power supplies
- Phase-locked loops
- Class D amplifiers
- Switched capacitor filters

이러한 시스템의 대부분은 제어를 위해 피드백 루프를 사용합니다. 피드백 루프가 있는 시스템이 불안정하고 정상 상태 작동 지점이 없다면 POP 분석이 성공하지 못합니다. 이 피드백이 안정적이라면 POP 분석은 성공할 수 있습니다.

Why SIMPLIS POP Matters

실제로 switching 전력 공급기와 같은 switching 시스템을 특성화하면 95% 이상의 측정치가 정상 작동 상태에서 시작됩니다. SIMPLIS POP 분석은 switching 회로를 빠르게 정상 상태로 구동합니다. 시스템이 정상 상태에 도달하면 시스템이 중단되어 결과적으로 시스템 응답을 측정할 수 있습니다.

대부분의 시스템 측정에서 측정 기준점은 초기 정상 상태 주기 작동 지점입니다. 일반적인 설계 프로젝트에서 설계자는 수천 개의 시뮬레이션을 실행하기 때문에 시스템을 정상 상태로 만드는데 필요한 CPU 시간을 줄일 수 있으면 엔지니어가 시간을 절약할 수 있습니다. 정상 상태에 도달하는 시간을 10 분에서 10 초로 줄일 수 있다면 시간 절약은 프로젝트 수명 동안 수백 시간에 달합니다.

SIMPLIS 는 비교적 짧은 시간에 많은 시뮬레이션을 실행할 수 있기 때문에 SIMPLIS POP 분석은 스위칭 전원 공급 시스템에 대한 심각한 시뮬레이션 분석을 가능하게 합니다. POP 가 없으면 실제 허용된 시간 내에 피상적인 시뮬레이션 분석만 실행할 수 있습니다. 그러나 POP 는 설계 프로세스 중에 철저한 시스템 성능 특성화를 가능하게 합니다. 결과적으로 대부분의 설계 오류는 설계 프로세스 초기에 감지할 수 있습니다. 설계가 하드웨어에 적용되기 전에 오류를 감지한다는 것은 설계 오류를 수정하는 데 시간과 비용이 가장 적게 든다는 것을 의미합니다.

Piecewise linear SIMPLIS POP 분석이 정상 상태 평균을 찾는 속도와 정확도로 인해 다음의 2 단계 프로세스를 프로세스를 기반으로 SIMPLIS AC 분석이 가능합니다.

❶ 정상 상태의 시스템에서 시간 영역 과도 시뮬레이션을 수행하는 동안 시스템에 주입된 매우 작은 AC 신호는 신호 경로에 있는 어떤 장치도 실수로 포화시키는 방식으로 시스템을 방해하는 것이 없음을 보장합니다.

❷ 주입된 신호에 대한 시스템 응답은 시간 영역에서 다시 측정됩니다. SIMPLIS 의 정확도는 매우 높기 때문에 주입된 AC 신호가 매우 작더라도 이 시스템 응답을 매우 높은 신호 대 잡음비(SN 비)로 측정할 수 있습니다.

Example #1 : PFC Converter w/ DC Input

Power Factor Corrector (PFC) 컨버터는 컨버터를 정상 상태로 시뮬레이션할 때 POP 가 얼마나 많은 시간을 절약할 수 있는지 극적으로 보여줍니다. 이 컨버터는 제어 루프 응답 시간이 느리기 때문에 컨버터가 정상 상태로 안정되도록 과도 시뮬레이션을 장시간 실행해야 합니다. POP 분석은 정상 상태에 도달하는데 필요한 시간을 수십 배나 단축할 수 있습니다.

PFC 컨버터 회로도 및 지원 파일은 simpleis_500_pfc_examples.zip (https://simplis.com/documentation/simplis/library/support/what_is_simplis/simplis_500_pfc_examples.zip)에서 Load 할 수 있습니다. zip 파일에는 분석 모드 및 초기 조건을 제외하고는 동일한 4 개의 회로도가 포함되어 있습니다. 이러한 모델은 SIMetrix/SIMPLIS Demo Program 크기 제한보다 큽니다. SIMetrix/SIMPLIS 정식 버전에 대한 평가 라이선스는 인터그래텍 SIMPLIS 기술팀에 문의하십시오.

PFC 컨버터 예제에는 다음과 같은 특징이 있습니다.

- Continuous Conduction Mode
- 200W 의 출력 전력
- 400V DC 의 출력 전압
- 115V DC 의 입력 전압
- 제어 루프 대역폭 약 11Hz

PFC 컨버터 회로도는 다음 그림과 같습니다.

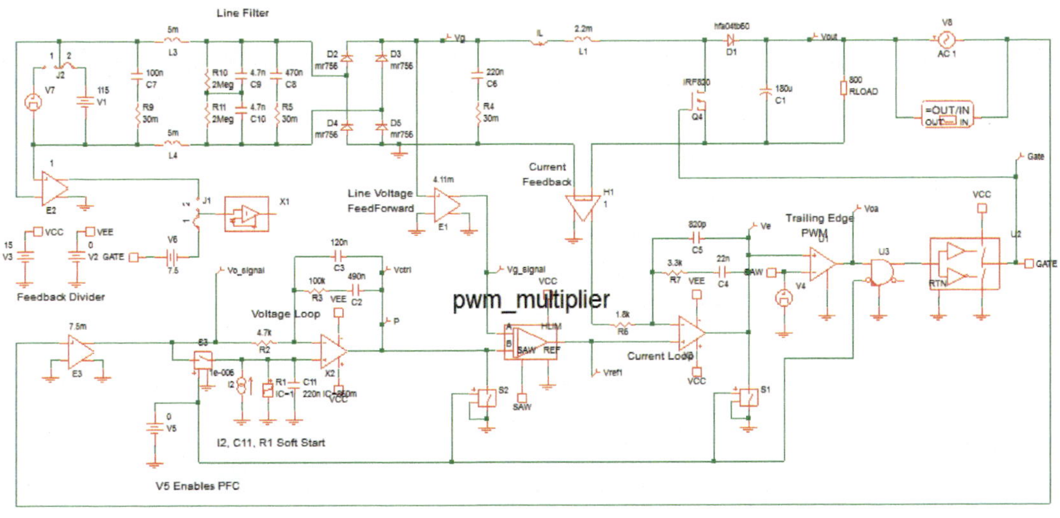

Transient Analysis

이 컨버터에서 실행되는 첫 번째 시뮬레이션은 SIMPLIS Transient 분석으로, 컨버터는 소프트 스타트 사이클을 통해 시뮬레이션되고 출력 전압이 안정화되도록 허용됩니다. 시뮬레이션 정지 시간은 1 초로 설정되어 소프트 스타트가 완료된 후 출력 전압이 안정화되도록 충분히 깁니다.

컨버터는 출력 Capacitor, 부스트 Inductor, 소프트 스타트 Capacitor 및 전압 루프 보상 Capacitor로 주로 구성되는 비교적 적은 수의 대형 에너지 저장 소자를 가지고 있습니다. 컨버터가 소프트 스타트 사이클을 통해 전환하기 때문에 이러한 주요 에너지 저장 요소는 다음 값으로 초기화됩니다.

Circuit Element	Initial Condition
Output Capacitor	163V
Boost Inductor	0A
Soft-start Capacitor	860mV

초기 조건을 설정한 후, SIMPLIS 과도 분석을 사용하여 컨버터를 시뮬레이션합니다. 컨버터는 1초 시뮬레이션 종료 시간에 도달하는데 2분 28초가 걸렸습니다. 아래 파형은 출력 전압이 제어된 소프트 스타트 램프를 제어된 방식으로 추적하고, 약간의 오버슈트가 발생한 후 컨버터가 출력 전압 400V로 정상 상태로 안정되는 것을 보여줍니다. 경과 시간의 대부분은 느린 제어 루프를 최종 정상 상태 값으로 가져오는 데 낭비됩니다.

DC-Input Transient Analysis Waveforms

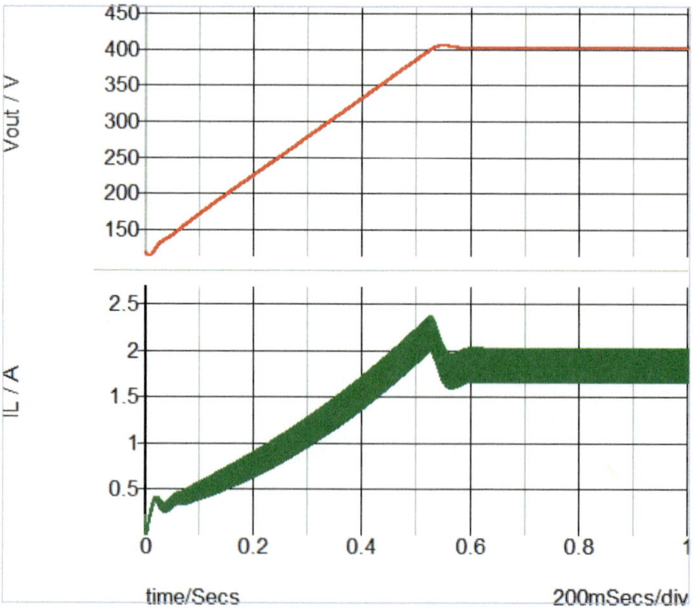

Elapsed Time : 158s (2min, 28s.)

POP Analysis

SIMPLIS POP 분석은 컨버터를 정상 상태로 강제 실행하여 시뮬레이션 시간을 크게 단축시킵니다. 이 예제에서 3 개의 주요 에너지 저장 요소에 대한 초기 조건은 과도 시뮬레이션 데이터의 정상 상태 부분에서 취해진 것입니다. 이러한 초기 조건은 다음과 같습니다.

Circuit Element	Initial Condition
Output Capacitor	400V
Boost Inductor	1.66A
Soft-start Capacitor	3V
Compensation Capacitor C2	920mV

시뮬레이션이 시작될 때 컨버터가 Switching 상태에 있도록 하기 위해 전압 루프 보정 Capacitor C2 의 초기 조건이 추가됩니다. POP 분석에서는 회로를 주기적으로 계속 전환해야 하며, 이 초기 조건이 없으면 이 특정 모델에서 Switching 이 중지될 수 있으며, 이로 인해 POP 가 실패합니다.

POP 분석을 위한 정상 상태 파형이 아래에 나와 있습니다. 출력 전압이 정상 상태로 수렴되었으며 파형에 눈에 띄는 안정화가 없음을 유의하십시오. 이 시뮬레이션은 완료하는 데 1 초밖에 걸리지 않았지만, 2 분 28 초가 걸린 Transient 분석 예제와 비교됩니다.

DC–Input POP Analysis Waveforms

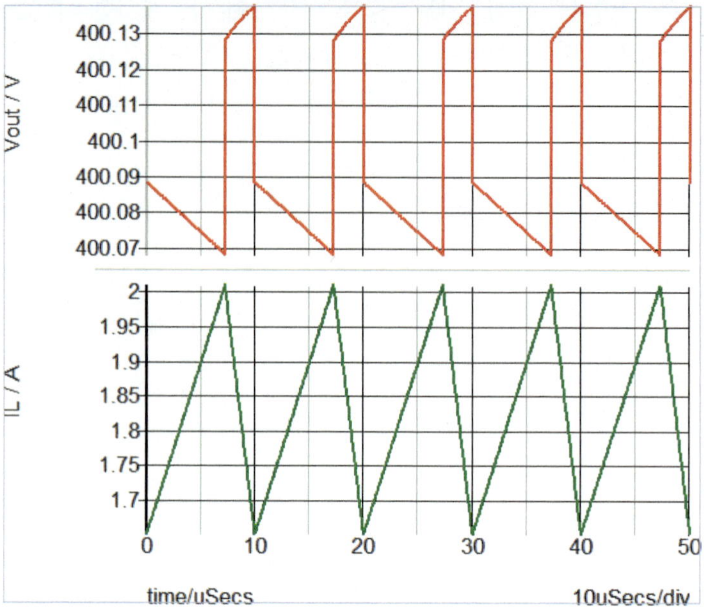

Elapsed Time : 1s.

AC Analysis

SIMPLIS POP 분석에 성공한 컨버터 모델을 설계할 때 얻을 수 있는 가장 큰 이점 중 하나는 과도 분석 모델에서 AC 분석을 직접 실행할 수 있는 능력입니다. SIMPLIS는 시간 영역 회로 모델에 대한 AC 응답을 제공하므로 연구 대상 토폴로지에 대해 AC 모델을 도출할 필요가 없습니다. PFC 컨버터의 전체 Loop Gain은 다음과 같습니다. 이 시뮬레이션은 POP 분석에 성공한 후 실행하는 데 1초가 걸렸습니다.

DC-Input AC Analysis Waveforms

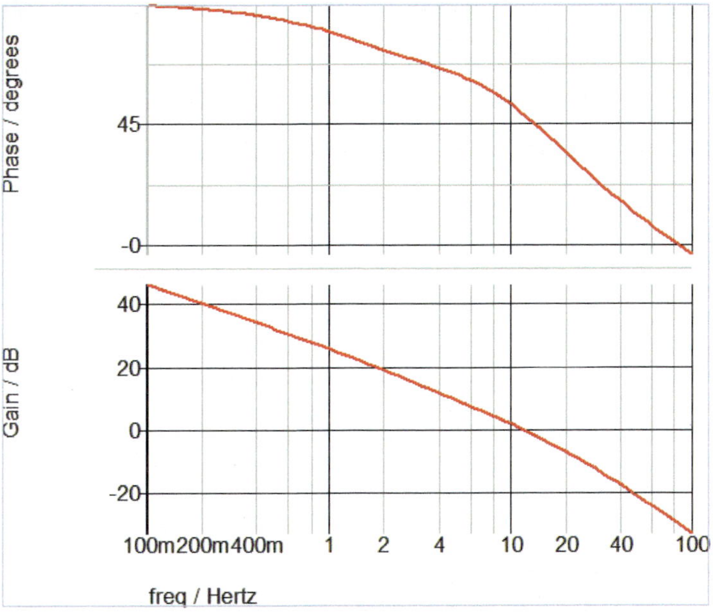

Elapsed Time : 1s.

PFC 컨버터는 AC 분석을 수행하면서 다음과 같은 Control Loop 측정값을 갖습니다.

Measurement	Value
Loop Crossover Frequency	11.6 Hz
Phase Margin	48.6 degrees
Gain Margin	29.9 dB

Summary of Elapsed Time

각 DC 입력 분석 모드에 대해 정상 상태에 도달하는데 걸린 경과 시간을 요약한 내용은 아래 표에 나와 있습니다.

Analysis Mode	Elapsed Time
Transient	158s. (2 min. 28 s.)
POP	1s.

Example #2 : PFC Converter w/ AC Input

예제 zip 파일 simpleis_500_pfc_examples.zip(Example #1 의 Link 참고)에는 AC 라인 입력용으로 구성된 두 개의 회로도가 들어 있습니다. 하나의 설계도(simplis_500_pfc_ac_input_tran_example.sxsch)는 Transient 분석을 실행하도록 구성하였고 다른 설계도(simplis_500_pfc_ac_input_pop_ac_example.sxsch)는 POP 분석을 위해 구성하였습니다.

AC 입력이 있는 컨버터는 매우 특정한 상황에서만 POP 분석이 됩니다. 이러한 요구 사항은 다음과 같습니다.

❶ Switching 주파수는 입력 라인 주파수의 정확한 고조파 배수입니다.
❷ 회로는 초기 조건에 가까운 조건을 가지고 있습니다.
❸ POP Trigger 소스는 AC 라인 소스입니다.

이러한 요구 사항이 충족되면 POP 분석이 성공적으로 수행되고 AC 분석이 모델에서 실행될 수 있습니다. 회로 예에서 첫 번째 조건은 라인 주파수를 50Hz 로 선택하여 충족됩니다. 스위칭 주파수는 100kHz 로, 사실상 라인 주파수의 2,000 번째 고조파입니다.

POP Trigger 주파수가 DC 입력 케이스보다 2,000 배 낮기 때문에 AC 입력 소스를 사용한 시뮬레이션은 DC 입력 케이스보다 완료하는 데 상당히 더 오래 걸립니다. 그럼에도 불구하고 POP 분석은 과도(AC 또는 DC 입력 모두)보다 빠르고 POP 분석이 성공한 후에는 AC 입력 라인이 있는 컨버터 모델에서 SIMPLIS AC 분석을 수행할 수 있습니다.

Transient Analysis

DC 입력 케이스와 마찬가지로 주요 에너지 저장 요소가 초기화됩니다.

Circuit Element	Initial Condition
Output Capacitor	163V
Boost Inductor	0A
Soft-start Capacitor	860mV
Compensation Capacitor C2	970mV

초기 조건을 설정한 후, 변환기는 SIMPLIS 과도 분석을 사용하여 Simulation 됩니다. 이 변환기는 1 초 Simulation 종료 시간에 도달하는데 2 분 18 초가 걸렸습니다. 아래 파형은 출력 전압이 제어된 방식으로 Soft Start 램프를 추적하며, 약간의 Overshoot 가 발생한 다음, 컨버터가 400V 의 출력 전압으로 안정적 상태로 안정화됨을 보여줍니다. 대부분의 경과 시간은 느린 제어 루프를 최종 정상 상태 값으로 가져오는 데 소요된 시간입니다.

AC-Input Transient Analysis Waveforms

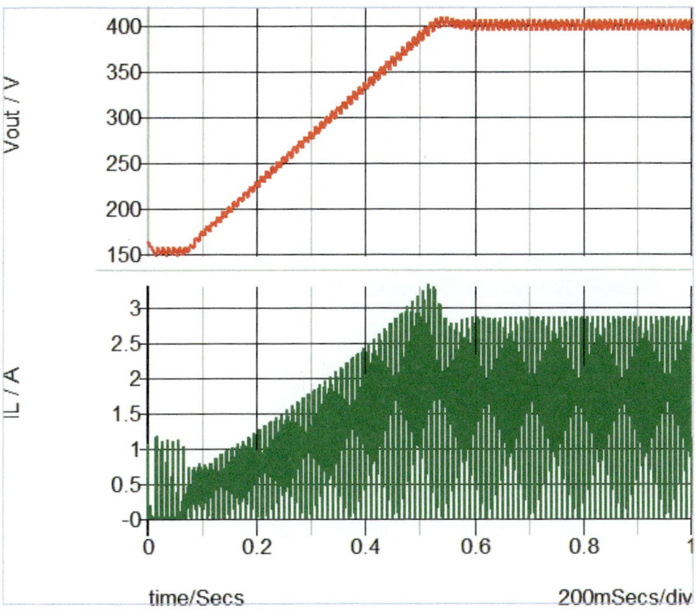

Elapsed Time : 148s (2min, 18 s.)

POP Analysis

Transient 분석을 실행한 후 모델에서 SIMPLIS POP 분석이 실행됩니다. 예에서 세 가지 주요 에너지 저장 요소에 대한 초기 조건은 과도 시뮬레이션 데이터의 마지막 데이터 포인트에서 가져왔습니다. 이러한 초기 조건은 다음과 같습니다.

Circuit Element	Initial Condition
Output Capacitor	400V
Boost Inductor	40mA
Soft-start Capacitor	3V
Compensation Capacitor C2	880mV

POP 분석을 위한 정상 상태 파형은 다음과 같습니다. Switching 주파수를 POP Trigger 로 사용하는 POP 대신 AC 라인 주파수를 사용한다는 점에 유의하십시오. DC 입력 케이스와 마찬가지로, 출력 전압은 정상 상태로 수렴했으며 파형에 눈에 띄는 안정화가 없습니다. 이 시뮬레이션은 완료하는 데 43 초밖에 걸리지 않았지만 동일한 모델의 Transient 시뮬레이션은 2 분 18 초가 걸렸습니다.

AC-Input POP Analysis Waveforms

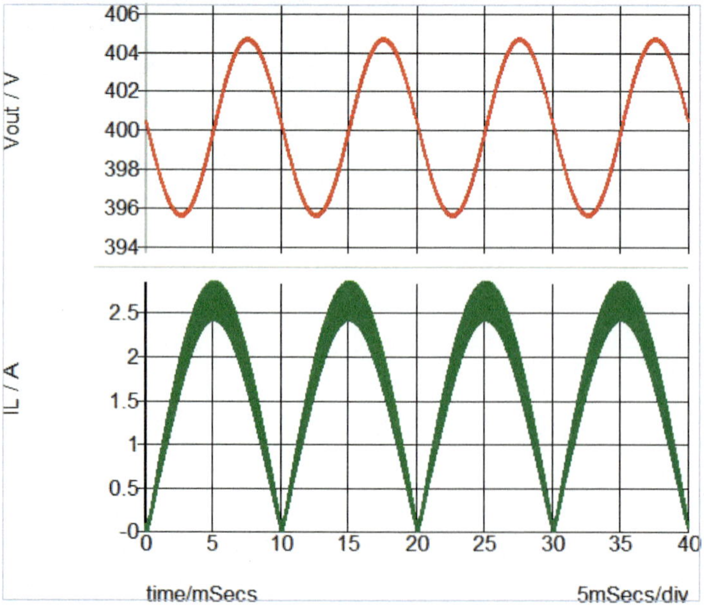

Elapsed Time : 43s.

AC Analysis

AC 라인 입력에서 동작하는 PFC 컨버터의 전체 Loop Gain은 다음과 같습니다. 이 시뮬레이션은 성공적인 POP 분석 후 1분 46초가 걸렸습니다. 컨버터가 50Hz의 라인 주파수를 POP Trigger 소스로 사용하기 때문에 이 시뮬레이션 시간은 DC 입력 케이스보다 훨씬 길다는 점에 유의하십시오.

DC-Input AC Analysis Waveforms

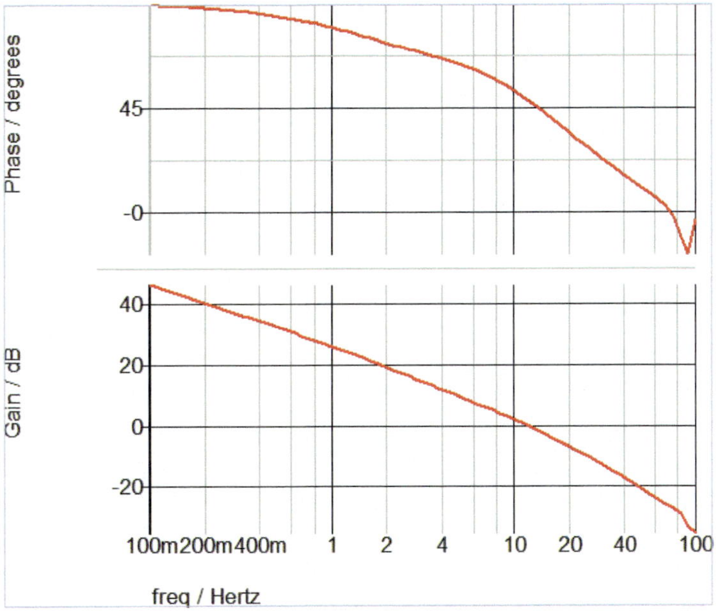

Elapsed Time : 106s.

Comparison of AC Analyses for AC and DC Inputs

DC 및 AC 라인 소스에 대한 AC 분석 결과는 거의 동일합니다.

AC and DC-Input AC Analysis Waveforms

- DC Input Line
- AC Input Line

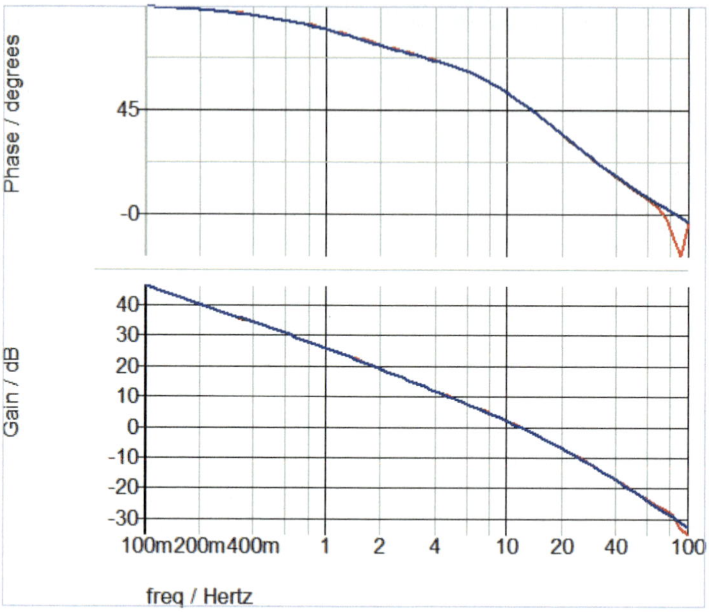

Comparison of Elapsed Time for AC and DC Inputs

각 라인 소스 유형 및 분석 모드에 대한 정상 상태에 도달하는 총 경과 시간의 요약은 아래 표에 나와 있습니다.

정상 상태에 도달하는 총 경과 시간

Line Source	Analysis Mode	Elapsed Time
DC	Transient	128s.
DC	POP	1s.
AC	Transient	118s.
AC	POP	43s.

Accuracy of SIMPLIS PWL Models

Switching 전력 시스템을 모델링하는 데 사용할 경우 PWL(Piecewise Linear) 모델은 높은 정확도를 제공합니다. 숫자 관점에서 SIMPLIS는 시뮬레이션을 해결할 때 정확한 솔루션을 찾습니다. 이 정확도에는 평균화된 모델이 간과하는 제어 경로의 Ripple 전압의 영향이 포함됩니다. 결과적으로 SIMPLIS AC 분석은 모델이 컨버터 작동의 세부 사항을 포함하도록 신중하게 구성되었을 때 실험 데이터와 밀접하게 일치할 수 있습니다.

아래에 설명된 세 가지 예제는 SIMPLIS 결과를 실제 하드웨어 테스트와 비교합니다.

AC Example: Self Oscillating Flyback Converter

다음 그래프는 빨간색의 SIMPLIS AC 분석과 하드웨어 Proto Type의 벤치 측정을 비교한 것입니다. 이 결과는 What is SIMPLIS?에서 설명되었으며, 이 파일은 SelfOscillatingConverter_POP_AC_Tran.zip.에서 다운로드할 수 있습니다.

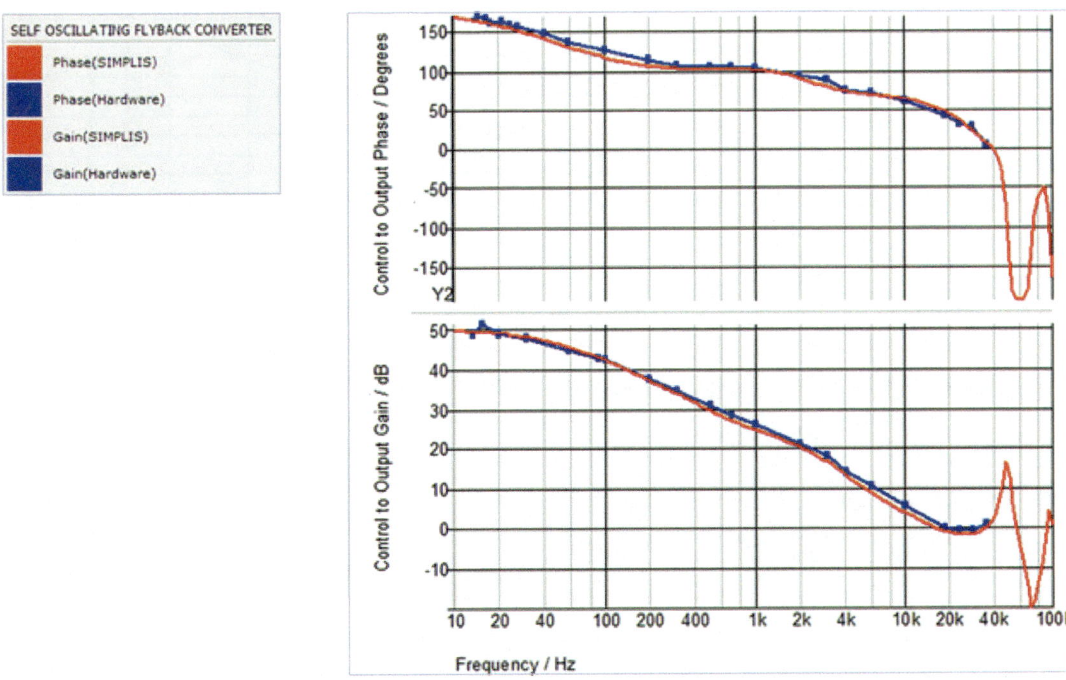

Transient Example: Quasi-Resonant Flyback Converter

이 예제는 AC 어댑터 응용 프로그램에 사용되는 Quasi-Resonant Flyback Converter 에서 가져온 것입니다. 예제의 주 MOSFET 및 출력 정류기는 모델 Parameter 추출 알고리즘을 사용하여 SPICE 모델에서 자동으로 변환되었습니다. 결과적인 SIMPLIS 모델은 하드웨어 측정과 매우 일치합니다.

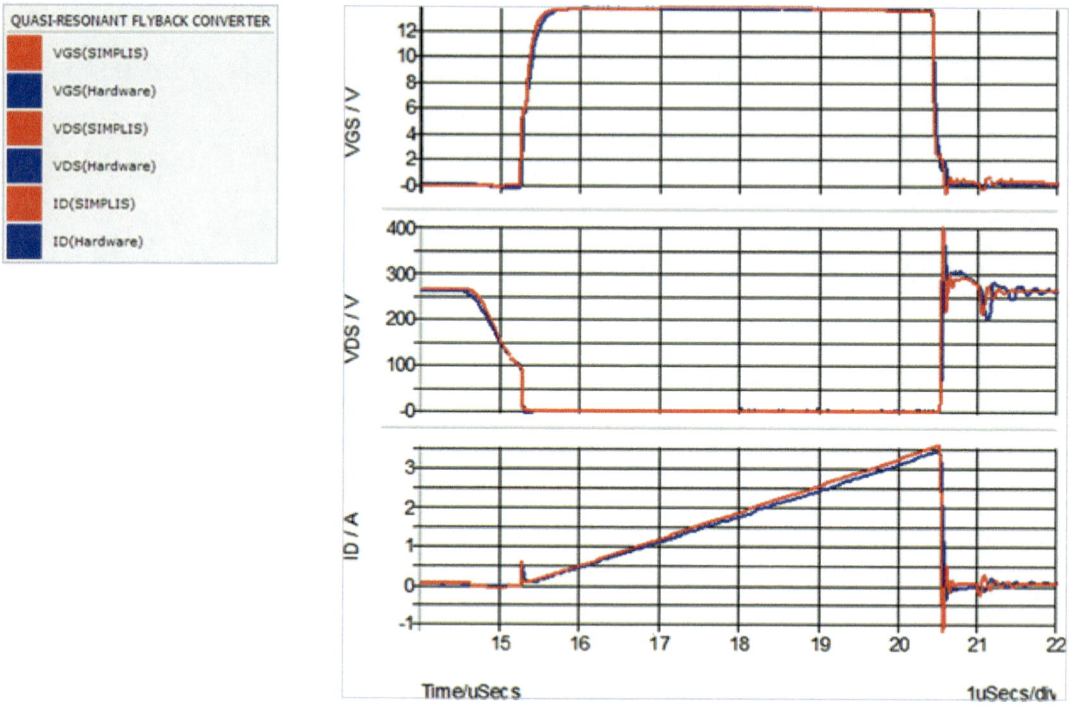

Transient Example: Single Phase SyncBuck

이 예제는 디지털 방식으로 제어되는 동기식 벅 컨버터에서 비롯됩니다. 이러한 Oscilloscope 이미지는 하드웨어 측정 Trigger 를 세 개 사용하여 촬영되었으며, SIMPLIS 시뮬레이션 지점은 하드웨어 데이터와 중첩하여 비교하였습니다.

Step load increase from 10A to 20A

Time-domain simulation vs. experimental results

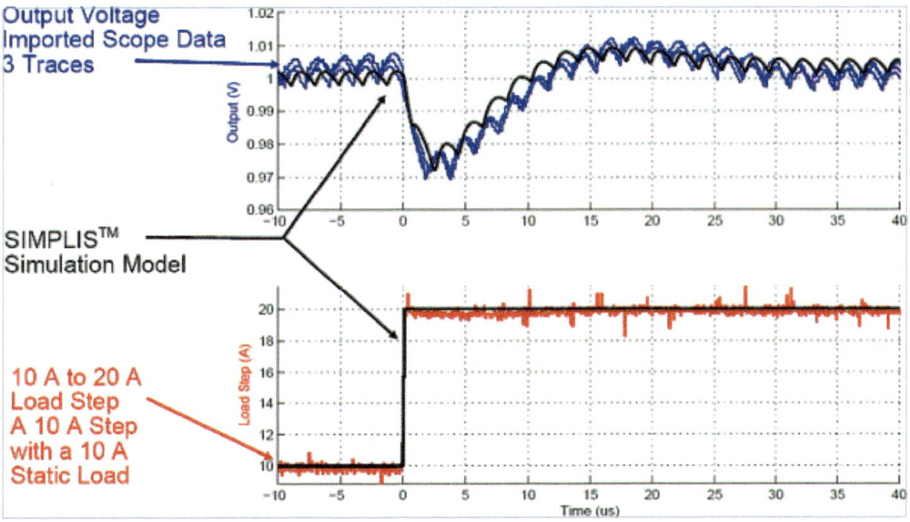

Step load decrease from 20A to 10A

Time-domain simulation vs. experimental results

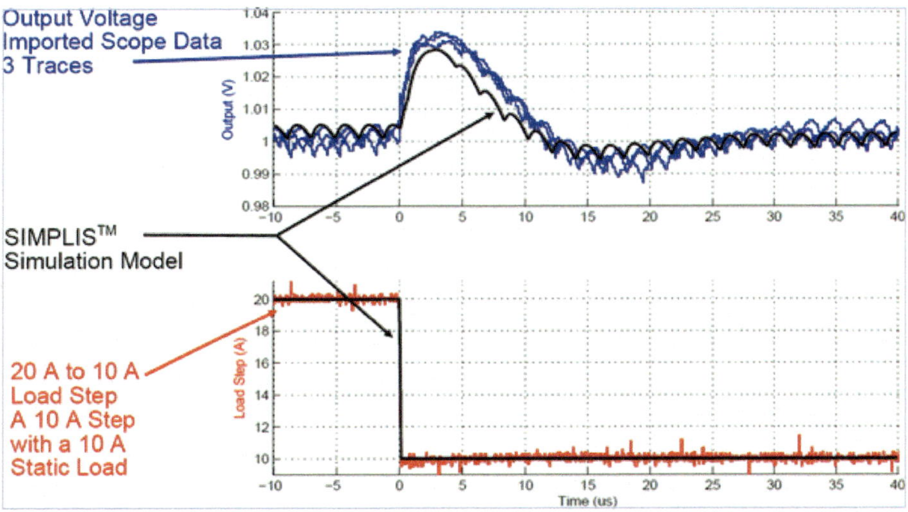

SIMPLIS Basics

다음 표의 항목을 이해하면 SIMPLIS 의 핵심 기능을 활용할 수 있는 능력이 향상됩니다.

https://www.simplistechnologies.com/documentation/simplis/what_is_simplis/topics/simplis_basics.htm

Topic Link	Description
Piecewise Linear Modeling	Details the SIMPLIS approach to modeling.
PWL Models for Semiconductor Devices	Explains how semiconductor devices (MOSFET, IGBT, Diodes, etc.) are modeled in SIMPLIS.
SIMPLIS Analysis Modes	Advanced SIMPLIS Training module on Analysis Modes.
Monte-Carlo	Advanced SIMPLIS Training topic on Monte-Carlo analysis.
Multi-Step	Advanced SIMPLIS Training topic on Multi-step analysis.
Multi-Core Monte-Carlo and Multi-Step Simulations	Multi-core solutions to speed up Monte-Carlo and multi-step analyses.
SystemDesigner	The sampled-time simulator built into SIMPLIS which is used to simulate digitally controlled converters.
Multi-Tone AC Analysis	An alternative to SIMPLIS AC analysis, used for circuits which have no Periodic Operating Point (POP) solution.
Design Verification Module	Automates simulations and verifies designs and produces a detailed test report.

1 SIMetrix

Training with tutorial

서론

이 장에서는 SIMetrix 를 시작하는 데 도움이 되는 여러 자습서에 대해 설명합니다.

Tutorial 1 은 전체 초심자를 대상으로 합니다. 이미 SPICE 유형 프로그램에 대한 경험이 있는 경우 Tutorial 2 로 건너뛸 수 있습니다.

Tutorial 2 에서는 사용자가 회로도 편집기 사용의 기본 사항을 파악했다고 가정합니다. Tutorial 1 에서 V2 와 같은 입력 자극의 특성이나 분석을 설정하는 것에 대해 걱정할 필요가 없습니다.

숙련된 회로 설계자이지만 이전에 회로 시뮬레이터를 사용한 적이 없는 경우 본 페이지의 "2. 초보자를 위한 시뮬레이션"을 읽어 보는 것이 좋습니다. 이렇게 하면 시뮬레이션에 대한 몇 가지 개념이 익숙해집니다. 회로를 평가하는 전통적인 방법에 사용됩니다.

❶ 예제와 Tutorial - 어디 있는가?

Windows 에서 예제 파일은 SIMetrix/SIMPLIS 설치 루트(예: C:₩ProgramData₩SIMetrix Technologies₩SIMetrix(설치버전)₩Updater₩installed) 아래에 처음 설치되지만 해당 위치에서 사용되는 것은 아닙니다. 대신 SIMetrix/SIMPLIS 가 처음 시작될 때 자신의 "내 문서" 폴더에 복사되지만, 그렇게 할 수 있는 경우에만 허용됩니다. 예제 파일을 찾을 수 없으면 설치 루트에서 원하는 위치로 수동으로 복사해야 사용할 수 있습니다. 자습서에서 예제 Directory 는 'Examples'로 참조됩니다.

❷ 초보자를 위한 시뮬레이션

실제 회로를 측정할 때 아마도 전원 공급 장치를 연결하고 일부 신호 소스를 연결할 수도 있습니다. 그런 다음 Oscilloscope 를 사용하여 측정합니다. 회로를 조정하고 곧바로 효과를 볼 수도 있습니다. 시뮬레이션의 경우, 분석 모드를 선택할 수 있으며 모든 모드가 실제와 정확히 동일한 것은 아닙니다. 위에서 설명한 회로의 벤치 테스트 방법과 가장 유사한 분석 모드는 Transient 분석입니다. 이렇게 하면 지정된 시간에 대한 분석이 수행되고 모든 결과가 저장됩니다. 회로의 모든 전압과 전류를 하드 디스크에 저장합니다. 실제 테스트와 시뮬레이션 간의 차이점은 시뮬레이션이 항상 실행되지 않는다는 것입니다. 부품 값을 변경하는 효과를 확인하려면 변경한 다음 시뮬레이션을 다시 실행해야 합니다 회로를 해결하기 위해 시뮬레이터는 모든 시점에서 모든 Node 의 전압을 계산해야 합니다. 디스크 공간에 SIMetrix 는 이러한 모든 값과 장치 전류를 저장합니다. 모든 시뮬레이터에서 이 작업을 수행하는 것은 아니며, 일부는 미리 저장해야 합니다.

실행이 완료되면 분석 기간 동안 임의의 전압, 전류 또는 장치 전력을 보기 위해 무작위로 회로를 Probe 할 수 있습니다. 또한 분석을 실행하기 전에 고정된 Probe 를 회로에 배치하여 시뮬레이션이 실행되는 동안 또는 필요에 따라 완료된 후에 회로의 해당 지점에서 파형이 자동으로 표시되게 할 수 있습니다.

분석 모드에는 주파수 Sweep 을 수행하는 AC 분석, 전압 또는 전류 소스를 램프하는 DC Sweep 및 특정 지점에서 총 잡음을 계산하는 Noise 분석과 Transfer Function 부분이 있습니다.

Analysis Mode - Transient, AC, DE Sweep, Noise, Transfer Function, DCOP

Tutorial 1 Getting Start

이 자습서는 SIMetrix 에 익숙해지는데 도움이 됩니다. 시작하려면 SIMetrix/SIMPLIS 정식 버전 또는 무료 데모 프로그램이 설치되어 있어야 합니다.
데모 버전에 대한 문의는 http://www.igtech.co.kr로 문의 바랍니다.

Learning the Interface

프로그램을 시작하면 하나의 창이 열리고 시작 페이지가 나타납니다. 제품 및 버전에 따라 환영 페이지가 다르게 표시됩니다. 이 페이지에서 최근 파일 열기, 문서보기 및 새로운 회로도 작성과 같은 공통적인 첫 번째 작업을 수행할 수 있습니다.

기본 설정은 File View 와 Command Shell(SIMetrix/SIMPLIS Elements 에서는 Command Shell 을 사용할 수 없음)을 보여주는 패널도 제공합니다. File View 는 Directory 의 내용을 문서 폴더에 표시하고 회로도 및 스크립트와 같은 모든 관련 파일에 빠르게 액세스하는 데 사용할 수 있습니다. Command Shell 은 응용 프로그램과의 고급 상호 작용을 허용하여 Scripting 시스템에 대한 액세스를 제공합니다.

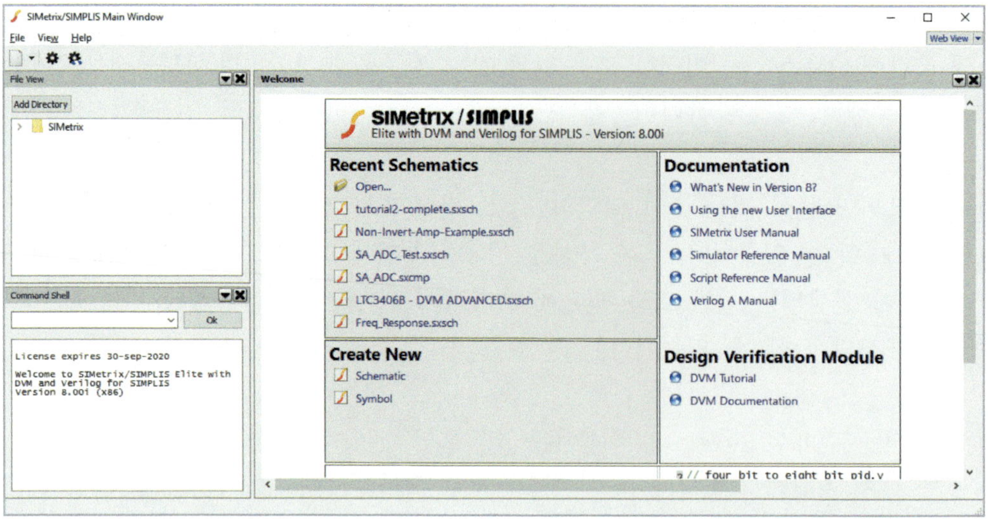

View Panels

SIMetrix 및 SIMetrix/SIMPLIS 내의 모든 패널은 재배치, 크기 조정, 다른 창으로 이동 또는 완전히 닫을 수 있습니다. SIMetrix/SIMPLIS 요소에서 이러한 동작에는 몇 가지 제한 사항이 있습니다.

패널을 이동하려면 각 패널의 상단에 있는 더 어두운 회색 제목 표시 줄을 클릭하고 드래그하십시오. 파란색 개요는 패널을 둘 수 있는 위치를 보여줍니다. 현재로서는 소수의 패널 만 볼 수 있기 때문에 배치 옵션이 상당히 제한될 수 있습니다. 더 많은 수의 회로도 또는 파형으로 작업할 때 이 동작이 더욱 유용해지므로 원하는 레이아웃이나 레이아웃을 나란히 볼 수 있습니다.

각 패널에는 패널을 이동하거나 닫을 수 있는 옵션을 제공하는 자체 Context 메뉴가 있습니다. 상황에 맞는 메뉴는 아래 그림과 같이 메뉴의 아래쪽 화살표 버튼을 누르거나 메뉴를 마우스 오른쪽 버튼으로 클릭하여 열 수 있습니다.

패널은 시스템 패널과 작업 영역 패널의 두 범주로 나뉩니다. 시스템 패널은 File Viewer 및 Command Shell 과 같은 프로그램을 작동하는 방법을 제공합니다. 작업 공간 패널은 프로그램을 사용하여 콘텐트를 만들고 디자인을 검토하는 방법을 제공합니다 (예: Schematic Editor

및 Waveform Viewer). 패널을 사용할 때 발생하는 유일한 차이점은 시스템 패널이 항상 창의 바깥 쪽 가장자리에 나타나고 작업 영역 패널이 창의 중심이나 주요 부분에 나타나는 것입니다. 또한 작업 영역 패널에는 메뉴 모음과 도구 모음이 연결되어 있습니다.

Menu Bar and Toolbar

창의 상단에 나타나는 메뉴 막대와 도구 모음은 현재 선택된 작업 공간 패널에 따라 다릅니다. 다음은 Welcome Page 및 Schematic Editor 에 나타나는 메뉴 표시줄과 도구 모음의 예입니다.

Welcome Page 메뉴표시

Schematic Editor 메뉴표시

창에서 패널의 제목표시줄을 보고 선택된 작업 공간 패널을 알 수 있습니다. 각 제목 표시줄에는 패널의 이름이 있으며, 선택한 작업 공간 패널에는 제목이 굵게 표시됩니다. 패널 내에서 또는 제목 표시 줄을 클릭하여 패널 간에 전환할 수 있습니다. 메뉴 패널이나 도구 모음을 표시하기 위해 선택할 수 없으므로 시스템 패널에는 절대 굵은 제목이 표시되지 않습니다.

도구 모음이 표시되는 작업 영역 패널의 유형을 결정하는 두 번째 방법은 메뉴표시줄과 도구 모음 블록의 오른쪽 상단에 있는 단추를 보는 것입니다. 아래 그림에서 볼 수 있듯이, 그 중 하나가 파란색으로 강조 표시됩니다. 이것은 선택한 작업 영역 패널 유형입니다. 이 버튼을 사용하여 작업 공간 패널 간에 빠르게 전환할 수도 있습니다. 버튼을 클릭하면 창에 마지막으로 본 유형의 패널이 표시됩니다. 화살표를 누르면 이 유형의 모든 패널을 새 창으로 빠르게 이동하거나 이러한 유형의 모든 패널을 닫을 수 있는 메뉴가 나타납니다.

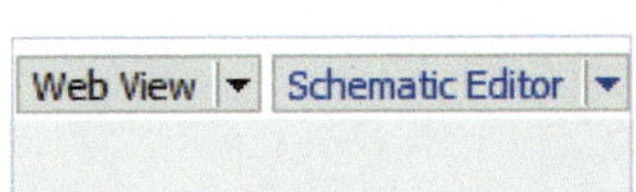

Tutorial 2 Creating a Schematic and Running a Simulation

이 Tutorial 은 간단한 회로도를 작성하고 그 위에 일시적인 분석을 수행하는 방법을 보여줍니다.

Creating a Schematic

어느 창에서나 창의 상단에 있는 메뉴로 가서 File〉 New〉 SIMetrix Schematic 을 선택하십시오. 창에 아래와 비슷한 새 회로도 패널이 표시됩니다.

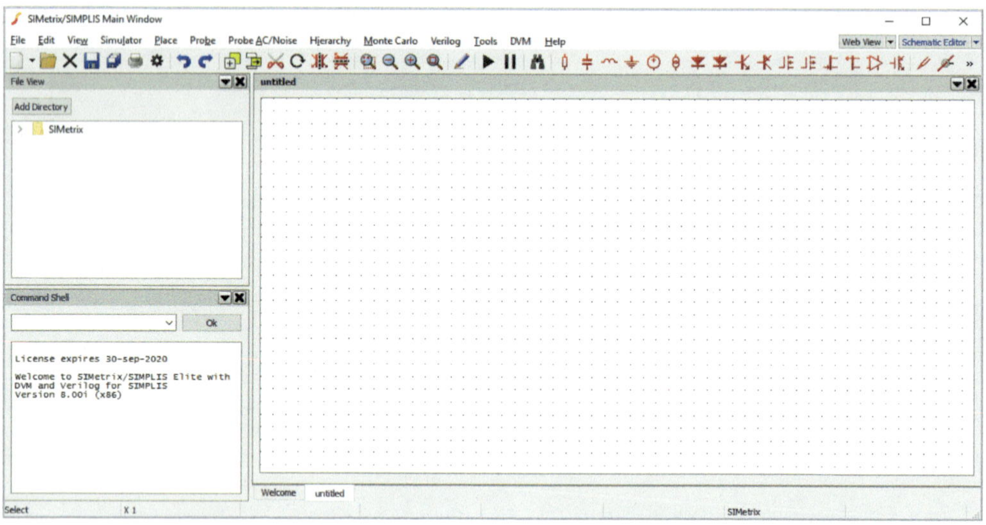

Placing Components (부품 배치)

이 Tutorial 에서는 간단한 비 반전 증폭기를 생성합니다. 먼저, 입력으로 전압 소스, 2 개의 저항, 연산 증폭기 및 접지가 필요한 구성 요소를 배치합니다.

첫 번째 구성 요소를 배치하려면 도구 모음에서  전압 소스 배치 버튼을 누릅니다. 이제 커서를 회로도로 다시 이동하면 전압 소스 구성 요소의 윤곽이 나타납니다. 회로도를 왼쪽 클릭하여 해당 위치에 구성 요소를 배치합니다.

마우스를 움직이면 전압 소스의 외곽선이 여전히 커서에 부착되어 있음을 알 수 있습니다. 이렇게 하면 해당 구성 요소의 다른 요소를 배치할 수 있습니다. 이 자습서에서는 두 번째 전압 소스를 원하지 않으므로 회로도를 마우스 오른쪽 버튼으로 클릭하여 부품 배치를 마칩니다. 커서가 이제 정상으로 돌아갑니다.

다음에는 2 개의 저항기를 배치할 것입니다. 마지막 시간과 마찬가지로, Resistor 버튼을 누르십시오. 그러나 이전과는 달리, 요소를 배치하기 전에 우리는 그것을 90 도 회전시킬 것입니다. 요소를 회전하려면 커서를 다시 회로도로 이동하여 저항 윤곽선이 나타나면 F5 를 누릅니다. 저항은 시계 방향으로 90 도 회전해야 합니다. 이제 마우스 왼쪽 버튼을 클릭하고 레지스터를 배치한 다음 마우스를 회로도의 다른 부분으로 이동하고 왼쪽 클릭하여 두 번째 저항을 배치합니다. 두 개의 레지스터가 모두 배치되면 마우스 오른쪽 버튼을 클릭하여 구성 요소 배치를 마칩니다.

TIP 모든 도식 요소는 F5 의 기본 회전 바로 가기를 누르거나 도구 모음의 회전 단추를 눌러 회전할 수 있습니다.

마지막으로 두 가지 접지 구성 요소 와 op-amp 구성 요소 를 전압 소스 및 저항과 동일한 방법으로 추가하십시오. 현재 우리는 그들의 위치에 대해 걱정할 필요가 없으며 구성 요소는 회로도의 아무 곳에나 배치할 수 있습니다.

구성 요소를 회로도에 배치한 후 구성 요소를 마우스 왼쪽 버튼으로 클릭한 다음 새 위치로 드래그하여 이동할 수 있습니다. 첫 번째 구성 요소를 마우스 왼쪽 버튼으로 클릭하여 여러 구성 요소를 선택한 다음 Ctrl 키를 누른 상태로 다른 구성 요소를 클릭하여 선택하고 함께 이동할 수 있습니다. 모든 구성 요소가 선택되면 제어키를 놓고 클릭한 다음 선택한 구성 요소 중 하나를 끕니다. 선택한 구성 요소는 기본적으로 파란색으로 표시됩니다.

아래 그림과 같이 대략적으로 배치되도록 구성 요소를 회로도에 정렬하십시오.

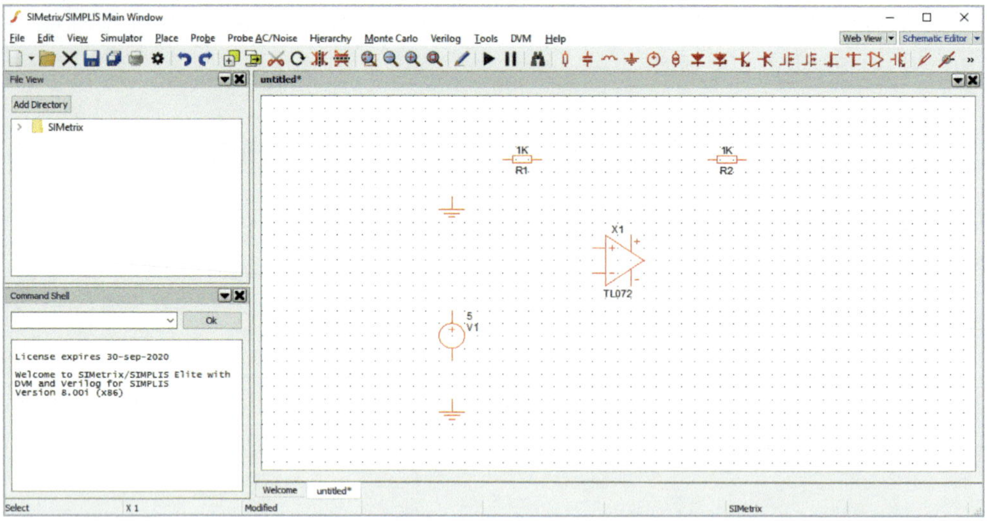

Placing Wires

다음으로 우리는 컴포넌트를 연결하기 위한 와이어를 추가할 것입니다. SIMetrix 는 와이어를 부착해야 하는 점을 지정함으로써 와이어를 빠르고 쉽게 배치할 수 있는 스마트 배선 설비를 제공합니다.

시작하려면 커서를 가장 왼쪽에 있는 가장 왼쪽의 핀 (위의 예제 그림에서 R1)의 왼쪽 핀으로 옮기십시오. 커서가 십자선에서 연필모양으로 바뀝니다. 핀을 왼쪽 클릭하면 핀에서 커서까지 직선이 그려지는 커서를 움직일 때 알 수 있습니다.

이제 커서를 가장 가까운 접지 구성 요소의 핀으로 이동시키고 핀을 클릭하십시오. 두 개의 핀을 자동으로 연결하는 전선이 추가됩니다. 귀하의 설계도는 아래 그림과 같아야 합니다.

> **TIP** Smart Wiring 기능은 복잡한 레이아웃을 처리할 수 있습니다. 자동 생성된 와이어는 항상 배치된 구성 요소를 거치지 않고 일반적으로 합리적인 경로를 제공하려고 시도합니다.

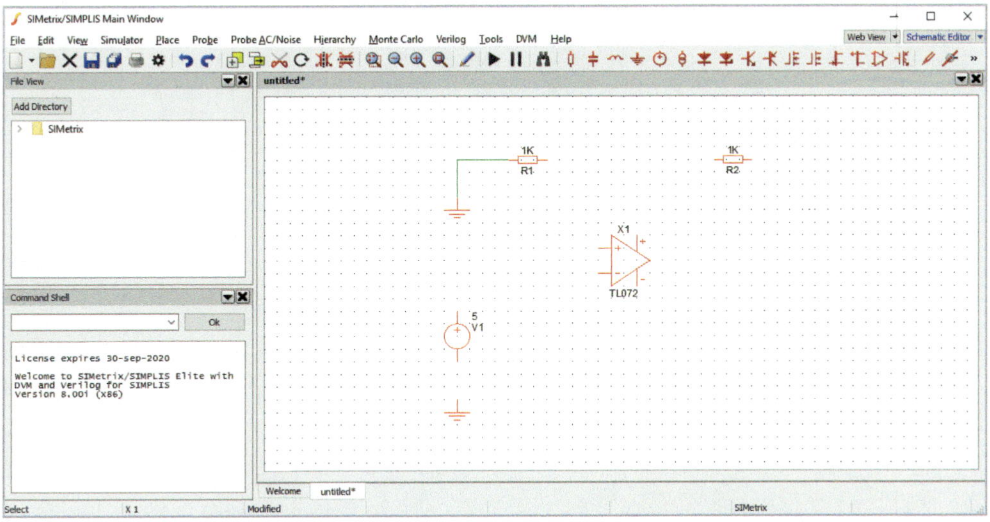

다음으로 우리는 전압 소스의 양의 출력을 연산 증폭기의 양의 입력에 연결합니다. 우리는 전과 같이 이것을 할 수 있었지만, 나중에 왼쪽의 저항을 음의 입력에 연결할 때 연산 증폭기와 교차하는 전선으로 끝날 것입니다. 이상적으로 우리는 입력 핀이 반대 방향이 되도록 연산 증폭기를 수평으로 뒤집기를 원합니다.

컴포넌트를 뒤집으려면 op-amp 를 마우스 왼쪽 버튼으로 클릭하고 (선택한 컴포넌트만 선택) 툴바에서 Flip 버튼  을 누릅니다. 이제 구성 요소가 양수 및 음수 반전되어 반전됩니다. 컴포넌트는 뒤집기 전에 위치가 조금 더 높아 보이므로 아래로 내려서 놓은 다음 전압 소스 포지티브 출력과 연산 증폭기 포지티브 입력을 연결하십시오.

> **TIP**
>
> 플립의 기본 바로 가기 키는 Shift-F6 입니다. 또한 Mirror 버튼이나 단축키 F6 을 눌러 요소를 Mirror 할 수 있습니다. 모든 도식 요소는 임의의 조합으로 자유롭게 회전, 뒤집기 및 대칭할 수 있습니다.

모든 연결을 계속해서 연결하면 비 반전 증폭기가 아래 이미지처럼 보입니다. 전선을 이동해야 하는 경우 구성 요소에서와 마찬가지로 전선을 클릭하고 끌 수 있습니다. 부착된 와이어는 이동위치에 따라 형태와 크기를 자동으로 조정하려고 합니다.

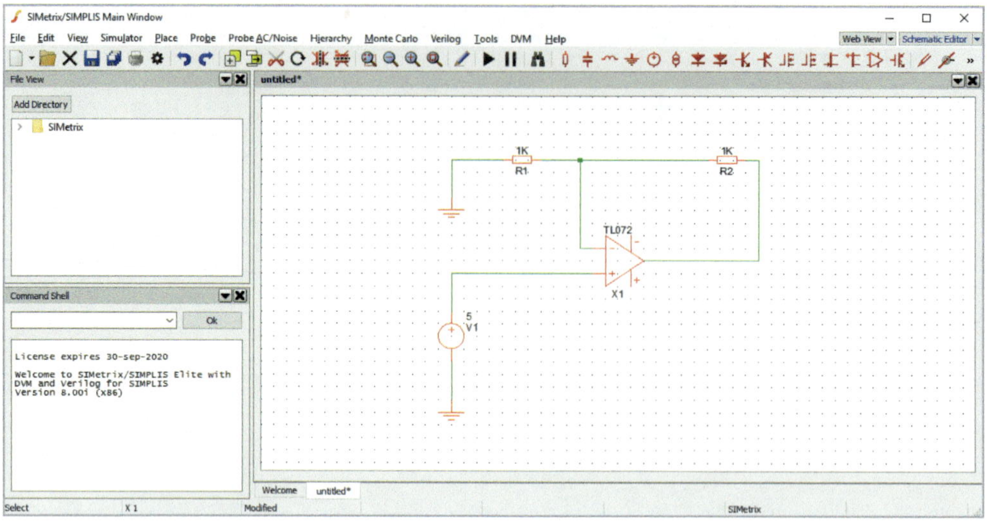

Connectors

다음으로 우리는 전원 레일을 연산 증폭기에 추가할 것입니다. 우리의 디자인을 깨끗하게 유지하기 위해 전원 공급 장치에서 전선을 직접 연산 증폭기로 연결하는 대신 커넥터를 사용합니다.

우리는 + 5V 사이에서 작동하는 전원 공급 장치를 구축함으로써 연결을 시작할 것입니다. 전원 공급 장치를 만들려면 Place(배치) 〉 Voltage Sources(전원 공급 장치) 〉 Power Supply (전원 공급 장치) 메뉴를 사용하여 두 개의 전원 공급 장치 구성 요소를 서로 수직으로 배치하십시오.

그런 다음 아래 그림과 같이 접지 구성 요소를 추가하고 3 개 모두를 함께 연결하십시오.

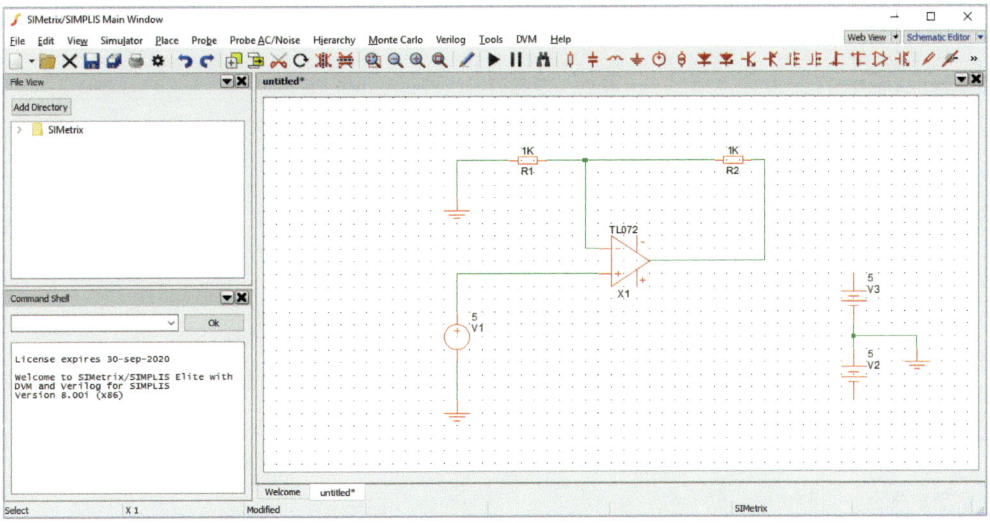

기본적으로 전원 공급 장치는 5V 를 생성하므로 + 5V 및 -5V 출력을 갖습니다.

다음에는 + 5V 소스와 -5V 의 두 커넥터 중 하나를 추가할 것입니다. 같은 이름의 커넥터는 모두 직접 연결됩니다. 따라서 접지 구성 요소는 커넥터 구성 요소의 일반적으로 사용되는 케이스이며, 기본적으로 자체 심볼이 있습니다.

커넥터를 추가하려면 Place(위치) 〉 Connectors(커넥터) 〉 Terminal(터미널)로 이동한 다음 필요에 따라 커넥터를 회전하여 전원 공급 장치의 위와 아래에 커넥터를 놓습니다.

기본적으로 모든 커넥터는 VOUT 에 연결됩니다. 우리는 + 5V 및 -5V 연결을 갖기 위해 커넥터의 이름을 변경해야 합니다.

커넥터 이름을 변경하려면 커넥터 요소 중 하나를 두 번 클릭하십시오. VOUT 의 기본값을 사용하여 텍스트를 입력하라는 팝업 상자가 나타납니다. 두 번 클릭한 커넥터에 따라 텍스트를 + 5V 또는 -5V 로 변경한 다음 확인을 누릅니다. 커넥터 위 또는 아래에 표시된 레이블이 변경되었음을 알 수 있습니다. 다른 커넥터에 대해 이름 변경 단계를 반복하십시오. 작성한 설계도는 다음과 같습니다.

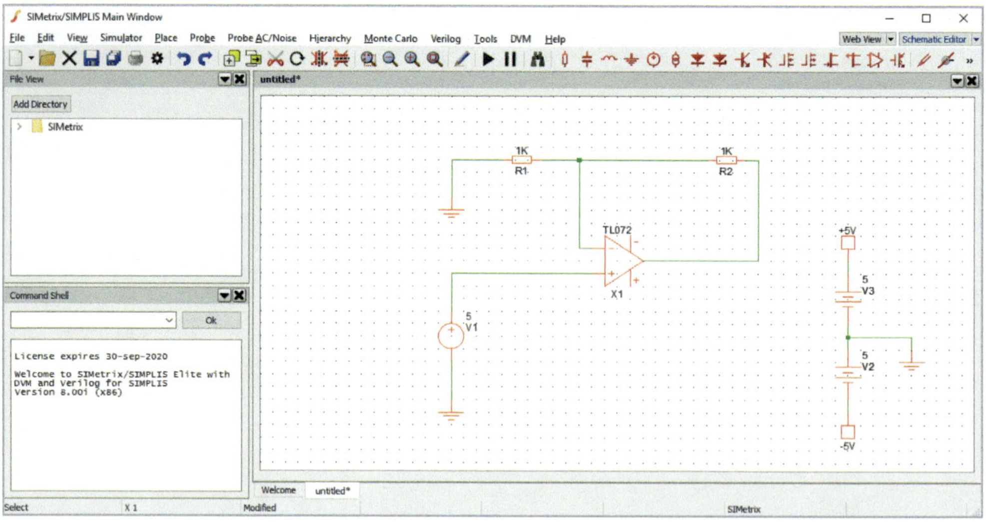

이제 연산 증폭기의 전원 레일에 맞는 커넥터를 추가해야 합니다. 먼저 + 5V 커넥터를 클릭하여 선택한 다음 복제 버튼  (또는 기본 단축키 Control-D)을 누릅니다. 커서는 커넥터의 윤곽을 표시하고 필요에 따라 이동 및 회전하여 연산 증폭기의 + 전원 레일 옆에 놓습니다. -5v 전원 공급 장치에 대해 이를 반복하고 새 커넥터를 op-amp 의 전원 레일 핀에 연결합니다.

TIP 복제 키는 SIMetrix 내에서 지원되는 복사 및 붙여 넣기를 수행하는 빠른 방법입니다. 구성 요소 요소를 선택하고 복사(Control-C)를 수행한 후 선택한 구성 요소를 동일한 회로도, 다른 회로도 또는 다른 프로그램의 그림에 붙여 넣을 수 있습니다.

완성된 회로도는 다음과 같아야 합니다.

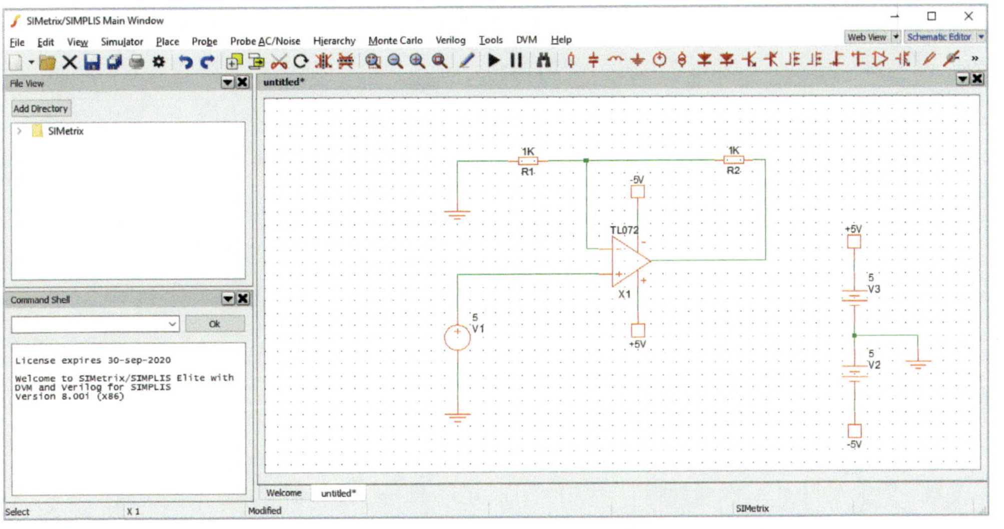

Running a Simulation

설계도가 배치되면 이제 첫 번째 시뮬레이션을 실행할 수 있습니다. 회로도를 시뮬레이션 하려면 먼저 수행할 분석 유형을 선택해야 합니다.

Simulator 〉 Choose Analysis.... 메뉴로 이동하십시오. 아래 창이 열립니다.

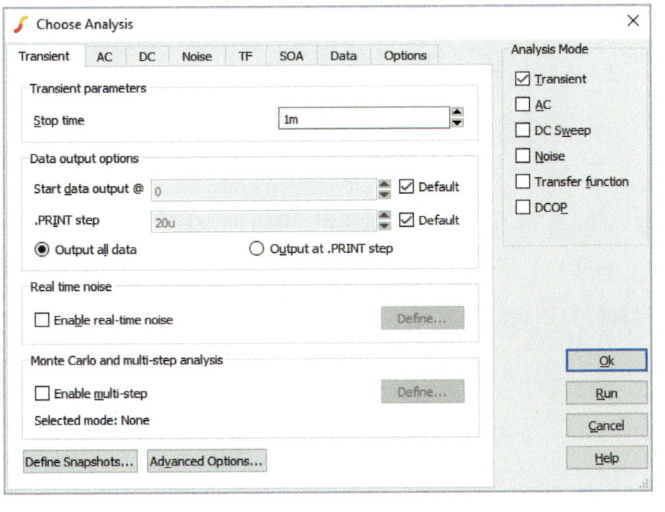

표시되는 창과 여기에 표시된 창의 모양이 다르고 창 제목에 'SIMPLIS'라는 단어가 있으면 잘못된 시뮬레이터를 사용하고 있는 것입니다.

이 경우 분석 상자를 닫고 Simulator 〉 Switch to SIMetrix Mode 로 전환 메뉴를 선택하기만 하면 됩니다. 그런 다음 분석 선택 창을 다시 열면 위에 표시된 창이 나타납니다.

우리는 Transient 시뮬레이션을 실행하기를 원합니다. 따라서 분석 모드에서 창의 오른쪽에 있는 Transient 상자를 클릭하여 선택하십시오. 선택이 끝나면 창 오른쪽 하단의 실행 버튼을 누릅니다.

분석 선택 창이 사라지고 시뮬레이터 창이 열립니다. 모든 것이 예상대로 작동하면 완료 상태를 보여 주며 아래처럼 보입니다.

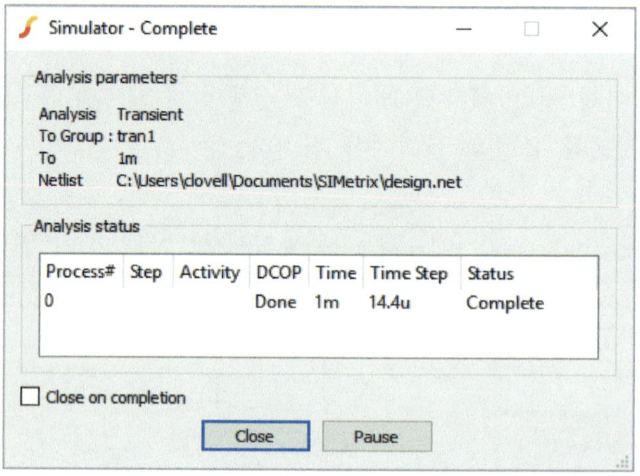

시각적으로 대화 상자는 우리가 회로를 설정한 방법에 따라 시뮬레이션의 유일한 즉각적인 결과물입니다. 회로도를 다시 클릭한 다음 F11 키를 눌러서 볼 수 있는 Netlist 가 생성되었습니다. 텍스트 상자가 아래 그림과 같이 회로도 아래에 나타납니다. F11 키를 다시 누르면 텍스트 상자가 사라집니다.

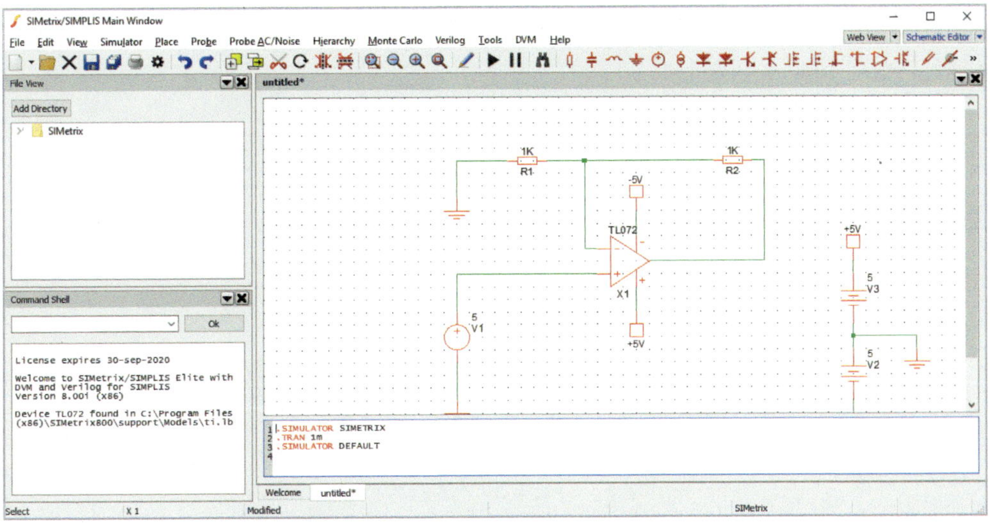

Probe〉 Voltage... 메뉴를 사용하여 회로 내의 전압을 조사할 수 있습니다. 커서가 전압 Probe의 아이콘으로 바뀝니다. 그런 다음 배선을 클릭하여 전압을 검사하면 회로도 옆의 새 패널에 Waveform Viewer 가 자동으로 나타납니다. 다음 그림에서 전압원의 출력과 연산 증폭기를 연결하는 선과 연산 증폭기의 출력에 연결된 선을 측정했습니다.

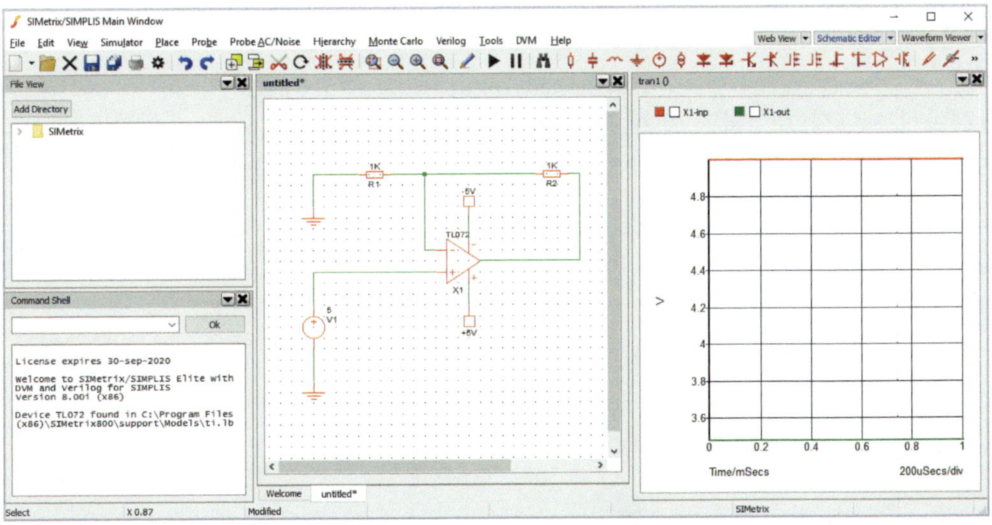

이것은 입력 전압이 전반적으로 일정하게 유지되기 때문에 분명히 실행된 상당히 단순한 시뮬레이션입니다. 따라서 전압 소스의 매개변수를 조정해야 합니다.

속성을 조정하려면 전압 소스 구성 요소를 두 번 클릭하면 다음 창이 표시됩니다 (기본적으로 펄스 탭이 선택됨에 유의하십시오).

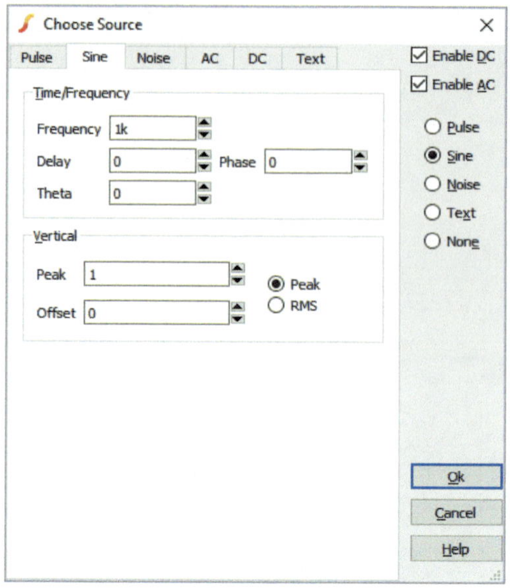

Enable AC 을 체크하고 Sine 옵션을 선택한 다음 확인을 누릅니다. 전압 소스 옆의 레이블은 구성 요소에 대한 조정을 반영하여 변경됩니다.

시뮬레이션을 다시 실행하기 전에 각 시뮬레이션 후에 수동 Probe 를 수행하는 대신 고정 Probe 를 회로도에 배치하여 전압을 조금 더 빨리 확인하는 프로세스를 진행합니다.

고정 Probe 를 배치하려면 Place 〉 Probe 〉 Voltage Probe (또는 키보드 단축키 B 를 사용)로 이동하여 이전 구성 요소와 동일하게 Probe 를 배치하십시오. 하나는 전압 소스와 연산 증폭기를 연결하는 와이어에, 다른 하나는 연산 증폭기 출력에 연결된 와이어입니다.

Waveform Viewer 패널을 닫으십시오.

마지막으로 실행 도구 모음 버튼  을 누르거나 설계도를 클릭하고 F9 를 눌러 시뮬레이션을 다시 실행하십시오. 최종 출력은 아래 표시된 것과 같아야 합니다.

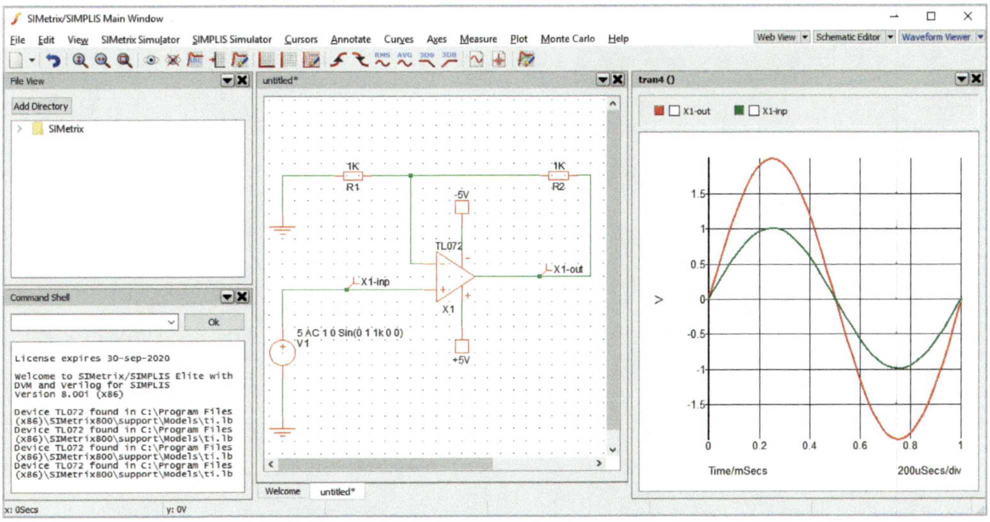

Tutorial 3 Using the Waveform Viewer

이 Tutorial 에서는 SIMetrix Waveform Viewer 사용에 대해 자세히 배웁니다.

Getting Started

먼저, 이전의 Tutorial 에서 작성한 비 반전 앰프의 파형 출력이 필요합니다. 이전 Tutorial 에서 계속하고 있다면 이미 출력이 있어야 하며 SIMetrix 작업 공간은 아래의 것과 비슷해야 합니다. 본 Tutorial 을 시작한다면 위의 회로도를 작성하고(Tutorial 2 참고) 시뮬레이션을 실행하십시오.

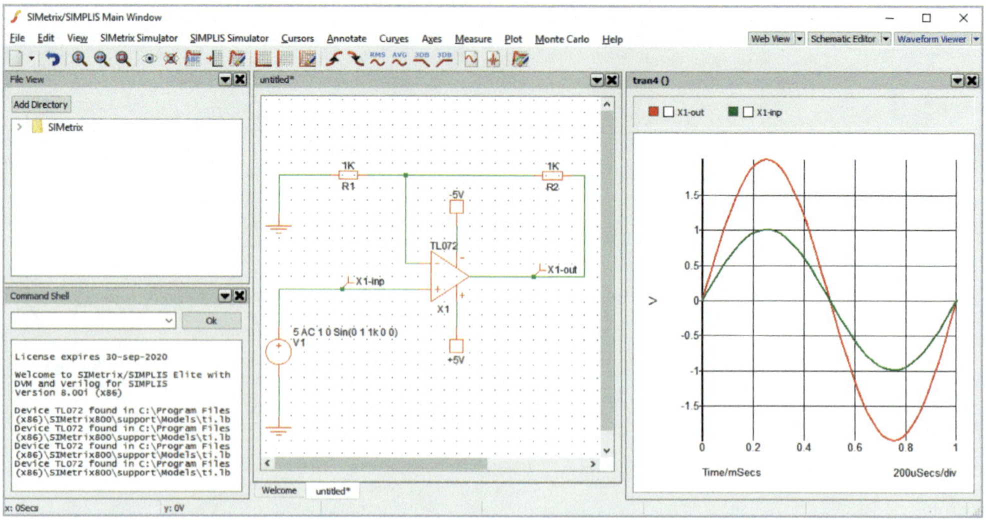

파형에만 집중할 수 있도록 전체 작업 공간 패널 영역을 차지하도록 파형 패널을 이동합니다. 이렇게 하려면 파형의 제목 표시 줄을 클릭하고 드래그하십시오.(예제 그림에서는 제목이 tran4 ()입니다만, 제목이 다른 숫자로 표시될 수 있으며 이전에 회로도를 저장한 경우 파일 경로가 포함될 수 있음). 패널을 드래그하면 파란색으로 강조 표시된 영역이 주 작업 영역 패널 영역 위에 나타나고 파란색으로 강조 표시된 영역에서 마우스를 놓으면 창이 해당 영역으로 이동합니다.

파형 패널을 놓았을 때 새 창에서 열리면 패널 제목 표시 줄의 아래쪽 화살표를 클릭하여 메뉴 Context 패널을 열고 메뉴 옵션 Dock to...〉 SIMetrix Main Window 를 선택하십시오. 이름은 SIMetrix/SIMPLIS 또는 SIMetrix/SIMPLIS Elements 를 사용하는지 여부에 따라 다르게 나타날 수 있지만 주 윈도우 이름은 그대로 유지됩니다. 이제 파형이 기본 창으로 돌아와서 원하는 위치에 도킹되어야 합니다.

작업 공간이 다음과 같이 표시됩니다.

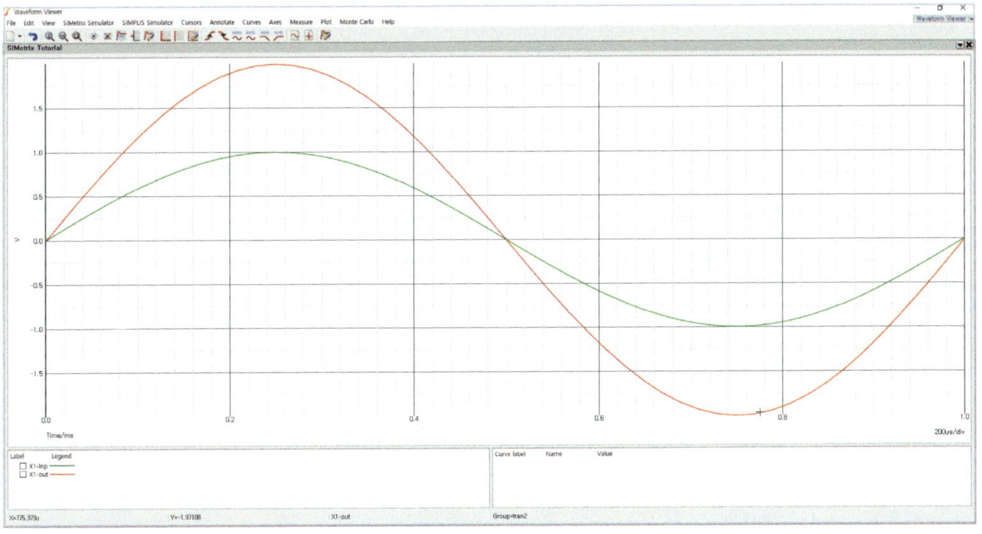

Moving and Zooming

먼저 파형보기, 뷰 영역 이동 및 확대 / 축소를 통해 화면에 표시되는 내용을 조정하는 일반적인 요구 사항부터 시작하겠습니다. 전반적으로 기본 단축키를 사용하지만 보기 메뉴에서 적절한 메뉴 옵션을 사용하여 모든 작업을 수행할 수도 있습니다.

> **TIP** 화면에서 파형이 사라지는 상황에서 시작하면 쉽게 시작할 수 있습니다. 창에 맞추기 버튼 (바로 가기 키 홈)은 플롯 된 파형이 모두 보이는 영역 내에 완전히 들어갈 수 있도록 디스플레이를 반환합니다.

시작하려면 키보드 커서 키를 사용하여 파형에서 위, 아래, 왼쪽 및 오른쪽으로 보고 있는 영역을 이동할 수 있습니다. F12 키를 눌러 축소하고 Shift-F12 키를 눌러 다시 확대할 수 있습니다. 이러한 모든 움직임은 고정된 일정한 양으로 이루어집니다.

보려는 영역을 클릭하고 드래그하여 파형의 특정 영역을 볼 수 있습니다. 파형을 클릭하여 끌면 방출 후 표시될 영역을 보여주는 상자가 나타납니다. 이렇게 하면 해당 영역만 표시되도록 자동으로 이동 및 확대 / 축소가 조정됩니다. 단축키 Home 을 사용하여 전체 파형보기로 돌아가는 것을 잊지 마십시오.

이전 확대 / 축소 또는 이동 설정으로 돌아가려면 [실행 취소 줌] 단추 (바로 가기 Ctrl-Z)를 사용할 수 있습니다.

Measurements

Waveform Viewer 는 RMS, 주파수 및 최소 / 최대 값과 같은 플롯 된 커브에 대한 특정 측정을 적절하게 제공할 수 있습니다.

먼저 측정 값을 받기 원하는 커브를 선택해야 합니다. 곡선은 파형 플롯 위에 있는 범례 상자를 통해 선택할 수 있습니다. 아래 그림과 같이 범례 상자에 모든 커브가 표시되고 색상, 이름 및 측정 값이 표시됩니다.

우리는 X1-out 과 X1-inp 곡선을 모두 선택하려고 합니다. 이렇게 하려면 범례 상자로 이동하여 이름 X1-out 및 X1-inp 옆에 있는 확인란을 클릭하십시오.

다음으로 두 곡선의 RMS, Mean 및 Maximum 에 대한 측정을 요청할 것입니다. 이렇게 하려면 메뉴에서 Measure 〉 RMS, Measure 〉 Mean, Measure 〉 Maximum 각각 클릭하면 아래에 범례 상자에 측정 값이 표시됩니다.

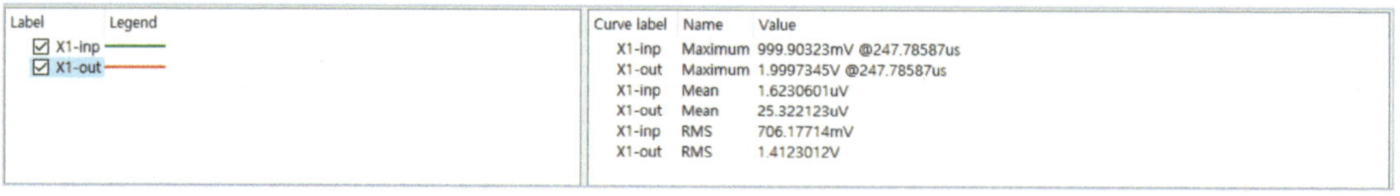

TIP 선택한 곡선 유형에 적용할 수 없는 측정 값을 선택하면 Command Shell 에 측정을 제공할 수 없는 이유를 알리는 오류 메시지가 표시됩니다.

이제 작업 공간이 X1-out 및 X1-inp 커브에 대한 측정 값과 함께 아래와 유사하게 나타납니다.

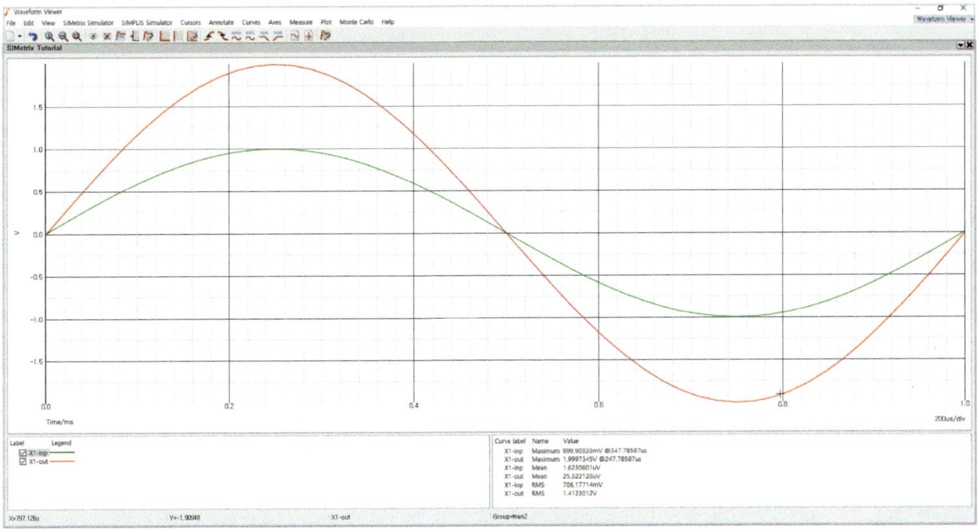

측정을 제거하려면 Measure 〉 Delete All Measurements 메뉴를 사용하십시오. 특정 측정 값을 제거하려면 하나의 커브만 선택하고 Measure 〉 Delete Measurements... 메뉴를 사용하고 제거할 측정 값을 선택하십시오.

Cursors

커서는 파형 창 내의 두 지점 사이의 간격 또는 차이를 측정하는 방법을 제공합니다. 그들은 특정 곡선을 따라 가며 두 Marker 사이의 차이가 표시되는 곡선을 따라 특정 지점에 Marker를 배치할 수 있습니다.

커서를 켜려면 Cursors 〉 Toggle On/Off 메뉴를 사용하십시오. 커서 사용법에 대한 간략한 설명을 제공하는 팝업 상자가 나타날 수 있습니다. 이제 작업 공간이 아래와 유사하게 나타납니다.

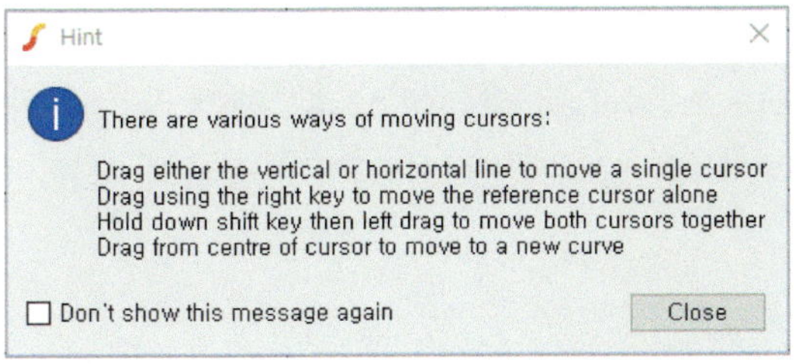

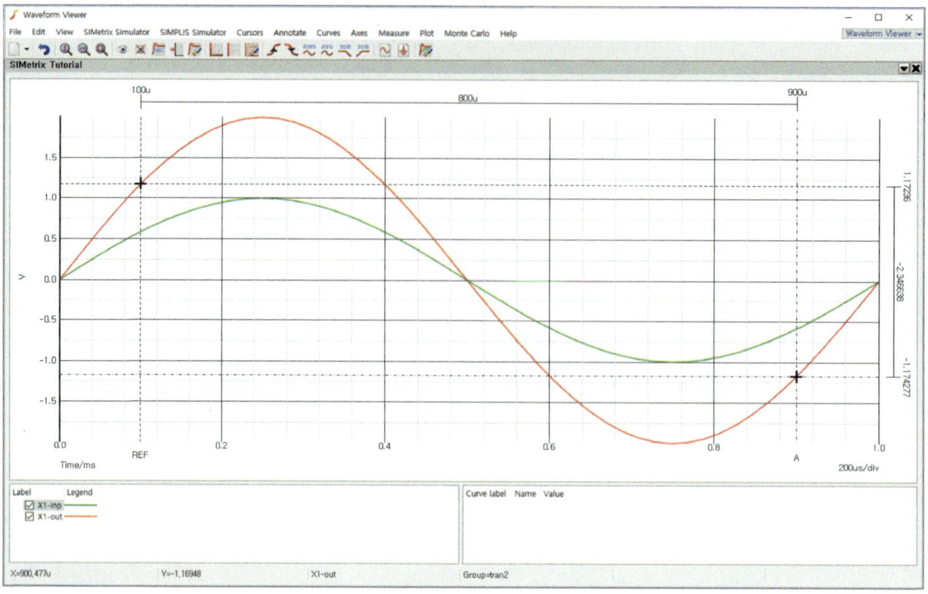

초기에는 REF 와 A 로 표시된 두 개의 커서가 제공되며, 이 레이블은 X 축에서 찾을 수 있습니다. 커서는 곡선의 두 지점에 위치하며 기본적으로 점은 레이블 이름에서 오는 세로선과 동일한 선 스타일을 가진 가로선의 교차점에 배치됩니다. 커서는 이 교차점에서 가로 세로 십자가로 시각적으로 표시됩니다.

커서 위치의 x 및 y 값은 x 값에 대한 파형 위에 표시되고 y 값에 대한 파형의 오른쪽에 표시됩니다. x 와 y 커서 값의 차이점도 같은 영역에 표시됩니다.

마우스 포인터를 수평 점선 중 하나로 이동하여 마우스 포인터가 수평 크기 조정 아이콘으로 변경된 다음 마우스 왼쪽 버튼을 클릭하고 드래그하여 왼쪽 또는 오른쪽으로 이동하여 커서를 x축을 따라 이동할 수 있습니다. 커서 y 값은 곡선을 따릅니다. 마찬가지로 수평 점선 중 하나를 드래그하여 y 축을 따라 이동할 수 있습니다. 이 이동은 커서가 이동되는 방향 또는 표시된 축 영역의 최대 값 중 작은 값과 최소값의 곡선의 최소값 및 최대 값에 고정됩니다. 커서를 위, 아래, 왼쪽 또는 오른쪽으로 완전히 드래그하면 곡선의 최대 범위로 커서가 이동합니다. 커서가 필요에 따라 최대 또는 최소이면 커서가 곡선의 다른 영역으로 점프하는 것처럼 보일 수 있습니다.

현재 커서는 모두 동일한 커브에 연결되어 있습니다. 이제 X1-out 의 최대값과 X1-inp 의 최소값 사이의 전압 차를 측정하고자 한다고 가정해 봅시다. 이렇게 하려면 커서 중 하나를 다른 커브로 이동해야 합니다. 이 예에서는 현재 두 커서가 모두 X1-out 에 연결되어 있다고 가정하고 A 커서를 X1-inp 로 이동합니다. 현재 커서가 다른 곡선에 연결되어있는 경우 아래 지침을 따르되 REF 가 X1-out 에 연결되고 A 가 X1-inp 에 연결되어 있는지 확인하십시오.

커서 A 의 교차점 위에 마우스 포인터를 올려 커서 A 를 이동하십시오. 마우스 포인터는 화살표가 위, 아래, 왼쪽 및 오른쪽으로 이동하는 아이콘으로 변경되어야 합니다. 이 아이콘이 표시되면 마우스 왼쪽 버튼을 클릭하고 드래그 한 다음 마우스 포인터를 X1-inp 곡선을 따라 점으로 이동하고 마우스 버튼을 놓습니다. 이제 커서가 X1-inp 커브에 스냅되어야 합니다.

다음으로 최대 곡선 X1-out 을 선택하려면 수평 커서 표식을 끌어 REF 커서를 완전히 위로 이동하십시오. 제품 버전에 따라 최대 값을 얻으려면 x 위치를 약간 조정해야 할 수도 있습니다. 마찬가지로 A 커서를 완전히 아래로 움직여 X1-inp 곡선의 최소값을 얻습니다. 작업 공간은 3V 의 전압 차이를 보여 주며 다음과 유사해야 합니다.

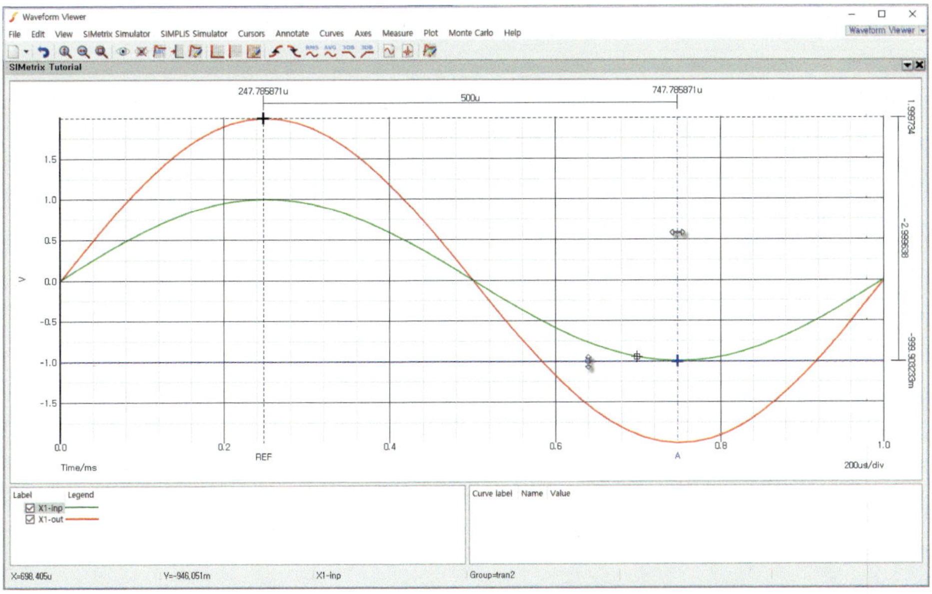

다음으로 우리는 또한 X1-out 의 최소값을 측정하고 이것을 X1-out 의 최대 값과 비교합니다. 커서 A 를 이동하는 대신 새 커서를 추가하여 동시에 두 개의 차이 측정 값을 볼 수 있습니다.

메뉴를 사용하여 Cursors 〉 Add Additional Cursor... 새 커서의 정의를 묻는 팝업이 아래와 같이 표시됩니다.

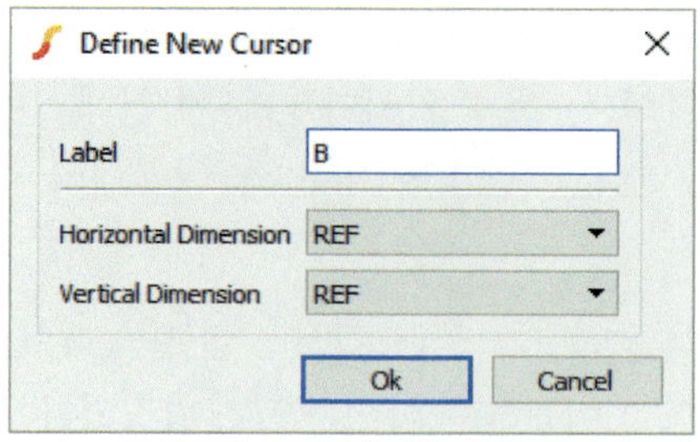

커서는 수평 및 수직 치수로 측정 값을 표시할 때 부착된 레이블 및 커서로 정의됩니다. 우리는 기본 설정을 사용하여 B 자체라는 새로운 커서를 제공하여 REF 커서와의 차이점을 측정합니다. Ok 를 눌러 커서를 추가하십시오.

새로운 커서가 이제 파형에 나타나며, 보이는 파형 영역의 가장 왼쪽에서 찾을 수 있습니다. 우리가 더 일찍 수행한 것처럼 새로운 B 커서를 X1-out 의 가장 낮은 지점에 놓으려면 커서가 첨부된 커브를 변경해야 할 수도 있습니다. 작업 공간이 아래처럼 보입니다.

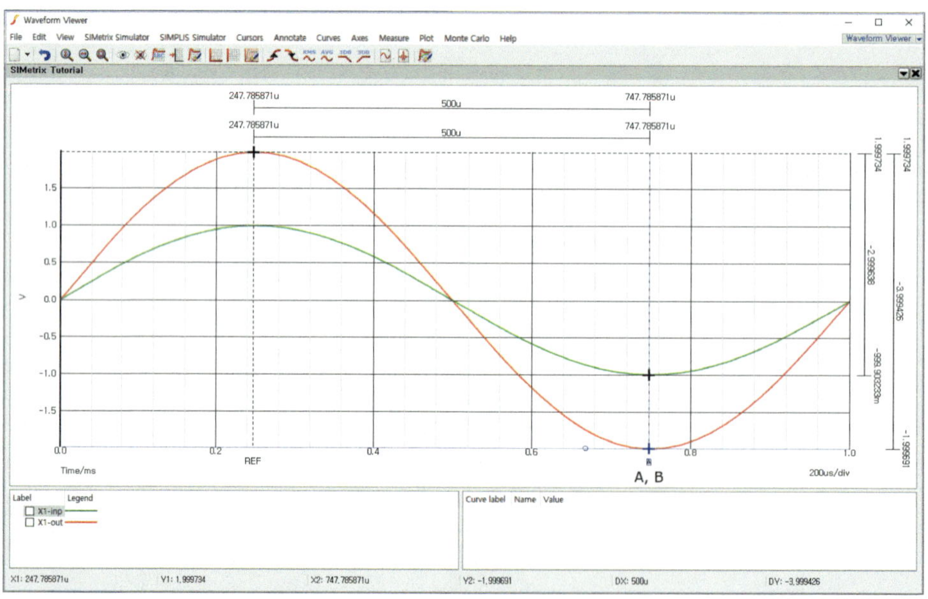

여러 개의 커서가 파형에 배치되면 여러 개의 측정 표시기가 파형과 나란히 표시됩니다. 이 경우 두 곡선 사이의 전압 차이를 각각 3V 와 4V 로 읽을 수 있습니다.

커서를 끄려면 메뉴 Cursors 〉 Toggle On/Off 을 사용하거나 두 개의 첫 번째 커서 외에도 추가 된 커서를 제거하려면 Cursors 〉 Remove Additional Cursors..메뉴를 사용하여 제거할 추가 커서를 선택하십시오.

Axes

이 섹션에서는 축에 대해 수행할 수 있는 몇 가지 기본 작업에 대해 설명합니다. 여기에는 축의 가시 영역 조정, 추가 y 축 처리 및 각 커브가 자체 축을 갖도록 커브 분할이 포함됩니다.

시작하려면 축의 가시적인 제한을 조정할 것입니다. Axes 〉 Edit Axes ... 메뉴를 사용하면 아래와 비슷한 팝업 창이 뜹니다.

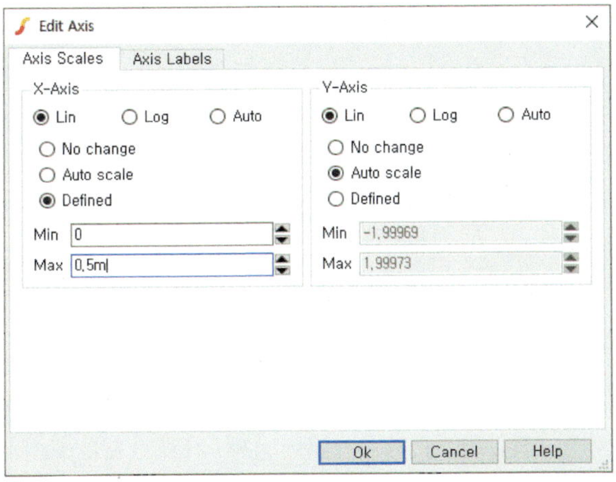

여기에서 x 축과 y 축에 사용된 제한을 조정하고 축척 유형을 변경하며 사용된 레이블을 조정합니다. 이 Tutorial 에서는 축 제한을 조정할 것입니다. 기본적으로 축 제한은 x 축과 y 축 모두에 대해 자동 축척이 선택되는 옵션에서 볼 수 있듯이 곡선 내의 데이터에서 자동으로 파생됩니다.

x 축 상자에서 선택 항목을 Auto Scale 에서 Defined 로 변경합니다. 이제 최소 및 최대 필드가 x 축에서 활성화됩니다. 최대 값을 0.5m 로 조정하고 확인을 누릅니다. 파형은 x 축이 0 에서 500μs 가 되도록 조정됩니다. 원하는 경우 오른쪽 커서 키를 사용하여 x 축을 따라 이동하고 동일한 수준의 확대 / 축소 수준을 유지하면서 커브를 더 많이 표시할 수 있습니다.

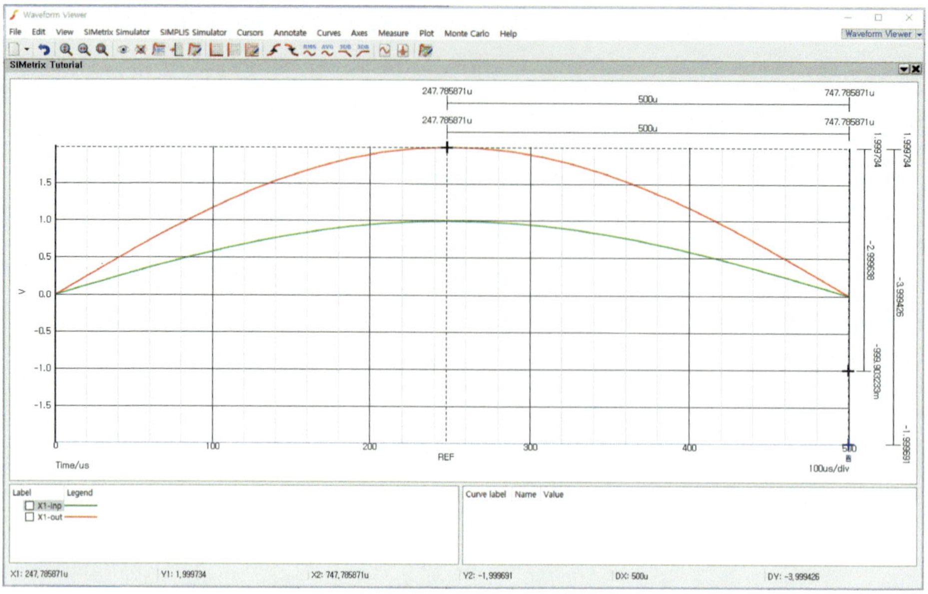

단축키 Home 을 사용하여 보기를 다시 설정하십시오.

다음으로 우리는 다른 측정 단위를 사용하는 곡선을 그릴 것입니다. 파형 패널의 하단에 있는 탭을 사용하여 파형을 생성하는데 사용한 비 반전 증폭기 회로도로 다시 전환하십시오.

우리는 연산 증폭기의 출력에서 전류를 플로팅 할 것입니다. 이렇게 하려면 회로도를 선택하고 Probe 〉 Current in Device Pin ... 메뉴를 사용하면 커서가 Probe 의 아이콘으로 바뀝니다. 연산 증폭기의 출력 핀을 클릭하십시오. Viewer 는 자동으로 Waveform Viewer 로 다시 바뀌며, 여기에 우리가 선택한 전류를 보여주는 세 번째 커브가 표시됩니다. 이 커브는 아래의 것과 유사해야 합니다.

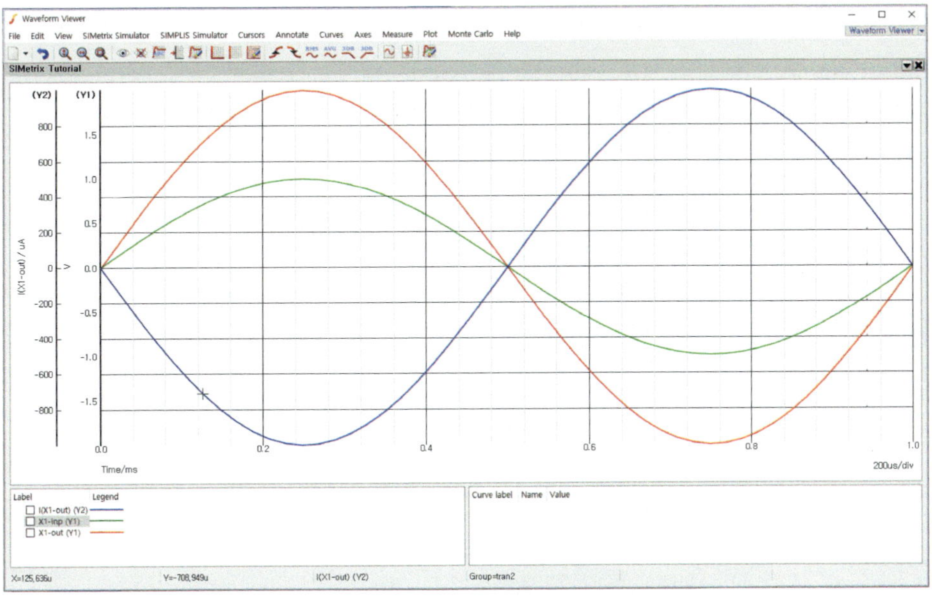

이제 두 번째 y 축이 추가된 것을 볼 수 있습니다. 또한 각 곡선에서 사용되는 y 축이 대괄호로 묶인 범례 상자에 표시됩니다.

이전에는 edit axis 팝업을 사용할 때 x 축과 y 축을 조정할 수 있는 옵션이 주어졌으므로 y 축이 두 개 이상 있으므로 y 축을 조정할 때 모호한 점이 남습니다. 이 문제는 선택된 축의 개념으로 해결됩니다. Waveform Viewer 에는 누적된 y 축 중 하나를 강조 표시하여 선택되는 y 축이 표시됩니다. 위의 그림에서 Y2 는 굵게 강조 표시되어 선택됩니다. 선택한 축을 변경하려면 선택할 y 축을 클릭하기만 하면 됩니다. 이제 편집 축 메뉴를 사용하면 y 축에서 요청된 변경 사항이 선택한 y 축에 적용됩니다.

Tutorial 4 A Simple Ready to Run Circuit

이 Tutorial 은 실행 준비가 완료된 회로에 대한 기본 시뮬레이션을 보여줍니다. 회로를 Load 하고 F9 키를 눌러 실행하면 됩니다. 그런 다음 회로를 약간 변경하고 추가 플롯을 만듭니다. 이 Tutorial 에서는 시뮬레이션 설정에 대한 세부 사항을 알지 않고도 기본 기능을 보여줍니다. 다음과 같이 진행하십시오.

❶ File〉Open...을 선택하고, 아직 선택하지 않았다면 File View Drop Down 상자에서 Schematic Files를 선택하십시오. EXAMPLES/SIMetrix/Tutorial 폴더에 있는 schematic file TUTORIAL1을 선택하십시오. 이 파일을 열려면 열기를 클릭하십시오.
다음 회로와 함께 회로도 창이 열립니다.

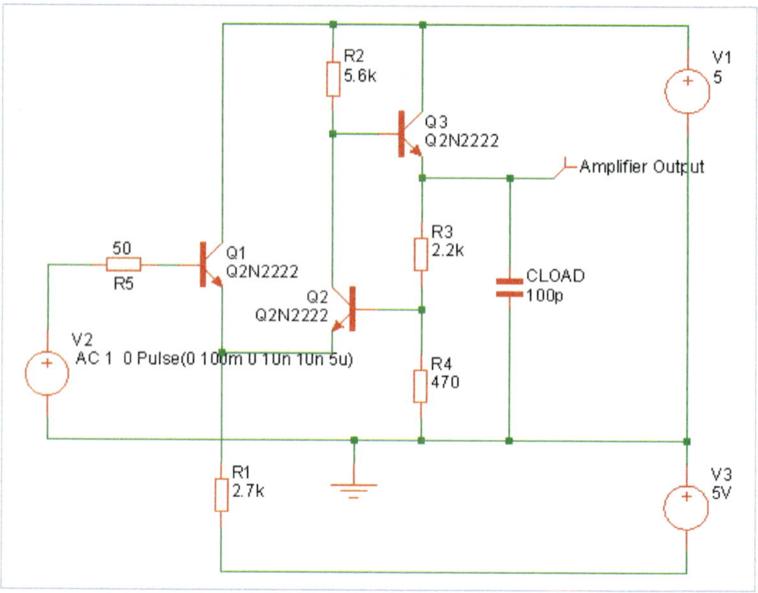

이 회로의 파형발생기(V2)는 다음과 같이 설정합니다.

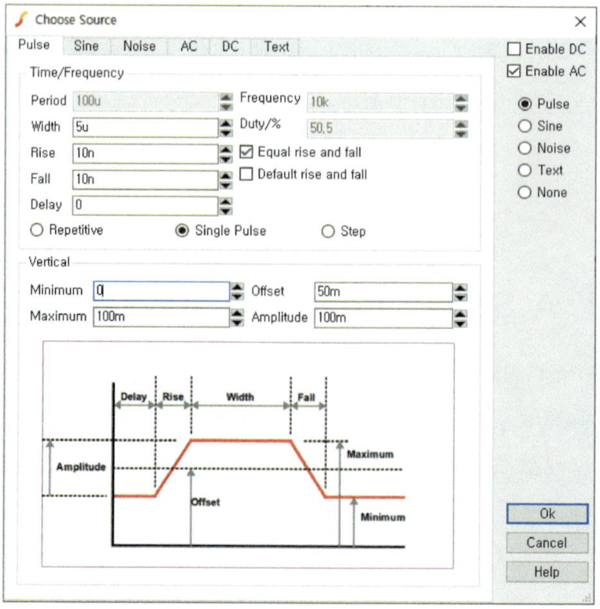

이것은 최대 500mV 까지 100mV 펄스를 증폭하도록 설계된 간단한 피드백 증폭기입니다. 설계의 기본 요구 사항은 펄스 모양을 유지해야 하며 DC 정밀도는 중요하지만 필수적이진 않다는 것입니다. 위의 내용은 디자인에 대한 우리의 첫 번째 시도이지만 아직 최적화되지 않았습니다.

이 예제 회로는 Choose Analysis 에서 분석 설정이 완료되어 바로 Simulation 할 수 있습니다. 일반적으로 새로 작성된 회로도는 반드시 Simulator 메뉴에서 Choose Analysis 하여 분석을 설정하여야 합니다.

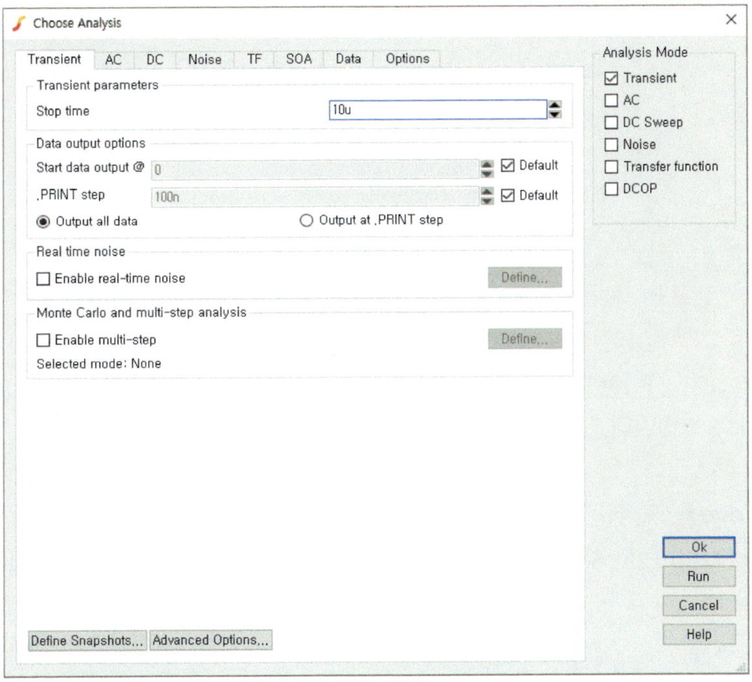

❷ 시뮬레이션을 시작하려면 설계도 창 Simulator 〉 Run Schematic 을 실행하거나 F9 를 누릅니다. 시뮬레이션은 1/2 초 미만의 최신 기계에서는 오래 걸리지 않습니다.

출력 전압 그래프가 나타납니다.

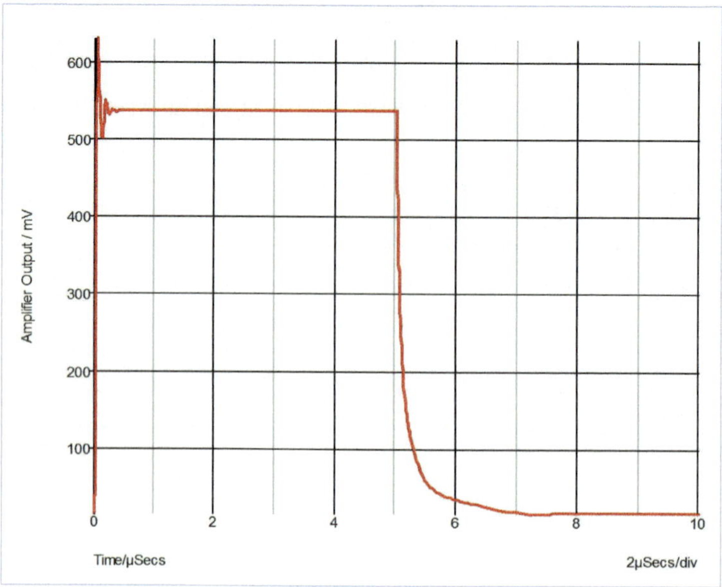

보다시피, 우리 앰프는 모든 것을 잘 작동하지 않습니다. 두 가지 문제가 있습니다.

- 상승 Edge 에서 상당한 용량의 Ringing 이 발생합니다. 용량성 부하가 원인일 수 있습니다.
- 하강은 다소 느립니다.

부진한 하강 Edge 는 출력 이미터 폴로워(Q3)에 기립 전류가 없기 때문에 발생합니다. 이를 해결하기 위해 이미터와 -5V 레일 사이에 저항을 배치합니다. 그 결과 나타나는 회로도는 다음과 같습니다.

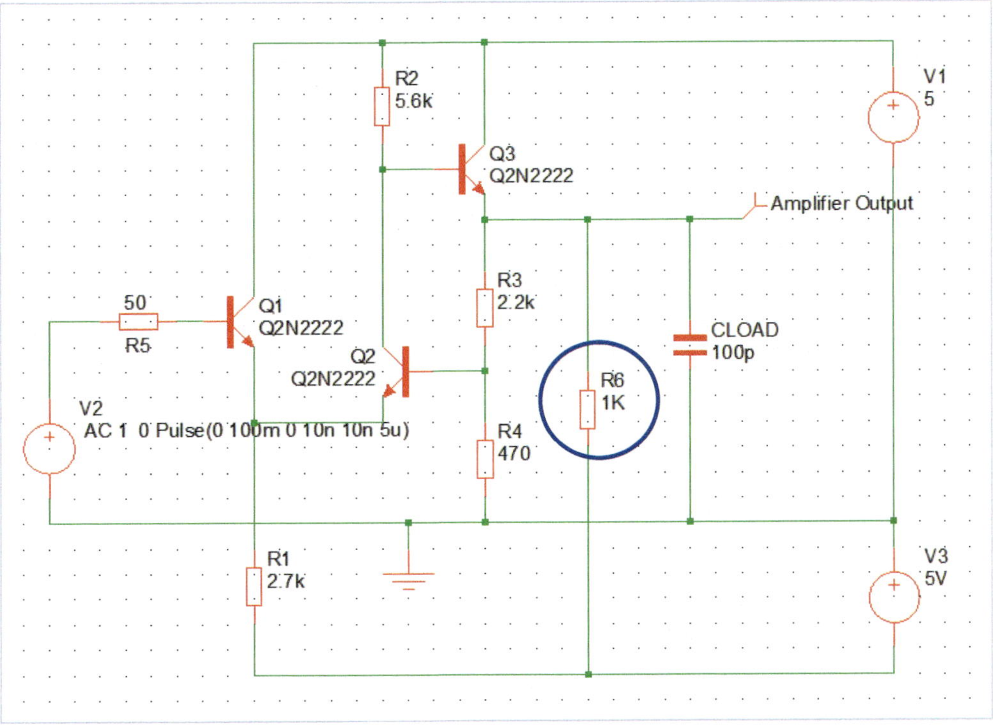

이것을 수정을 하려면 다음과 같이 하십시오.

❶ 부품 도구 모음에서 Resistor 버튼을 누릅니다. 또는 Place 〉 Passives 〉 Resistor(Box Shape) 또는 원하는 경우 Place 〉 Passives 〉 Resistor(Z Shape). 저항 기호가 나타납니다. 위 그림과 같은 위치에 놓습니다. 왼쪽 마우스 버튼을 클릭하여 회로도에 고정시킵니다. 이제 시스템 옵션 설정 방법에 따라 다른 저항 기호가 나타납니다. 저항은 계속 배치할 수 있기 때문에 저항 모양 아이콘이 유지됩니다. 마우스 오른쪽 버튼을 클릭하여 취소하십시오.

❷ 이제 저항을 배선하십시오. '스마트 배선' 방법을 사용할 수 있습니다. 마우스 포인터를 저항의 핀에 가져가면 됩니다. 마우스가 핀에 가까워지면 펜 기호가 나타납니다. 마우스 왼쪽 버튼으로 클릭한 다음 마우스 커서를 대상으로 이동한 다음 다시 왼쪽을 클릭하십시오. 이 방법은 와이어가 있는 경우 자동으로 경로를 찾습니다.
툴바 와이어 버튼을 선택하여 배선 모드로 들어갈 수도 있습니다. 이것은 배선을 위해 왼쪽 키가 항상 사용되는 영구 배선 모드로 설계도를 만듭니다. 와이어 버튼을 다시 눌러 일반 모드로 되돌립니다. (esc)

❸ F9 키를 눌러 시뮬레이션을 다시 실행하십시오. 이제 그래프가 업데이트됩니다.

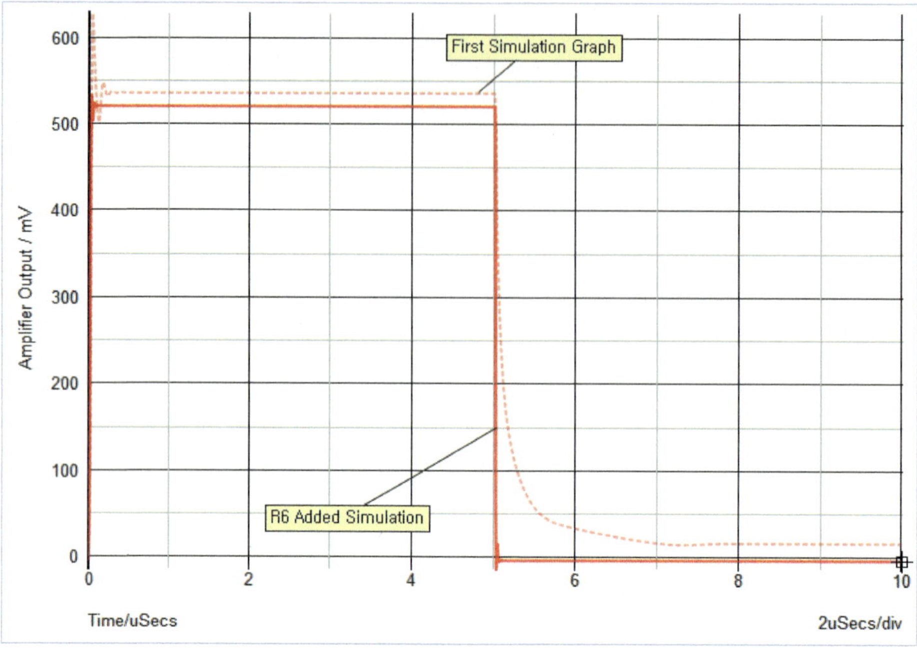

보다시피 하강 곡선의 Delay 관련된 문제가 해결되어 Ringing이 크게 향상되었습니다. 이제는 Ringing을 자세히 살펴보겠습니다. 이렇게 하려면 축의 한계를 조정하여 그래프를 확대해야 합니다. 이 작업에는 두 가지 방법이 있습니다. 가장 빠른 방법은 관심 영역 위로 마우스를 드래그하는 것입니다. 다른 방법은 축 편집 대화 상자를 사용하여 수동으로 한계를 입력하는 것입니다. 마우스로 확대하려면 다음과 같이 하십시오.

① 제목 표시 줄을 클릭하여 그래프 창이 선택되어 있는지 확인하십시오.
② 커서를 관심 영역의 왼쪽 상단 즉 y 축 왼쪽과 빨간색 커브의 상단 위에 놓습니다.
③ 왼쪽 마우스 키를 누른 상태에서 누른 상태에서 확대하려는 영역의 오른쪽 아래로 마우스를 끕니다. 마우스를 드래그하면 사각형이 나타납니다.
④ 마우스 키를 놓습니다. 당신은 다음과 같이 보일 것 입니다.

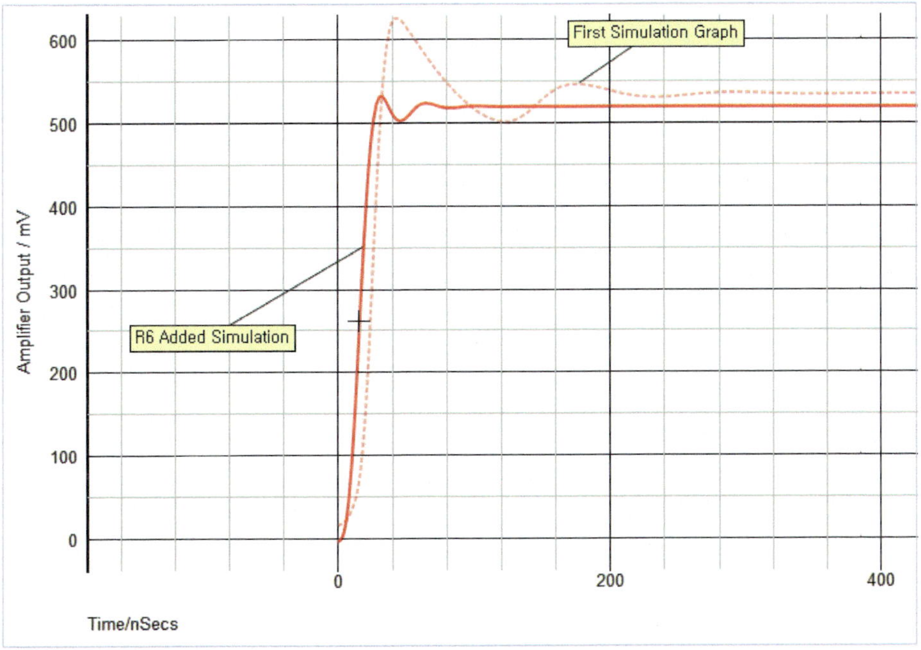

제대로 표시되지 않으면 [실행 취소 / 축소] 버튼을 누릅니다.

이전보기로 돌아갑니다. 왼쪽, 오른쪽, 위 및 아래 화살표 키를 사용하여 커브의 위치를 이동할 수도 있습니다.

피드백 루프에 작은 위상 리드를 추가하여 신호음을 개선할 수 있습니다. 이것은 Q3 의 에미터(Emitter)와 Q2 의 베이스(Base) 사이에 작은 Capacitor 를 연결하여 개선할 수 있습니다. 현재 이것을 추가할 공간이 없기 때문에 약간의 공간을 만들기 위해 몇 가지 부분을 이동시킬 것입니다. 다음과 같이 진행하십시오.

회로도 창에서 왼쪽 키를 누른 상태에서 아래 점선으로 표시된 영역 위로 마우스를 끕니다.

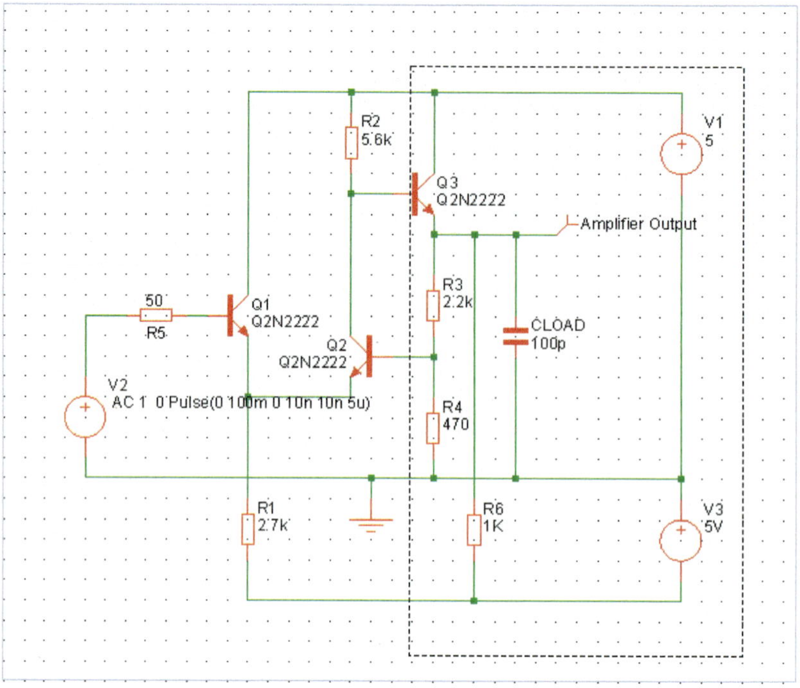

마우스를 드래그하면 직사각형이 나타납니다.
마우스 버튼을 떼면 선택된 영역이 파란색으로 표시됩니다.

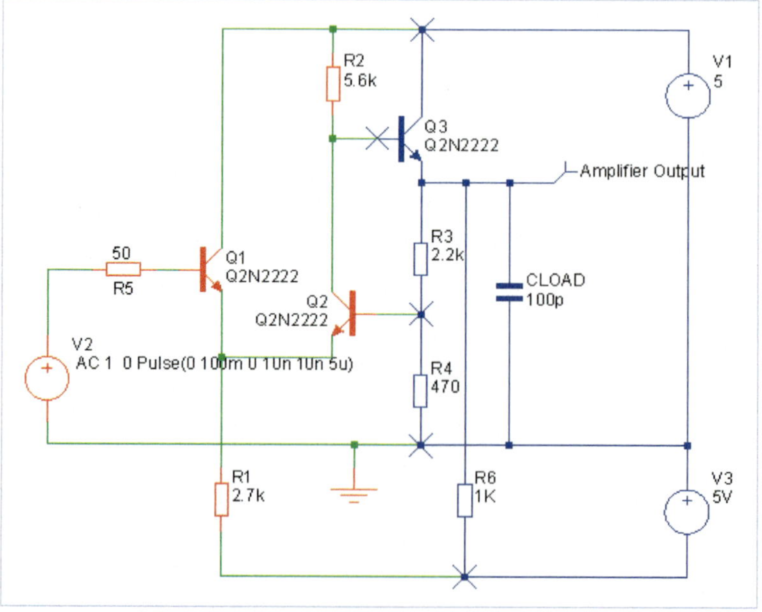

파란색 선과 부품이 선택되었다고 합니다. 이 부분을 이동하여 공간을 확보하려면...
선택한 파트 중 하나에 커서를 놓습니다. 마우스 왼쪽 버튼을 누른 상태를 유지하면서 오른쪽으로 이동한 후 왼쪽 버튼을 놓습니다.

회로도의 빈 곳을 왼쪽 클릭하여 선택을 취소하십시오. 변경하면 아래 그림과 같이 공간이 확보된 형태가 됩니다.

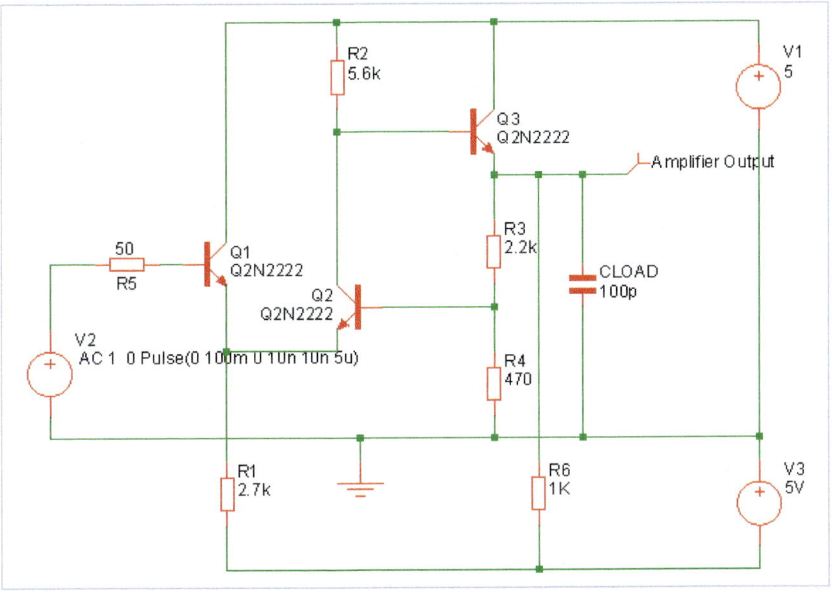

저항 R6과 같은 절차를 사용하여 아래 그림과 같이 Capacitor를 C1에 배선합니다.

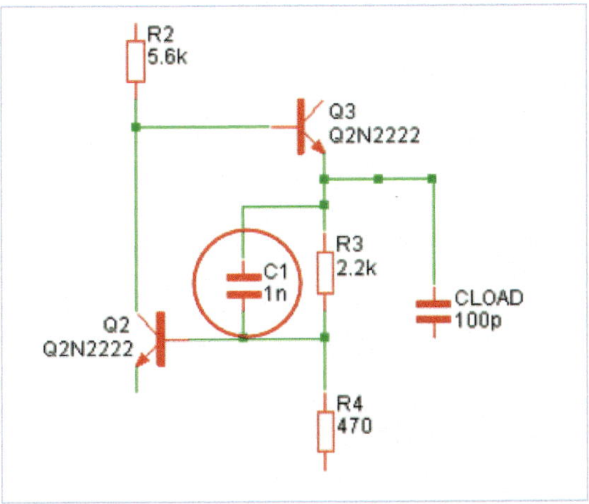

1nF 는 분명히 너무 높은 값이므로 2.2pF 로 변경할 것입니다. 파트의 값을 변경하려면 다음과 같이 진행하십시오.

C1 을 두 번 클릭하십시오. 다음 대화 상자가 나타납니다. 2.2p 로 변경합니다.

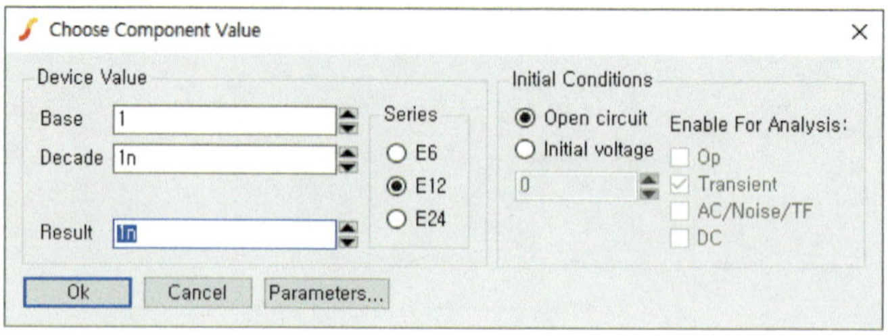

Result 에 직접 새 값을 입력하거나 값을 선택할 수 있습니다.
초기 조건 설정은 그대로 두십시오. 기본값 (Open circuit)
이제 시뮬레이션을 다시 실행하십시오. 다음과 같은 결과가 표시됩니다.

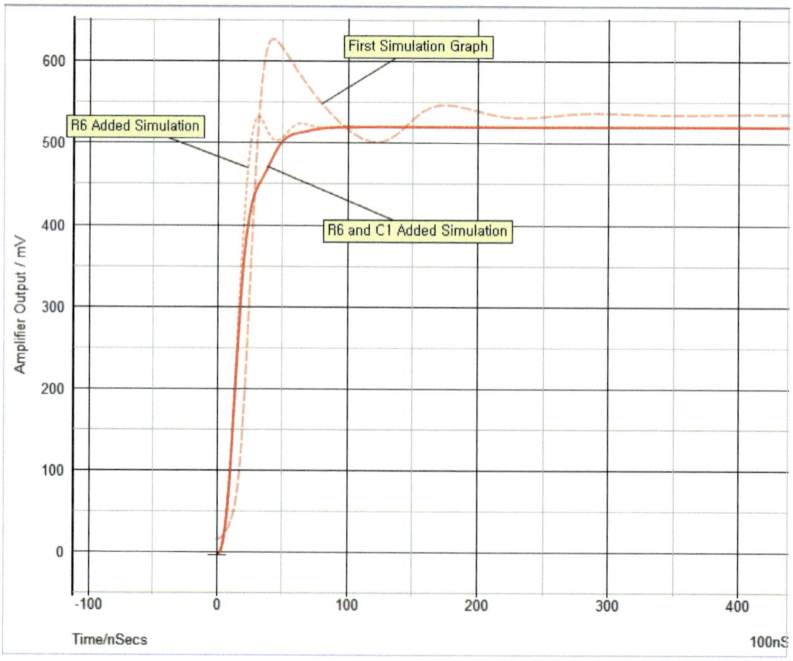

실선으로 표시된 곡선이 최신 결과입니다. 이것은 이제 우리의 첫 번째 시도에서 큰 개선점입니다.

새로운 시뮬레이션을 실행할 때마다 새로운 커브가 표시됩니다. 이것이 기본 동작이지만, 예를 들어 오래된 커브가 삭제되어 최신 커브만 남겨 지도록 변경할 수 있습니다. 이렇게 하려면 Probe 를 더블 클릭하십시오 - "Amplifier Output" 라벨이 붙은 오브젝트입니다. History depth 를 1 로 설정하고 상자를 닫습니다.

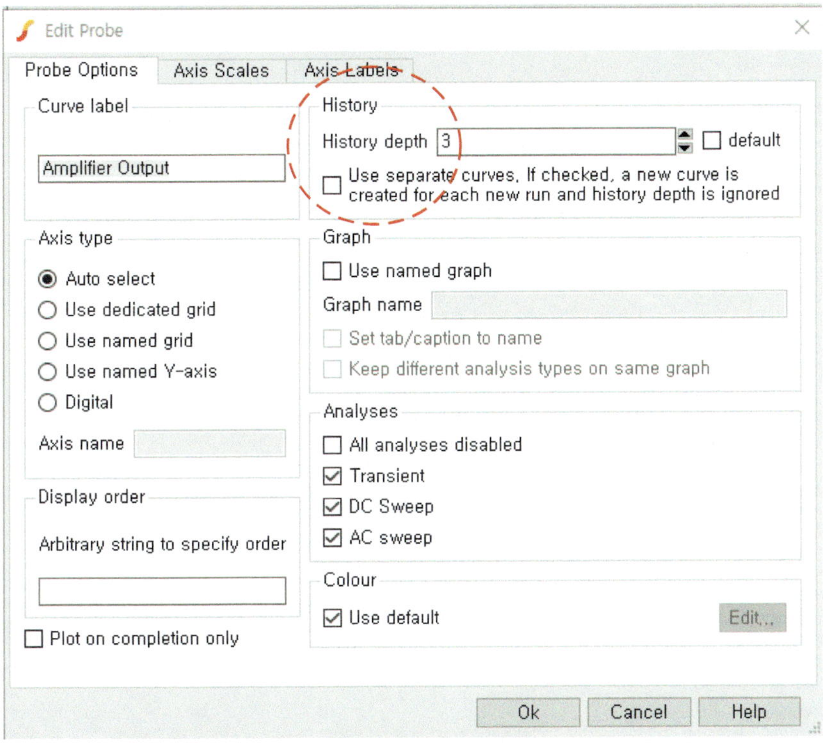

자세한 내용은 "Probe Option Sheet"를 참조하십시오.
이제 AC 분석을 도입하여 Tutorial 1 을 마무리할 것입니다.

AC 분석은 지정된 주파수 범위에서 주파수 Sweep 을 수행합니다. 하나를 설정하려면 다음을 따르세요.

회로도 창의 Menu 에서 Simulator 〉 Choose Analysis...Click 하기와 같이 표시됩니다.

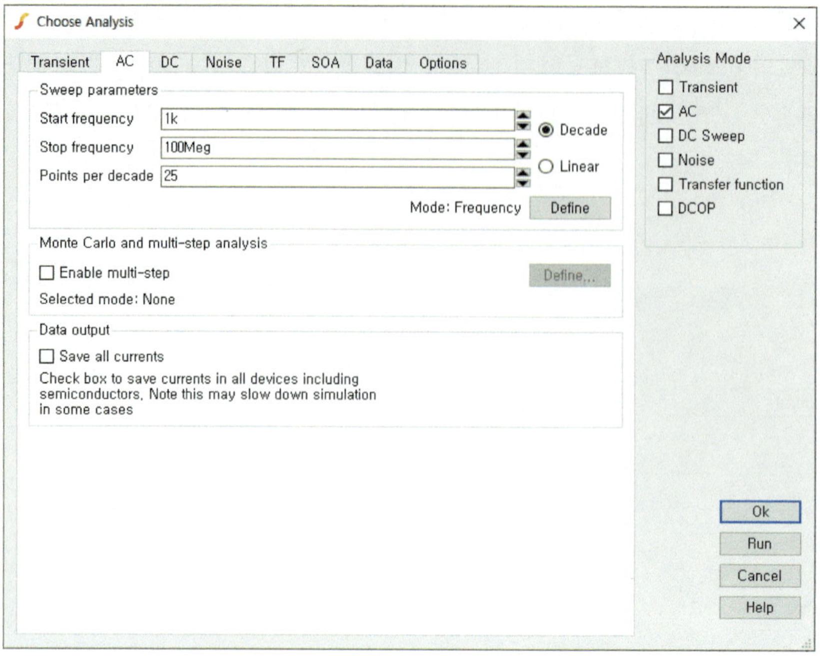

AC 확인란을 클릭하고 Transient 확인란의 선택을 취소하십시오.
AC 스윕의 세부 사항은 이미 설정되어 있습니다.
AC 탭을 보려면 상단의 AC 탭을 클릭하십시오.
시뮬레이션을 실행하십시오 - 그러면 새로운 그래프 시트가 열립니다.

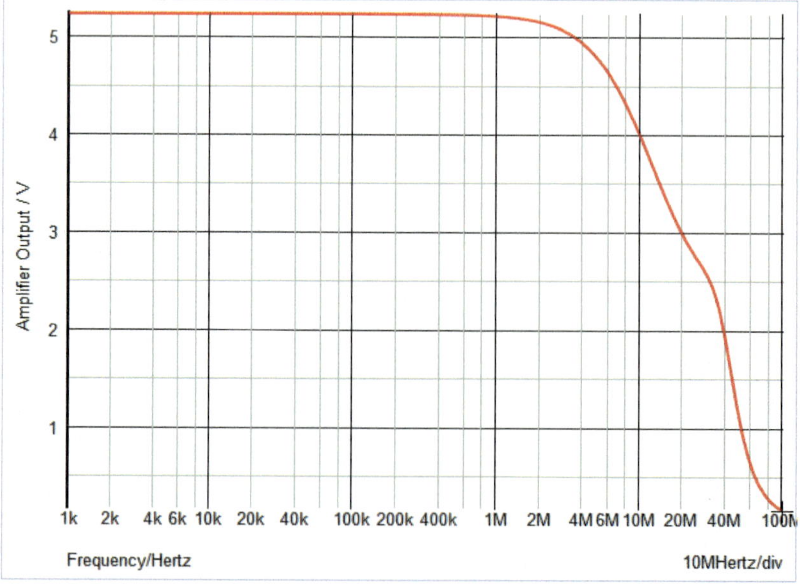

Tutorial 5 A Simple SIMetrix Circuit

이 Tutorial 에서는 SIMetrix 에서 제공되는 고급의 플로팅 및 파형 분석 기능을 시연하기 위한 간단한 SMPS Switching 단계를 시뮬레이션 합니다.

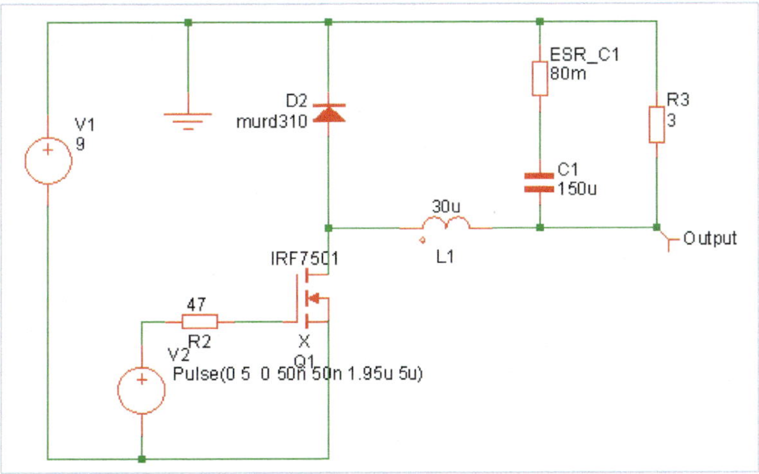

이 회로는 EXAMPLES / SIMetrix / Tutorials / Tutorial2 에서 로드할 수 있습니다. 하지만 처음부터 입력할 수 있습니다. 후자의 방법은 회로도 편집기를 학습하는데 유용한 연습입니다. (직접 작성하는 것을 추천합니다.) 이렇게 하려면 다음 지침을 따르십시오.

위 그림과 같이 부품과 와이어를 연결합니다.
'Output'이라고 표시된 Probe 는 다음 위치에서 선택할 수 있습니다.
Part Selector 입니다. 표시되어 있지 않으면 View 〉 Show Part Selector 를 클릭하세요. 다음과 같이 Probes 〉 Voltage Probe 또는 Menu 에서 Place 〉 Probe 〉 Voltage Probe 또는 Menu Probe 〉 Place Fixed Voltage Probe 를 배치하거나 회로도 편집 창에서 단축키 'B'를 눌러 Probe 를 배치하십시오.

출력 Probe 를 배치한 후 두 번 클릭하여 레이블을 편집합니다. Curve Label 상자에 출력을 입력하십시오. 다른 모든 옵션은 기본값으로 둘 수 있습니다.

펄스 소스 V2 는 Place 〉 Voltage Sources 〉 Universal Source (SIMetrix only)을 클릭하여 배치합니다.

V2 를 두 번 클릭하십시오. 아래와 같이 설정을 편집하십시오.
Duty cycle 이 40%이고 Period(상승시간) 50nS 인 200kHz 5V 펄스 소스를 설정합니다.

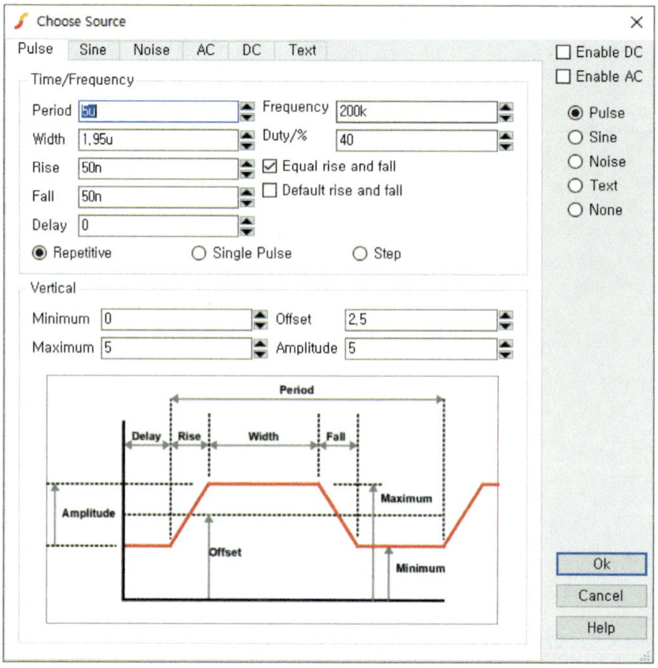

회로도 작성 및 Source 의 설정이 완료되었으면 회로도 창의 메뉴에서 Simulator 〉 Choose Analysis.. 대화 상자에서 Transient 을 선택하십시오. 보통 우리는 정지 시간을 정할 것이지만, 이 경우 디폴트 1mS 는 실제로 우리가 원하는 값입니다. 이제 Advanced Options 버튼을 선택하십시오. Integration method 에서 Gear integration 을 Click 하여 선택하십시오. 이렇게 하면 이 유형의 회로에 대한 시뮬레이션 결과가 향상됩니다. 이 옵션을 선택하지 않고도 여전히 합리적인 결과를 얻을 수 있지만 조금 더 좋아질 것입니다. 자세한 내용은 Simulator Reference Manual/Convergence, Accuracy and Performance 을 참조하십시오.

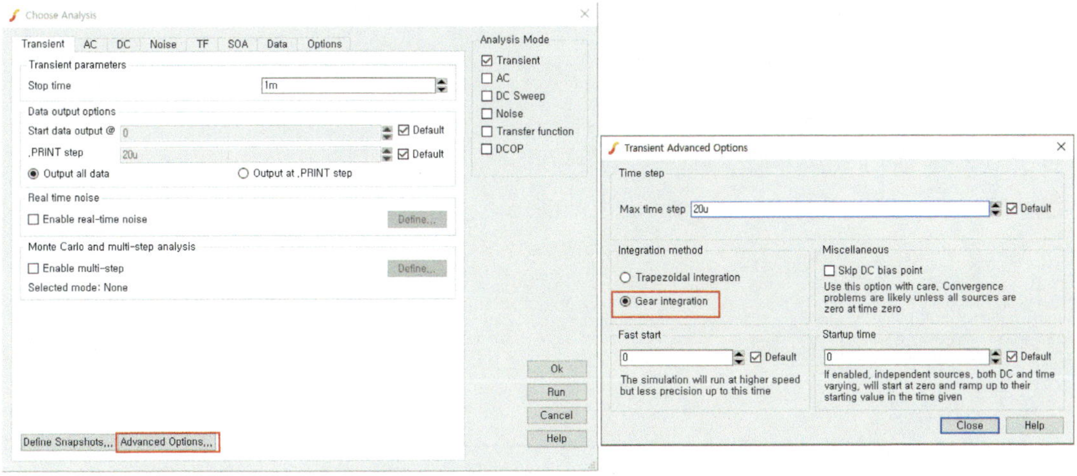

그래프 창을 열어 둔 상태라면 닫아야 합니다. 회로를 로드하거나 입력이 완료되었으면 F9 키를 누르거나 회로도 창의 메뉴에서 Simulator 〉 Run Schematic 을 Click 하여 실행하십시오. 이것은 이전 Tutorial 보다 다소 오래 걸리지만 여전히 1 초 미만입니다. 이것이 보게 될 그래프입니다.

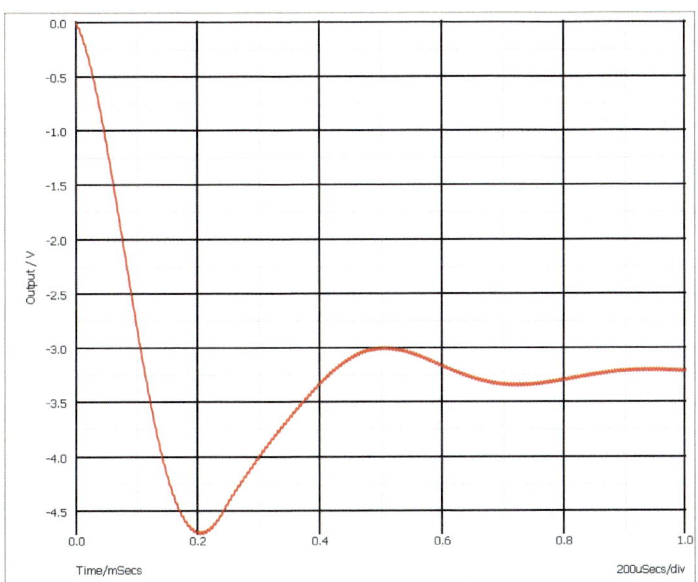

이 회로는 9V 배터리로부터 3.3V 전원을 공급하도록 설계된 간단한 스텝-다운(buck) 레귤레이터의 Switching 단계입니다. 이 회로는 전력 소모 및 전류 흐름을 조사하기 위해 Bare Essential 을 제외한 모든 것을 제거했습니다. 현재 Inductor 가 이상적이기 때문에 단순화 되어있습니다.

조금 더 확인하기 위해 우리는 이제 몇 가지 측정을 할 것입니다.
첫째, Q1 의 전력 손실:

❶ F10 키를 눌러 빈 그래프 시트를 만듭니다.
❷ schematic menu 에서 Probe 〉 Power In Device...를 선택 후 Q1 의 왼쪽 핀을 클릭하십시오.

아래와 같이 출력이 됩니다.

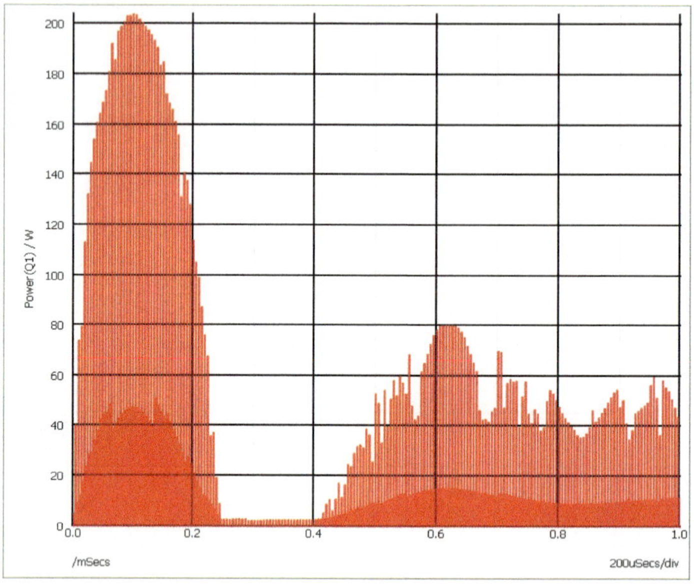

특정 시간의 평균 전력 손실에 더 관심이 있을지라도 이는 200W 의 최대 전력 손실을 보여줍니다. 분석 기간 동안 평균 전력 손실을 표시하려면 다음을 수행하십시오.

Waveform Viewer 메뉴 Measure 〉 Mean

이 값은 약 517mW 의 값을 표시해야 합니다. 이것은 전체 분석 기간 1mS 의 평균 전력입니다. 커서를 사용하여 선택한 기간에 걸쳐 이 측정을 수행할 수도 있습니다.

❶ 100uS 주변의 점에서 그래프를 확대합니다. 즉, 전력 손실이 피크인 지점을 확대합니다.
❷ Cursors 〉 Toggle On/Off 메뉴를 통해 커서를 On 합니다. 십자형으로 표시된 두 개의 커서가 있습니다. 하나는 긴 대시를 사용하고 참조(REF)커서라고 하며 다른 하나는 짧은

대시이며 기준(A)커서라고 합니다. 커서가 표시되면 참조 커서가 그래프 왼쪽에 위치하고 기본 커서가 오른쪽에 위치합니다.

❸ 커서를 전체 Switching 사이클에 걸쳐 놓습니다. 커서를 움직이는 방법은 다양합니다. 가장 간단한 방법으로 시작하려면 수직선을 왼쪽에서 오른쪽으로 드래그하는 것입니다. 마우스 커서를 수직선 가까이에 가져가면 커서 모양이 변경됩니다.

❹ Measure 〉 More Functions…에서 Cursor span 을 선택하고 Mean 을 클릭합니다.

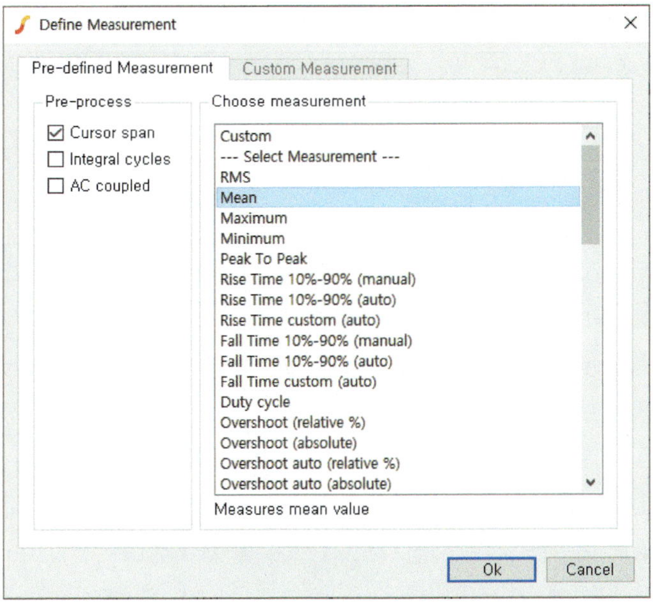

확인을 클릭하여 대화 상자를 닫습니다.

약 2.8W 의 값이 표시되어야 합니다. 이는 평균 517mW 보다 다소 높지만 기기의 안전한 작동 범위 내에 있습니다. 그러나 이전에 언급했듯이 Inductor 는 이상적이며 포화되지 않습니다. Inductor 전류를 살펴봅시다.

❶ Schematic Editor 메뉴 Probe〉 Current in Device Pin (New graph sheet)...

❷ Inductor L1 의 왼쪽 핀을 클릭하십시오. 다음과 같은 그래프가 보일 것입니다.

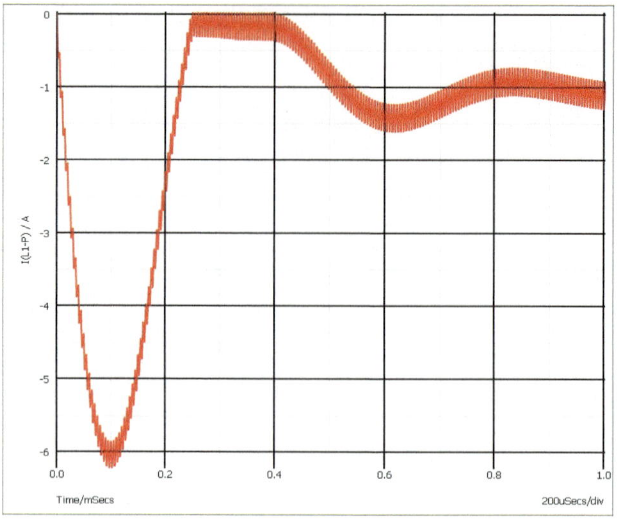

이는 동작 전류가 1.5A 미만이지만 6A 이상에서 피크가 발생함을 보여줍니다. 실제로 이 애플리케이션에서는 최대 2A의 전류를 갖는 Inductor를 사용할 것입니다. 6A 등급의 Inductor는 비용이 효율적이지 않습니다. 이제 우리는 이상적인 부품을 실제 Inductor에 더 가까운 것으로 대체합니다.

❶ L1을 삭제하십시오.

❷ Schematic Editor 메뉴를 선택하십시오. Place 〉 Magnetics 〉 Saturable Transformer/Inductor··· 대화 상자가 표시됩니다. (아래 그림 참조). Configuration 에서 Primaries를 1로 Secondaries를 0으로 입력하고 아래의 편집 입력란에 Turns를 34로 입력하십시오.

그런 다음 Define core에서 Select core type를 선택하십시오. 그리고 ▼를 누르고 core type을 EFD10-3F3-A25를 선택하십시오. 이것은 Ferroxcube 페라이트 코어의 부품 번호입니다. 이것이 있어야 합니다:

Note. Inductance를 확인하십시요. 29.127uH

OK를 클릭하여 대화 상자를 닫습니다.

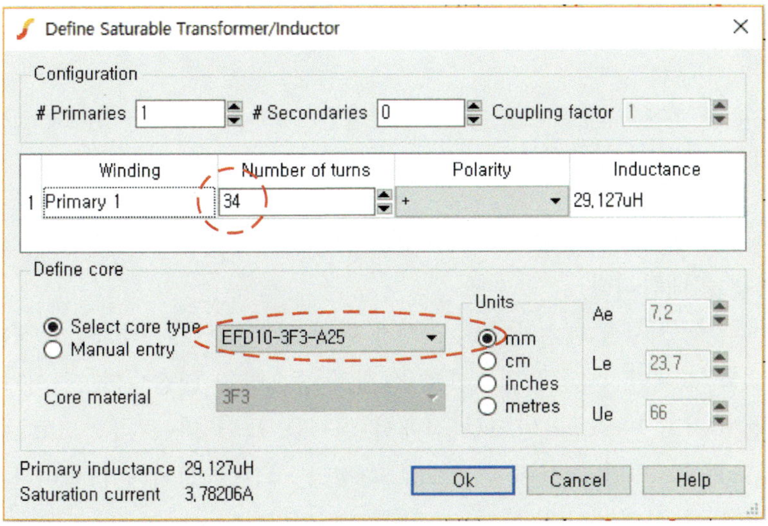

❸ 이전과 같은 장소에 Inductor 를 놓습니다.

❹ F9 를 Click 하여 새로운 시뮬레이션을 실행하십시오.

❺ 그래프 창의 하단에 있는 탭을 클릭하여 Inductor 전류를 표시하는 그래프 시트를 선택합니다. 이제 Schematic Editor 메뉴의 Probe - Current in Device Pin... 왼쪽 Inductor 핀을 왼쪽 클릭하십시오.

최고 전류가 45A 를 초과하고 있음을 알 수 있습니다. 물론 Inductor 가 포화 상태에 빠져 있기 때문입니다.

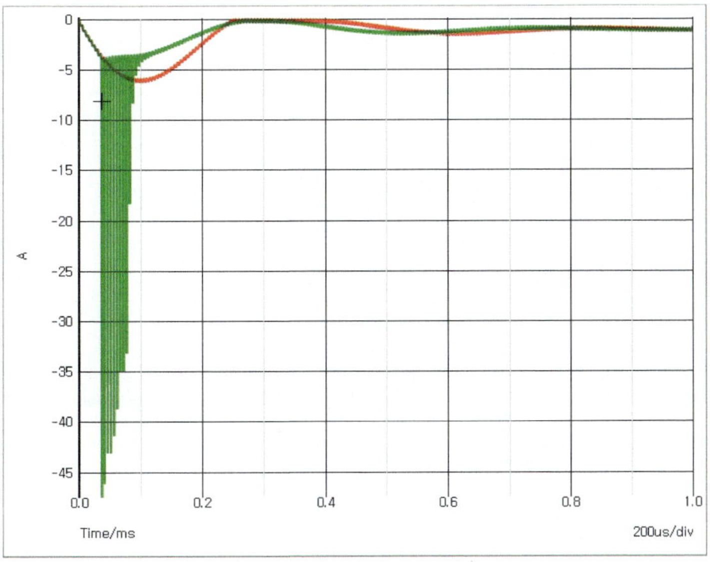

1 사이클 동안의 최대 전력을 측정할 수도 있습니다.

❶ 전력 플롯이 포함된 그래프 시트를 선택한 다음 Probe 〉 Power In Device...(프로브)를 선택합니다.

❷ 줌 버튼을 사용하여 전체 그래프를 보려면 줌 버튼 

❸ 최대 전력을 확대합니다.

❹ 전체 주기에 걸쳐 커서를 배치합니다. 커서가 현재 첫 번째 전원 곡선을 추적하고 있습니다. 여기서는 x축 값에만 관심이 있으므로 실제로 중요하지 않습니다. 커서가 녹색 곡선을 추적하도록 하려면 마우스와의 교차점에서 커서를 들어 다른 곡선으로 끌면 됩니다.

❺ 이제 그래프에 두 개의 곡선이 있으므로 측정할 곡선을 선택해야 합니다. 아래와 같이 곡선을 클릭하여 선택하거나 상자를 선택하면 됩니다:

❻ 이전과 같이 Measure 〉 More Functions··· Cursor span을 선택하고 Mean을 클릭합니다. 새로운 피크 전력 주기는 이제 이전보다 훨씬 많은 11-12W 영역에 있게 됩니다.

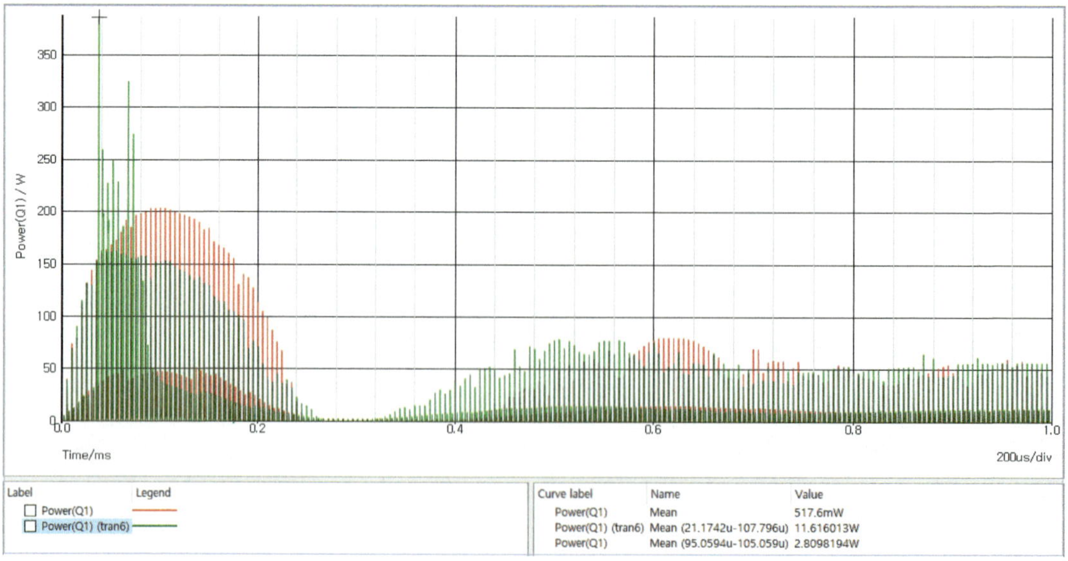

Tutorial 6 Installing Third Party Models

이 자습서에서는 타사의 장치 모델 라이브러리를 설치합니다. 이 연습에서는 두 개의 장치만으로 모델 라이브러리 파일 -TUTORIAL3.MOD File 을 참고하여 학습합니다. 이 File 에는:

SXN1001 - NPN 바이폴라 트랜지스터와 SXOA1000 - Opamp.

둘 다 전적으로 일반적인 소자들입니다. 이 파일은 Tutorial 폴더 (Examples / SIMetrix / Tutorials / Tutorial3.mod)에서 찾을 수 있습니다. 모델 설치에는 두 가지 측면이 있습니다. SIMetrix 는 파일 시스템 내에서 모델이 있는 위치를 알아야 합니다. 모델 라이브러리에 모델 목록을 표시하려면 SIMetrix 는 회로도에서 사용할 심볼과 해당 카테고리를 알아야 합니다. 다음은 이를 수행하기 위한 방법입니다.

❶ Windows 탐색기를 열거나 내 컴퓨터를 클릭하거나 다른 파일 관리자를 여십시오.

❷ EXAMPLE/SIMetrix/Tutorials 에서 TUTORIAL3.MOD File 을 찾습니다. 파일을 선택하여 SIMetrix Command Shell 메시지 창에 놓습니다. 즉, SIMetrix 메시지가 표시된 창에 해당 File 을 Drag & Drop 하여 놓습니다. Command Shell 이 없으면 메뉴에서 View〉 Show Command Shell 을 클릭하여 표시합니다. 파일을 놓으면 아래의 대화 상자가 Pop up 됩니다.

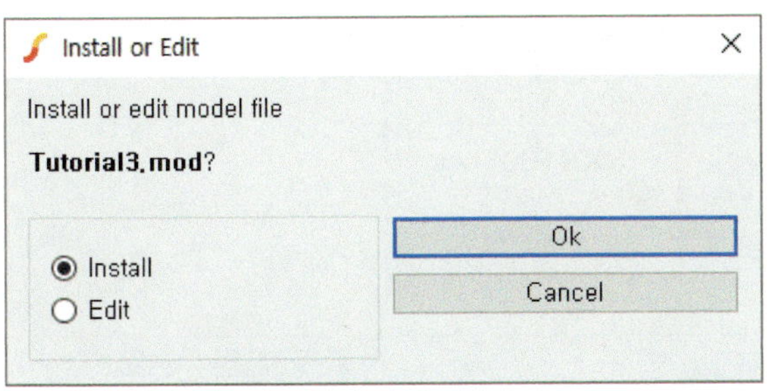

Install 을 선택한 다음 OK 을 선택하십시오.

```
Model library changed. Rebuilding catalogs, please wait...
```

위와 같이 표시되고 그 다음에 "완료"가 표시됩니다.

```
Complete
```

이 단계에서 SIMetrix 는 우리의 장치를 찾는 위치를 알고 있습니다. 다음과 같이 NPN 트랜지스터에 대해서도 알고 있다는 것을 알 수 있습니다.

❶ 빈 회로도를 엽니다.
❷ Ctrl-G 를 누르거나 Place 〉 From Model Library 메뉴를 선택하십시오. Select Device 캡션이 표시된 창이 열립니다.
❸ 왼쪽에 표시된 목록의 맨 위에서 * Recent Added Models * 카테고리를 선택하십시오.
❹ 오른쪽의 나열된 항목에서 SXN1001 을 선택하십시오. 아래 그림과 같이 표시됩니다.

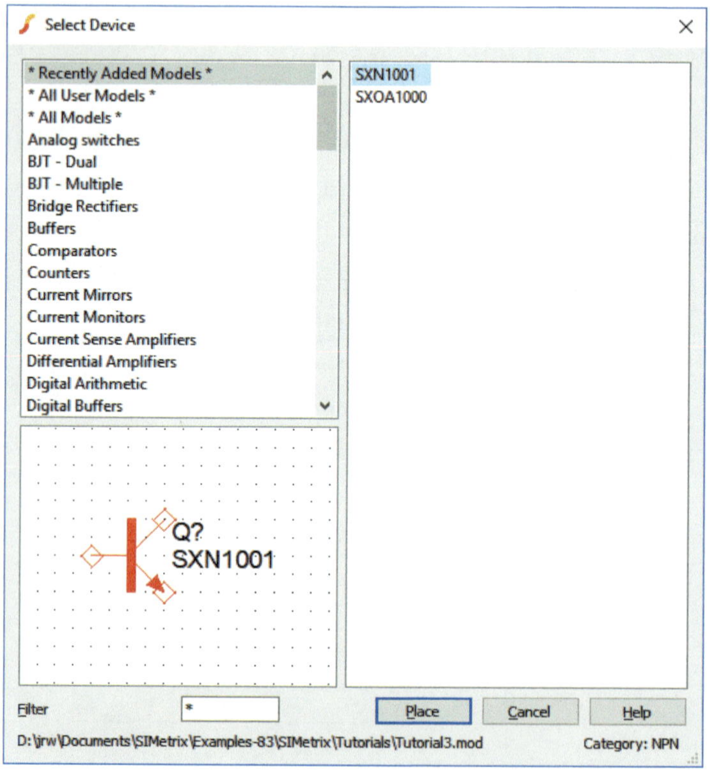

❺ Place 를 눌러 장치를 회로도 위에 놓습니다.

SIMetrix 는 SXN1001 이 NPN 트랜지스터임을 이미 알고 있었습니다. 이것은 .MODEL 컨트롤을 사용하여 정의된 기본 장치이기 때문입니다. 이러한 장치는 시뮬레이터에 내장되어 있으며 SIMetrix 는 TUTORIAL3.MOD 의 .MODEL 컨트롤을 읽음으로써 부품 유형을 간단히 결정할 수 있습니다.

모델 라이브러리에 있는 다른 장치의 경우에는 해당되지 않습니다. 이것은 Op-amp 이며 Subcircuit 로 정의됩니다. 이 모듈은 BJT, 다이오드, 레지스터 및 전류 소스로 구성된 모듈입니다. SIMetrix 는 이것이 어떤 유형의 장치인지 알 수 없습니다. 5 개의 터미널이 있으며 전기 모델이 파일 시스템에 있는 위치를 알고 있지만 이 모델에 어떤 도식 기호가 사용되는지 알지 못합니다.

SIMetrix 는 사용자가 이 정보를 입력하려고 할 때 이 정보를 묻습니다. 다음 절차를 따르십시오.

❶ 위의 ❶~❺단계를 반복하되 대신 SXN1000 대신 SXOA1000 장치를 선택하십시오. 오른쪽에서 장치를 선택하면 좌측 하단의 작은 창에 SIMetrix 에서이 모델에 사용할 기호를 알 수 없다는 메시지가 표시됩니다. 해결하려면 "Place"를 누르십시오.

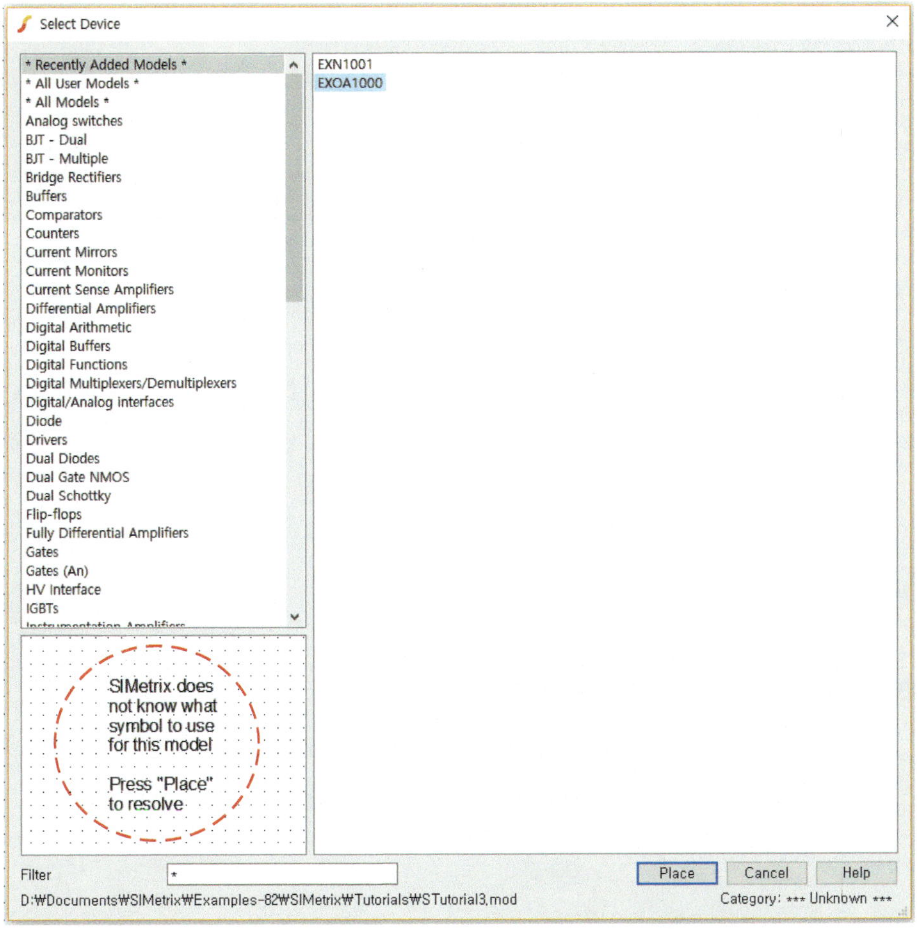

❷ Place 버튼을 누르면 다음 상자가 나타납니다.

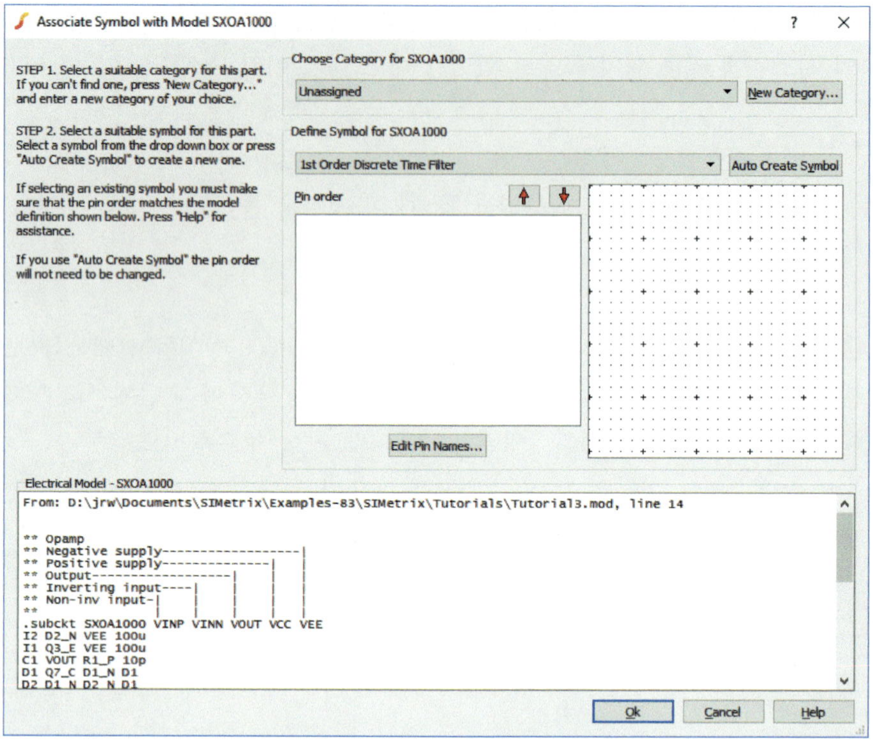

❸ 먼저 장치에 적합한 카테고리를 지정하십시오. 이 경우 연산 증폭기이므로 Choose Category for SXOA1000 의 drop down 상자에서 'Op-amp'를 선택하십시오.

❹ 다음으로 파트의 심볼을 정의하십시오. Define Symbol for SXOA1000 에서 'Operational Amplifier - 5 terminal'을 선택하십시오.

아직 완성되지 않았습니다. 우리의 새로운 Op-amp 에는 회로도 기호에 대해 잘못된 핀 배치가 있습니다. 기호의 핀 순서는 오른쪽 아래의 세 번째 상자에 표시되며 다음과 같습니다.

Pin name	Function
INP	Non-inverting input
INN	Inverting input
VSP	Positive supply
VSN	Negative supply
OUT	Output

대화 상자 하단의 텍스트에는 실제 하위 회로 정의가 표시됩니다. 다행히도 각 하위 회로의 단자 기능에 주석이 달려 있습니다. (실제로 이것은 일반적으로 제 3 자 모델의 경우입니다.) 보시다시피 출력 단자가 잘못된 위치에 있습니다. Pin order up 및 down 버튼을 사용하여 핀 순서를 변경할 수 있습니다.

❶ 핀 순서 상자에서 선택하십시오.
❷ inn 과 vsp 사이에 위치하도록 위로 버튼을 두 번 클릭하십시오. 위치가 변경될 것입니다.

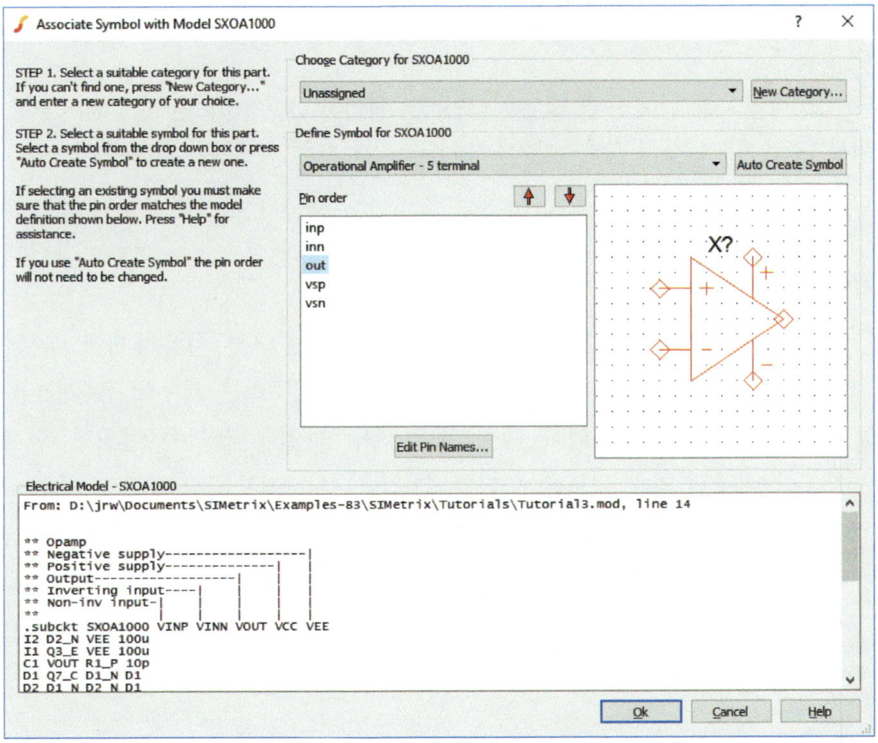

❸ OK 를 Click 하세요.

이제 모델 라이브러리 브라우저에서 Op-amps 카테고리 아래에 나열된 연산 증폭기를 찾게 됩니다.

Notes

- 서브 회로 디바이스에 대해서조차도 모델과 심볼을 연결하기 위해 항상 위의 절차를 실행할 필요는 없습니다. SIMetrix 에는 이미 연결된 40,000 개가 넘는 장치의 데이터베이스가 제공됩니다. SPICE 모델이 일부 타사 소스에서 제공되는 것으로 알려진 장치입니다. 이 데이터베이스는 파일 all.cat 에 있으며 'support₩devdb'Directory 에 있습니다. 연관 모델 대화 상자에 입력하는 정보는 user_v2 .cat 라는 파일에 저장됩니다. 이 파일은 응용 프로그램 데이터 Directory 아래 devdb/user 에 있습니다.
- all.cat 데이터베이스에 나열되지 않은 경우에도 많은 2 및 3 터미널 반도체 부품에 대해 위의 절차를 수행할 필요가 없습니다. SIMetrix 는 이러한 모델에 대한 일련의 시뮬레이션을 실행하고 결과에서 장치 유형이 무엇인지 확인하려고 시도합니다. 성공한 경우 위에서 설명한 '연결'단계는 건너뜁니다.
- 추가적으로 모델 자체 내에 연관 정보를 삽입하는 방법이 있으며 이러한 모델에는 수동 연관이 필요하지 않습니다. 삽입 방법은 Embedded Association 에 설명되어 있습니다.

Embedded Association

모델 파일 자체에 연관 정보를 포함할 수 있습니다. 이는 다른 사용자에게 배포할 모델을 준비하고 연관 프로세스를 직접 수행해야 하는 부담을 덜어주려는 경우에 유용합니다. 포함된 연결이 있는 모델은 다른 작업 없이 명령 셸에 해당 파일을 끌어서 설치할 수 있습니다. 하위 회로 장치만 내장된 연관 정보를 수신할 수 있습니다. 정보는 .SUBCKT 라인 뒤, 그러나 첫 번째 장치 또는 명령 앞에 특별히 형식이 지정된 주석 라인에 배치됩니다. 라인은 다음과 같은 형식입니다.

```
*#ASSOC Category=category Symbol=symbol [Mapping=mapping]
```

category 부품 범주. 공백이 있는 경우 큰따옴표로 묶어야 합니다.

symbol 부품에 사용할 내부 기호 이름입니다.

mapping 매핑 정보. 이는 하위 회로 터미널과 기호 핀 순서 간의 매핑을 변경합니다. 일반적으로 하위 회로 핀 순서를 기호 핀 순서와 일치하도록 정렬하는 것이 가장 쉽습니다. 이 경우에는 이것이 필요하지 않습니다. 그러나 하위 회로 핀을 재배열하는 것이 바람직하지 않은 이유가 있는 경우 대신 매핑 값을 사용하여 핀 순서를 지정할 수 있습니다.
매핑 값은 해당 하위 회로 터미널과 일치하는 기호 핀 번호 목록입니다. 따라서 매핑 값 2,3,1 은 첫 번째 하위 회로 터미널이 기호의 핀 2 에 연결되고, 두 번째 하위 회로 터미널이 핀 3 에 연결되고, 세 번째 하위 회로 터미널이 핀 1 에 연결된다는 의미입니다.

Example

```
.SUBCKT IRF530 D G S
*#ASSOC Category=NMOS Symbol=nmos_sub
...
.ENDS
```

여기까지 SIMetrix 에 대한 베이직 기능 설명입니다. 수고하셨습니다.
SIMetrix 시뮬레이터에 대해 더 자세히 알고싶다면:

https://help.simetrix.co.uk/9.1/simetrix/index.html

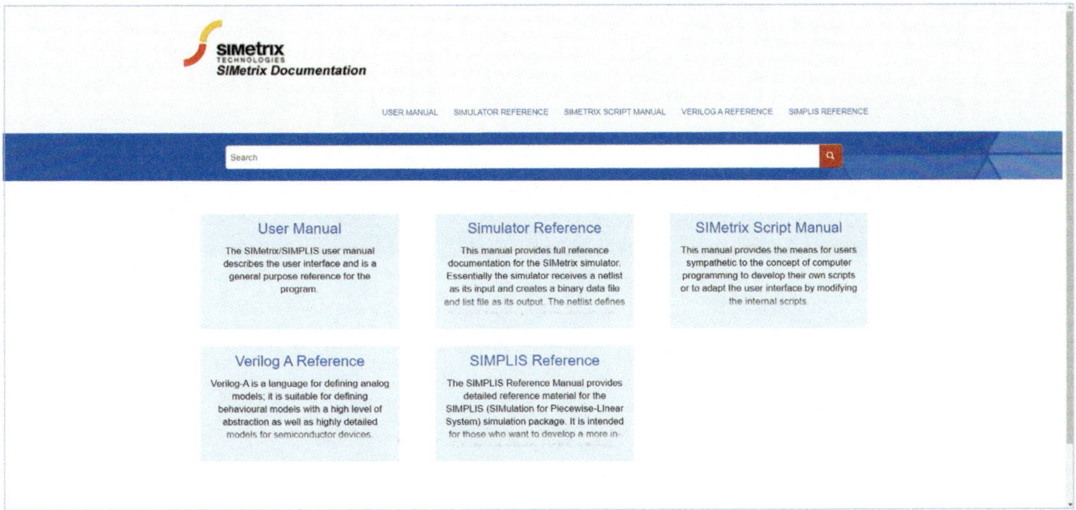

2 SIMPLIS

Training with tutorial

1 SIMetrix/SIMPLIS Environment
2 Entering the Design
3 Simualting the Design
4 Managing Simulation Output
5 Building High-Level Models

1 SIMetrix/SIMPLIS Environment

SIMetrix/SIMPLIS 소프트웨어 패키지에는 2 개의 시뮬레이터가 함께 제공됩니다.

- SIMetrix 시뮬레이터는 우수한 수렴 특성을 갖춘 최적화된 SPICE 시뮬레이터입니다.
- 이 Tutorial 에서 사용된 SIMPLIS 시뮬레이터는 Switching 전원 공급 장치 설계에 최적화된 Piecewise-Linear (PWL) 시뮬레이터입니다.

SIMetrix / SIMPLIS 버전 8.0 부터 메인 윈도우의 주변에서 이동하거나 도킹할 수 있는 단일 창 시스템과 통합된 사용자 인터페이스를 가지고 있습니다.

SIMetrix / SIMPLIS 의 메인 윈도우는 다음과 같습니다.

- Welcome Page 에는 문서 시스템에 액세스하는 데 사용되는 파일 등이 있습니다.
- Schematic Editor 창에서 회로도를 편집할 수 있습니다.
- 시뮬레이션을 실행 한 후에 Waveform view 창이 열리고 출력 커브가 표시됩니다.
- Symbol editor 창은 기호를 작성하거나 수정하는 데 사용됩니다.

시스템 윈도우에는 다음이 포함됩니다.

- Command shell 은 오류 메시지를 표시합니다.

참고: SIMetrix / SIMPLIS 정식 버전에서 Command Shell 에는 스크립트 명령을 입력하기 위한 텍스트 필드가 있습니다.

- Part Selector 는 회로도에 배치할 기호를 찾는 곳입니다. Part Selector 는 회로도의 시뮬레이터 모드 (SIMetrix 또는 SIMPLIS)를 기반으로 하는 기호로 채워집니다.
- File View 를 사용하면 SIMetrix / SIMPLIS 에서 파일을 열 때 파일 시스템에 쉽게 액세스할 수 있습니다. 일반적으로 사용되는 Directory 를 File Viewer 에 추가할 수 있습니다.

마지막으로 SIMPLIS 시뮬레이션이 시작되면 SIMPLIS Status 는 SIMPLIS 시뮬레이션 진행 상황을 보여줍니다.

Note! Simulation Modes – SIMetrix or SIMPLIS

SIMetrix/SIMPLIS는 시뮬레이터가 2개 있으므로 회로도 편집기를 두 가지 모드 중 하나로 설정해야 합니다. SIMetrix(SPICE) 시뮬레이터를 사용할지 아니면 SIMPLIS 시뮬레이터를 사용할지 선택할 수 있습니다.

SIMPLIS 모드에서 새 회로도를 생성하려면 File 〉 New 〉 SIMetrix Schematic 메뉴를 사용하고, SIMetrix 모드에서 새 회로도를 생성하려면 File 〉 New 〉 SIMetrix Schematic을 사용합니다.
SIMPLIS 모드에서 SIMetrix 모드로 전환하려면 Simulator 〉 SIMetrix 모드로 전환 메뉴를 사용하고,
SIMetrix 모드에서 SIMPLIS 모드로 전환하려면 Simulator 〉 SIMPLIS 모드로 전환 메뉴를 사용합니다.

모든 부품이 2가지의 시뮬레이터 모드에서 호환되지 않습니다. 모드 전환 시 호환되지 않는 부품은 하이라이트와 함께 경고가 표시됩니다. 해당 부품은 시뮬레이터 모드에 맞는 부품으로 교체해야 합니다.

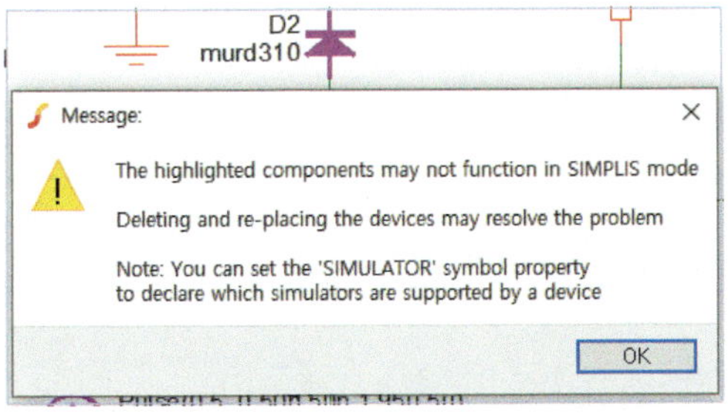

두 모드에서 모두 작동하는 회로를 입력하려면 SIMPLIS 모드로 입력해야 합니다. 예외로 Place 〉 SIMPLIS Primitives 또는 Place 〉 Digital 〉 SIMetrix Compatible Logic Gates 메뉴의 부품은 사용하지 않아야 합니다. 이 조언을 따르면 듀얼 모드 시뮬레이션 기능이 있는 회로가 보장되지는 않지만 시뮬레이터 중 하나만 호환되는 장치를 배치할 가능성이 최소화됩니다.

1.1 Setting General Options

SIMPLIS 에는 다양한 측면에 영향을 주는 기본 옵션이 있습니다. 이 자습서에서는 시뮬레이터 모드를 변경해야 합니다. SIMetrix / SIMPLIS 메인 윈도우 메뉴 나 툴바 버튼을 통해 모든 옵션을 제어할 수 있습니다.

기본 시뮬레이터 모드를 변경하려면 다음 단계를 수행하십시오.

❶ 시작 메뉴에서 SIMetrix / SIMPLIS 를 시작하십시오.
결과 : SIMetrix / SIMPLIS 메인 창이 열립니다.

❷ SIMetrix / SIMPLIS 메인 창에서 File〉 Option〉 General ...을 클릭하십시오.

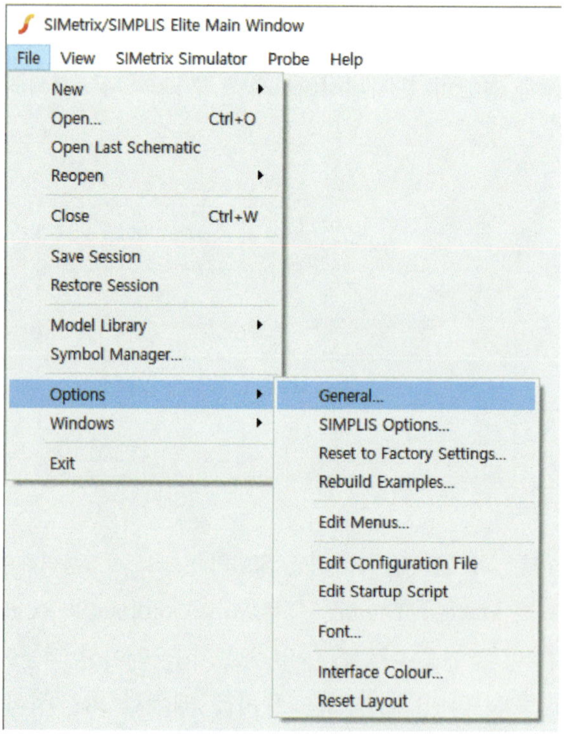

❸ Options 을 강조 표시한 다음 General...을 클릭하십시오.
결과: Options / Preferences 대화 상자가 열리고 Schematic 탭이 표시됩니다.

❹ 오른쪽 상단의 초기 시뮬레이터 섹션으로 이동하여 SIMPLIS 라디오 버튼을 클릭하십시오.

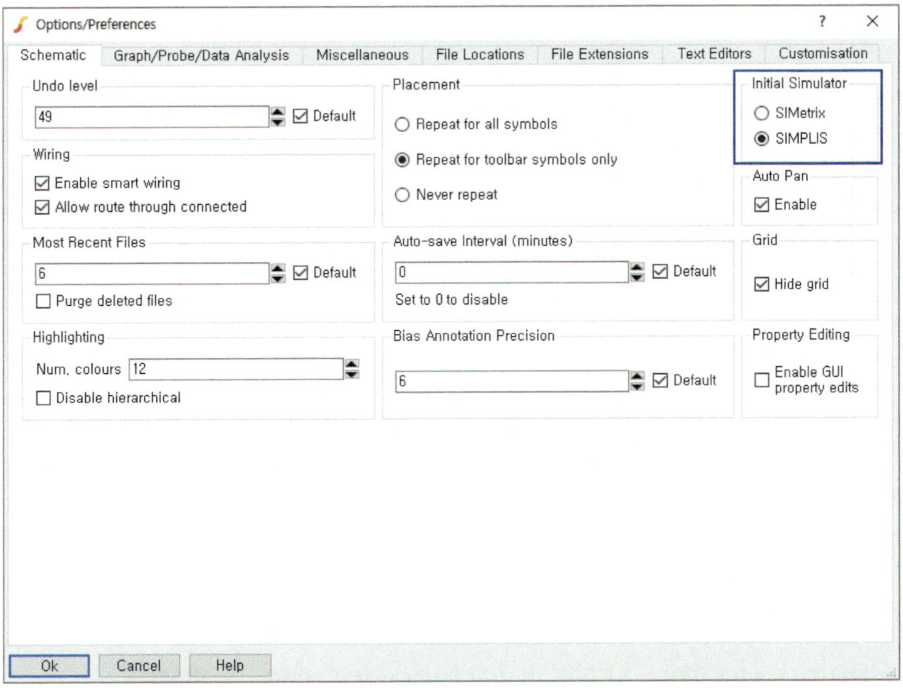

❺ 확인을 클릭하십시오.

결과: 시뮬레이터 환경 설정이 사용자 프로파일에 저장되어 SIMetrix / SIMPLIS 를 닫은 후에도 유지하려고 합니다. 대화 상자에서 확인을 클릭하면 Welcome Page 가 새로 고쳐졌음을 알 수 있습니다. 특히 SIMetrix 아이콘의 맨 위에 있는 아이콘이 SIMPLIS 아이콘입니다. Welcome Page 의 새로 만들기 섹션에 있는 단순 아이콘을 누르면 회로도 링크 옆에 있는 아이콘이 SIMPLIS 시뮬레이터를 사용하려고 합니다.

1.2 Showing the Part Selector

기본 SIMetrix / SIMPLIS 구성에는 Part Selector 시스템 창이 숨겨져 있습니다. 이 자습서에서는 Part Selector 에서 기호를 배치하므로 기호 배치를 시작하기 전에 Part Selector 를 표시해야 합니다.

Part Selector 를 표시하려면 View 〉 Show Part Selector 메뉴를 선택합니다.

결과: Part Selector 창이 기본 창의 오른쪽에 나타납니다.

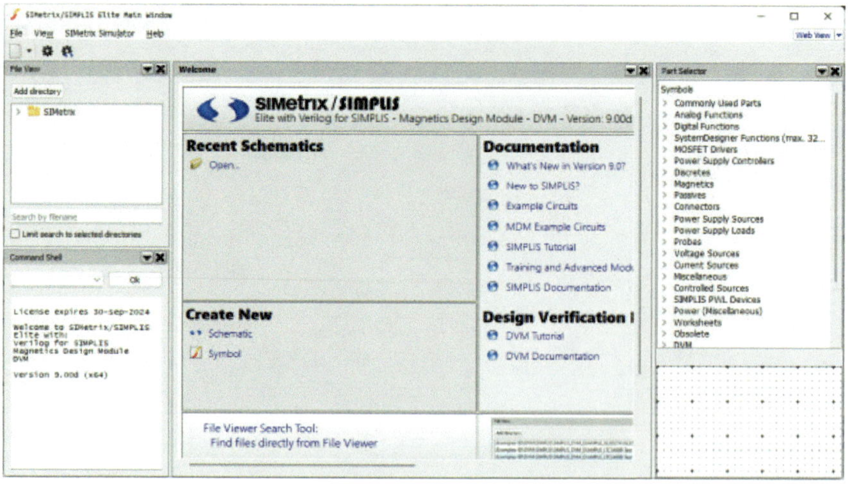

1.3 Setting up the User Interface for the Tutorial

마지막 단계에서 Part Selector 시스템 창을 표시했습니다. 이 섹션에서는 SIMetrix / SIMPLIS 메인 윈도우의 왼쪽으로 이동합니다. Part Selector 를 이동하려면 다음과 같이하십시오.

❶ 마우스 커서를 Part Selector 시스템 창의 상단에 있는 회색 막대로 이동하십시오.

결과: 마우스 커서가 포인터에서 열린 손으로 바뀝니다.

❷ 마우스 왼쪽 버튼을 누르고 계십시오.

결과: Open Hand Closes 및 Part Selector 시스템을 이동할 준비가 되었습니다.

❸ 마우스 왼쪽 버튼을 누른 상태에서 Parts Selector 창을 왼쪽으로 드래그하면 메인 창의 영역이 하늘색으로 변하는 것을 알 수 있습니다. 이것은 시스템 창 위치입니다. 다음 이미지에서 Part Selector 시스템 창이 메인 창의 왼쪽에 File View 시스템 윈도우가 있는 탭 스택에 배치됩니다.

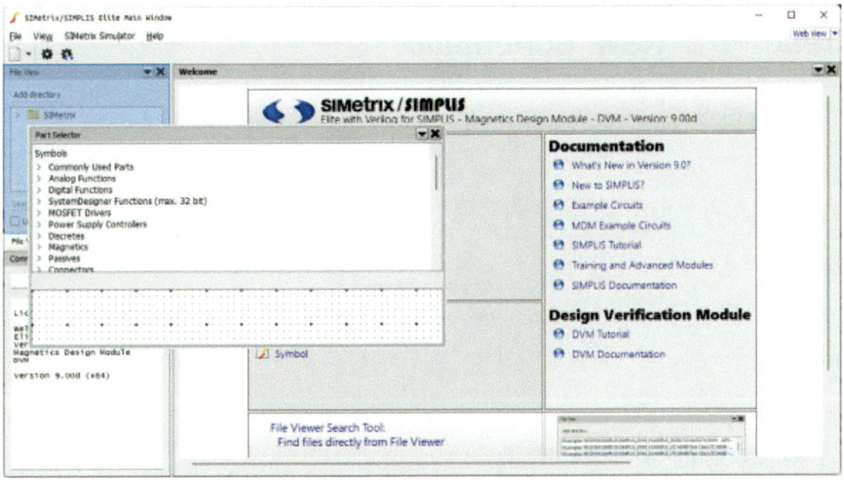

❹ 마우스 버튼을 놓아 File Selector 창을 File View 시스템 창에 놓습니다.

결과: Part Selector 및 File View 시스템은 단일 시스템 창에서 탭으로 표시됩니다.

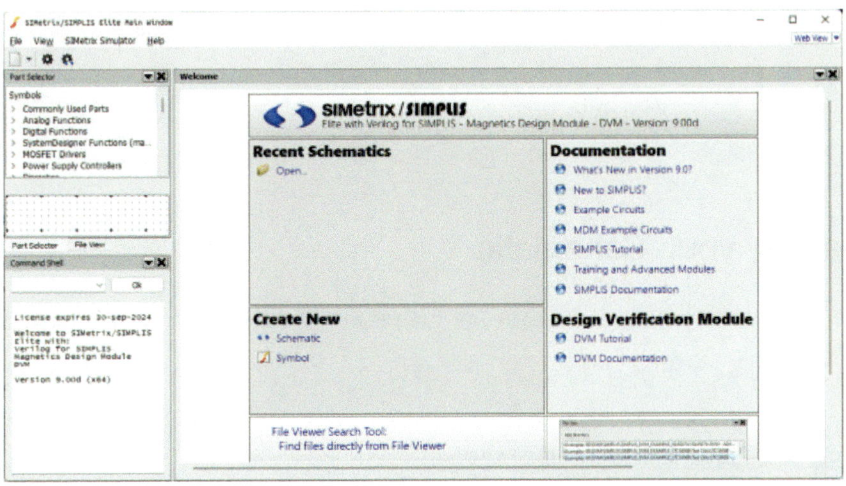

❺ Command Shell 시스템 창에 대한 프로세스를 반복하여 다른 두 시스템 위젯으로 끌어다 놓습니다.

결과: 세 창 모두가 하나의 창에 아래 3 개의 탭으로 표시됩니다. 이 시스템 창 구성은 나머지 자습서에 사용됩니다.

1.4 Creating a New Schematic

새 회로도를 만들려면 다음 단계를 수행하십시오.

❶ Welcome Page 의 새로 만들기 섹션에서 Schematic 을 클릭합니다.

결과: 새 회로도 편집 창이 열립니다.

❷ 모드가 SIMPLIS 인지 확인하려면 오른쪽 하단 모서리를 확인하십시오.

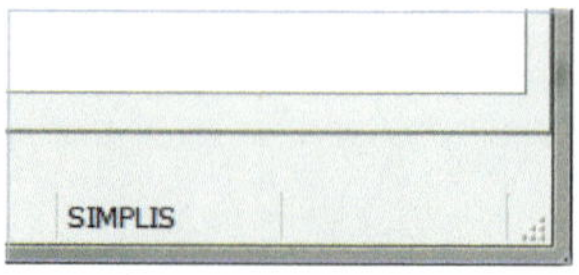

1.5 Saving your Schematic

이 시점에서 시뮬레이터 모드를 SIMPLIS 로 설정한 간단한 회로도가 있습니다. 설계도를 저장하려면 다음 단계를 수행하십시오.

❶ File〉 Save Schematic 을 선택하십시오.
❷ 이 자습서에서 만든 회로도를 저장할 수 있는 작업 Directory 로 사용할 편리한 위치로 이동합니다. Tutorial 텍스트에서 이 Directory 는 D:₩SIMPLIS Tutorial 에 사용됩니다.
❸ 0_my_buck_converter.sxsch 파일의 이름으로 저장하십시오.

> **TIP** 학습을 위해 작성된 File 은 별도의 개인 폴더를 만드시고 저장하시기 바랍니다. 본 교재의 예제는 Tutorial 폴더에 있습니다. 학습 과정 중이거나 학습이 완료된 후에 예제와 비교하여 문제점을 찾으시길 바랍니다.

1.6 Add Working Directory to the File View

Tutorial 에서 사용된 설계도 파일에 쉽게 액세스할 수 있습니다. File View 에 Directory 를 추가하려면 다음과 같이 하십시오.

❶ 시스템 창에서 File View 탭을 클릭하십시오.
결과: File View 시스템 창이 나타납니다.

❷ Add Directory 버튼을 클릭하십시오.
결과: Directory 브라우저 창이 열립니다.

❸ Directory 브라우저에서 폴더 선택을 클릭하십시오.
결과: Directory 가 File View 시스템 창에 추가됩니다.

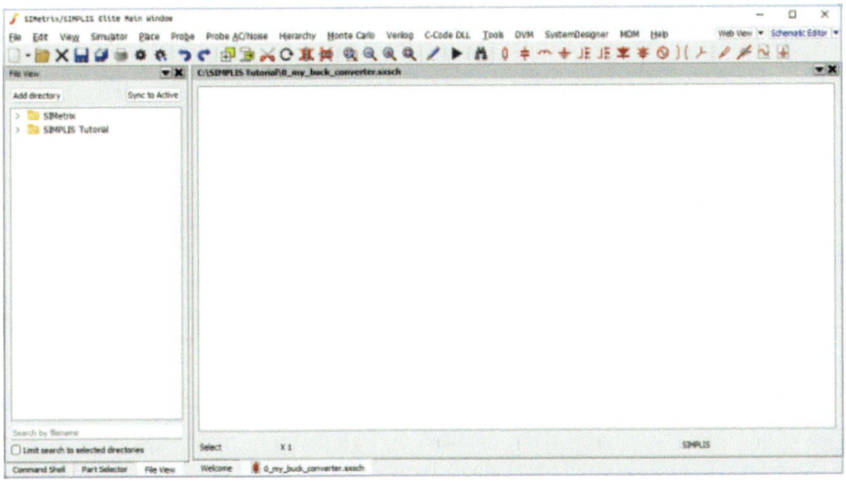

❹ 파일보기에서 Directory 의 내용을 보려면 해당 Directory 를 두 번 클릭하기만 하면 됩니다.
결과: Directory 내용은 0_my_buck_converter 회로도가 Directory 의 유일한 회로도 파일과 함께 표시됩니다.

2 Entering the Design

이 섹션에서는 위의 1.5 항에서 새 회로도를 사용하는 방법을 배우고 다음을 수행하는 방법을 배웁니다.

- Part Selector 와 키보드 단축키를 사용하여 기호를 추가하십시오.
- 회로도에 배선을 추가하십시오.
- 여분의 기호 및 와이어를 제거하십시오.
- 심볼을 편집하여 여러 유형의 변경 사항을 만듭니다.

기호를 배치하고 전선을 연결하고 구성 요소 값을 편집하면 회로도가 다음과 같아야 합니다.

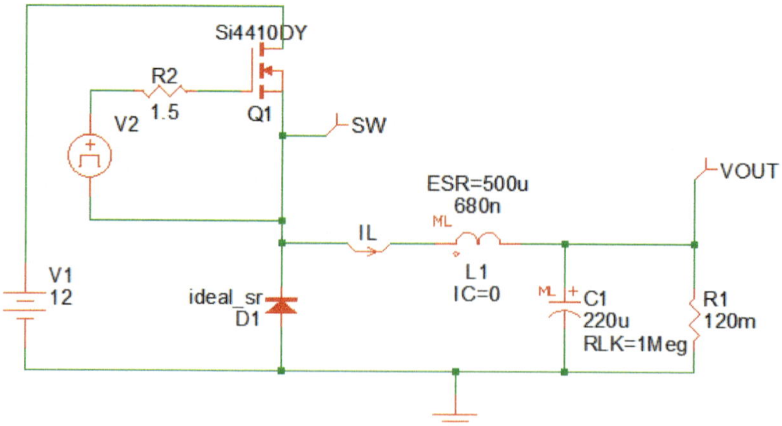

2.1 Add Symbols and Wires

이 항목에서는 다음 주요 개념을 다룹니다.

- Part Selector 의 Commonly Used Parts 범주에는 다이오드 및 MOSFET 을 제외하고 이 회로도의 모든 기호가 포함되어 있습니다.
- 다이오드 및 MOSFET 과 같은 개별 반도체용 SPICE 모델은 SIMPLIS 에서 직접 사용하지 않습니다. 그 대신, 매개변수 추출 시스템은 SIMETRIX 를 사용하여 SPICE 모델을 시뮬레이션하고 곡선 피팅 알고리즘을 사용하여 SIMPLIS 에서 사용할 PWL 모델을 생성합니다. 이 과정은 기호가 회로도에 배치되기 전에 발생합니다.
- 개별 반도체는 모델 라이브러리 또는 키보드 단축키를 사용하여 배치할 수 있습니다.

이 항목에서는 다음 내용을 배우게 됩니다.

- 시뮬레이터 모드를 확인하고 변경하는 방법
- 설계도에 기호를 배치하는 세 가지 방법은 다음과 같습니다.
  - Part Selector 를 사용합니다.
  - 모델 라이브러리의 심볼을 배치합니다.
  - 키보드 단축키를 사용합니다.
- 심볼을 서로 연결하여 회로를 만드는 방법
- 회로도에서 기호 및 와이어를 제거하는 방법.

시작하기

계속하기 전에 주 창의 오른쪽 하단을 확인하여 SIMPLIS 가 시뮬레이터 모드인지 확인해야 합니다.
모드가 SIMPLIS 인 경우 2.1.1 에서 Step One 을 진행하십시오.
모드가 SIMetrix 인 경우 : 메뉴에서 Simulator 〉 Switch to SIMPLIS Mode 로 전환을 선택하여 시뮬레이터 모드를 SIMPLIS 로 변경하십시오.
Simulation Mode 를 확인하는 방법은 Schematic 창 오른쪽 하단에 표시됩니다.

본격적으로 하기 Tutorial을 진행하기 전에

이 Tutorial 에서는 각각의 구간별로 저장된 File 이 ₩₩Examples₩SIMPLIS₩SIMPLIS Tutorial₩에 있습니다. 따라서 개인별 학습은 별도의 Directory 를 만들고 진행하는 것이 좋습니다. 필요한 경우 위의 Tutorial 에 저장된 File 과 비교하여 문제점을 찾는 방법도 좋습니다.

2.1.1 Place the Symbols

이 절에서는 회로도에 기호를 배치하는 세 가지 방법을 보여 주며 두 가지 일반 단계로 나뉩니다.

- 1 단계에서는 3 가지 기호를 추가하여 회로도에 기호를 배치하는 세 가지 방법을 보여줍니다.
- 2 단계에서는 이 디자인에 사용된 나머지 기호를 배치합니다.

Step One: Place First Three Symbols

이 회로도의 경우 Part Selector 의 Commonly Used Parts 범주에는 다이오드와 MOSFET 을 제외한 모든 부품이 포함되어 있습니다. 따라서 모델 라이브러리에서 다이오드를 배치한 다음 내장된 키보드 단축키를 사용하여 MOSFET 을 추가합니다.

이 단계에서는 처음 세 개의 심볼, Inductor, 다이오드 및 MOSFET 을 배치합니다. 아래 그림을 일반적인 지침으로 사용하여 기호를 회로도에 배치하십시오.

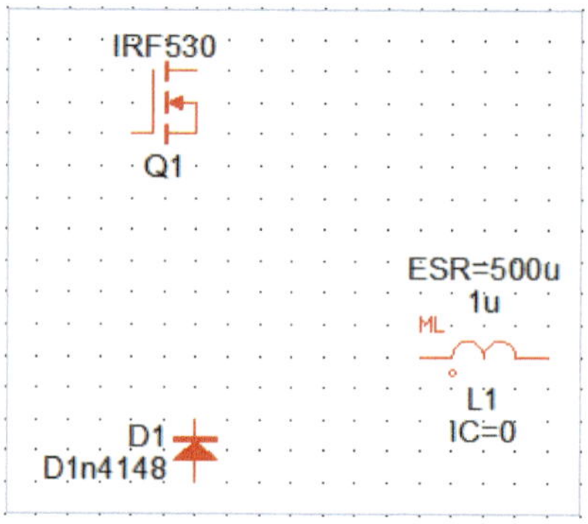

Inductor: Inductor (L1)를 배치하려면 다음 단계를 수행하십시오.

❶ Commonly Used Parts 목록에서 Multi-Level Lossy Inductor (Version 8.0+)를 두 번 클릭하십시오.

결과: Inductor 가 화면에 나타납니다.

❷ 기호를 배치할 위치로 이동하고 마우스 왼쪽 버튼을 누릅니다.

결과: 참조 부호 L1 이있는 Inductor 가 위의 회로도와 동일한 자리에 있습니다.

Diode: 모델 라이브러리에서 다이오드(D1)를 배치하려면 다음 단계를 수행하십시오.

❶ Part Selector 에서 Discretes 범주를 두 번 클릭하여 목록을 확장합니다.

❷ Diodes 범주를 더블 클릭한 다음 Select from Model Library…을 더블 클릭하십시오.

결과: 장치 선택 대화 상자가 열립니다.

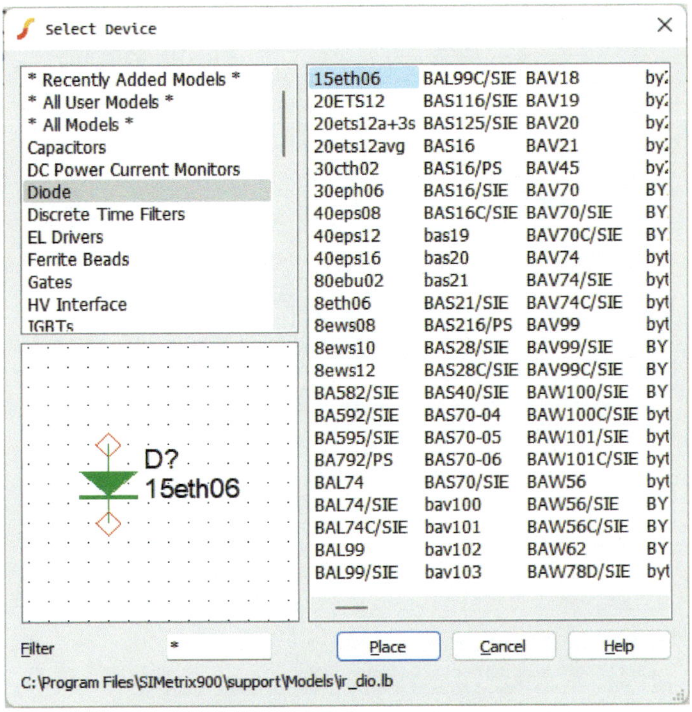

❸ 장치 선택 창의 왼쪽 하단에 있는 필터 필드에서 커서를 별표 (*) 앞에 놓고 D1n41 을 입력하십시오.

결과: D1n4148 이 사용 가능한 유일한 항목으로 나타납니다.

❹ 오른쪽 상단 창에서 D1n4148 을 선택한 다음 아래 그림과 같이 장치 선택 창의 아래쪽에 있는 Place 버튼을 클릭하십시오.

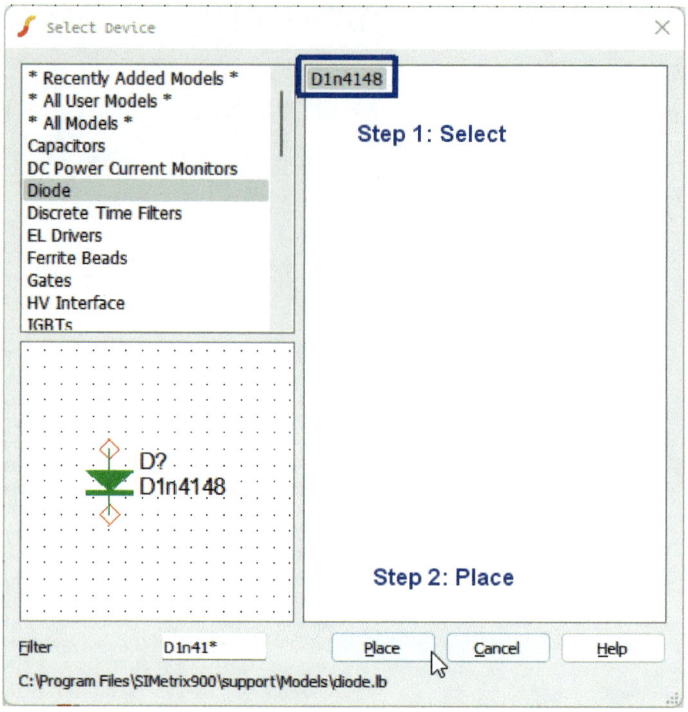

결과: Diode Extract Diode Parameters 대화 상자가 열립니다.

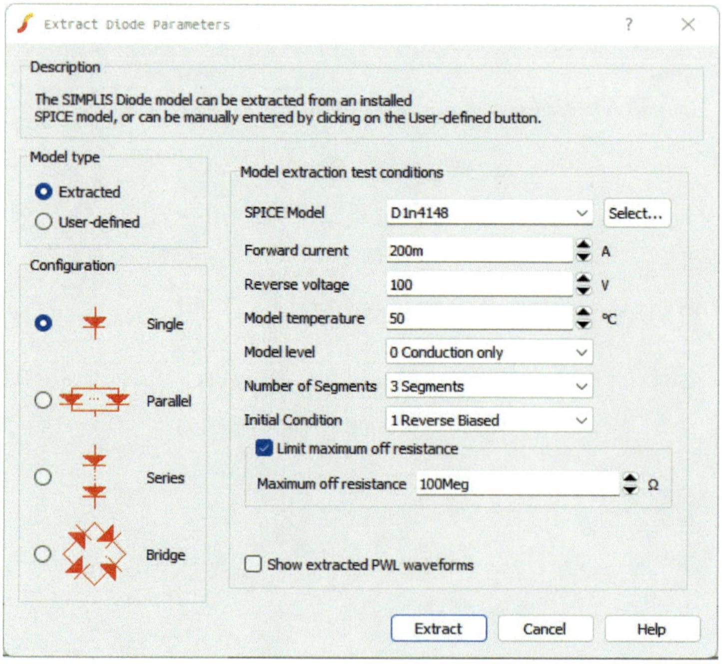

❺ 기본값을 적용하고 Extract 을 클릭하여 대화 상자를 닫습니다.

결과: SPICE 다이오드 모델에서 여러 개의 SIMetrix SPICE 시뮬레이션이 실행되고 커브 피팅 알고리즘은 SIMPLIS 시뮬레이션에서 사용할 PWL Parameter 세트를 계산합니다.

참고: D1n4148 과 같은 소 신호 다이오드는 동기식 정류기 애플리케이션에 적합하지 않지만 이 다이오드 모델은 나중에 2.2 절 표준 구성 요소 값 편집에서 변경할 것입니다.

❻ Inductor 에 십자형 커서를 왼쪽 아래쪽에 놓고 마우스 왼쪽 버튼을 누릅니다.

결과: 참조 부호 D1 이 있는 다이오드가 위의 회로도와 동일한 자리에 있습니다.

❼ 다이오드를 선택하여 활성화한 상태에서 F5 를 두 번 눌러 다이오드를 180 도 회전시킵니다.

MOSFET: 키보드 단축키를 사용하여 MOSFET (Q1)을 배치하려면 다음 단계를 수행하십시오.

❶ 마우스 커서를 다이오드 바로 위에 공간에 놓고 키보드 단축키 M 을 입력하십시오.

참고: M 은 3 단자 N 형 MOSFET 을 배치하는 단축키입니다.

결과: Extract MOSFET Parameters 대화 상자가 열립니다.

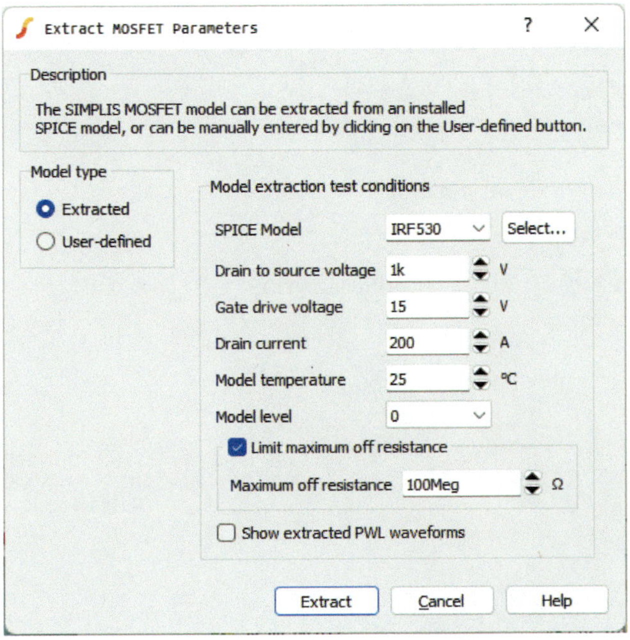

❷ 기본값을 적용하고 Extract 을 클릭하여 대화 상자를 닫습니다.

결과: 이전 단계에서 배치된 다이오드와 마찬가지로, 여러 SIMetrix SPICE 시뮬레이션이 MOSFET 모델에서 실행되고 커브 피팅 알고리즘이 SIMPLIS 시뮬레이션에서 사용할 PWL Parameter 세트를 계산합니다.

참고: 원래 SPICE 모델은 SIMPLIS 시뮬레이션에서 사용되지 않습니다. 다이오드와 마찬가지로 표준 부품 값 편집에서 MOSFET 의 부품 번호를 변경할 예정입니다.

❸ 다이오드 바로 위의 십자형 커서를 위치하고 마우스 왼쪽 버튼을 클릭하여 MOSFET 심볼을 회로도에 배치합니다.

결과: 참조 부호 Q1 이있는 MOSFET 이 위의 회로도와 동일한 자리에 있습니다.

Step Two: Place Remaining Symbols

나머지 기호를 배치하려면 다음과 같이하십시오.

❶ 다음 방법 중 하나를 사용하여 기호를 아래에 나열된 순서대로 놓습니다.

Part Selector 의 Commonly Used Parts 범주에서 부품 이름을 두 번 클릭합니다.

또는 키보드에서 단축키를 입력하십시오.

❷ 기호를 배치할 때마다 아래 그림과 같이 마우스를 일반 위치로 이동한 다음 마우스 왼쪽 단추를 눌러 그리드에 심볼을 놓습니다.

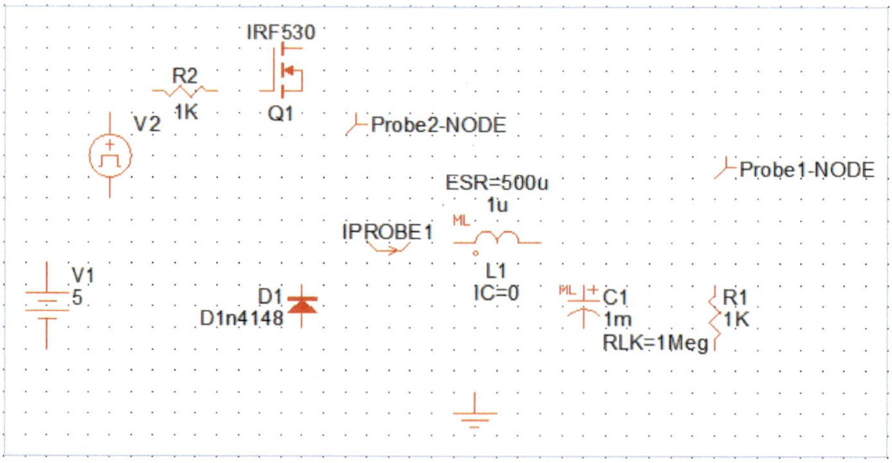

Label	Commonly Used Parts	Shortcut	Comments
C1	Multilevel Capacitor (Level 0-3 w/Quantity) (Version 8+)		No keyboard shortcut
R1	Resistor (Z Shaped)	4	
V1	Power Supply	v	
V2	Waveform Generator (Pulse, Ramp...)	w	
R2	Resistor (Z Shaped)	4	To rotate 270 degrees, press F5 three times.
	Ground	g	
Probe1-NODE	Probe-Voltage	b	
Probe2-NODE	Probe-Voltage	b	
IPROBE1	Probe -Inline Current		No keyboard shortcut

참고: 실수로 추가 기호를 놓은 경우 Ctrl + Z 를 입력하거나 메뉴 모음에서 Edit 〉 Undo 를 선택하여 즉시 기호를 제거 할 수 있습니다. 추가 심벌을 배치한 직후 추가 심벌을 제거하지 않은 경우 추가 심벌 및 와이어 제거를 참조하십시오.

2.1.2 Add the Wires

이 섹션에서는 회로도에 연결선을 추가하는 방법을 학습합니다.
기호를 연결하려면 아래 다이어그램과 단계를 일반적인 가이드로 사용하십시오.

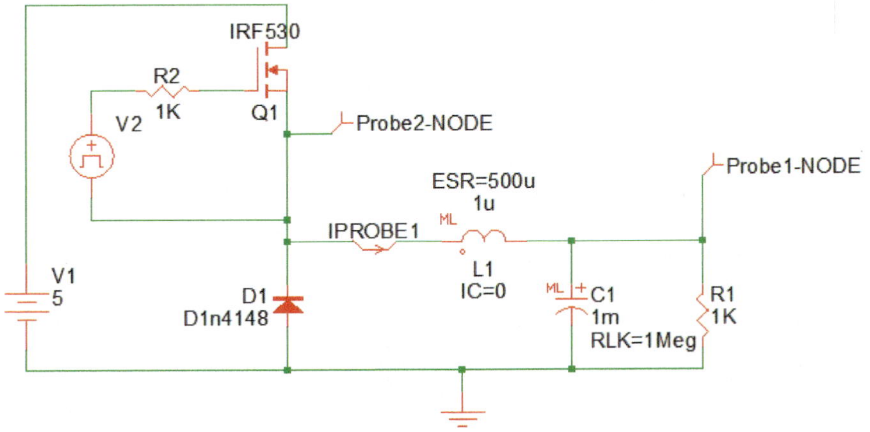

❶ 마우스 포인터를 기호 핀 위에 놓습니다.

결과: 포인터가 연필로 바뀌어 회로도가 배선 모드임을 나타냅니다.

❷ 배선 Segment 를 시작하려면 마우스 왼쪽 버튼을 클릭하십시오.

❸ 모서리 점을 만들려면 연결을 그릴 기호에 도달할 때까지 마우스 왼쪽 버튼을 다시 클릭합니다.

❹ Segment 그리기를 마치면 마우스 오른쪽 버튼을 클릭하거나 Esc 키를 누릅니다.

참고: 실수로 여분의 전선을 배치한 경우 Ctrl + Z 를 누르거나 메뉴 막대에서 Edit 〉 Undo 를 선택하여 즉시 제거 할 수 있습니다. 여분의 전선을 배치한 직후에 여분의 전선을 분리하지 않았다면 하기의 여분의 기호 및 전선 제거를 참조하십시오.

2.1.3 Remove Extra Symbols and Wires

이 절에서는 심볼 및 와이어를 개별적으로 또는 그룹으로 제거하는 방법을 설명합니다. 개별 기호 또는 와이어를 제거하려면 다음과 같이 하십시오.

❶ 제거할 기호 또는 와이어를 클릭하십시오.

결과: 기호 또는 와이어가 파란색으로 변경되어 선택되었음을 나타냅니다.

❷ Delete 키를 누릅니다.

심볼 및 와이어 그룹을 제거하려면 다음 단계를 수행하십시오.

❶ 선택 상자를 시작하려면 마우스 왼쪽 버튼을 누른 상태에서 반대쪽 모서리로 마우스를 드래그하십시오.

❷ 영역을 정의한 후 마우스 버튼을 놓습니다.

결과: 상자 안의 와이어(및 기호)이 파란색으로 바뀌며 배선과 구성 요소가 선택되었음을 나타냅니다.

❸ Delete 를 누릅니다.

결과: 선택한 와이어 및 구성 요소가 회로도에서 삭제됩니다.

참고: 여분의 와이어 및 기호를 선택하려면, 회로도의 아무 곳이나 클릭하십시오.

Special Case: Wires inside a Symbol Boundary

경우에 따라 기호 경계 안에 있는 와이어를 제거할 수 있습니다. 다음 예는 아래와 같이 입력 핀이 단락된 비교기를 사용합니다. 이 절차는 와이어를 제거하지만 심볼은 그대로 남겨 둡니다.

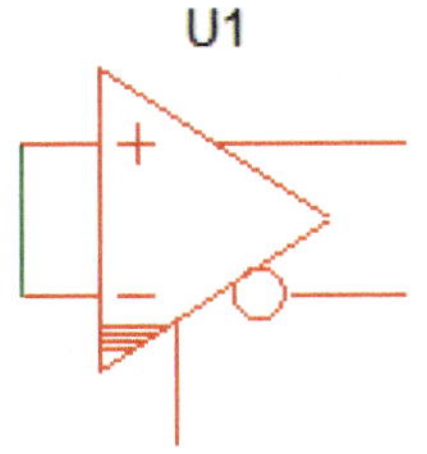

와이어 Segment 만 제거하려면 다음과 같이 하십시오.

❶ Shift 키를 누른 채로 마우스 왼쪽 버튼을 클릭한 채 드래그하여 아래 그림과 같이 와이어 영역을 선택합니다.

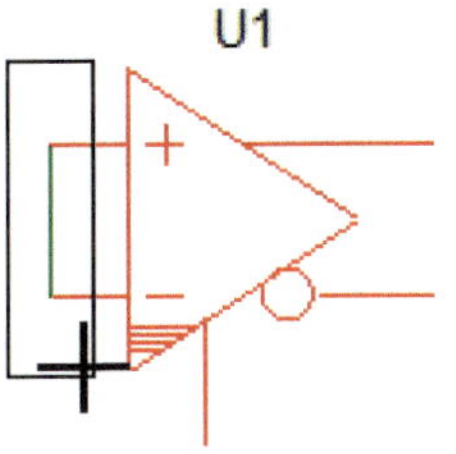

❷ 영역을 정의한 후 마우스 버튼을 놓습니다.
결과: 상자 안의 와이어가 파란색으로 바뀌면서 전선이 선택되었음을 나타냅니다.

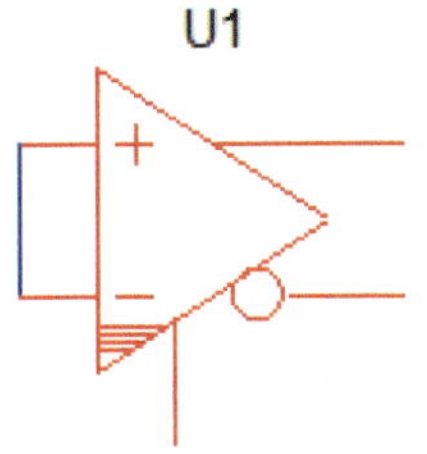

❸ Delete 를 누릅니다.
결과: 선택한 와이어가 회로도에서 삭제됩니다.

Special Case: Wires which are Exactly One Grid Square Long

회로도에 정확히 하나의 격자 사각형 길이의 와이어가 있고 이 와이어를 삭제하려는 경우가 있습니다. 이것은 마우스 커서가 와이어 끝에서 1/2 Grids 스퀘어 거리 이내에 있을 때마다 프로그램이 배선 모드로 들어가기 때문에 어렵습니다. 이 문제에 대한 몇 가지 해결책은 다음과 같습니다.

❶ 와이어를 선택할 때 Ctrl 키를 누른 채로 자동 배선을 비활성화하십시오.
❷ 와이어를 둘러싸는 상자를 드래그하여 와이어를 선택하십시오.

와이어가 선택되면 Delete 키를 눌러 회로도에서 제거할 수 있습니다.

2.1.4 Save your Schematic

설계도를 저장하려면 다음 단계를 수행하십시오.

❶ File 〉 Save Schematic As ...를 선택하십시오.
❷ 회로도를 저장할 작업 Directory로 이동하십시오.
❸ 1_my_buck_converter.sxsch 파일 이름으로 저장하십시오.

2.2 Edit Standard Component Values

이 항목에서는 다음 내용을 배우게 됩니다.

- 표준 구성 요소의 기호를 편집하고 값을 변경하는 방법
- Probe 라벨을 변경하는 방법.
- 파형 발생기를 구성하는 방법.

2.2.1 Change Component Values

이 설계의 최대 부하 전류는 10A이고 출력 전압은 1.2V입니다. 따라서 부하 저항은 120mΩ입니다. 출력 부하 저항의 저항을 변경하려면 다음 단계를 수행하십시오.

❶ R1 기호를 두 번 클릭하십시오. 기호 위에 십자 모양이 있고 레이블에는 십자 모양이 없어야 합니다.
결과: 구성 요소 값 선택 대화 상자가 열립니다.

❷ 결과 필드의 값을 아래 그림과 같이 120m 로 변경하십시오.

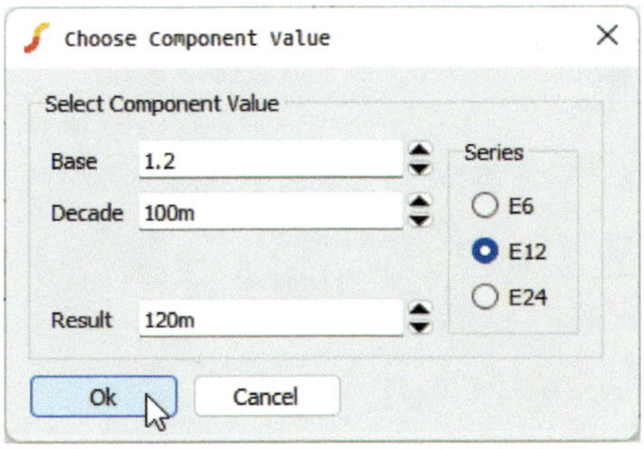

❸ Click OK.

❹ 1~3 단계를 반복하여 두 개의 기호를 편집하고 아래 나열된 값을 변경하십시오.

Reference Designator	Component Name	New Value
R2	Gate Resistor	1.5
V1	Input Source	12

2.2.2 Change Probe Curve Labels

전기적 관점에서 꼭 필요한 것은 아니지만 커브 라벨은 그래프 파형에 어떤 회로 변수가 표시되는지 나타내기 위해 이름을 변경해야 합니다.

프로브 곡선 레이블의 이름을 바꾸려면 다음 단계를 수행하십시오.

❶ Probe1-NODE 레이블로 Probe 기호를 두 번 클릭하십시오.
결과: Probe 편집 대화 상자가 열립니다.

❷ 곡선 레이블 텍스트 상자에서 이름을 VOUT 로 변경하십시오.

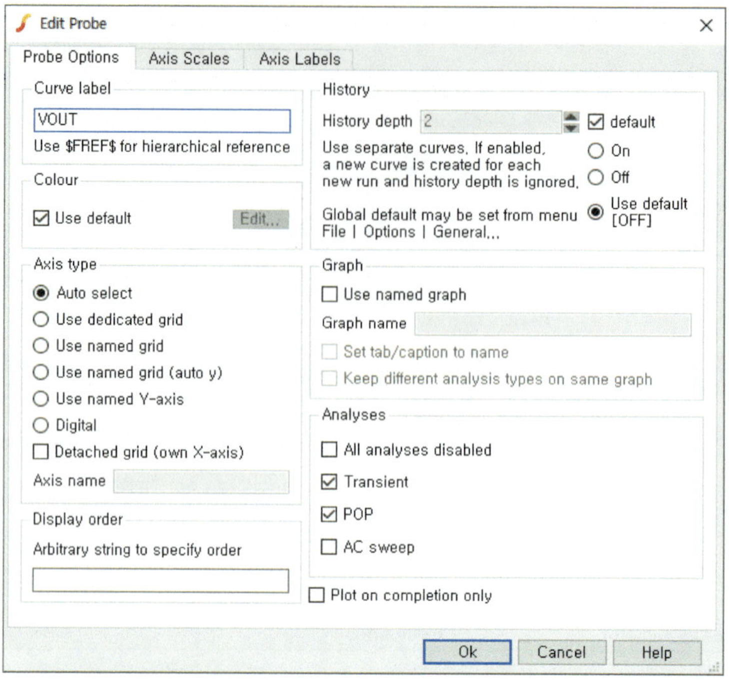

❸ Click OK.

❹ 1~3 단계를 반복하여 두 개의 기호를 편집하고 아래 나열된 값을 변경하십시오.

Old Curve Label	Circuit Variable	New Label
Probe2 NODE	Switching Node	SW
IPROBE1	Inductor Current Probe	IL

2.2.3 Configure the Waveform Generator

Waveform는 다양한 주기적 파형 유형을 나타낼 수 있는 유연한 장치입니다. MOSFET Q1을 구동하려면 지정된 펄스 폭, 주파수 및 진폭을 가진 펄스 발생기가 필요합니다.
파형 발생기를 펄스 소스로 설정하려면 다음 단계를 수행하십시오.

❶ 파형 발생기 기호인 V2를 더블 클릭하십시오.

결과: 파형 편집 대화 상자가 열립니다.

❷ Wave Shape 섹션의 대화 상자 오른쪽에서 Pulse 라디오 버튼을 선택하십시오.

❸ 상단의 중간 열에서 주파수를 500k 로 변경하고 Duty Cycle 을 11 로 변경하십시오.

참고: 파형 편집 대화 상자는 대화형입니다. 즉, 특정 필드를 변경하면 관련 필드의 값이 자동으로 계산되고 업데이트됩니다. 예를 들어 빈도를 500k 로 변경하면 Period 가 계산되어 2u 로 업데이트됩니다. 마우스를 새 필드로 이동하면 계산된 값이 대화 상자에서 업데이트됩니다.

❹ 대화 상자 하단의 첫 번째 열에서 Pulse 를 5 로 변경하십시오.

❺ Default rise and fall 확인란의 선택을 취소하십시오.

❻ Rise 필드에 0 을 입력하여 상승 시간을 설정합니다.

결과: 파형 편집 대화 상자가 다음과 같이 나타납니다.

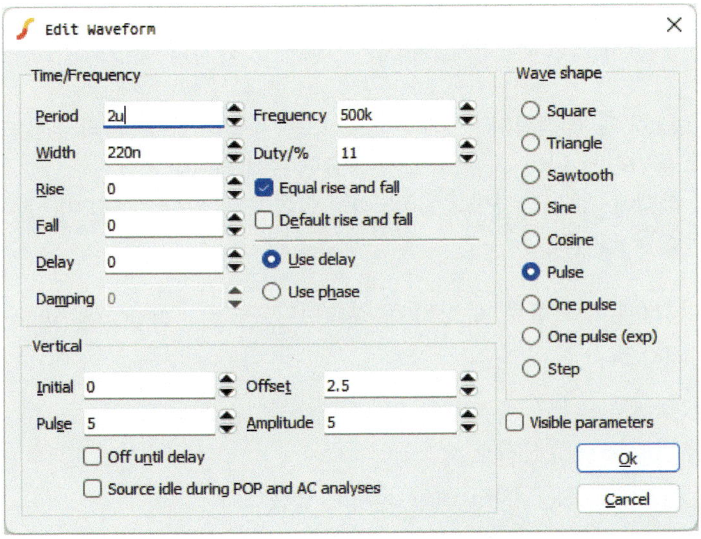

❼ OK 를 클릭하여 새 매개변수 값을 저장하십시오.

2.2.4 Save your Schematic

설계도를 저장하려면 다음 단계를 수행하십시오.

❶ File〉 Save Schematic As ...를 선택하십시오.

❷ 회로도를 저장할 작업 Directory 로 이동하십시오.

❸ 2_my_buck_converter.sxsch 파일 이름으로 저장하십시오.

2.3 Edit Multi-Level Models

이 항목에서는 다음 내용을 배우게 됩니다.

- Multi-Level 모델에서 심볼을 편집하고 값을 변경하는 방법
- 모델 레벨을 변경하는 방법

2.3.1 Change Capacitor Model Level and Value

이 설계에서 Capacitor 와 Inductor 는 모두 Multi-Level 모델이며, 여기서 모델 레벨은 모델에 포함된 기생 요소를 결정합니다. Capacitor 에는 0 에서 3 까지의 네 가지 모델 레벨이 있습니다.

- 레벨 0 Capacitor 가 이상적이며 ESR, ESL 또는 누설이 모델링 되지 않습니다.
- 레벨 번호가 올라감에 따라 기생 요소가 모델에 추가됩니다.
- 네 가지 모델 레벨에 대해 더 자세히 알아보려면 편집 대화 상자의 help 버튼을 클릭하여 Capacitor 모델에 대한 창을 엽니다.

이 디자인은 이미 레벨 1 모델로 설정되어 있습니다. 출력 Capacitor 값을 변경하려면 다음 단계를 수행하십시오.

❶ C1 기호를 두 번 클릭하십시오.

결과: Multi-Level Capacitor 편집 대화 상자가 열립니다.

❷ Capacitance 값을 아래 그림과 같이 220u 로 변경하십시오.

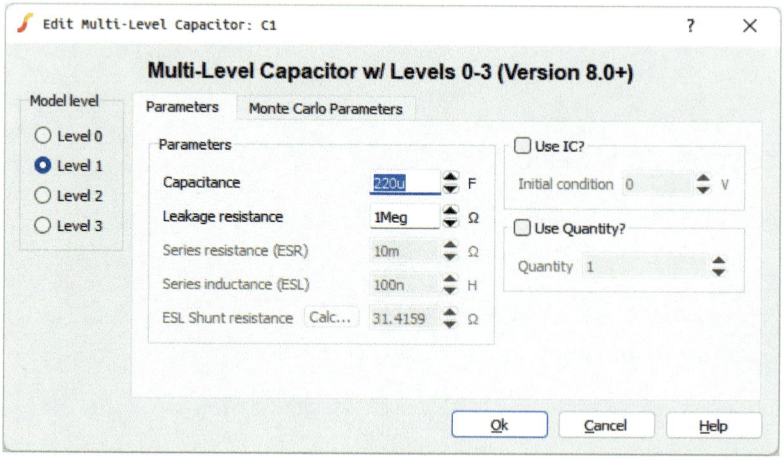

❸ Click OK

2.3.2 Change Inductor Model Level and Value

이 설계에 사용된 Inductor 는 Multi-Level 모델입니다. Inductor 에는 두 가지 모델 레벨이 있습니다.

- 레벨 0 은 순수 Inductor 를 나타냅니다.
- 레벨 1 은 등가 직렬 저항 (ESR)을 추가합니다.

두 Inductor 모델 레벨 모두 Inductor 의 고주파 응답을 제한하는 병렬 Shunt 저항을 가지고 있다. 이것은 Tutorial 의 뒷부분에서 분명히 알 수 있는 이유 때문에 중요합니다. 그러나 지금은 Inductor 에 내장된 상한 주파수 제한이 있으며 한도를 초과하는 주파수에서 Inductor 는 Inductor 의 실제 동작을 반영하는 저항이 된다는 것을 기억하십시오.

코너 주파수에서 Shunt 저항 값을 자동으로 계산하려면 편집 대화 상자에서 Calc... 버튼을 클릭합니다.

이 설계의 인덕턴스 값은 680nH 입니다. Inductor 값을 변경하려면 다음 단계를 수행하십시오.

❶ L1 기호를 두 번 클릭하십시오.

결과: 다단계 손실 Inductor 편집 대화 상자가 열립니다.

❷ 아래 그림과 같이 Inductor 값을 680n 으로 변경하십시오.

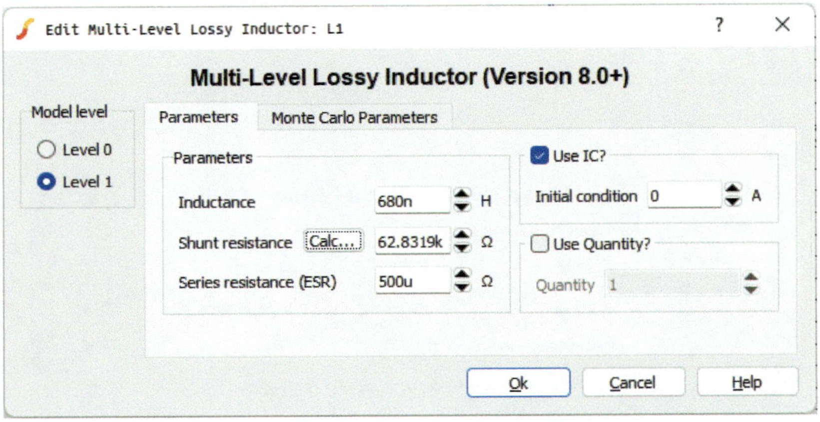

❸ 다음으로 Inductor Shunt 저항 매개변수를 변경합니다. Shunt 저항을 변경하려면 다음 단계를 수행하십시오.

ⓐ Calc … 단추를 클릭하십시오.

결과: 메인 섹션에서 새 Shunt 저항 계산 대화 상자로 복사된 680nH 인덕턴스 값과 함께 새 Shunt 저항 계산 대화 상자가 열립니다. 대화 상자에는 인덕턴스와 원하는 주파수를 기반으로 새로운 Shunt 저항 값을 계산하는 계산기 기능이 내장되어 있습니다. 주파수 입력을 변경하고 Shunt 저항 값 변경을 확인할 수 있습니다.

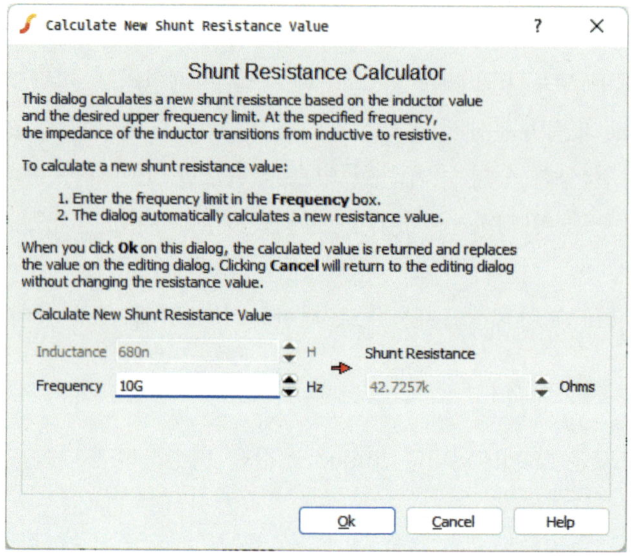

ⓑ 10GHz 의 기본 주파수 값은 거의 모든 Switching 전원 애플리케이션에 적합합니다. 이것은 Inductor 가 저항성을 갖게 되는 주파수입니다. 새 Shunt 저항 계산 대화 상자에서 확인을 클릭하여 다단계 손실 Inductor 편집 대화 상자에 값을 저장하십시오.

결과: 42.7257kΩ 의 계산된 Shunt 저항 값이 Multi-Level 손실 Inductor 편집 대화 상자로 돌아갑니다.

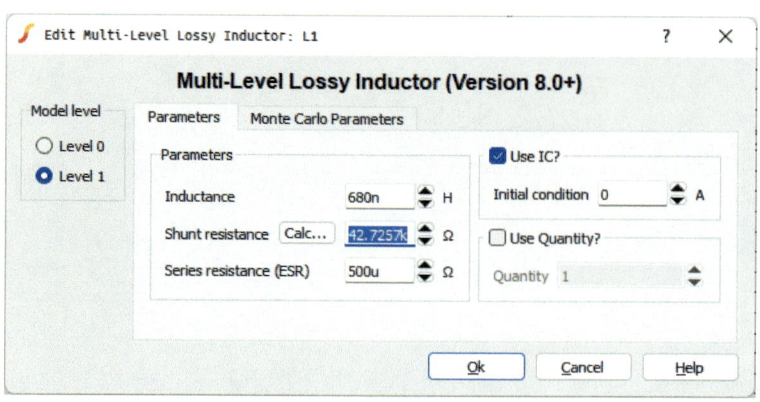

❹ Click OK.

2.3.4 Save your Schematic

설계도를 저장하려면 다음 단계를 수행하십시오.

❶ File〉 Save Schematic As ...를 선택하십시오.
❷ 회로도를 저장할 작업 Directory 로 이동하십시오.
❸ 회로도를 2_my_buck_converter.sxsch 으로 저장하십시오.

2.4 Edit Parameter-Extracted Models

이 항목에서는 다음과 같은 주요 개념을 다룹니다.

- 정확한 PWL MOSFET 모델을 생성하려면 올바른 모델 추출 전압, 전류 및 온도 매개변수가 필요합니다.
- MOSFET SPICE 모델은 SIMPLIS 시뮬레이션에 사용되지 않고 대신 SIMPLIS 는 실제 SPICE 모델 동작을 정확하게 반영하는 PWL 모델을 사용합니다.

이 항목에서는 다음 내용을 배우게 됩니다.

- MOSFET SPICE 모델을 변경하는 방법.
- PWL 모델을 추출하는 방법.

2.4.1 Change MOSFET SPICE Model

2.1 Add Symbols and Wires 에서 모델의 적합성을 고려하지 않고 MOSFET 및 다이오드에 대해 Parameter 에서 추출된 모델을 배치했습니다. IRF530 MOSFET 는 저항이 높은 100V 장치이며, 저항이 낮은 30V 등급의 장치가 필요합니다. 이 설계에서는 Drain - Source 정격이 30V 이고 저항 값이 약 18mΩ 인 Si4410DY MOSFET 를 사용합니다.

Si4410DY 모델을 사용하도록 Q1 을 변경하려면 다음 단계를 수행하십시오.

❶ MOSFET 기호를 두 번 클릭하십시오.

결과: Extract MOSFET Parameters 대화 상자가 열립니다.

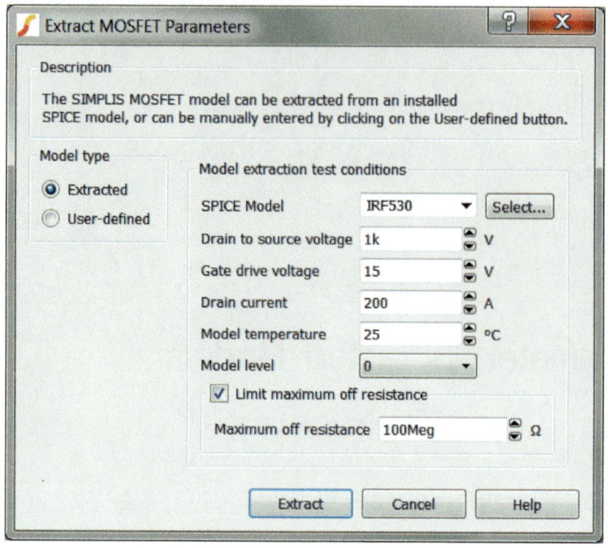

❷ SPICE Model 필드의 오른쪽에 있는 Select 버튼을 클릭하십시오.

결과: 새 장치 선택 대화 상자가 열립니다.

❸ 검색 필드에 si441 을 입력하십시오.

결과: Si4410DY 는 설치된 SPICE 모델 목록의 하위 문자열 si441 과 일치하는 유일한 모델입니다.

❹ Si4410DY를 클릭한 다음 확인을 클릭하십시오.

결과: MOSFET Parameter 추출 대화 상자에서 Q1에 대한 SPICE 모델이 Si4410DY로 변경됩니다.

❺ 매개변수 추출 루틴에 대해 읽은 후에 계속하려면 대화 상자를 열어 두십시오.

2.4.2 Change the Model Extraction Conditions

그런 다음 모델 추출 조건을 이 회로에 사용된 값으로 변경해야 합니다. 매개변수 추출 루틴에는 다음 네 가지 회로 매개변수가 필요합니다.

- MOSFET Capacitance 값을 결정하기 위해 Drain - Source 전압.
- Gate 구동 전압은 전도 특성을 결정합니다.
- Drain 전류는 MOSFET의 임계값 및 상호 Conductance를 결정합니다.
- 모델 온도는 SPICE 시뮬레이션이 수행되는 온도이기 때문에 대부분의 매개변수에 영향을 미칩니다.

최적의 모델 정확성을 위해 4가지 Parameter 모두 실제 회로의 전압, 전류 및 온도를 정확히 반영해야 합니다.

모델 추출 조건을 변경하려면 다음 단계를 수행하십시오.

❶ 이전 지침에서 열린 MOSFET 추출 대화 상자가 열리면 아래 그림과 같은 값을 입력하십시오.

Parameter label	Value
Drain to source voltage	20
Gate drive voltage	5
Drain current	15
Model temperature	55

결과: 이제 대화 상자는 다음과 같이 보입니다.

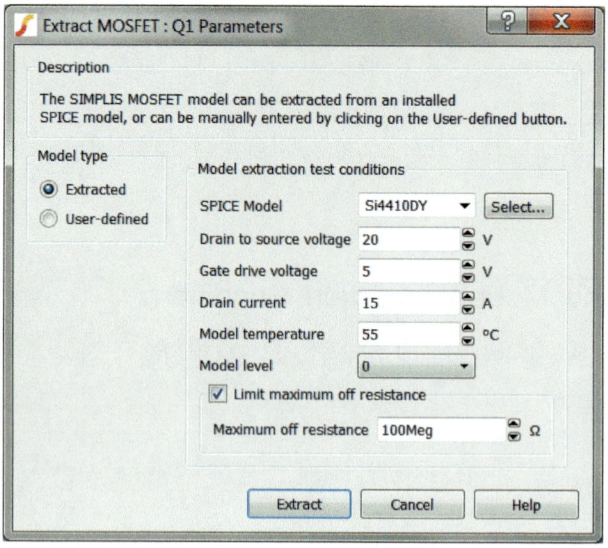

❷ Click Extract.

결과: 제공된 테스트 조건에서 SPICE 모델 Si4410DY를 시뮬레이션하고 SIMPLIS에서 사용하기 위해 PWL 모델을 추출합니다.

2.4.3 Save your Schematic

설계도를 저장하려면 다음 단계를 수행하십시오.

❶ File 〉 Save Schematic As ...를 선택하십시오.

❷ 회로도를 저장할 작업 Directory로 이동하십시오.

❸ 회로도를 2_my_buck_converter.sxsch 이름으로 저장하십시오.

❹ 기존 파일을 덮어쓸지 묻는 메시지가 표시되면 예를 클릭합니다.

참고: 다음 절의 2.5 사용자 정의 모델로 변경에서 이 회로도를 사용할 것입니다.

2.5 Change to a User-defined Model

이 항목에서는 다음과 같은 주요 개념을 다룹니다.

- 사용자 정의 다이오드 모델을 사용하면 최소한의 회로 구성 요소로 이상적인 동기 정류기를 모델링 할 수 있습니다.
- 다이오드 모델은 SIMPLIS 의 PWL 저항기로 구현됩니다.

이 항목에서는 다음 내용을 배우게 됩니다.

- 사용자 정의 다이오드로 동기식 정류기를 모델링 하는 방법.

2.5.1 Model a Synchronous Rectifier with a User-defined Diode

SIMPLIS 다이오드 모델은 높은 오프 저항과 낮은 온 저항을 갖는 PWL 저항입니다. Parameter 추출 모델은 3 개 Segment 모델을 사용하는데, 세 번째 Segment 는 높은 오프 저항 Segment 와 낮은 온 저항 Segment 사이의 중간 저항을 나타냅니다.

사용자 정의 모델은 2 개 Segment 모델을 사용하며 저항 및 전압 값을 대화 상자에 입력할 수 있습니다. 처음에는 명확하지 않을 수 있지만 이 모델은 다음과 같은 특징을 가진 이상적인 동기식 정류기를 나타낼 수 있습니다.

- 다이오드의 순방향 전압은 0V 이다.
- 다이오드 전류가 양수면 다이오드는 순방향 저항은 정류기 MOSFET 의 온 저항과 동일합니다.
- 다이오드 전류가 음수면 다이오드가 꺼지고 저항이 높아지며, 이는 동기 정류기 MOSFET 의 오프 저항을 나타냅니다.
- 다이오드는 회로 전압 및 전류에 따라 켜지고 꺼지므로 동기 정류기의 타이밍이 이상적입니다. 즉, 데드 타임이나 구동 신호가 필요 없습니다.

이제 다이오드를 변경하여 사용자 정의 모델을 사용하고 이상적인 동기식 정류기 MOSFET 처럼 동작하도록 매개변수를 입력하십시오.

다이오드를 사용자 정의 모델로 변경하려면 다음 단계를 수행하십시오.

❶ D1 기호를 두 번 클릭하십시오.

결과: 다이오드 추출 D1 매개변수 대화 상자가 열립니다.

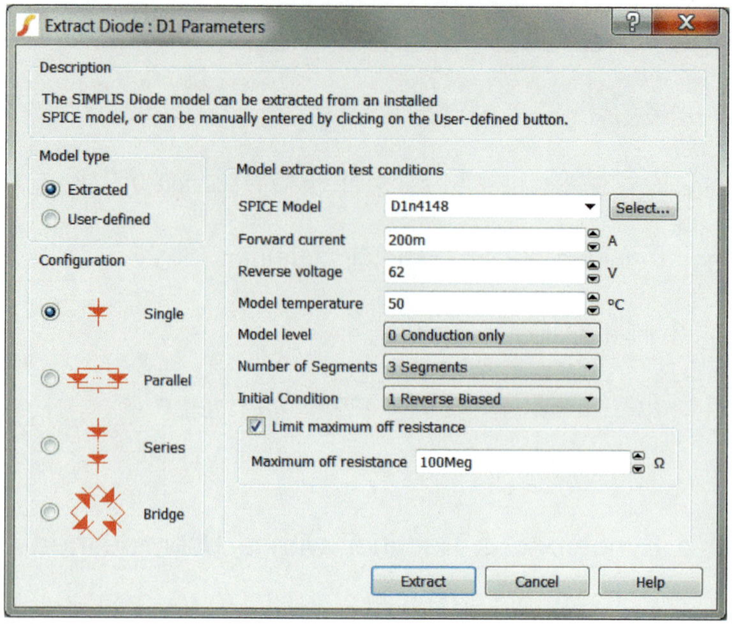

❷ 대화 상자의 왼쪽 상단에 있는 User-defined 버튼을 클릭하십시오.

결과: 대화 상자의 오른쪽에 있는 매개변수가 사용자 정의 매개변수로 변경됩니다.

참고: 사용자 정의 매개변수는 마지막 매개변수 추출에서 계산된 값으로 설정됩니다.

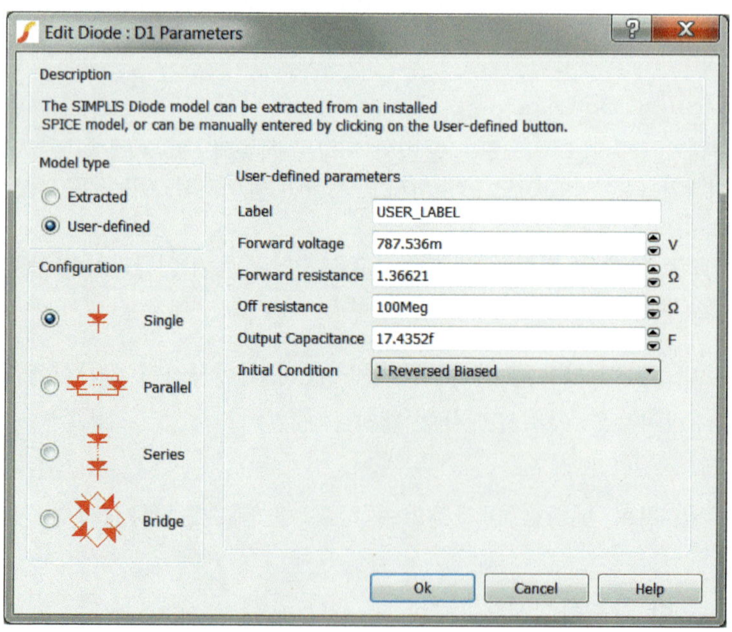

❸ 사용자 정의 매개변수를 다음과 같이 변경하십시오.

Parameter label	Value
Label	ideal_sr
Forward voltage	0
Forward resistance	10m
Output Capacitance	0

결과: 이제 대화 상자는 다음과 같이 보입니다.

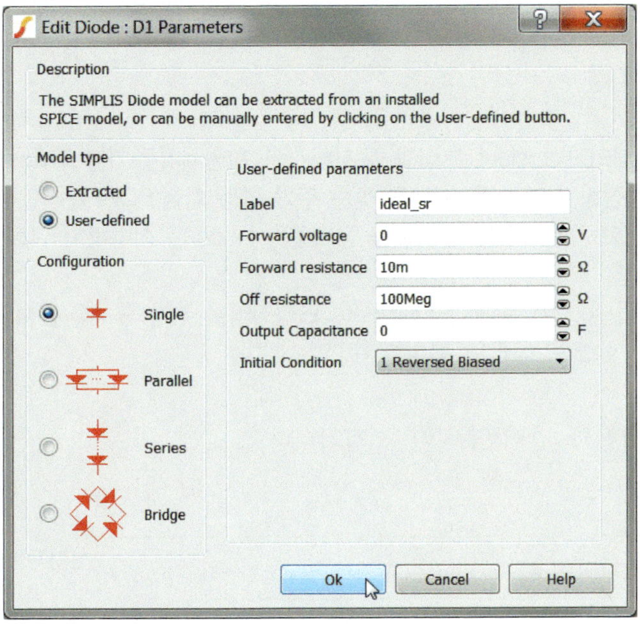

❹ Click OK.

결과: 다이오드는 이제 온 저항이 10Mω, 오프 저항이 100MΩ 을 갖는 이상적인 동기식 정류기를 나타냅니다. 순방향 전압 강하는 0V 입니다.

2.5.2 Save your Schematic

설계도를 저장하려면 다음 단계를 수행하십시오.

❶ File 〉 Save Schematic As ...를 선택하십시오.

❷ 회로도를 저장할 작업 Directory 로 이동하십시오.

❸ 파일을 2_my_buck_converter.sxsch 로 저장하십시오.
❹ 기존 파일을 덮어쓸지 묻는 메시지가 표시되면 예를 클릭합니다.

3 Simulating the Design

2 장에서는 동기식 Buck 컨버터 도식을 만들고 이 특정 설계에 맞게 구성 요소 값을 변경했습니다. 이 Tutorial 에서는 다음 세 가지 SIMPLIS 분석 유형을 모두 구성하고 실행하는 방법에 대해 배우게 됩니다.

- 다른 시뮬레이터의 Transient 분석과 유사하지만 훨씬 빠른 기본 **Transient 분석**입니다.
- Buck 컨버터의 정상 상태 작동 지점을 찾는 **주기 작동 지점(POP) 분석**입니다. POP 분석에서는 주기적 운영 포인트 분석의 분석 기간을 정의하는 Node 를 식별하기 위해 POP Trigger 기호를 추가해야 합니다.
- 변조기, AC 주입 source 및 MOSFET Gate 드라이버를 추가 후 **AC 분석**입니다. 또한 컨버터의 제어-출력 또는 플랜트 응답도 확인할 수 있습니다.

분석을 완료하면 다음과 같이 도식이 표시됩니다.

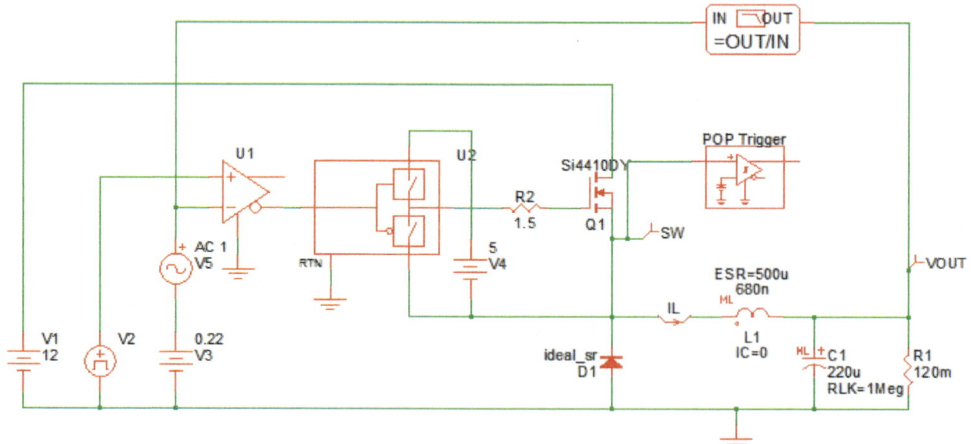

3.1 Set up a Transient Simulation

이 항목에서는 다음과 같은 주요 개념을 다룹니다.

- SIMPLIS 과도 해석은 다른 시뮬레이터에서 사용할 수 있는 과도 해석과 유사하지만 훨씬 빠르게 실행됩니다.
- 분석 설정은 SPICE 과도 분석 설정과 거의 동일하지만 각 시뮬레이터에서 사용되는 기법은 크게 다릅니다. 이를 통해 SIMPLIS는 SPICE보다 훨씬 빠르게 회로를 시뮬레이션할 수 있습니다.

이 항목에서는 다음 내용을 배우게 됩니다.

- 기본 과도 분석을 수행하기 위해 Buck 컨버터를 설정하는 방법
- 그래프를 확대하고 확대 / 축소하여 자세히 조사하는 방법

3.1.1 Specify the Transient Analysis Settings

Transient 시뮬레이션을 설정하려면 다음 단계를 수행하십시오.

❶ 2.2 표준 구성 요소 값 편집에서 구성 요소 값을 편집한 후 저장한 회로도 열기 또는 2_SIMPLIS_tutorial_buck_converter.sxsch를 엽니다.

❷ Schematic editor의 메뉴에서 Simulator 〉 Choose Analysis ...를 선택하십시오.

결과: Choose SIMPLIS Analysis 대화 상자가 열리고 세 개의 탭이 있습니다.

- 주기적 동작 포인트 - *Periodic Operating Point*
- 교류 - *AC*
- 과도 현상 - *Transient*

❸ Transient 탭을 클릭하고 0에서 500μs까지 Transient 시뮬레이션을 실행하는 세 가지 설정을 변경하고 모든 Node 전압을 회로도의 최상위 레벨에 저장합니다.

ⓐ 대화 상자의 오른쪽 상단에 있는 분석 선택 섹션에서 Transient 앞에 있는 확인란을 클릭하십시오.

ⓑ 분석 매개변수 섹션에서 Stop time을 500u로 설정하십시오.

ⓒ Save optiones 섹션에서 All 버튼을 클릭하십시오.

결과: Transient 탭은 이제 다음과 같이 보입니다.

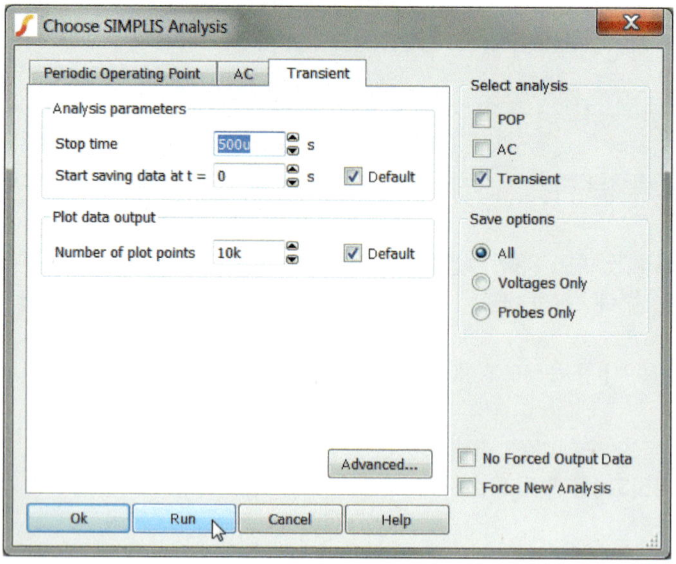

❹ 대화 상자 하단의 **Run**. click

참고: Ok를 이미 선택했거나 Enter를 누른 경우 키보드 바로 가기 F9를 누릅니다.

결과: 시뮬레이션이 실행되고 3개의 Probe에 대한 곡선이 있는 Waveform Viewer 창이 열립니다.

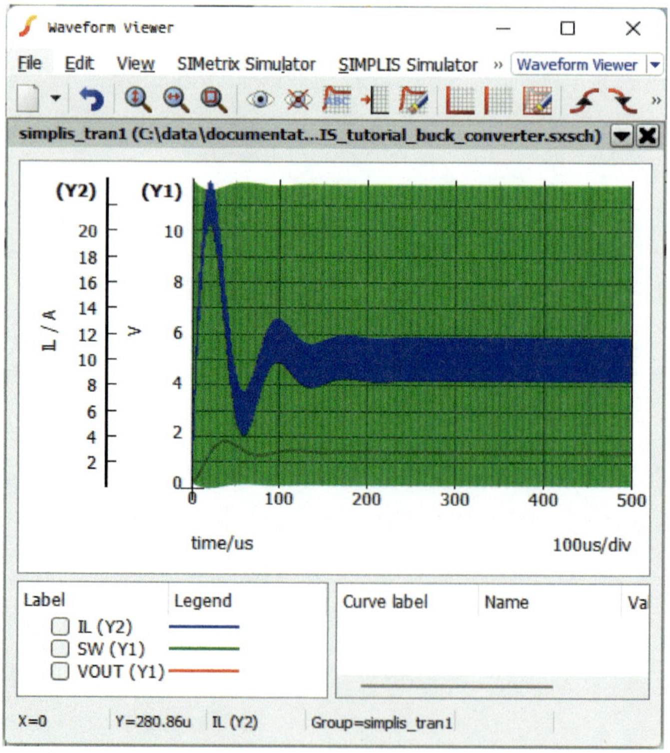

❺ 이 그래프를 자세히 살펴보려면 창을 확대하고 데이터 확대 / 축소에 대한 다음 팁을 사용하십시오.

- 확대하려면 마우스 왼쪽 버튼을 누른 상태에서 그래프 영역 주위로 사각형을 드래그하십시오.
- 축소하려면 Home 키를 누릅니다.
- 이전 확대 / 축소 비율로 돌아가려면 Ctrl + Z 를 입력하십시오.

참고: 4 장 (4.1 Grids 분리를 위한 출력 곡선 및 4.2 그래프 Grids 재정렬)에서 그래프를 보다 쉽게 읽을 수 있도록 그래프 출력을 조작하는 방법에 대해 자세히 배웁니다.

3.1.2 Save your Schematic

설계도를 저장하려면 다음 단계를 수행하십시오.

❶ File 〉 Save Schematic As ...를 선택하십시오.
❷ 회로도를 저장할 작업 Directory 로 이동하십시오.
❸ 파일 이름을 3_my_buck_converter.sxsch 로 지정하십시오.

3.2 Set up a POP Analysis

Key Concepts

이 항목에서는 다음 주요 개념을 다룹니다.

- POP 분석이 정상 상태 동작 지점을 찾으려면 설계도의 어느 Node 가 가장 낮은 주기 주파수를 나타내는지 알아야 합니다. 특수 SIMPLIS 기호 인 POP Trigger 장치를 사용하여 최저 주기 주파수 Node 를 식별합니다.
- POP Trigger 모델은 SIMPLIS 에 고유하며 기준 전압과 비교기를 포함합니다.
- POP Trigger 장치는 SIMPLIS 에 주기적 작동 지점 분석 중에 각 새 POP 기간의 시작을 감지하는 데 사용할 Node 를 알려줍니다.
- 이 회로도의 Node 는 전체 시스템이 주기적으로 가장 낮은 주파수에서 Switching 하도록 POP trigger 를 Trigger 해야 합니다. 즉, 시스템의 모든 에너지 저장 요소가 주기적 동작을 나타내는 가장 낮은 주파수입니다. 이 컨버터의 경우, 500kHz Switching 주파수에서 Switching 하는 모든 전압을 POP Trigger 입력에 사용할 수 있습니다.

이 항목에서는 다음 내용을 배우게 됩니다.

- 설계도에 POP Trigger를 추가하는 방법

3.2.1 Add a POP Trigger to the Schematic

POP Trigger를 추가하려면 다음 단계를 따르십시오.

❶ Transient 시뮬레이션을 실행한 후 저장 한 회로도 열기
또는 3_SIMPLIS_tutorial_buck_converter.sxsch를 엽니다.
❷ Part Selector에서 Commonly Used Parts 범주를 두 번 클릭하여 목록을 확장합니다.
❸ 확장된 목록에서 Pop Trigger Schematic Device를 두 번 클릭합니다.
❹ Inductor 바로 위에 십자 표시를 놓고 마우스 왼쪽 버튼을 클릭하여 POP Trigger를 배치하십시오.
참고: POP Trigger 심볼을 배치한 후에 이동해야 하는 경우 심볼의 왼쪽 마우스 버튼을 누른 상태에서 심볼을 설계도에서 아래로 드래그하십시오.

Switching Node를 주기적 소스로 사용하려면 다음 단계에 따라 와이어를 연결하십시오.

❶ Trigger가 선택 취소되었는지 확인하고 커서를 POP Trigger의 왼쪽에 있는 라인의 끝에 놓습니다.
결과: 커서가 십자형에서 연필로 바뀝니다.
❷ 마우스 왼쪽 버튼을 클릭하고 왼쪽에 짧은 수평선을 그립니다.
❸ 마우스 왼쪽 버튼을 다시 클릭하여 모서리를 만들고 Switching Node의 전압 Probe에 연결된 선으로 와이어를 확장합니다.
❹ 마우스 왼쪽 버튼을 다시 클릭하여 연결을 만든 다음 마우스 오른쪽 버튼을 클릭하여 와이어를 완성합니다.
결과: 회로도가 다음과 같이 나타납니다.

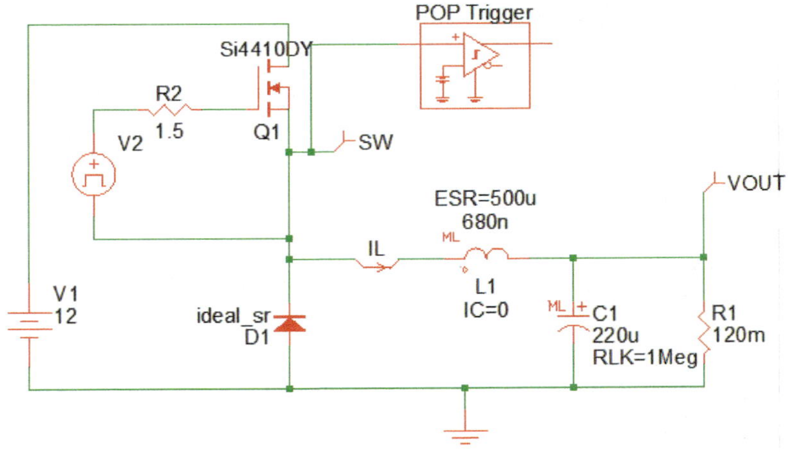

❺ 이 버전의 회로도를 저장하려면 회로도 편집기의 메뉴 막대에서 파일 〉 회로도 저장을 선택하십시오.

3.2.2 Set up the POP Analysis

POP 분석 지시문을 설정하려면 다음 단계를 수행하십시오.

❶ Schematic Editor 의 메뉴에서 Simulator 〉 Choose Analysis...를 선택한다.
결과: SIMPLIS 분석 선택 대화 상자가 열립니다.

❷ Periodic Operating Point 탭을 클릭하십시오.

❸ 대화 상자의 오른쪽 상단의 분석 선택 섹션에서 POP 를 선택하고 Transient 선택을 취소하십시오.

❹ 회로의 최대 Switching 기간을 지정하려면 대화 상자의 타이밍 섹션으로 이동하여 Maximum period 값을 2.2μs 로 변경하십시오.

참고: 최대 기간 값은 정상 상태 기간의 110 %입니다. 최대 기간 매개변수는 POP 가 정상 상태 조건을 검색하는 솔루션 공간을 제한합니다. 최대 기간 매개변수는 전환 기간보다 커야 하지만 전환 기간의 두 배 이상으로 설정하지 않는 것이 좋습니다.

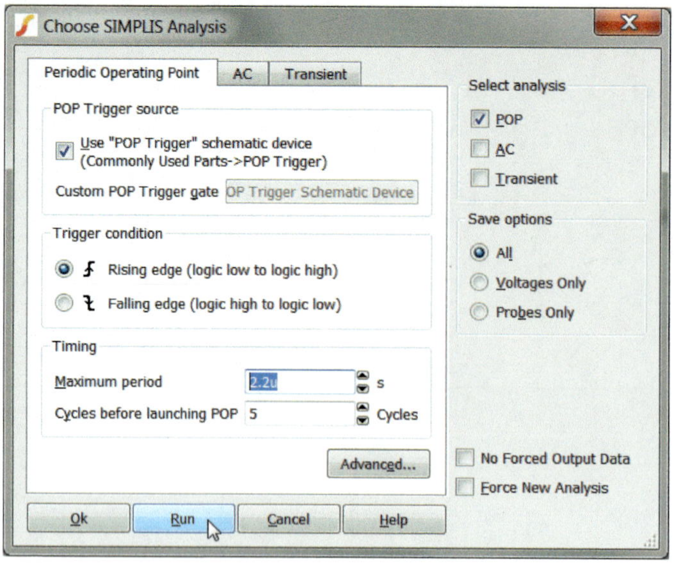

❺ 분석 설정 매개변수를 입력한 후 다음 중 하나를 수행하십시오.

Run 버튼을 클릭하십시오. 또는 OK 를 클릭하여 데이터를 저장하고 F9 키를 눌러 시뮬레이션을 실행하십시오.

결과: 변환기의 정상 상태 파형과 함께 Waveform Viewer 창이 열립니다.

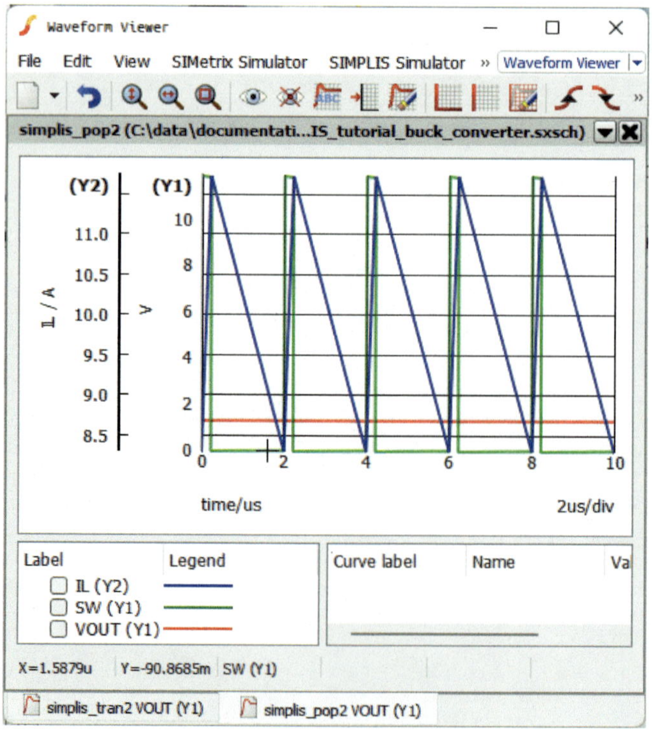

위의 창에서 5개의 주기적인 스위칭 사이클에 대해 VOUT, SW 및 IL에 대한 프로빙된 파형이 표시됩니다. 컨버터는 정착 동작을 나타내지 않으며 파형은 완전한 정상 상태에 있습니다. POP 알고리즘은 올바른 정상 상태 동작 지점까지 시뮬레이션을 가속화하여 막대한 양의 경과 시간을 절약할 수 있습니다.

참고: 4장 (4.1 Output Curves to Separate Grids and 4.2 Reorder the Graph Grids)에서 그래프를 보다 쉽게 읽을 수 있도록 그래프 출력을 조작하는 방법에 대해 자세히 배웁니다.

3.2.3 Save your Schematic

설계도를 저장하려면 다음 단계를 수행하십시오.

❶ File 〉 Save Schematic As ...를 선택하십시오.
❷ 회로도를 저장할 작업 Directory로 이동하십시오.
❸ 파일 이름을 4_my_buck_converter.sxsch로 지정하십시오.

3.3 Set up an AC Analysis

이 항목에서는 다음 주요 개념을 다룹니다.

- SIMPLIS AC 분석은 시간 영역, Switching 회로 모델을 시뮬레이션하며, 평균 모델은 필요하지 않습니다.
- 회로도를 그대로 AC 분석을 실행할 수는 있지만 회로도에 변조기가 없으므로 AC 분석에는 추가 정보가 없습니다.
- 여러 종류의 Gate 드라이버를 나타낼 수 있는 Multi-Level Gate 드라이버가 있으며 이 설계에 사용됩니다. 모델 레벨을 변경하면 드라이버 심볼이 동적으로 변경됩니다.
- 검색 버튼( )을 사용하여 기호를 검색할 수 있습니다.

이 항목에서는 다음 내용을 배우게 됩니다.

- 기본 PWM 변조기, MOSFET Gate 드라이버 및 AC 소신호 소스를 추가하는 방법
- 분석 설정을 설정하고 변환기에서 POP 및 AC 분석을 실행하는 방법

3.3.1 Prepare the Schematic

새로운 변조기 심볼을 위한 공간을 확보하려면 이전에 저장된 회로도에서 여러 심볼을 이동해야 합니다. 기호를 이동하려면 회로도 편집기에서 다음 단계를 따르십시오.

❶ POP 시뮬레이션을 실행 한 후 저장한 회로도 열기
또는 4_SIMPLIS_tutorial_buck_converter.sxsch 를 엽니다.

❷ 오른쪽으로 이동할 구성 요소를 선택하려면 다음과 같이 V2와 R2 사이부터 오른쪽에 모든 구성 요소 주위에 상자를 그립니다.

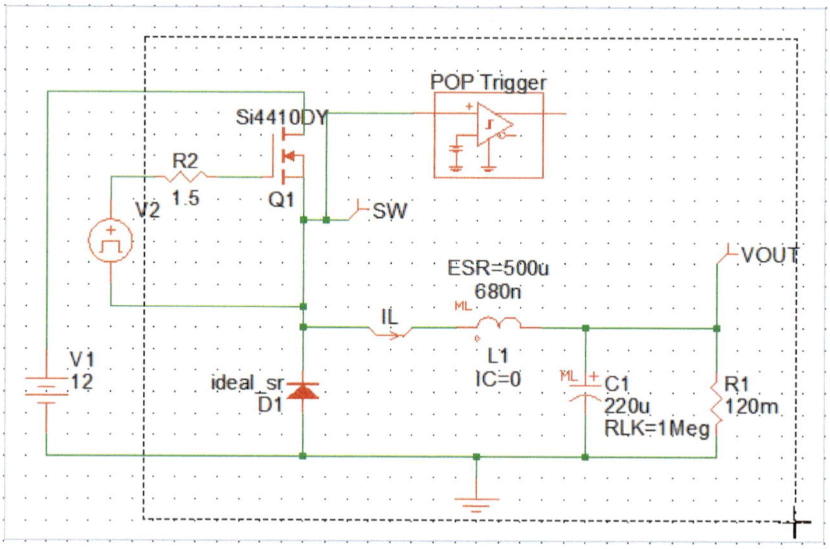

결과: 선택한 구성 요소가 빨간색에서 파란색으로 바뀝니다.

❸ 파란색 선에 십자 표시를 놓고 선택한 구성 요소를 20 개의 격자점을 오른쪽으로 끕니다.

❹ 아래의 파란색으로 강조 표시된 네 개의 와이어를 각각 삭제하려면 와이어에 십자 선을 놓고 마우스 왼쪽 버튼을 클릭 한 다음 Ctrl + X 를 입력하거나 Delete 키를 누릅니다.

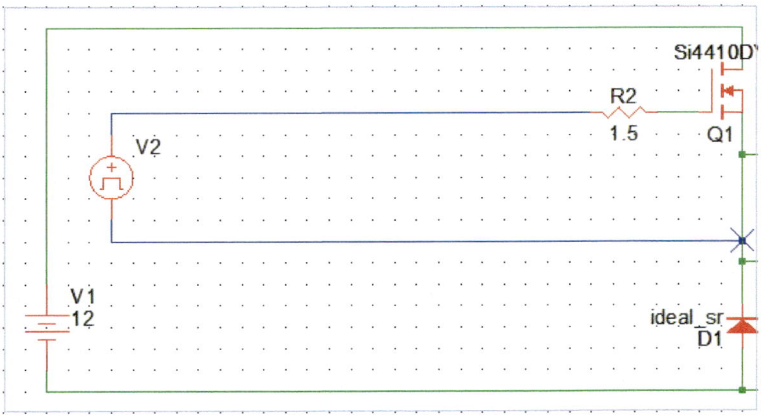

❺ V2 기호를 클릭하고 아래의 그림과 같이 V1 의 수평이 되도록 아래로 끕니다.

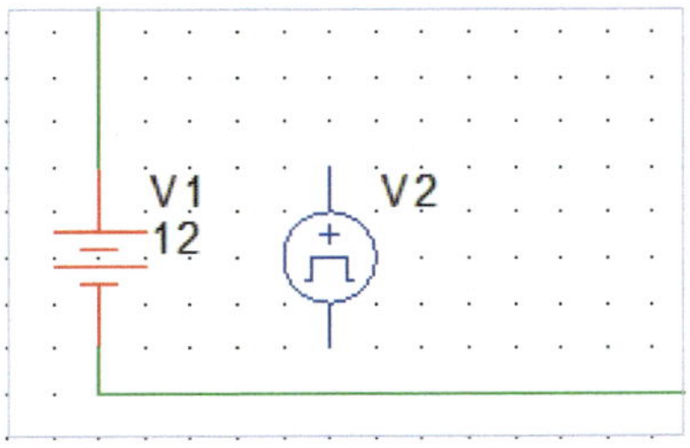

3.3.2 Add the New Symbols

두 개의 전원 공급 장치와 AC 전원을 추가하려면 다음 단계를 수행하십시오.

❶ Commonly Used Parts 범주에서 Power Supply 를 두 번 클릭하십시오.
❷ 십자형 커서를 파형 발생기 V2 의 오른쪽으로 이동시키고 마우스 왼쪽 버튼을 클릭하여 아래 그림과 같이 V3 를 배치합니다.

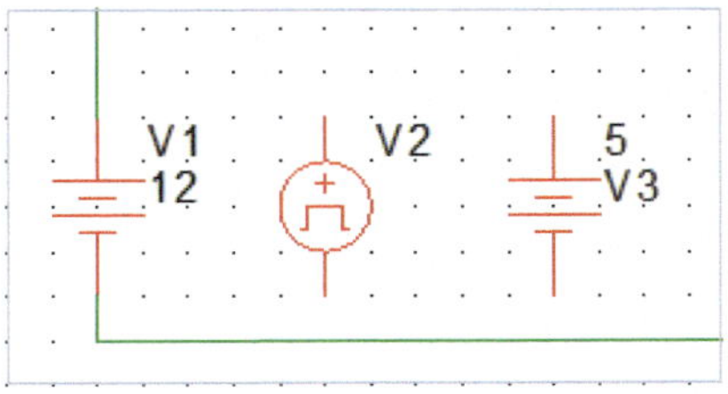

결과: 전압원 V3 은 전원 공급 장치의 Duty cycle 제어가 됩니다.

❸ 1 단계를 반복하고 십자형을 D1 의 왼쪽 위와 왼쪽에 놓은 다음 왼쪽 버튼을 클릭하여 아래 그림과 같이 V4 를 배치합니다.

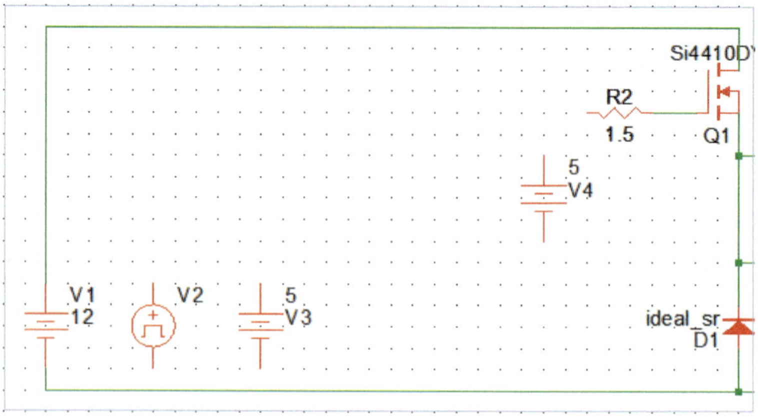

결과: V4 는 플로팅 Gate 드라이브 전원 공급 장치가 됩니다.

❹ Commonly Used Parts 에서 AC Voltage Source(for AC analysis)를 두 번 클릭합니다. 십자 기호를 V3 기호 위에 놓고 아래 그림과 같이 AC 소스를 클릭하십시오.

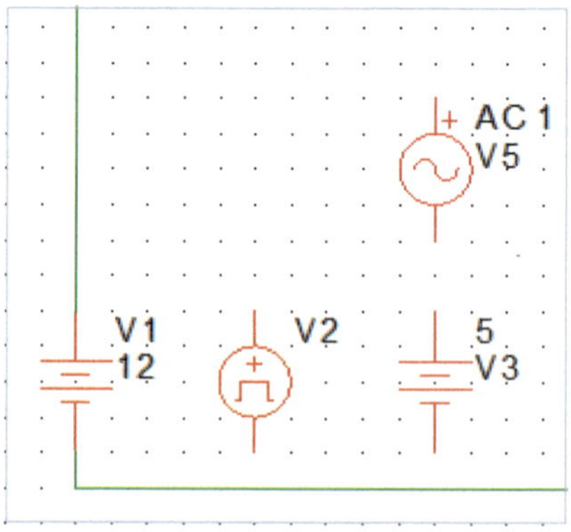

결과: AC 소스 V5 는 AC 분석 중에 회로를 교란합니다.

Comparator 를 배치하고 일부 기호를 이동하려면 다음 단계를 수행하십시오.

❶ 툴바에서 쌍안경 아이콘으로 툴 버튼을 찾으십시오. 
도구 버튼을 클릭하여 검색 대화 상자를 엽니다.
결과: 검색 대화 상자가 열립니다.

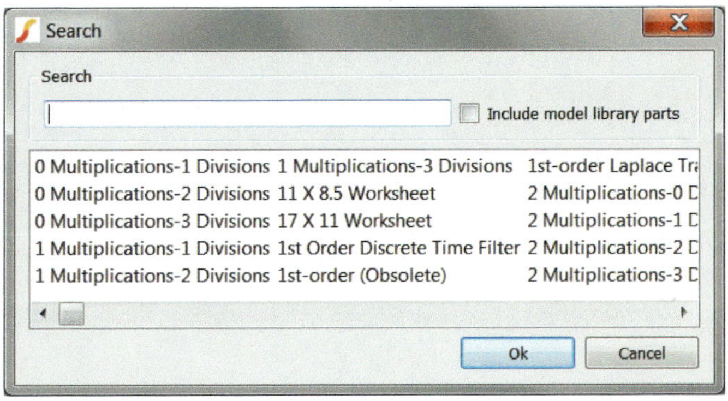

참고: 또한 Place 〉 Search Part... 메뉴 항목으로 검색 대화 상자를 열 수도 있습니다.

❷ 검색 필드에 com 을 입력하십시오.
결과: 하위 문자열 com 을 포함하는 기호가 표시됩니다.

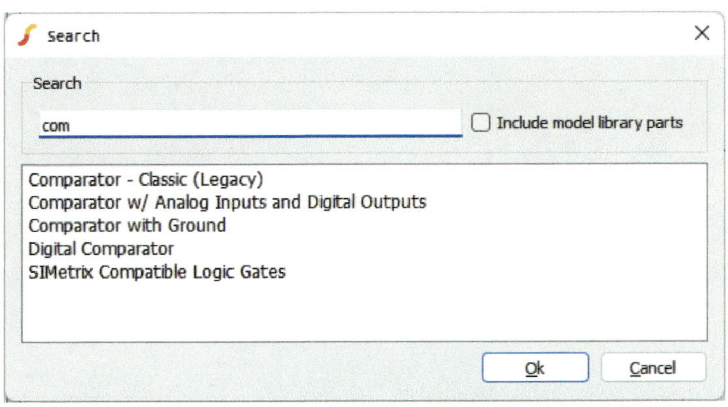

❸ Comparator 항목을 선택하고 OK 를 클릭하십시오.
❹ 네거티브 입력과 거꾸로 된 출력이 R2 기호와 정렬되도록 V5 오른쪽에 십자형을 놓고 왼쪽 마우스 버튼을 클릭하여 아래와 같이 비교기 U1 을 찾습니다.

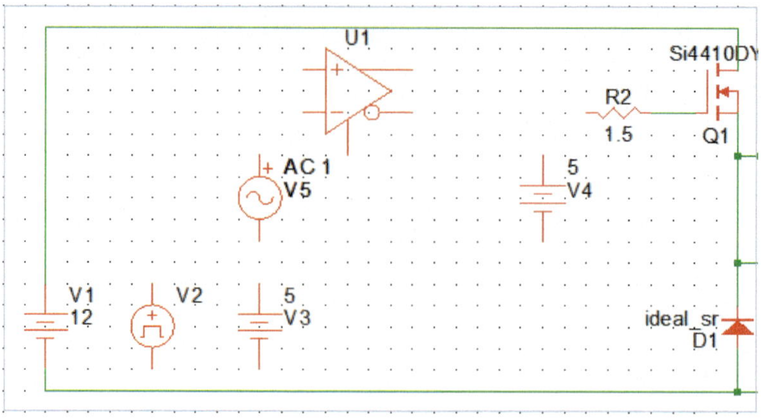

결과: U1 은 램프 소스 V2 와 함께 Duty 사이클 변조기를 형성하고 Duty 사이클 입력을 제공합니다.

❺ U1 기호 텍스트 바로 위의 선을 클릭하고 마우스를 끌어 4 개의 격자 점 위로 이동하십시오.

❻ 왼쪽 마우스 버튼을 누른 상태에서 왼쪽에 있는 모든 기호(V1, V2, V3, V5 및 U1) 주위에 상자를 그린 다음 왼쪽 모서리 6 개의 격자점으로 모두 드래그합니다.

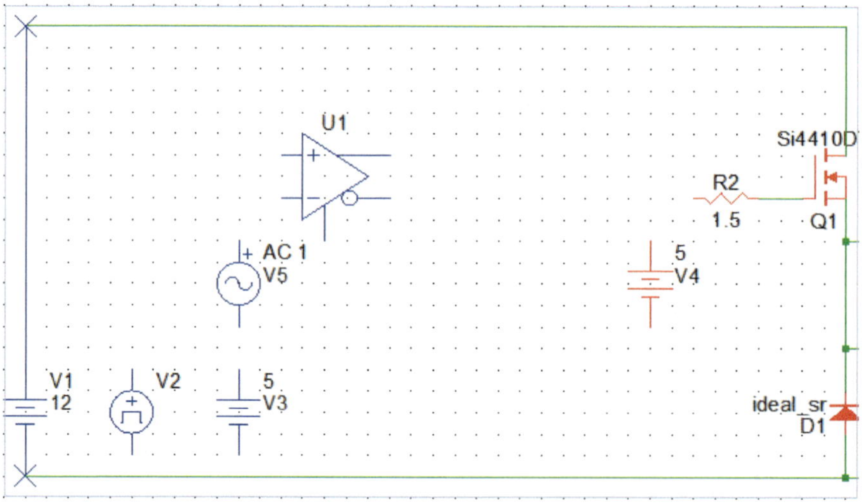

다음 심볼은 버전 8.0 Multi-Level MOSFET 드라이버입니다.
Multi-Level MOSFET 드라이버를 배치하려면 다음 단계를 수행하십시오.

❶ Part Selector 에서 MOSFET Driver 범주를 두 번 클릭한 다음 Multi–Level MOSFET Driver (Version 8.0+)를 두 번 클릭합니다.

❷ 비교기 U1과 저항 R2 사이에 십자 표시를 하십시오.

❸ 아래 그림과 같이 새 심볼을 배치하려면 마우스 왼쪽 버튼을 클릭하십시오.

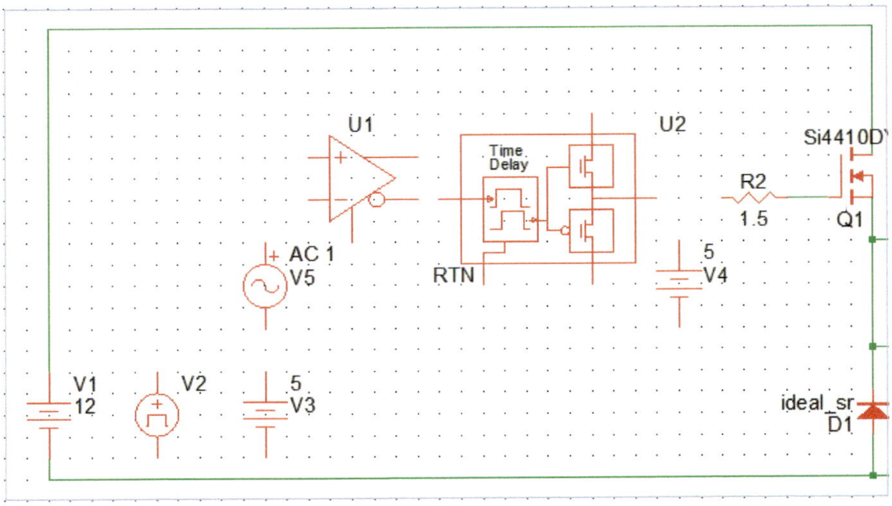

마지막으로 게인 및 위상 곡선을 생성하는 Probe가 필요합니다. Bode Plot Probe를 추가하려면 다음 단계를 수행하십시오.

❶ Commonly Used Parts에서 Probe– Bode Plot – Gain/Phase – w/ Measurements을 두 번 클릭하고 십자 선을 POP Trigger 기호 위의 회로도 상단으로 이동 한 다음 클릭하여 배치합니다.

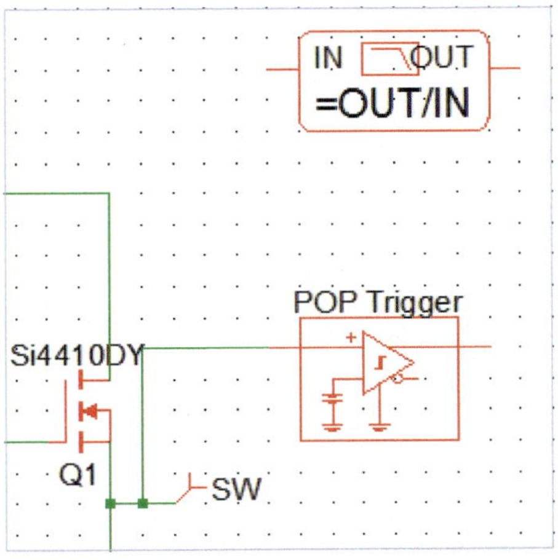

결과: Bode Plot Probe에 일반적인 측정 값을 추가할 수 있는 대화 상자가 열립니다.

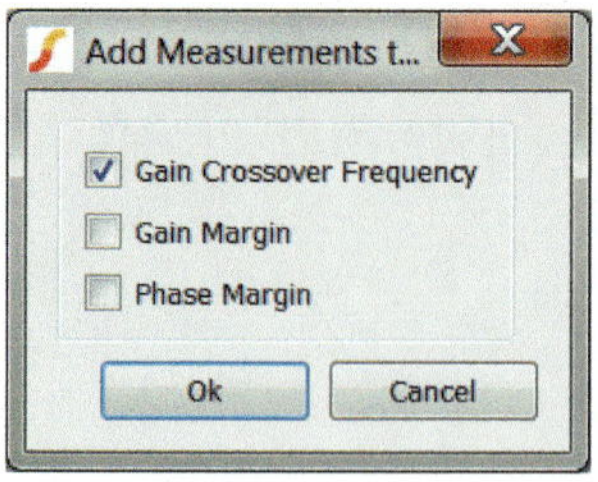

❷ Gain Margin 과 Phase Margin 의 선택을 취소하고 Gain Crossover Frequency 만 선택한 상태로 두고 OK 를 클릭하십시오.

결과: 내장 Gain Crossover Frequency 측정이 Probe 에 추가됩니다. 이 측정은 시뮬레이션이 실행될 때마다 수행됩니다.

3.3.3 Add Wiring to the Schematic

회로도에 배선을 추가하십시오. U1 과 U2 아래에 접지 기호를 추가해야 합니다. 키보드 단축키 G 를 사용하여 접지 심볼을 배치합니다.

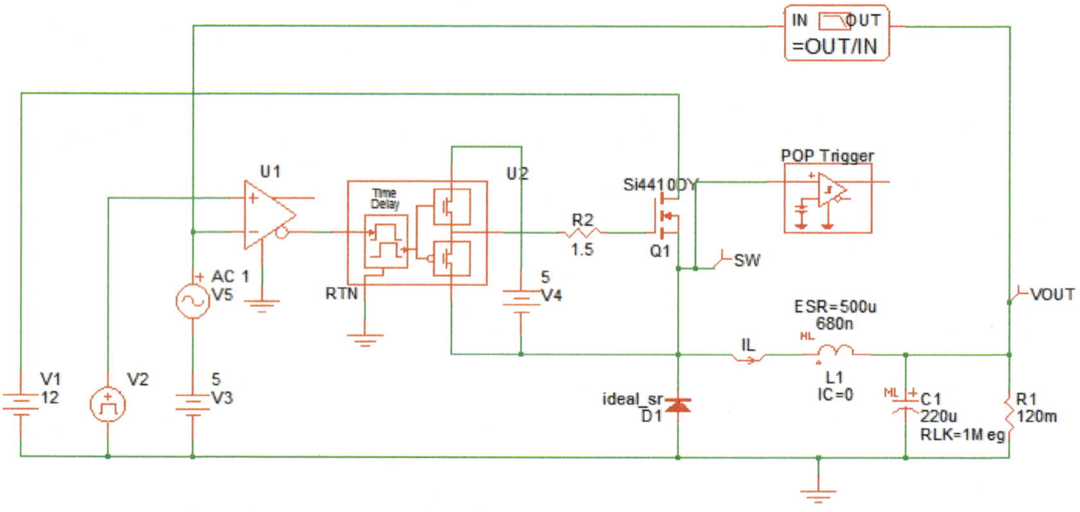

3.3.4 Save your Schematic

설계도를 저장하려면 다음 단계를 수행하십시오.

❶ File 〉 Save Schematic As ...를 선택하십시오.

❷ 회로도를 저장할 작업 Directory 로 이동하십시오.

❸ 파일 이름을 5_my_buck_converter.sxsch 로 지정하십시오.

3.3.5 Change Parameter Values

추가 기호를 사용하여 파형 발생기 V2 를 펄스 소스에서 변조기 램프 전압 소스로 변경할 수 있습니다. 아래의 절차에서 DC 소스 (V3)의 DC 값이 0.11V 일 때 Duty 사이클이 11 %가 되도록 변조기 램프를 1V peak-peak 로 설정하여 합니다.

Waveform 의 매개변수 값을 변경하려면 다음 단계를 수행하십시오.

❶ V2 기호를 두 번 클릭하십시오.
결과: 파형 편집 대화 상자가 열립니다.

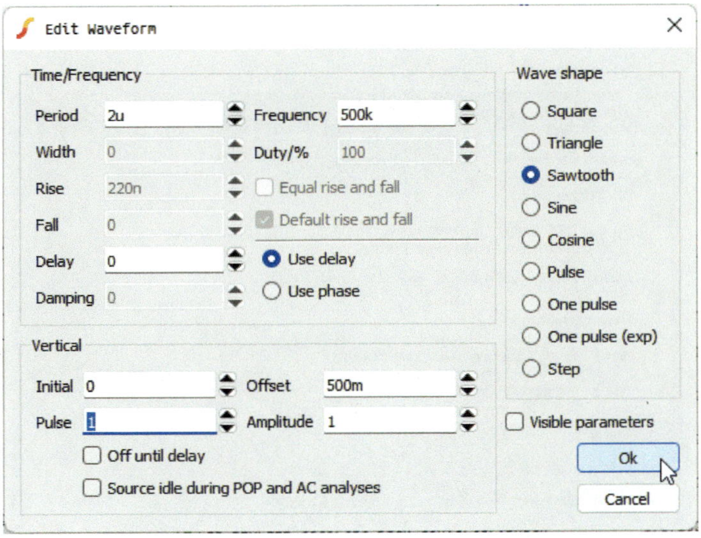

❷ Wave shape 섹션의 대화 상자 오른쪽에서 Sawtooth 버튼을 선택하십시오.
❸ Pulse 값을 1V 로 설정하십시오.
❹ OK 을 클릭하십시오.
❺ V3 기호를 두 번 클릭하고 DC 전압을 110mV 로 변경하십시오. OK 을 클릭하십시오.

MOSFET driver 의 값을 변경하려면 다음 단계를 수행하십시오.

❶ Multi-Level MOSFET Driver 인 U2 를 더블 클릭하십시오.
❷ 모델 레벨을 0 으로 변경하십시오.
❸ Use delay 선택을 취소하십시오.

❹ OK 을 클릭하십시오.

결과: MOSFET 드라이버의 기호가 변경되어 MOSFET 을 구동하기 위해 on / off 저항 스위치를 사용하는 레벨 0 드라이버를 나타냅니다. 또한 드라이버의 지연이 0 임을 나타내는 기호에서 지연 블록이 제거되었습니다

3.3.6 Setup and Run an AC Analysis

AC 분석을 실행하려면 다음 단계를 수행하십시오.

❶ Schematic editor 의 메뉴에서 Simulator〉 Choose Analysis ...를 선택하십시오.
❷ 대화 상자의 오른쪽 분석 선택에서 아래와 같이 AC 를 클릭하여 확인하십시오.

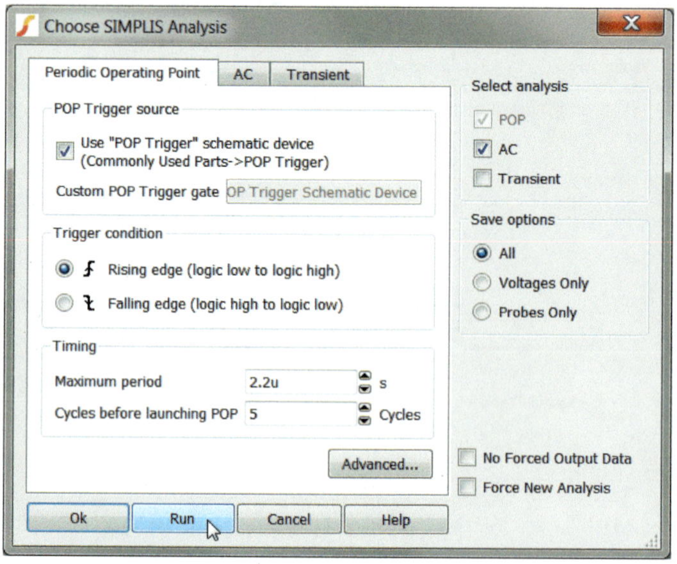

참고: POP 란도 선택되어 회색으로 표시되어 POP 및 AC 분석이 모두 수행됨을 나타냅니다. 모든 AC 시뮬레이션에 대해 SIMPLIS 는 POP 시뮬레이션을 먼저 실행해야 합니다.

❸ RUN 을 클릭하십시오.

또는

OK 를 클릭한 다음 F9 키를 누릅니다.

결과: Buck 컨버터의 출력 응답에 대한 제어가 Waveform Viewer 에 출력합니다.

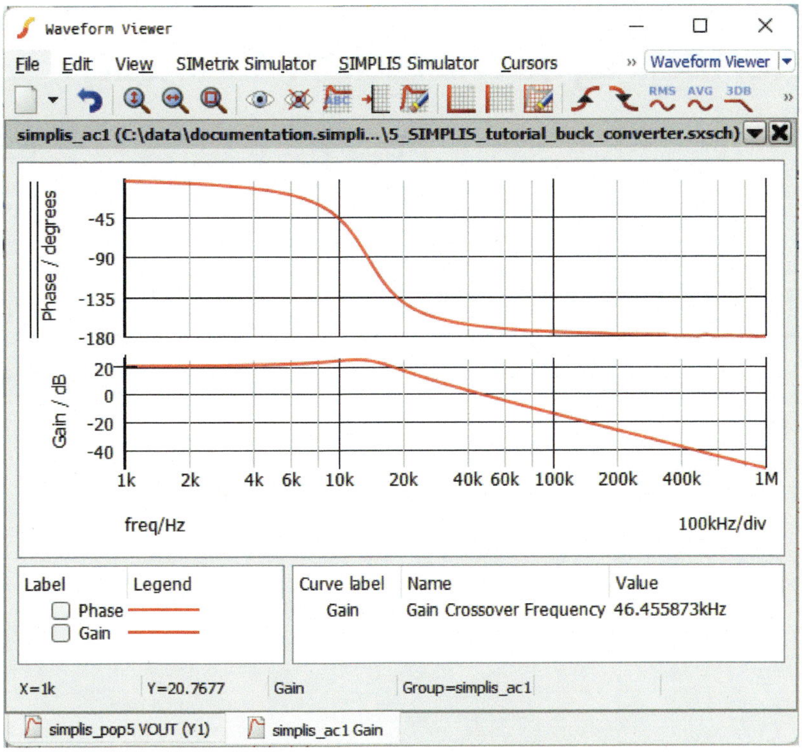

Gain Crossover Frequency 가 측정되어 게인 커브 라벨에 표시됩니다. 이 맥락에서 Gain Crossover Frequency 는 단순히 Gain 이 0dB 에 도달하는 주파수입니다. 예상대로 저주파에서의 Gain 은 20dB 보다 약간 크며, 제어 - 출력 전달 함수는 약 12.5kHz 의 LC 주파수에서 double pole 을 가집니다.

이 회로의 AC 응답은 전체 비선형 Switching 모델에서 취해지며 소신호 AC 모델이 필요하지 않음에 유의해야 합니다. 결과적으로 설계에서 기생 요소의 영향이 정확하게 모델링되고 AC 분석에 자동으로 포함됩니다. 간단한 예는 파워 스테이지의 DC Gain 입니다. DC Gain 은 회로의 손실로 인해 예측된 값보다 약간 낮습니다.

3.3.7 Save your Schematic

파일의 이름을 6_my_buck_converter.sxsch 로 저장하세요.

4 Managing Simulation Output

Tutorial 의 이 섹션에서는 다음을 수행하여 그래프를 읽기 쉽게 고정 Probe 를 구성하는 방법을 학습합니다.

- 파형을 개별 Grids 로 분리하고 Grids 의 수직 순서를 변경합니다.
- 각 곡선에 대해 Waveform Viewer 에 표시된 시뮬레이션 실행 수를 변경합니다.
- 시뮬레이션이 완료된 후 곡선에 대해 대화형으로 Scalar 측정을 진행합니다.
- 고정된 Probe 기호에 Scalar 측정값을 추가합니다. 이러한 측정은 각 시뮬레이션 실행 후에 자동으로 수행됩니다.

이 장을 마치면 회로도는 다음과 같이 됩니다.

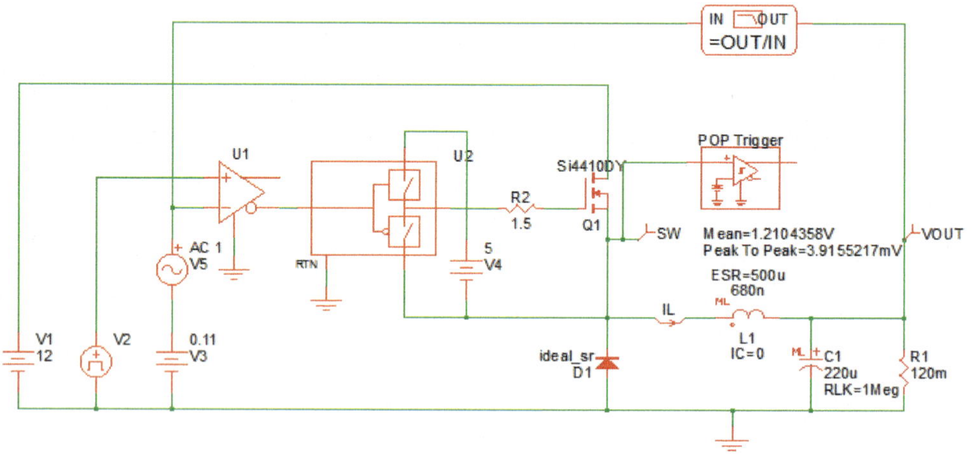

4.1 Output Curves to Separate Grids

이 항목에서는 곡선을 자동으로 별도의 Grids 에 출력하는 과정을 설명합니다. Waveform View 의 곡선을 새 Grids 로 대화식으로 이동하는 방법에는 여러 가지가 있지만 (예: Curves 〉 Stack All Curves) 이러한 방법은 시뮬레이션마다 실행해야 합니다. 이 항목에서는 대화형 방법을 설명하는 대신 측정 정의를 고정 Probe 에 추가하여 이러한 측정을 자동으로 수행하는 데 초점을 맞춥니다.

이 섹션에서는 다음 내용을 배우게 됩니다.

Key Concepts

이 항목에서는 다음 주요 개념을 다룹니다.

- 별도의 그리드에 곡선을 표시하려는 이유
- SIMetrix /SIMPLIS 소프트웨어는 동일한 축에 서로 다른 물리적 단위가 있는 벡터를 그래프로 표시하지 않습니다. 대신 각각의 서로 다른 물리적 단위에 대해 새 축을 생성합니다.

이 섹션에서는 다음 내용을 학습합니다.

- Grids 를 분리하고 원하는 파형을 표시할 수 있습니다.
- Grids 를 분리하여 커브를 출력하는 방법.

3.3 Set up an AC Analysis 의 그래프 출력에서 simplis_pop1 VOUT (Y1)과 simplis_ac1 이라는 두 개의 탭이 있는데, 이들은 SIMPLIS 에서 작성한 데이터 그룹입니다.

참고: SIMetrix/SIMPLIS 는 데이터 그룹 이름 끝에 정수를 추가하여 데이터 그룹을 고유하게 만듭니다. simplis_pop 및 simplis_ac 뒤의 숫자는 프로그램을 시작한 이후 실행한 시뮬레이션 횟수에 따라 파형 뷰어에서 다를 수 있습니다.

simplis_pop 탭을 클릭하면 아래와 같이 두 개의 축이 있는 한 개의 Grids 에 세 개의 곡선이 표시됩니다.

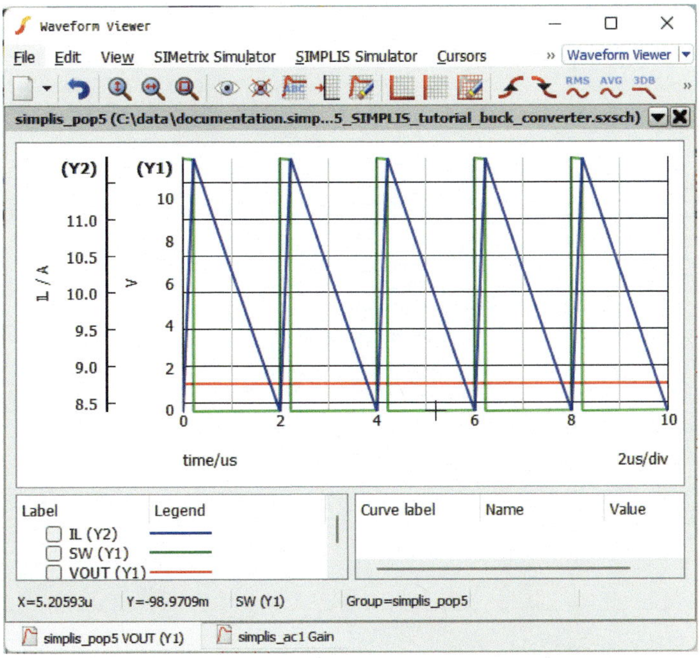

위 그림에서 각 물리적 장치에는 자체 축이 필요하므로 전압이 Y1 축에 그룹화되고 전류는 Y2 축에 그룹화됩니다.

세 개의 곡선이 모두 한 Grids 에 있으므로(빨간색 VOUT, 녹색 SW, 파란색 IL), 컨버터 동작 및 성능을 이해하기 어렵습니다. 예를 들어 SW Node 파형의 상대적 크기가 훨씬 크기 때문에 SW 파형과 동일한 축에 표시된 1.2V 출력 전압은 평탄한 선으로 표시됩니다. 유사한 진폭이나 기능을 가진 곡선이 함께 그룹화되도록 파형을 여러 축 또는 그리드로 분할하는 것이 좋습니다.

4.1.1 Separate Curves onto Individual Grids

Grids 당 하나의 곡선을 사용하여 곡선을 Grids 로 분리하려면 다음 단계를 수행하십시오.

❶ 열린 Waveform Viewer 를 닫습니다. 회로도 편집기로 돌아가서 VOUT Probe 를 더블 클릭하십시오.

결과: Probe 편집 대화 상자가 열립니다.

❷ 축 유형 섹션에서 Use named grid 을 선택한 다음 확인을 클릭합니다.

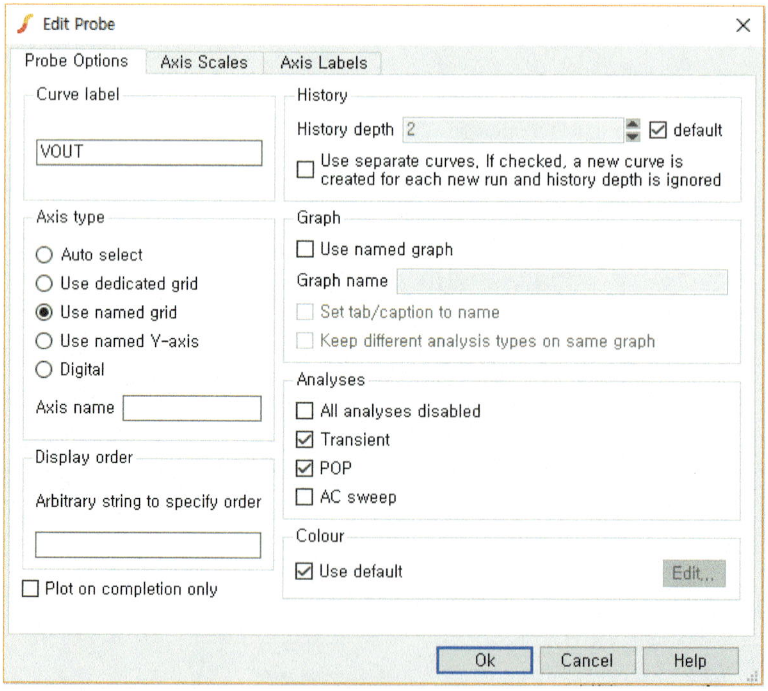

❸ F9 를 눌러 시뮬레이션을 다시 실행하십시오.

❹ Waveform Viewer 에서 simplis_pop... 탭을 클릭하십시오.

결과: 출력 전압 VOUT 은 이제 새로운 Grids 에 올라서고 파형에 맞게 자동으로 조정됩니다.

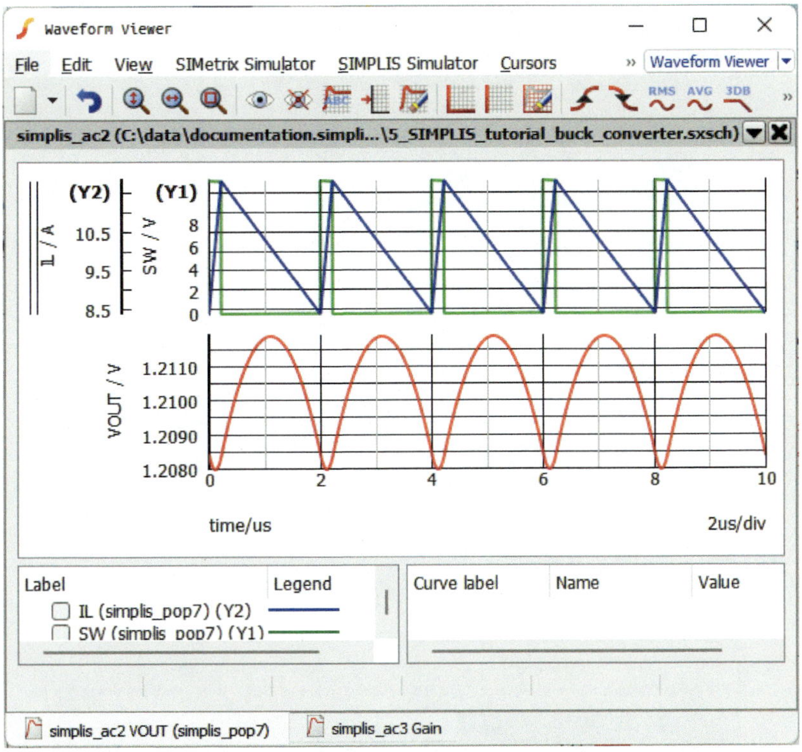

❺ Waveform Viewer 를 닫습니다. 회로도 편집기로 돌아가서 IL Probe 를 두 번 클릭하십시오.

❻ Axis type 섹션에서 Use named grid 을 선택합니다.

❼ 축 이름 필드에 Currents 를 입력하십시오.

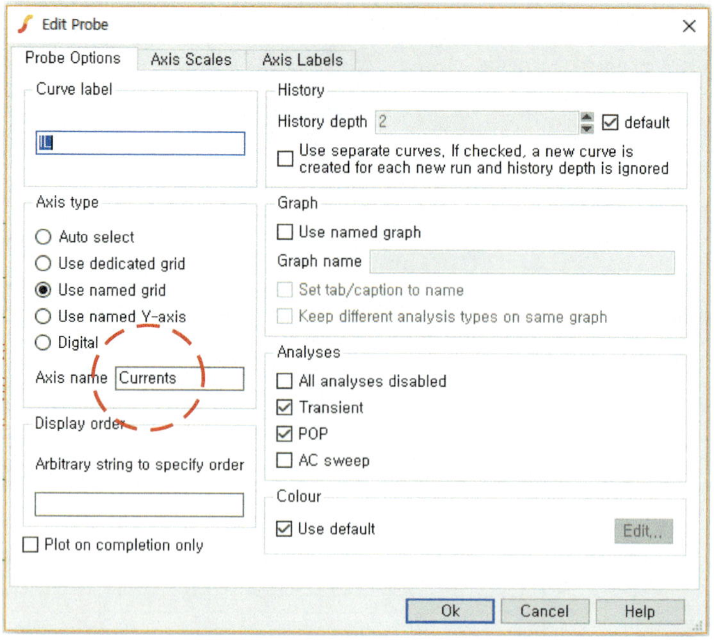

❽ F9를 눌러 시뮬레이션을 다시 실행하십시오.

결과: 이제 아래 그림과 같이 별도의 Grids에 각 커브가 있습니다.

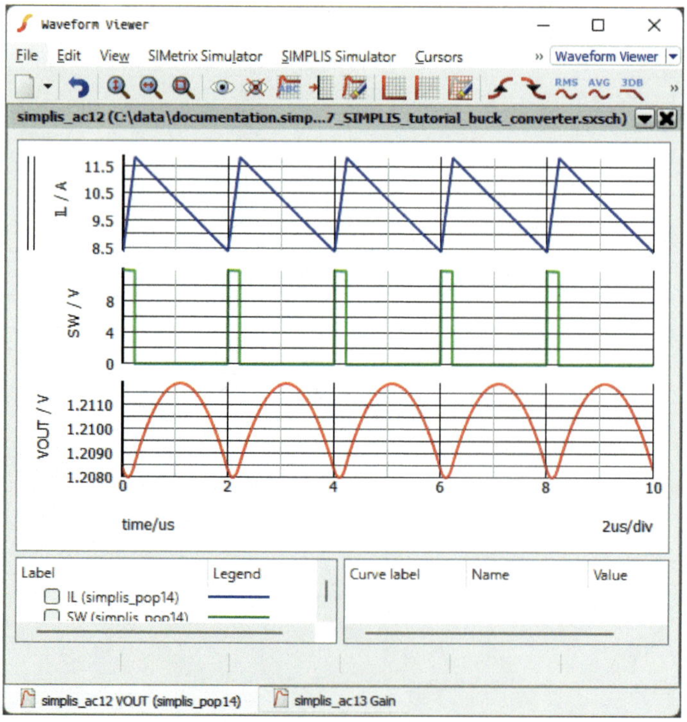

4.1.2 Saving your Schematic

파일의 이름을 7_my_buck_converter.sxsch 로 저장하십시오. 이 상태로 저장된 회로도는 예제에서 Load 할 수 있습니다: 7_SIMPLIS_tutorial_buck_converter.sxsch.
다음 섹션에서는 Grids 의 순서를 변경합니다.

4.2 Reorder the Graph Grids

이 항목에서는 다음 주요 개념을 다룹니다.

- 이 경우 SW 곡선이 포함된 기본 Grid 는 항상 Waveform Viewer 의 가장 아래 순서의 Grid 입니다. 기본 Grid 는 삭제할 수 없지만 비어있을 수 있습니다. 즉 곡선이 그려져 있지 않습니다.

기본 Grid 이외의 Grid 는 커브 이름을 알파벳 순으로 정렬하여 위에서 아래로 정렬됩니다.

- Tutorial 에서 이 시점까지의 Grids 순서는 곡선 이름 (IL 및 VOUT)에 의해 결정되며 IL Grid 는 VOUT Grid 위에 나타납니다. 임의의 문자열을 Probe 에 할당하여 순서를 변경할 수 있습니다. 정렬 알고리즘은 커브 이름 대신 이 문자열을 사용합니다.

이 항목에서는 다음 내용을 학습합니다.

- 그래프 Grids 의 세로 순서를 변경하는 방법:
  1. IL
  2. VOUT
  3. SW

  에서

  1. VOUT
  2. IL
  3. SW

4.2.1 Change the Grid Order

Grids 순서를 변경하려면 섹션 4.1 출력 곡선에서 별도의 Grids 의 7_SIMPLIS_tutorial_buck_converter 예제를 사용하고 다음 단계를 따르십시오.

❶ Waveform Viewer 를 닫습니다. 회로도 편집기로 돌아가서 VOUT Probe 를 두 번 클릭하십시오.

❷ 순서를 지정하는 임의의 문자열 아래의 왼쪽 아래 모서리에 있는 표시 순서 섹션에서 텍스트 상자에 A 를 입력하십시오.

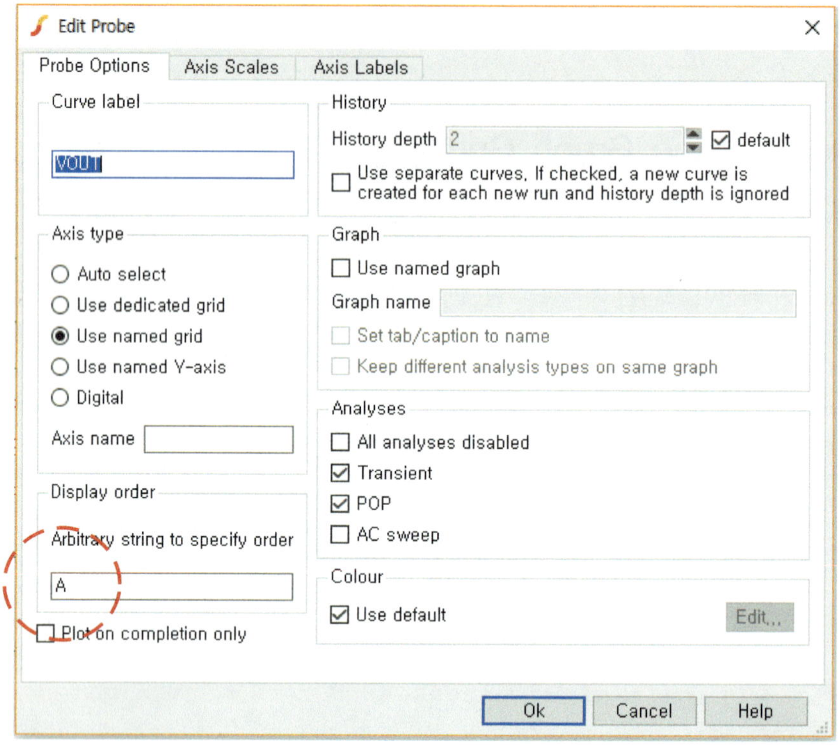

참고: SW 곡선은 기본 Grid 에 있으므로 SW Probe 의 순서를 지정할 필요가 없습니다.

참고: 영문자순으로 IL 보다 작은 문자열은 VOUT Grid 를 IL Grid 위로 이동시킵니다. 정렬 알고리즘은 대소문자를 구분하지 않습니다.

❸ 확인을 클릭한 다음 F9 키를 눌러 시뮬레이션을 다시 실행하십시오.

결과: 새로운 Waveform Viewer 는 VOUT 가 IL 보다 높은 순서의 커브를 갖게 됩니다.

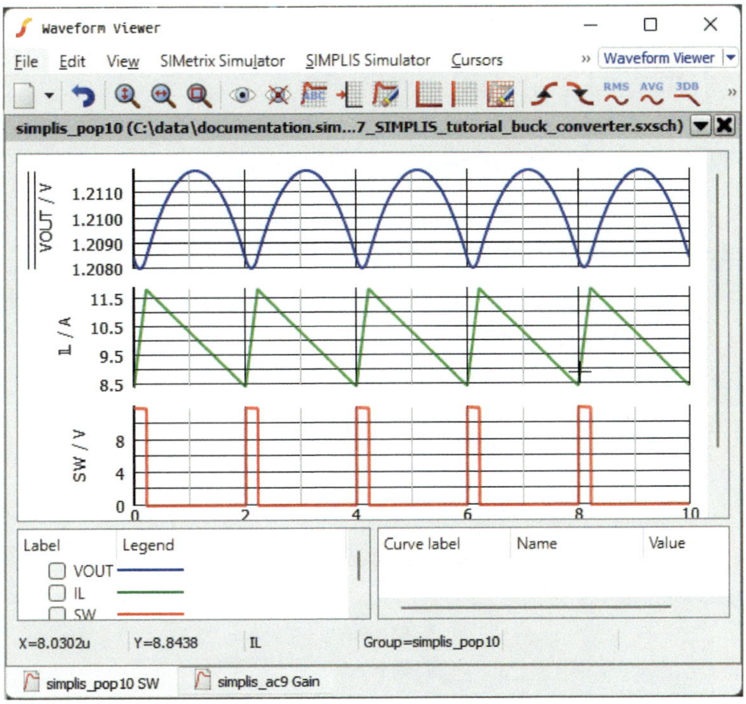

4.2.2 Save your schematic

파일 이름을 8_my_buck_converter.sxsch 로 저장하십시오.

4.3 Define Waveform Persistence

이 항목에서는 다음 주요 개념을 다룹니다.

- history depth 는 각 Probe 에 대한 Waveform Viewer 에 표시되는 시뮬레이션 실행 횟수를 결정합니다.
- Global history depth 는 General Options 대화 상자의 Graph / Probe / Data Analysis 섹션에서 정의됩니다. 기본값은 2 입니다.

이 항목에서는 다음 내용을 배우게 됩니다.

- history depth 의 전역 값을 변경하는 방법
- 개별 Probe 의 history depth 을 변경하는 방법

4.3.1 Change the Global History Depth Value

기본값 2를 변경하려면 다음 단계를 수행하십시오.

❶ 메뉴에서 File 〉 Options 〉 General... 을 선택하십시오.

결과: Options / Preferences 대화 상자가 열리고 Schematic 옵션 탭이 표시됩니다.

❷ Graph/Probe/Data Analysis 탭을 클릭하십시오.

❸ 왼쪽의 두 번째 섹션인 Fixed probe global options에서 history depth 옆에 있는 화살표를 사용하여 번호를 늘립니다.

또는

2를 선택하고 유지할 실행 횟수를 입력하십시오.

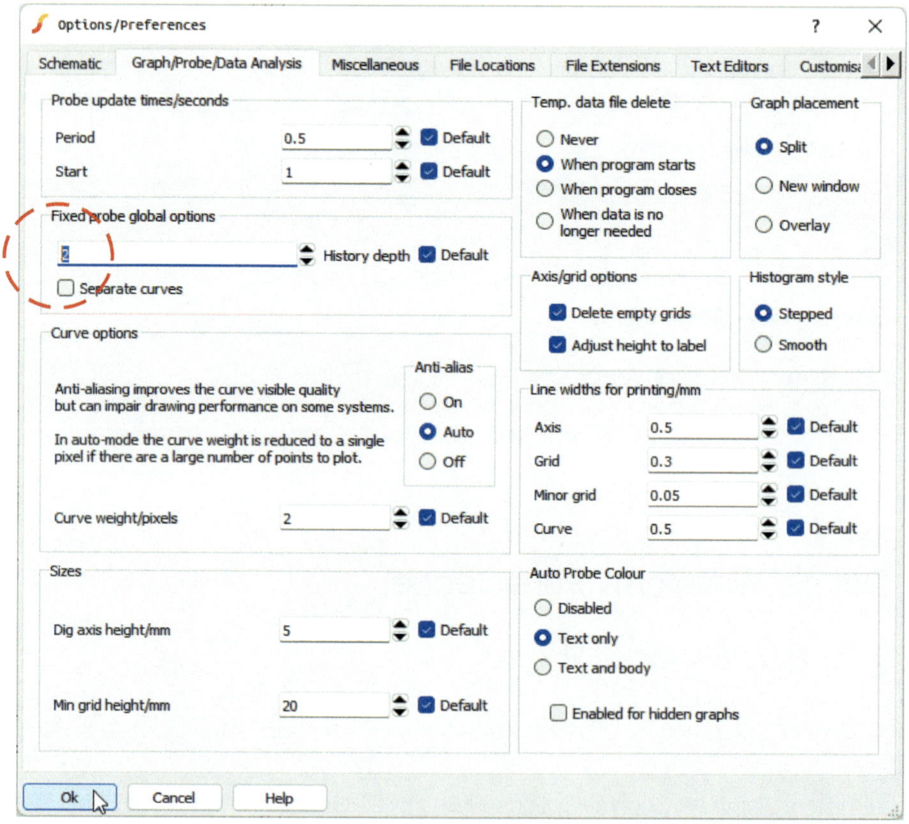

❹ OK를 클릭합니다.

4.3.2 Change the History Depth on a Probe

Probe 편집 대화 상자의 오른쪽 상단에는 일반적으로 default 박스가 체크된 History 필드가 있습니다. 각 Probe 에서 지속성을 지정하거나 일반 옵션 대화 상자에 정의된 전역 지속성 값을 사용할 수 있습니다. 이 유연성을 통해 Probe 별로 Waveform Viewer 에 표시되는 커브 수를 사용자 정의할 수 있습니다.

기본 지속성을 사용하는 대부분의 경우 일반 옵션 대화 상자에서 단일 컨트롤을 사용하여 모든 프로브의 지속성을 관리할 수 있습니다.

개별 Probe 의 파형 지속성을 변경하려면 다음 단계를 수행하십시오.

❶ 회로도 편집기에서 IL Probe 를 두 번 클릭합니다.

결과: Edit Probe 대화 상자가 열리고 기본적으로 History 섹션에 다음과 같이 선택되어 있습니다.

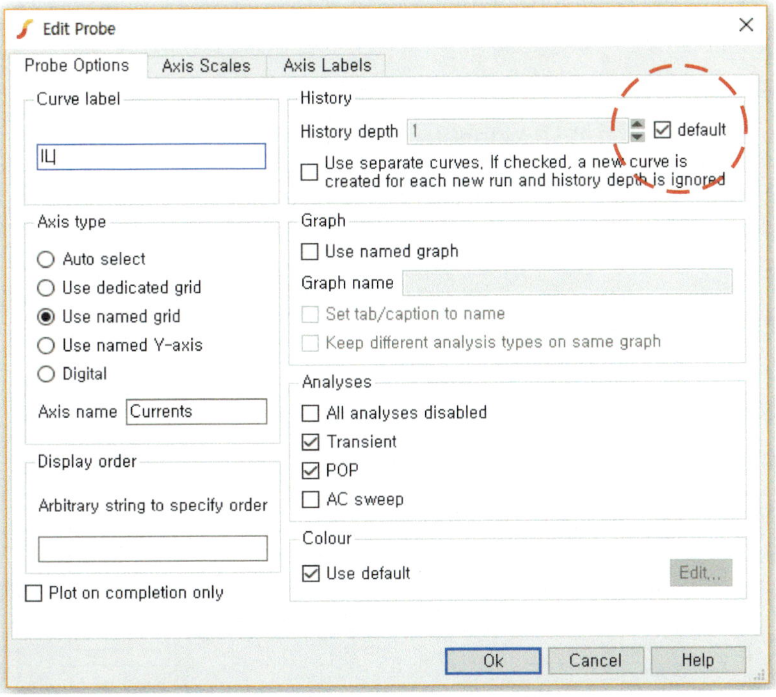

❷ History 섹션에서 History depth 의 기본값을 선택 취소한 다음 화살표 버튼을 사용하여 숫자를 늘리거나 줄입니다.

❸ OK 를 클릭하십시오.

4.4 Add Scalar Measurements to Output Curves

이 항목에서는 다음 주요 개념을 다룹니다.

- SIMetrix/SIMPLIS는 모든 커브에 적용할 수 있는 강력한 측정 기능을 내장하고 있습니다.
- Waveform Viewer의 Measure 메뉴는 곡선 측정에 대한 액세스를 제공합니다.

이 항목에서는 다음 내용을 배우게 됩니다.

- 커브에 측정값을 추가하는 방법
- Waveform Viewer에서 사용 가능한 모든 측정 및 기능에 액세스하는 방법

4.4.1 Add Measurements to the Curve

그래프에 측정 값을 추가하려면 다음 단계를 수행하십시오.

❶ 회로도 편집기에서 F9를 클릭하여 시뮬레이션을 실행합니다.
❷ 파형 바로 아래 왼쪽 하단에 위치한 Legend 창에서 SW 파형을 선택합니다.
❸ Waveform Viewer 메뉴에서 Measure 〉 Minimum를 선택하십시오.

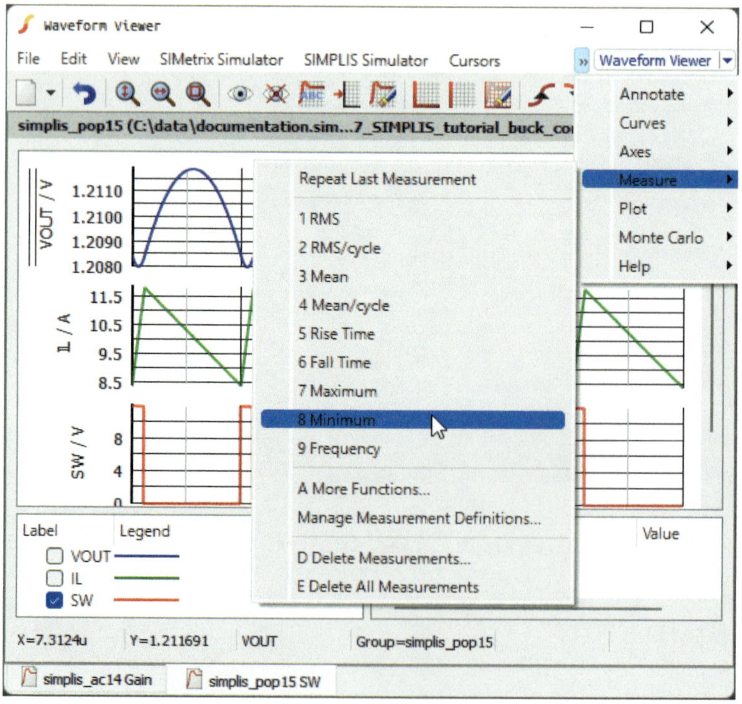

결과: 이제 SW 전압 파형의 최소값이 SW를 선택한 곳의 그래프 범례에 나타납니다.

참고: 전체 레이블을 보려면 레이블과 그래프 탭 간에 분할 도구 모음을 조정해야 할 수도 있습니다.

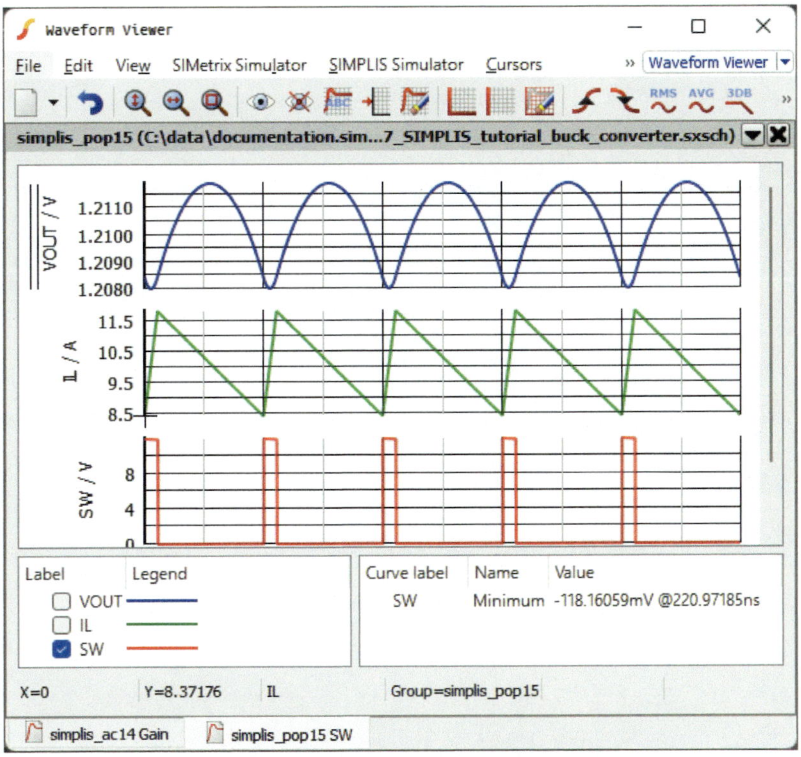

4.4.2 View All Available Measurements

사용 가능한 측정의 전체 목록을 보려면 다음 중 하나를 수행하십시오.

- Waveform Viewer의 메뉴에서 Measure을 클릭한 다음 A More Functions...를 선택하십시오.
  또는
  키보드 단축키 F3을 누릅니다.

결과: 측정 정의 대화 상자가 나타나고 더 복잡한 측정을 선택하고 그래프 데이터 창에 사용자 정의 측정을 추가할 수 있습니다.

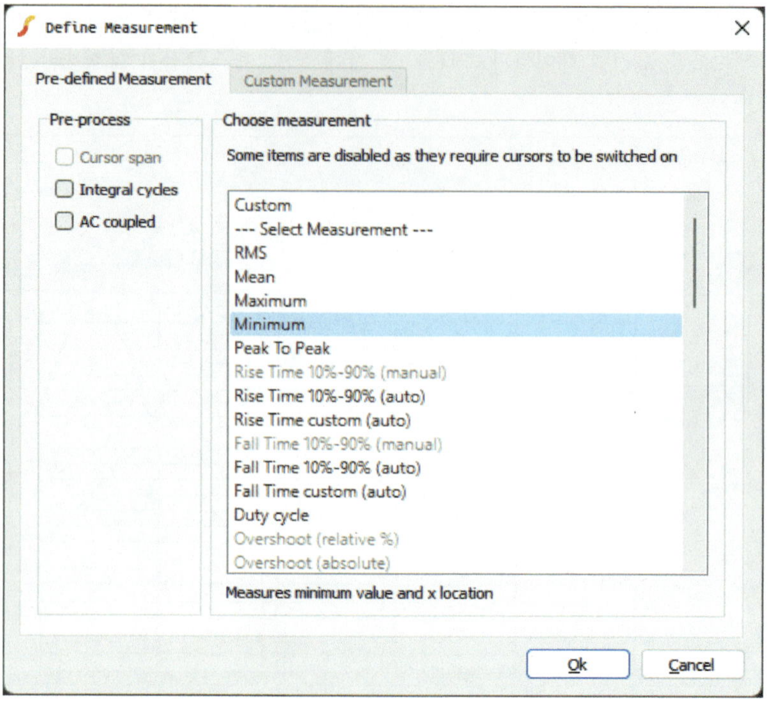

4.5 Add Scalar Measurements to Probes

이 Tutorial 의 섹션에서는 고정 Probe 에 측정을 추가하여 시뮬레이션이 완료된 후 측정을 자동으로 수행하는 방법에 대해 설명합니다.

내장된 측정이나 사용자 정의 측정을 회로도의 고정 Probe 에 추가할 수 있습니다. Probe 에 추가된 측정은 각 시뮬레이션 실행 후 Waveform Viewer 및 선택적으로 회로도에 대한 Scalar 측정 출력과 함께 자동 실행됩니다. SIMetrix / SIMPLIS 정식 버전에서는 기본적으로 이 기능을 사용할 수 있습니다.

이 항목에서는 다음 주요 개념을 다룹니다.

- 내장 측정은 고정 Probe 에 추가할 수 있습니다.
- 시뮬레이션에 완료되면 Probe 에 할당된 측정이 자동으로 수행됩니다.
- Probe 를 선택하고 Edit / Add Measurement...를 실행하여 하나 이상의 측정을 여러 Probe 에 추가할 수 있습니다.

이 항목에서는 다음 내용을 배우게 됩니다.

- 고정 Probe 에 측정을 추가하는 방법.
- 동일한 Probe 세트를 여러 Probe 에 추가하는 방법.

4.5.1 SIMetrix/SIMPLIS Elements Users: Unlock Probe Measurements

이 기능은 Elements Version 만 해당됩니다. 정식 Version 을 사용하신다면 4.5.2 로 넘어가세요. Probe 측정 기능의 잠금을 해제하려면 다음 단계를 수행하십시오.

❶ 메뉴 막대에서 Help 〉 Unlock Features...를 선택하십시오.
결과: 코드 잠금 해제 창이 나타납니다.

❷ 잠금 해제 버튼을 클릭하십시오.
결과: 기능이 잠금 해제되었으며 SIMetrix/SIMPLIS 를 다시 시작해야 한다는 메시지가 Popup 됩니다.

❸ SIMetrix/SIMPLIS 를 닫고 다시 시작하십시오.

4.5.2 Adding Fixed Probe Measurements

회로도에 고정 Probe 측정을 추가하려면 마지막 회로도를 다시 연 후 이 단계를 따르십시오. 회로도의 사본은 예제에서 로드할 수 있습니다: 8_SIMPLIS_tutorial_buck_converter.sxsch.

❶ Schematic editor 에서 VOUT probe 를 클릭한 후, 마우스 오른쪽 버튼을 클릭하고 Edit / Add Measurement...를 선택하십시오 (또는 단축키 Ctrl + Alt + F7 을 사용하십시오).
결과: Probe 측정 편집 대화 상자가 나타납니다.

❷ 첫 번째 열의 Select Measurement 목록에서 Mean 을 선택하십시오.

❸ 오른쪽에 있는 Add Measurement 버튼을 클릭한 다음 두 번째 측정으로 Peak To Peak 를 선택하십시오.

❹ 다섯 번째 열인 Display on Schematic 에서 Mean 과 Peak to Peak 모두에서 Yes 를 선택하십시오.

❺ 대화 상자 하단에서 OK 를 클릭하여 Probe 측정 값을 저장하십시오.

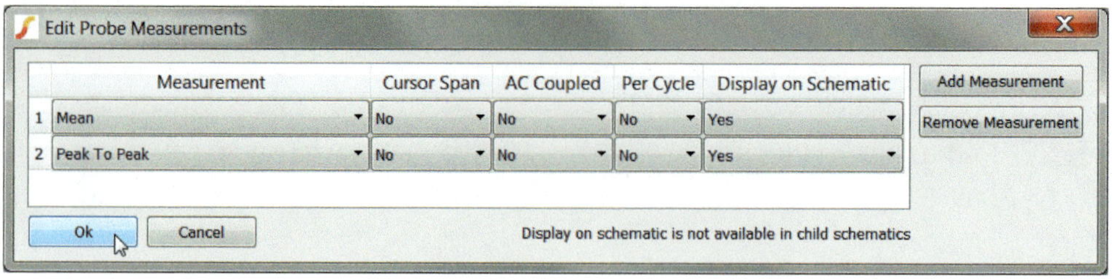

❻ Schematic editor 에서 IL Probe 를 선택하고 2 단계와 3 단계를 반복하고 Mean 및 Peak to Peak 측정 값을 더한 다음 OK 를 클릭합니다.

참고: 회로도 표시의 기본값은 No 이기 때문에 IL Probe 나 SW Probe 에는 추가 변경이 필요하지 않습니다.

❼ Schematic editor 로 돌아가서 SW Probe 를 클릭하고 Ctrl + Alt + F7 을 입력하고 Minimum 및 Maximum 측정 값을 추가한 다음 OK 를 클릭하십시오.

❽ Waveform Viewer 가 열려 있으면 닫고 F9 키를 눌러 시뮬레이션을 실행합니다.

결과: 회로도가 VOUT 커브 측정 값으로 업데이트되고 이제 그래프에 3 개의 모든 커브에 대한 측정 값이 나타납니다. 모든 측정을 보려면 막대를 드래그 해야 할 수도 있습니다.

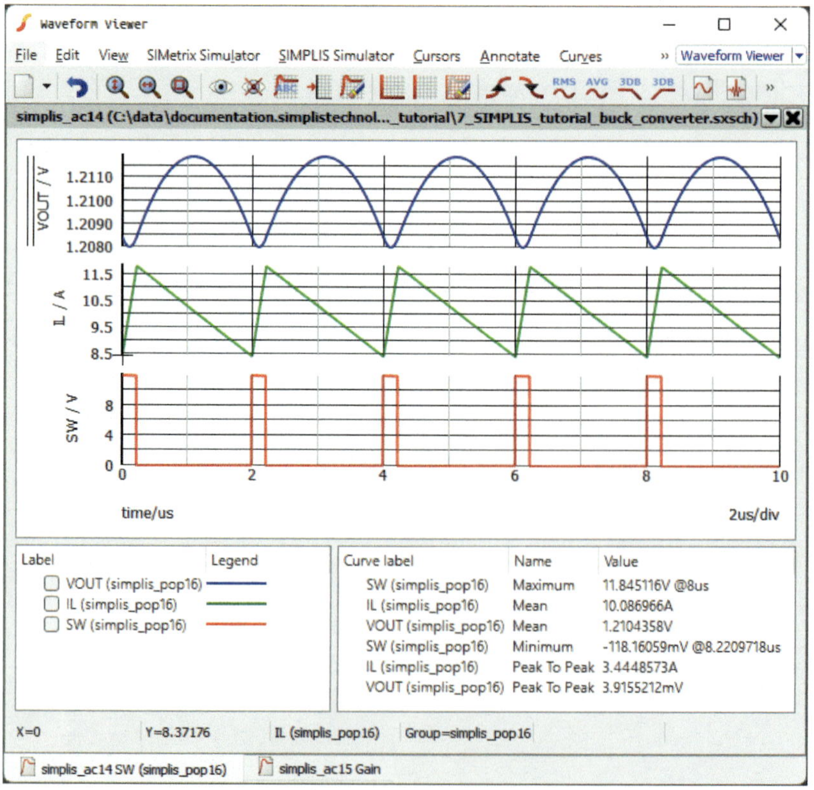

4.5.3 Saving your Schematic

파일 이름을 9_my_buck_converter.sxsch 로 저장하십시오.

5 Building High-Level Models

이전 섹션에서는 SIMetrix/SIMPLIS 작업의 기본 사항을 배웠습니다. 다음으로, 설계된 동기식 벅 컨버터에 추가하여 빌딩 블록 접근 방식을 사용하여 상위 고급 모델을 구축하기 시작할 것입니다.

이 장에서는 다음 내용을 배우게 됩니다.

- 표현식과 Schematic command (F11) 창을 사용하여 기호를 매개변수화하는 방법
- POP Trigger 심볼 Node 를 선택하는 방법.
- SIMPLIS 가 POP, AC, Transient 등 특정 순서로 세 가지 분석을 모두 실행하는 방법.
- 디자인에 계층 구조를 추가하는 방법.
- 매개변수 명령문의 평가값을 결정하는 방법.

이 장을 마치면 회로도는 다음과 같이 나타납니다.

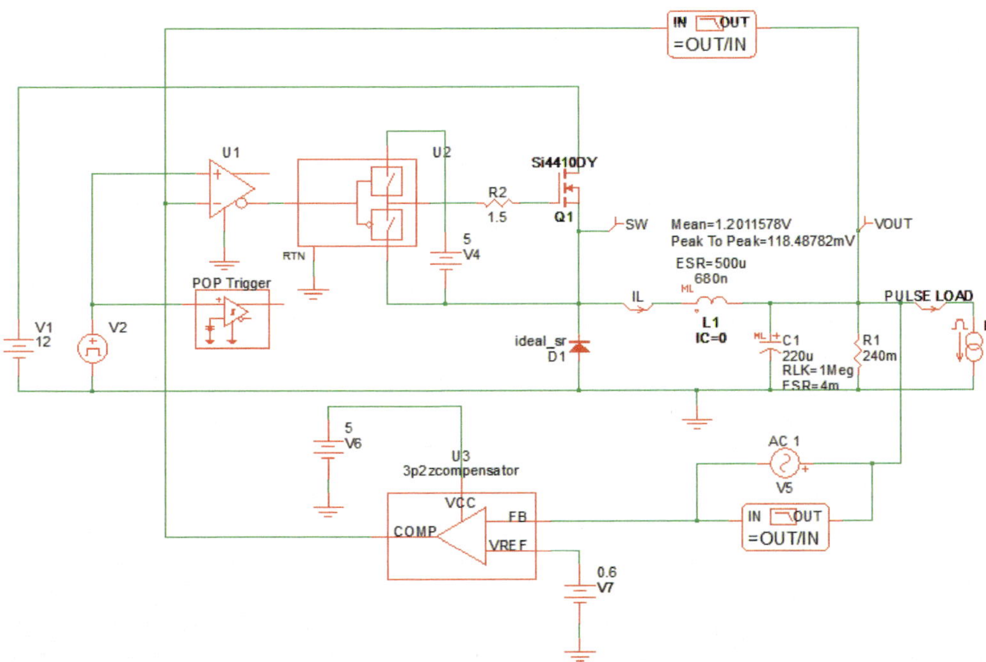

5.1 Building a Compensator

이 섹션에서는 내장된 매개변수화된 Op-Amp 및 수동 부품을 사용하여 표준 3 극, 2 제로 전압 모드 Compensator 를 작성합니다.

이 섹션을 마치면 다음과 같은 완벽한 폐쇄 루프 동기식 Buck Switching 전원 공급 장치 모델을 갖게 됩니다.

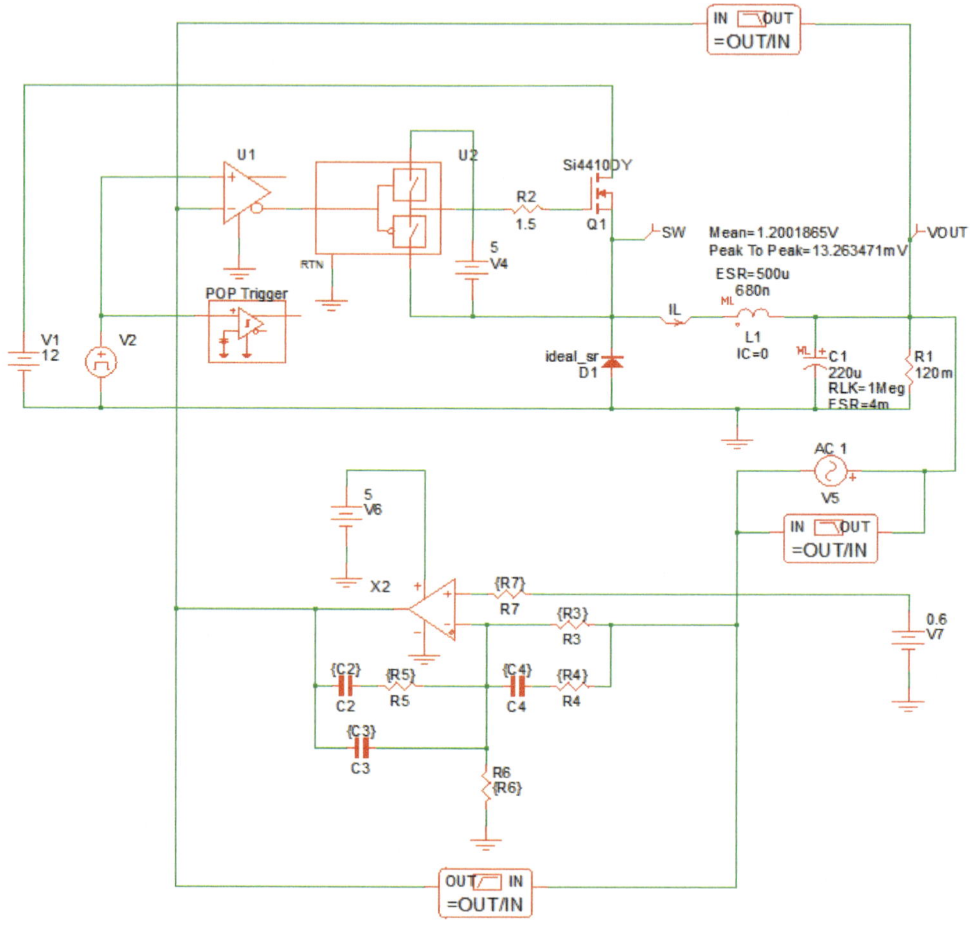

이 항목에서는 다음 주요 개념을 다룹니다.

- 기호는 회로도 재사용에 도움이 되는 변수 또는 매개변수화 된 값을 사용할 수 있습니다. 유연성을 극대화하기 위해 compensator 회로도는 매개변수화 된 값을 사용합니다.
- 각 회로도에는 분석 지시문과 변수 명령문을 저장하는 명령(F11) 창이 있습니다. F11 창의 텍스트

는 시뮬레이션 데크에 포함됩니다.

- 매개변수 값은 명령 (F11) 창에서 지정하거나 계산할 수 있습니다.

이 장에서는 다음 내용을 배우게 됩니다.

- 표현식과 F11 창을 사용하여 기호를 매개변수화하는 방법
- POP 작동에 따라 섹션 3.2 Set up a POP Analysis 에서 주기적 입력으로 Switching Node 를 선택하는 것이 이상적인 선택은 아닙니다.
- 다른 POP Trigger 회로도 Node 를 선택하여 일반적인 POP 시뮬레이션 오류를 해결하는 방법.
- F11 창에 매개변수 디버그 문을 추가하는 방법

5.1.1 Build the Compensator Schematic

이전 장에서는 parts selector 와 키보드 단축키를 사용하여 기호를 배치하는 방법을 배웠습니다. 9_SIMPLIS_tutorial_buck_converter.sxsch 회로도로 시작하여 아래의 단축키 표와 아래 그림을 참조하여 compensator 기호를 파워 스테이지 아래 영역에 배치하십시오.

compensator 기호 배치를 위한 키보드 단축키

Symbol	Parts Selector Location	Keyboard Shortcut
Multi-Level Parameterized Opamp (Version 8.0+)	Analog Functions	none
Resistor	Commonly Used Parts	4
Capacitor (Ideal)	Commonly Used Parts	C
Power Supply	Commonly Used Parts	V
Bode Plot Probe (Gain/Phase) w/ Measurements	Commonly Used Parts	none

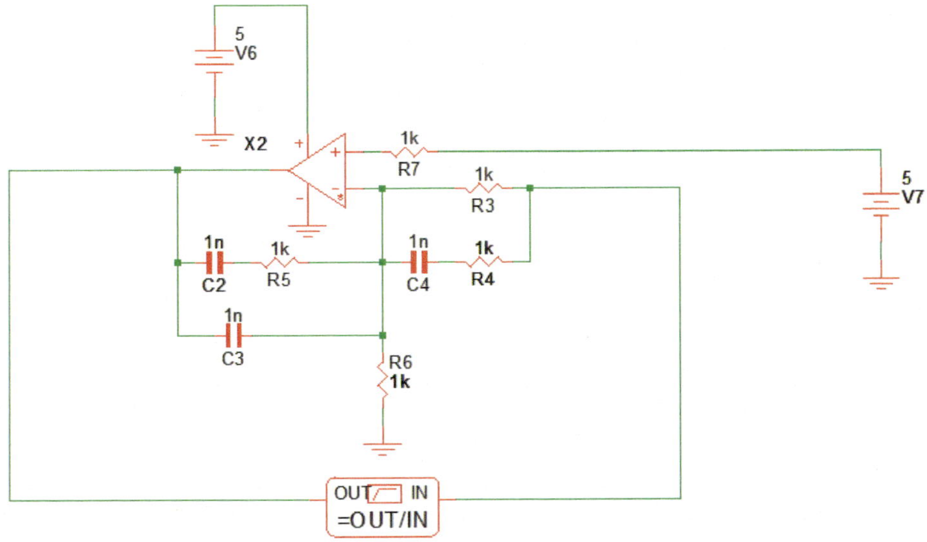

5.1.2 Assign Parameterized Values to Symbols

회로도를 그린 후에 각 저항과 커패시터에 위 회로도에 표시된 참조 지정자가 있는지 다시 확인하세요.

> **중요:** 설계 절차에서는 이러한 참조 지정자를 사용하여 값을 계산합니다. 따라서 그림과 일치해야 합니다. 그렇지 않으면 계산된 값이 잘못된 구성 요소에 지정됩니다.

참조 지정자가 위 이미지의 참조 지정자와 다른 경우 다음 단계에 따라 참조 지정자를 변경하십시오.

❶ 저항 또는 Capacitor 심볼을 선택하십시오.

❷ Shift + F8 을 누릅니다.

결과: 새 참조 지정자를 입력할 수 있는 대화 상자가 열립니다.

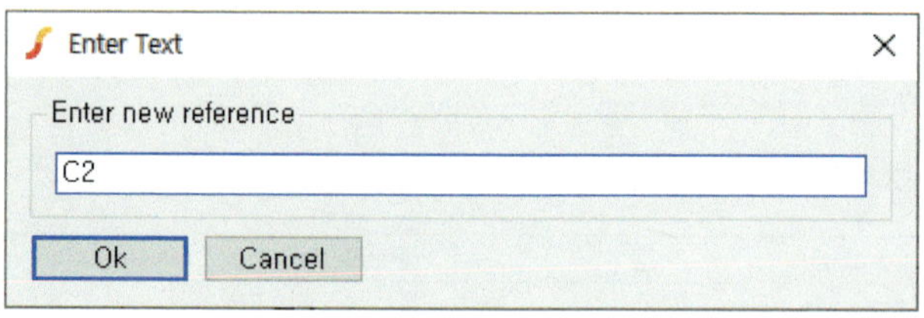

❸ 위의 회로도에 표시된 대로 참조 부호를 입력하십시오.

매개변수화 된 값을 지정할 때 매개변수 이름이나 표현식을 **중괄호**로 묶습니다. 이 Tutorial 에서는 참조 지정자 텍스트를 매개변수 이름으로 사용합니다. 예를 들어 C2 의 매개변수화 된 값은 {C2}입니다.

❶ 저항 또는 Capacitor 심볼을 선택하십시오.

❷ Shift + F7 을 누릅니다.

결과: 값을 입력할 수 있는 대화 상자가 열립니다.

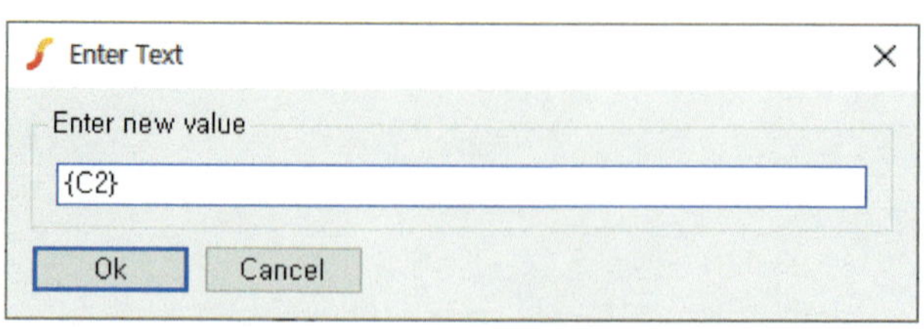

> **주의:** 여는 중괄호{와 닫는 중괄호}는 모두 필요합니다. 여는 중괄호와 닫는 중괄호가 없으면 표현식이 올바르게 평가되지 않고 회로가 시뮬레이션 되지 않습니다.

저항 및 Capacitor 기호에 매개변수화 된 값을 지정하려면 다음 단계를 수행하십시오.

❶ 각 저항 또는 Capacitor 를 두 번 클릭하고 저항 또는 Capacitance 의 값을 매개변수화 된 값으로 변경합니다.
❷ DC 소스 V7 의 경우, 값을 0.6V 로 변경하십시오.

> **TIP** compensator 의 기준 전압이 됩니다.

Compensator 회로도는 이제 다음과 같아야 합니다.

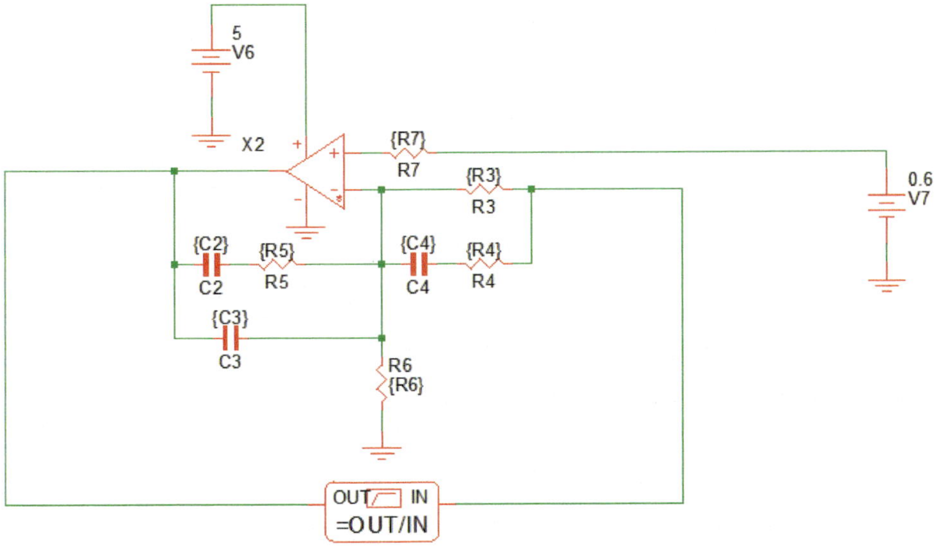

5.1.3 Connect the Compensator to the Power Stage

이제 compensator 를 파워 스테이지에 연결하여 피드백 루프를 닫습니다.
compensator 를 파워 스테이지에 연결하려면 다음 단계를 수행하십시오.

❶ Duty 사이클 제어였던 인 DC 소스 인 V3 를 삭제합니다.
❷ AC 소스 V5 를 비교기 U1 입력에 연결하는 와이어를 삭제하십시오.
❸ V5 를 회로도의 오른쪽으로 이동합니다.

TIP	이것은 루프 섭동(loop perturbation)소스가 될 것입니다.

❹ 아래 이미지와 같이 compensator 를 파워 스테이지에 연결하십시오.

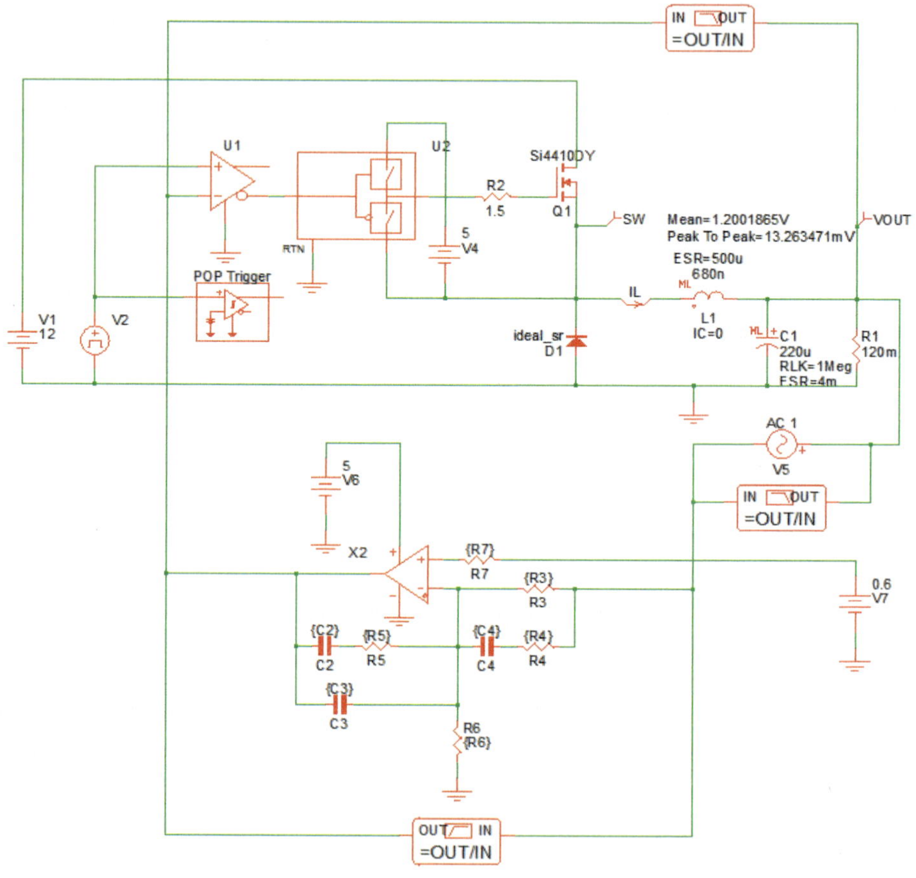

❺ Bode Plot Probe 를 V5 소스에 추가하십시오.

TIP	이것은 Convertor 의 loop Gain 을 검사합니다.

6. 이 설계의 출력 Capacitor 에는 ESR 이 없습니다. 이전의 시뮬레이션에서 이것은 문제가 아니었지만 compensator 가 추가될 때 ESR 은 보상기 값을 계산하는 데 중요한 역할을 합니다. 이 멀티 레벨 Capacitor 에 ESR 을 포함하려면 C1 을 두 번 클릭하고 모델 레벨을 2 로 설정하고 ESR 을 4mΩ 로 지정하십시오.
   결과: 4m 의 ESR 값이 회로도에 표시됩니다. 이것은 Capacitor 의 모델에 ESR 이 포함됨을 나타냅니다.

5.1.4 Disable Power Stage and Compensator Bode Plot Probes

이제 회로도에 3 개의 Bode Plot Probe 가 있으며 각 Probe 는 'Gain' 및 'Phase'의 기본 이름으로 Gain 및 Phase 곡선을 출력합니다. 그러면 6 개의 곡선이 있는 혼란스러운 그래프가 작성되므로 다음 절차에서는 compensator 및 파워 스테이지 Probe 를 끄고 이 Probe 로 생성된 커브의 이름을 변경합니다. 이렇게 하면 나중에 파워 스테이지 또는 compensator bode plots 을 보고 싶을 때 쉽게 디버깅 할 수 있습니다.

Probe 를 끄고 출력 곡선의 이름을 바꾸려면 다음 단계를 수행하십시오.

1. compensator bode plots Probe 를 더블 클릭하고 이득 및 위상 곡선의 이름을 'Compensator Gain' 및 'Compensator Phase'로 바꿉니다.
2. 대화 상자 상단의 Disable gain/phase 를 선택한 다음 OK 을 클릭하십시오.
   파워 스테이지 Bode Plot Probe 를 더블 클릭하고 이득 및 위상 곡선의 이름을 'Plant Gain'및 'Plant Phase'으로 바꿉니다.
3. 대화 상자 상단의 Disable gain/phase 를 선택한 다음 OK 을 클릭하십시오.

5.1.5 Enter Parameter Values in the Command (F11) Window

5.1.3 Connect the Compensator to the Power Stage 에서 변수 이름을 중괄호 {}로 묶어 각 기호에 매개변수화된 값을 추가했습니다. 중괄호는 표현식을 형성하고 표현식을 중지하고 평가하도록 프로그램에 지시합니다. 이 경우, 프로그램은 단순히 표현식 {R3}, {C2} 등 대신에 변수 R3, C2 등의 값을 단순히 대체합니다. 설계의 이 시점에서 Compensator 의 값은 정의되지 않습니다. 그런 다음 .VAR 문을 사용하여 이러한 변수에 값을 할당합니다.

3-Pole/2-Zero voltage 모드 Compensator를 보정하는 방법은 이 Tutorial의 범위를 벗어납니다. 이 애플리케이션 노트에서 가져온 Compensator 설계 과정에 머물지 않고 이 Tutorial의 텍스트 행을 복사하여 회로도의 F11 창에 붙여 넣습니다. VAR 행은 실제로 스프레드시트에서 가져와 가변 명령문으로 변환한 전체 설계 프로세스입니다.
F11 창에 매개변수 값을 입력하려면 다음 단계를 수행하십시오.

❶ 아래의 구문을 Type하여 입력하세요. 또는 Link http://www.simplis.com/documentation/simplis/simplis_tutorial/topics/5_1_building_a_compensator.htm의 5.1.5 의 중간 부분에 똑같은 구문이 있습니다. 복사해서 붙여 넣으세요.

```
*******************************
*** Circuit Specifications ***
*******************************

.VAR VIN = 12
.VAR VRAMP = 1
.VAR L = 680n
.VAR C = 220u
.VAR VOUT = 1.2
.VAR VREF = 0.6
.VAR ESR = 4m
.VAR FXOVER = 80k
.VAR FSW = 500k

*** Calculated Parameters - not used in calculations
.VAR FLC = 13012.31
.VAR FESR = 180857.89

.SUBCKT ONE_PULSE_SOURCE_I 1 2 vars: _T_RISE=0 _T_FALL=0 _DELAY=0 _V1=0
_V2=1 _PWIDTH=1u
.NODE_MAP P 1
.NODE_MAP N 2
{'*'} _DELAY : {_DELAY}
{'*'} _T_RISE : {_T_RISE}
{'*'} _PWIDTH : {_PWIDTH}
I1 1 2 PWL  NSEG=4  X0=0 Y0={_V1}  X1={_DELAY} Y1={_V1}  X2={_DELAY+_T_RISE}
```

```
Y2={_V2}   X3={_DELAY+_T_RISE+_PWIDTH} Y3={_V2}
X4={_DELAY+_T_RISE+_PWIDTH+_T_FALL} Y4={_V1}
.ENDS

************************************************************
*** Compensator Design - Find desired poles and zeros ***
************************************************************

*** Place Second Zero at LC
.VAR FZ2 = {1/(2*pi*SQRT(L*C))}

*** Place First Zero at 75% of FZ2
.VAR FZ1 = {0.75*FZ2}

*** Place Second Pole (1st pole at origin) at ESR zero
.VAR FP2 = {1/(2*pi*ESR*C)}

*** You will get better performance putting the pole
*** above ESR zero (different than design procedure)
.VAR FP2 = {0.75*FSW}

*** Place Third Pole at 1/2 the switching frequency
.VAR FP3 = {0.5*FSW}

**********************************************************************
*** Compensator Design - Assign resistor and capacitor values    ***
*** The design procedure was taken from IR/Infineon an-1162.pdf ***
***                                                              ***
*** http://www.irf.com/technical-info/appnotes/an-1162.pdf       ***
**********************************************************************

*** Choose C4 to be 2.2nF This is somewhat arbitrary,
*** it sets the magnitude of other compensator values.
.VAR C4 = 2.2n

*** From C4 and FP2, Calculate R4
.VAR R4 = {1/(2*pi*C4*FP2)}

*** From C4, R4 and FZ2, Calculate R3
```

```
.VAR R3 = {1/(2*pi*C4*FZ2)-R4}

*** From R3, VREF and Nominal VOUT, Calculate R6
.VAR R6 = {R3*VREF/(VOUT-VREF)}

*** Calculate R7 as the parallel combination of R3 and R6
.VAR R7 = {R3*R6/(R3+R6)}

*** Calculate R5. Modify VRAMP to adjust final loop characteristics
.VAR R5 = {2*pi*FXOVER*L*C*VRAMP/(VIN*C4)}

*** From R5 and FZ1, Calculate C2
.VAR C2 = {1/(2*pi*R5*FZ1)}

*** From R5 and FP3, Calculate C3
.VAR C3 = {1/(2*pi*R5*FP3)}

*********************************************************************
*** Debug. These statements come out in the deck as comments. ***
*** Simulator -> Edit Netlist (after preprocess) opens file    ***
*********************************************************************

{'*'} FZ2 : {FZ2}
{'*'} FZ1 : {FZ1}
{'*'} FP2 : {FP2}
{'*'} FP3 : {FP3}

{'*'} C4 : {C4}
{'*'} R4 : {R4}
{'*'} R3 : {R3}
{'*'} R6 : {R6}
{'*'} R5 : {R5}
{'*'} C2 : {C2}
{'*'} C3 : {C3}
==========================================================================
```

❷ 회로도 편집기에서 F11 키를 누릅니다.

결과: 명령 (F11) 창이 회로도 하단에 열립니다.

❸ 명령 창(F11)과 회로도 사이에서 분리막대를 드래그하여 명령 창과 회로도 창이 상, 하 공간의 약 50%를 차지하도록 합니다.

❹ 명령 창에서 마지막 명령문을 지나 아래로 스크롤 하십시오.

.SIMULATOR DEFAULT

.SIMULATOR DEFAULT 행 아래에 Ctrl+V 를 사용하여 복사한 텍스트를 F11 창 아래에 붙여넣습니다

❺ 텍스트의 4 개의 섹션이 Compensator 를 매개변수화하는 데 사용됩니다.

- 첫 번째 섹션에는 설계 값이 있습니다. VAR VIN = 12 문은 변수 VIN 에 숫자 12 를 지정합니다. VIN 은 회로도에서 사용되지 않지만 다른 변수에 대한 계산에 사용됩니다. 입력 소스에 VIN 을 매개변수 {VIN}로 추가할 수 있습니다.
- 두 번째 섹션에는 Compensator poles and zeros 에 대한 계산이 있습니다. .VAR FZ2 = {1 / (2 * pi * SQRT (L * C))} 문은 FZ2 변수에 값을 할당합니다. 이 경우 이 값은 컨버터의 공진 주파수입니다.

참고: 전역 변수 pi 및 내장 함수 SRQT ()뿐 아니라 변수 L 및 C 는 등호 오른쪽에 있는 표현식에 사용됩니다. 변수 L 과 C 는 사용 전에 할당되어야 합니다. 따라서 창에서 줄의 순서가 중요합니다. 전역 상수 pi 와 함수 SQRT ()는 프로그램에 의해 정의됩니다.

- 세 번째 섹션은 회로 사양의 첫 번째 섹션에서 두 번째 섹션의 poles and zeros 로부터 실제 저항 및 Capacitor 값을 계산합니다.
- 마지막 섹션에는 디버그 문이 있습니다. 이 명령문은 시뮬레이션 Deck 에 주석을 출력하므로 Compensator 에서 사용되는 값을 쉽게 디버깅 할 수 있습니다. 예를 들어 디자인의 값은 다음을 Deck 파일에 출력합니다.

```
* FZ2 : 13012.3080131893
* FZ1 : 9759.23100989196
* FP2 : 375000
* FP3 : 250000
* C4 : 2.2e-009
* R4 : 192.915082535631
* R3 : 5366.67940889006
* R6 : 5366.67940889006
* R5 : 2848.37733925475
* C2 : 5.72541552580328e-009
* C3 : 2.23502610975745e-010
```

이 상태로 저장된 회로도: 10_SIMPLIS_tutorial_buck_converter.sxsch.

5.1.6 Try to Simulate the Design

이 디자인을 시뮬레이션 하려고 하면 시뮬레이션 오류가 발생하고 SIMPLIS는 자동으로 Transient 시뮬레이션을 실행하여 오류의 원인을 파악할 수 있습니다. 파형은 다음과 같이 나타납니다.

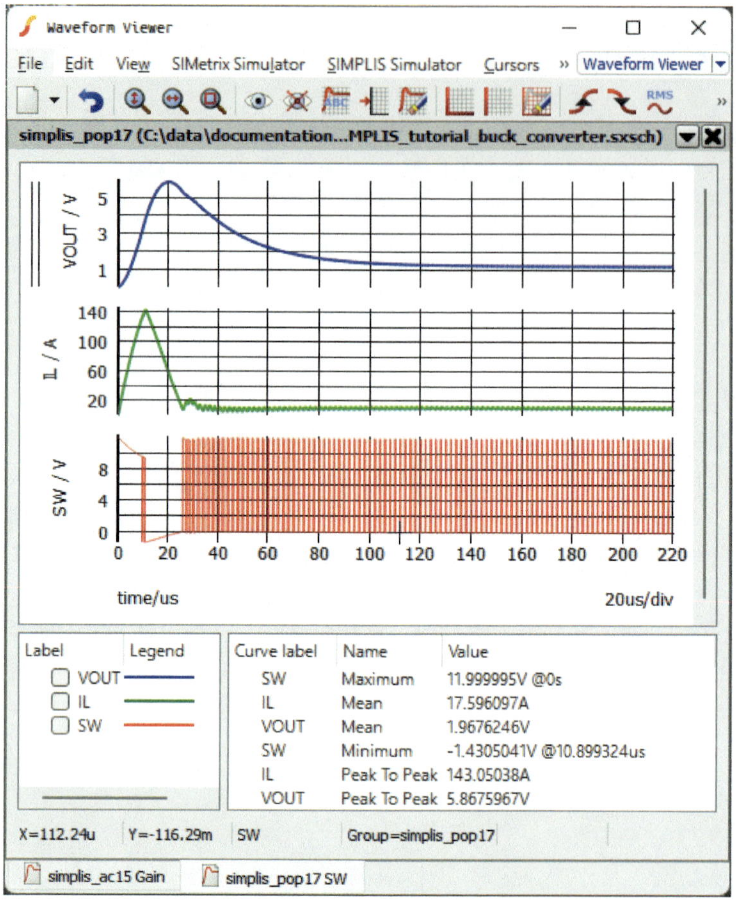

분명히, Convertor는 Transient 시뮬레이션이 끝날 때 정상 상태 작동점에 도달하므로 루프가 안정적임을 알 수 있습니다. 시뮬레이션 오류의 원인은 다음과 같습니다.

- 컨버터의 초기 조건은 오류를 일으킵니다. 출력 전압은 0V에서 시작하고 Compensator는 여러 사이클의 전체 Duty 사이클로 이를 보정하려고 시도합니다.
- 이 개발 단계의 변조기에는 듀티 사이클 제한이나 전류 제한이 없습니다. 결과적으로 인덕터 전류는 출력 전압이 오버슈트하기 전에 높은 값에 도달합니다.
- 출력 전압이 기준을 Overshoots 한 후, Compensator는 여러 Switching 기간 동안 스위치를 끕니다.

- Switching 이 없는 시뮬레이션 부분 동안 SIMPLIS 는 POP Trigger 를 모니터링하고 4.4 μs 에서 최대 POP 기간의 두 배에 도달하면 SIMPLIS 는 회로에 문제가 있다고 생각하고 다음 경고 및 오류를 출력합니다.

```
*** WARNINGS REPORTED BY SIMPLIS ***
*****************************************
<<<<<<<< Error Message ID: 5020 >>>>>>>>

Periodic Operating-Pt Analysis:

    Reaching a time duration equal to
    `4.40000e-006' without registering the
    triggering condition that defines
    the start of a period.  Check your
    circuit and/or initial conditions.

*** END SIMPLIS WARNING REPORT ***

*** ERRORS REPORTED BY SIMPLIS ***
*****************************************
<<<<<<<< Error Message ID: 5039 >>>>>>>>

The periodic operating point (POP) analysis
has failed to converge.  AC analysis will
not be performed.


*** END SIMPLIS ERROR REPORT ***
```

두 가지 가능한 솔루션이 있습니다.

- **해결 방법 1:** 회로의 초기 조건을 변경하여 steady-state 에 가까운 회로를 초기화하십시오. Compensator 는 converter 를 정상 상태로 만들기 위해 작은 보정을 수행합니다. Duty 사이클은 0 또는 100 %에 도달하지 않습니다. 그러면 POP 분석이 성공할 것입니다. 이는 좋은 설계 방법이며, 특히 복잡한 회로를 사용하여 어느 시점에서 해야 할 것입니다.
- **해결 방법 2:** POP Trigger Gate 의 위치를 변경하여 입력 신호가 명령된 Duty 사이클과 관계없이 모든 Switching 사이클에서 POP Trigger 임계 값을 초과하도록 하십시오. 발진기 Node 는 명령된 Duty 사이클과 독립적이므로 POP Trigger Node 에 적합한 선택입니다.

이 튜토리얼에서는 **해결방법 2**를 사용하여 POP Trigger Gate를 발진기 Node로 이동하고 POP Trigger Gate의 임계값을 **0.5V**로 변경합니다.

5.1.7 Move the POP Trigger Gate

POP Trigger Gate를 오실레이터 Node로 이동하려면 다음 단계를 수행하십시오.

❶ POP Trigger 기호를 클릭하여 선택하십시오.
❷ Ctrl + X를 눌러 기호를 자릅니다.
❸ Ctrl + V를 눌러 기호를 붙여 넣습니다.
❹ 오실레이터 V2의 오른쪽에 POP Trigger 기호를 놓습니다.

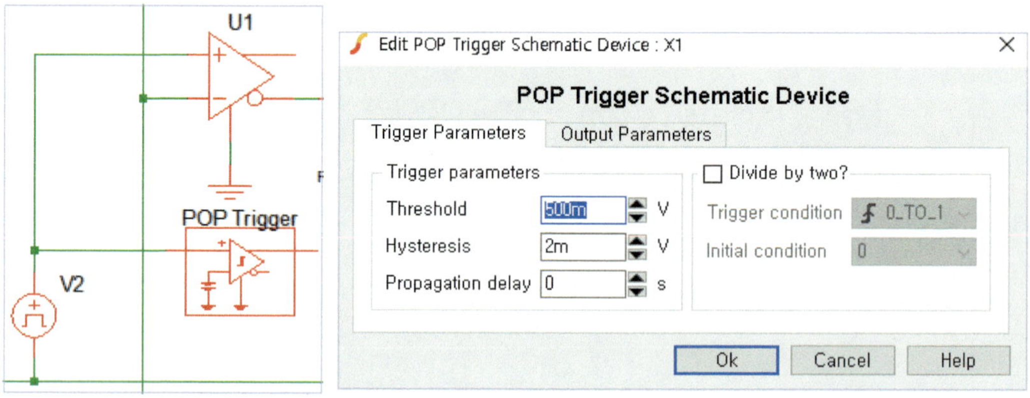

❺ POP Trigger 기호를 두 번 클릭하고 임계값 매개변수를 0.5V로 변경한 다음 확인을 클릭하여 변경 사항을 저장하십시오.
❻ 이미지와 같이 POP Trigger의 입력을 V2로 연결하십시오.

5.1.8 Verify Loop Stability

이제 회로에서 자습서의 앞 부분에서 구성된 POP 및 AC 분석을 실행해야 합니다. 그러나 AC 스윕의 최대 주파수는 Switching 주파수보다 커서 고주파 Noise로 인해 작은 스케일의 플롯이 발생합니다.

최대 주파수를 변경하려면 다음 단계를 따르십시오.

❶ Schematic Editor 메뉴에서 Simulator 〉 Choose Analysis...를 선택하십시오.
❷ AC 탭의 Sweep parameters 섹션에서 Stop frequency를 400kHz로 변경하십시오.
❸ OK을 클릭하거나 F9 키를 눌러 시뮬레이션을 실행하십시오.
결과: 시뮬레이션은 오류 없이 실행되고 변환기의 Bode Plot이 Waveform Viewer로 출력됩니다. Gain Crossover Frequency는 98kHz, Phase Margin은 48도, Gain Margin은 13.5dB입니다.

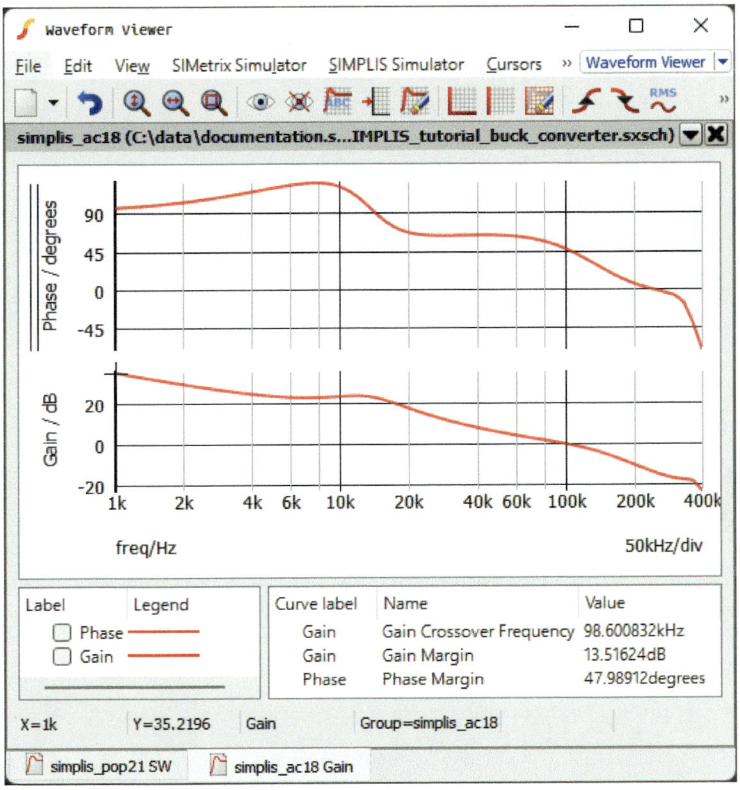

5.1.9 Save your Schematic

파일의 이름을 11_my_buck_converter.sxsch로 저장하십시오.

5.2 Set up a Load Transient Simulation

▌SIMPLIS는 세 가지 시뮬레이션(POP, AC 및 Transient)을 이 순서로 실행합니다. 즉, Transient 시뮬레이션은 정상 상태의 컨버터에서 시작됩니다.

▌POP 시뮬레이션 후 Transient 시뮬레이션이 실행될 때:

- Waveform Viewer에는 Transient 데이터만 표시됩니다.
- Transient 시뮬레이션은 POP 시뮬레이션의 마지막 데이터 지점에서 시작됩니다. 즉, POP 시뮬레이션은 Transient 시뮬레이션의 초기 조건을 결정합니다.

▌POP 시뮬레이션 중에 펄스 전류 소스는 초기 값 0A으로 유지됩니다.

이 장에서는 다음 내용을 배우게 됩니다.

- 펄스 전류 소스를 사용하여 Load Transient 테스트를 위한 회로를 구성하는 방법
- POP Trigger 조건이 Transient 분석의 초기 조건에 미치는 영향

5.2.1 Add a Pulse Current Source

Load Transient 시뮬레이션을 설정하려면 펄스 전류 소스를 부하 저항과 병렬로 추가하고 출력 부하 저항 값을 변경하십시오.

▌컨버터는 부하 저항이 제공하는 50 % 부하 (5A)로 시작하도록 설정됩니다. 전류 소스는 0~5A 로드 펄스를 적용합니다.

▌Load 타이밍은 Trailing edge modulator에 Worst-case의 펄스 로드를 적용하도록 설정됩니다.

▌Worst-case의 펄스 로드 타이밍 조건은 다음과 같습니다.

- Step-up은 PWM 변조기가 하이사이드 MOSFET을 끌 때 발생합니다.
- Step-down은 PWM 변조기가 MOSFET을 켤 때 발생합니다.

▌Transient Load 타이밍은 POP/Transient 분석 중에 정확하게 설정할 수 있습니다.

시작하려면 마지막 섹션의 회로도가 필요합니다. 예제에서 이 단계의 회로도를 Load할 수 있습니다: 11_SIMPLIS_tutorial_buck_converter.sxsch.

펄스 전류 소스를 추가하려면 다음 단계를 수행하십시오.

❶ Inline Current Probe (IL)를 선택하십시오. 복사하려면 Ctrl + C 를 누릅니다. Ctrl + V 를 눌러 아래 그림과 같이 부하 저항 R1 의 오른쪽에 전류 Probe 를 붙여 넣으십시오.

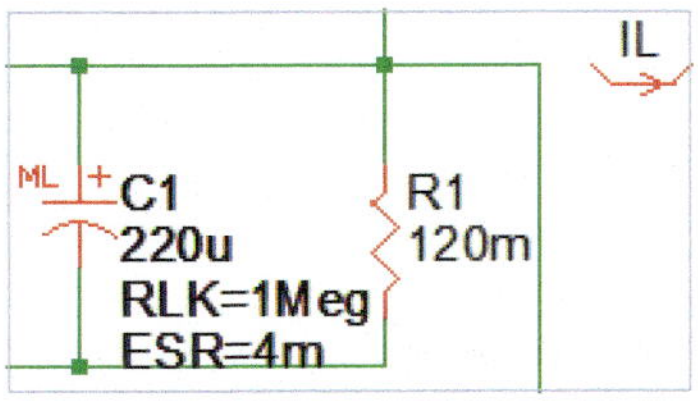

❷ Probe 를 더블 클릭하고 Probe 의 이름을 PULSE LOAD 로 변경하십시오.

❸ Part selector 에서 Current Sources 카테고리를 두 번 클릭하여 목록을 확장합니다.

❹ Waveform Generator – Current Source 를 더블 클릭하고 부하 저항 및 PULSE LOAD Probe 오른쪽에 해당 기호를 놓습니다. 다음과 같이 부하 저항과 전류 Probe 에 연결하십시오.

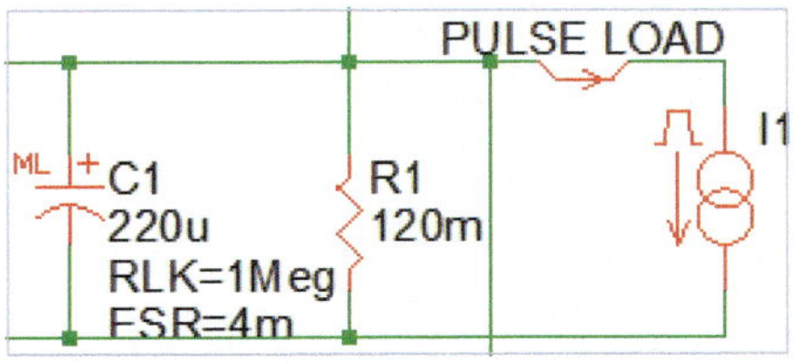

Waveform generator 매개변수를 편집하려면 다음 단계를 수행하십시오.

❶ I1 을 두 번 클릭하십시오.

❷ Wave Shape 섹션의 대화 상자 오른쪽에서 One pulse 라디오 버튼을 선택합니다.

❸ 왼쪽 열에서 Delay 를 10.22u 로 변경하십시오.

참고: 지연 시간은 5 개의 Switching 주기와 MOSFET 의 단일 온 타임을 더한 것과 같습니다.

결과: 스위치가 꺼진 직후까지 로드 펄스의 시작이 지연되어 최악의 로드 과도 상태가 발생합니다.

❹ 대화 상자 상단의 첫 번째 열에서 Width 를 29.68u 로 변경합니다.

결과: 폭은 지연 및 상승 매개변수에 추가되면 Load Step-down 시간이 40us 로 지연됩니다.

❺ Default rise and fall 선택을 **취소**하십시오.

❻ Rise 필드에 상승 시간으로 100n 을 입력하십시오.

결과: 하강 시간이 자동으로 100n 으로 설정됩니다. 이제 파형 편집 대화 상자가 다음과 같이 보입니다.

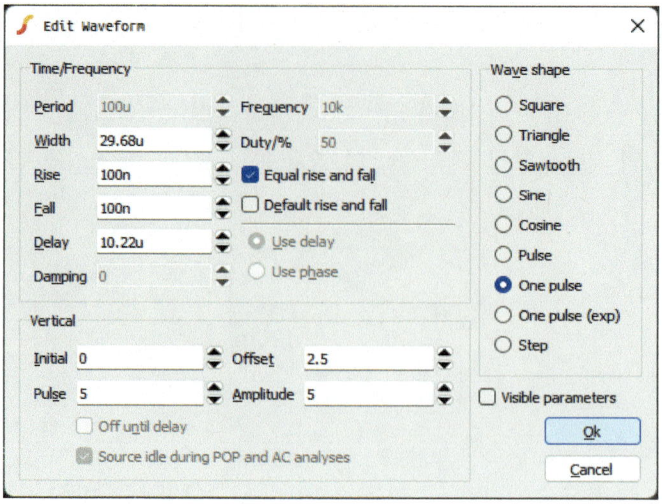

❼ OK 을 클릭하여 새 매개변수 값을 저장하십시오.
❽ 부하 저항 R1 을 두 번 클릭하고 값을 240m 로 변경하십시오.

5.2.2 Set up Analysis Parameters

이제 펄스 로드 테스트를 위해 회로도를 구성했으므로 POP 및 Transient 시뮬레이션을 실행하도록 분석 매개변수를 설정할 준비가 되었습니다. 이 시뮬레이션의 Stop time 은 컨버터가 부하 과도 상태에서 복구되어 정상 상태로 들어갈 수 있을 만큼 충분히 긴 70us 로 설정됩니다.

분석 매개변수를 설정하려면 다음 단계를 수행하십시오.

❶ Schematic editor 의 메뉴 바에서 Simulator 〉 Choose Analysis ...를 선택하십시오.
❷ AC 를 선택 해제하고 Transient 를 선택하십시오.
❸ Transient 탭을 클릭하십시오.
❹ Analysis parameters 섹션에서 Stop time 을 70u 로 설정하십시오.
결과: Transient 탭은 이제 다음과 같이 보입니다.

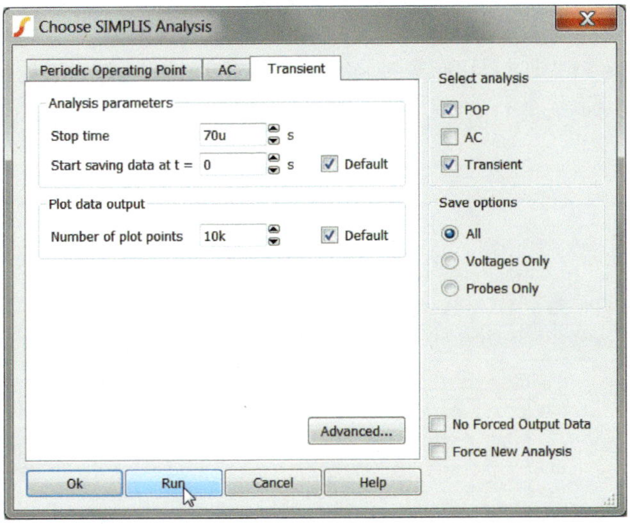

❺ POP / Transient 시뮬레이션을 실행하려면 Run 버튼을 클릭합니다.

결과: SIMPLIS는 POP 및 Transient 시뮬레이션을 실행합니다. POP 시뮬레이션 후, SIMPLIS는 회로의 초기 조건을 취하여 Transient 시뮬레이션에 적용합니다. Transient 시뮬레이션은 컨버터가 Steady-status의 상태에서 시작합니다.

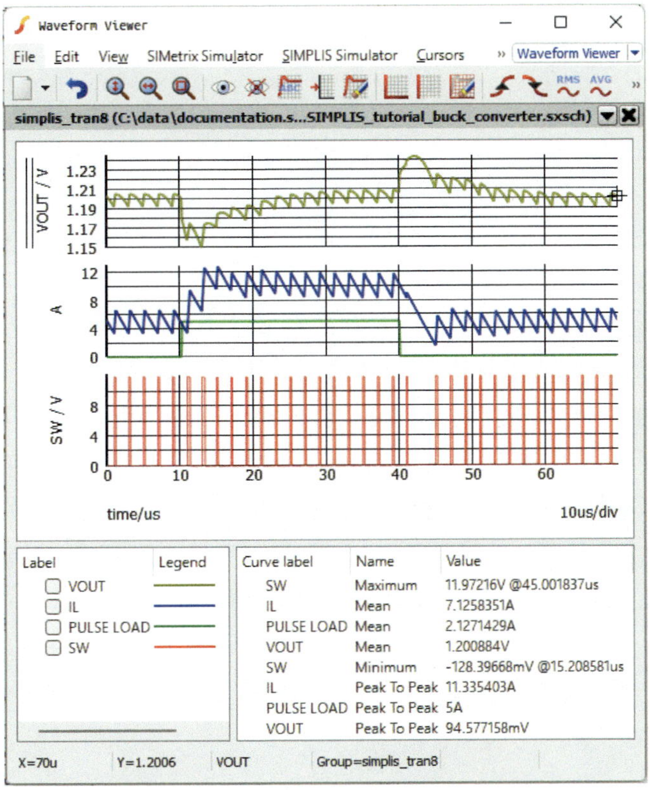

파형을 자세히 살펴보면 타이밍이 올바르지 않은 것으로 나타납니다. 이전 섹션의 설정에서 펄스 로드가 10.22㎲ 의 지연 시간 후에 상승하기 시작하는 동안, 전력 스테이지 파형은 약 1㎲, 즉 주기의 절반으로 시간 이동됩니다. 아래는 처음 12㎲ 에서 확대된 Waveform Viewer 입니다.

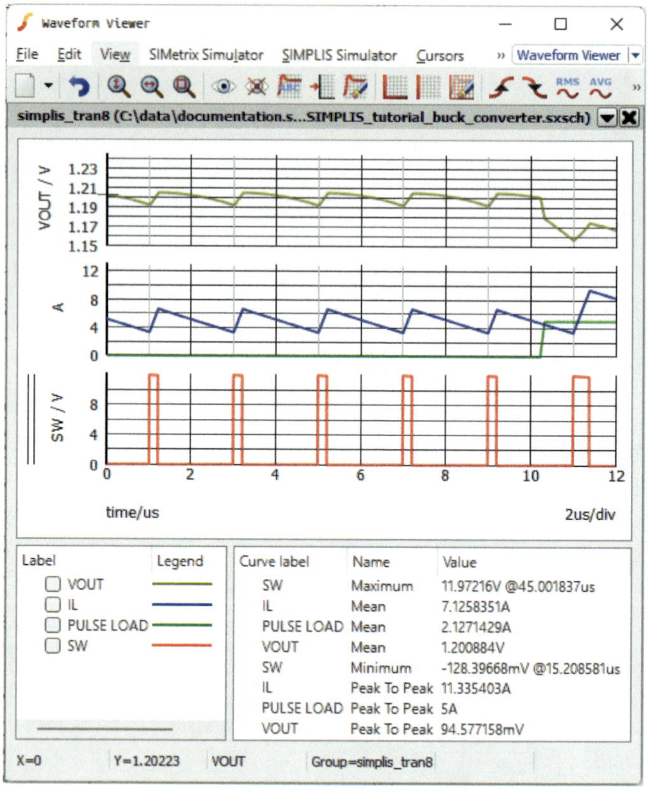

POP Trigger 조건은 이 명백한 시간 이동의 이유입니다. 5.1 Building a Compensator 에서 POP Trigger Gate 를 Switching Node 에서 오실레이터 소스로 옮겼습니다. POP 분석 설정에는 Edge 방향이 포함되어 있으며 기본 설정은 상승 Edge 에서 Trigger 됩니다. POP Trigger 가 오실레이터 sawtooth 램프의 상승 에지 500mV 레벨을 찾기 때문에 POP 기간은 Switching Node 상승 Edge 사이의 중간 시점에서 시작됩니다. Transient 해석은 POP 분석의 마지막 시점에서 시작되므로 transient 파형에 1㎲ 시간 이동이 있습니다. 다음 섹션에서는 POP Trigger 에지를 변경하고 transient 파형에 미치는 영향을 확인합니다.

5.2.3 Change POP Trigger Edge

POP Trigger Edge 를 변경하려면 다음과 같이 하십시오.

❶ Schematic editor 의 메뉴에서 Simulator 〉 Choose Analysis ...를 선택하십시오.

❷ POP 탭을 클릭한 다음 Falling edge(logic high to logic low) 버튼을 선택하십시오.

결과: 대화 상자는 다음과 같이 나타납니다.

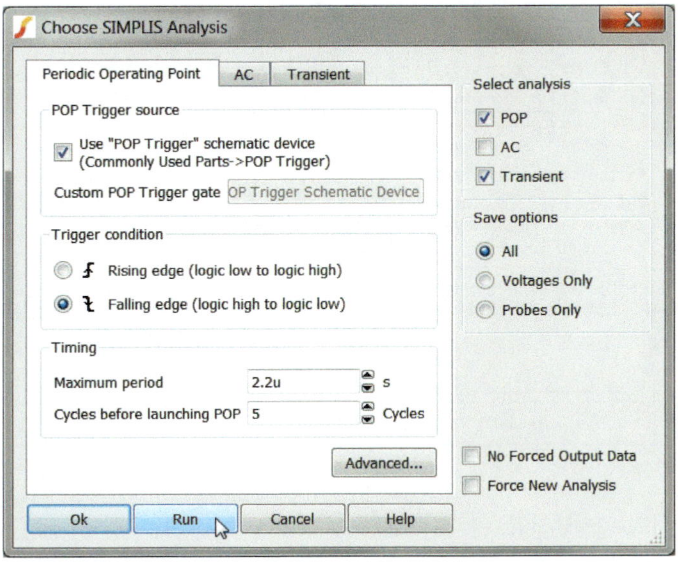

❸ Run 을 클릭하여 POP / Transient 시뮬레이션을 다시 실행하십시오.

결과: 시뮬레이션이 다시 실행되지만 하강 에지 POP Trigger 조건이 적용됩니다. POP Trigger 조건이 Oscillator 하강 Edge 로 설정되어 있기 때문에, MOSFET 는 t=0, t=2μ s, t=4μ s 등 약간 후에 켜집니다. 이제 펄스 로드의 타이밍이 예상 Switching 주기에 맞춰져 있으므로 Worst-case 로드 과도 타이밍 조건이 사용됩니다.

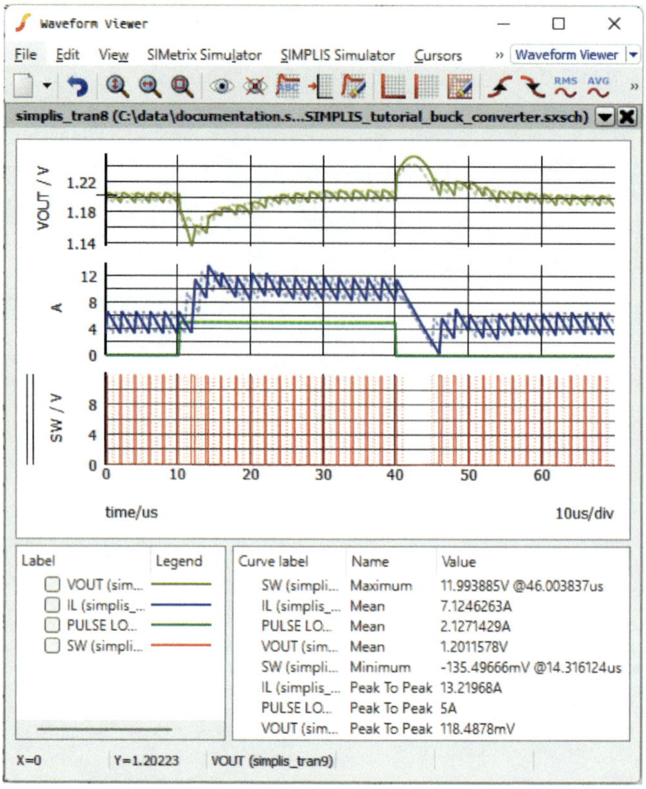

이제 정상 상태에서의 출력 전압 편차가 부하 펄스의 타이밍에 어떻게 영향을 받는지 분명해졌습니다. 첫 번째 시뮬레이션은 원하는 Worst-case 조건보다 Switching 기간에 약 1us (또는 그 이전)의 펄스를 적용했습니다.

5.2.4 Add the AC analysis to the POP/Transient Simulation

이전 섹션에서는 POP 및 Transient 시뮬레이션을 실행하도록 Converter를 설정했습니다. 이것은 Transient 결과가 있는 단일 그래프 탭이 각 시뮬레이션에 대해 출력되기 때문에 명확성을 위해 수행되었습니다. POP 및 Transient 시뮬레이션과 함께 AC 시뮬레이션을 실행할 수 있습니다. SIMPLIS는 결과 POP / AC / Transient 시뮬레이션을 이 순서대로 실행합니다.

POP / AC / Transient 시뮬레이션을 실행하면 회로의 크고 작은 신호 동작을 검사할 수 있습니다.

AC 분석을 추가하고 두 가지 유형의 동작을 모두 보려면 다음 단계를 수행하십시오.

❶ Schematic editor 메뉴에서 Simulator〉 Choose Analysis...를 선택하십시오.
❷ 오른쪽 분석 선택 섹션에서 AC를 선택하십시오.
❸ 대화 상자 맨 아래에서 RUN을 클릭하십시오.
결과: AC 탭과 Transient 탭의 두 개의 탭이 있는 Waveform Viewer가 열립니다. Transient 탭에는 대 신호 동작이 표시됩니다.
❹ 소 신호 동작을 보려면 AC 탭을 클릭하십시오.

5.2.5 Save your Schematic

파일 이름을 12_my_buck_converter.sxsch로 저장하십시오.

5.3 Creating Hierarchical Schematics

5.2 Set up a Load Transient Simulation 에서 완전한 폐 루프 컨버터에서 펄스 부하 테스트를 실행하도록 회로도를 수정했습니다. 해당 섹션에서 완성된 설계도는 크고 탐색하기 어렵습니다. 자연스러운 진행은 계층 구조의 수준을 추가하는 것입니다. 즉, 각 하위 블록(예: compensator)이 회로의 일부 부분을 나타내는 하위 블록 또는 하위 구성 요소를 사용하도록 회로도를 수정하는 것입니다.

SIMetrix / SIMPLIS는 회로도를 하위 블록으로 나누는 사용하기 쉬운 시스템을 갖추고 있습니다. 각 하위 블록을 회로도 구성 요소(Schematic Component)라고 하며 하위 도식을 나타내는 심볼과 회로도를 모두 포함하는 개별 파일로 저장됩니다. 이 섹션에서는 회로도의 Compensator 부분에서 회로도 구성요소를 생성합니다.

이 절에서는 다음 주요 개념을 다룹니다.

- 모듈 포트는 하위 회로도에서 상위 회로도까지의 전기 연결을 정의합니다.
- 회로도 구성요소 파일은 회로도와 유사하지만 심볼용으로 예약된 추가 공간이 있는 컨테이너입니다.
- 심볼은 SIMetrix/SIMPLIS에 의해 자동으로 생성될 수 있습니다.

• 회로 블록을 계층으로 나눈 후에는 공통된 기능과 공통 심볼이 있는 블록을 교체하여 진정한 모듈 식 디자인을 만들 수 있습니다. 이 항목에서 작성한 Compensator 블록은 다른 모델에서도 쉽게 사용할 수 있습니다.

이 자습서의 이 절에서는 다음을 학습합니다.

- 회로도에 모듈 포트를 추가하는 방법.
- 해당 모듈 포트에 연결되는 계층적 구성 요소의 심볼을 자동으로 만드는 방법
- 심볼 편집기를 사용하여 심볼을 편집하는 방법.

5.3.1 Create a Hierarchical Schematic Component from the Compensator

작동중인 회로도에서 계층 블록을 생성하려면 세 가지 주요 단계가 필요합니다.

- 어떤 Node 가 다른 블록에 연결되는지 식별하기 위해 회로도에 모듈 포트를 추가합니다.
- 회로도를 Schematic Component 파일로 저장.
- 기본 모듈 포트에 해당하는 핀이 있는 심볼 만들기.

참고: 회로도 구성 요소의 기호를 생성하는 자동화 시스템이 있습니다.

시작하려면 마지막 섹션의 회로도가 필요합니다. 이 단계의 회로도는 예제에서 불러올 수 있습니다: 12_SIMPLIS_tutorial_buck_converter.sxsch.

모듈 포트를 추가하고 이름을 바꾸고 회로도를 저장하려면 다음 단계를 수행하십시오.

❶ 아래에 표시된 Compensator 기호와 와이어만 있을 때까지 파워 스테이지 구성 요소를 삭제하십시오.

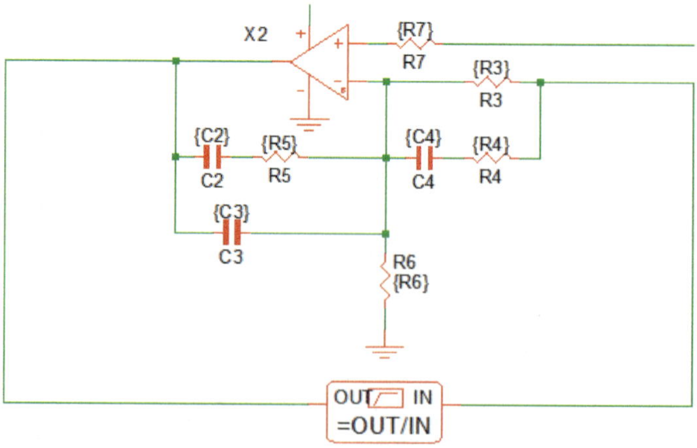

❷ 키보드 단축키 H 또는 메뉴에서 Hierarchy 〉 Place Module Port 를 사용하여 Op-Amp 의 두 입력, 출력 및 전원 공급 장치에 모듈 포트를 추가하십시오 (아래 그림 참조).

주: 모듈 포트 기호를 배치할 때 F5 를 눌러 필요에 따라 포트를 회전시킬 수 있습니다.

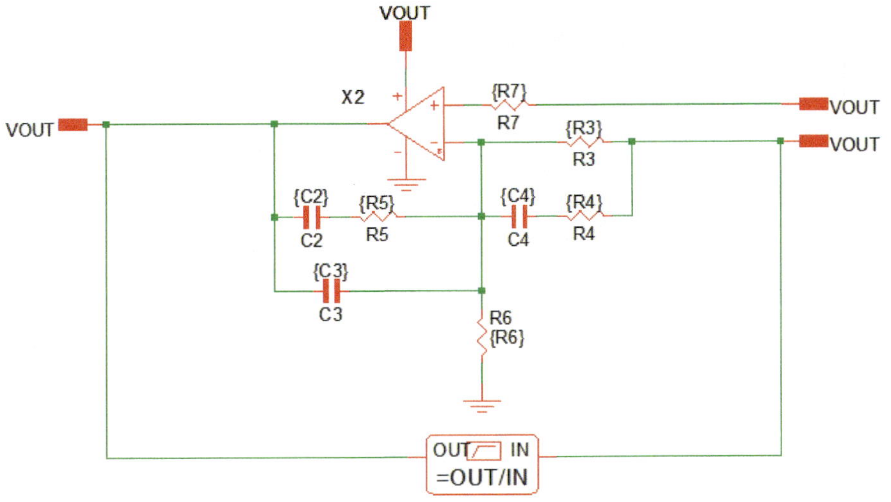

❸ Component 회로도를 파일로 저장하려면 File 〉 Save Schematic As …를 선택하십시오.

참고: 재사용 가능한 블록을 최상위 회로도와 분리하여 유지하려면 회로도를 회로도 Directory 의 하위 Directory 에 저장하는 것이 좋습니다. 이 Tutorial 에서는 상위 회로도는 ₩SIMPLIS Tutorial 과 하위 회로도는 ₩SIMPLIS Tutorial₩Modeling Blocks 를 사용합니다.

❹ Component 회로도의 이름을 3p2zcompensator.sxcmp 로 지정합니다.

참고: 이 단계에서 저장된 Compensator 회로도 파일은 예제 3p2zcompensator_1.sxcmp 에서 불러올 수 있습니다.

❺ 작업을 저장 한후 각 모듈 포트를 두 번 클릭하고 이름을 아래 표의 포트 이름으로 변경하십시오.

보상기 모듈 포트 이름

Port Function	Port Name
Reference Input (+ input)	VREF
Feedback Input (- input)	FB
Compensator Output	COMP
Power Supply Input	VCC

결과: 모듈 포트의 이름 변경이 끝나면 회로도는 다음과 같이 나타납니다.

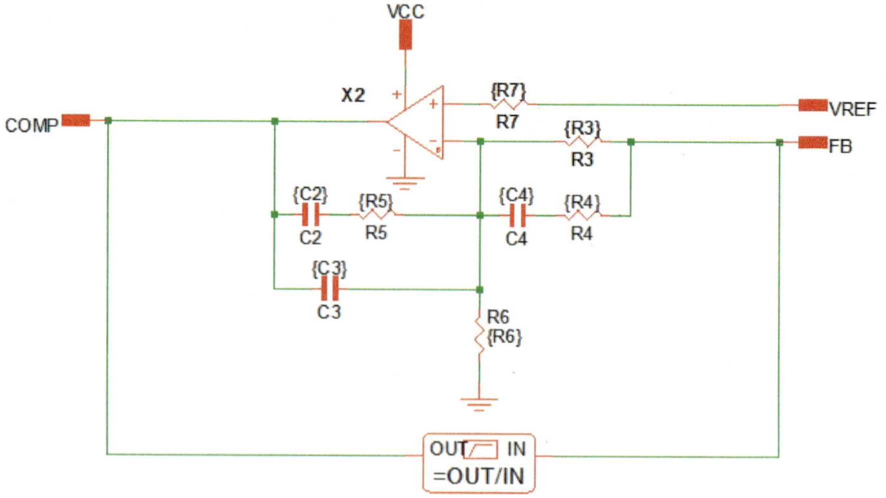

❻ Ctrl + S를 사용하여 회로도 구성 요소를 저장하십시오. 이 단계에서 저장된 Compensator 회로도 파일은 예제에서 다운로드 할 수 있습니다: 3p2zcompensator_2.sxcmp.

5.3.2 Create Symbol for Schematic Component

Compensator 회로도 열린 상태에서 Hierarchy 〉 Open/Create Symbol for Schematic... 을 선택하거나 S를 눌러 이 회로도에 대한 새 심볼을 생성합니다.

결과: 기호 편집기가 열리고 자동 작성된 기본 기호가 표시됩니다. 이 기호는 SIMetrix / SIMPLIS 에서 기본 회로도를 올바르게 나열할 수 있도록 모든 연결 정보 및 기호 속성을 포함합니다.

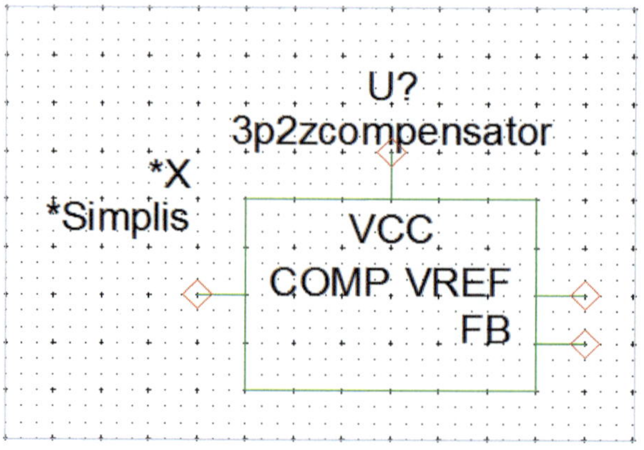

참고: 기호 핀은 기본 도식의 위치에 해당하는 기호의 각 면에 자동으로 배치됩니다. 예를 들어, VCC 포트는 회로도의 상단에 있으며 기호 상단에도 있습니다.

5.3.3 Enlarge the Symbol

이 심볼에는 필요한 모든 전기 기능이 있지만 일부 수정을 통해 기본 블록의 기능을 더 쉽게 볼 수 있습니다. 다음 절차에서는 기호 핀을 선택하고 기호를 자동 생성된 크기보다 크게 만듭니다.

기호를 확대하려면 다음과 같이하십시오.

❶ 왼쪽 마우스 버튼을 누른 상태에서 심볼의 오른쪽에 있는 입력 핀 주위로 상자를 드래그하십시오. 상자에 VREF 및 FB 텍스트의 일부가 포함되어 있는지 확인하여 이러한 요소를 선택하십시오.

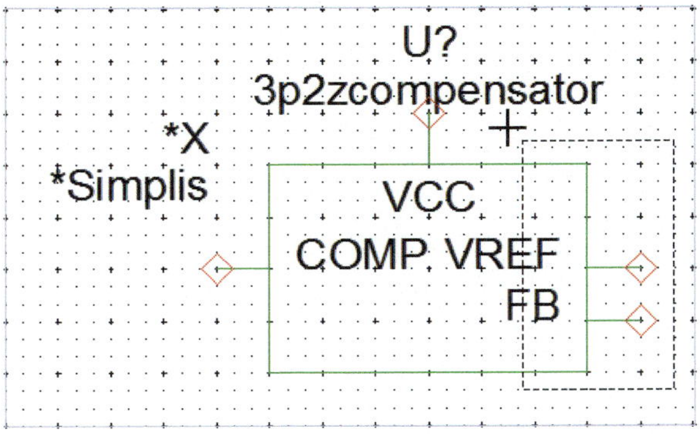

결과: 기호 핀, 기호 핀 텍스트 및 오른쪽 세로 선이 선택됩니다.

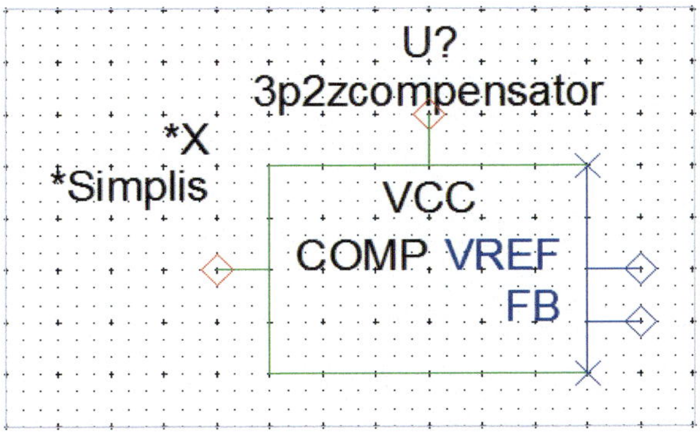

❷ 기호의 선택된 부분을 오른쪽 4개의 격자 사각형으로 드래그하여 심볼이 아래 이미지처럼 보이게 하십시오.

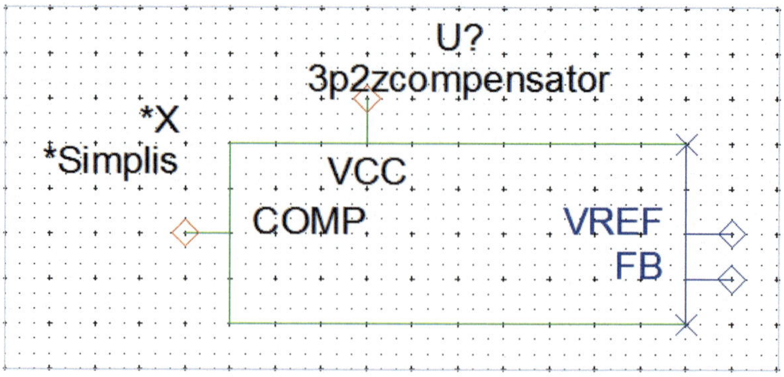

❸ 1 단계와 2 단계와 같은 기술을 사용하여 심볼의 하단에 있는 FB 핀, FB 핀 텍스트 및 수평선을 선택하십시오.

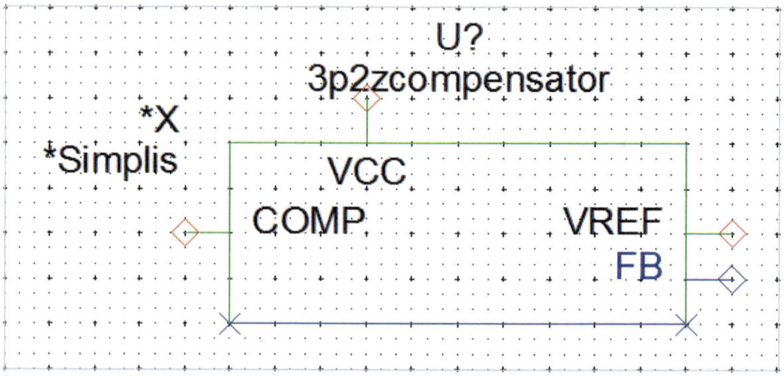

❹ 심볼의 선택한 부분을 두 개의 격자 사각형으로 드래그하십시오.

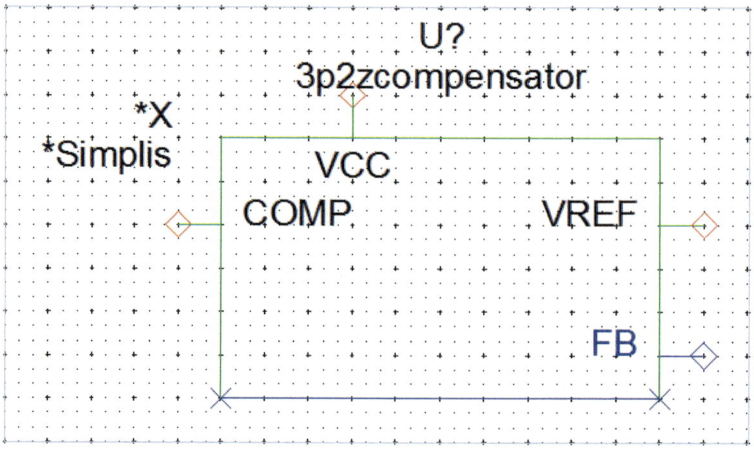

5.3.4 Move Symbol Pins

심볼을 확대하고 핀의 위치로 이동하면 Component 를 상위 회로도에 쉽게 연결할 수 있습니다. 다음 절차에서는 VREF 및 FB 핀의 위치를 바꿔 상위 회로도와 Component 의 핀을 맞춥니다.

❶ VCC 핀을 이동하려면 아래 그림과 같이 상자와 함께 핀과 텍스트를 선택하십시오:

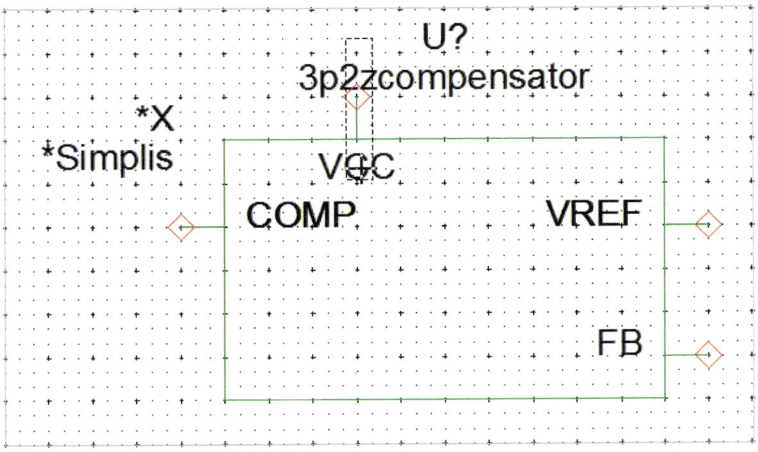

결과: VCC 핀과 VCC 텍스트가 선택됩니다.

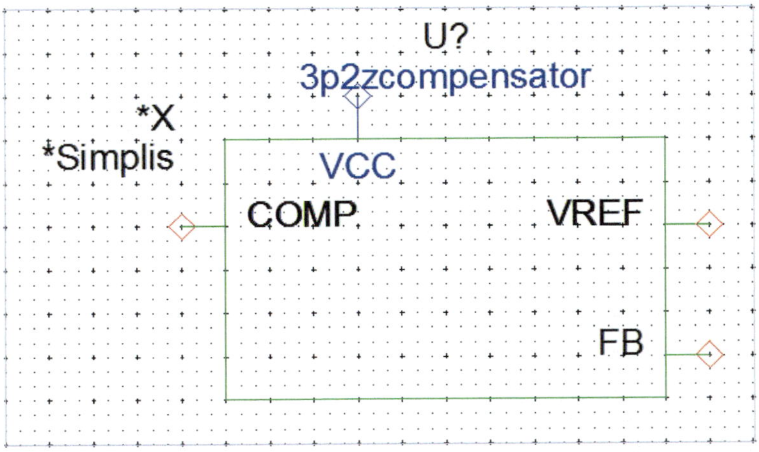

참고: 3p2zcompensator 텍스트도 선택되지만 이 텍스트는 기호 속성이며 해당 위치는 다른 곳에서 제어됩니다. 이 기호 속성은 기호의 가운데에 설정되므로 선택되어 있어도 상관없습니다.

❷ 선택한 VCC 핀을 오른쪽 두 개의 격자 사각형으로 이동하여 기호의 가운데로 가져옵니다.

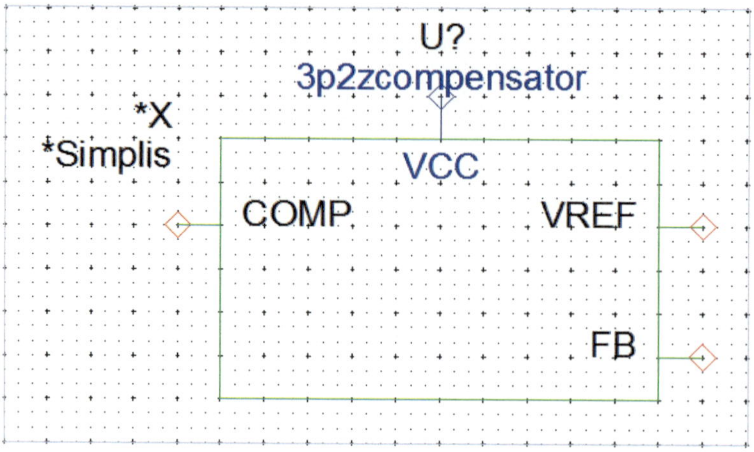

❸ 1, 2 단계와 동일한 방법을 사용하여 아래 그림과 같이 COMP, VREF 및 FB 핀을 이동하십시오.

> **TIP** FB 핀을 이동하기 전에 VREF 핀을 움직이면 VREF 및 FB 핀을 쉽게 움직일 수 있습니다.

5.3.5 Add Graphical Op-Amp Symbol

심볼 수정의 마지막 단계는 기본 심볼의 기능을 설명하는 그래픽 라인을 추가하는 것입니다. 이 단계는 완전히 선택 사항이지만 이 그래픽 요소는 다른 사용자가 도식에서 각 블록의 기능을 식별하는 데 유용합니다.

기호에 선 그리기는 회로도 편집기에서 선을 그리는 것과 같습니다. 선을 추가하려면 다음 기본 지침을 따르십시오.

- 선을 시작하려면 더블클릭하십시오.
- 한 번 클릭하여 선이 추가됩니다.
- 마우스 오른쪽 버튼을 클릭하거나 Esc 키를 눌러 선을 종료하십시오.

이러한 기술을 사용하여 심볼에 그래픽 선을 그리면 심볼이 다음과 같이 표시됩니다.

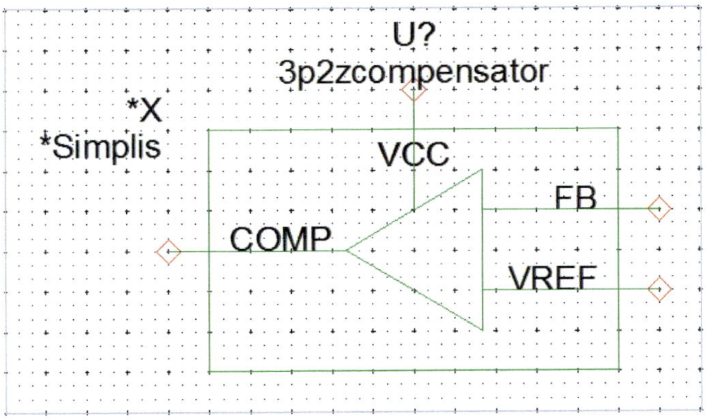

5.3.6 Saving Symbols

이 섹션의 소개에서 언급했듯이 설계도 구성 요소의 기호는 설계도와 함께 설계도 구성 요소 파일에 저장됩니다. 저항 및 Waveform 와 같은 내장 부품의 다른 기호는 기호 라이브러리에 저장됩니다. 그러나 프로그램은 이 기호가 회로도에 저장되도록 구성되어 있음을 알고 있습니다.

기호를 저장하려면 다음과 같이하십시오.

❶ Ctrl + S 를 입력하십시오.
❷ OK 를 클릭하십시오.

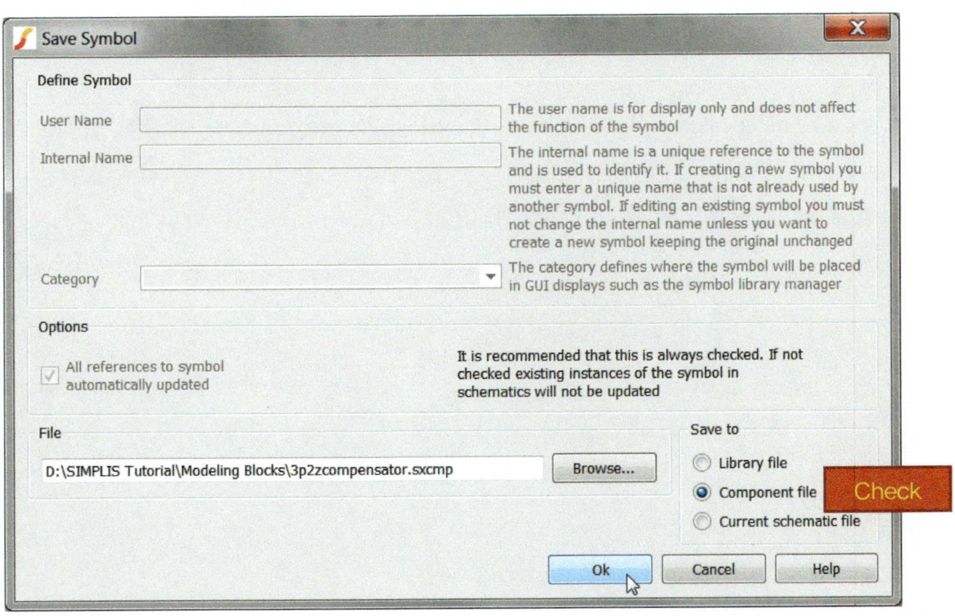

5.4 Using Schematic Components

이 섹션에서는 다음 주요 개념을 다룹니다.

- Schematic Component 는 전체 경로 또는 상위 회로도와 관련된 상대 경로로 배치할 수 있습니다.
- 상대 경로 기호를 사용하는 도식 디자인은 이동 가능하며 동료와 쉽게 공유할 수 있습니다.
- 단축키 Ctrl + E 를 사용하면 하위 구성 요소로 이동할 수 있습니다. Ctrl + U 를 누르면 상위 수준으로 되돌아갑니다.

이 자습서의 이 절에서는 다음을 학습합니다.

- Schematic Component 회로도 파일에 포함된 심볼을 배치하는 방법
- 계층 구조 도식 간의 이동 방법

5.4.1 Placing Schematic Components

5.2 Set up a Load Transient Simulation 의 끝 부분에서 회로도를 시작하고 5.3 Creating Hierarchical Schematics 에서 만든 회로도 구성 요소 심볼을 배치합니다.

5.2 Transient Simulation 설정 설명에서 저장한 회로도를 열거나 예제에서 12_SIMPLIS_tutorial_buck_converter.sxsch 를 Load 하여 사용하십시오.

Compensator Component Symbol 을 배치하려면 다음 단계를 수행하십시오.

❶ 섹션 5.3 Creating Hierarchical Schematics 의 3p2zcompensator 계층적 블록으로 이동한 compensator 를 삭제하십시오.
결과: 회로도는 다음과 유사하게 나타납니다.

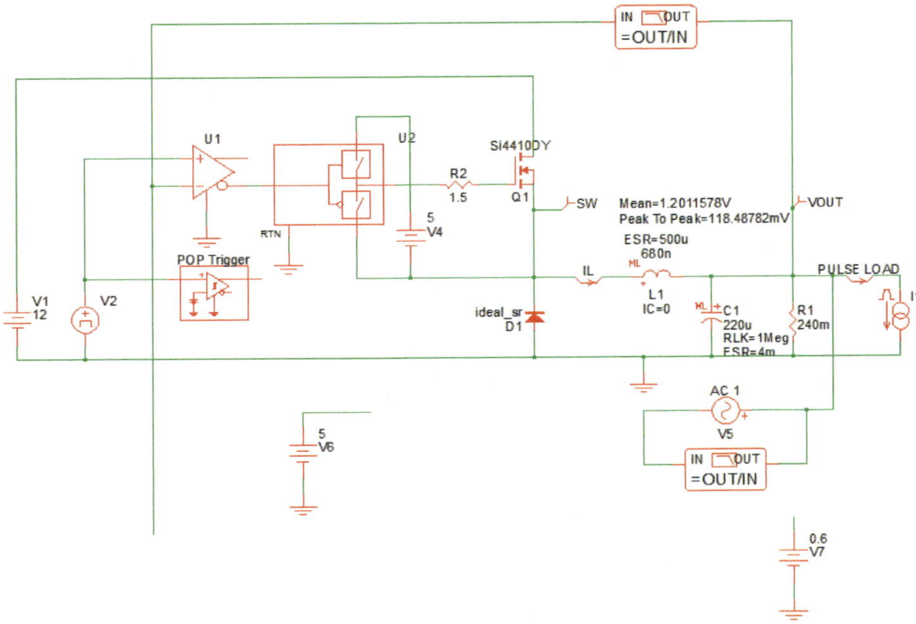

❷ 메뉴에서 Hierarchy 〉 Place Component (Relative Path) ...를 선택하십시오.

결과: 파일 선택 대화 상자가 열립니다.

❸ Modeling Blocks 폴더를 엽니다.

❹ 3p2zcompensator.sxcmp schematic 구성 요소를 선택하고 Open을 클릭하십시오.

❺ Compensator 구성 요소가 사용된 기호를 다음과 같이 배치하십시오.

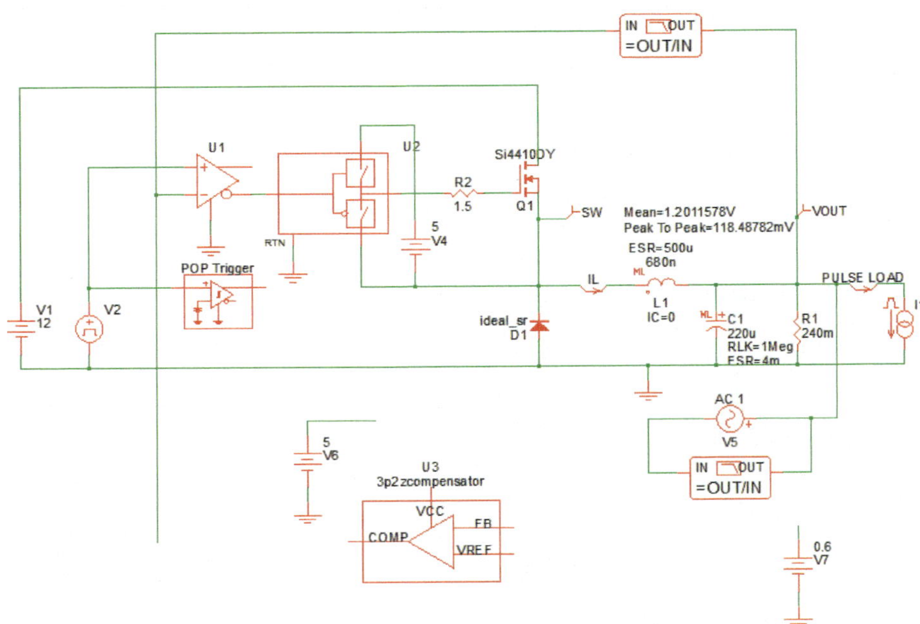

❻ Compensator 를 파워 스테이지에 연결하십시오. 배선을 정리하기 위해 기호를 움직일 수 있습니다. 이 단계가 완료되면 설계도는 다음과 같이 표시됩니다.

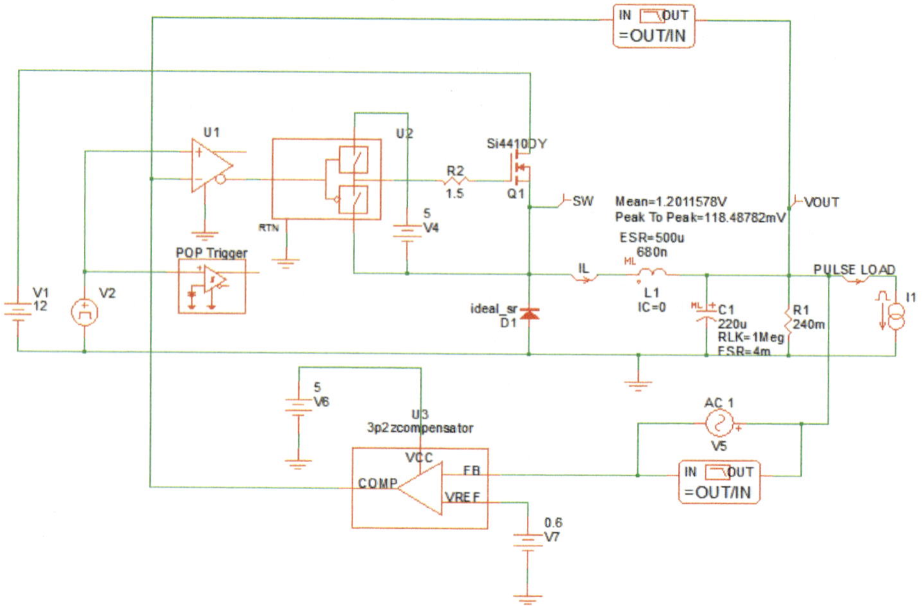

5.4.2 Save your Schematic

설계도를 저장하려면 다음 단계를 수행하십시오.

❶ File 〉 Save Schematic As ...를 선택하십시오.

❷ 회로도를 저장할 작업 Directory 로 이동하십시오.

❸ 파일의 이름을 13_my_buck_converter.sxsch 로 저장하십시오.

5.4.3 Cleanup Top Level F11 Window

회로도를 새 이름으로 저장하거나 회로도에 저장하면 F11 창의 내용도 새 파일에 복사됩니다. 일반적으로 이것은 문제가 되지 않지만 이 경우 Compensator 에는 사용되지 않은 분석 지시문이 있으며 상위 회로도에는 사용되지 않는 Compensator 계산이 있습니다. 이 여분의 텍스트는 시뮬레이션 문제를 일으키지 않지만 추가 텍스트는 디자인에 익숙하지 않은 동료를 혼동시킬 수 있습니다.

이 섹션에서는 Compensator 의 F11 창에서 분석 지시문을 제거하고 상위 회로도에서 Compensator 계산을 제거합니다. 주 회로도에서 추가 텍스트를 제거하려면 다음과 같이 하십시오.

❶ F11 키를 눌러 명령 창을 엽니다.
❷ 명령 창에서 .SIMULATOR DEFAULT 행 아래의 모든 텍스트를 선택하십시오.
❸ Delete 키를 눌러 텍스트를 제거하십시오.

참고: 키보드 단축키 Ctrl + Z 를 사용하거나 편집 〉 실행 취소 메뉴를 선택하여 F11 창에서 편집을 실행 취소할 수 있습니다.

결과 : 명령 (F11) 창에 남아있는 텍스트는 분석지시문이어야 합니다.

```
.SIMULATOR SIMPLIS
*.AC DEC 25 1k 400k
.PRINT
+ ALL
.OPTIONS
+ PSP_NPT=10001
+ POP_ITRMAX=20
+ POP_OUTPUT_CYCLES=5
+ SNAPSHOT_INTVL=0
+ SNAPSHOT_NPT=11
+ MIN_AVG_TOPOLOGY_DUR=1a
+ AVG_TOPOLOGY_DUR_MEASUREMENT_WINDOW=128
.POP
+ TRIG_GATE={TRIG_GATE}
+ TRIG_COND=1_TO_0
+ MAX_PERIOD=2.2u
+ CONVERGENCE=1p
+ CYCLES_BEFORE_LAUNCH=5
+ TD_RUN_AFTER_POP_FAILS=-1
.TRAN 70u 0

.SIMULATOR DEFAULT
```

❹ Ctrl + S 를 눌러 회로도를 저장하십시오.

5.4.4 Clean up Schematic Component F11 Window

Compensator 의 회로도로 내려가서 F11 창을 정리해야 합니다. Ctrl + E 를 사용하여 계층을 내리고 Ctrl + U 를 사용하여 상위 수준으로 올라와야 합니다.

Compensator F11 창을 정리하려면 다음 단계를 수행하십시오.

❶ 3p2zcompensator 회로도인 U3 을 선택합니다.

❷ Ctrl + E 를 눌러 회로도로 내려갑니다.

결과: 파일 브라우저에서 열어본 것처럼 3p2zcompensator 의 회로도가 열립니다.

❸ F11 키를 눌러 명령 창을 엽니다.

결과: Compensator 회로도가 열려 있으므로 Compensator 구성 요소에 대한 F11 창이 표시됩니다.

❹ 첫 번째 행 .SIMULATOR SIMPLIS 에서 .SIMULATOR DEFAULT 행까지 분석 지시문을 선택하십시오.

❺ Delete 키를 눌러 텍스트를 제거하십시오.

결과: 명령 (F11) 창에 남아있는 텍스트는 Compensator 계산만 해야 합니다.

```
===================================================변경된 구문 시작
********************************
*** Circuit Specifications ***
********************************

.VAR VIN = 12
.VAR VRAMP = 1
.VAR L = 680n
.VAR C = 220u
.VAR VOUT = 1.2
.VAR VREF = 0.6
.VAR ESR = 4m
.VAR FXOVER = 80k
.VAR FSW = 500k

*** Calculated Parameters - not used in calculations
.VAR FLC = 13012.31
.VAR FESR = 180857.89

.SUBCKT ONE_PULSE_SOURCE_I 1 2 vars: _T_RISE=0 _T_FALL=0 _DELAY=0 _V1=0
  _V2=1 _PWIDTH=1u
.NODE_MAP P 1
.NODE_MAP N 2
{'*'} _DELAY : {_DELAY}
```

```
{'*'} _T_RISE : {_T_RISE}
{'*'} _PWIDTH : {_PWIDTH}
I1 1 2 PWL   NSEG=4   X0=0 Y0={_V1}   X1={_DELAY} Y1={_V1}   X2={_DELAY+_T_RISE}
  Y2={_V2}   X3={_DELAY+_T_RISE+_PWIDTH} Y3={_V2}
  X4={_DELAY+_T_RISE+_PWIDTH+_T_FALL} Y4={_V1}
.ENDS

************************************************************
*** Compensator Design - Find desired poles and zeros ***
************************************************************

*** Place Second Zero at LC
.VAR FZ2 = {1/(2*pi*SQRT(L*C))}

*** Place First Zero at 75% of FZ2
.VAR FZ1 = {0.75*FZ2}

*** Place Second Pole (1st pole at origin) at ESR zero
.VAR FP2 = {1/(2*pi*ESR*C)}

*** You will get better performance putting the pole
*** above ESR zero (different than design procedure)
.VAR FP2 = {0.75*FSW}

*** Place Third Pole at 1/2 the switching frequency
.VAR FP3 = {0.5*FSW}

**********************************************************************
*** Compensator Design - Assign resistor and capacitor values     ***
*** The design procedure was taken from IR/Infineon an-1162.pdf ***
***                                                                  ***
*** http://www.irf.com/technical-info/appnotes/an-1162.pdf        ***
**********************************************************************

*** Choose C4 to be 2.2nF This is somewhat arbitrary,
*** it sets the magnitude of other compensator values.
.VAR C4 = 2.2n

*** From C4 and FP2, Calculate R4
.VAR R4 = {1/(2*pi*C4*FP2)}
```

```
*** From C4, R4 and FZ2, Calculate R3
.VAR R3 = {1/(2*pi*C4*FZ2)-R4}

*** From R3, VREF and Nominal VOUT, Calculate R6
.VAR R6 = {R3*VREF/(VOUT-VREF)}

*** Calculate R7 as the parallel combination of R3 and R6
.VAR R7 = {R3*R6/(R3+R6)}

*** Calculate R5. Modify VRAMP to adjust final loop characteristics
.VAR R5 = {2*pi*FXOVER*L*C*VRAMP/(VIN*C4)}

*** From R5 and FZ1, Calculate C2
.VAR C2 = {1/(2*pi*R5*FZ1)}

*** From R5 and FP3, Calculate C3
.VAR C3 = {1/(2*pi*R5*FP3)}

*******************************************************************
*** Debug. These statements come out in the deck as comments. ***
*** Simulator -> Edit Netlist (after preprocess) opens file     ***
*******************************************************************

{'*'} FZ2 : {FZ2}
{'*'} FZ1 : {FZ1}
{'*'} FP2 : {FP2}
{'*'} FP3 : {FP3}

{'*'} C4 : {C4}
{'*'} R4 : {R4}
{'*'} R3 : {R3}
{'*'} R6 : {R6}
{'*'} R5 : {R5}
{'*'} C2 : {C2}
{'*'} C3 : {C3}
===============================================================변경된 구문 끝
```

❻ Compensator 회로도를 저장하려면 Ctrl + S 를 누릅니다.

5.4.5 Simulate the Design

이제 디자인을 시뮬레이션 할 준비가 되었습니다. 계층구조 디자인으로 작업할 때 계층의 모든 수준에서 디자인을 시뮬레이션 할 수 있습니다.

이 디자인을 시뮬레이션 하려면 F9 키를 누릅니다.

결과: 최상위 회로도에 초점이 맞춰지고 해당 회로도에 정의된 분석 지령이 사용됩니다. Waveform Viewer 가 열리고 부하 Transient 시뮬레이션의 결과가 표시됩니다.

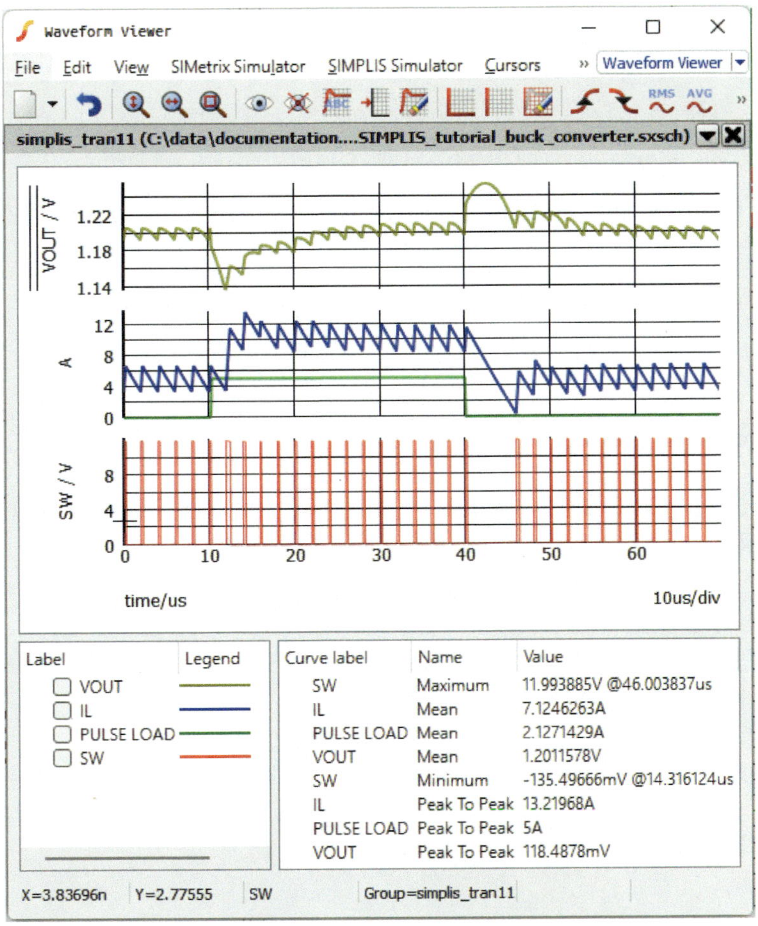

이 시점의 회로도는 완벽한 계층 디자인입니다. 하나의 계층적 블록만 사용되지만 이 장의 개념을 사용하여 더 크고 복잡한 계층 모델을 만들 수 있습니다.

동기식 벅 컨버터의 전기적 모델은 계층 구조를 추가하여 전기적으로 변경되지 않습니다. Compensator를 계층적 블록으로 이동하면 해당 블록이 다음을 수행할 수 있습니다.

- 3-pole/2-zero Compensator가 필요한 다른 컨트롤러에 사용하십시오.
- 다른 제어 방법을 사용하여 다른 Compensator로 대체되었습니다. 계층 구조 블록에 사용된 기호는 다른 Compensator 블록에 저장될 수 있으므로 상위 회로도에서 Compensator 블록을 교체할 수 있습니다.
- 상위 회로도에 정의된 값으로 매개변수화됩니다. 예를 들어, poles and zeros은 동기식 벅 컨버터 회로도에서 Compensator로 전달될 수 있습니다. 매개변수화는 Module 5 - Parameterization (Advanced SIMPLIS Training) 항목에 설명되어 있습니다.

Conclusions

이 Tutorial을 완료한 후에는 Compensator에 계층적 회로도를 사용하는 Closed-loop synchronous buck converter 모델을 사용하게 됩니다. 보상기 매개변수 값은 원하는 극점과 영점으로부터 Compensator의 F11 창에서 계산되어 효과적으로 설계를 추상화합니다.

이 모델은 POP, AC 및 Transient 세 가지 분석 모드로 실행됩니다. 세 가지 분석을 모두 실행하면 컨버터의 크고 작은 신호 안정성을 검증할 수 있습니다.

The SIMPLIS Simulator

- SIMPLIS는 POP, AC 및 Transient 세 가지 분석 모드에 대한 타임 도메인 시뮬레이터입니다.
- POP 분석은 회로의 Switching 정상 상태 동작 점을 찾습니다.
- AC 분석은 POP 분석에서 발견되는 Switching 정상 상태 동작 점 주변에서 교란되는 회로의 소 신호 응답을 찾습니다.
- AC 분석은 전체 Switching PWL 모델에서 시간 영역에서 수행됩니다. 따라서 모든 비선형성은 AC 분석에 포함됩니다.
- AC 분석을 실행하려면 성공적인 POP 분석이 필요합니다.
- POP / Transient 시뮬레이션 중에 Transient 시뮬레이션은 POP 분석 중에 발견되는 초기 조건으로 시작됩니다.

Modeling

- SIMPLIS에서 사용되는 모든 모델은 Piecewise Linear(PWL)입니다.
- MOSFET과 다이오드는 내장 Parameter 추출 루틴에 의해 계산되는 매개변수를 사용하여 PWL 장치 모음으로 표현됩니다.
- Multi-Level 모델은 모델 레벨에 따라 다른 Schematic views를 나타낼 수 있습니다. 내장된

Multi-Level 모델에는 반도체, MOSFET 드라이버, Inductor, Capacitor 및 Parameter 화 된 Op-Amp 가 포함됩니다.

- 사용자 정의 다이오드를 사용하여 이상적인 동기 정류기를 만들 수 있습니다. 결과 PWL 저항 모델에는 0V 순방향 전압과 온 및 오프 저항용으로 각각 하나씩 2 개의 Segment 가 있습니다.

Graphing and Measurements

- 고정 Probe 심볼의 속성을 변경하여 Waveform Viewer 에 커브가 나타나는 위치를 제어할 수 있습니다.
- 측정은 Waveform Viewer 메뉴를 사용하거나 회로도의 고정 Probe 에 측정 정의를 추가하여 출력 곡선에서 자동으로 수행할 수 있습니다.

Follow-on Work and Suggested Reading

Tutorial 의 끝 부분에 있는 변환기 모델은 비교적 간단하지만 모델을 확장할 수 있는 좋은 기반을 제공합니다. Advanced SIMPLIS 교육 과정에서는 전문가 수준의 자료를 튜토리얼 형식으로 제공하며 이 자습서가 끝나는 곳부터 시작합니다.

Suggested Exercises

Tutorial 회로도는 추가 연습을 위한 좋은 출발점입니다. 몇 가지 제안된 연습 문제가 아래에 나와 있습니다.

- 모든 기능 블록에 대해 계층적 회로도 구성 요소를 사용하도록 회로도를 수정합니다.
- 동기 정류기에 MOSFET 을 사용하도록 회로를 수정하고 드라이버와 드라이브 Logic 을 추가하십시오.
- 전류 제한을 추가하십시오. POP 분석을 사용하여 전류 제한 조건에서 컨버터 동작을 검사하십시오.
- 다양한 제어 기술을 탐색하십시오. 계층적 블록을 사용하여 재사용을 극대화하고 다양한 제어 방법으로 변경하십시오.
- MOSFET 모델 레벨을 레벨 2 로 변경하여 컨버터의 효율 계산기를 측정하고 회로의 Switching 손실을 확인하십시오.
- MOSFET 구동 특성을 변경하여 실험하십시오. Gate 저항을 제거하고 레벨 1 또는 레벨 2 MOSFET 드라이버를 사용하여 Gate 드라이브 전류를 조정하십시오.
- 상위 회로도에서 구성 요소로 전달된 매개변수를 사용하도록 Compensator 를 변경합니다. 매개변수화는 Module 5 - Parameterization(Advanced SIMPLIS Training)항목에 설명되어 있습니다.

Advanced SIMPLIS Training Link 입니다.

http://www.simplis.com/documentation/simplis/ast_00/topics/ast_intro.htm

여기까지 SIMPLIS 의 기능을 설명하였습니다. 수고하셨습니다.

3 DVM

Design Verification Module

Training with tutorial

1 Introduction: What is DVM?

SIMetrix/SIMPLIS DVM (Design Verification Module)은 다음 작업을 자동화합니다.

- 여러 사용자 정의 시뮬레이션 테스트를 실행합니다.
- Scalar 측정을 수행하고 해당 측정과 설계 사양을 확인합니다.
- 다음 정보로 포괄적인 요약 보고서를 생성합니다.
  - 개별 테스트에 대한 합격 / 불합격 상태
  - 측정된 Scalar 및 사양 결과의 테이블에 대한 링크
  - 개별 테스트 결과에 대한 그래픽 데이터 링크
  - 시뮬레이션 데이터가 포함된 SIMetrix/SIMPLIS 그래픽 Data 파일 링크

DVM 에는 DC / DC 및 AC / DC 변환기 용으로 준비된 버전을 포함하여 테스트 플랜이 내장되어 있습니다. 또한 DVM 은 SIMetrix 및 SIMPLIS 시뮬레이션 엔진, 분석 지시문, 구성 요소 값 및 기타 테스트 조건을 포함하는 사용자 정의 테스트 플랜도 지원합니다. 적절히 구성된 회로도는 DVM 의 Sensitivity and Worst case 분석 기능을 활용할 수도 있습니다.

How DVM Works

설계도에서 DVM 을 실행하려면 다음이 필요합니다.

- DVM 테스트 플랜을 실행하기 위해 준비된 회로도
- 회로도와 호환되는 테스트 플랜

DVM 과 함께 사용하기 위한 회로도에 다음을 준비하여 수행해야 합니다.

❶ DVM 입력 소스 및 출력 로드 기호 추가.
❷ DVM 제어 기호 추가.
❸ 입력 전압 및 출력 부하에 대한 설계 사양을 DVM 제어 기호에 입력합니다.

이 시점에서 아래와 같이 내장된 테스트 플랜을 선택하여 실행할 수 있습니다.

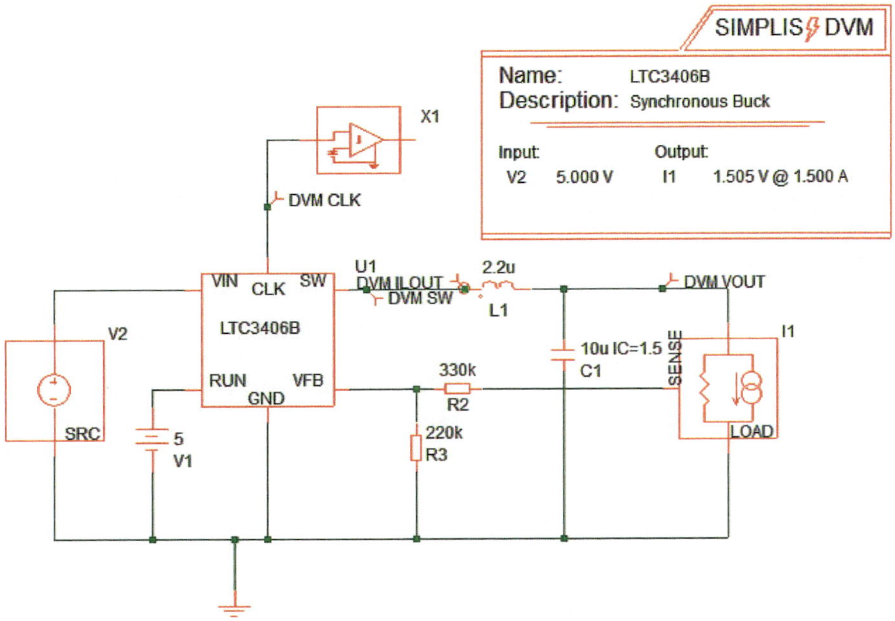

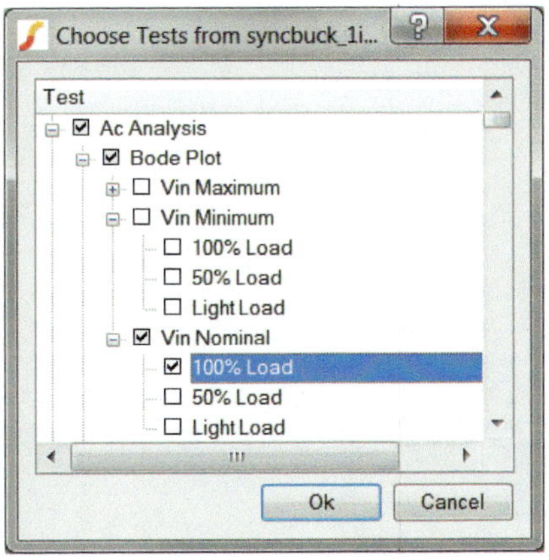

위의 회로도는 예제의 DVM Tutorial 에서 가져온 것입니다. 이 회로는 내장된 Sync Buck 테스트 플랜을 실행할 수 있는 특수한 DVM 소스 및 로드 기호를 사용합니다. 이 테스트 플랜에는 Transient 및 AC 분석 테스트가 있으며 여기에는 Bode Plot 테스트가 사용됩니다. 이 테스트는 공칭 입력 전압 및 100% 최대 부하 값에서 컨버터 루프 안정성을 측정합니다. 이러한 기호 값은 Symbolic Values 항목에서 설명합니다.

?@ Analysis	Objective	Source	Load	Label
Ac	BodePlot (OUTPUT:1)	Source (INPUT:1, Nominal)	Load (OUTPUT:1,100%)	Ac|BodePlot|Vin Nominal|100% Load

다음 이미지들은 DVM이 Built-In Sync Buck 테스트 플랜에서 단일 테스트를 실행할 때 수행하는 동작 순서를 보여줍니다. 이 예제에 사용된 테스트는 이전 섹션에서 설명한 동일한 Bode Plot 테스트입니다.

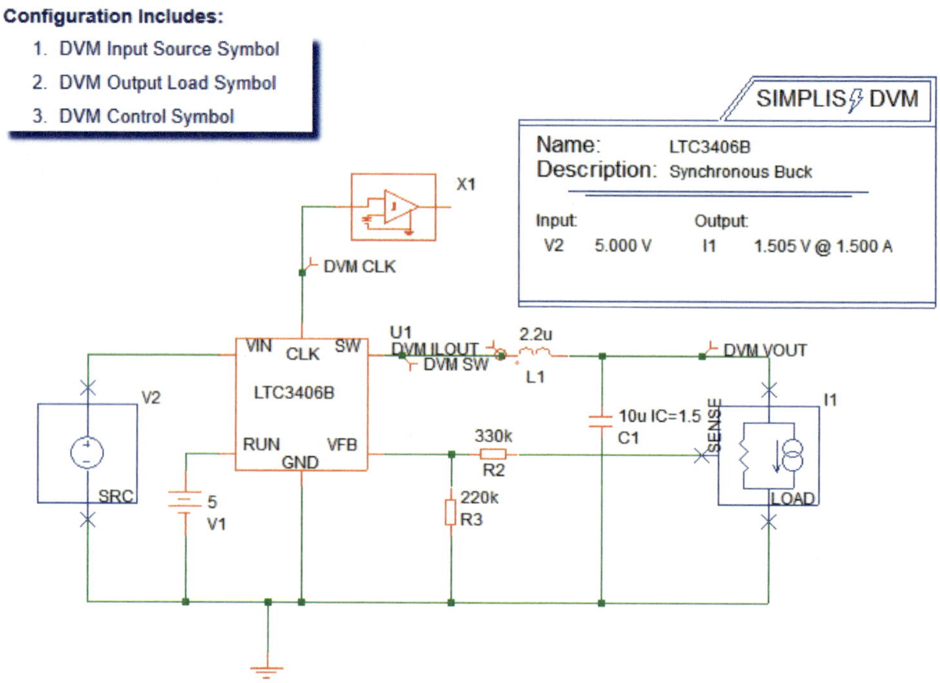

RUN Built-In Sync Buck Testplan ⇨ Select Tests to Run

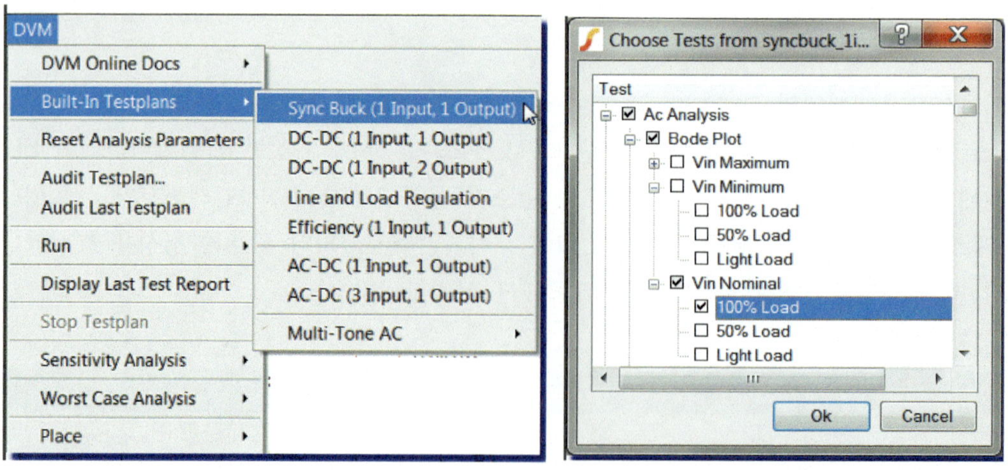

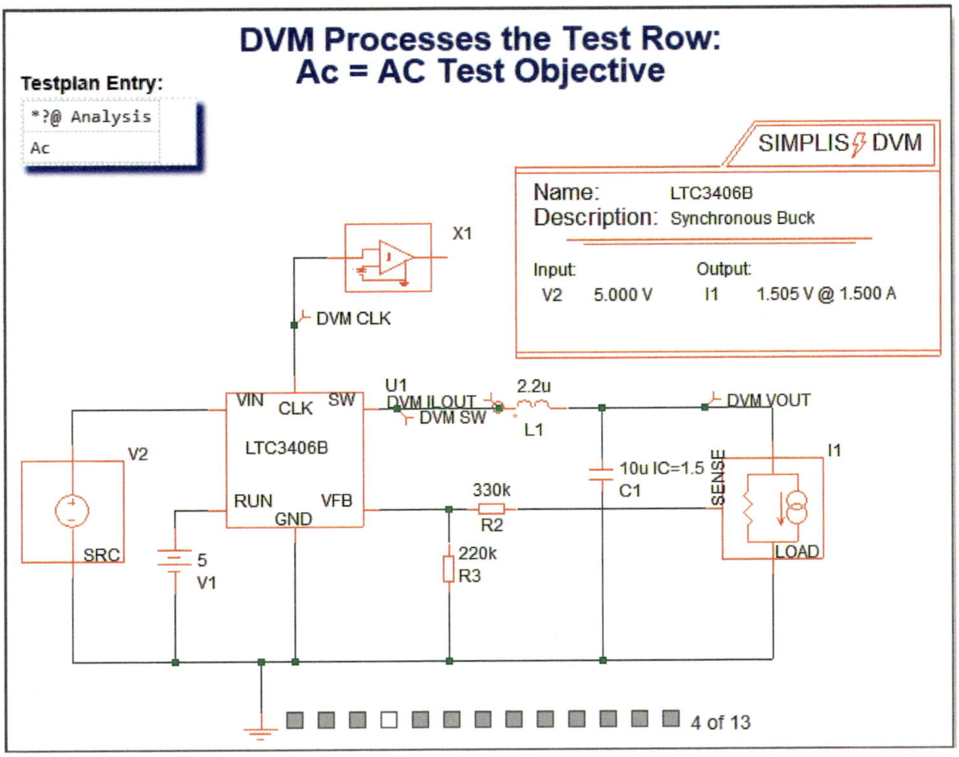
DVM Processes the Test Row:
Ac = AC Test Objective
Testplan Entry:
*?@ Analysis
Ac
SIMPLIS DVM
Name: LTC3406B
Description: Synchronous Buck
Input:
V2 5.000 V
Output:
I1 1.505 V @ 1.500 A
X1
DVM CLK
U1
VIN CLK SW
LTC3406B
RUN VFB
GND
DVM ILOUT
DVM SW
2.2u
L1
DVM VOUT
10u IC=1.5
C1
330k
R2
220k
R3
V2
SRC
5
V1
SENSE
I1
LOAD
4 of 13

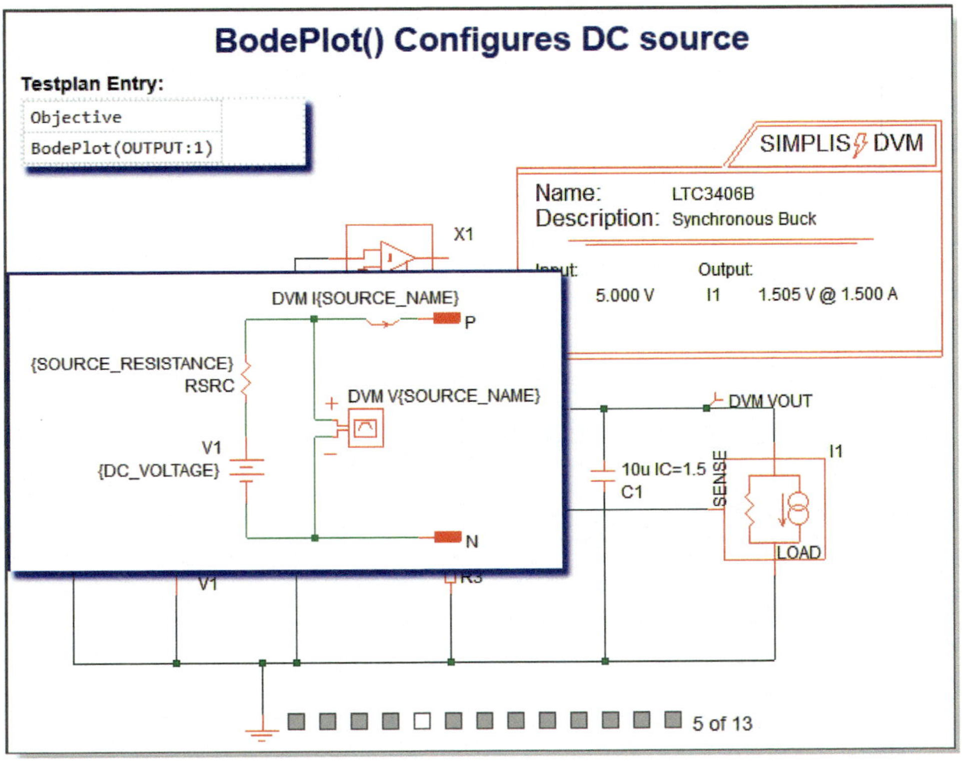
BodePlot() Configures DC source
Testplan Entry:
Objective
BodePlot(OUTPUT:1)
SIMPLIS DVM
Name: LTC3406B
Description: Synchronous Buck
Output:
5.000 V
I1 1.505 V @ 1.500 A
X1
DVM I{SOURCE_NAME}
P
{SOURCE_RESISTANCE}
RSRC
DVM V{SOURCE_NAME}
V1
{DC_VOLTAGE}
N
DVM VOUT
10u IC=1.5
C1
SENSE
I1
LOAD
V1
5 of 13

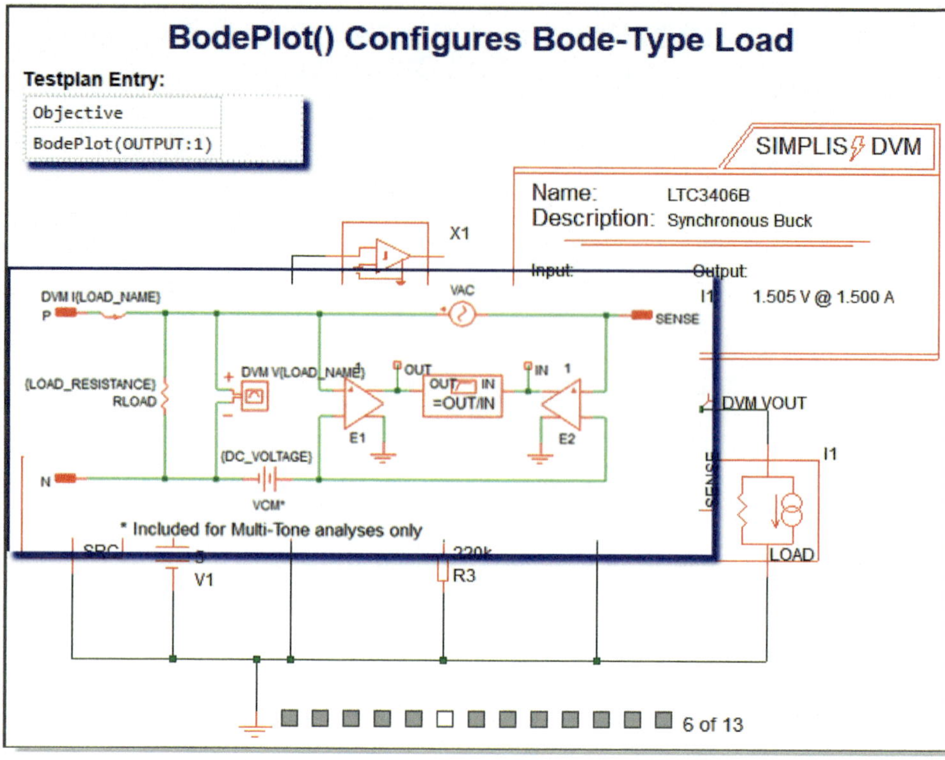
BodePlot() Configures Bode-Type Load
Testplan Entry:
Objective
BodePlot(OUTPUT:1)
SIMPLIS DVM
Name: LTC3406B
Description: Synchronous Buck
Output
1.505 V @ 1.500 A
X1
DVM I{LOAD_NAME}
P
VAC
SENSE
{LOAD_RESISTANCE}
RLOAD
DVM V{LOAD_NAME}
OUT
IN
OUT/IN
=OUT/IN
E1
E2
{DC_VOLTAGE}
N
VCM*
* Included for Multi-Tone analyses only
DVM VOUT
I1
LOAD
V1
R3
6 of 13

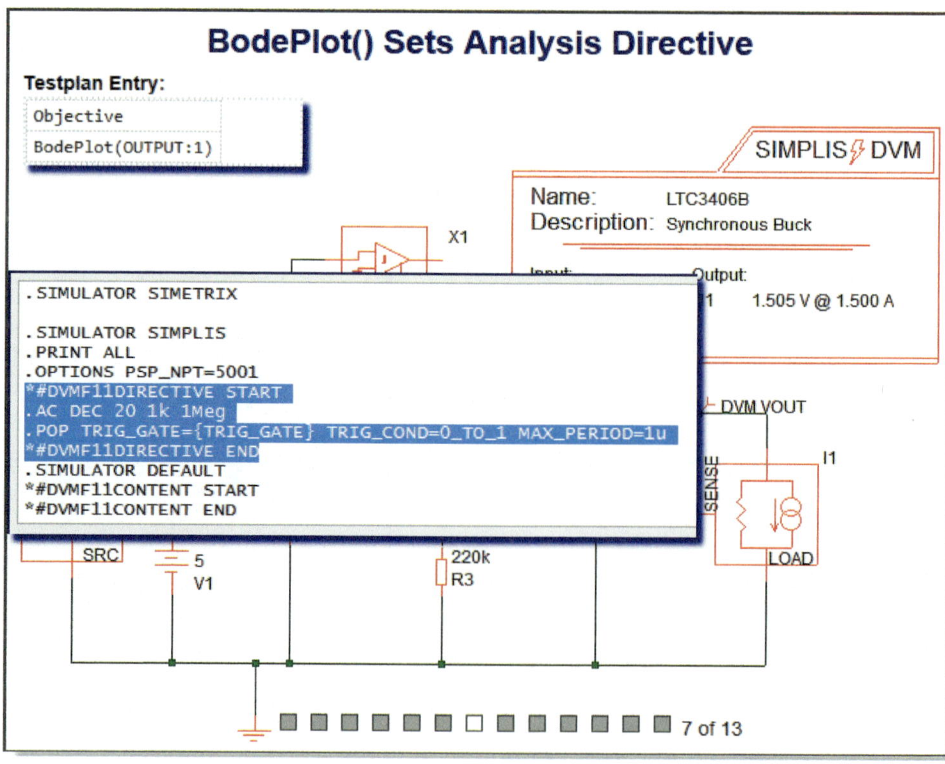
BodePlot() Sets Analysis Directive
Testplan Entry:
Objective
BodePlot(OUTPUT:1)
SIMPLIS DVM
Name: LTC3406B
Description: Synchronous Buck
Output:
1.505 V @ 1.500 A
X1
.SIMULATOR SIMETRIX
.SIMULATOR SIMPLIS
.PRINT ALL
.OPTIONS PSP_NPT=5001
*#DVMF11DIRECTIVE START
.AC DEC 20 1k 1Meg
.POP TRIG_GATE={TRIG_GATE} TRIG_COND=0_TO_1 MAX_PERIOD=1u
*#DVMF11DIRECTIVE END
.SIMULATOR DEFAULT
*#DVMF11CONTENT START
*#DVMF11CONTENT END
DVM VOUT
SENSE
I1
LOAD
SRC
5
V1
220k
R3
7 of 13

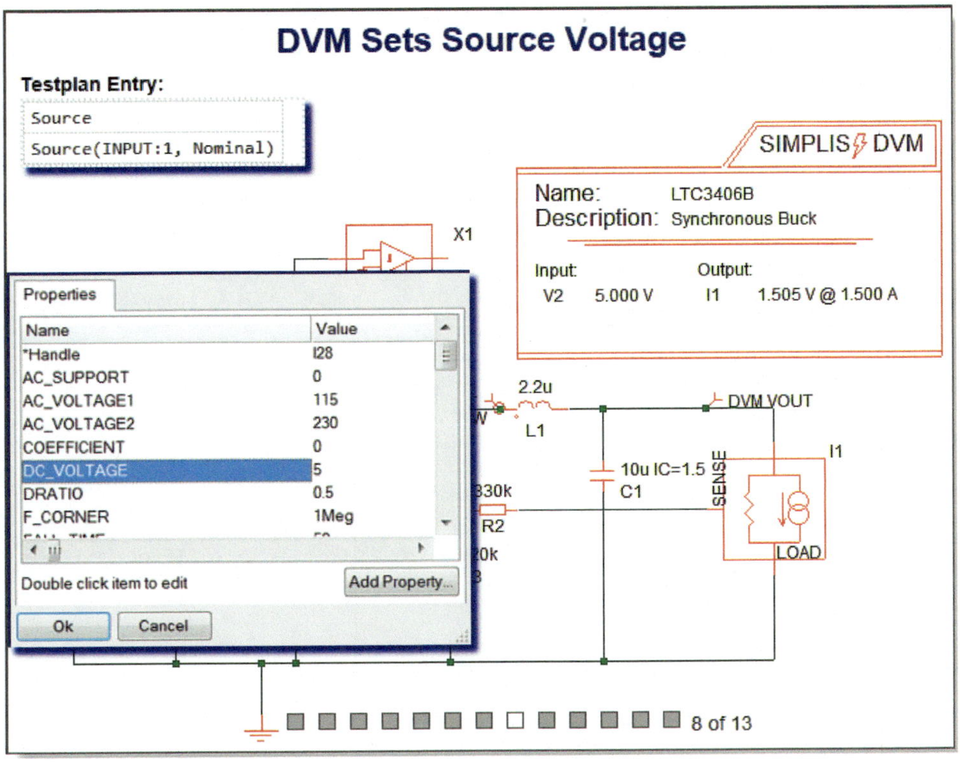
DVM Sets Source Voltage
Testplan Entry:
Source
Source(INPUT:1, Nominal)
SIMPLIS DVM
Name: LTC3406B
Description: Synchronous Buck
Input:
V2 5.000 V
Output:
I1 1.505 V @ 1.500 A
X1
Properties
Name
Value
*Handle
I28
AC_SUPPORT
0
AC_VOLTAGE1
115
AC_VOLTAGE2
230
COEFFICIENT
0
DC_VOLTAGE
5
DRATIO
0.5
F_CORNER
1Meg
Double click item to edit
Add Property...
Ok
Cancel
2.2u
L1
DVM VOUT
10u IC=1.5
C1
SENSE
I1
LOAD
R2
8 of 13

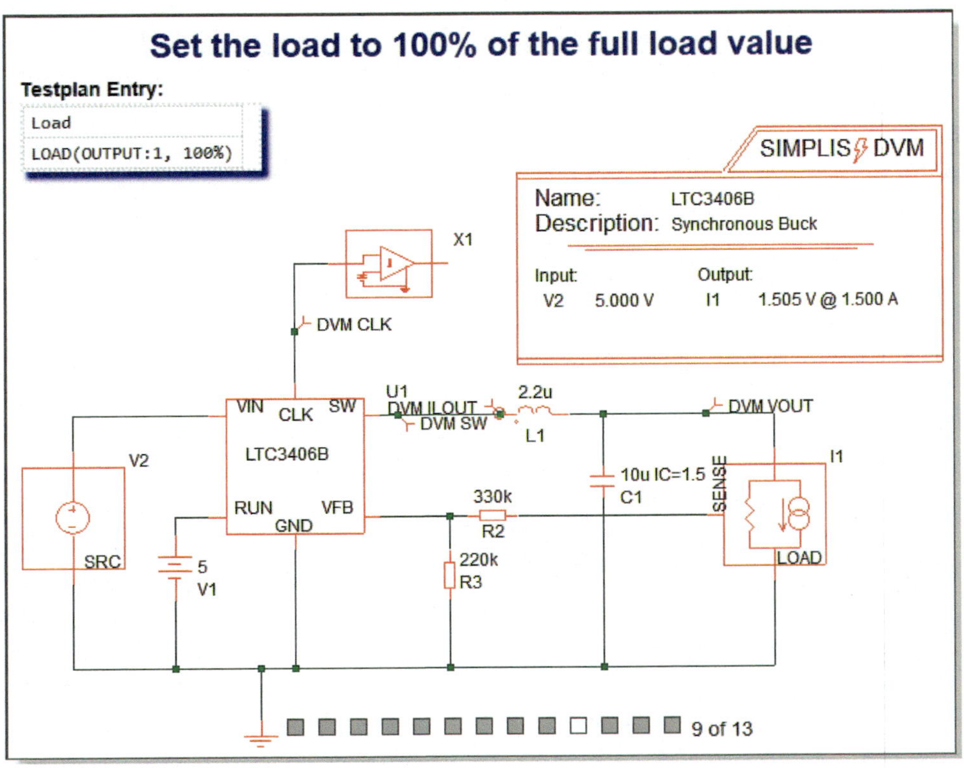
Set the load to 100% of the full load value
Testplan Entry:
Load
LOAD(OUTPUT:1, 100%)
SIMPLIS DVM
Name: LTC3406B
Description: Synchronous Buck
Input:
V2 5.000 V
Output:
I1 1.505 V @ 1.500 A
X1
DVM CLK
U1
VIN
CLK
SW
LTC3406B
RUN
VFB
GND
DVM ILOUT
DVM SW
2.2u
L1
DVM VOUT
V2
SRC
5
V1
330k
R2
220k
R3
10u IC=1.5
C1
SENSE
I1
LOAD
9 of 13

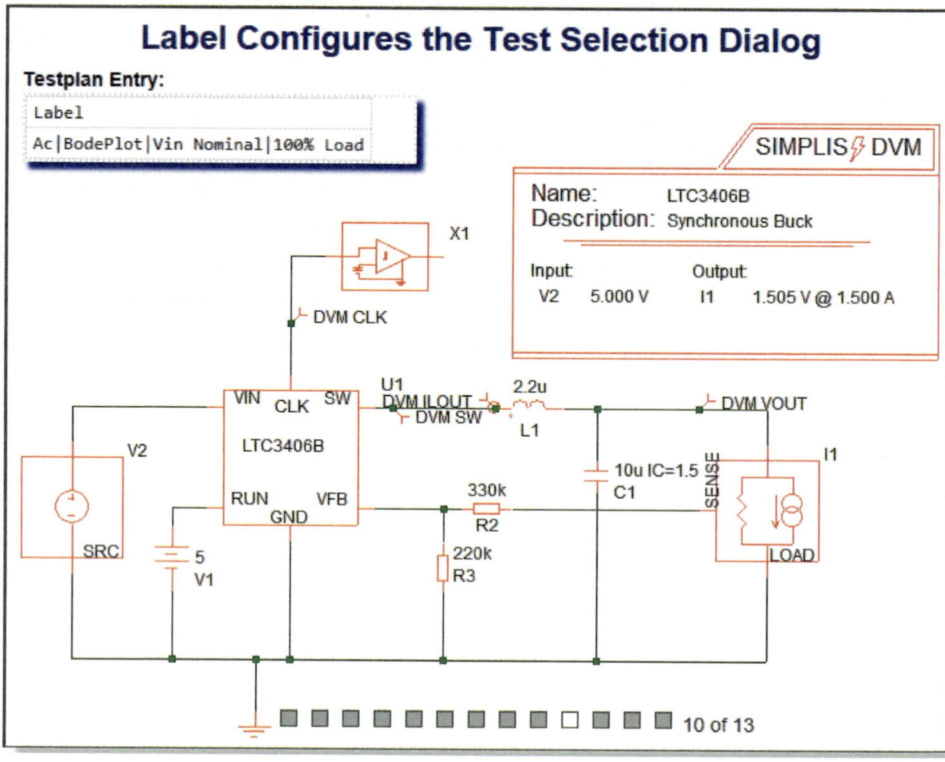
Label Configures the Test Selection Dialog
Testplan Entry:
Label
Ac|BodePlot|Vin Nominal|100% Load
SIMPLIS DVM
Name: LTC3406B
Description: Synchronous Buck
Input:
V2 5.000 V
Output:
I1 1.505 V @ 1.500 A
X1
DVM CLK
U1
VIN CLK SW
LTC3406B
RUN VFB
GND
DVM ILOUT
DVM SW
2.2u
L1
DVM VOUT
V2
SRC
5
V1
10u IC=1.5
C1
330k
R2
220k
R3
SENSE
I1
LOAD
10 of 13

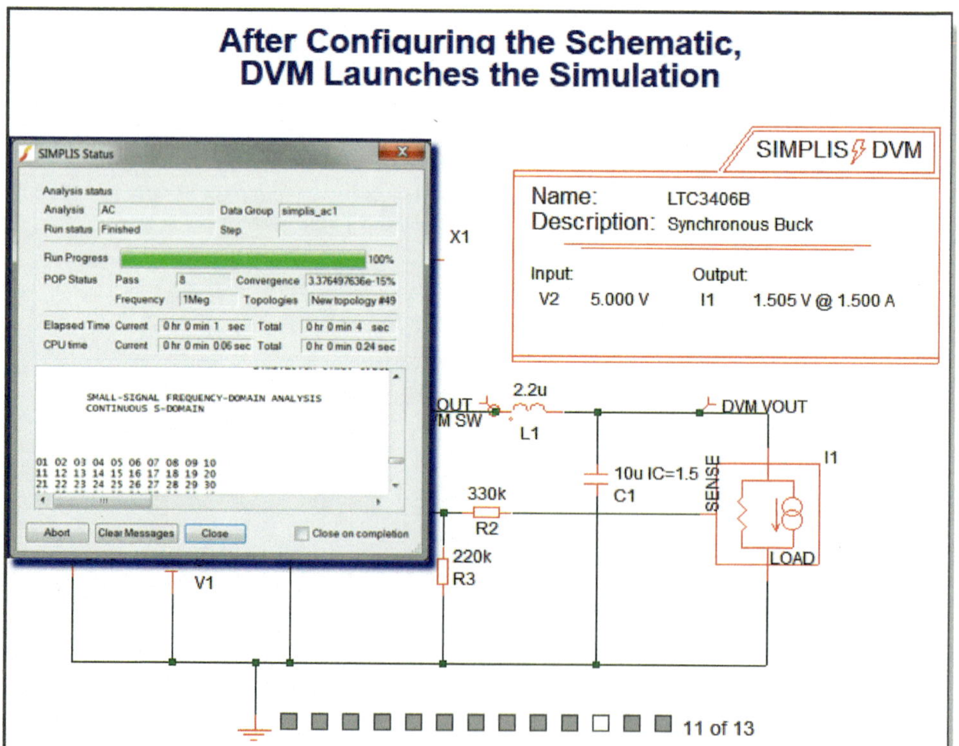
After Configuring the Schematic,
DVM Launches the Simulation
SIMPLIS Status
Analysis status
Analysis AC
Data Group simplis_ac1
Run status Finished
Step
Run Progress 100%
POP Status Pass 8 Convergence 3.376497636e-15%
Frequency 1Meg Topologies New topology #49
Elapsed Time Current 0 hr 0 min 1 sec Total 0 hr 0 min 4 sec
CPU time Current 0 hr 0 min 0.06 sec Total 0 hr 0 min 0.24 sec
SMALL-SIGNAL FREQUENCY-DOMAIN ANALYSIS
CONTINUOUS S-DOMAIN
Abort
Clear Messages
Close
Close on completion
SIMPLIS DVM
Name: LTC3406B
Description: Synchronous Buck
Input:
V2 5.000 V
Output:
I1 1.505 V @ 1.500 A
X1
2.2u
L1
DVM VOUT
10u IC=1.5
C1
330k
R2
220k
R3
V1
SENSE
I1
LOAD
11 of 13

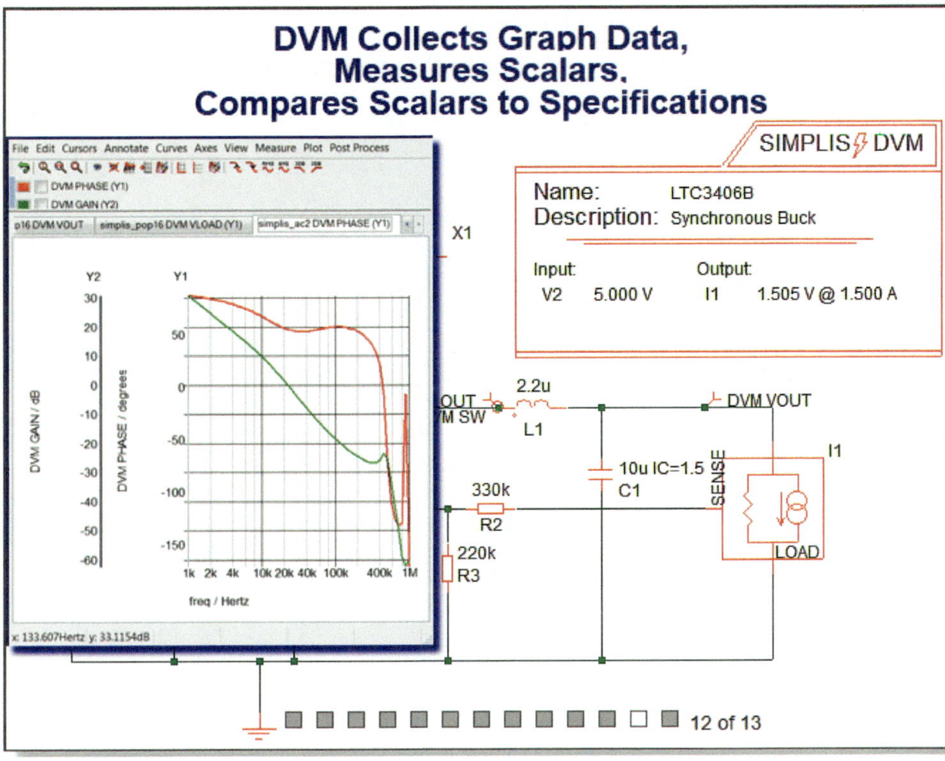

After all Tests Complete, the Test Report Opens

TEST DETAILS								
Schematic	4.1_LTC3406B - DVM ADVANCED.sxsch							
Test	Ac Analysis|Bode Plot|Vin Nominal|100% Load							
Date / Time	11/17/2014 6:33:59 PM							
Report Directory	DVM_REPORTS\2014-11-17-6_33_44_PM\Ac Analysis\Bode Plot\Vin Nominal\100% Load							
Log File	report.txt							
Screenshot	schematic.png							
Status	**PASS**							
Simulator	simplis							
Deck	input.deck							
Init	input.deck.init							
MEASURED SCALAR VALUES								
Efficiency	66.3939%							
Power(LOAD)	2.25924							
Power(SRC)	3.40279							
gain_crossover_freq	21.8824k							
gain_margin	24.2699							
min_phase	55.8643							
phase_crossover_freq	436.556k							
min_phase_freq	21.8824k							
phase_margin	55.8042							
ILOAD	AVG	1.50058	MIN	1.49662	MAX	1.5043	RMS	1.50058
ILOUT	AVG	1.50058	MIN	1.20736	MAX	1.79602	RMS	1.51018
ISRC	AVG	680.765m	MIN	423.708u	MAX	1.79645	RMS	1.01922
SW	AVG	1.65563	MIN	-1.41841	MAX	4.51566	RMS	2.98685
VLOAD	AVG	1.50557	MIN	1.5016	MAX	1.5093	RMS	1.50558
VOUT	AVG	1.50557	MIN	1.5016	MAX	1.5093	RMS	1.50558
VSRC	AVG	4.99932	MIN	4.9982	MAX	5	RMS	4.99932
MEASURED SPEC VALUES								

13 of 13

위의 Step 은 DVM 이 내장 테스트 플랜에서 단일 테스트를 수행하는 동작을 보여주지만 DVM 기능은 Bode plot 테스트 이외의 다양한 기능을 포함합니다. 1 입력 1 출력 및 1 입력 2 출력 DC / DC 컨버터를 위한 빌트인 테스트 플랜이 제공되며 설계자는 스텝 라인, 스텝 로드, 입력 및 출력을 포함하여 전원 공급 장치에서 자주 실행하는 모든 테스트를 포함합니다. 출력 임피던스 등이 있습니다. 또한 AC / DC 테스트의 전체 제품군은 1 입력, 1 출력 및 1 입력, 1 출력 기본 제공 AC / DC 테스트 플랜에서 사용할 수 있습니다.

사용 가능한 테스트의 전체 목록을 보려면 다음 항목을 참조하십시오.

- DC / DC 테스트 목표
- AC / DC 테스트 목표

또한 DVM 은 모든 설계에 맞게 테스트 플랜을 사용자 정의할 수 있는 기능을 제공합니다. 테스트 플랜을 사용자 지정하는 방법에 대한 자세한 내용은 DVM 자습서에서 테스트 플랜 사용자 지정을 참조하십시오.

Test Report

테스트가 완료되면 DVM 은 회로 성능과 사양을 비교하는 높은 수준의 보기를 제공하는 개요 보고서를 생성합니다. (Full Power Assist 전용) 개요 보고서에서 개별 테스트 결과를 [1]드릴 다운하고 측정 결과, 정적 파형 그래픽 및 원시 파형 데이터 자체를 검사할 수 있습니다. Bode plot 테스트 보고서는 아래와 같습니다.

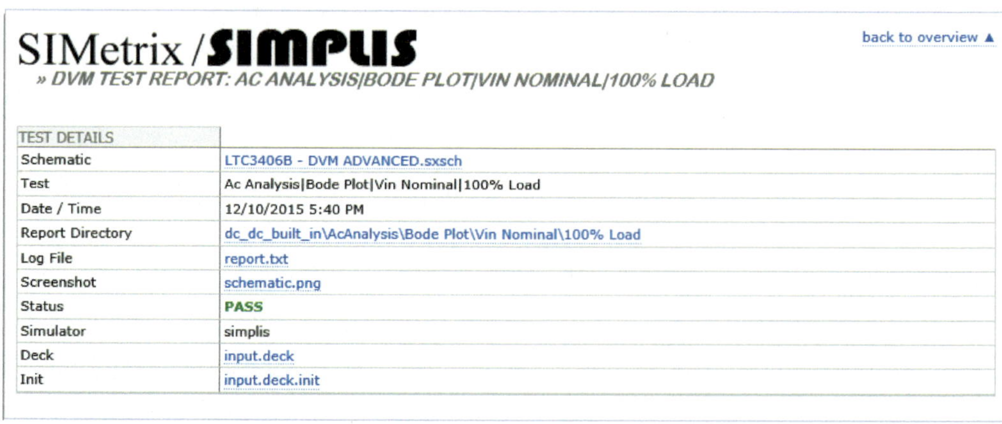
SIMetrix / SIMPLIS
back to overview ▲
» DVM TEST REPORT: AC ANALYSIS|BODE PLOT|VIN NOMINAL|100% LOAD

TEST DETAILS	
Schematic	LTC3406B - DVM ADVANCED.sxsch
Test	Ac Analysis|Bode Plot|Vin Nominal|100% Load
Date / Time	12/10/2015 5:40 PM
Report Directory	dc_dc_built_in\AcAnalysis\Bode Plot\Vin Nominal\100% Load
Log File	report.txt
Screenshot	schematic.png
Status	PASS
Simulator	simplis
Deck	input.deck
Init	input.deck.init

[1] drill down

1. 드릴 다운하다(더 많은 정보를 찾기 위해 관련 텍스트나 아이콘 등을 클릭하여 마치 뚫고 들어가듯이 검색하는 것)

MEASURED SCALAR VALUES										
Efficiency	66.3939%									
gain_crossover_freq	21.8824k									
gain_margin	24.2699									
ILOAD1	*AVG*	1.50058	*MIN*	1.49662	*MAX*	1.5043	*RMS*	1.50058	*PK2PK*	7.68087m
ISRC1	*AVG*	680.765m	*MIN*	423.708u	*MAX*	1.79645	*RMS*	1.01922	*PK2PK*	1.79602
min_phase	55.8643									
min_phase_freq	21.8824k									
phase_crossover_freq	436.556k									
phase_margin	55.8042									
Power(LOAD1)	2.25924									
Power(SRC1)	3.40279									
sw_freq	955.632k									
VLOAD1	*AVG*	1.50557	*MIN*	1.5016	*MAX*	1.5093	*RMS*	1.50558	*PK2PK*	7.70642m
VSRC1	*AVG*	4.99932	*MIN*	4.9982	*MAX*	5	*RMS*	4.99932	*PK2PK*	1.79602m

MEASURED SPEC VALUES	
Max_VLOAD1	**PASS:** Max. Output1 Voltage (1.5093) is less than or equal to Max. Output1 Voltage Spec (1.58025)
Min_VLOAD1	**PASS:** Min. Output1 Voltage (1.5016) is greater than or equal to Min. Output1 Voltage Spec (1.42975)
min_gain_margin	**PASS:** Gain Margin (24.2699) is greater than Min. Gain Margin (12)
min_phase_margin	**PASS:** Phase Margin (55.8042) is greater than Min. Phase Margin (35)

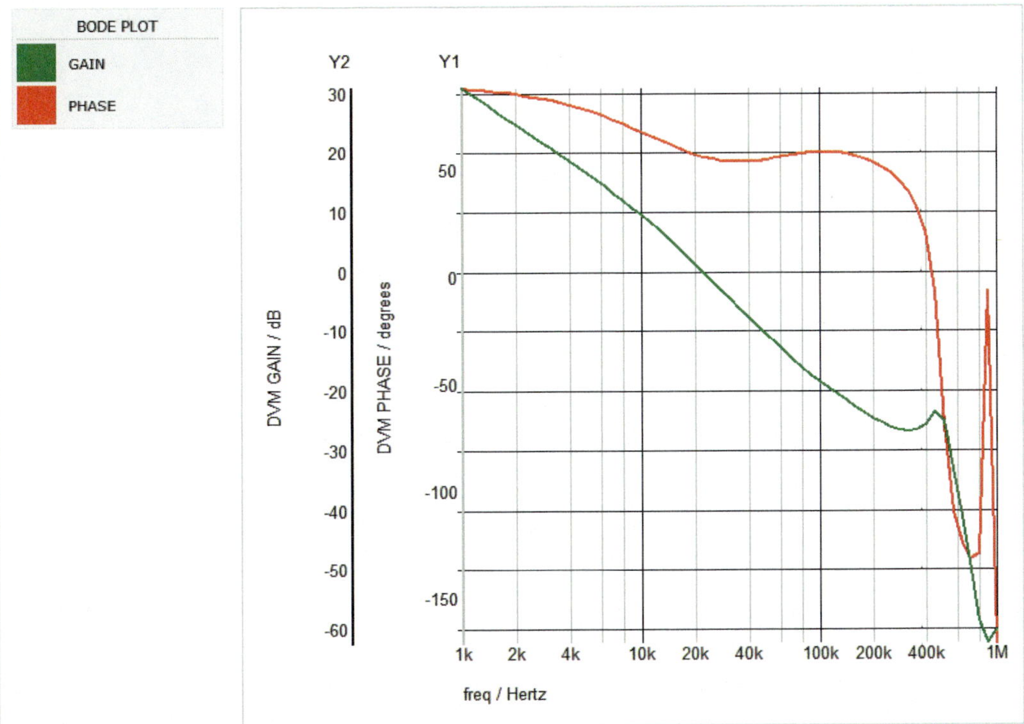

SXGPH File	simplis_ac3_123.sxgph

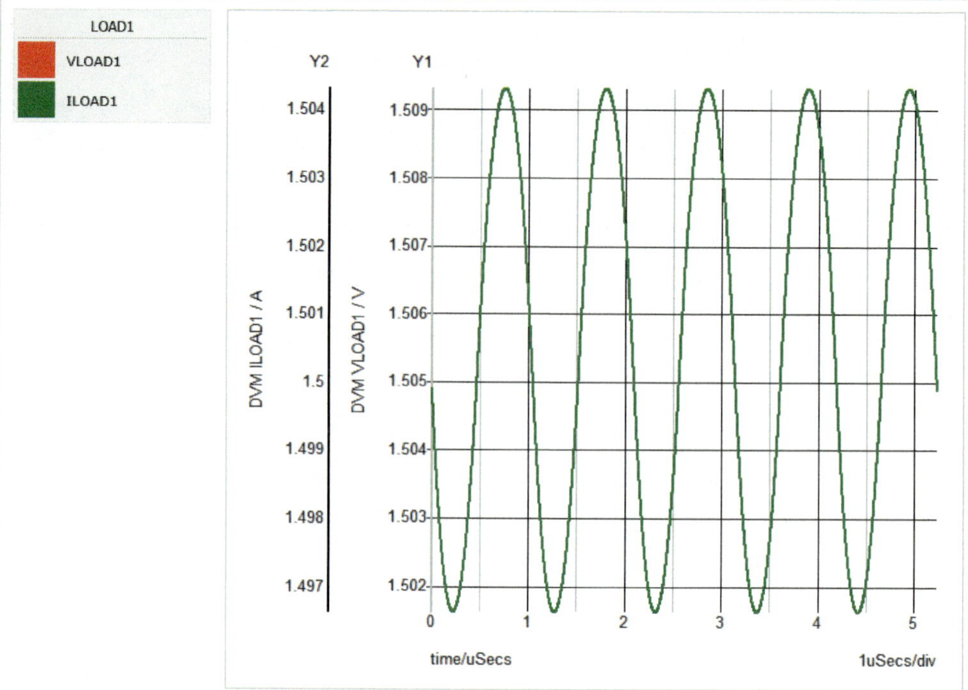

SXGPH File	simplis_pop3_109.sxgph

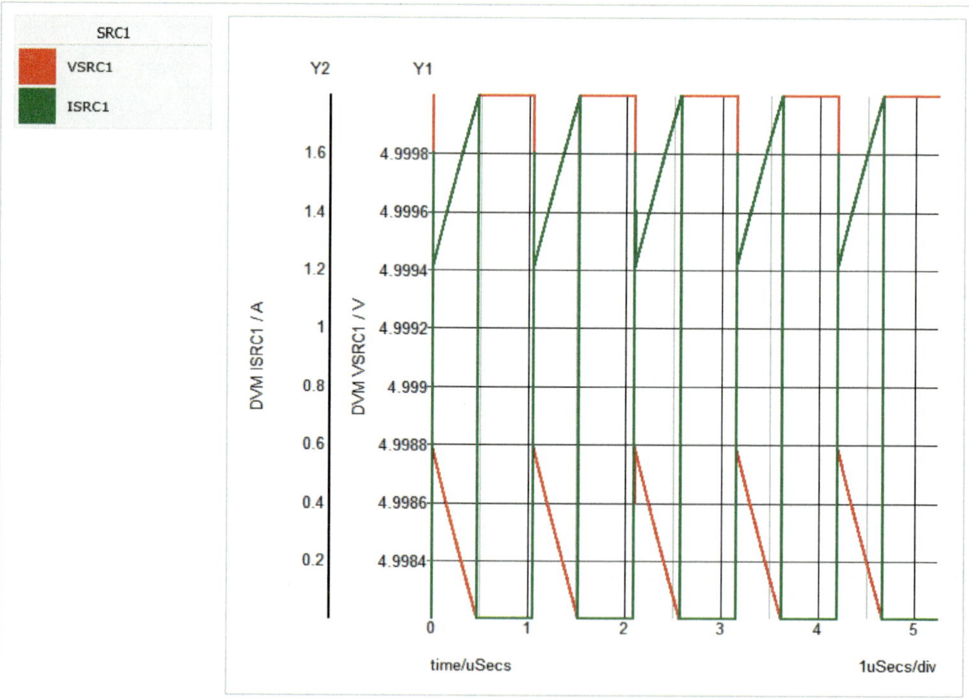

SXGPH File	simplis_pop3_104.sxgph

Text Conventions

다음 텍스트 규칙은 내용을 이해하는데 도움을 주기 위해 작성되었습니다.

- **굵게 표시된 텍스트**는 일반적으로 화면에서 선택하거나 키보드로 입력할 항목을 나타냅니다. 파일 이름도 굵게 표시됩니다.
- 결과 정보는 초록색 기울임 글꼴로 표시되어 번호가 매겨진 단계의 지침을 완료한 후에 발생해야 하는 것을 나타냅니다.
  결과: *녹색 기울임 꼴 텍스트...*
- 메뉴 선택 항목은 메뉴 항목을 분리하여 표시됩니다. 예를 들어, File 〉 Save Schematic 은 다음 명령을 나타냅니다.
  메뉴 바에서 File 을 클릭한 다음 Save Schematic 을 선택하십시오.
- '단일 글꼴' 은 테스트 플랜에 입력하는 코드를 나타냅니다.
- 다음 표는 SIMetrix / SIMPLIS 의 내장 스크립트 편집기에서 사용되는 기본 색상을 나열합니다.

스크립트 편집기 색상

Item	Colour	Hex Code
Keyword		#0C69FF
Command		#FF0000
String		#800000
Double Quote String		#800080
Comment		#008080
Function		#008000
BIScript		#FF00FF

스크립트 편집기에서 기본 색을 변경하려면 다음과 같이하십시오.

❶ SIMetrix / SIMPLIS 툴바에서 "기어"아이콘 (✿)을 클릭하십시오.
결과: 옵션 / 환경 설정 대화 상자가 열립니다.
❷ 창을 확대하여 모든 탭을 표시 한 다음 텍스트 편집기 탭을 클릭하십시오.
❸ 항목 열에서 보거나 변경할 편집기를 선택하십시오.
❹ 색상 열에서 색상을 두 번 클릭하고 색상 선택 대화 상자에서 변경하십시오.
❺ OK 를 클릭하여 색상 선택 대화 상자를 닫은 다음 확인을 다시 클릭하여 옵션 / 기본 설정을 닫습니다.

2 Getting Started

이 Tutorial 은 LTC3406B 동기식 벅 집적 회로를 사용하여 SIMPLIS/SIMetrix 설계 검증 모듈의 기능과 동작을 보여줍니다. 이 모델은 LTC3406B 제품 데이터 시트의 공개 된 정보를 토대로 개발되었습니다.
LTC3406B 제품 데이터 시트:

http://www.analog.com/media/en/technical-documentation/data-sheets/3406bfa.pdf?domain=www.linear.com

이 자습서에는 다음 작업이 진행됩니다.

- DVM 시뮬레이션 환경에서 내장된 테스트 플랜을 실행하도록 LTC3406B 회로를 구성합니다.
- AC 분석을 실행합니다.
- SIMPLIS 단일 실행 분석을 사용하여 Bode Plot 을 생성합니다.

Tutorial 을 시작하기 전에 SIMetrix/SIMPLIS DVM 라이센스가 있는지 확인하십시오. DVM 은 SIMetrix/SIMPLIS 의 옵션 모듈 기능입니다.

Tutorial 의 다음 섹션을 준비하려면 아래의 단계를 수행하십시오.

❶ SIMetrix/SIMPLIS 를 시작하십시오.

❷ 이 Tutorial 의 설계도 및 테스트 플랜 예제를 모두 포함하는 예제 파일 SIMPLIS_dvm_tutorial_examples.zip 의 아카이브를 다운로드 하십시오.
(http://www.simplis.com/documentation/simplis/library/examples/dvm_tutorial/SIMPLIS_dvm_tutorial_examples.zip)

❸ SIMPLIS_dvm_tutorial_examples.zip 을 로컬 하드 드라이브의 위치에 압축을 풉니다.

❹ LTC3406B 폴더 경로에서 회로도 LTC3406B-AC-Bode_Plot.sxsch 로 이동하십시오.

❺ 회로도를 열려면 LTC3406B-AC-Bode_Plot.sxsch 파일을 두 번 클릭하거나 해당 파일을 SIMetrix / SIMPLIS Command Shell 로 드래그하십시오.
결과: 회로도는 아래 그림과 같아야 합니다.

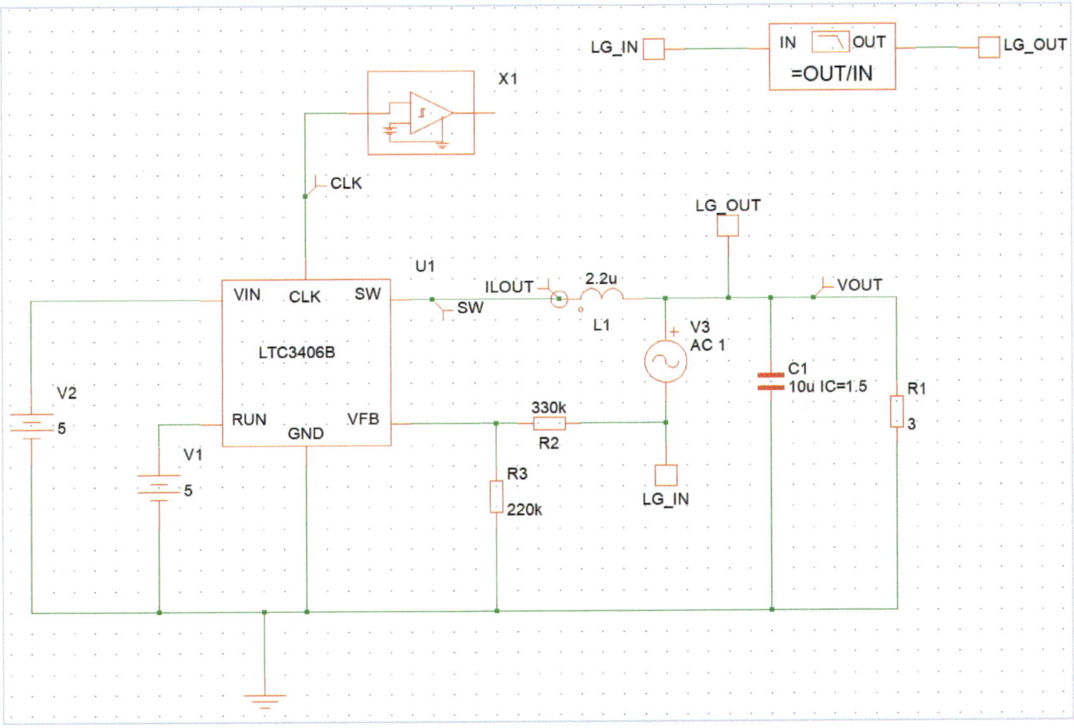

참고: 이 자습서의 이미지는 빠른 진행을 위한 축소판으로 나타납니다. 전체 크기로 보기로 이동하려면 이미지의 아무 곳이나 클릭하십시오. 전체 크기로 보기를 닫으려면 이미지를 다시 클릭하십시오.

3 Configuring the Schematic for DVM

DVM 에는 Synchronous buck topology 에 맞게 특별히 제작된 테스트 플랜이 내장되어 있습니다. 내장된 DVM 테스트 플랜은 관리 소스와 로드가 필요한 Full Power Assist 기능을 활용합니다.

이 Tutorial 에서는 Managed sources, Managed load 및 Full Power Assist DVM 제어 기호를 사용하고 구성하는 방법에 대해 알아봅니다. DVM 자동화에 기본 제공되는 테스트 플랜을 사용하려면 설계도에 관리되는 Managed sources, Managed load 와 DVM Control Symbol 이 포함되어 있어야 합니다.

Managed Sources and Loads

Managed-source 및 Managed-Load 기호는 특정 시뮬레이션의 테스트 목적에 따라 다양한 정의를 나타낼 수 있습니다. 소스 및 로드 기호가 눈에 띄게 바뀌지는 않지만 DVM 은 기호로 불리는 서브 회로의 전기적 정의를 변경할 수 있습니다.

예를 들어, DVM 은 다음을 수행하기 위해 Managed-Load 심볼이 사용하는 하위 회로를 변경할 수 있습니다.

- 간단한 부하 저항 표시
- 부하 과도 현상을 Simulating 하는 펄스 부하와 같은 특수 과도 현상을 나타냅니다.
- AC Bode Plot 분석에서 측정에 필요한 주입된 AC 소스 및 Bode Plot Probe 포함

마찬가지로 Managed-source 하위 회로에서는 다음과 같은 옵션을 사용할 수 있습니다.

- 일정한 DC 전압원 표시
- 스타트 업 램프 또는 펄스 전압 소스를 나타냅니다.
- AC 작은 신호 섭동을 회로에 주입하고 결과 입력 임피던스를 측정하는 구성 요소를 포함시켜 입력 임피던스 측정을 수행하십시오.

이는 소스 및 로드 구성의 샘플일 뿐 입니다. 사용 가능한 하위 회로 정의의 전체 목록은 DVM 소개를 참조하십시오.

DVM Control Symbol

DVM 제어 기호는 테스트 중인 회로에 대한 사양 정보의 라이브러리를 포함하는 데이터 저장 요소입니다. 테스트 중인 회로의 사양을 회로도에 저장하면 사양 정보가 테스트 플랜보다는 회로도에 저장되므로 단일 테스트 플랜을 사용할 수 있습니다. 5V 입력, 1.5V 출력 동기식 벅 컨버터에 사용된 것과 동일한 테스트 플랜은 수정 없이 400V 입력, 12V 출력 LLC 컨버터에서 사용할 수 있습니다. 그러나 DVM 제어 기호는 전기적으로 비활성 상태이며 Netlist 에 기여하지 않습니다.

DVM 자동화를 사용하려면 설계도에 두 가지 유형의 DVM 제어 기호 중 하나가 있어야 합니다.

- 기본 DVM 제어 기호는 회로에 대한 제한된 양의 정보를 저장합니다.
  - 회로 이름 및 설명
  - Switching 주파수
  - 최소 위상 및 이득 마진

- Full Power Assist 제어 기호에는 기본 컨트롤과 동일한 정보가 포함되어 있으며 매장도 있습니다.
  - 관리되는 각 입력 소스의 공칭, 최소 및 최대 입력 전압
  - 각 관리 부하에 대한 출력 전압 설정점, 허용 오차 및 최대 출력 전류
  - SIMetrix/SIMPLIS 의 분석 선택 대화 상자와 유사한 분석 정보
  - 사전 및 사후 프로세스 스크립트 이름을 포함하여 사용자 정의 정보

내장형 테스트 플랜을 사용할 때는 Full Power Assist 제어 기호가 필요합니다. 이러한 테스트 플랜에는 입력 전압이나 출력 전류와 같은 사양 정보가 없기 때문입니다.

이 자습서의 모든 예제에서는 Full Power Assist 컨트롤 기호를 사용합니다. DVM 테스트를 실행할 때 프로그램은 DVM 제어 기호에 포함된 분석 정보를 사용하고 Simulator 〉 Choose Analysis... 메뉴 옵션에서 정의된 모든 매개변수보다 우선하는 시뮬레이션 매개변수를 변경합니다.

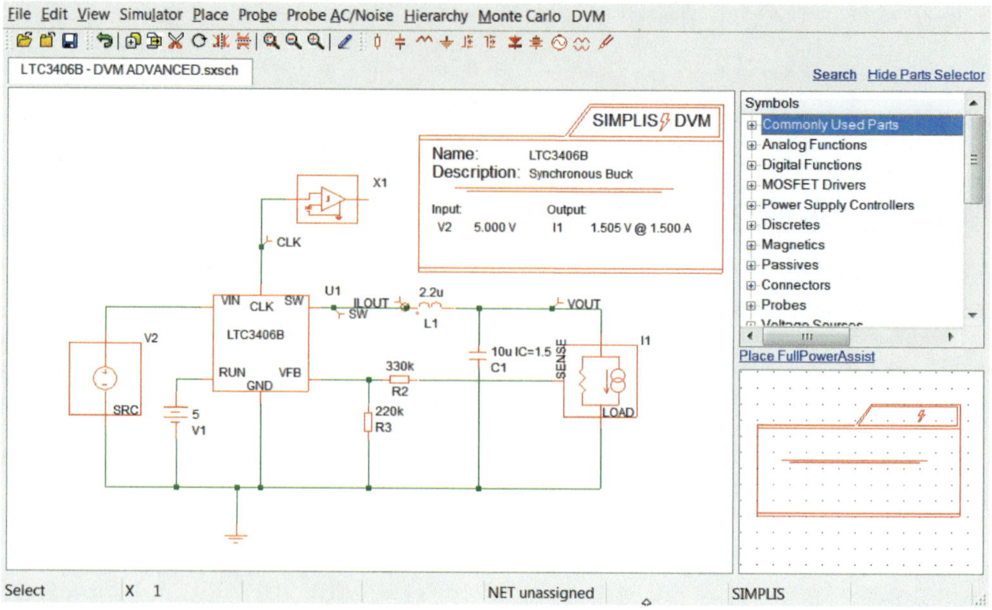

3.1 Editing the Schematic

이 Tutorial 의 회로도를 열려면 2.0 Getting Started 에서 설명한대로 파일 압축을 푼 Directory 에서 다음 단계를 수행하십시오.

❶ 다음 경로로 이동하십시오: LTC3406B /

❷ 회로도를 열려면 LTC3406B-AC-Bode_Plot.sxsch 파일을 두 번 클릭하거나 해당 파일을 SIMetrix / SIMPLIS Command Shell 로 드래그하십시오.

이 섹션에서는 Full Power Assist DVM 제어 기호를 사용하여 회로도를 구성하고 내장된 테스트 플랜을 실행할 준비를 합니다.

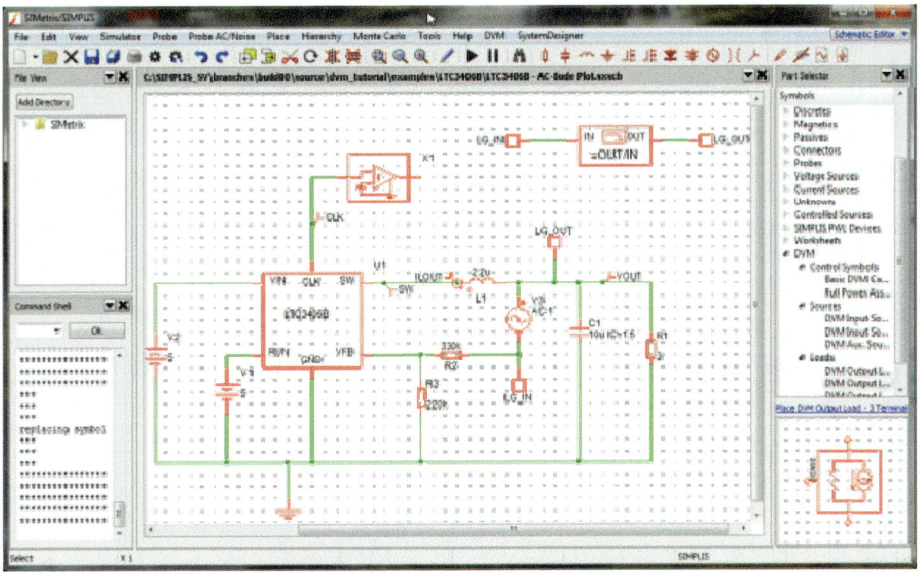

3.1.1 Adding an Input Source Symbol

입력 소스를 추가하려면 다음과 같이하십시오.

❶ 회로도의 왼쪽에 있는 DC 전압 소스 V2 를 제거하십시오.

❷ Parts selector 에서 DVM 〉 Sources 〉 DVM Input Source 를 선택하고 V2 를 제거한 심볼을 배치하십시오.

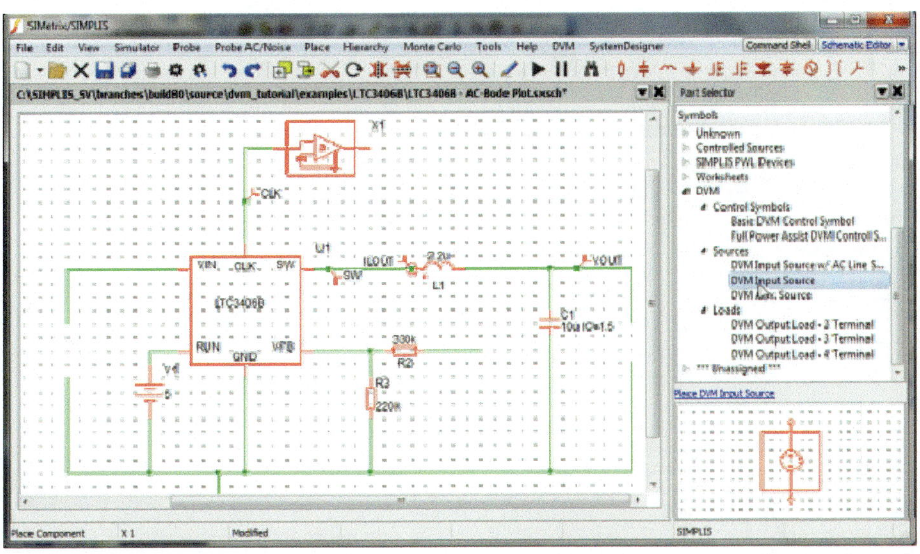

3.1.2 Adding a 3-Terminal Output Load Symbol

3 및 4 단자 DVM 출력 로드에는 SENSE(3 단자) 또는 차동 SENSE(4 단자) 연결이 있습니다. 이 여분의 핀은 폐 루프 AC 분석에 필요한 주입 AC 섭동 소스 및 Bode Plot Probe 를 DVM 에 포함시킬 수 있습니다. DVM 은 Bode Plot 테스트의 관리 부하 서브 회로 정의에 이러한 구성 요소를 자동으로 삽입합니다. 이 Tutorial 에서는 3 단자 출력 부하의 사용법을 설명합니다.

3 단자 터미널 출력 로드를 추가하려면 다음 단계를 수행하십시오.

❶ 회로도의 오른쪽에서 R1 저항을 제거하십시오.

❷ 아래 이미지를 지침으로 사용하여 파란색으로 표시된 다음 기호 및 와이어를 제거하십시오.

- Bode Plot Probe
- 회로도 상단의 LG_IN 및 LG_OUT
- 교류 전원 V3
- LG_IN, LG_OUT
- 도식도 중앙 부근에 있는 기호들의 연결입니다.

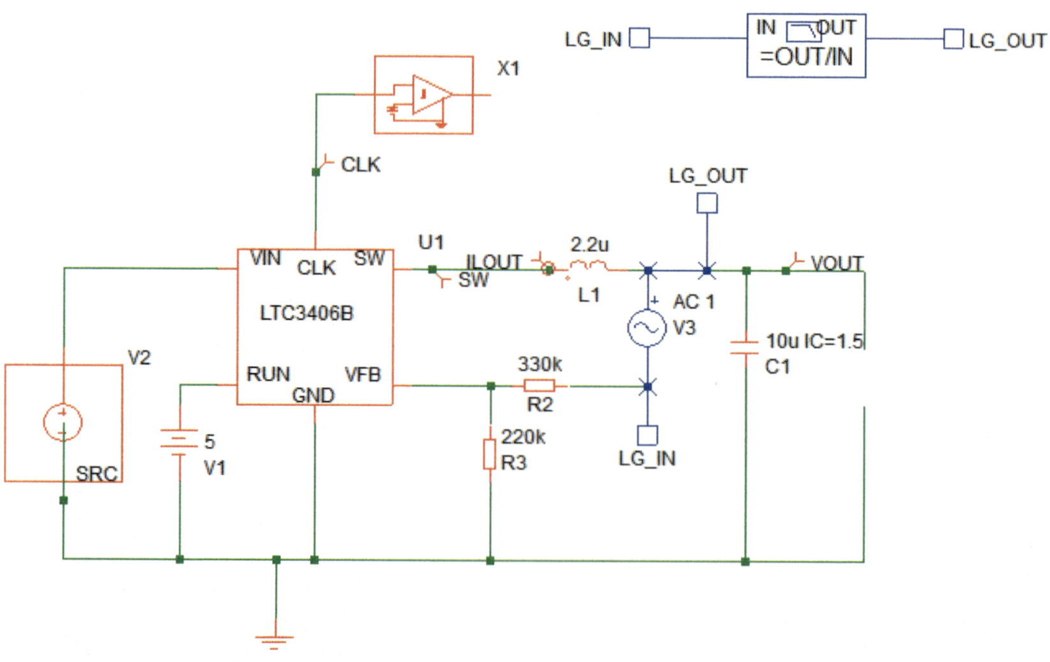

❸ Parts selector 에서 DVM 〉 Loads 〉 DVM Output Load – 3 Terminal 을 선택하고 R1 을 제거한 위치에 배치하십시오.

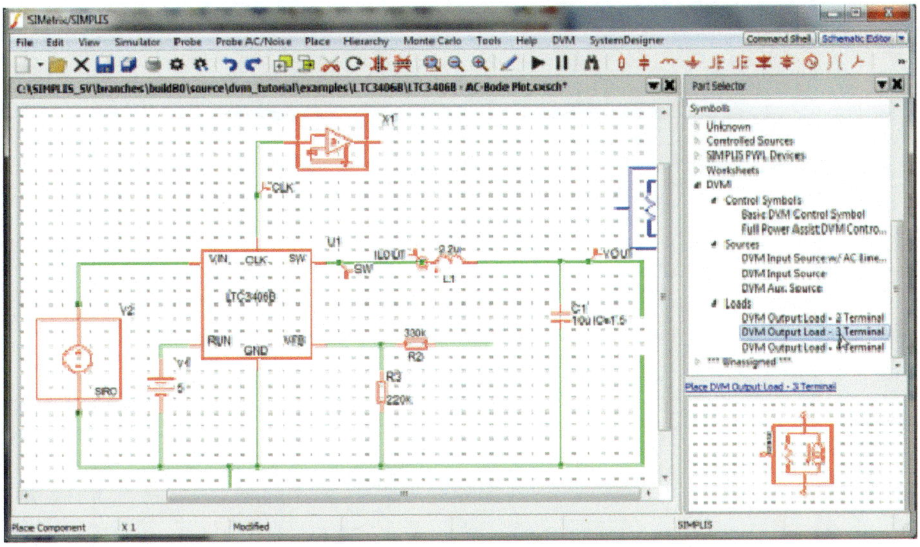

❹ DVM 3 단자 출력 로드의 SENSE 단자를 피드백 저항기 R2 에 연결합니다.

참고: SENSE 단자는 컨버터 제어 루프에 출력 전압 피드백 정보를 제공합니다. Bode plot 테스트 중에 소신호 AC 소스가 양극 부하 단자와 SENSE 단자 사이에 삽입되어 제어 루프를 교란시킵니다. 다른 모든 테스트 목적의 경우 SENSE 단자는 관리 부하의 양극 출력 단자에 단락됩니다. 회로도는 아래와 같이 나타나야 합니다.

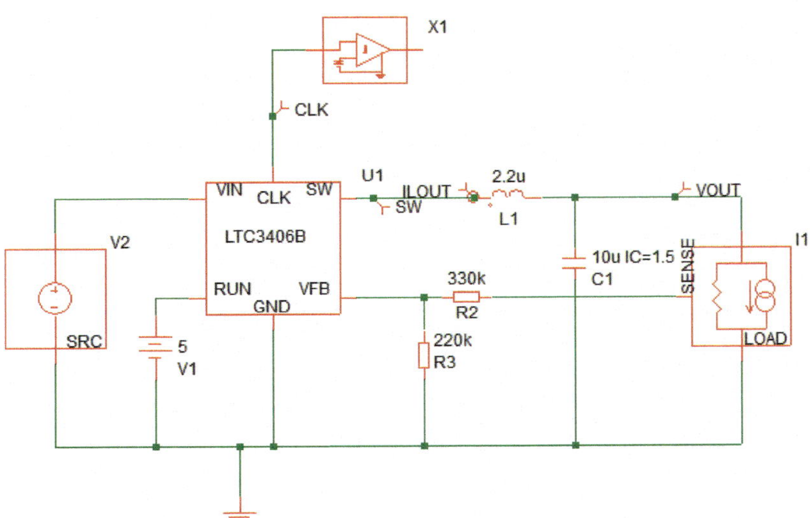

3.1.3 Adding the Full Power Assist Control Symbol

전체 전력 보조를 위한 DVM 제어 기호를 배치하려면 다음 단계를 수행하십시오.
Parts selector 에서 DVM 〉 Control Symbols 〉 Full Power Assist DVM Control Symbol 를 선택하십시오.

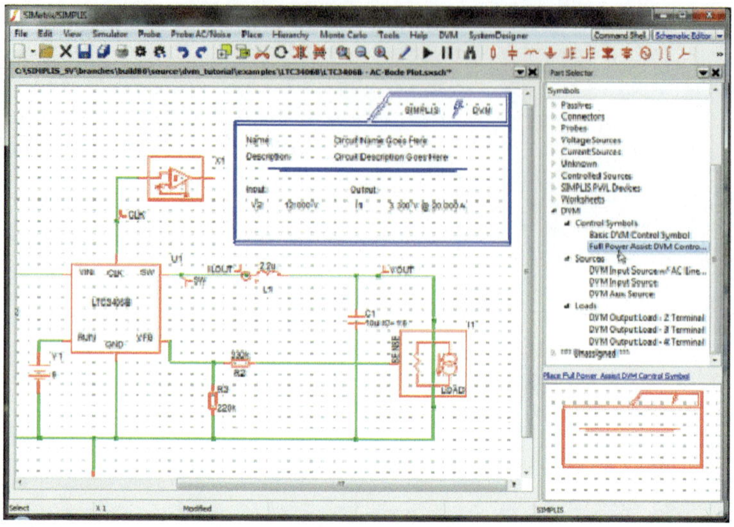

3.1.4 Verifying Source and Load Management

DVM 소스 및 부하가 있는 회로도에 Full Power Assist 제어 기호가 추가되면 기존의 DVM 소스 및 부하가 각 시뮬레이션 테스트에 대해 DVM 에 의해 관리되도록 자동으로 설정됩니다. 관리 소스 및 로드에는 제어 심볼에 저장된 사양 정보가 있습니다. DVM 제어 기호에 저장된 사양은 DVM 테스트 중에 소스 전압과 부하 전류를 설정하기 위해 DVM 에서 사용됩니다.

소스와 부하가 관리되는지 확인하려면 다음과 같이 하십시오.

❶ 아래 그림과 같이 회로도에서 V2 및 I1 인 참조 부호를 확인하십시오.

❷ 제어 기호에 지정 기호가 있으면 3.1.6 Setting Control Parameters 으로 이동하십시오. 그렇지 않은 경우 3.1.5 Setting up Managed Sources and Loads 섹션으로 이동하여 DVM 소스 및 로드가 포함되도록 컨트롤 심볼을 구성합니다.

3.1.5 Setting Up Managed DVM Sources and Loads

소스 또는 로드가 배치되기 전에 컨트롤 심볼이 추가된 경우 아래 이미지와 같이 표시되며 DVM 컨트롤 심볼에 소스 및 로드가 아직 관리되지 않았음을 나타냅니다.

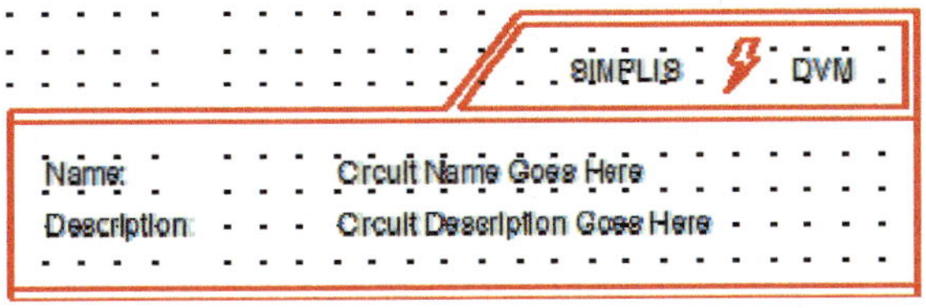

DVM 소스 및 로드를 관리하려면 다음 단계를 수행하십시오.

❶ 기호가 빨간색에서 파란색으로 바뀌도록 DVM 제어 기호를 선택하십시오.
❷ 회로도에서 DVM 제어 기호를 두 번 클릭하여 DVM 제어판을 엽니다.
❸ 왼쪽에 있는 페이지 선택 상자에서 DC Input 을 클릭하고 DC 입력 페이지 상단에 있는 Dropdown 메뉴에서 V2 를 선택하십시오.

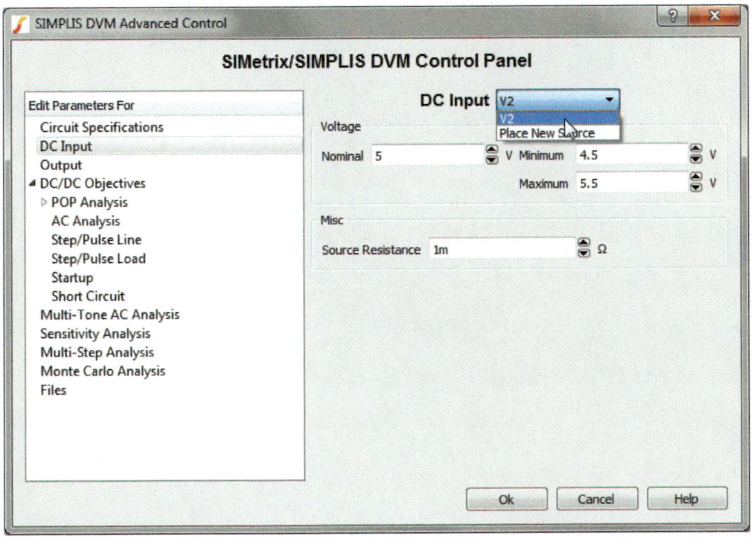

❹ 선택 상자에서 Output 을 클릭하고 출력 페이지의 상단에 있는 메뉴에서 I1 을 선택하십시오.

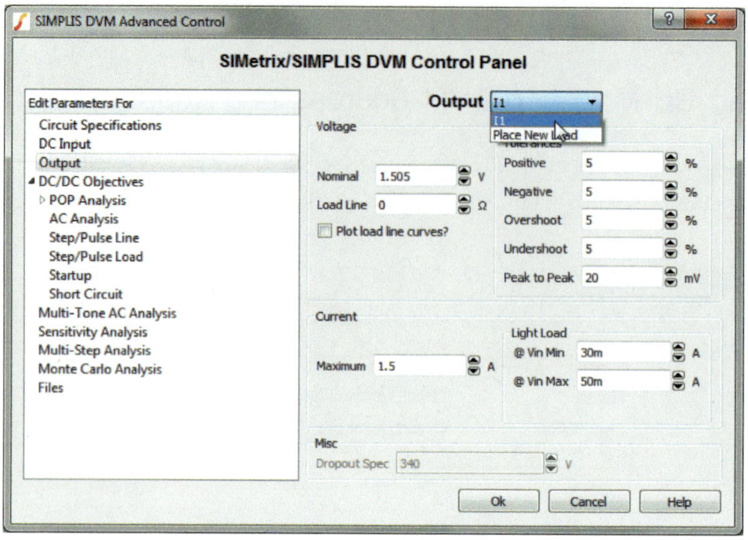

❺ OK 를 클릭하여 관리되는 로드 및 소스 정보를 저장합니다.

3.1.6 Setting Control Parameters

DVM 제어 기호는 하나의 관리 입력 소스(V2)와 하나의 관리 출력 로드(I1)로 구성되었습니다. 분석 지시 선택 대화 상자에서 이미 설정한 분석 지시문을 사용하여 회로도에 제어 기호를 배치하면 이러한 지시문이 제어 기호에 복사됩니다. 프로그램에는 입력 및 출력 전압과 부하 전류가 무엇인지 알 수 있는 방법이 없으므로 이러한 특정 회로에 맞게 매개변수를 변경해야 합니다.

제어 매개변수를 변경하려면 다음 단계를 수행하십시오.

❶ DVM control symbol 를 두 번 클릭하십시오.
결과: SIMetrix/SIMPLIS DVM 제어판이 열립니다.

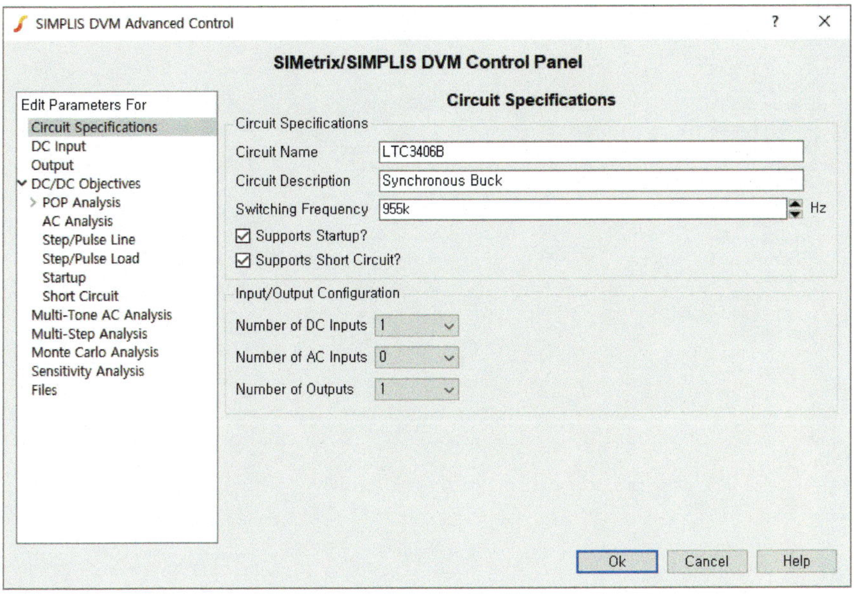

❷ 회로 사양 페이지에서 다음 표에 나열된 값을 설정합니다.

Parameter	Value	Units
Circuit Name	LTC3406B	
Circuit Description	Synchronous Buck	

주: 이 페이지의 다른 필드에 대한 기본값은 그대로 두십시오.

❸ 제어판 왼쪽의 페이지 선택 상자에서 DC Input을 클릭한 다음 아래 나열된 값을 입력하십시오.

Parameter	Value	Units
Voltage		
Nominal	5	V
Minimum	4.5	V
Maximum	5.5	V
Misc.		
Source Resistance	1m (default)	Ohm

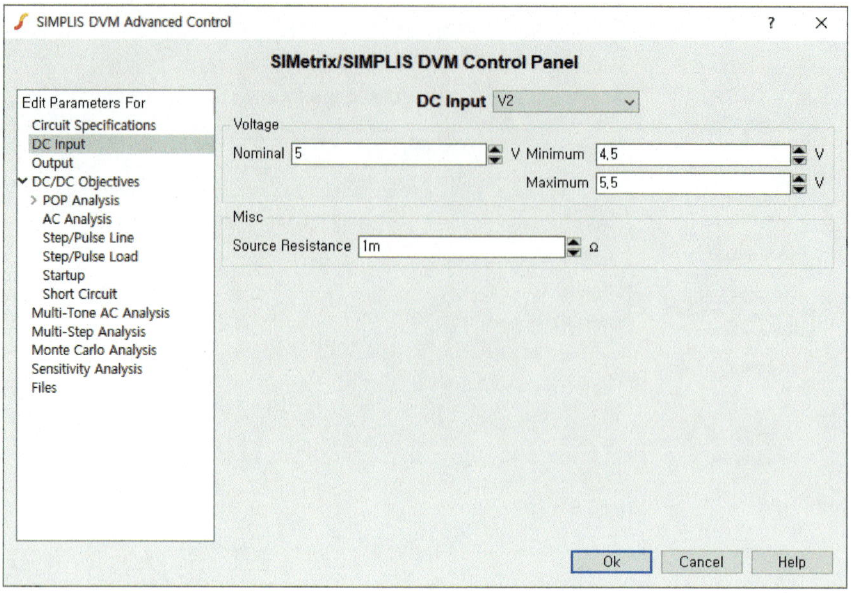

❹ 페이지 선택 상자에서 Output을 클릭하고 아래 나열된 값을 입력하십시오.

Parameter	Value	Units
Voltage		
Nominal	1.505	V
Load Line	0 (default)	Ohm
Tolerances		
Pos.	5 (default)	%
Neg.	5 (default)	%
Overshoot	5 (default)	%
Current		
Maximum	1.5	A
	Light Load	
@ Vin Min	30m	A
@ Vin Max	50m	A

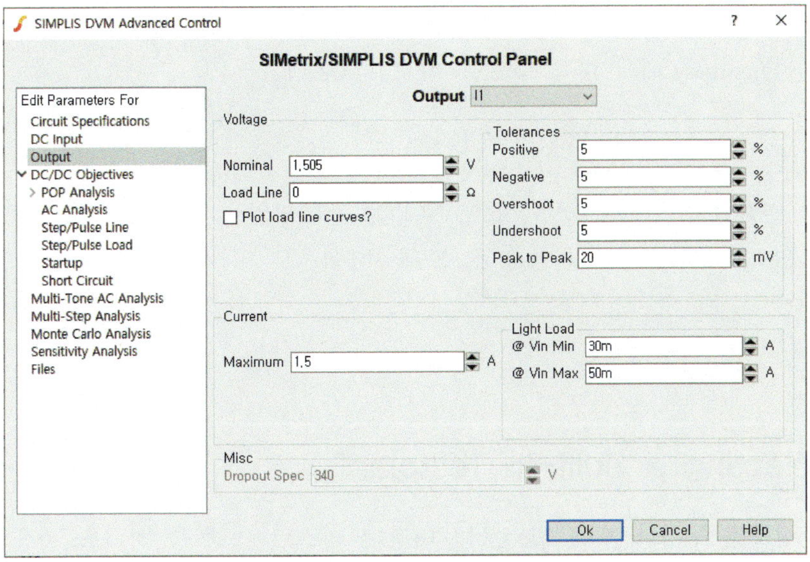

❺ 페이지 선택 상자에서 DC/DC Objectives 앞에 있는 화살표를 클릭 한 다음 POP Analysis 를 클릭하십시오.

❻ "Pop Trigger" schematic device 가 선택되어 있는지 확인하십시오.

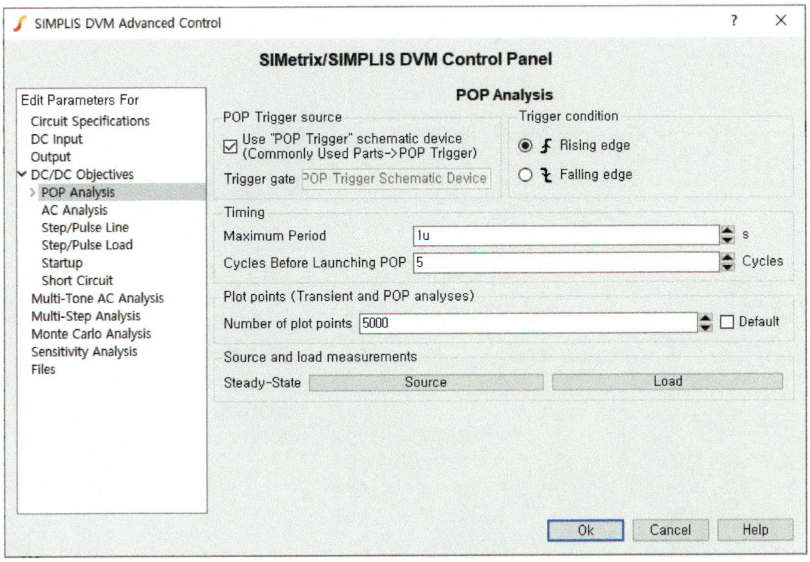

❼ OK 를 눌러 사양 변경 사항을 저장하십시오.

❽ 회로도를 저장하십시오.

결과: 이 시점에서 회로도가 DVM Full Power Assist 를 위해 올바르게 구성되었습니다.

이 상태로 저장된 업데이트 된 설계도를 보려면 2.0 Getting Started 에서 설명한대로 파일을 압축 해제한 Directory 에서 다음 단계를 따르십시오.

❶ 다음 경로로 이동하십시오: LTC3406B

❷ 회로도를 열려면 LTC3406B-DVM_ADVANCED.sxsch 파일을 두 번 클릭하거나 해당 파일을 SIMetrix/SIMPLIS Command Shell 로 드래그하십시오.

3.2 Selecting a Built-In Testplan

DVM 제어 심볼을 구성한 후에 회로도는 내장된 테스트 플랜 중 하나를 사용하여 실행할 준비가 되었습니다. LTC 3406B 회로에서 테스트 플랜의 각 테스트는 일반적으로 약 6 초가 걸립니다.

내장된 Sync Buck 테스트 플랜을 실행하려면 다음 단계를 수행하십시오.

❶ 메뉴에서 DVM > Built-In Testplans> Sync Buck (1 Input, 1 Output)을 선택하면 아래와 같이 보여집니다.

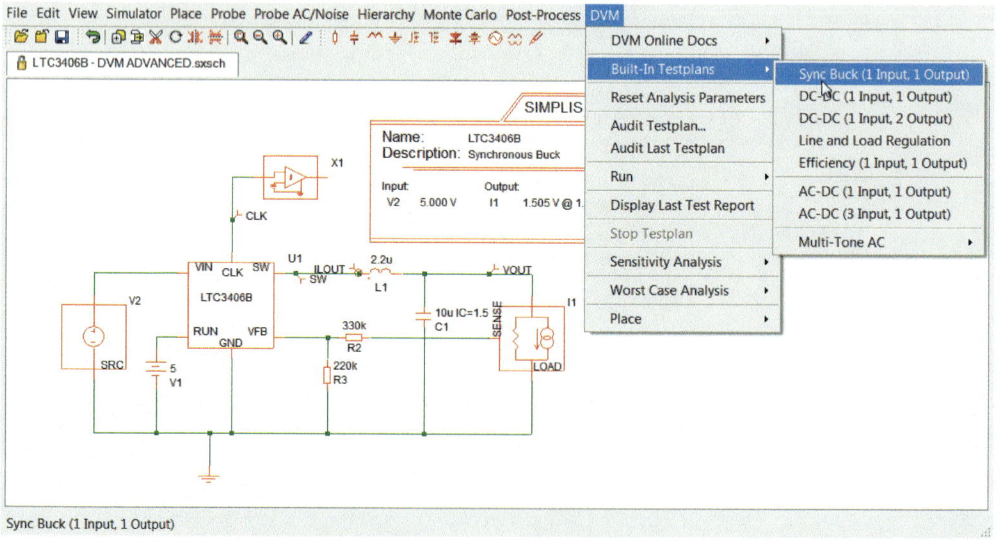

결과: syncbuck_1in_1out.testplan 테스트 선택 대화 상자에서 테스트 선택 대화 상자가 열립니다.

❷ 이 Tutorial 을 위해 실행할 6 개의 테스트를 선택하려면 아래에 굵게 강조 표시된 두 항목만 선택하십시오.

○ Ac 분석 〉 Bode Plot 〉 Vin Nominal (Vin Nominal 검사를 통해 3 개의 모든 테스트를 선택함)
○ Steady-State 〉 Steady-Stat 〉 Vin Nominal (Vin Nominal 검사를 통해 3 개의 모든 시험을 선택함)

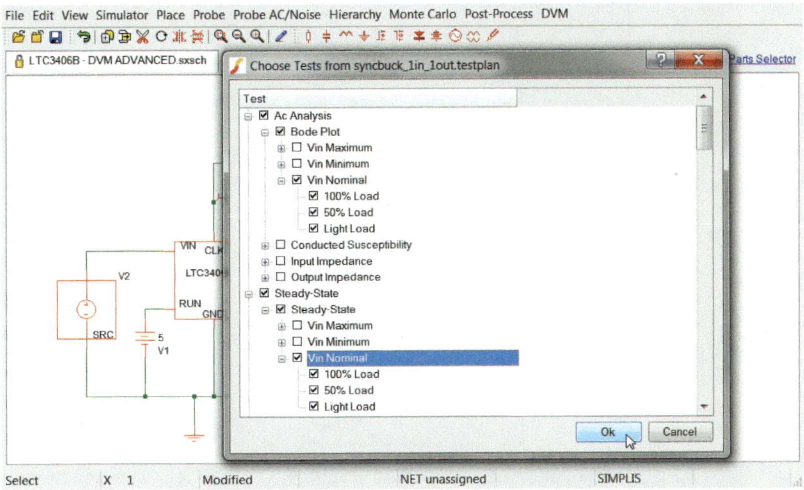

❸ OK 를 클릭하면 내장된 동기화 벅 테스트 플랜에서 6 가지 테스트를 실행할 수 있습니다.
결과: DVM 은 선택된 6 개의 테스트를 실행하는 테스트를 시작합니다. 각 테스트에 대해 DVM 은 다음을 수행합니다.

○ 회로도에서 기호를 선택하고 속성 값을 변경하며 분석 매개변수를 설정합니다.
○ 해당 뷰어에서 파형 데이터를 Capture 하기 위해 Waveform Viewer 를 잠시 엽니다.

6 가지 테스트가 모두 실행된 후 서식이 지정된 개요 보고서가 웹 브라우저에서 열립니다.

❹ 테스트 보고서가 열리지 않으면 command shell 창에서 테스트 진행 상태와 발생할 수 있는 오류를 나타내는 텍스트를 확인하십시오.

3.3 Viewing the Output Report

각 테스트 동안 DVM 은 컨버터 위상 마진과 같은 scalar 데이터를 측정하고 이러한 scalar 결과를 DVM 제어 기호에 저장된 사양과 비교합니다. 각 테스트에는 이러한 비교를 기반으로 PASS / FAIL 상태가 지정됩니다. 예제에서처럼 동일한 테스트를 선택한 경우 개요 보고서에는 최소 위상 마진 사양으로 인해 하나의 테스트 실패가 표시되어야 합니다. 아래 이미지에는 개요 보고서의 공통 데이터 요소를 강조 표시하기 위해 개요 보고서에 주석이 추가되었습니다.

SIMetrix / SIMPLIS

» DVM TEST REPORT OVERVIEW

GENERAL	
Schematic	LTC3406B - DVM ADVANCED.sxsch 1
Testplan	dvm_advanced.testplan 2
Original Testplan Filename	dvm_builtin-syncbuck_1in_1out.testplan
Date / Time	2013-04-17 10:02:01 AM
Report Directory	DVM_REPORTS\2013-04-17-10_02_00_AM 3
Log File 4	dvm_advanced.log
# of Tests Run	6 of 6 (**6 of 6 Run**, **5 Passed**, **1 Failed**, **0 Ran with Warnings**, **0 Skipped**) 5
Total Time	31s

DESIGN SPECIFICATIONS	
Circuit Name	LTC3406B
Description	Synchronous Buck
Input 1	5.000 V (4.5 V to 5.5 V)
Output 1	1.505 V (±5%) @ 1.5 A
Switching Frequency	955kHz

EXCEL-COMPATIBLE RESULTS	
Scalar Results	dvm_advanced_table_scalars.txt 6
Spec Results	dvm_advanced_table_specs.txt

TEST 1 OF 6	top ^
Test Label	Ac Analysis|Bode Plot|Vin Nominal|Light Load
Simulator	simplis
Test Report	Ac Analysis\Bode Plot\Vin Nominal\Light Load\report.txt.html 7
Status	**FAIL**
Test Time	5s

TEST 2 OF 6	top ^
Test Label	Ac Analysis|Bode Plot|Vin Nominal|50% Load
Simulator	simplis
Test Report	Ac Analysis\Bode Plot\Vin Nominal\50% Load\report.txt.html 7
Status	**PASS**
Test Time	5s

TEST 3 OF 6	top ^
Test Label	Ac Analysis|Bode Plot|Vin Nominal|100% Load
Simulator	simplis
Test Report	Ac Analysis\Bode Plot\Vin Nominal\100% Load\report.txt.html 7
Status	**PASS**
Test Time	5s

1. 이 보고서에 사용된 회로도
2. 이 보고서가 생성된 테스트 플랜
   참고: 여기에는 선택한 테스트뿐만 아니라 전체 테스트 계획이 포함됩니다.
3. 보고서 디렉터리
4. 각 실행에 대한 정보가 포함된 텍스트 형식의 개요 로그 파일
5. 실행된 테스트 수, 통과된 테스트 수 등
6. 측정된 스칼라 및 평가된 사양이 포함된 탭으로 구분된 텍스트 파일
7. 개별 테스트 보고서에 대한 링크

이 예제의 경우 경 부하에서 첫 번째 Bode Plot 테스트는 최소 위상 마진 테스트 사양을 충족하지 못했습니다. 테스트 보고서는 16.92 도의 Simulate 된 위상 마진이 아래 명시된 주석이 있는 DVM 제어 기호에 설정된 35 도의 사양 값보다 낮았음을 보여줍니다.

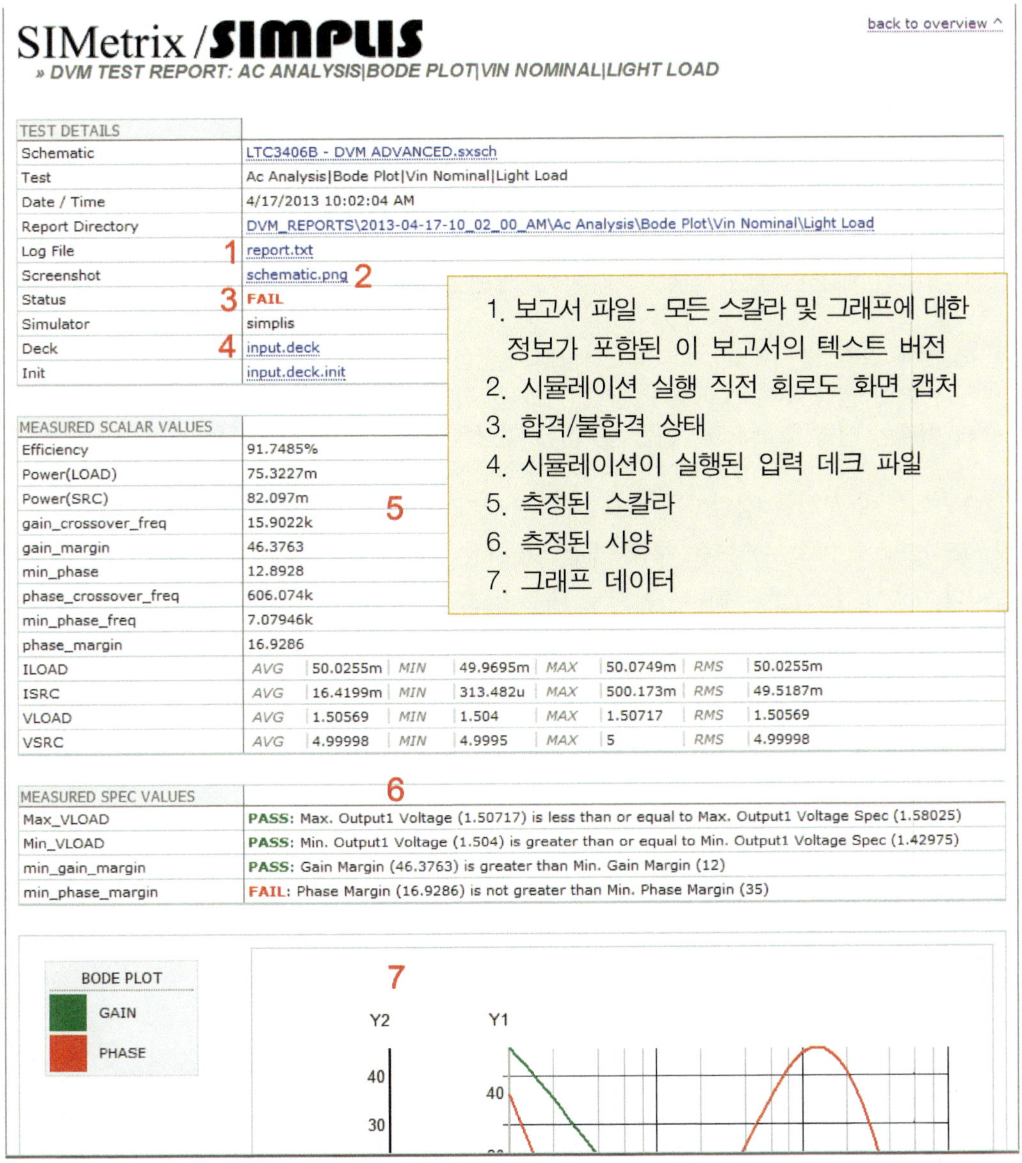
SIMetrix / SIMPLIS

back to overview ^

» DVM TEST REPORT: AC ANALYSIS|BODE PLOT|VIN NOMINAL|LIGHT LOAD

TEST DETAILS	
Schematic	LTC3406B - DVM ADVANCED.sxsch
Test	Ac Analysis|Bode Plot|Vin Nominal|Light Load
Date / Time	4/17/2013 10:02:04 AM
Report Directory	DVM_REPORTS\2013-04-17-10_02_00_AM\Ac Analysis\Bode Plot\Vin Nominal\Light Load
Log File 1	report.txt
Screenshot	schematic.png 2
Status 3	FAIL
Simulator	simplis
Deck 4	input.deck
Init	input.deck.init

1. 보고서 파일 - 모든 스칼라 및 그래프에 대한 정보가 포함된 이 보고서의 텍스트 버전
2. 시뮬레이션 실행 직전 회로도 화면 캡처
3. 합격/불합격 상태
4. 시뮬레이션이 실행된 입력 데크 파일
5. 측정된 스칼라
6. 측정된 사양
7. 그래프 데이터

MEASURED SCALAR VALUES 5								
Efficiency	91.7485%							
Power(LOAD)	75.3227m							
Power(SRC)	82.097m							
gain_crossover_freq	15.9022k							
gain_margin	46.3763							
min_phase	12.8928							
phase_crossover_freq	606.074k							
min_phase_freq	7.07946k							
phase_margin	16.9286							
ILOAD	AVG	50.0255m	MIN	49.9695m	MAX	50.0749m	RMS	50.0255m
ISRC	AVG	16.4199m	MIN	313.482u	MAX	500.173m	RMS	49.5187m
VLOAD	AVG	1.50569	MIN	1.504	MAX	1.50717	RMS	1.50569
VSRC	AVG	4.99998	MIN	4.9995	MAX	5	RMS	4.99998

MEASURED SPEC VALUES	6
Max_VLOAD	**PASS:** Max. Output1 Voltage (1.50717) is less than or equal to Max. Output1 Voltage Spec (1.58025)
Min_VLOAD	**PASS:** Min. Output1 Voltage (1.504) is greater than or equal to Min. Output1 Voltage Spec (1.42975)
min_gain_margin	**PASS:** Gain Margin (46.3763) is greater than Min. Gain Margin (12)
min_phase_margin	**FAIL:** Phase Margin (16.9286) is not greater than Min. Phase Margin (35)

4 Adding Curves and Measurements

이 섹션에서는 시뮬레이션 파형 및 Scalar 측정을 DVM 보고서에 추가하는 방법을 보여주는 예제를 제공합니다.

4.1 Adding Curves from Existing Probes

이전에 실행된 테스트 보고서에는 세 가지 그래프가 포함됩니다.

- 첫 번째 그래프는 AC Bode Plot 파형을 포함합니다.
- 두 번째는 출력 부하 I1 에서 POP 전압과 전류를 갖습니다.
- 세 번째는 입력 소스 POP 전압 및 전류 파형을 가지고 있습니다.

각 DVM 소스 및 부하를 정의하는 서브 회로는 단자 전압 및 전류를 표시하는 Probe 를 포함합니다. 또한 Bode Plot 로드에는 루프 게인 및 위상 곡선을 생성하는 특수 Probe 가 포함되어 있습니다. DVM 소스 및 부하 부속 회로 내부의 고정 Probe 로 생성된 곡선은 항상 보고서에 표시됩니다.

그러나 4 개의 추가적인 Probe 가 최상위 레벨의 LTC3406B 회로도에도 존재합니다. 이들은 다음에 첨부됩니다:

- SW Node
- CLK 핀
- 컨버터 출력 전압
- Inductor 전류

이 커브에 대한 정보는 Capture 되었지만 보고서에는 표시되지 않았습니다. 그러나 기타 SXGPH 파일 섹션에는 회로도의 Probe 에서 생성된 각 그래프 파일에 대한 링크가 포함되어 있습니다. 테스트 보고서의 끝에 있는 simplis_pop14_518.sxgph 하이퍼링크와 같은 링크를 클릭하여 이러한 파형을 볼 수 있습니다. 이 링크는 SIMetrix/SIMPLIS Waveform Viewer 에서 열 수 있는 SIMetrix/SIMPLIS 그래프 파일을 다운로드 합니다.

OTHER SXGPH FILES	
default#518#pop	simplis_pop14_518.sxgph
clock#pop	simplis_pop14_523.sxgph
DVM Bode Plot Input#log#ac	simplis_ac7_560.sxgph

Adding New Curves

새로운 곡선을 다른 SXGPH 파일 섹션의 하이퍼링크가 아닌 보고서 페이지에 나타나도록 DVM 보고서에 추가하려면 Probe 이름 앞에 DVM 을 접두사로 사용해야 합니다. Probe 커브 레이블의 이름을 바꾸고 커브를 DVM 보고서에 출력하려면 다음 단계를 수행하십시오.

❶ 회로도 LTC3406B-DVM_ADVANCED.sxsch 를 엽니다.

❷ CLK 핀에 연결된 Probe 를 더블 클릭하십시오.

❸ 아래 그림과 같이 Edit Probe 대화 상자의 Curve label 에 기본 레이블 인 CLK 앞에 "DVM"을 추가합니다.

참고: 프로그램은 곡선 레이블의 처음 세 문자가 DVM 인지 확인합니다. 그러나 DVM 과 이름 사이에 공백을 추가하면 그래프가 명확해집니다.

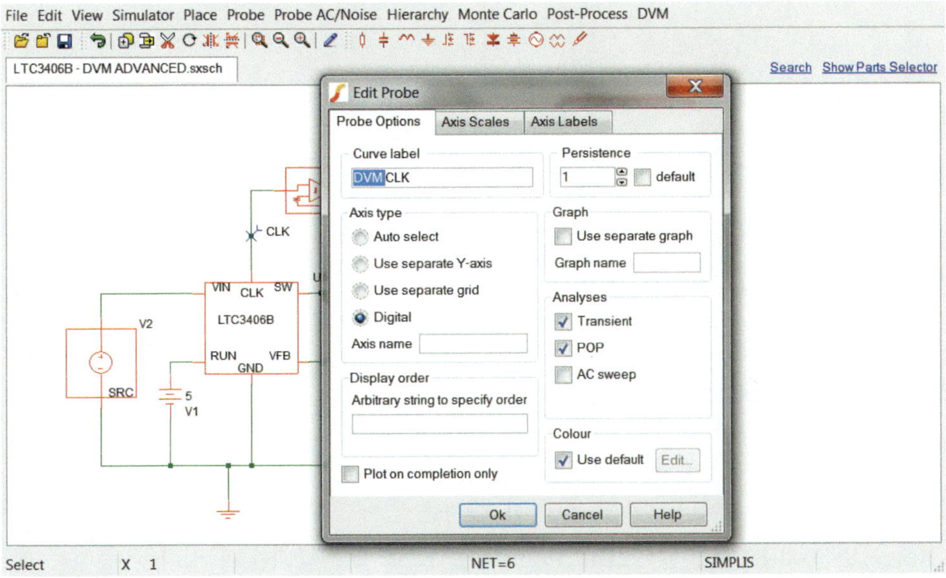

❹ OK 를 클릭하십시오.

❺ 보고서의 그래픽 디스플레이에 표시할 다른 Probe 에 대해 1~4 단계를 반복하십시오.

Viewing Updated Schematic

이 상태로 저장된 업데이트된 설계도를 보려면 2.0 Getting Started 에서 설명한대로 파일을 압축 해제한 Directory 에서 다음 단계를 따르십시오.

❶ 다음 경로로 이동하십시오: LTC3406B

❷ 회로도를 열려면 LTC3406B-DVM_ADVANCED.sxsch 파일을 두 번 클릭하거나 해당 파일을 SIMetrix/SIMPLIS Command Shell 로 드래그하십시오.

결과: 회로도 편집기에서 다음과 같은 회로도가 열립니다.

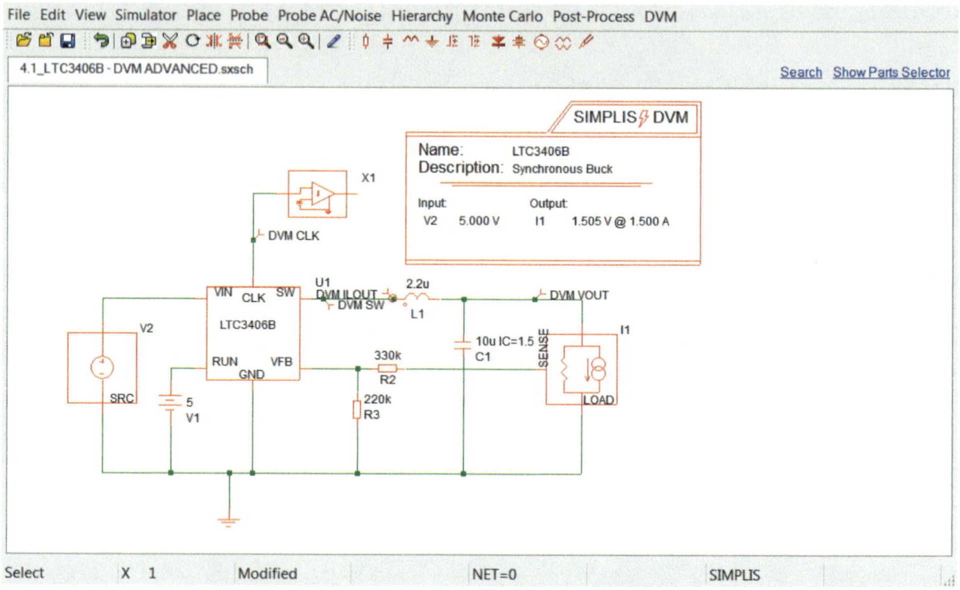

4.2 Adding Scalar Measurements

DVM 은 고정 프로브 측정값을 자동으로 읽고 DVM 보고서의 측정된 Scalar 값 섹션에 해당 측정값을 보고할 수 있습니다. DVM 은 곡선 레이블 앞에 DVM 이 붙은 모든 프로브에서 스칼라 측정값을 읽습니다. 예를 들어, LTC3406B 에는 Switching 주파수의 정확한 측정을 제공하는 CLK 출력 핀이 있습니다. CLK 출력 핀은 이미 부착된 Probe 입니다.

컨버터 Switching 주파수에 대한 측정 값을 보고서에 추가하려면 다음 단계를 수행하십시오.

❶ 2.0 SIMPLIS DVM Tutorial - Getting Started 에서 압축을 풀어 놓은 LTC3406B / Directory 에서 4.1_LTC3406B-DVM_ADVANCED.sxsch 라는 회로도를 여십시오.

❷ DVM CLK Probe 를 선택하고 마우스 오른쪽 버튼을 클릭하여 컨텍스트 메뉴를 표시하십시오.

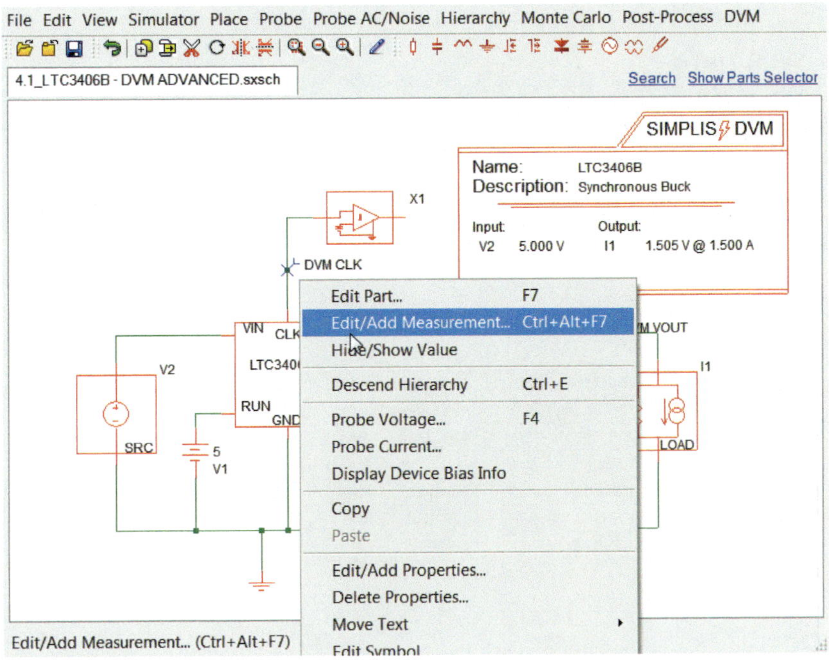

❸ 메뉴에서 Edit / Add Measurement 를 선택하십시오.

❹ 첫 번째 열에서 Frequency 를 선택하고 Display on Schematic 열에서 Yes 를 선택합니다.

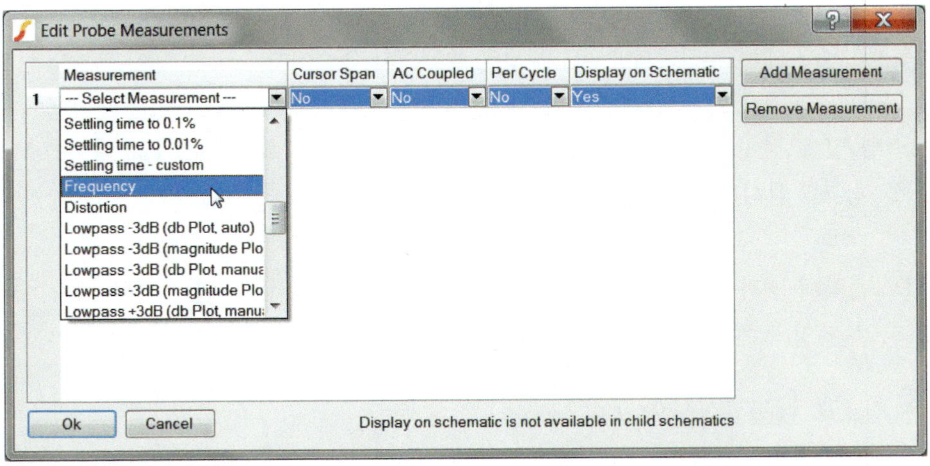

결과: 회로도가 Switching 주파수 측정을 테스트 보고서에 포함하도록 구성되었습니다.

이 회로에서 내장된 동기 벅 테스트 플랜을 실행하려면 다음 단계를 수행하십시오.

❶ 메뉴 바에서 DVM〉 Built-In Testplans 〉 Sync Buck (1 Input, 1 Output)을 선택하십시오.

❷ 테스트 선택 대화 상자에서 목록의 Steady-State 섹션을 찾습니다. Vin Nominal 서브 섹션으로 가서 50% Load를 확인하십시오.

❸ OK을 클릭하십시오.

결과: 시뮬레이션이 실행된 후 주파수 Scalar가 회로도에 나타납니다. 테스트 보고서를 보면 측정된 scalar 값 테이블의 두 번째 scalar가 Frequency(CLK)라는 것을 알 수 있습니다.

MEASURED SCALAR VALUES										
Efficiency	79.1235%									
Frequency(CLK)	955.64945kHertz									
Power(LOAD)	1.1297									
Power(SRC)	1.42777									
ILOAD	AVG	750.315m	MIN	748.345m	MAX	751.985m	RMS	750.316m		
ILOUT	AVG	750.315m	MIN	474.049m	MAX	1.03206	RMS	767.43m		
ISRC	AVG	285.599m	MIN	423.431u	MAX	1.03248	RMS	475.287m		
SW	AVG	1.58066	MIN	-1.11282	MAX	4.80969	RMS	2.89109		
VLOAD	AVG	1.50563	MIN	1.50168	MAX	1.50898	RMS	1.50563	PK2PK	7.30416m
VOUT	AVG	1.50563	MIN	1.50168	MAX	1.50898	RMS	1.50563		
VSRC	AVG	4.99971	MIN	4.99897	MAX	5	RMS	4.99971		

노트:

- 이 예에서는 회로드에 측정 값을 표시하도록 선택했지만, 이는 선택 사항입니다. DVM은 스칼라 값을 읽기 위해 회로도에 측정을 표시할 필요가 없습니다. 이 예에서는 측정이 제대로 실행되었는지 확인하는 데 도움이 됩니다.
- 내장 SIMetrix/SIMPLIS 측정 시스템은 주파수 측정이 Transient 또는 POP 데이터에만 적용될 수 있다는 것을 알 수 있을 정도로 스마트합니다. 따라서 AC 분석을 실행할 경우 주파수는 POP 시뮬레이션에 대해 측정되지만 AC 분석은 측정되지 않습니다.

측정 시스템 및 고정 Probe 측정에 대한 추가 정보는 SIMPLIS Basic Tutorial의 4.0 Managing Output를 참조하십시오.

DVM CLK 출력에 주파수 측정이 추가된 업데이트 된 회로도를 보려면 2.0 시작하기에서 설명한대로 파일을 압축 해제한 Directory에서 다음 단계를 따르십시오.

❶ 다음 경로로 이동하십시오: LTC3406B

❷ 회로도를 열려면 LTC3406B-DVM_ADVANCED.sxsch 파일을 두 번 클릭하거나 해당 파일을 SIMetrix/SIMPLIS Command Shell로 드래그하십시오.

5 Running Built-in Testplans

이 섹션에서는 DVM 에 포함된 두 가지 기본 제공 테스트 플랜에 대해 소개합니다.

- Efficiency
- Line and Load Regulation.

섹션 4.1 또는 4.2 의 회로도는 이 테스트 플랜을 직접 실행합니다. 4.2 절의 회로도를 열려면 2.0 Getting Started 에서 설명한대로 파일을 압축 해제한 Directory 에서 다음 단계를 수행하십시오.

❶ 다음 경로로 이동합니다: LTC3406B/

❷ 회로도를 열려면 4.2_LTC3406B-DVM_ADVANCED.sxsch 파일을 두 번 클릭하거나 해당 파일을 SIMetrix/SIMPLIS Command shell 로 드래그합니다.

5.1 Running the Built-in Efficiency Testplan

내장된 Efficiency 테스트 플랜은 다양한 라인 및 부하 조건으로 일련의 steady-state 시뮬레이션을 실행합니다. 모든 시뮬레이션이 완료된 후 효율 곡선 생성이라는 최종 테스트를 통해 각 입력 전압(공칭, 최소, 최대)의 세 가지 효율 대 부하 곡선이 생성됩니다. Generate Efficiency Curves 테스트는 시뮬레이션을 실행하지 않습니다. 대신 이 테스트는 이전의 모든 테스트에서 데이터를 수집하고 컨버터의 효율 곡선을 그립니다.

공칭, 최소 및 최대 입력 전압 값은 DVM 제어 기호에서 직접 가져옵니다. 플롯 포인트의 수는 기본적으로 5k 입니다. 그러나 효율성 테스트 플랜을 실행하려면 플롯 포인트 수를 늘려야 합니다.

효율성 테스트 플랜을 실행하기 전에 플롯 포인트 수를 변경하려면 다음 단계를 수행하십시오.

❶ 메뉴에서 Simulator 〉 Choose Analysis...를 선택하십시오.

❷ Transient 탭을 클릭하십시오.

❸ Number of plot points 입력에서 아래와 같이 값을 50k 로 변경하십시오.

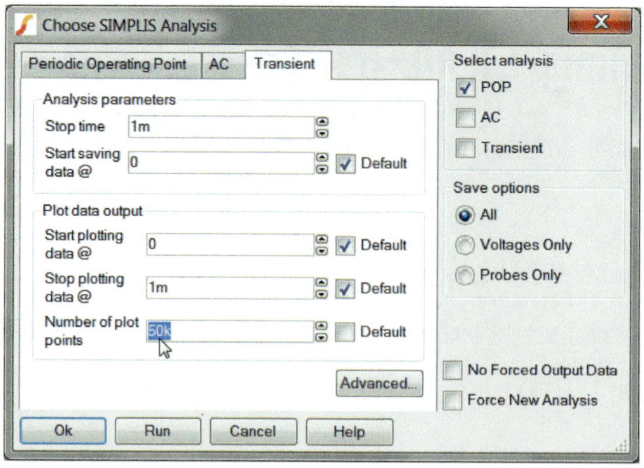

전체 효율성 테스트 플랜을 실행하려면 다음 단계를 수행하십시오.

❶ 메뉴에서 DVM 〉 Built-In Testplans 〉 Efficiency 를 선택하십시오.

결과: 팝업 힌트는 효율성을 계산하는 데 사용된 수치 계산 방법에 대한 정보를 제공합니다.

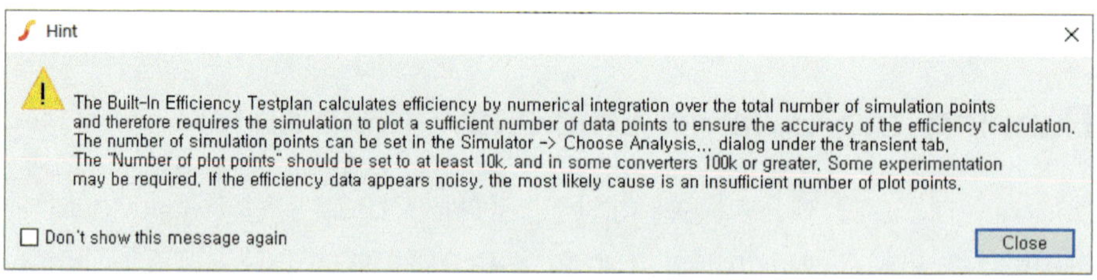

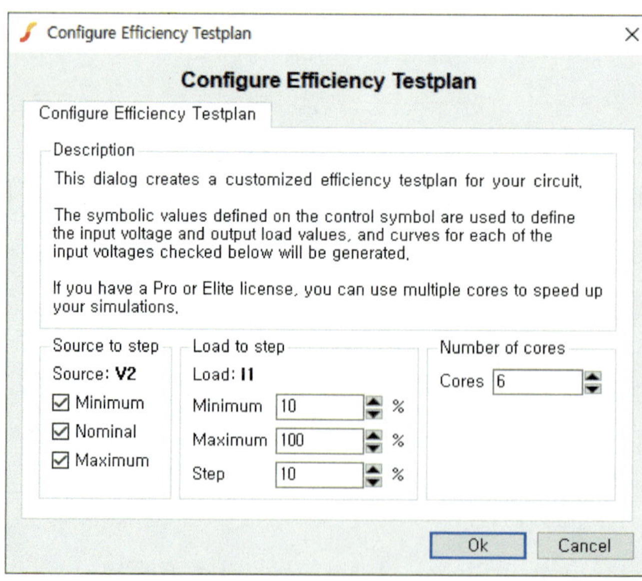

❷ Ok 를 클릭하십시오.

결과: 테스트 선택 대화 상자가 나타납니다.

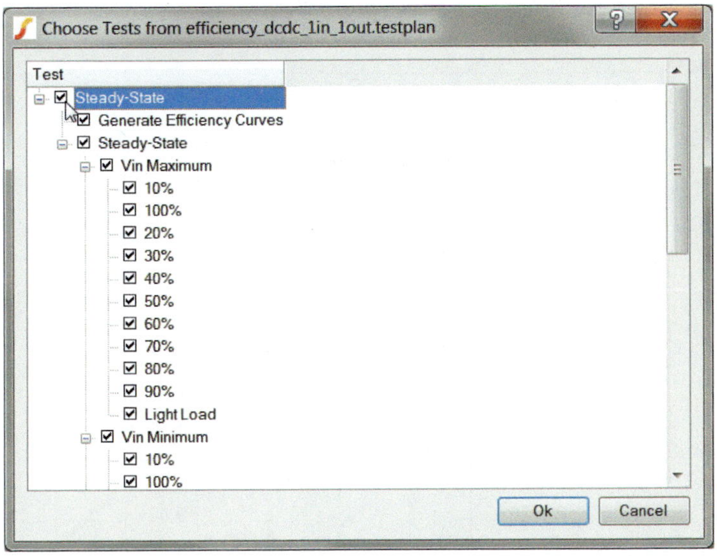

❸ 테스트 플랜에서 모든 테스트를 실행하려면 첫 번째 Steady-State 확인란을 선택하십시오.

❹ OK 을 클릭하십시오.

결과: DVM 은 모든 3 가지 입력 전압과 경부하의 100%까지 부하 전류에 대해 전체 효율 테스트 플랜을 실행합니다. 그러면 결과 요약이 포함된 개요 테스트 보고서가 열립니다.

Input 1	5.000 V (4.5 V to 5.5 V)
Output 1	1.505 V (±5%) @ 1.5 A
Switching Frequency	955kHz

EXCEL-COMPATIBLE RESULTS	
Scalar Results	dvm_advanced_table_scalars.txt
Spec Results	dvm_advanced_table_specs.txt

OVERVIEW GRAPHS

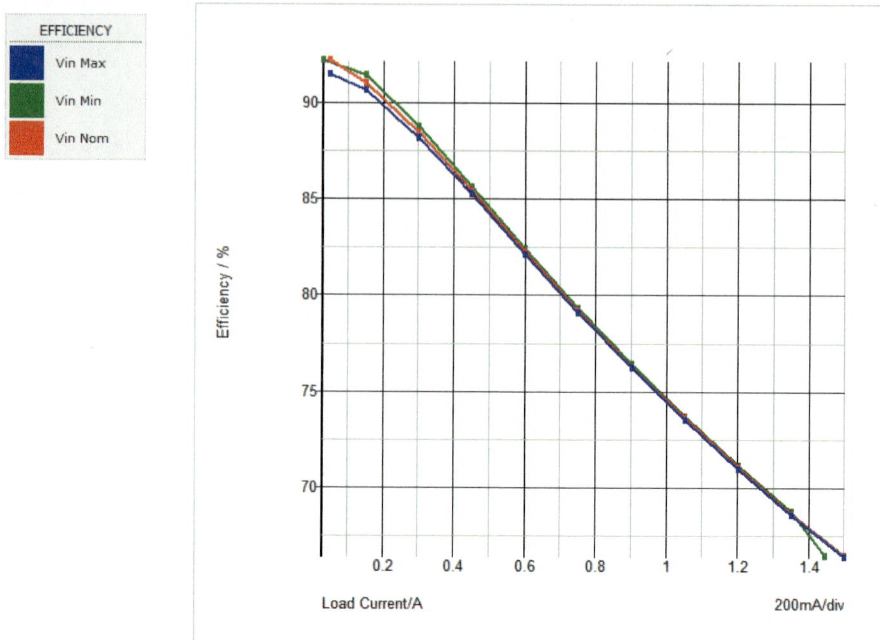

SXGPH File	simplis_pop86_3035.sxgph
Source Test	Steady-State|Generate Efficiency Curves

TEST 1 OF 34	top ^
Test Label	Steady-State|Steady-State|Vin Nominal|Light Load
Simulator	simplis
Test Report	Steady-State\Steady-State\Vin Nominal\Light Load\report.txt.html
Status	**PASS**
Test Time	4s

이 보고서는 다음과 같은 방식으로 sync-buck 보고서와 다릅니다.

- 우선 이 개요 보고서에는 Generate Efficiency Curves 테스트에서 설명한대로 PromoteGraph() 함수를 사용하여 개요 리포트에 배치된 그래프가 포함됩니다.
- 둘째, 효율성 곡선은 이 테스트 계획의 이전 테스트 각각에서 집계된 데이터로 구성되므로 sync-buck 보고서의 곡선과 다릅니다. 효율성 곡선의 각 점은 개별 POP 시뮬레이션 실행 중에 측정된 효율을 나타냅니다. 실제 커브는 CreateXYScalarPlot() 함수를 사용하여 생성되었습니다.

참고: 이 특정 모델에는 저항 손실이 지배적인 효율 곡선이 있습니다. 모델에 Switching 및 기타 AC 손실을 포함했다면, 효율 곡선은 그러한 손실을 반영합니다.

5.2 Running the Line and Load Testplan

라인 및 부하 레귤레이션 테스트 플랜은 회로도 메뉴 DVM 〉 Built-In Testplans 〉 Line and Load Regulation 을 실행할 때 테스트 중인 회로도에 맞게 맞춤 제작됩니다. 이 테스트 플랜은 다중 입력 소스 및 출력 로드를 수용하도록 설계되었습니다. 테스트 플랜에는 모든 입력 전압과 출력 부하 조합을 확인하는 데 필요한 모든 테스트가 포함되어 있습니다. 이러한 이유 때문에 런타임에 테스트 선택 대화 상자가 나타나지 않고 DVM 이 전체 테스트 플랜을 실행합니다.

이 테스트 플랜을 실행하려면 DV Built-In Testplans 〉 Line and Load Regulation 을 실행하십시오.

라인 및 부하 레귤레이션 데이터는 아래에 표시된 것처럼 개요 테스트 보고서의 Calculated Results 섹션에 표시됩니다.

SIMetrix / SIMPLIS

» DVM TEST REPORT OVERVIEW

GENERAL	
Schematic	5.1_LTC3406B - DVM ADVANCED.sxsch
Testplan	dvm_advanced.testplan
Original Testplan Filename	line_and_load_regulation.testplan
Date / Time	2013-04-18 1:12:37 PM
Report Directory	DVM_REPORTS\2013-04-18-1_12_37_PM
Log File	dvm_advanced.log
# of Tests Run	7 of 7 (**6 Passed**, **1 Skipped**)
Total Time	31s

DESIGN SPECIFICATIONS	
Circuit Name	LTC3406B
Description	Synchronous Buck
Input 1	5.000 V (4.5 V to 5.5 V)
Output 1	1.505 V (±5%) @ 1.5 A
Switching Frequency	955kHz

CALCULATED RESULTS	
Line and Load Regulation (Input 1, Output 1)	3.7136213%
Line Regulation (Input 1) for Output 1	0.0059800664%
Load Regulation (Output 1) for Output 1	0.0079734219%

EXCEL-COMPATIBLE RESULTS	
Scalar Results	dvm_advanced_table_scalars.txt
Spec Results	dvm_advanced_table_specs.txt

TEST 1 OF 7	top ^
Test Label	Steady-State|Input 1 Minimum Voltage, Output 1 100% Load
Simulator	simplis
Test Report	Steady-State\Input 1 Minimum Voltage, Output 1 100% Load\report.txt.html
Status	**PASS**
Test Time	4s

TEST 2 OF 7	top ^
Test Label	Steady-State|Input 1 Maximum Voltage, Output 1 Light Load
Simulator	simplis
Test Report	Steady-State\Input 1 Maximum Voltage, Output 1 Light Load\report.txt.html
Status	**PASS**
Test Time	4s

TEST 3 OF 7	top ^
Test Label	Steady-State|Input 1 Nominal Voltage, Output 1 100% Load

참고: 이 특정 보고서에서 컨버터는 100 % 부하에서 로우 라인으로 전류 제한을 입력합니다. 따라서 Line and Load Regulation (Input 1, Output1)에 대한 측정 결과는 예상보다 훨씬 높습니다. 이를 확인하려면 최대 출력 전류를 1.5A 에서 1.45A 로 줄이십시오(3.1.6 Setting Control Parameters 참조). 최종 라인 및 부하 레귤레이션 값은 예상한 대로 됩니다.

6 Customizing Testplans

DVM 테스트 플랜은 .testplan 확장명을 가진 탭으로 구분된 텍스트 파일이며 텍스트 편집기 또는 Microsoft Excel과 같은 스프레드 시트 프로그램을 사용하여 편집할 수 있습니다. DVM 구문에 대한 자세한 내용은 DVM 설명서의 테스트 플랜을 참조하십시오.

다음과 같은 일반 규칙이 적용됩니다.

- 빈 줄은 무시됩니다.
- 별표 (*)로 시작하는 행은 주석 행으로 간주되어 무시됩니다.
- 인라인 주석은 지원되지 않습니다. 전체 줄을 주석 처리할 수 있지만 한 줄의 부분이나 줄을 주석 처리할 수는 없습니다.
- 비어 있지 않거나 주석이 없는 행은 모두 testplan 항목으로 해석됩니다. 즉, 실행할 테스트.
- 테스트 플랜에는 헤더 행이 포함될 수 있습니다. 이 행의 첫 번째 항목은 다음 세 문자 시퀀스로 시작해야 합니다. *?@
- 테스트 플랜에는 DVM 제어 기호에서 직접 가져오거나 DVM 제어 기호에서 가져온 값에서 계산되는 기호 값이 포함되는 경우가 많습니다. 기호 값을 통합함으로써, 하나의 특정 회로가 아닌 전체 회로 클래스에 대해 동일한 테스트 플랜을 사용할 수 있습니다.
- 모든 항목은 대소문자를 구분하지 않습니다.

함수 및 테스트 플랜 항목의 수는 관리 가능하지만 구문은 정확합니다. 가장 일반적으로 사용되는 함수의 예는 다음 하위 절에서 설명합니다.

- 6.1 Using the Var() and GlobalVar() Functions
- 6.2 Using the Change() Function

사용자 정의 테스트 계획을 작성할 때 기본 제공 테스트 계획을 시작하는 것이 좋으나, 전체 'syncbuck_1in_1out.test plan' 전체에는 129개의 테스트가 있으므로 이 튜토리얼에서는 129개의 테스트 중 대표적인 샘플을 조사합니다. 아래는 'syncbuck_1in_1out.test plan'의 테스트 샘플인 '6.0_a_sampling_of_the_syncbuck_1in_1out.test plan'입니다. 이 테스트 플랜에는 3가지 입력 전압(공칭, 최소 및 최대) 및 3가지 부하(light, 50% 및 100%)가 포함된 9개의 Bode Plot 테스트와 다른 테스트 목표 각각에 대한 테스트가 모두 포함됩니다.

참고: 아래 샘플의 행 번호를 포함하는 첫 번째 열은 테스트 플랜에 없지만 이 예에서 특정 행을 참조하는 데 사용됩니다.

1	***				
2	*** A sampling of tests in the syncbuck_1in_1out.testplan				
3	***				
4	*?@ Analysis	Objective	Source	Load	Label
5	***				
6	Ac	BodePlot(OUTPUT:1)	Source(INPUT:1, Nominal)	Load(OUTPUT:1, Light)	Ac Analysis|Bode Plot|Vin Nominal|Light Load
7	Ac	BodePlot(OUTPUT:1)	Source(INPUT:1, Nominal)	Load(OUTPUT:1, 50%)	Ac Analysis|Bode Plot|Vin Nominal|50% Load
8	Ac	BodePlot(OUTPUT:1)	Source(INPUT:1, Nominal)	Load(OUTPUT:1, 100%)	Ac Analysis|Bode Plot|Vin Nominal|100% Load
9	***				
10	Ac	BodePlot(OUTPUT:1)	Source(INPUT:1, Minimum)	Load(OUTPUT:1, Light)	Ac Analysis|Bode Plot|Vin Minimum|Light Load
11	Ac	BodePlot(OUTPUT:1)	Source(INPUT:1, Minimum)	Load(OUTPUT:1, 50%)	Ac Analysis|Bode Plot|Vin Minimum|50% Load
12	Ac	BodePlot(OUTPUT:1)	Source(INPUT:1, Minimum)	Load(OUTPUT:1, 100%)	Ac Analysis|Bode Plot|Vin Minimum|100% Load
13	***				
14	Ac	BodePlot(OUTPUT:1)	Source(INPUT:1, Maximum)	Load(OUTPUT:1, Light)	Ac Analysis|Bode Plot|Vin Maximum|Light Load
15	Ac	BodePlot(OUTPUT:1)	Source(INPUT:1, Maximum)	Load(OUTPUT:1, 50%)	Ac Analysis|Bode Plot|Vin Maximum|50% Load
16	Ac	BodePlot(OUTPUT:1)	Source(INPUT:1, Maximum)	Load(OUTPUT:1, 100%)	Ac Analysis|Bode Plot|Vin Maximum|100% Load
17	***				
18	Ac	ConductedSusceptibility(INPUT:1)	Source(INPUT:1, Nominal)	Load(OUTPUT:1, Light)	Ac Analysis|Conducted Susceptibility|Vin Nominal|Light Load
19	***				
20	Ac	Impedance(INPUT:1)	Source(INPUT:1, Minimum)	Load(OUTPUT:1, 50%)	Ac Analysis|Input Impedance|Vin Minimum|50% Load
21	***				
22	Ac	Impedance(OUTPUT:1)	Source(INPUT:1, Maximum)	Load(OUTPUT:1, 100%)	Ac Analysis|Output Impedance|Vin Maximum|100% Load
23	***				
24	Transient	StepLoad(OUTPUT:1, 50%, 100%)	Source(INPUT:1, Nominal)		Transient|Step Load|Vin Nominal|50% Load to 100% Load
25	***				
26	Transient	StepLine(INPUT:1, Minimum, Maximum)		Load(OUTPUT:1, Light)	Transient|Step Line|Light Load|Vin Minimum to Vin Maximum
27	***				
28	Transient	Startup(INPUT:1, Maximum)		Load(OUTPUT:1, 50%)	Transient|Startup|50% Load|0V to Vin Maximum
29	***				
30	Transient	ShortCkt(OUTPUT:1, Light)	Source(INPUT:1, Minimum)		Transient|Short Circuit|Vin Minimum|Light Load to Short Circuit
31	***				
32	Steady-State	Steady-State	Source(INPUT:1, Nominal)	Load(OUTPUT:1, 50%)	Steady-State|Steady-State|Vin Nominal|50% Load

Testplan 의 상세 내용은 Link 참고:

http://www.simplis.com/documentation/simplis/dvm_tutorial/topics/6_0_customizing_testplans.htm

syncbuck_1in_1out.testplan의 테스트 샘플링에 대한 참고 사항

- 테스트 샘플링 테스트 플랜에는 # 4 번 행에 Analysis, Objective, Source, Load 및 Label 의 5 개 열 제목이 포함되어 있습니다 .
- 주석이 아닌 각 행은 새로운 테스트(6,7,8,10,11,12 행 등)를 나타냅니다.
- 각 열의 항목(레이블 열 제외)은 시뮬레이션 실행 전이나 후에 작업을 수행합니다. Analysis 및 Objective 열의 정보는 Source 및 Load 열의 함수가 사용하는 분석 유형 및 실제 하위 회로를 구성하는 데 사용됩니다.

  테스트 플랜은 시스템의 제한 내에서 왼쪽에서 오른쪽으로 그리고 위에서 아래로 실행됩니다. 제한 사항의 예로 PostProcess 열이 위의 테스트 플랜에 첫 번째 열 위치에 삽입된 경우, 프로그램은 시뮬레이션을 위한 회로도를 구성할 때 이 열을 건너뜁니다. PostProcess 열은 시뮬레이션이 완료된 후 실행되는 첫 번째 열입니다. 동일한 유형의 여러 열이 테스트 플랜에 의해 정의된 왼쪽에서 오른쪽 순서로 실행됩니다.
- 위 테스트 플랜의 각 항목은 값 또는 함수입니다.

  ○ **Analysis** 열에서 값은 Ac 입니다.

  ○ **Objective** 열에서 함수 StepLoad(OUTPUT: 1, 50 %, 100 %) 기능은 프로그램이 첫 번째 관리 출력 부하를 전체 부하의 50%, 최종 부하 100%의 스텝 부하 하위 회로로 설정하도록 알려줍니다. 이 목표는 분석 매개변수를 설정하고 시뮬레이션 데이터에 대해 수행할 측정을 결정합니다.

  ○ **Source** 열에서 Source (INPUT: 1, Nominal) 기능은 첫 번째 관리되는 소스의 전압을 DVM Full Power Assist 제어 기호에 설정된 공칭 값으로 설정합니다. 소스 하위 회로 유형은 변경되지 않습니다.

  ○ **Load** 열에서 Load (OUTPUT: 1, 50 %) 기능은 출력 부하를 DVM Full Power Assist 제어 기호에 설정된 전체 부하 사양의 50 %로 설정합니다. 로드 하위 회로 유형은 변경되지 않습니다.

○ Label 열의 값에는 파이프 "|"이 포함되어 있습니다. 테스트를 설명하는 구분된 문자열입니다. 이 항목은 회로도를 구성하거나 후 처리에서 어떤 결과를 생성할지 결정하는데 사용되지 않습니다. 대신 라벨을 사용하여 테스트 선택 대화 상자를 채우고 보고서 Directory 구조를 결정합니다.

sync-buck 테스트 플랜의 축약 버전과 전체 버전은 2.0 시작하기에서 설명한대로 SIMPLIS_dvm_tutorial_examples.zip 을 압축 해제한 Directory 에서 찾아 사용할 수 있습니다.

- 축약 테스트 플랜 : testplans / 6.0_a_sampling_of_the_syncbuck_1in_1out.testplan
- 전체 테스트 플랜 : testplans / dvm_builtin-syncbuck_1in_1out.testplan

6.1 Using the Var() and GlobalVar() Functions

이 섹션에서는 Var() 및 GlobalVar() 함수를 사용하여 매개변수 값을 변경하는 테스트 플랜을 실행하기 위해 테스트 플랜 템플릿과 설계도를 수정합니다.

- Var()와 GlobalVar()는 모두 같은 구문을 사용합니다.
  - Var(variable_name, value)
  - GlobalVar(variable_name, value)
- 두 함수 모두 F11 키를 눌러 회로도에서 액세스 할 수 있는 시뮬레이터 명령 (F11) 창에 명령문을 작성합니다. 이 창은 회로도 아래에 나타나며 시뮬레이터 명령, 하위 회로 모델, 변수 등에 사용됩니다.
- **Var() 함수와 GlobalVar() 함수의 유일한 차이점은 해당 범위입니다.**
  Var() 함수는 최상위 수준 회로만 매개변수화하고 하위 계층 구조는 영향을 받지 않습니다. GlobalVar() 함수는 계층의 모든 수준에서 매개변수화됩니다. GlobalVar() 함수의 이 기능은 편리하지만 위험할 수 있습니다. 전역 변수는 계층적 구성 요소 수준에서 로컬로 정의된 모든 변수보다 우선합니다. GlobalVar() 함수를 사용하는 경우 정의된 변수가 로컬 변수를 덮어쓰지 않도록 하십시오.
- 다음 지침은 이 두 가지 기능을 사용하기 위한 모범 사례로 간주됩니다.
  - **변수 이름을 명시적 및 고유하게 만드십시오.**
  - **가능한 필요할 때마다 변수를 로컬로 정의하십시오.**
- 이 두 기능에 대한 자세한 내용은 6.1.3 Completing the Testplan Modifications 를 참조하십시오.

6.1.1 Modifying a Testplan Template

사용자 정의된 테스트 플랜을 작성하는 가장 좋은 방법은 내장된 테스트 플랜 중 하나를 템플릿으로 시작하는 것입니다.

회로도 매개변수 값을 변경하는 첫 번째 방법을 보여주는 테스트 플랜을 만들려면 다음 단계를 수행하십시오.

❶ SIMPLIS_dvm_tutorial_examples.zip(testplans / dvm_builtin-syncbuck_1in_1out.testplan) 경로에서 내장된 sync-buck 테스트 플랜을 엽니다.

❷ 공칭 입력 전압에서 3 가지 Bode Plot 테스트를 제외하고 모두 제거하십시오. 즉 처음 9 행만 유지하십시오.

- 처음 다섯 개의 주석 행
- Ac 로 시작하는 다음 3 줄
- 다음 주석 행

참고: 내장된 테스트 플랜을 실행하면 테스트 플랜의 작업 복사본이 설계도와 동일한 Directory 에 배치되므로 원래의 테스트 플랜을 유지하면서 수정 작업을 쉽게 수행할 수 있습니다.

❸ 표제가 "Label"인 5 열의 행 6, 7 및 8 행에서 Ac 분석을 Default Values 값으로 변경합니다.

❹ 테스트 플랜을 6.1_my_var_start.tesplan 으로 저장하십시오.
또는
이 경로에 있는 SIMPLIS_dvm_tutorial_examples.zip 에서 현재 상태로 업데이트된 테스트 플랜을 엽니다. testplans / 6.1_var_start.testplan

수정된 시험 계획은 빨간색으로 변경된 아래 그림과 같아야 합니다.

```
1  ***
2  *** 6.1_var_start.testplan: starting var testplan for DVM tutorial section 6.1
3  ***
4  *?@ Analysis  Objective             Source                      Load                      Label
5  ***
6  Ac            BodePlot(OUTPUT:1)    Source(INPUT:1, Nominal)    Load(OUTPUT:1, Light)     Default Values|Bode Plot|Vin Nominal|Light Load
7  Ac            BodePlot(OUTPUT:1)    Source(INPUT:1, Nominal)    Load(OUTPUT:1, 50%)       Default Values|Bode Plot|Vin Nominal|50% Load
8  Ac            BodePlot(OUTPUT:1)    Source(INPUT:1, Nominal)    Load(OUTPUT:1, 100%)      Default Values|Bode Plot|Vin Nominal|100% Load
```

6.1_my_var_start.testplan에 대한 참고 사항

- 테스트 플랜은 세 개의 주석 행과 그 뒤에 특수 3 자 순서로 시작하는 머리말 행으로 시작합니다: *? @

• 헤더 행 다음의 행은 회로가 공칭 입력 소스 전압 및 3 가지 다른 로드 레벨 (Light, 50%, 100%)에서 테스트 되는 세 가지 유효한 Bode Plot 테스트로 구성됩니다. 50%와 100%는 각각 전체 부하의 50%와 100%로 해석됩니다.
• 전체 부하 값은 출력 페이지의 DVM 제어 기호에 저장됩니다.
• 기호 값 Light 는 POP 분석이 성공할 때 가장 가벼운 로드 값을 나타냅니다. 이 값은 출력 페이지의 DVM 제어 기호에도 저장됩니다.

Header	Value	Description
Analysis	AC	Tells the program to expect a valid AC analysis objective in the testplan row.
Objective	BodePlot(OUTPUT:1)	Sets the input source to a DC source; sets the first managed load (OUTPUT:1) to a Bode type load; sets the analysis to run a POP and AC simulation; and measures the scalars for gain crossover frequency, gain margin, etc.
Source	Source(INPUT:1,value)	Sets the DC value of the first managed input source (INPUT:1). The nominal, minimum and maximum values are taken from the user entries in the DVM control symbol. The Source(INPUT:1,value) entry does not change the subcircuit definition.
Load	Load(OUTPUT:1,value)	Sets the output load as a percentage of full load. The full load value is taken from the DVM control symbol.
Label	Varies	A description of the test with the pipe character (|) as the delimiter. The label is used to populate the test selection dialog box. Each pipe character (|) generates a new branch or sublevel in the test selection dialog. Tests are run in the order in which they appear in the testplan file. Tests are presented in the test selection dialog by an alphanumeric sort of the label values of each test.

6.1.2 Modifying the Schematic to Use Parameters

테스트 플랜에서 Var() 및 GlobalVar() 문을 사용하여 매개변수를 변경하려면 매개변수화를 지원하는 구성 요소가 있는 설계도가 필요합니다. 이 회로도(6.0_LTC3406B-DVM ADVANCED .sxsch)는 섹션 4.2 의 회로도와 전기적으로 동일하지만 Inductor 를 매개변수를 수용하는 최신 버전으로 대체했습니다.

다음 절차에서는 숫자 값과 단위를 중괄호 {}로 묶은 표현식으로 바꿉니다. 이 구문은 포함된 표현식을 평가하고 장치 매개변수 편집 대화 상자에 직접 입력한 것처럼 시뮬레이션에 사용되는 숫자 값을 반환하도록 프로그램에 신호를 보냅니다.

최상위 회로도에서 Inductor L1 과 Capacitor C1 을 Parameter 화하려면 다음 단계를 수행하십시오.

❶ 이 경로의 SIMPLIS_dvm_tutorial_examples.zip 에서 회로도를 여십시오. LTC3406B / 6.0_LTC3406B - DVM ADVANCED.sxsch

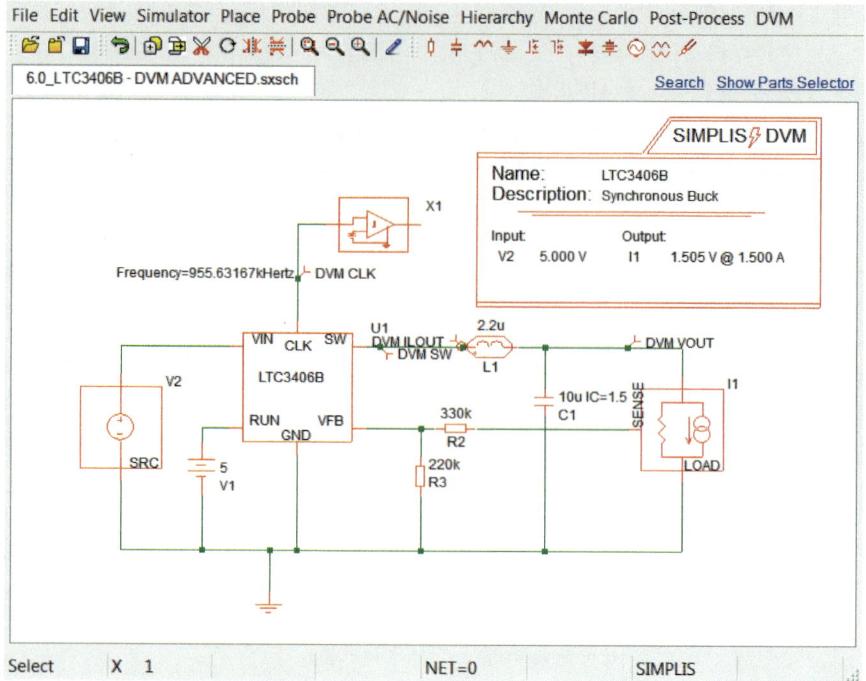

❷ Inductor L1 을 두 번 클릭하여 Edit Device Parameters 대화 상자를 엽니다.

❸ 인덕턴스 값을 2.2u 에서 {L1_val}로 변경하고 OK 를 클릭하십시오.

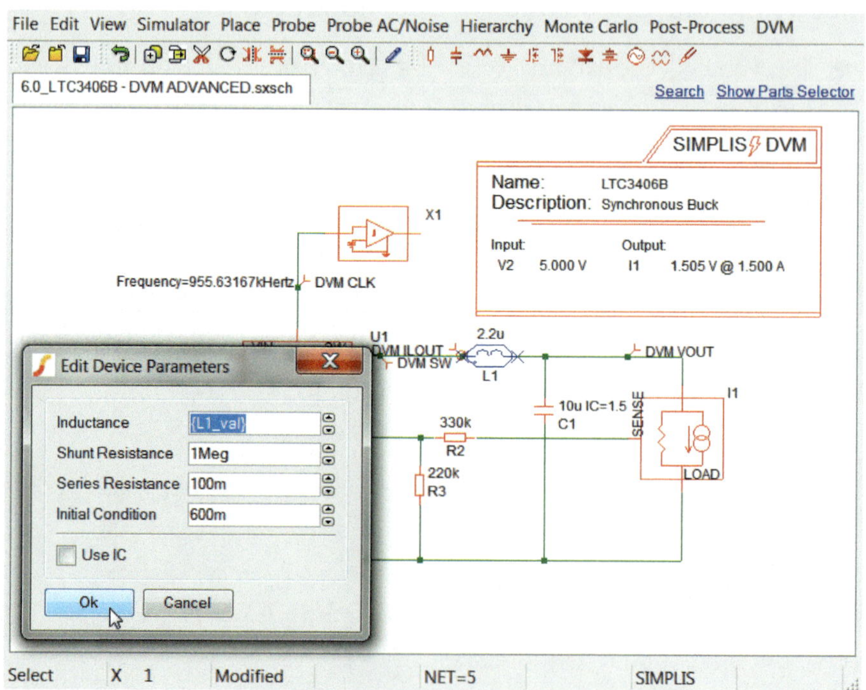

❹ Capacitor C1 을 두 번 클릭하십시오.

❺ 결과 값을 10 에서 {C1_val}로 변경하고 확인을 클릭하십시오.

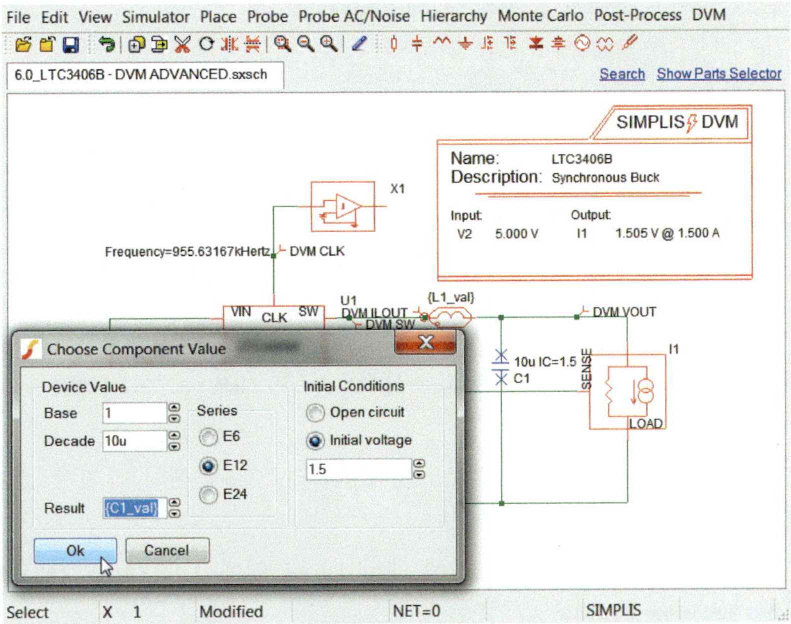

이 경로의 SIMPLIS_dvm_tutorial_examples.zip 에서 매개변수화 된 회로도를 사용할 수 있습니다. LTC3406B / 6.1_LTC3406B - DVM ADVANCED.sxsch

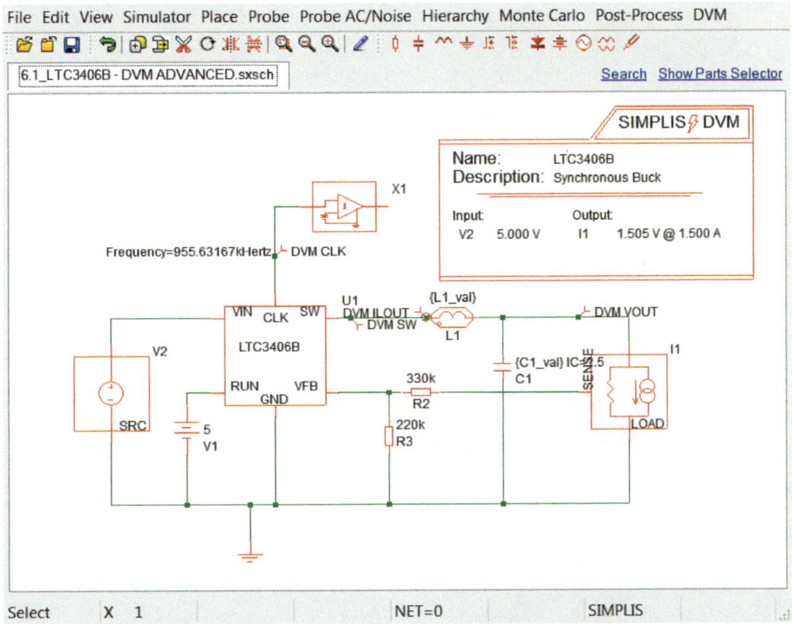

6.1.3 Completing the Testplan Modifications

이제 L1_val 및 C1_val 변수를 회로도에 추가했으므로 6.1.1 Modifying a Testplan Template 에서 작성한 테스트 플랜을 수정할 준비가 되었습니다.

이러한 수정 작업을 완료하려면 다음과 같이 하십시오.

❶ 6.1.1 에 저장한 테스트 플랜을 6.1_my_var_start.test 계획으로 수정합니다.
또는
SIMPLIS_dvm_tutorial_examples.zip (testplans / 6.1_var_start.testplan) 경로에서 업데이트 된 테스트 플랜을 엽니다.

❷ 9 번째 줄에 다음에 다음 주석을 삽입하십시오. *** duplicated tests with new test labels

❸ 열어 놓은 테스트 플랜에서 5~8 행을 복사하여 테스트 플랜의 마지막 줄 아래에 붙여넣으면 6 가지 테스트가 있습니다.

❹ 두 번째 집합의 세 가지 테스트 각각에 대한 Label 열에서 Default Values 값을 New Values 값으로 변경합니다.

결과: 테스트 플랜은 다음과 같아야 합니다.

```
1   ***
2   *** modified ( 6.1_var_start.testplan )
3   ***
4   *?@ Analysis  Objective           Source                     Load                     Label
5   ***
6   Ac            BodePlot(OUTPUT:1)  Source(INPUT:1, Nominal)   Load(OUTPUT:1, Light)    Default Values|Bode Plot|Vin Nominal|Light Load
7   Ac            BodePlot(OUTPUT:1)  Source(INPUT:1, Nominal)   Load(OUTPUT:1, 50%)      Default Values|Bode Plot|Vin Nominal|50% Load
8   Ac            BodePlot(OUTPUT:1)  Source(INPUT:1, Nominal)   Load(OUTPUT:1, 100%)     Default Values|Bode Plot|Vin Nominal|100% Load
9   ***
10  *** duplicated tests with new test labels
11  ***
12  Ac            BodePlot(OUTPUT:1)  Source(INPUT:1, Nominal)   Load(OUTPUT:1, Light)    New Values |Bode Plot|Vin Nominal|Light Load
13  Ac            BodePlot(OUTPUT:1)  Source(INPUT:1, Nominal)   Load(OUTPUT:1, 50%)      New Values |Bode Plot|Vin Nominal|50% Load
14  Ac            BodePlot(OUTPUT:1)  Source(INPUT:1, Nominal)   Load(OUTPUT:1, 100%)     New Values |Bode Plot|Vin Nominal|100% Load
```

테스트 플랜을 수정하는 마지막 단계는 L1_val 및 C1_val 변수를 처리하기 위해 두 개의 새로운 열을 추가하는 것입니다.

❶ Objective 와 Source 로 표시된 열 사이에 두 개의 열을 삽입하십시오.

❷ Objective 뒤에 있는 열의 머리글 행에 다음 제목을 입력합니다. Var (L1_val, 2.2u).

❸ 다음 열에 이 제목을 입력하십시오: Var (C1_val, 10u).

결과: Var() 함수의 구문은 프로그램에 L1_val 의 기본값이 2.2u 이고 C1_val 의 기본값이 10u 임을 알립니다.

4	*?@ ana	objective	Var(L1_val, 2.2u)	Var(C1_val, 10u)	source
5	***				
6	Ac	BodePlot(OUTPUT:1)			Source(INPUT:1, Nominal)
7	Ac	BodePlot(OUTPUT:1)			Source(INPUT:1, Nominal)
8	Ac	BodePlot(OUTPUT:1)			Source(INPUT:1, Nominal)
9	***				
10	*** duplicated tests with new test labels				

❹ 테스트 플랜의 모든 행에 대해 DVM은 이 두 개의 새 열 중 하나의 빈 필드를 기본값으로 해석한 다음 기본값이 있는 .VAR 문을 해당 테스트의 F11 창에 씁니다.

❺ 두 개의 새 열 중 하나의 필드에 값이 있는 테스트의 경우 DVM은 .VAR 문을 testplan 필드에 입력한 정확한 텍스트로 회로도의 F11 창에 씁니다.

❻ 두 번째 테스트 (12-15 행)에서 다음을 수행하십시오.

a. Var (L1_val, 2.2u)라고 표시된 열에서 각 세 행에 각각 1.8u를 추가합니다.

b. Var (C1_val, 10u)라고 표시된 열에서 각 세 행에 12.5u를 더합니다.

4	*?@ ana	objective	Var(L1_val, 2.2u)	Var(C1_val, 10u)	source
5	***				
6	Ac	BodePlot(OUTPUT:1)			Source(INPUT:1, Nominal)
7	Ac	BodePlot(OUTPUT:1)			Source(INPUT:1, Nominal)
8	Ac	BodePlot(OUTPUT:1)			Source(INPUT:1, Nominal)
9	***				
10	*** duplicated tests with new test labels				
11	***				
12	Ac	BodePlot(OUTPUT:1)	**1.8u**	**12.5u**	Source(INPUT:1, Nominal)
13	Ac	BodePlot(OUTPUT:1)	**1.8u**	**12.5u**	Source(INPUT:1, Nominal)
14	Ac	BodePlot(OUTPUT:1)	**1.8u**	**12.5u**	Source(INPUT:1, Nominal)

최종 변경된 테스트 플랜은 다음과 같습니다. 빨간색은 추가되거나 변경된 내용입니다.

***						
*** 6.1_var_final.testplan: final var testplan for DVM tutorial section 6.1						
***						
*?@ Analysis	Objective	Var(L1_val, 2.2u)	Var(C1_val, 10u)	Source	Load	Label
***						
Ac	BodePlot(OUTPUT:1)			Source(INPUT:1, Nominal)	Load(OUTPUT:1, Light)	Default Values|Bode Plot|Vin Nominal|Light Load
Ac	BodePlot(OUTPUT:1)			Source(INPUT:1, Nominal)	Load(OUTPUT:1, 50%)	Default Values|Bode Plot|Vin Nominal|50% Load
Ac	BodePlot(OUTPUT:1)			Source(INPUT:1, Nominal)	Load(OUTPUT:1, 100%)	Default Values|Bode Plot|Vin Nominal|100% Load
***						
*** these tests use the new modified values						
***						
Ac	BodePlot(OUTPUT:1)	1.8u	12.5u	Source(INPUT:1, Nominal)	Load(OUTPUT:1, Light)	New Values |Bode Plot|Vin Nomihal|Light Load
Ac	BodePlot(OUTPUT:1)	1.8u	12.5u	Source(INPUT:1, Nominal)	Load(OUTPUT:1, 50%)	New Values |Bode Plot|Vin Nomihal|50% Load
Ac	BodePlot(OUTPUT:1)	1.8u	12.5u	Source(INPUT:1, Nominal)	Load(OUTPUT:1, 100%)	New Values |Bode Plot|Vin Nomihal|100% Load

테스트 플랜을 회로도 Directory에 저장하거나 현재까지의 테스트 플랜은 SIMPLIS_dvm_tutorial_examples.zip에서 testplans / 6.1_var_final.testplan 경로에 있습니다.

6.1.4 Running the Modified Testplan with the Modified Schematic

이 테스트 플랜을 실행하기 전에 F11 키를 눌러 회로도에서 시뮬레이터 명령(F11)창을 엽니다. 테스트가 실행되면 .VAR 문이 쓰여지고 F11 창에서 삭제되면서 .VAR 문을 확인할 수 있습니다. 시뮬레이션이 시작되기 전에 F11 창의 전체 내용이 Netlist 의 시작 부분에 추가됩니다. Default Values 테스트 중 하나를 실행하면 다음 변수가 F11 창에 표시됩니다.

```
.VAR L1_val = 2.2u
.VAR C1_val = 10u
```

6.1.5 Difference Between Var() and GlobalVar

로컬 변수와 글로벌 변수의 차이점을 설명하기 위해, LTC3406B_EAMP.sxcmp 의 Capacitor C1 에 {C1_val}을 할당하면 시뮬레이션을 실행할 때 다음 오류가 발생합니다.

```
*** ERRORS REPORTED BY SIMPLIS ***
*****************************************
<<<<<<< error="" message="" id:="" 1038="">>>>>>>>

input file \LTC3406B\SIMPLIS_Data/6.0_LTC3406B - DVM ADVANCED.deck, line 358:
        C1 6 9 {C1_val} IC=0

A number to represent the value
for `capacitance' is expected at the
location where `{C1_val}' occupies.



*** END SIMPLIS ERROR REPORT ***
```

이 오류는 변수 {C1_val}이 EAMP 하위 회로의 Netlist 에 정의되지 않았음을 나타냅니다. 계층 구조 디자인의 하위 수준에서 변수를 사용하려면 GlobalVar() 함수를 사용해야 합니다. 6.1_var_final.testplan 의 Var() 헤더 항목을 GlobalVar() 항목으로 변경하면 {L1_val} 및 {C1_val}은 계층 구조의 모든 하위 수준뿐만 아니라 최상위 수준에서도 사용할 수 있습니다. GlobalVar() 함수를 사용하는 테스트 플랜은 다음과 같이 빨간색으로 수정되었습니다.

Var() ⇨ GlobalVar()

<table>
<tr><td colspan="7">***</td></tr>
<tr><td colspan="7">*** 6.1_globalvar.testplan: GlobalVar() testplan for DVM tutorial section 6.1</td></tr>
<tr><td colspan="7">***</td></tr>
<tr><td>*?@ Analysis</td><td>Objective</td><td>GlobalVar (L1_val,</td><td>GlobalVar (C1_val,</td><td>Source</td><td>Load</td><td>Label</td></tr>
<tr><td colspan="7">***</td></tr>
<tr><td>Ac</td><td>BodePlot(OUTPUT:1)</td><td></td><td></td><td>Source(INPUT:1, Nominal)</td><td>Load(OUTPUT:1, Light)</td><td>Default Values|Bode Plot|Vin Nominal|Light Load</td></tr>
<tr><td>Ac</td><td>BodePlot(OUTPUT:1)</td><td></td><td></td><td>Source(INPUT:1, Nominal)</td><td>Load(OUTPUT:1, 50%)</td><td>Default Values|Bode Plot|Vin Nominal|50% Load</td></tr>
<tr><td>Ac</td><td>BodePlot(OUTPUT:1)</td><td></td><td></td><td>Source(INPUT:1, Nominal)</td><td>Load(OUTPUT:1, 100%)</td><td>Default Values|Bode Plot|Vin Nominal|100% Load</td></tr>
<tr><td colspan="7">***</td></tr>
<tr><td colspan="7">*** these tests use the new modified values</td></tr>
<tr><td colspan="7">***</td></tr>
<tr><td>Ac</td><td>BodePlot(OUTPUT:1)</td><td>1.8u</td><td>12.5u</td><td>Source(INPUT:1, Nominal)</td><td>Load(OUTPUT:1, Light)</td><td>New Values|Bode Plot|Vin Nominal|Light Load</td></tr>
<tr><td>Ac</td><td>BodePlot(OUTPUT:1)</td><td>1.8u</td><td>12.5u</td><td>Source(INPUT:1, Nominal)</td><td>Load(OUTPUT:1, 50%)</td><td>New Values|Bode Plot|Vin Nominal|50% Load</td></tr>
<tr><td>Ac</td><td>BodePlot(OUTPUT:1)</td><td>1.8u</td><td>12.5u</td><td>Source(INPUT:1, Nominal)</td><td>Load(OUTPUT:1, 100%)</td><td>New Values|Bode Plot|Vin Nominal|100% Load</td></tr>
</table>

위의 testplan 을 저장하여 사용하시거나 SIMPLIS_dvm_tutorial_examples.zip 에서 압축을 해제한 Directory 에서 testplans / 6.1_globalvar.testplan 을 찾아 사용할 수 있습니다.

6.2 Using the Change() Function

6.1 Using the Var() and GlobalVar() Function 에서 기호 속성에 변수를 추가하는 방법과 Var() 및 GlobalVar() 함수를 사용하여 변수 값을 설정하는 방법을 배웠습니다. 이제 Var() 및 GlobalVar() 구문을 이해했으므로 Var() 및 GlobalVar() 함수와 유사한 구문을 사용하여 Change() 함수를 사용하여 6.1_globalvar.testplan 에 해당하는 테스트 플랜을 생성합니다.

6.2.1 Changing Values on Top-Level Symbols

최상위 기호의 값을 변경하려면 다음과 같이하십시오.

❶ testplans / 6.1_globalvar.testplan 경로의 SIMPLIS_dvm_tutorial_examples.zip 에서 테스트 플랜을 엽니다.

❷ 헤더 행에서 GlobalVar 을 Change 로 바꿉니다.

❸ 변수 L1_val 및 C1_val 을 기호 L1 및 C1 의 참조 지정자로 각각 변경하십시오.

결과: 테스트 플랜은 빨간색으로 수정 된 상태에서 다음과 같이 나타납니다. 이 테스트 플랜은 SIMPLIS_dvm_tutorial_examples.zip 을 압축 해제한 경로에 있습니다.

testplans / 6.2_change_top_level_values.testplan

<table>
<tr><td>1</td><td colspan="7">***</td></tr>
<tr><td>2</td><td colspan="7">*** 6.2_change_top_level_values.testplan: change testplan for DVM tutorial section 6.2</td></tr>
<tr><td>3</td><td colspan="7">***</td></tr>
<tr><td>4</td><td>*?@ Analysis</td><td>Objective</td><td>Change(L1, 2.2u)</td><td>Change(C1, 10u)</td><td>Source</td><td>Load</td><td>Label</td></tr>
<tr><td>5</td><td colspan="7">***</td></tr>
<tr><td>6</td><td>Ac</td><td>BodePlot(OUTPUT:1)</td><td></td><td></td><td>Source(INPUT:1, Nominal)</td><td>Load(OUTPUT:1, Light)</td><td>Default Values|Bode Plot|Vin Nominal|Light Load</td></tr>
<tr><td>7</td><td>Ac</td><td>BodePlot(OUTPUT:1)</td><td></td><td></td><td>Source(INPUT:1, Nominal)</td><td>Load(OUTPUT:1, 50%)</td><td>Default Values|Bode Plot|Vin Nominal|50% Load</td></tr>
<tr><td>8</td><td>Ac</td><td>BodePlot(OUTPUT:1)</td><td></td><td></td><td>Source(INPUT:1, Nominal)</td><td>Load(OUTPUT:1, 100%)</td><td>Default Values|Bode Plot|Vin Nominal|100% Load</td></tr>
<tr><td>9</td><td colspan="7">***</td></tr>
<tr><td>10</td><td colspan="7">*** these tests use the new modified values</td></tr>
<tr><td>11</td><td colspan="7">b</td></tr>
<tr><td>12</td><td>Ac</td><td>BodePlot(OUTPUT:1)</td><td>1.8u</td><td>12.5u</td><td>Source(INPUT:1, Nominal)</td><td>Load(OUTPUT:1, Light)</td><td>New Values|Bode Plot|Vin Nominal|Light Load</td></tr>
<tr><td>13</td><td>Ac</td><td>BodePlot(OUTPUT:1)</td><td>1.8u</td><td>12.5u</td><td>Source(INPUT:1, Nominal)</td><td>Load(OUTPUT:1, 50%)</td><td>New Values|Bode Plot|Vin Nominal|50% Load</td></tr>
<tr><td>14</td><td>Ac</td><td>BodePlot(OUTPUT:1)</td><td>1.8u</td><td>12.5u</td><td>Source(INPUT:1, Nominal)</td><td>Load(OUTPUT:1, 100%)</td><td>New Values|Bode Plot|Vin Nominal|100% Load</td></tr>
</table>

위의 테스트 플랜 12~14 행(New Values) 중 하나의 테스트가 회로도 LTC3406B / 6.1_LTC3406B-DVM ADVANCED.sxsch 에서 실행되면 회로도의 값이 변수 이름 {L1_val}과 {C1_val}에서 1.8u 및 12.5u 값으로 변경됩니다. F11 창의 변수 명령문이 삭제되고 회로도가 아래 경로로 구성되며 이 경로는 SIMPLIS_dvm_tutorial_examples.zip 에서 사용할 수 있습니다.

LTC3406B / 6.2_LTC3406B - DVM ADVANCED.sxsch.

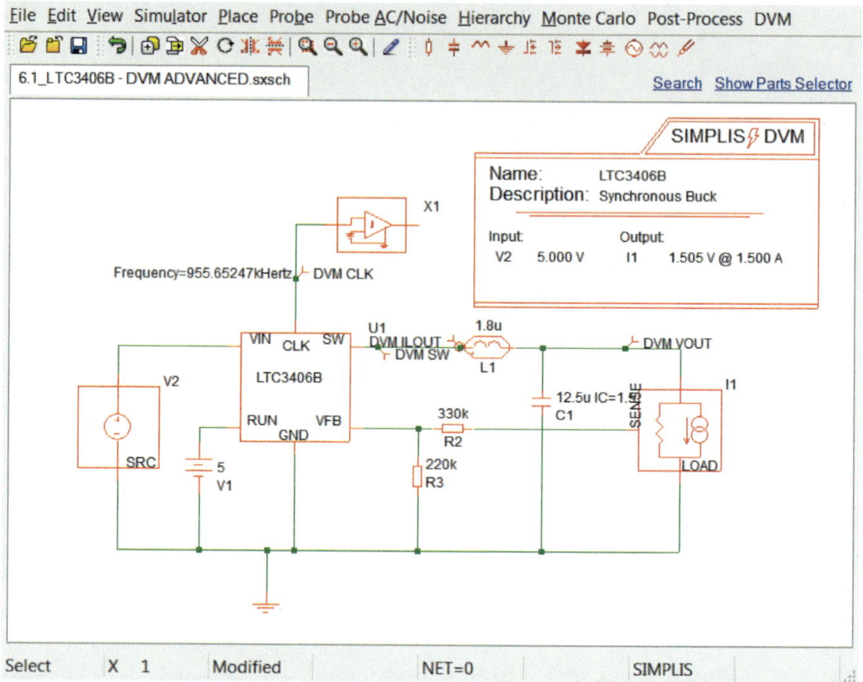

6.2.2 Changing Other Top-Level Properties

기호과 계층적 구성 요소는 둘 다 여러 속성을 가질 수 있습니다. 예를 들어 L1 은 하위 회로로 정의된 손실 Inductor 입니다. 손실이 있는 Inductor 모델에는 Shunt 및 직렬 저항과 인덕턴스에 대한 특성이 있습니다.

회로도에서 이 값을 변경하기 위해 Change() 함수를 사용하려면 이러한 다른 속성의 주소를 식별해야 합니다. property address 는 참조 지정자와 마침표로 구분된 속성 이름으로 구성됩니다. 예를 들어, L1 RSERIES 등록 정보의 등록 정보 주소는 L1.RSERIES 입니다.
회로도에서 이러한 다른 속성을 검사하려면 다음 단계를 수행하십시오.

❶ 이 경로의 SIMPLIS_dvm_tutorial_examples.zip 에서 회로도를 여십시오: LTC3406B / 6.2_LTC3406B - DVM ADVANCED.sxsch.

❷ L1 기호를 마우스 오른쪽 버튼으로 클릭하고 컨텍스트 메뉴 옵션에서 Edit / Add Properties...를 선택하십시오.

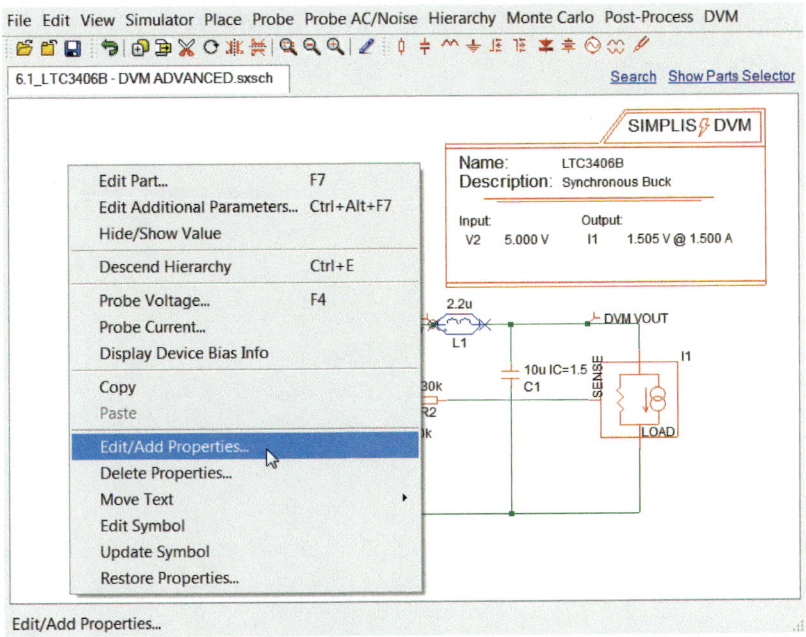

결과: 속성 Edit / Add Properties 대화 상자는 아래와 같이 각 속성 이름과 해당 값을 2 열 형식으로 표시합니다.

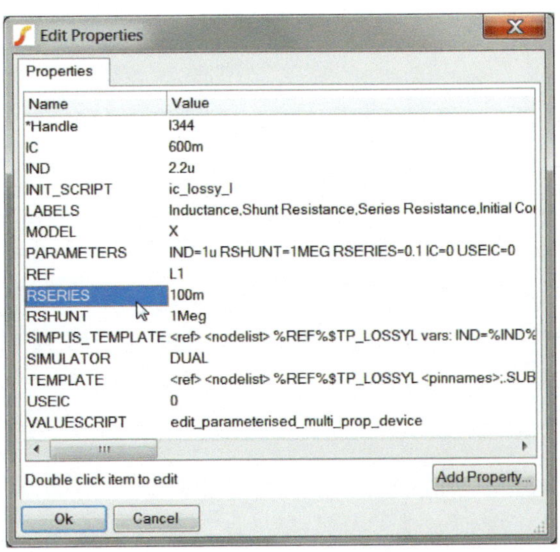

L1 RSERIES 속성에 대한 변경 기능을 사용하도록 테스트 플랜을 수정하려면 다음과 같이 하십시오.

❶ SIMPLIS_dvm_tutorial_examples.zip (testplans / 6.2_change_top_level_values.testplan) 경로에서 다음 테스트 플랜을 엽니다.

❷ 첫 번째 Change() 함수가 있는 머리글 열에서 L1 을 L1.RSERIES 로 바꾸고 2.2u 를 100m 으로 바꿉니다.

❸ 동일한 열의 12~14 행에서 1.8u 를 50m 으로 변경하십시오.

4	*?@ analysis	objective	**Change(L1.RSERIES, 100m)**	Change(C1, 10u)
5	***			
6	Ac	BodePlot(OUTPUT:1)		
7	Ac	BodePlot(OUTPUT:1)		
8	Ac	BodePlot(OUTPUT:1)		
9	***			
10	***	these tests use the new modified values		
11	***			
12	Ac	BodePlot(OUTPUT:1)	**50m**	12.5u
13	Ac	BodePlot(OUTPUT:1)	**50m**	12.5u
14	Ac	BodePlot(OUTPUT:1)	**50m**	12.5u
15	***			

결과: 아래에 표시된 테스트 플랜은 SIMPLIS_dvm_tutorial_examples.zip 에서 압축을 해제한 Directory 에서 testplans / 6.2_change_property_address.testplan 경로에 있습니다.

***						
*** 6.2_change_property_address.testplan: property address change testplan for DVM tutorial section 6.2						
***						
***?@ Analysis**	**Objective**	**Change(L1.RSERIES, 100m)**	**Change(C1, 10u)**	**Source**	**Load**	**Label**
***						
Ac	BodePlot(OUTPUT:1)			Source(INPUT:1, Nominal)	Load(OUTPUT:1, Light)	Default Values|Bode Plot|Vin Nominal|Light Load
Ac	BodePlot(OUTPUT:1)			Source(INPUT:1, Nominal)	Load(OUTPUT:1, 50%)	Default Values|Bode Plot|Vin Nominal|50% Load
Ac	BodePlot(OUTPUT:1)			Source(INPUT:1, Nominal)	Load(OUTPUT:1, 100%)	Default Values|Bode Plot|Vin Nominal|100% Load
***						
*** these tests use the new modified values						
***						
Ac	BodePlot(OUTPUT:1)	50m	12.5u	Source(INPUT:1, Nominal)	Load(OUTPUT:1, Light)	New Values|Bode Plot|Vin Nominal|Light Load
Ac	BodePlot(OUTPUT:1)	50m	12.5u	Source(INPUT:1, Nominal)	Load(OUTPUT:1, 50%)	New Values|Bode Plot|Vin Nominal|50% Load
Ac	BodePlot(OUTPUT:1)	50m	12.5u	Source(INPUT:1, Nominal)	Load(OUTPUT:1, 100%)	New Values|Bode Plot|Vin Nominal|100% Load

6.2.3 Changing Lower-Level Properties

6.1 Using the Var() and GlobalVar() Functions 에서 GlobalVar() 함수를 이용하여 계층 구조의 모든 수준에서 사용 가능한 변수를 설정했습니다. Change() 함수를 사용하여 하위 계층 구조의 기호 속성 값을 수정할 수도 있습니다. 이렇게 하려면 각 기호에 대해 **고유한 계층적 속성 주소(Hierarchical property addres)**를 식별해야 합니다.

계층 구조 속성 주소는 참조 지정자 목록과 이러한 항목이 마침표로 구분된 실제 속성입니다. 이것은 L1.RSERIES 최상위 레벨에 사용한 구문과 동일합니다. 이 경우 L1 앞에는 다른 참조 지정자가 없기 때문에 전체 계층 속성 주소는 L1.RSERIES 입니다.
다른 구성 요소의 계층적 속성을 확인하려면 다음과 같이 하십시오.

❶ 이 경로의 SIMPLIS_dvm_tutorial_examples.zip 에서 회로도를 여십시오: LTC3406B / 6.2_LTC3406B - DVM ADVANCED.sxsch.

❷ 참조 지정자 U1 이있는 LTC3406B 블록을 선택하고 단축키 Ctrl + E 를 누르거나 블록을 마우스 오른쪽 버튼으로 클릭하고 컨텍스트 메뉴에서 Descend Hierarchy 를 선택하십시오.

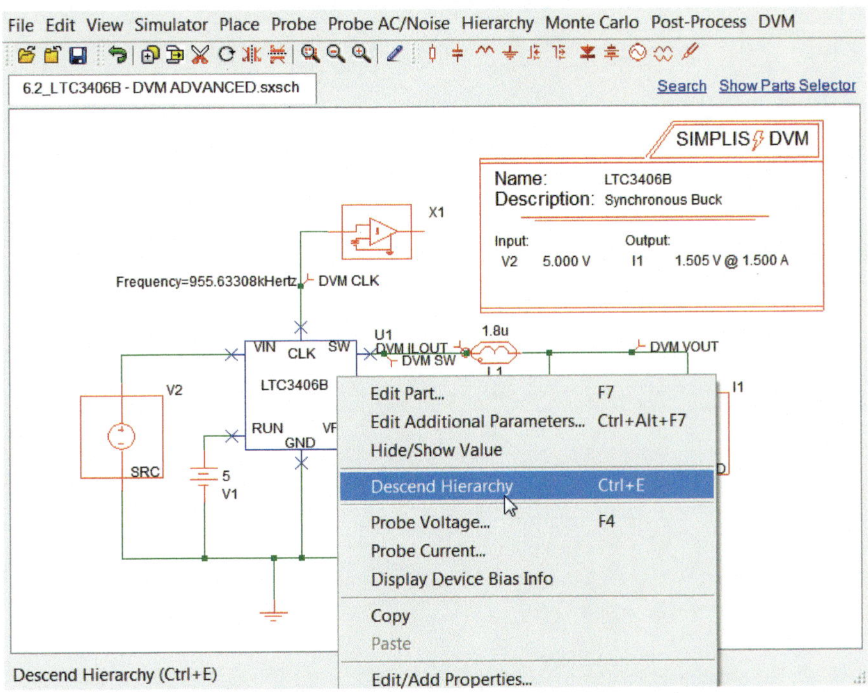

결과: LTC3406B 의 첫 번째 레벨이 회로도 편집기의 다른 탭에서 열립니다.

❸ 다음 레벨로 내려가려면 EAMP (U3) 기호를 선택하고 키보드 단축키 Ctrl + E 를 누르거나 블록을 마우스 오른쪽 버튼으로 클릭하고 컨텍스트 메뉴에서 Descend Hierarchy 를 선택합니다.

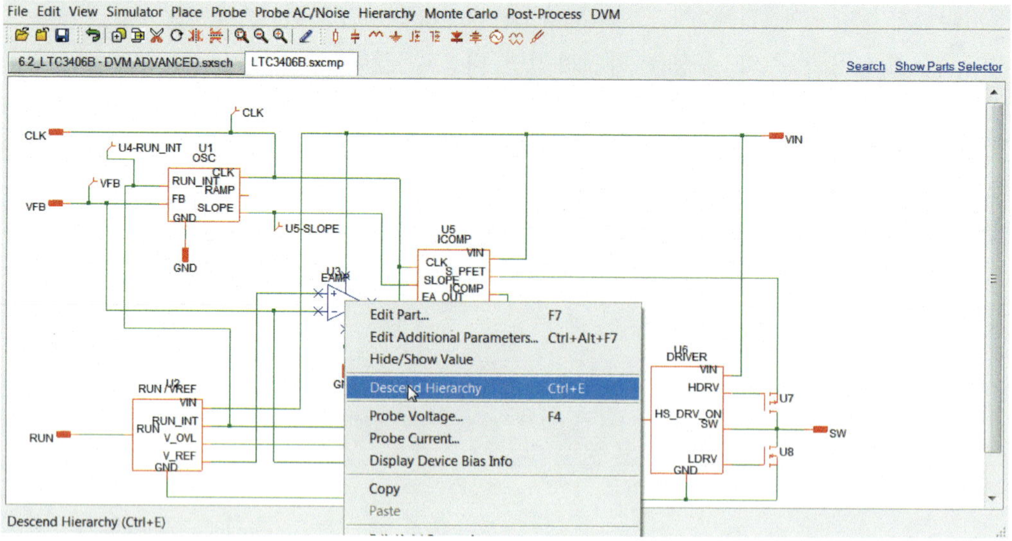

결과: 이 레벨의 회로도 창의 왼쪽 하단 부분에는 아래의 빨간색 상자로 요약된 계층적 속성 주소 U1.U3이 있습니다.

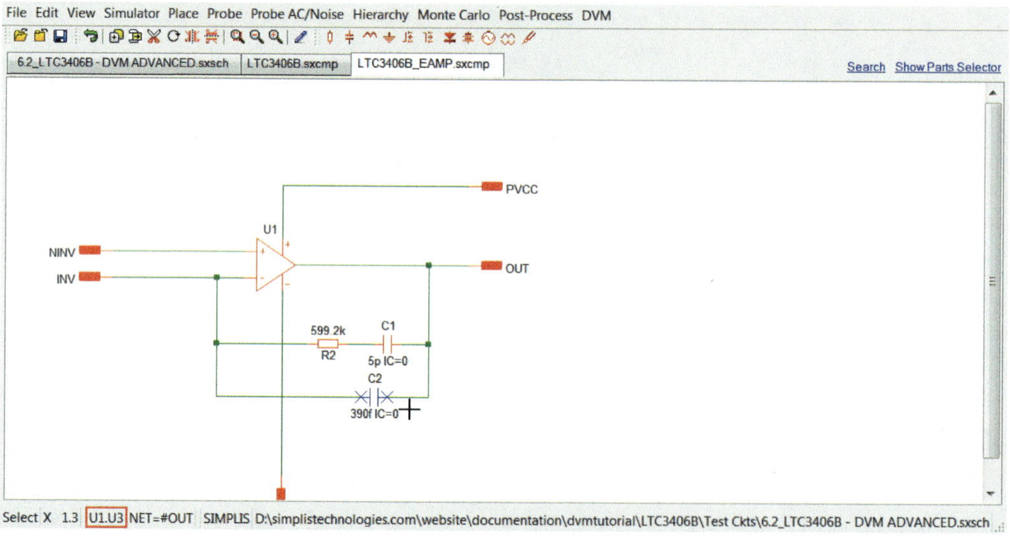

❹ 이 회로도에서 C2 값을 변경하려면 이 주소를 U1.U3.C2로 정의하기 위해 회로도 맨 아래에 표시된 경로에 C2를 추가하십시오.

❺ 이 경로의 SIMPLIS_dvm_tutorial_examples.zip 에서 testplan/6.2_change_property_address.testplan 을 엽니다.

❻ 두 번째 Change() 함수가 있는 열에서 C1 을 U1.U3.C2 로 바꾸고 11.5u 를 390f 로 바꿉니다.

❼ 동일한 열에 있는 마지막 세 줄(12~14)에서 10u 를 450f 로 변경하십시오.

4	*?@ analy	objective	Change(L1.RSERIES, 100m)	**Change(U1.U3.C2, 390f)**	source
5	***				
6	Ac	BodePlot(OUTPUT:1)			Source(INPUT:1, Nominal)
7	Ac	BodePlot(OUTPUT:1)			Source(INPUT:1, Nominal)
8	Ac	BodePlot(OUTPUT:1)			Source(INPUT:1, Nominal)
9	***				
10	***	these tests use the new modified values			
11	***				
12	Ac	BodePlot(OUTPUT:1)	50m	**450f**	Source(INPUT:1, Nominal)
13	Ac	BodePlot(OUTPUT:1)	50m	**450f**	Source(INPUT:1, Nominal)
14	Ac	BodePlot(OUTPUT:1)	50m	**450f**	Source(INPUT:1, Nominal)

결과: 아래에 빨간색으로 수정된 최종 테스트 플랜은 최상위 속성 주소 L1.RSERIES 와 계층 적 속성 주소 U1.U3.C2 를 모두 보여줍니다. 이 테스트 플랜은 이 경로의 SIMPLIS_dvm_tutorial_examples.zip 에서 압축을 해제한 Directory 에서 사용할 수 있습니다.
testplans / 6.2_change_hierarchical_property_address.testplan

***						
*** 6.2_change_hierarchical_property_address.testplan: hierarchical property address change testplan for DVM tutorial section 6.2						
***						
***?@ Analysis**	**Objective**	**Change(L1.RSERIES, 100m)**	**Change(U1.U3.C2, 390f)**	**Source**	**Load**	**Label**
***						
Ac	BodePlot(OUTPUT:1)			Source(INPUT:1, Nominal)	Load(OUTPUT:1, Light)	Default Values|Bode Plot|Vin Nominal|Light Load
Ac	BodePlot(OUTPUT:1)			Source(INPUT:1, Nominal)	Load(OUTPUT:1, 50%)	Default Values|Bode Plot|Vin Nominal|50% Load
Ac	BodePlot(OUTPUT:1)			Source(INPUT:1, Nominal)	Load(OUTPUT:1, 100%)	Default Values|Bode Plot|Vin Nominal|100% Load
***						
***						
***						
Ac	BodePlot(OUTPUT:1)	50m	450f	Source(INPUT:1, Nominal)	Load(OUTPUT:1, Light)	New Values|Bode Plot|Vin Nominal|Light Load
Ac	BodePlot(OUTPUT:1)	50m	450f	Source(INPUT:1, Nominal)	Load(OUTPUT:1, 50%)	New Values|Bode Plot|Vin Nominal|50% Load
Ac	BodePlot(OUTPUT:1)	50m	450f	Source(INPUT:1, Nominal)	Load(OUTPUT:1, 100%)	New Values|Bode Plot|Vin Nominal|100% Load

이 테스트 플랜을 SIMPLIS_dvm_tutorial_examples.zip 에서 DVM ADVANCED.sxsch LTC3406B / 6.2_LTC3406B 설계도에서 실행할 때 DVM 은 각 테스트에 대해 U1 으로 내려간 다음 U3 으로 내려 와서 C2 의 구성 요소 값을 변경합니다. 그런 다음 프로그램은 최상위 레벨로 올라가고 시뮬레이션을 실행합니다.

주의: Change() 함수는 회로도 값을 직접 변경하므로 변경된 값으로 인해 회로가 작동하지 않을 경우 항상 **회로도의 백업 복사본**을 보관하십시오. 또한 DVM 테스트 플랜을 실행한 후 DVM 설계도를 저장하면 회로도는 회로의 현재 (변경된) 상태에 구성 요소 값을 저장합니다. 설계도의 실제 변경 사항은 실행된 테스트에 따라 다릅니다.

6.3 Using Jumpers

6.1 Using the Var() and GlobalVar() Functions 과 6.2 Using the Change() Function 를 사용하여 Var(), GlobalVar() 및 Change() 함수를 사용하여 회로도의 구성 요소를 수정하는 방법을 설명했습니다. 이 절에서는 점퍼를 사용하여 구성 요소의 값을 변경하여 구현할 수 없는 회로도 토폴로지(Topology) 변경 방법을 설명합니다.

점퍼 심볼은 하나 또는 두 개의 위치를 가지며 최대 64 개의 극을 가질 수 있습니다. 테스트 플랜을 통해 점퍼 위치를 테스트 별로 변경하여 회로도 구성에 유연성을 추가로 제공할 수 있습니다.

점퍼 사용 프로세스는 테스트 플랜에 기본적으로 두 가지 추가 사항으로 구성됩니다.

- 헤더에 Change() 함수가 있는 열 삽입.
- 해당 열의 각 테스트 행에서 단일 위치 점퍼에 대해 다음 구문을 사용하여 점퍼 참조 지정자 목록과 함께 Open() 또는 Close() 함수를 추가합니다.
    - Open(refdes1, refdes2, ... refdesn)
    - Close(refdes1, refdes2, ... refdesn)
- 두 위치 점퍼를 사용하는 경우 구문은 동일하지만 다음 기능을 사용합니다.
    - Open(refdes1, refdes2, ... refdesn)
    - Pos1(refdes1, refdes2, ... refdesn)
    - Pos2(refdes1, refdes2, ... refdesn)

      여기서 Close()는 Pos1()의 동의어입니다.

6.3.1 Editing the Schematic

점퍼를 사용하여 회로도를 변경하려면 다음 단계를 수행하십시오.

❶ 이 경로의 SIMPLIS_dvm_tutorial_examples.zip 에서 회로도를 여십시오: LTC3406B / 6.2_LTC3406B - DVM ADVANCED.sxsch.

❷ 점퍼의 여유 공간을 만들기 위해 피드백 저항 R3 을 아래로 이동하고 R3 과 수평선 사이의 수직선을 삭제하십시오.

❸ Parts selector 에서 Connectors 〉 Jumper 〉 Jumper – 1 pole – 1 position 를 선택하십시오.

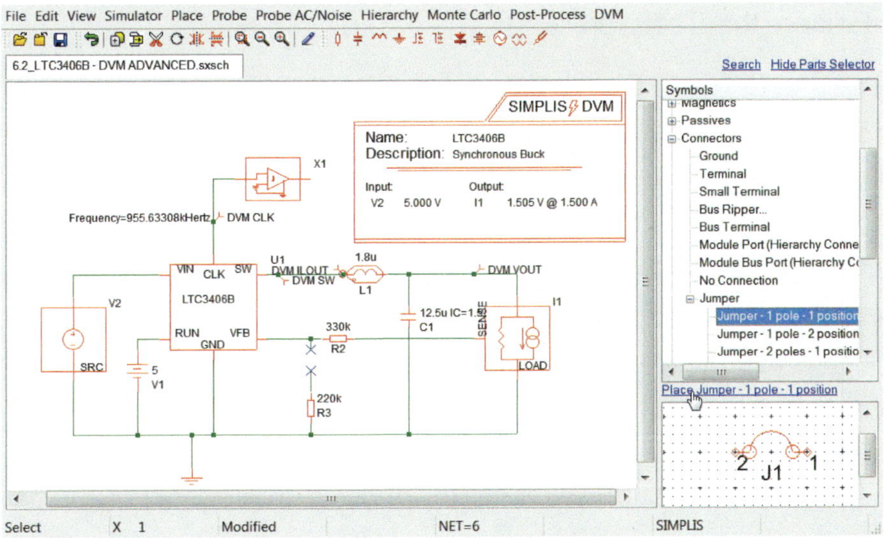

❹ 점퍼를 90 도 회전하려면 F5 키를 누릅니다. F6 키를 눌러 뒤집습니다. 점퍼를 끼우고 클릭하여 R3 에 연결하십시오.

❺ 점퍼를 R2 와 LTC3406B 사이의 선에 와이어를 그립니다.

결과: 아래에 표시된 올바르게 구성된 회로도는 이 경로의 SIMPLIS_dvm_tutorial_examples.zip 에서 압축을 해제한 Directory 에서 사용할 수 있습니다. LTC3406B / 6.3_LTC3406B – DVM ADVANCED.sxsch

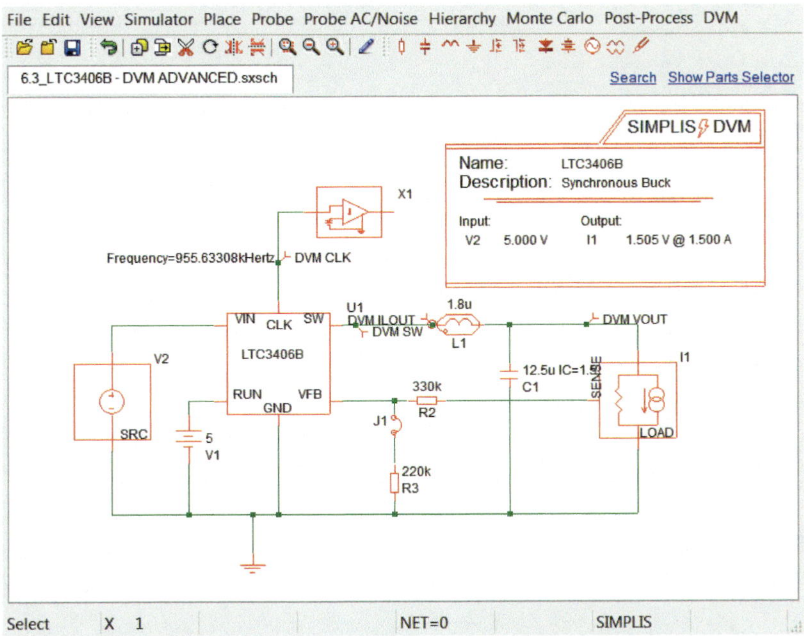

6.3.2 Editing the Testplan

테스트 플랜에서 점퍼를 제어하려면 다음 경로에 있는 SIMPLIS_dvm_tutorial_examples.zip 에서 사용할 수 있는 테스트 플랜을 편집하려면 다음 단계를 수행하십시오. testplans / 6.1_var_start.testplan.

❶ 2 행의 제목을 변경하십시오: Jumpers testplan: Jumper testplan for DVM tutorial section 6.3.

❷ 5~9 행을 복사하여 테스트 플랜의 마지막 줄 아래에 붙여 넣으면 6 가지 테스트가 있습니다.

❸ 10 행의 주석에 다음을 추가하십시오: the jumper position sets the output voltage to 0.6V.

❹ Objective 와 Source 사이에 열을 삽입하고 Jumper 라벨을 지정합니다.

❺ 변경 사항을 아래에 나열합니다.

Rows	Column	Text to replace	Text to add
6-8	jumper		**Close(J1)**
6-8	label	*Default values*	**VOUT=1.505V**
12-14	jumper		**Open(J1)**
12-14	label	*Default values*	**VOUT=600mV**

4	*?@ analysis	objective	**jumper**	source	load	**label**
5	***					
6	Ac	BodePlot(OUTPUT:1)	**Close(J1)**	Source(INPUT:1, Nominal)	Load(OUTPUT:1, Light)	**VOUT=1.505V**|Bode Plot|V
7	Ac	BodePlot(OUTPUT:1)	**Close(J1)**	Source(INPUT:1, Nominal)	Load(OUTPUT:1, 50%)	**VOUT=1.505V**|Bode Plot|V
8	Ac	BodePlot(OUTPUT:1)	**Close(J1)**	Source(INPUT:1, Nominal)	Load(OUTPUT:1, 100%)	**VOUT=1.505V**|Bode Plot|V
9	***					
10	***	these tests use the new modified values				
11	***					
12	Ac	BodePlot(OUTPUT:1)	**Open(J1)**	Source(INPUT:1, Maximum)	Load(OUTPUT:1, Light)	**VOUT=0.6V**|Bode Plot|Vin
13	Ac	BodePlot(OUTPUT:1)	**Open(J1)**	Source(INPUT:1, Maximum)	Load(OUTPUT:1, 50%)	**VOUT=0.6V**|Bode Plot|Vin
14	Ac	BodePlot(OUTPUT:1)	**Open(J1)**	Source(INPUT:1, Maximum)	Load(OUTPUT:1, 100%)	**VOUT=0.6V**|Bode Plot|Vin

결과: 위 그림이 빨간색으로 강조 표시된 회로도가 다음과 같이 표시됩니다. 이 테스트 플랜의 버전은 SIMPLIS_dvm_tutorial_examples.zip (testplans / 6.3_jumpers.testplan) 경로에서 사용할 수 있습니다.

***					
*** 6.3_jumpers.testplan: Jumper testplan for DVM tutorial section 6.3					
***					
*?@ Analysis	Objective	Jumper	Source	Load	Label
***					
Ac	BodePlot(OUTPUT:1)	Close(J1)	Source(INPUT:1, Nominal)	Load(OUTPUT:1, Light)	VOUT=1.505V |Bode Plot|Vin Nominal|Light Load
Ac	BodePlot(OUTPUT:1)	Close(J1)	Source(INPUT:1, Nominal)	Load(OUTPUT:1, 50%)	VOUT=1.505V |Bode Plot|Vin Nominal|50% Load
Ac	BodePlot(OUTPUT:1)	Close(J1)	Source(INPUT:1, Nominal)	Load(OUTPUT:1, 100%)	VOUT=1.505V |Bode Plot|Vin Nominal|100% Load
***					
*** the jumper position sets the output voltage to 0.6V					
***					
Ac	BodePlot(OUTPUT:1)	Open(J1)	Source(INPUT:1, Maximum)	Load(OUTPUT:1, Light)	VOUT=0.6V |Bode Plot|Vin Maximum|Light Load
Ac	BodePlot(OUTPUT:1)	Open(J1)	Source(INPUT:1, Maximum)	Load(OUTPUT:1, 50%)	VOUT=0.6V |Bode Plot|Vin Maximum|50% Load
Ac	BodePlot(OUTPUT:1)	Open(J1)	Source(INPUT:1, Maximum)	Load(OUTPUT:1, 100%)	VOUT=0.6V |Bode Plot|Vin Maximum|100% Load

각 테스트 그룹에서 단일 테스트를 실행한 후 개요 보고서는 첫 번째 세트의 테스트를 1.505V 의 기본 출력 전압으로 "Passed"로 표시합니다. 출력 전압 설정점을 변경하기 위해 점퍼를 사용할 때 제어 기호에서 출력 전압 사양이 변경되지 않았으므로 600mV 의 출력 전압을 갖는 두 번째 세트의 테스트가 실패합니다.

참고: 회로도 구성에는 원하는 수의 점퍼를 사용할 수 있습니다. 여러 개의 점퍼 머리 열을 사용할 수 있지만 이론상으로는 최대 3 개의 열이 필요합니다. 즉, 가능한 세 가지 점퍼 위치(open, pos1 or close, pos2) 각각에 하나씩 필요합니다.
목록의 각 지정자 사이에 쉼표를 사용하여 필요한 만큼 점퍼 참조 지정자를 포함할 수 있습니다. 자세한 내용은 DVM 설명서의 점퍼를 참조하십시오.

6.4 Suppress Testplan Entries

Suppress testplan 열을 사용하면 시뮬레이션 실행의 사후 처리 결과를 억제할 수 있습니다. 다음 표에서는 억제(Suppress) 열에 배치할 수 있는 기능에 대해 설명합니다.

참고: 하나의 테스트에 여러 함수를 사용하려면 각 억제 함수를 테스트 플랜의 별도 열에 배치합니다.

Function	Description
NoCurves()	DVM 보고서의 이미지에서 지정된 참조 지정자에 대한 곡선을 제거합니다. NoCurves() 함수는 6.4.1 Suppressing Curve Generation 에서 설명합니다. 구문 정보는 DVM 테스트 플랜 문서의 NoCurves()를 참조하십시오.
NoScalars()	지정된 소스 또는 로드 참조 지정자에 대한 scalar 측정을 억제합니다. NoScalars() 함수는 6.4.2 Suppressing Scalar Generation 에서 설명합니다. 구문 정보는 DVM 테스트 플랜 문서의 NoScalars()를 참조하십시오.
NoSpecs()	지정된 소스 또는 참조 지정자 로드에 대한 사양 검사를 억제합니다.

6.4.1 Suppressing Curve Generation

테스트 보고서에 자동 생성된 곡선을 표시하지 않으려면 테스트 플랜의 Suppress 열에서 NoCurves() 함수를 사용할 수 있습니다.

이 함수는 관리되는 소스 또는 로드 또는 개별적으로 명명된 커브에 대한 커브를 억제하는 세 가지 유형 중 하나일 수 있는 refdes 라는 단일 인수를 사용합니다.

- DVM 소스 또는 로드의 참조 지정자 (예: V2 또는 I1)
- OUTPUT:n 또는 INPUT:n 과 같은 기호 참조 지정자
- 실제 곡선 이름 (예: DVM ILOAD)

DVM 사후 처리에서 식별된 커브는 DVM 보고서에서 제거됩니다. 실제 곡선 데이터는 확장자가 .sxgph 인 보관된 그래프 파일에 보관됩니다.
유효한 NoCurves() 함수 호출은 다음을 포함합니다.

- NoCurves(OUTPUT:1)
- NoCurves(INPUT:1)
- NoCurves(V2)
- NoCurves(DVM ILOAD)

테스트 플랜에서 NoCurves() 함수를 사용하는 방법은 6.4.3 Suppressing Specification Generation 를 참조하십시오. 구문 정보는 DVM 테스트 플랜 문서의 NoCurves()를 참조하십시오.

6.4.2 Suppressing Scalar Generation

자동 생성된 scalar 가 테스트 보고서에 나타나지 않게 하려면 테스트 플랜의 Suppress 열에서 NoScalars() 함수를 사용할 수 있습니다.

이 함수는 억제하려는 scalar 에 대한 소스 또는 로드의 참조 지정자인 단일 인수를 취합니다.

- DVM 소스 또는 로드의 참조 지정자 (예: V2 또는 I1)
- OUTPUT:n 또는 INPUT:n 과 같은 기호 참조 지정자

시뮬레이션이 완료되면 DVM 은 지정된 소스 또는 로드 지정자에 대한 scalar 생성을 건너뜁니다. 유효한 NoScalar() 함수 호출은 다음을 포함합니다.

- NoScalars(OUTPUT:1)
- NoScalars(INPUT:1)
- NoScalars(V2)
- NoScalars(I1)

테스트 플랜에서 NoSpecs() 함수를 사용하는 방법에 대한 자세한 내용은 6.4.3 Suppressing Specification Generation 를 참조하십시오. 구문 정보는 DVM 테스트 플랜 문서의 NoScalars() 를 참조하십시오.

6.4.3 Suppressing Specification Generation

6.3 Using Jumpers 에서 점퍼 기호로 회로도를 수정하여 출력 전압을 600mV 로 설정했습니다. 결과적으로 출력 전압이 상당히 범위를 벗어났기 때문에 테스트가 사양을 충족하지 못했습니다. 이와 같은 경우 DVM 에는 NoSpecs() 함수를 사용하여 사양 검사를 사용하지 않도록 설정할 수 있는 옵션이 있습니다.

이 함수는 표시하지 않을 사양의 참조 지정자인 단일 인수를 사용합니다.

- DVM 소스 또는 로드의 참조 지정자 (예: V2 또는 I1)
- OUTPUT: n 또는 INPUT: n 과 같은 기호 참조 지정자

유효한 NoSpecs() 함수 호출은 다음을 포함합니다.

- NoSpecs(OUTPUT:1)
- NoSpecs(I1)

NoCurves(), NoScalars() 및 NoSpecs()의 세 가지 Suppress 함수를 추가하려면 다음과 같이하십시오.

❶ 이 경로의 SIMPLIS_dvm_tutorial_examples.zip 에서 testplan / 6.3_jumpers.testplan 을 엽니다.
❷ 점퍼 열과 소스 열 사이에 Suppress 열을 세 개 추가하십시오.
❸ 마지막 6 개의 행을 복사하여 테이블의 맨 아래에 붙여 넣으십시오.
❹ 이 새로운 테스트 세트의 마지막 세 행에있는 각각의 Suppress 열에 다음 함수를 추가합니다.
  - NoCurves(DVM ILOAD)
  - NoScalars(INPUT:1)
  - NoSpecs(OUTPUT:1)

4	*?@ analysis	objective	jumper	**Suppress**	**Suppress**	**Suppress**	source
5	***						
6	Ac	BodePlot(OUTPUT:1)	Close(J1)				Source(INPUT:1, Nominal)
7	Ac	BodePlot(OUTPUT:1)	Close(J1)				Source(INPUT:1, Nominal)
8	Ac	BodePlot(OUTPUT:1)	Close(J1)				Source(INPUT:1, Nominal)
9	***						
10	***	these tests are retained from the original 6.3_jumpers.testplan					
11	***						
12	Ac	BodePlot(OUTPUT:1)	Open(J1)				Source(INPUT:1, Maximum)
13	Ac	BodePlot(OUTPUT:1)	Open(J1)				Source(INPUT:1, Maximum)
14	Ac	BodePlot(OUTPUT:1)	Open(J1)				Source(INPUT:1, Maximum)
15	***						
16	***	these tests have our new nocurves, noscalars, and nospecs function calls					
17	***						
18	Ac	BodePlot(OUTPUT:1)	Open(J1)	**NoCurves(DVM ILOAD)**	**NoScalars(INPUT:1)**	**NoSpecs(OUTPUT:1)**	Source(INPUT:1, Maximum)
19	Ac	BodePlot(OUTPUT:1)	Open(J1)	**NoCurves(DVM ILOAD)**	**NoScalars(INPUT:1)**	**NoSpecs(OUTPUT:1)**	Source(INPUT:1, Maximum)
20	Ac	BodePlot(OUTPUT:1)	Open(J1)	**NoCurves(DVM ILOAD)**	**NoScalars(INPUT:1)**	**NoSpecs(OUTPUT:1)**	Source(INPUT:1, Maximum)

결과 : 빨간색으로 변경된 테스트 플랜은 다음 testplan 과 동일해야 합니다. 이 테스트 플랜은 SIMPLIS_dvm_tutorial_examples.zip 을 압축 해제한 Directory 에서 testplans / 6.4.3_nocurves_noscalars_nospecs.testplan 을 Load 하여 사용할 수 있습니다.

***								
*** 6.4.3_nocurves_noscalars_nospecs.testplan: nocurves, noscalars, nospecs testplan for DVM tutorial section 6.4.3								
***								
*?@ Analysis	Objective	Jumper	Suppress	Suppress	Suppress	Source	Load	Label
***								
Ac	BodePlot(OUTPUT:1)	Close(J1)				Source(INPUT:1, Nominal)	Load(OUTPUT:1, Light)	VOUT-1.505V|Bode Plot|Vin Nominal|Light Load
Ac	BodePlot(OUTPUT:1)	Close(J1)				Source(INPUT:1, Nominal)	Load(OUTPUT:1, 50%)	VOUT-1.505V|Bode Plot|Vin Nominal|50% Load
Ac	BodePlot(OUTPUT:1)	Close(J1)				Source(INPUT:1, Nominal)	Load(OUTPUT:1, 100%)	VOUT-1.505V|Bode Plot|Vin Nominal|100% Load
***								
***these tests are retained from the original 6.3_jumpers.testplan								
***								
***								
Ac	BodePlot(OUTPUT:1)	Open(J1)				Source(INPUT:1, Maximum)	Load(OUTPUT:1, Light)	VOUT-0.6V|Bode Plot|Vin Maximum|Light Load
Ac	BodePlot(OUTPUT:1)	Open(J1)				Source(INPUT:1, Maximum)	Load(OUTPUT:1, 50%)	VOUT-0.6V|Bode Plot|Vin Maximum|50% Load
Ac	BodePlot(OUTPUT:1)	Open(J1)				Source(INPUT:1, Maximum)	Load(OUTPUT:1, 100%)	VOUT-0.6V|Bode Plot|Vin Maximum|100% Load
***								
***these tests have our new nocurves, noscalars, and nospecs function calls								
***								
Ac	BodePlot(OUTPUT:1)	Open(J1)	NoCurves(DVM ILOAD)	NoScalars(INPUT:1)	NoSpecs(OUTPUT:1)	Source(INPUT:1, Maximum)	Load(OUTPUT:1, Light)	VOUT-0.6V w NoCurves NoScalars NoSpecs|Bode Plot|Vin Maximum|Light Load
Ac	BodePlot(OUTPUT:1)	Open(J1)	NoCurves(DVM ILOAD)	NoScalars(INPUT:1)	NoSpecs(OUTPUT:1)	Source(INPUT:1, Maximum)	Load(OUTPUT:1, 50%)	VOUT-0.6V w NoCurves NoScalars NoSpecs|Bode Plot|Vin Maximum|50% Load
Ac	BodePlot(OUTPUT:1)	Open(J1)	NoCurves(DVM ILOAD)	NoScalars(INPUT:1)	NoSpecs(OUTPUT:1)	Source(INPUT:1, Maximum)	Load(OUTPUT:1, 100%)	VOUT-0.6V w NoCurves NoScalars NoSpecs|Bode Plot|Vin Maximum|100% Load

이 테스트 플랜에서 보고서를 생성하려면 다음 단계를 수행하십시오.

❶ 이 경로의 SIMPLIS_dvm_tutorial_examples.zip 에서 회로도를 여십시오: LTC3406B / 6.3_LTC3406B - DVM ADVANCED.sxsch.

❷ 이 회로도에서 세 가지 50 % 부하 테스트를 실행하십시오.

결과: 개요 보고서는 세 가지 테스트의 비교를 보여줍니다.

공칭 설계 출력 전압인 첫 번째 테스트는 예상대로 통과합니다.

두 번째 및 세 번째 테스트는 600mV 로 설정된 출력 전압과 동일한 전기 회로를 가지고 있지만 테스트는 다릅니다.

두 번째 테스트는 컨버터 회로가 600mV 에서 레귤레이트 되도록 구성되어있는 동안 Specification 이 1.505V 의 공칭 출력 전압에서 나온 것이기 때문에 실패합니다.

세 번째 테스트는 NoSpecs(OUTPUT: 1)로 출력 전압 레벨에서 비활성화 된 사양 검사를 억제했기 때문에 성공합니다.

테스트 보고서에서 gain_margin 및 phase_margin 사양은 계속 확인됩니다. NoSpecs(OUTPUT: 1)를 사용하여 DC 출력 전압 레벨에 대한 사양 검사 만 비활성화되었습니다.

동일한 테스트 보고서에서 두 번째 그래프에는 NoCurves(DVM ILOAD) 함수를 사용하여 그래픽 이미지에서 ILOAD 곡선이 제거되었으므로 두 번째 그래프에는 ILOAD 곡선이 없습니다. 그러나 모든 벡터 데이터가 있는 커브는 simpleis_pop3_113.sxgph 파일에 포함됩니다.

마지막으로 입력 소스 (VSRC 및 ISRC)에 대한 scalar 측정이 NoScalars(INPUT: 1) 함수에 의해 억제되었습니다.

6.5 Promote Testplan Entries

Promote testplan 열을 사용하면 사후 처리 결과를 개요 보고서에 추가할 수 있습니다. 다음 표는 Promote 기능을 설명합니다.

참고: 하나의 테스트에 여러 함수를 사용하려면 각 Promote 함수를 테스트 플랜의 별도 열에 배치하십시오.

Function	Description
PromoteGraph()	개요 보고서에 graph_name 이라는 그래프 복사본을 배치하고 제공된 경우 가중치 인수를 기반으로 여러 그래프를 정렬합니다. PromoteGraph() 함수는 6.5.1 Promoting Graphs to the Overview Report 에 그래프 승격에 설명되어 있습니다. 구문 정보는 DVM 테스트 플랜 문서의 PromoteGraph()를 참조하십시오.
PromoteScalar()	개요 보고서에 scalar_name 변수의 복사본을 배치하고 선택적 overview_scalar_name 인수가 제공된 경우 scalar 의 이름을 바꿉니다. PromoteScalar() 함수는 6.5.2 Promoting Scalars to the Overview Report 에 scalar 승격에 설명되어 있습니다. 구문 정보는 DVM 테스트 플랜 문서의 PromoteScalar()를 참조하십시오.

6.5.1 Promoting Graphs to the Overview Report

5.1 Running the Built-in Efficiency Testplan 을 실행하여 내장 효율성 시험 계획을 실행하고 효율성 요약 그래프를 개요 시험 보고서에 추가했습니다.

- 그래프는 Generate Efficiency Curves 테스트 중에 작성되었습니다.
- PromoteGraph() 함수는 Generate Efficiency Curves 테스트에서 개요 리포트로 그래프를 복사했습니다.

이 예에서 개요 보고서에는 그래프가 하나만 포함되어 있지만 개요 보고서에서 그래프의 개수를 추가하고 순서를 정의하고 그래프의 이름을 바꿀 수 있습니다.

이 기능을 구현하기 위해 PromoteGraph() 함수에는 하나의 필수 인수와 유연성을 제공하는 세 개의 선택적 인수가 있는 네 가지 버전이 있습니다.

- PromoteGraph(graph_name)
- PromoteGraph(graph_name, weight)
  위의 두 버전에서 graph_name 은 DVM 생성 그래프 이름과 정확히 일치해야 합니다. graph_name 을 찾으려면 testplan 을 실행한 다음 report.txt 를 열어 PromoteGraph 의 이름을 찾은 다음 testplan 으로 돌아가서 PromoteGraph() 함수를 추가해야 합니다. 예를 들어, 자동 생성 Bode Plot 그래프의 이름은 "DVM Bode Plot#ac"입니다.
  두 번째 버전에서 weight 는 보고서에 더 높은 번호의 그래프가 먼저 표시되도록 그래프를 표시할 순서를 나타내는 숫자입니다.
- PromoteGraph(graph_name, weight, use_approximate_name)
  Weight 는 보고서에 더 높은 번호의 그래프가 먼저 표시되도록 그래프를 표시할 순서를 나타내는 숫자입니다.
  use_approximate_name 인수는 실제 그래프 이름에서 해당 문구를 검색하도록 지시하려면 use_aboutimate_name 인수가 1 이어야 합니다.
  참고: approximate_graph_name 인수를 사용하면 여러 그래프와 일치할 수 있습니다. 예를 들어, 여러 출력을 가진 컨버터가 있는 경우 PromoteGraph(LOAD,3,1)는 로드가 자동으로 LOAD1, LOAD2 등과 같이 DVM 에 의해 명명된 것으로 가정하여 모든 로드 그래프를 일치시킵니다. 어떤 그래프를 승격할지 확인하려면 report.txt 파일에서 전체 이름을 검사한 다음 use_aboutimate_name 을 0 으로 설정하세요.
- PromoteGraph(graph_name, weight, use_approximate_name, overview_graph_name)
  Weight 는 보고서에 더 높은 번호의 그래프가 먼저 표시되도록 그래프를 표시할 순서를 나타내는 숫자입니다.
  use_approximate_name 인수는 실제 그래프 이름에서 해당 문구를 검색하도록 지시하려면 use_aboutimate_name 인수가 1 이어야 합니다.
  overview_graph_name 인수는 보고서에 표시할 대체 그래프 이름을 지정합니다.

2 개의 Bode Plot 그래프와 2 개의 출력 로드 그래프를 개요 보고서로 승격하려면 다음 단계를 수행하십시오.

❶ 이 경로의 SIMPLIS_dvm_tutorial_examples.zip 에서 testplan / 6.3_jumpers.testplan 을 엽니다.
❷ Jumper 와 Create 열 사이에 두 개의 Promote 열을 추가하십시오.
❸ 첫 번째 테스트 집합의 Promote 열에서 공칭 출력 전압 테스트의 두 번째 행에 다음 두 PromoteGraph() 함수를 추가합니다.
  - PromoteGraph(BODE PLOT, 100, 1, Bode Plot Nominal Vout)
  - PromoteGraph(LOAD, 90, 1)

❹ 두 번째 테스트 세트의 Promote 열에서 600mV 출력 전압 테스트의 두 번째 행에 다음 두 가지 PromoteGraph() 함수를 추가합니다.

- PromoteGraph(DVM BODE PLOT#ac, 80)
- PromoteGraph(DVM LOAD#pop)

4	jumper	promote	promote	source
5				
6	Close(J1)			Source(INPUT:1, Nominal)
7	Close(J1)	**PromoteGraph(BODE PLOT, 100, 1, Bode Plot Nominal Vout)**	**PromoteGraph(LOAD, 90, 1)**	Source(INPUT:1, Nominal)
8	Close(J1)			Source(INPUT:1, Nominal)
9				
10				
11				
12	Open(J1)			Source(INPUT:1, Maximum)
13	Open(J1)	**PromoteGraph(DVM BODE PLOT#ac, 80)**	**PromoteGraph(DVM LOAD#pop)**	Source(INPUT:1, Maximum)
14	Open(J1)			Source(INPUT:1, Maximum)

결과: 테스트 플랜은 빨간색으로 추가된 항목과 함께 다음과 같이 보입니다. 이 테스트 플랜은 이 경로의 SIMPLIS_dvm_tutorial_examples.zip 에서 사용할 수 있습니다.
testplans / 6.5.1_promotegraph.testplan.

***							
*** 6.5.1_promotescalar_final.testplan: promotegraph testplan for DVM tutorial section 6.5.2							
***							
*?@ analysis	objective	jumper	promote	promote	source	load	label
***							
Ac	BodePlot(OUTPUT:1)	Close(J1)			Source(INPUT:1, Nominal)	Load(OUTPUT:1, Light)	VOUT=1.505V|Bode Plot|Vin Nominal|Light Load
Ac	BodePlot(OUTPUT:1)	Close(J1)	PromoteGraph(BODE PLOT, 100, 1, Bode Plot Nominal Vout)	PromoteGraph(LOAD, 90, 1)	Source(INPUT:1, Nominal)	Load(OUTPUT:1, 50%)	VOUT=1.505V|Bode Plot|Vin Nominal|50% Load
Ac	BodePlot(OUTPUT:1)	Close(J1)			Source(INPUT:1, Nominal)	Load(OUTPUT:1, 100%)	VOUT=1.505V|Bode Plot|Vin Nominal|100% Load
***							
*** the jumper position sets the output voltage to 0.6V							
***							
Ac	BodePlot(OUTPUT:1)	Open(J1)			Source(INPUT:1, Maximum)	Load(OUTPUT:1, Light)	VOUT=0.6V|Bode Plot|Vin Maximum|Light Load
Ac	BodePlot(OUTPUT:1)	Open(J1)	PromoteGraph(DVM BODE PLOT#ac, 80)	PromoteGraph(DVM LOAD#pop)	Source(INPUT:1, Maximum)	Load(OUTPUT:1, 50%)	VOUT=0.6V|Bode Plot|Vin Maximum|50% Load
Ac	BodePlot(OUTPUT:1)	Open(J1)			Source(INPUT:1, Maximum)	Load(OUTPUT:1, 100%)	VOUT=0.6V|Bode Plot|Vin Maximum|100% Load

이 테스트 플랜을 실행한 후에 개요 보고서를 열면 4 개의 그래프가 표시됩니다.

- Bode 플롯은 첫 번째 그래프이며, 7 행의 첫 번째 PromoteGraph() 함수로 인해 BODE PLOT NOMINAL VOUT 으로 이름이 바뀌었습니다.
- LOAD 라는 다음 그래프는 7 행에서 나온 것으로 공칭 출력 전압의 경우 해당 POP 출력 전압과 전류 파형을 보여줍니다.
- 세 번째 그래프인 BODE PLOT 은 600mV 출력 전압 테스트의 13 행에 있습니다.
- 4 번째 그래프는 또한 13 행에서 600mV Bode Plot 테스트에 대한 POP 출력 전압 및 전류 파형을 보여줍니다.

참고: 이것은 그래프 제목 LOAD 의 두 번째 발생이므로 테스트 조건을 반영하기 위해 이들 중 하나 또는 둘 다의 이름을 바꾸면 각 그래프를 생성한 테스트에 대한 혼란을 최소화하기 위해 따라 하는 것이 가장 좋습니다.

6.5.2 Promoting Scalars to the Overview Report

섹션 5.2 Running the Line and Load Testplan 에서 라인 및 로드 레귤레이션 테스트 플랜을 실행했습니다. 이 테스트 플랜은 개요 보고서의 scalar 값을 자동으로 계산 결과 섹션에 포함시켰습니다. 테스트의 다른 scalar 도 PromoteScalar() 함수를 사용하여 개요 보고서에 복사할 수 있습니다. 여러 개의 PromoteScalar() 호출을 사용하여 임의의 수의 scalar 를 승격시킬 수 있습니다. 이 함수를 사용하여 scalar 의 이름을 바꿀 수 있습니다.

참고: 이 함수가 제대로 작동하려면 원래의 scalar_name 에 공백이 없어야 하지만 overview_scalar_name 에 공백이 포함될 수 있습니다. 이는 자동 생성된 scalar 이름이 종종 설명적인 것이 아니기 때문에 개요 보고서에서 scalar 값이 나타내는 것을 명확히 하는데 도움이 됩니다.

개요 보고서에 scalar 를 추가하려면 다음과 같이 하십시오.

❶ 이 경로의 SIMPLIS_dvm_tutorial_examples.zip 에서 testplan / 6.5.1_promotegraph.testplan 을 엽니다.

참고: 이것은 6.5.1 Promoting Graphs to the Overview Report 에 저장한 테스트 플랜입니다.

❷ Jumper 열 뒤에 두 개의 Promote 열을 삽입하십시오.

이제 테스트 플랜에는 4 개의 Promote 열이 있습니다. 즉, 방금 추가한 두 가지와 PromoteGraph() 함수가 있는 기존 열이 있습니다.

이미 준비된 시작 테스트 플랜은 SIMPLIS_dvm_tutorial_examples.zip 경로 6.5.2_promotescalar_start.testplan 에서 사용할 수 있으며 추가 열은 빨간색으로 강조 표시됩니다.

<table>
<tr><td colspan="10">***</td></tr>
<tr><td colspan="10">*** 6.5.2_promotescalar_start.testplan: promotegraph testplan for DVM tutorial section 6.5.2</td></tr>
<tr><td colspan="10">***</td></tr>
<tr><td>*?@ analysis</td><td>objective</td><td>jumper</td><td>promote</td><td>promote</td><td>promote</td><td>promote</td><td>source</td><td>load</td><td>label</td></tr>
<tr><td colspan="10">***</td></tr>
<tr><td>Ac</td><td>BodePlot(OUTPUT:1)</td><td>Close(J1)</td><td></td><td></td><td></td><td></td><td>Source(INPUT:1, Nominal)</td><td>Load(OUTPUT:1, Light)</td><td>VOUT=1.505V|Bode Plot|Vin Nominal|Light Load</td></tr>
<tr><td>Ac</td><td>BodePlot(OUTPUT:1)</td><td>Close(J1)</td><td></td><td></td><td>PromoteGraph(BODE PLOT, 100, 1, Bode Plot Nominal Vout)</td><td>PromoteGraph(LOAD, 90, 1)</td><td>Source(INPUT:1, Nominal)</td><td>Load(OUTPUT:1, 50%)</td><td>VOUT=1.505V|Bode Plot|Vin Nominal|50% Load</td></tr>
<tr><td>Ac</td><td>BodePlot(OUTPUT:1)</td><td>Close(J1)</td><td></td><td></td><td></td><td></td><td>Source(INPUT:1, Nominal)</td><td>Load(OUTPUT:1, 100%)</td><td>VOUT=1.505V|Bode Plot|Vin Nominal|100% Load</td></tr>
<tr><td colspan="10">***</td></tr>
<tr><td colspan="10">*** the jumper position sets the output voltage to 0.6V</td></tr>
<tr><td colspan="10">***</td></tr>
<tr><td>Ac</td><td>BodePlot(OUTPUT:1)</td><td>Open(J1)</td><td></td><td></td><td></td><td></td><td>Source(INPUT:1, Maximum)</td><td>Load(OUTPUT:1, Light)</td><td>VOUT=0.6V|Bode Plot|Vin Maximum|Light Load</td></tr>
<tr><td>Ac</td><td>BodePlot(OUTPUT:1)</td><td>Open(J1)</td><td></td><td></td><td>PromoteGraph(DVM BODE PLOT#ac, 80)</td><td>PromoteGraph(DVM LOAD#pop)</td><td>Source(INPUT:1, Maximum)</td><td>Load(OUTPUT:1, 50%)</td><td>VOUT=0.6V|Bode Plot|Vin Maximum|50% Load</td></tr>
<tr><td>Ac</td><td>BodePlot(OUTPUT:1)</td><td>Open(J1)</td><td></td><td></td><td></td><td></td><td>Source(INPUT:1, Maximum)</td><td>Load(OUTPUT:1, 100%)</td><td>VOUT=0.6V|Bode Plot|Vin Maximum|100% Load</td></tr>
</table>

마지막 절에서 Bode Plot 그래프를 개요로 승격(promote)때문에 각 테스트에서 gain_margin 및 phase_margin 에 대한 scalar 값을 승격하는 것이 좋습니다.

PromoteScalar() 항목을 처음 두 개의 Promote 열에 추가하려면 다음과 같이 하십시오.

❶ gain_margin과 phase_margin이라는 원래 scalar 이름을 사용하여 첫 번째 테스트 세트에서 공칭 출력 전압 scalar의 두 번째 행에 다음 항목을 입력합니다.

- PromoteScalar(gain_margin, gain_margin @ 1.505V (dB))
- PromoteScalar(phase_margin, Phase Margin @ 1.505V (deg))

❷ 개요 scalar 이름을 바꾸지 않고 PromoteScalar() 함수를 검사하려면 두 번째 테스트 집합에서 600mV 출력 전압 테스트의 두 번째 행에 다음 두 PromoteScalar() 항목을 만듭니다.

- PromoteScalar(gain_margin, gain_margin @ 600mV (dB))
- PromoteScalar(phase_margin)

참고: 첫 번째 항목의 scalar 이름을 바꾸고 두 번째 항목의 scalar 이름은 바꾸지 않습니다.

결과: 최종 테스트 플랜은 다음과 같으며 이 경로의 SIMPLIS_dvm_tutorial_examples.zip에서 사용할 수 있습니다. 6.5.2_promotescalar_final.testplan.

***									
*** 6.5.2_promotescalar_final.testplan: promotegraph testplan for DVM tutorial section 6.5.2									
***									
*?@ analysis	objective	jumper	promote	promote	promote	promote	source	load	label
***									
Ac	BodePlot(OUTPUT:1)	Close(J1)					Source(INPUT:1, Nominal)	Load(OUTPUT:1, Light)	VOUT=1.505V|Bode Plot|Vin Nominal|Light Load
Ac	BodePlot(OUTPUT:1)	Close(J1)	PromoteScalar(gain_margin, Gain Margin @ 1.505V (dB))	PromoteScalar(phase_margin, Phase Margin @ 1.505V (deg))	PromoteGraph(BODE PLOT, 100, 1, Bode Plot Nominal Vout)	PromoteGraph(LOAD, 90, 1)	Source(INPUT:1, Nominal)	Load(OUTPUT:1, 50%)	VOUT=1.505V|Bode Plot|Vin Nominal|50% Load
Ac	BodePlot(OUTPUT:1)	Close(J1)					Source(INPUT:1, Nominal)	Load(OUTPUT:1, 100%)	VOUT=1.505V|Bode Plot|Vin Nominal|100% Load
***									
*** the jumper position sets the output voltage to 0.6V									
***									
Ac	BodePlot(OUTPUT:1)	Open(J1)					Source(INPUT:1, Maximum)	Load(OUTPUT:1, Light)	VOUT=0.6V|Bode Plot|Vin Maximum|Light Load
Ac	BodePlot(OUTPUT:1)	Open(J1)	PromoteScalar(gain_margin, Gain Margin @ 600mV (dB))	PromoteScalar(phase_margin)	PromoteGraph(DVM BODE PLOT#ac, 80)	PromoteGraph(DVM LOAD#pop)	Source(INPUT:1, Maximum)	Load(OUTPUT:1, 50%)	VOUT=0.6V|Bode Plot|Vin Maximum|50% Load
Ac	BodePlot(OUTPUT:1)	Open(J1)					Source(INPUT:1, Maximum)	Load(OUTPUT:1, 100%)	VOUT=0.6V|Bode Plot|Vin Maximum|100% Load

이 테스트 플랜을 기반으로 개요 보고서를 실행하려면 다음 단계를 수행하십시오.

❶ SIMPLIS_dvm_tutorial_examples.zip에서 압축을 해제한 Directory에서 섹션 6.3의 점퍼 회로도를 엽니다. File 이름은 LTC3406B/6.3_LTC3406B - DVM ADVANCED.sxsch 입니다.

❷ 두 개의 서로 다른 출력 전압에서 두 번의 50% 부하 테스트를 실행하십시오.

결과: 아래에 표시된 개요 테스트 보고서에서 3개의 scalar에 대한 새로운 설명 이름을 가진 4개의 scalar 값을 모두 볼 수 있습니다. 단일 phase_margin scalar는 600mV 테스트에서 가져온 것이므로 이름이 변경되지 않았습니다. 따라서 테스트 계획에서 스칼라 이름을 바꾸는 것은 보고서의 명확성을 높이기 위해 따라야 할 또 다른 모범 사례입니다.

SIMetrix / SIMPLIS

» DVM TEST REPORT OVERVIEW

GENERAL	
Schematic	6.3_LTC3406B - DVM ADVANCED.sxsch
Testplan	dvm_advanced.testplan
Original Testplan Filename	6.4.3_promotescalar_final.testplan
Date / Time	2013-04-25 5:11:52 PM
Report Directory	DVM_REPORTS\2013-04-25-5_11_49_PM
Log File	dvm_advanced.log
# of Tests Run	2 of 2 (**2 of 2 Run**, **1 Passed**, **1 Failed**, **0 Ran with Warnings**, **0 Skipped**)
Total Time	13s

DESIGN SPECIFICATIONS	
Circuit Name	LTC3406B
Description	Synchronous Buck
Input 1	5.000 V (4.5 V to 5.5 V)
Output 1	1.505 V (±5%) @ 1.5 A
Switching Frequency	955kHz

CALCULATED RESULTS	
Gain Margin @ 1.505V (dB)	30.3822
Gain Margin @ 600mV (dB)	33.8124
Phase Margin @ 1.505V (deg)	36.9764
phase_margin	39.8688

EXCEL-COMPATIBLE RESULTS	
Scalar Results	dvm_advanced_table_scalars.txt
Spec Results	dvm_advanced_table_specs.txt

OVERVIEW GRAPHS

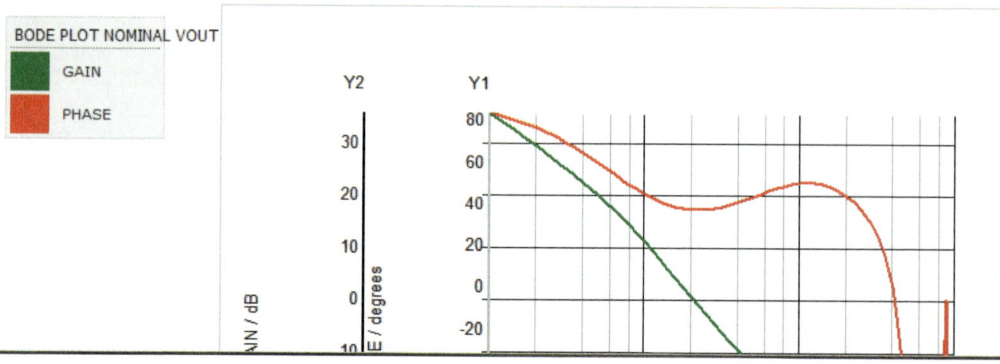

6.6 Create Testplan Entries

Create column testplan 항목을 사용하여 별칭을 만들고 곡선을 생성하고 이전 시뮬레이션의 데이터를 비교할 수 있습니다. 다음 표에서는 Create 열에 배치할 수 있는 기능에 대해 설명합니다.

참고: 하나의 테스트에 여러 기능을 사용하려면 각 Create 기능을 테스트 플랜의 별도 열에 배치하십시오.

Function	Description
Alias()	기존 scalar 이름의 새 scalar 이름을 사용하여 중복 scalar 를 만듭니다. 새 scalar 이름의 값은 원래 scalar 이름의 값과 동일합니다. Alias() 함수는 6.6.1 Creating Scalar Aliases 에 설명되어 있습니다. 구문 정보는 DVM 테스트 플랜 설명서의 Alias()을 참조하십시오.
ArbitraryCurve()	제공된 벡터 표현식을 평가하고 그래프 이름, 그리드 인덱스 및 축 이름으로 지정된 그래프 주소에 curve_name 을 사용하여 새 곡선을 그립니다. ArbitraryCurve() 함수 함수는 6.6.2 Using the ArbitraryCurve() Function 에 나와 있습니다. 구문 정보는 DVM 테스트 플랜 문서의 ArbitraryCurve()를 참조하십시오.
ArbitraryBodePlot()	입력 참조 지정자에서 지정된 그래프 주소의 출력 참조 지정자까지의 이득 및 / 또는 위상 곡선이 있는 Bode Plot 을 작성합니다. ArbitraryBodePlot() 함수는 6.6.3 Using the ArbitraryBodePlot() Function 에 설명되어 있습니다. 구문에 대한 자세한 내용은 DVM 테스트 플랜 설명서의 ArbitraryBodePlot()을 참조하십시오.
ExtractCurve()	이전에 실행한 테스트에서 특별히 레이블이 지정된 곡선을 추출하고 곡선의 이름을 변경하며 지정된 그래프 주소에 곡선를 그립니다. ExtractCurve() 함수는 6.6.4 Using the ExtractCurve() Function 에 설명되어 있습니다. 구문에 대한 자세한 내용은 DVM 테스트 플랜 문서의 ExtractCurve()를 참조하십시오.
CreateXYScalarPlot()	이 함수가 호출 된 테스트 이전의 모든 테스트에 기록된 scalar 데이터로부터 X–Y 플롯을 작성합니다. CreateXYScalarPlot() 함수는 6.6.5 Using the CreateXYScalarPlot() Function 에 설명되어 있습니다. 구문 정보는 DVM 테스트 플랜 설명서의 CreateXYScalarPlot()을 참조하십시오.

6.6.1 Creating Scalar Aliases

일부 scalar 측정은 각 DVM 시뮬레이션 테스트 후에 자동으로 수행됩니다. 대부분의 경우 이러한 scalar 의 이름은 회로도의 Probe 에 의해 결정됩니다. 즉, 모든 테스트에서 이름이 동일하다는 것을 의미합니다. 예를 들어 Bode Plot 테스트 목적이 실행되면 각 테스트마다 다음과 같은 scalar 가 생성됩니다.

- gain_margin
- phase_margin
- gain_crossover_frequency

모든 scalar 측정 이름이 동일하기 때문에 한 세트의 scalar 측정 값과 다른 작동 조건에서 실행되는 다른 시뮬레이션 테스트 결과를 비교하는 것은 어렵습니다. 이 비교를 가능하게 하기 위해 Alias() 함수를 사용하여 각 테스트 세트의 scalar 이름을 바꾸어 구별되는 테스트 조건을 반영할 수 있습니다. 6.6.5 Using the CreateXYScalarPlot Function 에서 볼 수 있듯이 scalar 측정에서 곡선을 생성할 때 더욱 중요해집니다.

scalar 측정에 대한 별칭을 설정하려면 다음 단계를 수행하십시오.

❶ 이 경로의 SIMPLIS_dvm_tutorial_examples.zip 에서 testplan / 6.3_jumpers.testplan 을 엽니다.

❷ Jumper 와 Source 사이에 세 개의 열을 삽입하십시오.

❸ 세 개의 새 열에 대해 머리글 행에 Create 를 추가하십시오.

❹ 첫 번째 테스트 세트의 열 작성에서 nominal output voltage tests 를 위해 각 행에 다음 세 가지 Alias() 함수를 추가하십시오.

  - Alias(gain_margin, gain_margin_nom)
  - Alias(phase_margin, phase_margin_nom)
  - Alias(gain_crossover_freq, gain_crossover_freq_nom)

❺ 두 번째 테스트 세트의 열 작성에서 600mV output voltage tests 를 위해 각 행에 다음 세 가지 Alias() 함수를 추가하십시오.

  - Alias(gain_margin, gain_margin_600mV)
  - Alias(phase_margin, phase_margin_600mV)
  - Alias(gain_crossover_freq, gain_crossover_freq_600mV)

4	*?@	obje	jumper	Create	Create	Create	source
5	***						
6	Ac	Bode	Close(J1)	**Alias(gain_margin,gain_margin_nom)**	**Alias(phase_margin,phase_margin_nom)**	**Alias(gain_crossover_freq,gain_crossover_freq_nom)**	Source(
7	Ac	Bode	Close(J1)	**Alias(gain_margin,gain_margin_nom)**	**Alias(phase_margin,phase_margin_nom)**	**Alias(gain_crossover_freq,gain_crossover_freq_nom)**	Source(
8	Ac	Bode	Close(J1)	**Alias(gain_margin,gain_margin_nom)**	**Alias(phase_margin,phase_margin_nom)**	**Alias(gain_crossover_freq,gain_crossover_freq_nom)**	Source(
9	***						
10	***	these tests use the new modified values					
11	***						
12	Ac	Bode	Open(J1)	**Alias(gain_margin,gain_margin_600mV)**	**Alias(phase_margin,phase_margin_600mV)**	**Alias(gain_crossover_freq,gain_crossover_freq_600mV)**	Source(
13	Ac	Bode	Open(J1)	**Alias(gain_margin,gain_margin_600mV)**	**Alias(phase_margin,phase_margin_600mV)**	**Alias(gain_crossover_freq,gain_crossover_freq_600mV)**	Source(
14	Ac	Bode	Open(J1)	**Alias(gain_margin,gain_margin_600mV)**	**Alias(phase_margin,phase_margin_600mV)**	**Alias(gain_crossover_freq,gain_crossover_freq_600mV)**	Source(

결과: 테스트 플랜을 실행하면 각 항목은 원본과 동일한 scalar 값으로 새 scalar 이름을 만들고 테스트 보고서에 원래 scalar 이름과 그 값을 유지합니다. Alias() 함수는 값을 새로운 scalar 이름에 복사합니다.

수정된 Alias testplan 은 이제 빨간색으로 표시된 추가 항목과 함께 다음과 같아야 합니다. 테스트 플랜은 SIMPLIS_dvm_tutorial_examples.zip 에서 압축을 해제한 Directory 에서 testplans / 6.6.1_alias.testplan 경로에 있습니다.

<table>
<tr><td colspan="9">***</td></tr>
<tr><td colspan="9">*** 6.6.1_alias.testplan: alias testplan for DVM tutorial section 6.6.1</td></tr>
<tr><td colspan="9">***</td></tr>
<tr><th>*?@ Analysis</th><th>Objective</th><th>Jumper</th><th>Create</th><th>Create</th><th>Create</th><th>Source</th><th>Load</th><th>Label</th></tr>
<tr><td colspan="9">***</td></tr>
<tr><td>Ac</td><td>BodePlot(OUTPUT:1)</td><td>Close(J1)</td><td>Alias(gain_margin,gain_margin_nom)</td><td>Alias(phase_margin,phase_margin_nom)</td><td>Alias(gain_crossover_freq,gain_crossover_freq_nom)</td><td>Source(INPUT:1,Nominal)</td><td>Load(OUTPUT:1,Light)</td><td>VOUT=1.505V|Bode Plot|Vin Nominal|Light Load</td></tr>
<tr><td>Ac</td><td>BodePlot(OUTPUT:1)</td><td>Close(J1)</td><td>Alias(gain_margin,gain_margin_nom)</td><td>Alias(phase_margin,phase_margin_nom)</td><td>Alias(gain_crossover_freq,gain_crossover_freq_nom)</td><td>Source(INPUT:1,Nominal)</td><td>Load(OUTPUT:1,50%)</td><td>VOUT=1.505V|Bode Plot|Vin Nominal|90% Load</td></tr>
<tr><td>Ac</td><td>BodePlot(OUTPUT:1)</td><td>Close(J1)</td><td>Alias(gain_margin,gain_margin_nom)</td><td>Alias(phase_margin,phase_margin_nom)</td><td>Alias(gain_crossover_freq,gain_crossover_freq_nom)</td><td>Source(INPUT:1,Nominal)</td><td>Load(OUTPUT:1,100%)</td><td>VOUT=1.505V|Bode Plot|Vin Nominal|100% Load</td></tr>
<tr><td colspan="9">***</td></tr>
<tr><td colspan="9">*** the jumper position sets the output voltage to 0.6V</td></tr>
<tr><td colspan="9">***</td></tr>
<tr><td>Ac</td><td>BodePlot(OUTPUT:1)</td><td>Open(J1)</td><td>Alias(gain_margin,gain_margin_600mV)</td><td>Alias(phase_margin,phase_margin_600mV)</td><td>Alias(gain_crossover_freq,gain_crossover_freq_600mV)</td><td>Source(INPUT:1,Maximum)</td><td>Load(OUTPUT:1,Light)</td><td>VOUT=0.6V|Bode Plot|Vin Maximum|Light Load</td></tr>
<tr><td>Ac</td><td>BodePlot(OUTPUT:1)</td><td>Open(J1)</td><td>Alias(gain_margin,gain_margin_600mV)</td><td>Alias(phase_margin,phase_margin_600mV)</td><td>Alias(gain_crossover_freq,gain_crossover_freq_600mV)</td><td>Source(INPUT:1,Maximum)</td><td>Load(OUTPUT:1,50%)</td><td>VOUT=0.6V|Bode Plot|Vin Maximum|50% Load</td></tr>
<tr><td>Ac</td><td>BodePlot(OUTPUT:1)</td><td>Open(J1)</td><td>Alias(gain_margin,gain_margin_600mV)</td><td>Alias(phase_margin,phase_margin_600mV)</td><td>Alias(gain_crossover_freq,gain_crossover_freq_600mV)</td><td>Source(INPUT:1,Maximum)</td><td>Load(OUTPUT:1,100%)</td><td>VOUT=0.6V|Bode Plot|Vin Maximum|100% Load</td></tr>
</table>

6.3 의 회로도에서 이 테스트 플랜을 실행할 때 점퍼 사용(이 경로에서 SIMPLIS_dvm_tutorial_examples.zip 에서 사용 가능): LTC3406B / 6.3_LTC3406B - DVM ADVANCED.sxsch

새 scalar 이름은 아래의 테스트 보고서에 있으며 빨간색 윤곽선으로 표시하였습니다.

SIMetrix / SIMPLIS

back to overview ^

» DVM TEST REPORT: VOUT=1.505V|BODE PLOT|VIN NOMINAL|100% LOAD

TEST DETAILS	
Schematic	6.3_LTC3406B - DVM ADVANCED.sxsch
Test	VOUT=1.505V|Bode Plot|Vin Nominal|100% Load
Date / Time	4/23/2013 8:22:00 AM
Report Directory	DVM_REPORTS\2013-04-23-8_21_56_AM\VOUT=1.505V\Bode Plot\Vin Nominal\100% Load
Log File	report.txt
Screenshot	schematic.png
Status	**PASS**
Simulator	simplis
Deck	input.deck
Init	input.deck.init

MEASURED SCALAR VALUES								
Efficiency	66.2768%							
Frequency(CLK)	955.63357kHertz							
Power(LOAD)	2.25923							
Power(SRC)	3.40878							
gain_crossover_freq	19.8447k							
gain_crossover_freq_nom	19.8447k							
gain_margin	26.7773							
gain_margin_nom	26.7773							
min_phase	50.9045							
phase_crossover_freq	432.886k							
min_phase_freq	19.8447k							
phase_margin	50.895							
phase_margin_nom	50.895							
ILOAD	*AVG*	1.50058	*MIN*	1.4967	*MAX*	1.50421	*RMS*	1.50058
ILOUT	*AVG*	1.50058	*MIN*	1.14273	*MAX*	1.86156	*RMS*	1.51489
ISRC	*AVG*	681.965m	*MIN*	423.722u	*MAX*	1.86199	*RMS*	1.02424
SW	*AVG*	1.65563	*MIN*	-1.44462	*MAX*	4.54153	*RMS*	2.98569
VLOAD	*AVG*	1.50557	*MIN*	1.50168	*MAX*	1.50921	*RMS*	1.50557
VOUT	*AVG*	1.50557	*MIN*	1.50168	*MAX*	1.50921	*RMS*	1.50557
VSRC	*AVG*	4.99932	*MIN*	4.99814	*MAX*	5	*RMS*	4.99932

MEASURED SPEC VALUES	
Max_VLOAD	**PASS:** Max. Output1 Voltage (1.50921) is less than or equal to Max. Output1 Voltage Spec (1.58025)
Min_VLOAD	**PASS:** Min. Output1 Voltage (1.50168) is greater than or equal to Min. Output1 Voltage Spec (1.42975)
min_gain_margin	**PASS:** Gain Margin (26.7773) is greater than Min. Gain Margin (12)
min_phase_margin	**PASS:** Phase Margin (50.895) is greater than Min. Phase Margin (35)

BODE PLOT

일부 자동 생성 scalar는 html 버전의 보고서에 표시될 때 다시 지정됩니다. 현재 이 값은 AVG, MIN, MAX, RMS 및 Pk2Pk 값에 대한 항목이 있는 값 표로 제한됩니다.

이러한 scalar에 대해 Alias() 함수에서 사용해야 하는 실제 scalar 이름은 다음과 같습니다.

- Avg(scalar_name)
- Min(scalar_name)

- Max(scalar_name)
- Rms(scalar_name)
- Pk2Pk(scalar_name)

여기서 scalar_name 은 테스트 보고서의 scalar 이름입니다. 예를 들어 위의 보고서에서 평균 공칭 출력 전압의 별명을 지정하려면 별칭 (Avg (VOUT, avg_vout_nom))과 같은 항목으로 다른 작성 열을 추가해야 합니다.

6.6.2 Using the ArbitraryCurve() Function

ArbitraryCurve() 함수를 사용하면 Node 전압 및 분기 전류 파형의 임의의 수학적 표현식에서 곡선을 생성할 수 있습니다. 또한 임의의 수식에는 내장 벡터 함수가 포함될 수 있습니다. 이 함수는 모두 함수 참조 설명서에 설명되어 있습니다.

ArbitraryCurve() 함수의 구문에는 아래 표에 설명된 인수와 함께 다음 구문이 있습니다.

```
ArbitraryCurve(vector_expression, vectors_to_keep, curve_name, graph_name, grid_index,
axis_name, OPTIONAL_PARAMETER_STRING)
```

Argument	Description
vector_expression	Node 전압 및 분기 전류 파형의 수학적 표현. 이 표현식에는 내장된 벡터 함수가 포함될 수 있습니다.
vectors_to_keep	프로그램이 SIMPLIS 시뮬레이션 중에 각 벡터에 대해 .PRINT 문에서 생성하고 SIMetrix 시뮬레이션 중에 .KEEP 문에서 생성하는 벡터 표현식의 공백으로 구분 된 벡터 목록입니다. 이렇게 하면 시뮬레이션 완료 후 벡터 표현식에 제공된 벡터를 플로팅에 사용할 수 있습니다.
curve_name	보고서에 나타나는 곡선의 이름입니다. 참고: 곡선에 보고서를 표시하려면 커브 이름 앞에 "DVM"을 붙여야합니다.
graph_name	새 테스트 보고서의 그래프 이름 *
grid_index	곡선을 배치할 그리드 *
axis_name	특정 Grids 의 축 *
OPTIONAL_PARAMETER_STRING	추가 형식 매개변수를 정의하는 KEY = VALUE 쌍의 공백으로 구분된 집합 **

* graph_name, grid_index 및 axis_name 에 대한 추가 정보는 Graph Address System.을 참조하십시오.

** OPTIONAL_PARAMETER_STRING 에 대한 추가 정보는 Optional Parameters.를 참조하십시오.

컨버터의 AC 결합 출력 전압을 플로팅하려면 다음 단계를 수행하십시오.

❶ 이 경로의 SIMPLIS_dvm_tutorial_examples.zip 에서 회로도를 여십시오: LTC3406B / 4.1_LTC3406B - DVM ADVANCED.sxsch.

❷ 변환기 출력에 네트 이름을 지정하려면 키보드 단축키 y 를 사용하거나 parts selector 에서 Connectors 〉 Terminal 을 선택합니다.

❸ 터미널을 DVM OUT Probe 오른쪽에 배치하고 연결합니다.

결과: 이 회로도를 변경한 후, 출력 전압 net 은 #VOUT 으로 명명됩니다. 회로도는 다음 경로와 같은 SIMPLIS_dvm_tutorial_examples.zip 에서 사용할 수 있는 다음과 유사하게 나타납니다. LTC3406B / 6.6.2_LTC3406B – DVM ADVANCED.sxsch.

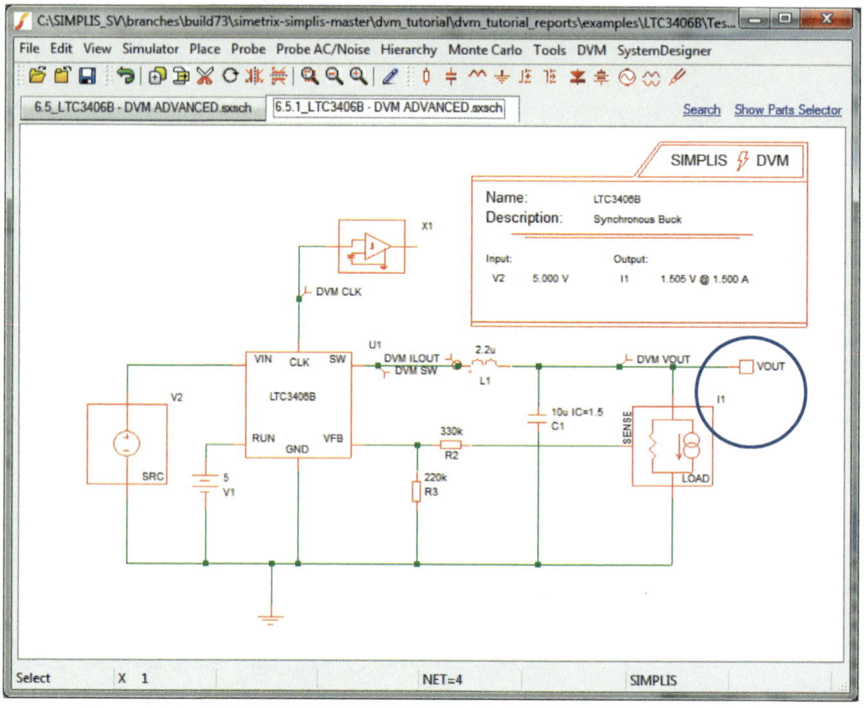

POP 시뮬레이션을 실행하는 정상 상태 테스트 목표에서 곡선을 생성하도록 테스트 플랜을 설정하려면 다음 단계를 수행하십시오.

❶ 이 경로의 SIMPLIS_dvm_tutorial_examples.zip 에서
testplan / 6.6.2_arbitrary_curve_start.testplan 을 엽니다.
결과: 이 테스트 플랜에는 내장된 동기화 벅 테스트 플랜 테스트가 다음과 같이 표시됩니다.

***				
*** modified testplan for arbitrarycurve DVM tutorial section 6.6.1				
***				
*?@ Analysis	Objective	Source	Load	Label
***				
Steady-State	Steady-State	SOURCE(INPUT:1, Maximum)	LOAD(OUTPUT:1, 100%)	Steady-State|Steady-State|Vin Maximum|100% Load

참고: 이 테스트 플랜에는 하나의 테스트만 있지만 곡선 함수를 정의한 후에는 다른 테스트 및 다른 테스트 플랜에 복사할 수 있습니다.

❷ 이 테스트 플랜에서 다른 열을 추가하고 새 열의 머리글 행에 Create 를 입력합니다.
❸ 아래 테이블의 매개변수와 값에 주목하여 새 Create 열에 다음 함수를 입력하십시오.

```
ArbitraryCurve(#VOUT-mean(#VOUT), #VOUT, DVM VOUT-AC, default, A4, VOUT-AC)
```

Argument	Value / Notes
vector_expression	#VOUT – Mean(#VOUT) 이것은 Mean() 벡터 함수를 사용하여 전체 시뮬레이션 시간 동안 공급된 벡터의 평균값을 반환하는 AC 커플링 출력 전압에 대한 수학적 표현입니다.
vectors_to_keep	#VOUT
curve_name	DVM VOUT–AC
graph_name	default
axis_name	VOUT–AC: (or any other name you prefer)

4	*?@ analy	objective	**Create**	source
5	***			
6	Steady-Stε	Steady-State	**ArbitraryCurve(#VOUT-mean(#VOUT), #VOUT, DVM VOUT-AC, default, A4, VOUT-AC)**	Source(IN

결과: 이제 테스트 플랜은 빨간색으로 변경된 다음과 같이 보입니다. 이 테스트 플랜은 다음 경로의 SIMPLIS_dvm_tutorial_examples.zip 에서 사용할 수 있습니다.
6.6.2_arbitrary_curve_final.testplan.

***					
*** final testplan for arbitrarycurve DVM tutorial section 6.6.1					
***					
*?@ Analysis	Objective	Create	Source	Load	Label
***					
Steady-State	Steady-State	ArbitraryCurve(#VOUT-mean(#VOUT), #VOUT, DVM VOUT-AC, default, A4, VOUT-AC)	SOURCE(INPUT:1, Maximum)	LOAD(OUTPUT:1, 100%)	Steady-State|Steady-State|Vin Maximum|100% Load

회로도에서 테스트 플랜을 실행하려면 다음 단계를 수행하십시오.

❶ 이 경로의 SIMPLIS_dvm_tutorial_examples.zip 에서 회로도를 여십시오. LTC3406B / 6.6.2_LTC3406B - DVM ADVANCED.sxsch

❷ 회로도 편집기의 주 메뉴에서 DVM 〉 Run 〉 Choose Testplan... 을 선택하십시오.

❸ SIMPLIS_dvm_tutorial_examples.zip 을 추출한 testplans Directory 로 이동하여 6.6.2_arbitrary_curve_final.testplan 을 선택하십시오.

결과: 테스트 보고서는 VOUT 커브와 동일한 진폭 및 주파수를 가진 기본 그래프의 네 번째 커브를 보여 주지만 세로 축은 다른 스케일을 가지며 0을 중심으로 합니다.

이것은 ArbitraryCurve() 함수의 한 예입니다. 함수의 다른 버전은 X-Y 플롯을 생성합니다. 테스트 플랜 구문 설명서에는 다이오드의 순방향 및 순방향 전압을 서로 대입하는 예제가 포함되어 있습니다. 자세한 내용은 DVM 테스트 플랜 문서의 ArbitraryCurve()를 참조하십시오.

6.6.3 Using the ArbitraryBodePlot() Function

ArbitraryBodePlot() 함수는 다음과 같은 유형의 커브를 생성할 수 있습니다.

- 2 개의 복소 전압의 비율
- 완전한 피드백 루프의 이득 및 위상 곡선
- 오류 증폭기와 같은 루프의 다양한 부분의 이득 및 위상.

Bode Plot Probe-w / Measurements 회로도 심볼은 유사한 기능을 가지고 있지만 ArbitraryBodePlot() 테스트 플랜 기능에는 이 기능의 유연성을 높이는 형식 지정 옵션이 포함되어 있습니다. 이러한 옵션 중 하나를 사용하여 회로 계층 수준 사이를 탐색할 수 있습니다.

예를 들어 LTC3406B 회로의 보상 오류 증폭기의 이득과 위상을 플로팅하는 것은 오류 증폭기의 출력이 계층 구조의 최상위 레벨에 있지 않기 때문에 회로도 기반 probe 에서는 어렵습니다. 오류 증폭기의 출력을 최상위 레벨로 가져오려면 LTC3406B 심볼을 수정해야 합니다. 그러나 ArbitraryBodePlot() 함수를 사용하면 이 함수를 사용하여 회로도 계층의 nets 을 직접 probe 하고 회로도를 변경하지 않고 곡선을 생성할 수 있기 때문에 이 문제를 해결할 수 있습니다.

6.6.3.1 Identifying Nodes

ArbitraryBodePlot() 함수는 testplan 문서에 설명된 네 가지 형태를 가지고 있습니다. 이 예제에서는 4 개의 Node 이름을 직접 지정하는 마지막 양식을 사용하며 아래 표에 설명된 인수와 함께 다음 구문을 사용합니다.

ArbitraryBodePlot(net$_{IN+}$, net$_{IN-}$, net$_{OUT+}$, net$_{OUT-}$, curve_name, graph_name, grid_index, axis_name, OPTIONAL_PARAMETER_STRING)

Arg #	Argument Name	Description
1	netIN+	The positive input node
2	netIN−	The negative input node
3	netOUT+	The positive output node
4	netOUT−	The negative output node
5	curve_name	곡선 이름
6	graph_name	테스트 보고서에 표시된 그래프 이름*
7	grid_index	곡선을 배치할 그리드를 식별*
8	axis_name	특정 그리드의 축을 식별*
9	OPTIONAL_PARAMETER _STRING	선택적 곡선 형식 매개변수가 포함되어 있습니다.**

* **graph_name, grid_index** 및 **axis_name** 에 대한 추가 정보는 Graph Address System 을 참조하십시오.

** OPTIONAL_PARAMETER_STRING 에 대한 추가 정보는 Optional Parameters 를 참조하십시오.

ArbitraryBodePlot() 커브 함수에는 차동 전압 입력이 있습니다. 이 예에서 음수 Node 는 node = 0 인 전역 접지이며, 이는 netIN- 및 netOUT-이 모두 0 임을 의미합니다.

양의 입력 Node 는 기호의 핀 이름에서 파생될 수 있습니다. 예를 들어, Probe 에 대한 양의 입력은 부하 I1 의 SENSE 핀입니다. 로드가 최상위 기호이기 때문에 핀 이름에 연결된 네트워크는 참조 지정자와 핀 이름을 마침표로 구분하여 사용합니다 (I1.#SENSE).

최상위 수준이 아닌 오류 증폭기의 출력에 대한 넷 이름을 찾으려면 다음 단계를 수행하십시오.

❶ 이 경로의 SIMPLIS_dvm_tutorial_examples.zip 에서 회로도를 여십시오: LTC3406B / 6.6.2_LTC3406B - DVM ADVANCED.sxsch.

❷ 왼쪽 버튼을 클릭하여 LTC3406B 의 최상위 레벨에서 U1 을 선택합니다.

❸ 마우스 오른쪽 버튼을 클릭하고 팝업 메뉴에서 Descend Hierarchy 를 선택하십시오. (또는 단축키 Ctrl E 를 사용하십시오)

결과: 새로운 탭이 Schematic Editor 에서 열리고 계층의 다음 단계가 표시됩니다.

❹ 오류 증폭기 U3 을 왼쪽 클릭하고 Ctrl E 키를 누릅니다.

❺ 오류 증폭기 U1 의 출력 위에 마우스 커서를 놓고 아래의 그림과 같이 그물 이름과 계층 경로가 빨간색 상자로 강조 표시된 창 왼쪽 하단을 보십시오.

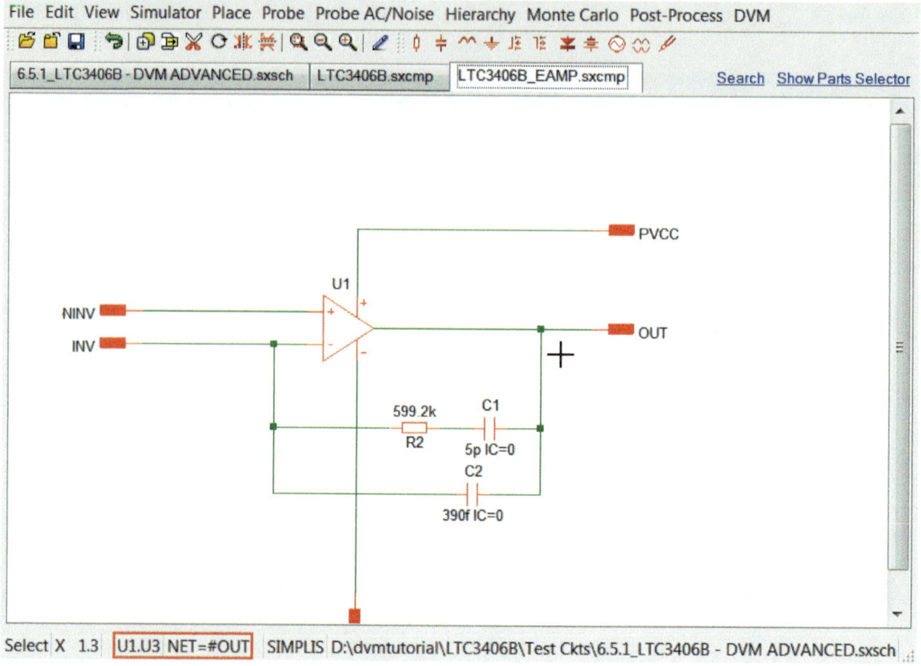

❻ 이 경우 U1.U3.#OUT 인 네트 이름을 기록하십시오.

참고: 키보드 단축키 Ctrl S 는 마우스 커서에 가장 가까운 기호를 기반으로 SIMetrix / SIMPLIS

```
Net name at cursor is U1.U3.#OUT
```

Command Shell 에 다음과 같은 메시지를 표시합니다.
이제 ArbitraryBodePlot() 함수의 처음 네 개의 인수를 확인했습니다.

```
ArbitraryBodePlot(I1.#SENSE, 0, U1.U3.#OUT, 0, ...)
```

6.6.3.2 Assigning Curve and Graph Names

이 예제의 경우 아래 표에 나열된 각 인수의 값을 사용하십시오.

Argument Name	Value	Notes
curve_name	DVM Error Amplifier	지정한 curve_name 을 사용하여 "Gain" 또는 "Phase"를 추가하여 이득 및 위상 곡선의 고 한 이름을 생성합니다. 이 경우 이름은 • DVM Error Amplifier Gain • DVM Error Amplifier Phase
graph_name	E/A Gain and Phase	개별 테스트 보고서의 그래프 범례 상자에 표시되는 제목입니다.
grid_index	ignoreme	이 두 인수는 이 함수 형식에서 선택적이므로 이 값은 자리 표시자입니다. *
axis_name	ignoreme	

* 하나의 커브를 생성하는 ArbitraryBodePlot() 함수의 다른 형식에서는 커브 위치를 지정하는데 이 인수 모두 필요합니다.

6.6.3.3 Defining the Optional Parameter String

이 예제에서는 최종 인수인 OPTIONAL_PARAMETER_STRING 을 사용하여 커브 위치를 지정합니다.

- curve = splitgain : 상단 Grid 에 Gain 커브가 있는 두 개의 Grids 에 커브를 배치합니다.
- color = blue, 두 곡선을 모두 파란색으로 만듭니다.

마지막 인수의 구문은 다음과 같습니다. curve = splitgain color = blue

참고 : curve = splitgain 과 color = blue 사이에는 쉼표가 사용되지 않습니다.
이것은 프로그램이 이 인수에 대해 개별 옵션의 공백으로 구분된 문자열을 기대하기 때문에 OPTIONAL_PARAMETER_STRING 의 일반적인 형식입니다.

완전한 ArbitraryBodePlot() 함수는 다음과 같습니다.

```
ArbitraryBodePlot(I1.#SENSE, 0, U1.U3.#OUT, 0, DVM Error Amplifier , E/A Gain and Phase,
ignoreme, ignoreme, curve=splitphase color=blue)
```

6.6.3.4 Creating the Testplan

이 기능을 테스트 플랜에 추가하려면 다음 단계를 수행하십시오.

❶ SIMPLIS_dvm_tutorial_examples.zip (testplans / 6.6.3_arbitrarybodeplot_start.testplan) 경로에서 테스트 플랜을 엽니다.

❷ Objective 와 Source 사이에 열을 추가하십시오.

❸ 새 열의 머리글 행에 Create 를 입력하십시오.

```
ArbitraryBodePlot(I1.#SENSE, 0, U1.U3.#OUT, 0, DVM Error Amplifier , E/A Gain and Phase, ignoreme, ignoreme, curve=splitgain color=blue)
```

❹ 테스트 플랜의 마지막 행에서 Create 열에 다음을 추가합니다.

4	*?@ analy	objective	**Create**	source
5	***			
6	Ac	BodePlot(	**ArbitraryBodePlot(I1.#SENSE, 0, U1.U3.#OUT, 0, DVM Error Amplifier, E/A Gain and Phase, ignoreme, ignoreme, curve=splitgain color=blue)**	Source(INI

결과: 테스트 플랜은 이제 빨간색으로 변경된 다음과 유사하게 보일 것입니다.이 테스트 플랜은 이 경로의 SIMPLIS_dvm_tutorial_examples.zip 에서 사용할 수 있습니다 : LTC3406B / 6.6.3_arbitrarybodeplot.testplan

<table>
<tr><td colspan="6">***</td></tr>
<tr><td colspan="6">*** 6.6.3_arbitrarybodeplot.testplan arbitrarybodeplot testplan for DVM tutorial section 6.6.3</td></tr>
<tr><td colspan="6">***</td></tr>
<tr><td>*?@ Analysis</td><td>Objective</td><td>Create</td><td>Source</td><td>Load</td><td>Label</td></tr>
<tr><td colspan="6">***</td></tr>
<tr><td>Ac</td><td>BodePlot(OUTPUT:1)</td><td>ArbitraryBodePlot(I1.#SENSE, 0, U1.U3.#OUT, 0, DVM Error Amplifier, E/A Gain and Phase, ignoreme, ignoreme, curve=splitgain color=blue)</td><td>SOURCE(INPUT:1, Maximum)</td><td>LOAD(OUTPUT:1, 100%)</td><td>Ac Analysis|Bode Plot|Vin Maximum|100% Load</td></tr>
</table>

6.6.3.5 Running the Testplan

6.5.1 절의 회로도에서 테스트 플랜을 실행하려면 다음 단계를 수행하십시오.

❶ 이 경로의 SIMPLIS_dvm_tutorial_examples.zip 에서 회로도를 여십시오: LTC3406B / 6.6.2_LTC3406B - DVM ADVANCED.sxsch.

❷ 회로도 편집기의 주 메뉴에서 DVM ▶ Run ▶ Choose Testplan...을 선택하십시오.

❸ SIMPLIS_dvm_tutorial_examples.zip 을 추출한 testplans Directory 로 이동하여 6.6.3_arbitrarybodeplot.testplan 을 선택하십시오.

❹ Ac Analysis 를 선택하여 실행할 테스트를 선택하십시오.

결과: 테스트 보고서는 오류 증폭기 이득 및 위상에 대한 곡선을 포함합니다. curve = splitgain 옵션은 상단 Grids에 게인 커브가 있는 두 개의 Grids를 만듭니다. color = blue 옵션은 두 곡선을 모두 파란색으로 만듭니다.

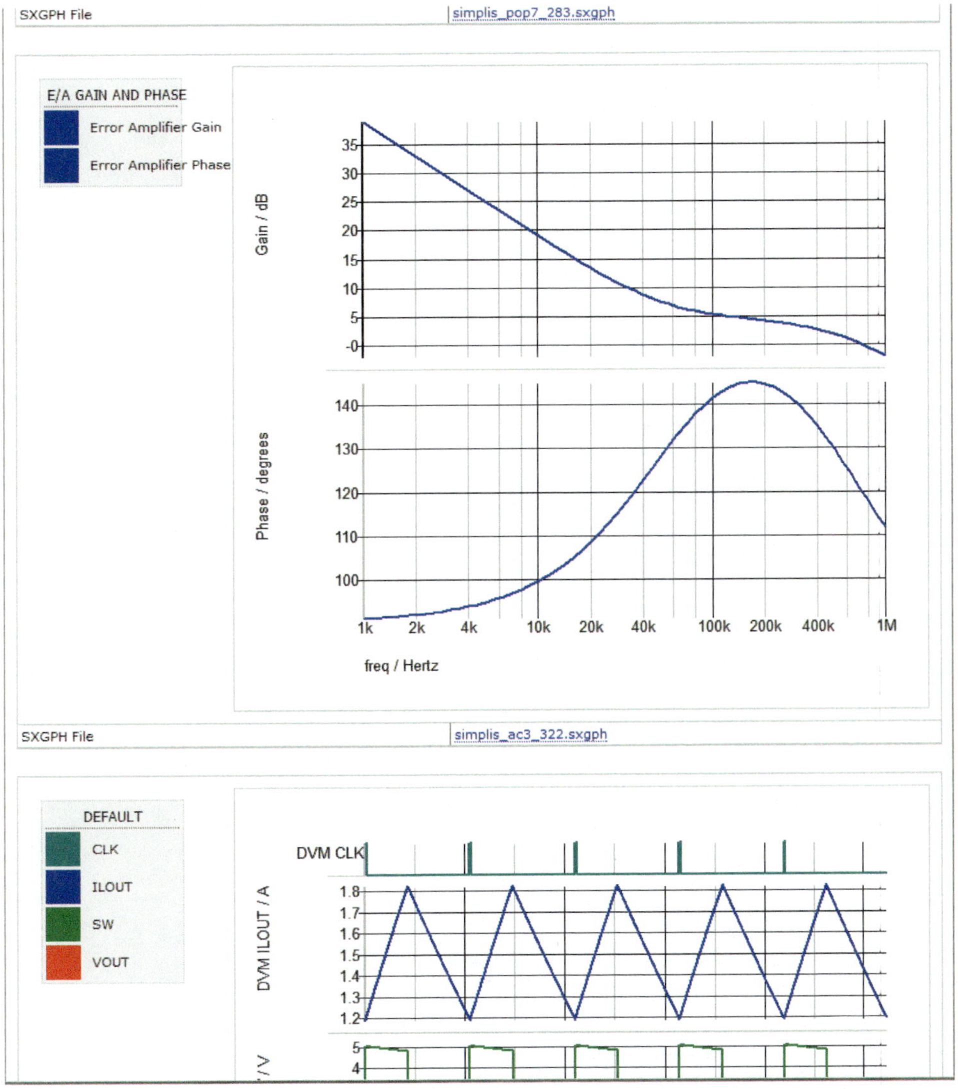

참고: ArbitraryBodePlot() 함수의 인수가 많으므로 일반 모니터에서 함수를 구성하기가 어려울 수 있으므로 ArbitraryBodePlot() 스크립트 함수를 사후 프로세스 스크립트에서 호출할 수 있습니다. 이 스크립트 함수는 시뮬레이션 벡터를 유지하지 않는 것을 제외하고는 거의 정확하게 테스트 플랜 버전과 동일하게 작동합니다. 자세한 내용은 testplan 문서의 7.2 Post-Process Scripts 및 개별 Create fuction 항목을 참조하십시오.

6.6.4 Using the ExtractCurve() Function

ExtractCurve() 함수는 이전 보고서의 곡선을 현재 테스트 보고서의 그래프로 복사합니다. 이를 수행하기 위해 함수는 전체 테스트 레이블을 사용하여 이전에 실행한 테스트를 찾은 다음 해당 보고서에서 곡선 이름을 검색합니다. 일치하는 곡선 이름이 있으면 곡선이 현재 보고서의 지정된 그래프에 복사됩니다. 일치하는 곡선 이름이 일치하지 않으면 SIMetrix / SIMPLIS Command Shell 에 경고 메시지가 나타납니다.

6.5.2 Promoting Scalars to the Overview Report 에서 PromoteGraph() 및 PromoteScalar() 함수를 사용하여 개요 보고서에 그래프와 scalar 를 배치했습니다. Gain_margin 및 Phase _margin 에 대한 개요 scalar 값은 계산된 결과 섹션에서 쉽게 비교할 수 있지만 서로 다른 두 그래프의 곡선을 비교하기가 더 어렵습니다.

6.6.4.1 Preparing the Testplan

이전 테스트 플랜의 곡선을 복사하고 새 그래프를 개요 보고서로 승격시킬 새 테스트 플랜을 준비하려면 다음 단계를 수행하십시오.

❶ 다음 경로의 SIMPLIS_dvm_tutorial_examples.zip 에서 테스트 플랜을 엽니다.
6.5.2_promotescalar_final.testplan.

❷ PromoteGraph() 함수가 포함된 두 개의 열을 삭제하십시오.

❸ Jumper 열 뒤에 세 개의 열을 추가하고 각 머리글 행에 Create 를 입력합니다.

❹ 테스트 플랜의 맨 아래에 두 개의 행을 추가하십시오. 첫 번째 새 행에 ***을 입력하고 마지막 행에 다음을 입력하십시오.
첫 번째 열: No simulation
마지막 열: Extract Curves from Previous Reports

참고: 이 테스트를 실행하면 시뮬레이션이 생략되고 사후 처리가 요약 커브를 생성합니다. 테스트 플랜은 위의 빨간색 변경 사항과 함께 다음과 비슷하게 보입니다.

***											
*** 6.6.4_extractcurve_start.testplan: extractcurve testplan for DVM tutorial section 6.6.4											
***											
*?@ Analysis	Objective	Jumper	Create	Create	Create	Create	Promote	Promote	Source	Load	Label
***											
***											
***											
***											
***											
Ac	BodePlot(OUTPUT:1)	Close(J1)							Source(INPUT:1, Nominal)	Load(OUTPUT:1, Light)	VOUT=1.505V|Bode Plot|Vin Nominal|Light Load
Ac	BodePlot(OUTPUT:1)	Close(J1)					PromoteScalar(gain_margin, Gain Margin @ 1.505V (dB))	PromoteScalar(phase_margin, Phase Margin @ 1.505V (deg))	Source(INPUT:1, Nominal)	Load(OUTPUT:1, 50%)	VOUT=1.505V|Bode Plot|Vin Nominal|50% Load
Ac	BodePlot(OUTPUT:1)	Close(J1)							Source(INPUT:1, Nominal)	Load(OUTPUT:1, 100%)	VOUT=1.505V|Bode Plot|Vin Nominal|100% Load
Ac	BodePlot(OUTPUT:1)	Open(J1)							Source(INPUT:1, Nominal)	Load(OUTPUT:1, Light)	VOUT=0.6V|Bode Plot|Vin Nominal|Light Load
Ac	BodePlot(OUTPUT:1)	Open(J1)					PromoteScalar(gain_margin, Gain Margin @ 600mV (dB))	PromoteScalar(phase_margin, Phase Margin @ 600mV (deg))	Source(INPUT:1, Nominal)	Load(OUTPUT:1, 50%)	VOUT=0.6V|Bode Plot|Vin Nominal|50% Load
Ac	BodePlot(OUTPUT:1)	Open(J1)							Source(INPUT:1, Nominal)	Load(OUTPUT:1, 100%)	VOUT=0.6V|Bode Plot|Vin Nominal|100% Load
No Simulation											Extract Curves from Previous Reports

6.6.4.2 Composing the ExtractCurve Functions

각 ExtractCurve() 함수는 단일 커브를 복사하기 때문에 다음 네 가지 함수를 작성해야 합니다.

- 공칭 테스트용 2 개
- 600mV 출력 전압 테스트용 2 개

ExtractCurve() 함수는 아래 표에 설명된 인수와 함께 다음 구문을 사용합니다.

```
ExtractCurve(label, curve_name_to_extract, new_curve_name, graph_name, grid_index, axis_name, OPTIONAL_PARAMETER_STRING)
```

Arg #	Argument Name	Description
1	label	이전에 실행한 테스트에 대한 보고서 라벨
2	curve_name_to_extract	추출할 곡선의 이름
3	new_curve_name	곡선의 새 이름 참고 : 곡선에 보고서를 표시하려면 커브 이름 앞에 "DVM"을 붙여야 합니다.
4	graph_name	새 테스트 보고서의 그래프 이름 *
5	grid_index	곡선을 배치할 그리드 *
6	axis_name	특정 Grids 의 축 *
7	OPTIONAL_PARAMETER_STRING	추가 매개변수를 정의하는 KEY = VALUE 쌍의 공백으로 구분된 집합 **

* **graph_name, grid_index** 및 **axis_name** 에 대한 추가 정보는 Graph Address System 을 참조하십시오.
** **OPTIONAL_PARAMETER_STRING** 에 대한 추가 정보는 Optional Parameters 를 참조하십시오.

공칭 출력 전압 테스트로 생성된 위상 곡선에 대한 인수를 할당하려면 다음 표에서 굵게 표시된 값을 사용하십시오.

Argument	Value / Notes
label	VOUT=1.505V|Bode Plot|Vin Nominal|50% Load 이전 보고서 식별
curve_name	DVM Phase 이전 보고서의 곡선 이름
new_curve_name	DVM Phase@1.505V gain curve 와 구별하는데 도움이 되는 테스트 조건 설명
graph_name	Bode Plot Summary 보고서 그래프 이름
grid_index	A1 그래프 하단의 가장 낮은 위치의 첫번째 아날로그 그리드
axis_name	bodephase 고정 probe 에서 사용되는 이름
OPTIONAL_PARAMETER_STRING	xScale=log color=red x 축을 log 스케일로 정하고 곡선 색상을 빨간색으로 지정

이제 위상 곡선에 대한 ExtractCurve() 함수가 다음과 같이 완료되었습니다.

```
ExtractCurve(VOUT=1.505V|Bode Plot|Vin Nominal|50% Load,DVM Phase,DVM
Phase@1.505V,Bode Plot Summary,A1,bodephase, xScale=log color=red)
```

Gain 곡선의 함수를 만들려면 다음 단계를 수행하십시오.

❶ 위상 곡선에 대해 위 함수의 복사본을 만듭니다.
❷ 위상의 모든 인스턴스를 Gain 으로 바꾸십시오.
❸ Grids 인덱스를 A1 에서 A2 로 변경하십시오.
❹ 축 이름을 bodephase 에서 bodemag 로 변경하십시오.

이러한 변경을 한 후에는 Gain 곡선이 있는 ExtractCurve() 함수가 다음과 같이 완료되어 빨간색으로 강조 표시됩니다.

```
ExtractCurve(VOUT=1.505V|Bode Plot|Vin Nominal|50% Load, DVM Gain, DVM
Gain@1.505V, Bode Plot Summary, A2, bodemag, xScale=log color=red)
```

이 시점에서 첫 번째 테스트를 위해 ExtractCurve 함수를 작성했습니다. 두 번째 테스트 기능을 구성하려면 다음 단계를 수행하십시오.

❶ 위의 두 함수를 phase 곡선과 gain 곡선에 복제하십시오.
❷ 두 복제본에서 label 를 VOUT=1.505V|Bode Plot|Vin Nominal|50% Load 를 VOUT=0.6V|Bode Plot|Vin Nominal|50% Load.로 변경하십시오.
❸ Curve_name 에서 1.505V 를 600mV 로 바꾸십시오.
❹ optional parameter string 열에서 색상을 red 에서 blue 으로 변경합니다.
❺ 마지막 행의 처음 네 개의 빈 Create 열에 아래에 표시된 위의 변경 내용과 함께 네 개의 ExtractCurve() 함수를 추가합니다.

***
*** 6.6.4_extractcurve_final.testplan: extractcurve testplan for DVM tutorial section 6.6.4
***

*?@ Analysis	Objective	Jumper	Create	Create	Create	Create	Promote	Promote	Source	Load	Label
***											
***											
***											
***											
***											
Ac	BodePlot(OUTPUT:1)	close(J1)							SOURCE(INPUT:1, Nominal)	LOAD(OUTPUT:1, Light)	VOUT=1.505V|Bode Plot|Vin Nominal|Light Load
Ac	BodePlot(OUTPUT:1)	close(J1)					PromoteScalar(gain_margin , Gain Margin @ 1.505V (dB))	PromoteScalar(phase_margin , Phase Margin @ 1.505V (deg))	SOURCE(INPUT:1, Nominal)	LOAD(OUTPUT:1, 50%)	VOUT=1.505V|Bode Plot|Vin Nominal|50% Load
Ac	BodePlot(OUTPUT:1)	close(J1)							SOURCE(INPUT:1, Nominal)	LOAD(OUTPUT:1, 100%)	VOUT=1.505V|Bode Plot|Vin Nominal|100% Load
Ac	BodePlot(OUTPUT:1)	open(J1)							SOURCE(INPUT:1, Nominal)	LOAD(OUTPUT:1, Light)	VOUT=0.6V|Bode Plot|Vin Nominal|Light Load
Ac	BodePlot(OUTPUT:1)	open(J1)					PromoteScalar(gain_margin , Gain Margin @ 600mV (dB))	PromoteScalar(phase_margin , Phase Margin @ 600mV (deg))	SOURCE(INPUT:1, Nominal)	LOAD(OUTPUT:1, 50%)	VOUT=0.6V|Bode Plot|Vin Nominal|50% Load
Ac	BodePlot(OUTPUT:1)	open(J1)							SOURCE(INPUT:1, Nominal)	LOAD(OUTPUT:1, 100%)	VOUT=0.6V|Bode Plot|Vin Nominal|100% Load
NoSimulation			ExtractCurve(VOUT=1.505V|Bode Plot|Vin Nominal|50% Load,DVM Phase,DVM Phase@1.505V,Bode Plot Summary,A,bodephase,xScale=log color=red)	ExtractCurve(VOUT=1.505V|Bode Plot|Vin Nominal|50% Load,DVM Gain,DVM Gain@1.505V,Bode Plot Summary,A2,bodemag,xScale=log color=red)	ExtractCurve(VOUT=0.6V|Bode Plot|Vin Nominal|50% Load,DVM Phase,DVM Phase@600mV,Bode Plot Summary,A1,bodephase,xScale=log color=blue)	ExtractCurve(VOUT=0.6V|Bode Plot|Vin Nominal|50% Load,DVM Gain,DVM Gain@600mV,Bode Plot Summary,A2,bodemag,xScale=log color=blue)	PromoteGraph(Bode Plot Summary)				Extract Curves from Previous Reports

❻ 테스트 플랜을 완료하려면 마지막 행의 다섯 번째 열에 다음을 추가하십시오.

```
PromoteGraph(Bode Plot Summary)
```

결과: 테스트 플랜은 빨간색으로 변경된 다음과 유사하게 나타납니다. 이 테스트 플랜은 다음 경로의 SIMPLIS_dvm_tutorial_examples.zip 에서 사용할 수 있습니다.
testplans / 6.6.4_extractcurve_final.testplan

<table>
<tr><td colspan="12">***</td></tr>
<tr><td colspan="12">*** 6.6.4_extractcurve_final.testplan: extractcurve testplan for DVM tutorial section 6.6.4</td></tr>
<tr><td colspan="12">***</td></tr>
<tr><th>*?@ Analysis</th><th>Objective</th><th>Jumper</th><th>Create</th><th>Create</th><th>Create</th><th>Create</th><th>Promote</th><th>Promote</th><th>Source</th><th>Load</th><th>Label</th></tr>
<tr><td colspan="12">***</td></tr>
<tr><td colspan="12">***</td></tr>
<tr><td colspan="12">***</td></tr>
<tr><td colspan="12">***</td></tr>
<tr><td colspan="12">***</td></tr>
<tr><td>Ac</td><td>BodePlot(OUTPUT:1)</td><td>close(J1)</td><td></td><td></td><td></td><td></td><td></td><td></td><td>SOURCE(INPUT:1, Nominal)</td><td>LOAD(OUTPUT:1, Light)</td><td>VOUT=1.505V|Bode Plot|Vin Nominal|Light Load</td></tr>
<tr><td>Ac</td><td>BodePlot(OUTPUT:1)</td><td>close(J1)</td><td></td><td></td><td></td><td></td><td>PromoteScalar(gain_margin , Gain Margin @ 1.505V (dB))</td><td>PromoteScalar(phase_margin , Phase Margin @ 1.505V (deg))</td><td>SOURCE(INPUT:1, Nominal)</td><td>LOAD(OUTPUT:1, 50%)</td><td>VOUT=1.505V|Bode Plot|Vin Nominal|50% Load</td></tr>
<tr><td>Ac</td><td>BodePlot(OUTPUT:1)</td><td>close(J1)</td><td></td><td></td><td></td><td></td><td></td><td></td><td>SOURCE(INPUT:1, Nominal)</td><td>LOAD(OUTPUT:1, 100%)</td><td>VOUT=1.505V|Bode Plot|Vin Nominal|100% Load</td></tr>
<tr><td>Ac</td><td>BodePlot(OUTPUT:1)</td><td>open(J1)</td><td></td><td></td><td></td><td></td><td></td><td></td><td>SOURCE(INPUT:1, Nominal)</td><td>LOAD(OUTPUT:1, Light)</td><td>VOUT=0.6V|Bode Plot|Vin Nominal|Light Load</td></tr>
<tr><td>Ac</td><td>BodePlot(OUTPUT:1)</td><td>open(J1)</td><td></td><td></td><td></td><td></td><td>PromoteScalar(gain_margin , Gain Margin @ 600mV (dB))</td><td>PromoteScalar(phase_margin , Phase Margin @ 600mV (deg))</td><td>SOURCE(INPUT:1, Nominal)</td><td>LOAD(OUTPUT:1, 50%)</td><td>VOUT=0.6V|Bode Plot|Vin Nominal|50% Load</td></tr>
<tr><td>Ac</td><td>BodePlot(OUTPUT:1)</td><td>open(J1)</td><td></td><td></td><td></td><td></td><td></td><td></td><td>SOURCE(INPUT:1, Nominal)</td><td>LOAD(OUTPUT:1, 100%)</td><td>VOUT=0.6V|Bode Plot|Vin Nominal|100% Load</td></tr>
<tr><td>No Simulation</td><td></td><td></td><td>ExtractCurve(VOUT=1.505V|Bode Plot|Vin Nominal|50% Load,DVM Phase,DVM Phase@1.505V,Bode Plot Summary,A1, bodephase, xScale=log color=red)</td><td>ExtractCurve(VOUT=1.505V|Bode Plot|Vin Nominal|50% Load,DVM Gain,DVM Gain@1.505V,Bode Plot Summary,A2,bodemag,xScale=log color=red)</td><td>ExtractCurve(VOUT=0.6V|Bode Plot|Vin Nominal|50% Load,DVM Phase,DVM Phase@600mV,Bode Plot Summary,A1,bodephase,xScale=log color=blue)</td><td>ExtractCurve(VOUT=0.6V|Bode Plot|Vin Nominal|50% Load,DVM Gain,DVM Gain@600mV,Bode Plot Summary,A2,bodemag,xScale=log color=blue)</td><td>PromoteGraph(Bode Plot Summary)</td><td></td><td></td><td></td><td>Extract Curves from Previous Reports</td></tr>
</table>

6.6.4.3 Running the Testplan

6.3 절의 회로도에서 테스트 플랜을 실행하려면 다음 단계를 수행하십시오.

❶ 이 경로의 SIMPLIS_dvm_tutorial_examples.zip 에서 회로도를 여십시오:
LTC3406B / 6.3_LTC3406B - DVM ADVANCED.sxsch.

❷ 회로도 편집기의 주 메뉴에서 **DVM ▶ Run ▶ Choose Testplan...**을 선택하십시오.

❸ SIMPLIS_dvm_tutorial_examples.zip 을 추출한 Directory 로 이동합니다.
6.6.4_extractcurve_final.testplan

❹ VOUT = 0.6V 및 VOUT = 1.505V 목록 모두에서 100% load 테스트 만 확인하십시오.

결과: 개요 보고서에는 다음이 포함됩니다.

- 4 개의 곡선이 있는 Bode Plot 요약 그래프.
- 이득 및 위상 마진에 대해 측정된 4 개의 scalar 값을 사용하여 계산된 결과 섹션

CALCULATED RESULTS	
Gain Margin @ 1.505V (dB)	30.3822
Gain Margin @ 600mV (dB)	33.6973
Phase Margin @ 1.505V (deg)	36.9764
Phase Margin @ 600mV (deg)	39.7082

EXCEL-COMPATIBLE RESULTS	
Scalar Results	dvm_advanced_table_scalars.txt
Spec Results	dvm_advanced_table_specs.txt

OVERVIEW GRAPHS

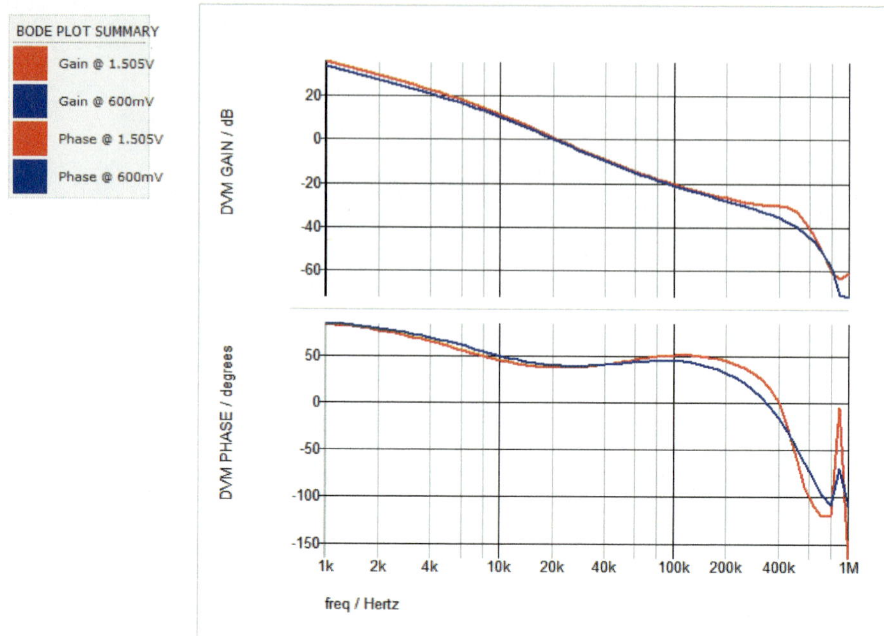

SXGPH File	simplis_ac18_1263.sxgph
Source Test	Extract Curves from Previous Reports

TEST 1 OF 3	top ^
Test Label	VOUT=1.505V|Bode Plot|Vin Nominal|50% Load
Simulator	simplis
Test Report	VOUT=1.505V\Bode Plot\Vin Nominal\50% Load\report.txt.html

6.6.4.4 Handling Errors and Warnings

테스트가 선택되었지만 테스트 플랜이 실행되기 전에 DVM은 testplan 구문을 검사하고, 선택되지 않은 테스트의 경우 나중에 테스트 플랜을 검사합니다. 예를 들어 동일한 테스트 플랜을 실행하기 전에 VOUT = 1.505V | Bode Plot | Vin Nominal | 50% Load라는 레이블이 붙은 테스트와 요약만 선택하면 다음 오류가 SIMetrix / SIMPLIS Command Shell에 표시됩니다. 테스트가 실행되도록 선택되었지만 테스트 플랜이 실행되기 전에 DVM은 구문에 대해 테스트 플랜을 감사하고 선택되지 않은 테스트는 나중에 테스트하여 검사합니다. 예를 들어 이전에 실행한 테스트 플랜과 동일한 테스트 플랜을 실행했지만 다음 두 가지 테스트만 선택했

다고 가정합니다.

- Extract Curves from Previous Reports
- VOUT=1.505V|Bode Plot|Vin Nominal|50% Load

이 경우 다음 오류가 SIMetrix / SIMPLIS Command Shell 에 표시됩니다.

```
Test #2 attempts to extract a curve from a test with the label
VOUT=0.6V|Bode Plot|Vin Nominal|50% Load which is not selected to have been run
before Test #2 is set to be executed.

Test #2 attempts to extract a curve from a test with the label
VOUT=0.6V|Bode Plot|Vin Nominal|50% Load which is not selected to have been run
before Test #2 is set to be executed.
```

이 두 가지 오류는 각 ExtractCurve() 함수에 대해 하나의 테스트 플랜을 실행하지 않았기 때문에 최종 그래프에 찾을 수 있는 모든 곡선이 없을 수도 있음을 경고합니다.

참고: ExtractCurve() 함수의 인수가 많으므로 일반 모니터에서 함수를 구성하기가 어려울 수 있으므로 ExtractCurve 스크립트 함수를 사후 프로세스 스크립트에서 호출할 수 있습니다. 이 스크립트 함수는 시뮬레이션 벡터를 유지하지 않는다는 것을 제외하고는 거의 정확하게 테스트 플랜 버전과 동일하게 동작합니다. 자세한 내용은 DVM 설명서의 7.2 Post-Process Scripts and Using ExtractCurve()Function in Scrip 을 참조하십시오.

6.6.5 Using the CreateXYScalarPlot() Function

5.1 Running the Built-in Efficiency Testplan 에서는 내장 효율성 시험 계획을 사용하여 컨버터의 효율성을 시뮬레이션 했습니다. 이 섹션에서 생성된 마지막 그래프는 이전 테스트에서 수집된 scalar 데이터를 기반으로 세 가지 효율 곡선을 그렸습니다.
세 개의 CreateXYScalarPlot() 함수를 사용하여 이러한 커브를 생성했습니다. 효율성 테스트 플랜의 사본은 SIMPLIS_dvm_tutorial_examples.zip 에서 이 경로에 있습니다.

testplans / dvm_builtin-efficiency_dcdc_1in_1out.testplan

CreateXYScalarPlot() 함수는 아래 표에 설명된 대로 7 개의 필수 인수와 하나의 선택적 인수가 있는 다음 구문을 사용합니다.

CreateXYScalarPlot(x-expression, y-expression, scalars to extract, curve_name, graph_name, grid_index, axis_name, OPTIONAL_PARAMETER_STRING)

Arg #	Argument Name	Description
1	x-expression	X 축에 플롯될 scalar 표현
2	y-expression	y 축에 그려지는 scalar 표현
3	scalars_to_extract	이전 보고서에서 추출할 공백으로 구분 된 scalar 목록.
4	curve_name	보고서에 나타나는 곡선의 이름입니다. 참고 : 곡선에 보고서를 표시하려면 커브 이름 앞에 "DVM"을 붙여야 합니다.
5	graph_name	새 테스트 보고서의 그래프 이름 *
6	grid_index	곡선을 배치할 그리드 *
7	axis_name	특정 Grids 의 축 *
8	OPTIONAL_PARAMETER _STRING	추가 매개변수를 정의하는 KEY = VALUE 쌍의 공백으로 구분된 집합 **

* graph_name, grid_index 및 axis_name 에 대한 추가 정보는 Graph Address System 을 참조하십시오.

** OPTIONAL_PARAMETER_STRING 에 대한 추가 정보는 Optional Parameters 를 참조하십시오.

가장 간단한 경우 scalar 표현식 x-expression 및 y-expression 은 테스트 보고서의 scalar 가 될 수 있습니다. 보다 복잡한 응용 프로그램에서 식은 Var(), GlobalVar() 및 Change() 테스트 플랜 항목으로 설정된 값과 같은 scalar 값의 수학식이 될 수 있습니다.

내장된 efficiency testplan 은 효율 대 부하 전류를 플로팅 한 CreateXYScalarPlot() 함수에서 다음 인수를 사용합니다.

Argument	Value / Notes
x-expression	AVG(ILOAD)
y-expression	Efficiency_Nom Alias() 함수로 만든 scalar 별칭을 사용했습니다. 6.6.1 Creating Scalar Aliases.
scalars_to _extract	AVG(ILOAD) Efficiency_Nom 이 인수는 이전 보고서에서 추출할 scalar 목록이며 x-expression 과 y-expression 에 사용된 scalar 값의 공백으로 구분된 목록으로 구성됩니다.
curve_name	DVM Vin Nom DVM 이 개요 및 테스트 보고서 그래프에서 곡선을 유지하려면 공칭 입력 전압 케이스의 curve_ 이름에 “DVM” 접두어를 사용해야 합니다.
graph_name	DVM Efficiency

grid_index	A1
axis_name	vert 이것은 다중 축을 기록하므로 축 이름은 중요하지 않습니다.
OPTIONAL _PARAMETER _STRING	xlabel=Load Current xunits=A ylabel=Efficiency yunits=%%% showpoints=true color=red 이 인수는 거의 항상 레이블, 단위 및 주요 격자 간격에 주석을 달기 위해 CreateXYScalarPlot() 함수와 함께 사용됩니다. 모든 옵션은 DVM 설명서의 CreateXYScalarPlot()에 설명되어 있습니다.

내장된 효율 테스트 플랜의 공칭 입력 전압에 대한 전체 CreateXYScalarPlot() 함수는 다음과 같습니다.

```
CreateXYScalarPlot( AVG(ILOAD), Efficiency_Nom, AVG(ILOAD) Efficiency_Nom, DVM Vin
Nom, DVM Efficiency, A1, vert, xlabel=Load Current xunits=A ylabel=Efficiency yunits=%%%
showpoints=true color=red)
```

최소 및 최대 입력 전압에 대해 다른 두 가지 기능을 구현하려면 다음 단계를 수행하십시오.

❶ 위의 기능을 두 번 복사하십시오.
❷ 하나의 사본에서 모든 Nom 항목을 Min 으로 바꾸고 색상을 red 에서 green 으로 변경하십시오.
❸ 두 번째 사본에서 모든 Nom 항목을 Max 로 바꾸고 색상을 red 에서 blue 로 변경하십시오.

마지막 세 함수는 아래와 같습니다.

```
CreateXYScalarPlot( AVG(ILOAD), Efficiency_Nom, AVG(ILOAD) Efficiency_Nom, DVM Vin
Nom, DVM Efficiency, A1, vert, xlabel=Load Current xunits=A ylabel=Efficiency yunits=%%%
showpoints=true color=red)

CreateXYScalarPlot( AVG(ILOAD), Efficiency_Min, AVG(ILOAD) Efficiency_Min, Min, DVM
Efficiency, A1, vert, xlabel=Load Current xunits=A ylabel=Efficiency yunits=%%%
showpoints=true color=green)

CreateXYScalarPlot( AVG(ILOAD), Efficiency_ Max , AVG(ILOAD) Efficiency_ Max , DVM Vin
Max , DVM Efficiency, A1, vert, xlabel=Load Current xunits=A ylabel=Efficiency yunits=%%%
showpoints=true color= blue)
```

이 세 개의 CreateXYScalarPlot () 함수를 세 개의 새 Create 열에 입력하면 5.1 Running the Built-In Efficiency Testplan 에서 사용된 다음과 같은 내장 테스트 플랜이 생깁니다.

다음의 Link 를 확인하세요.

http://www.simplis.com/documentation/simplis/dvm_tutorial/topics/6_6_5_using_createxyscalarplot_function.htm

7 Scripting

SIMetrix / SIMPLIS 는 사용자가 테스트와 함께 실행되는 사전 및 사후 프로세스 스크립트를 지정할 수 있는 Scripting 언어와 함께 제공됩니다.

PreProcess, PostProcess 및 FinalProcess 스크립트는 테스트 플랜이나 DVM 제어 기호를 통해 할당할 수 있습니다. DVM 제어 기호에 지정된 스크립트가 모든 테스트 중에 호출되는 동안 테스트 플랜에서 호출된 스크립트를 테스트 별로 할당할 수 있습니다. 스크립트가 /quiet 및 /noerr 플래그와 함께 시작되면 스크립트 오류로 인해 DVM 실행이 중지되지 않습니다.

7.1 Debugging Scripts

/noerr 및 /quiet 플래그는 오류 생성을 억제하기 때문에 스크립트 디버깅이 어려울 수 있습니다. 따라서 지원되지 않는 옵션을 사용하여 이러한 플래그가 없는 스크립트를 실행할 수 있습니다. 이러한 플래그 옵션을 관리하려면 다음 단계를 수행하십시오.

❶ 디버깅 옵션을 켜려면 다음을 복사하여 SIMetrix / SIMPLIS Command Line 에 붙여 넣으십시오.

```
Set SimplisDVMPostProcessDebug
```

❷ 스크립트를 디버그한 후 오류 생성을 억제하려면 다음을 복사하여 명령 행에 붙여 넣으십시오.

```
UnSet SimplisDVMPostProcessDebug
```

전처리 및 후 처리 스크립트의 표준 인터페이스는 전처리 및 후처리에 사용하는 각 스크립트 파일에 줄을 복사하여 붙여넣을 수 있는 다음 줄로 설정됩니다.

```
Arguments @retval label report_dir log_file controlhandle
```

위의 인수는 다음 표에 설명되어 있습니다.

<table>
<tr><th>Argument</th><th>Description</th></tr>
<tr><td>retval</td><td>스크립트의 반환 값:
• 전처리 스크립트의 경우 index = 0 의 반환 값이 테스트 로그 파일에 기록됩니다.
• 사후 프로세스 및 최종 프로세스 스크립트의 경우 scalar, 사양, 통계 및 통계 사양이 다음 표에 설명된 인덱스에 반환됩니다.
<table>
<tr><th>Retval</th><th>Description</th></tr>
<tr><td>retval[0]</td><td>테스트 중 측정된 스칼라 값</td></tr>
<tr><td>retval[1]</td><td>테스트 중 측정된 사양 값</td></tr>
<tr><td>retval[2]</td><td>테스트 중 측정된 통계 값</td></tr>
<tr><td>retval[3]</td><td>테스트 중 측정된 통계적 사양 값</td></tr>
</table>
자세한 내용은 다음을 참조하십시오.
7.3 User-Defined Scalar and Spec Values.</td></tr>
<tr><td>label</td><td>현재 실행중인 테스트 라벨. 라벨은 전처리 및 후 처리 스크립트로 전달되므로 스크립트는 라벨을 해독하고 현재 실행중인 테스트를 판별할 수 있습니다. 이를 통해 스크립트는 값을 수정하거나 현재 실행중인 테스트를 기반으로 측정을 수행할 수 있습니다.</td></tr>
<tr><td>report_dir</td><td>시뮬레이션 결과를 위한 기본 Directory</td></tr>
<tr><td>log_file</td><td>개요 로그 파일의 위치</td></tr>
<tr><td>controlhandle</td><td>최상위 스키마의 DVM 컨트롤 심볼에 대한 Handle 속성 값입니다. PropValues2 Function 은 이 값을 사용하여 DVM 제어 기호에서 값을 읽을 수 있습니다.</td></tr>
</table>

Testplan 헤더 PreProcess, PostProcess 및 FinalProcess 를 사용하여 여러 사전 및 사후 처리 스크립트를 할당할 수 있습니다. 여러 개의 스크립트가 할당된 경우 실행 순서는 다음과 같습니다.

❶ 테스트 정의 행에서 왼쪽에서 오른쪽으로 테스트 플랜에 할당된 스크립트

❷ 제어 기호에 지정된 스크립트(PreProcess and PostProcess only)

7.2 Pre-Process Scripts

전처리 스크립트는 시뮬레이션이 시작되기 직전에 실행됩니다. 이 시점에서 시뮬레이션 분석은 이미 회로도의 F11 창에 설정되어 있습니다. 이 작업 순서에 따라 자동 DVM 작업을 사전 처리 스크립트로 재정의 할 수 있습니다.

7.3 Post-Process and Final-Process Scripts

사후 처리 스크립트는 시뮬레이션이 완료되고 파형 처리가 시작되기 전에 실행됩니다. DVM 이 파형을 처리한 후 최종 프로세스 스크립트가 실행됩니다. 일부 테스트 모드에서는 DVM 이 새 커브를 만들기 전에 이러한 커브에 대한 측정을 수행하려면 FinalProcess testplan 열에서 스크립트를 호출해야 합니다.

7.4 User-Defined Scalar and Spec Values

retval 문자열 벡터는 후 처리 및 최종 처리 스크립트에서 scalar 값과 사양 값을 모두 반환하는 데 사용됩니다. 전처리 프로세스 스크립트의 경우 반환할 scalar 값이 없습니다. 그러나 반환된 값인 retval 은 로그 파일에 기록됩니다. 이를 통해 통과 / 실패 상태 메시지가 전처리 스크립트의 로그 파일로 전송됩니다. 예를 들어, 성공적으로 실행된 전처리 스크립트는 적색의 명령과 적갈색의 문자열로 다음을 반환할 수 있습니다.

```
Let retval = 'preprocess script executed properly'
```

사후 프로세스 스크립트에서 scalar 값을 반환하려면 SimplisDVMAdvancedUtilCreateScalar 함수를 사용합니다. 이 함수는 두 개의 필수 인수와 선택적인 세 번째 인수를 필요로 합니다. 모든 인수는 문자열이므로 Str Function or FormatNumber Function을 사용하여 계산된 scalar 값을 문자열로 변경해야 합니다. SimplisDVMAdvancedUtilCreateScalar 함수의 두 가지 형식은 다음과 같습니다.

```
SimplisDVMAdvancedUtilCreateScalar(scalar_name, scalar_value)
SimplisDVMAdvancedUtilCreateScalar(scalar_name, scalar_value, existing scalar_names )
```

어디에

- scalar_name 은 공백, 등호 또는 물결표(~)를 포함하지 않는 문자열입니다.
- scalar_value 는 scalar 값의 문자열 표현이어야 합니다. 예를 들어, 다음 두 스크립트 행은 이름이 my_pi 이고 값이 3.1415927 인 단일 scalar 를 반환합니다. 여기서 이름과 값은 모두 작은 따옴표로 묶여 문자열을 나타냅니다.

```
Let user_scalars = SimplisDVMAdvancedUtilCreateScalar('my_pi', '3.1415927')
Let retval = [user_scalars]
```

여러 개의 scalar 값을 반환하려면 함수의 세 번째 인수로 기존 scalar 를 전달하십시오.

```
Let retval = [user_scalars]
```

모든 scalar 값을 스크립트의 반환 값에 할당합니다. 이 행은 모든 scalar 값이 SimplisDVMAdvancedUtilCreateScalar 함수로 할당된 후에 가져와야 합니다.

스펙 값을 리턴하는 것은 scalar 를 리턴하는 것과 유사합니다.
그만큼 SimplisDVMAdvancedUtilCreateSpec 함수는 스펙 값을 작성하며 선택적 네 번째 인수와 함께 세 개의 필수 인수를 가집니다. scalar 함수와 마찬가지로 모든 인수는 문자열입니다. 두 가지 형태의 SimplisDVMAdvancedUtilCreateSpec 기능은 다음과 같습니다.

```
SimplisDVMAdvancedUtilCreateSpec(spec_name, status, description)
SimplisDVMAdvancedUtilCreateSpec(spec_name, status, description, existing specs)
```

Where

- spec_name 은 공백, 등호 또는 물결표(~)를 포함하지 않는 문자열일 수 있습니다.
- 상태는 다음 중 하나일 수 있습니다.
  - 'PASS'
  - 'FAIL'
  - 'WARN'

Note: 이것을 문자열로 표시하려면 작은 따옴표가 필요합니다.
description 은 scalar 값과 통과 / 실패 / 경고 상태 열에 테스트 보고서에 표시되는 공백이 포함된 문자열일 수 있습니다.

다음 예제에서는 단일 사양 값을 만듭니다.

```
Let user_specs = SimplisDVMAdvancedUtilCreateSpec( 'is_value_pi','PASS','3.1415927 is
  pi')
Let retval = [ '', user_specs ]
```

여러 spec 값을 반환하려면 기존 사양을 네 번째 인수로 전달하여 아래 예제를 따르십시오.

```
Let user_specs = SimplisDVMAdvancedUtilCreateSpec('is_value_pi','PASS','3.1415927 is
  pi')
Let user_specs = SimplisDVMAdvancedUtilCreateSpec('is_value_2pi','FAIL','3.1415927 is
  not 2*pi', user_specs)
Let retval = ['', user_specs]
```

이 예제에서는 scalar 또는 스펙만 다음 두 행을 사용하여 리턴됩니다.

```
Let retval = [user_scalars]
Let retval = ['', user_specs]
```

물론 scalar 와 스펙 모두는 다음과 같이 retval 에 user_scalars 와 user_specs 를 할당하여 반환될 수 있습니다.

```
Let retval = [user_scalars, user_specs]
```

사전 및 사후 프로세스 스크립트를 호출하는 사전 준비된 테스트 플랜은 SIMPLIS_dvm_tutorial_examples.zip (testplans / 7.3_pre_and_post_process.testplan)에서 사용할 수 있습니다.

이 테스트 플랜에는 하나의 테스트에서 전처리 스크립트를 호출하는 6 개의 테스트와 다른 다섯 개의 테스트에서 후 처리 스크립트가 포함되어 있습니다. 스크립트에 대한 상대 경로를 확인하십시오. 두 개의 Directory 를 위로 이동한 다음 스크립트 Directory 로 이동하십시오. 두 스크립트는 SIMPLIS_dvm_tutorial_examples.zip 에서 다음 경로를 통해 구할 수 있습니다.

scripts / 7.3_pre_process.sxscr : scripts / 7.3_post_process.sxscr

테스트 플랜은 아래와 같습니다.

***		
*** 7.3_pre_and_post_process.testplan: pre and post process testplan for DVM tutorial section 7.3		
***		
*?@ Label	Preprocess	Postprocess
***		
Pre-Process	../scripts/7.3_pre_process.sxscr	
Post-Process 1 Scalar		../scripts/7.3_post_process.sxscr
Post-Process 2 Scalars		../scripts/7.3_post_process.sxscr
Post-Process 1 Spec		../scripts/7.3_post_process.sxscr
Post-Process 2 Specs		../scripts/7.3_post_process.sxscr
Post-Process w 2 Scalars and 2 Specs		../scripts/7.3_post_process.sxscr

7.5 Running the Testplan

이 테스트 플랜은 LTC3406B 의 회로도에서 실행될 수 있습니다.
LTC3406B / 6.3_LTC3406B-DVM-ADVANCED.sxsch 에서 전체 테스트 플랜을 실행하면 테스트 # 5 및 # 6 이 실패한 6 가지 테스트가 있는 다음 개요 보고서가 생성됩니다. 사후 프로세스 스크립트가 'FAIL'스펙 값을 리턴 했으므로 이 테스트는 실패합니다.

7.6 Built-in Testplan Editor

Simplis Version 9.1 이상에서는 테스트 플랜을 쉽게 구성할 수 있도록 Editor 를 내장하였습니다. 따라서 사용자가 이 Testplan Editor 를 이용하여 쉽게 구성할 수 있습니다. 타사의 스프레드 시트나 텍스트 에디터를 사용하여 구성할 수도 있지만 내장된 Testplan Editor 를 이용하면 Test plan 을 보다 더 쉽게 구성할 수 있습니다. 셀 입력에 대한 다양한 메뉴가 드롭다운 목록으로 입력이 가능하도록 구성되어 있으며 실시간 오류 검사를 통하여 잘못 설정된 부분에 대한 확인이 가능합니다.

Menu Item : File 〉 New 〉 Testplan 또는 Open 〉 Testplan 메뉴를 사용하세요.

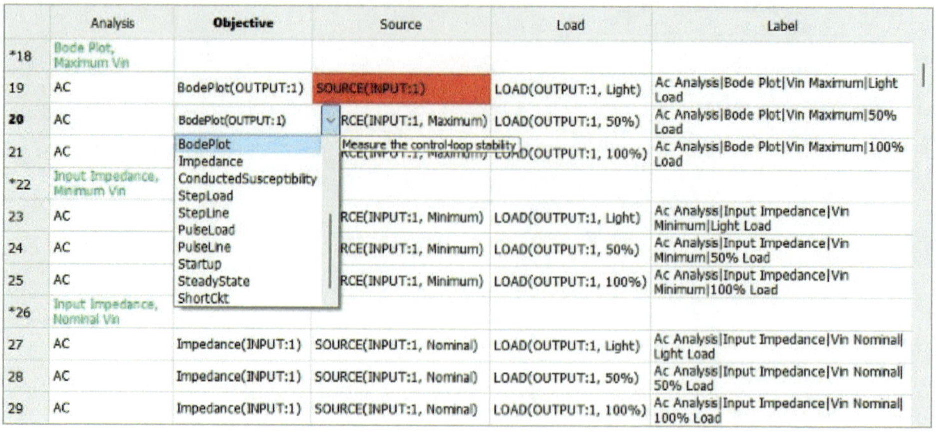

Testplans

Test Plan 파일은 실행할 테스트를 정의하는 확장명이 .testplan 이고 탭으로 구분된 텍스트 파일입니다. Test Plan 에는 다음과 같은 규칙이 있습니다:

- 빈 줄은 무시됩니다.
- 별표(*)로 시작하는 행은 주석으로 간주되며 무시됩니다.
- Inline 주석은 지원되지 않습니다. 즉, 전체 행을 주석 처리할 수 있지만 행의 일부를 주석으로 처리할 수 없습니다.
- 공백이 아닌 각 항목, 주석이 아닌 행은 Test Plan 임을 나타냅니다. 각 열은 몇 가지 테스트 조건 중에 한 가지 작업을 수행합니다.
- 테스트 플랜에는 머리글 행이 있을 수 있습니다. 헤더 행의 첫 번째 항목은 *?@로 시작합니다. 프로그램은 파일을 읽고 이 특별한 세 글자 시퀀스를 찾아 헤더 행을 식별합니다.
- 모든 열에는 행에 빈 셀이 있을 수 있지만 함수 제목이 있는 열의 경우 동작이 다릅니다.
  - 열 제목이 Var(vout, 1.2)와 같은 함수인 경우 DVM 은 기본값(이 경우 1.2)을 사용합니다.
  - 열 제목이 함수가 아닌 경우 DVM 은 셀이 비어 있는 해당 열에 대해 변경을 수행하지 않습니다.

Testplan Content

테스트 플랜 항목을 정의하는 두 가지 방법이 있습니다:

헤더 행이 없는 경우 각 필드에는 원하는 작업을 나타내는 접두사가 포함되어야 합니다.

simulator: simetrix	include: include1.txt
simulator: simplis	include: include2.txt

머리글 행을 사용하면 열 머리글로 작동하는 접두사가 있는 특수 형식의 설명 행을 포함하여 각 필드에 접두사를 추가하지 않아도 됩니다.

*?@ column1	column2	column3	column4
value1	value2	value3	value4
value5	value6	value7	value8

Note : 위 형식으로 테스트 플랜 만들기를 사용하면 시뮬레이터는 정보를 아래에 표시된 형식으로 재생성합니다. 이는 헤더 행 없이 사용할 수 있는 동일한 구조입니다.

column1: value1	column2: value2	column3: value3	column4: value4
column1: value5	column2: value6	column3: value7	column4: value8

Testplan Syntax

다음 접두사 및 함수는 테스트 플랜 열 제목으로 지원됩니다.

Columns			Functions
Analysis	Create	FinalProcess	Change()
GenerateInitFile	HTMLTitle	Include	GlobalVar()
IncludeInitFile	Jumper	Label	Temp()
Load	LoadComponentValues	Measurement	Var()
Objective	PostProcess	PreProcess	
Promote	Simulator	Source	
Suppress			

Testplan Editor

버전 9.10 부터는 내장된 Testplan Editor 를 사용하여 테스트 플랜을 만들고 편집할 수 있습니다. 타사 스프레드시트 또는 텍스트 편집기 소프트웨어에 대한 의존도를 제거하는 것과 함께, 내장된 테스트 플랜 편집기는 다양한 셀 입력에 대한 지원도 제공합니다. 다음 열의 셀은 드롭다운 선택 및 인수 입력 지원을 제공합니다:

- Objective
- Load
- Promote
- Suppress
- Source
- Measurement
- Create
- Simulator

테스트 플랜 편집기는 셀 입력 보조 기능 외에도 실시간 오류 검사 기능도 제공합니다. 색상이 지정된 셀 위에 마우스를 올려놓으면 추가 정보를 받을 수 있습니다.

Overview

각 행의 텍스트 색상은 해당 행이 사용되는 용도를 나타냅니다. 행 텍스트 색상:

- 검은색 텍스트는 테스트 행을 나타냅니다.
- 녹색 텍스트는 주석 행을 나타냅니다.
- 회색 텍스트는 비활성화된 테스트 행을 나타냅니다. 이 테스트는 테스트 플랜이 실행될 때 테스트 선택 대화 상자에 표시되지 않습니다.

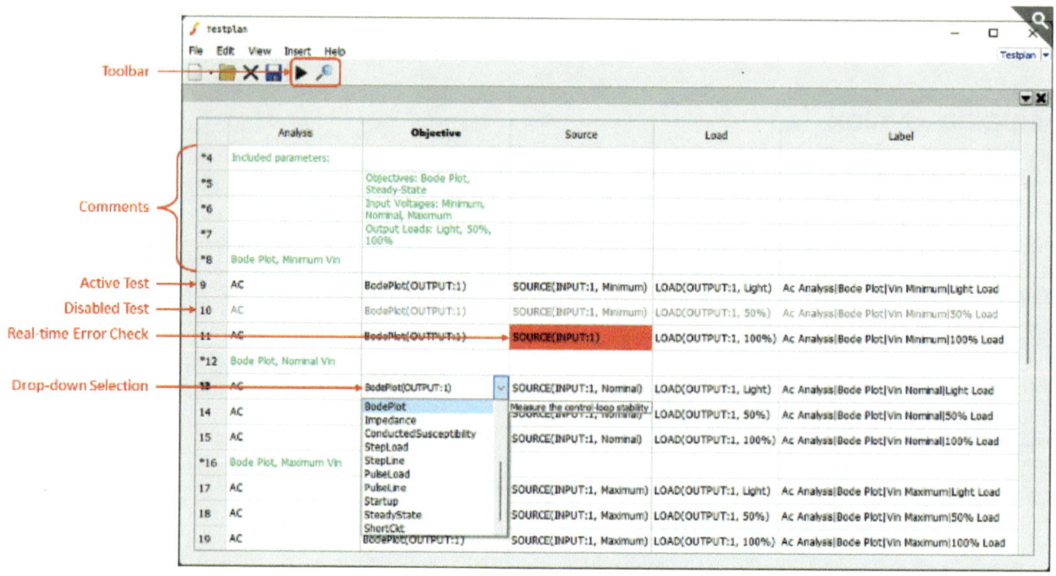

Context Menu – Rows

행의 상황에 맞는 메뉴를 사용하여 테스트 또는 주석을 삽입하고, 테스트를 사용하거나 사용하지 않으며, 행을 위 또는 아래로 이동하고, 전체 행을 삭제합니다.

Context Menu – Columns

열의 상황에 맞는 메뉴를 사용하여 열을 삽입하거나 삭제하고 열을 왼쪽 또는 오른쪽으로 이동합니다.

Toolbar

Run Testplan	▶
Audit Testplan	

Testplan Wizards

Testplan Wizards 를 사용하면 사용자가 원하는 목표와 회로 입력 및 출력만 포함하는 DVM 테스트 플랜을 동적으로 생성할 수 있습니다.

세 가지 마법사를 사용할 수 있습니다:

1.1 DC-DC 1 Input 1 Output
1.2 DC-DC 1 Input 2 Output
1.3 AC-DC 1 Input 1 Output

❙ DC-DC 1 Input 1 Output

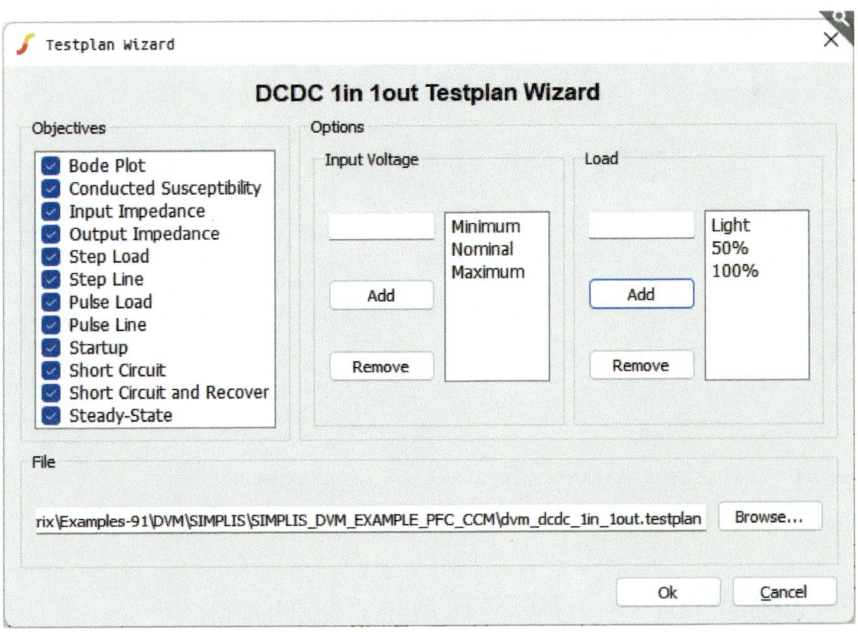

Menu Item: DVM 〉 Testplan Wizards 〉 DC-DC (1 Input, 1 Output)

▌DC-DC 1 Input 2 Output

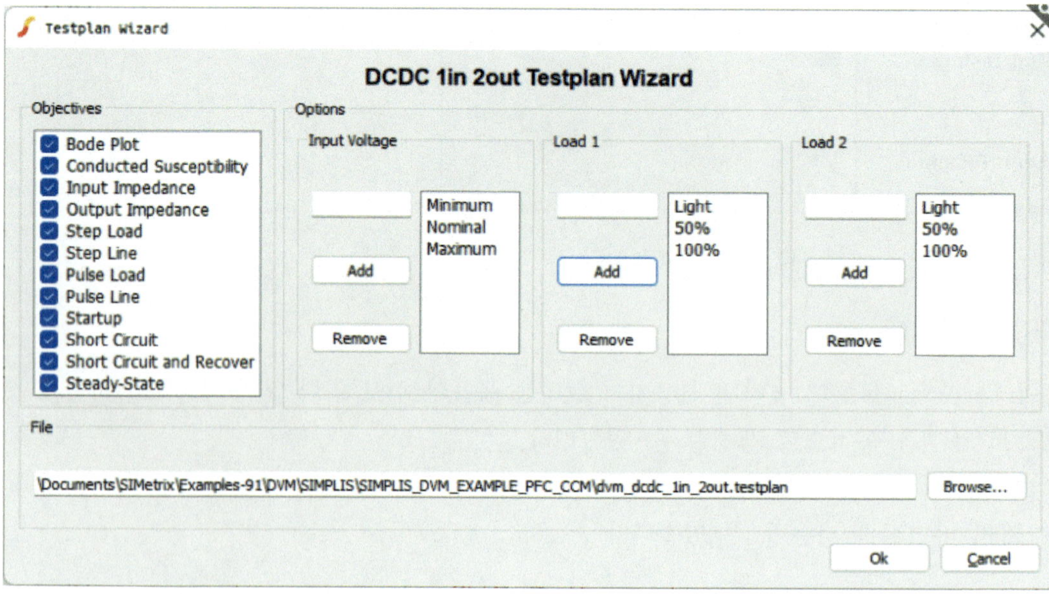

Menu Item: DVM 〉 Testplan Wizards 〉 DC-DC (1 Input, 2 Output)

▌AC-DC 1 Input 1 Output

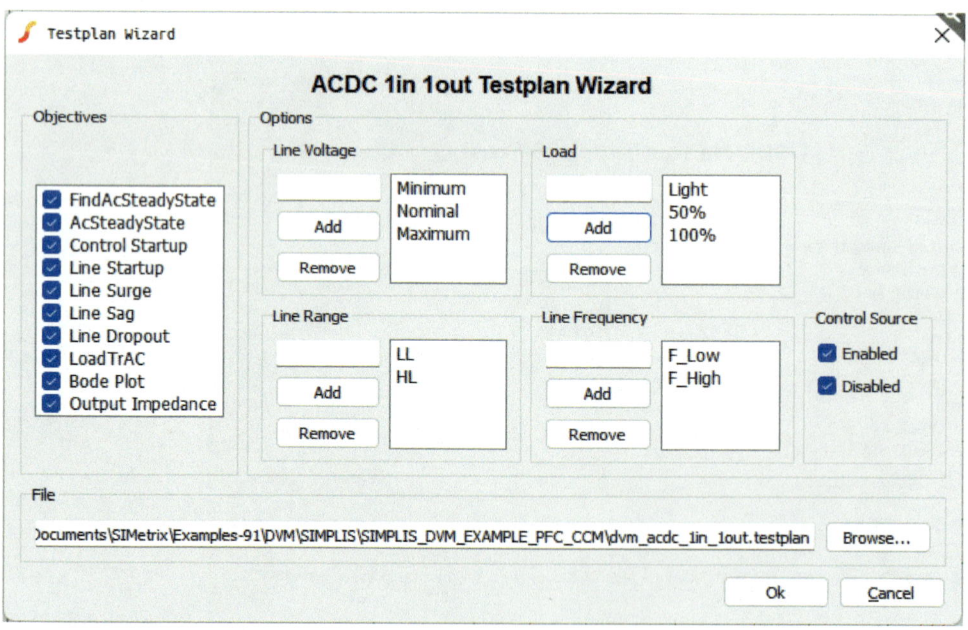

Menu Item: DVM 〉 Testplan Wizards 〉 AC-DC (1 Input, 1 Output)

| Usage

목표 섹션에서 원하는 목표를 선택합니다. 그런 다음 옵션 섹션에서 원하는 입력/출력 값을 설정합니다. 목록에서 항목을 제거하려면 항목을 선택하고(여러 개를 선택하려면 Ctrl 키를 누른 상태에서) 활성 목록의 왼쪽에 있는 Remove 버튼을 누릅니다. 항목을 추가하려면 입력 필드에 텍스트를 입력하고 활성 목록의 왼쪽에 있는 Add 버튼을 누릅니다. 사용 가능한 항목은 숫자, 백분율 및 기호 값입니다.

8 Applications

이전 절에서는 중요한 DVM 작업과 테스트 플랜 구문에 대해 설명했습니다. 이 섹션에서는 실제 함수를 사용하여 실제 문제를 해결하는 데 이러한 함수를 적용합니다. 이 단원의 예제는 구문보다는 이 함수를 적용하는 **방법**에 중점을 둡니다. 사용되는 구문이나 함수에 질문이 생길 경우 앞의 섹션을 검토하거나 testplan 구문 웹 페이지로 이동하십시오. 대부분의 경우, 다음 섹션의 테스트 플랜과 스크립트는 수정하지 않고 회로 중 하나와 호환되어야 합니다.

- 8.1 Adding Power Losses to a Testplan
- 8.2 Measuring Control Loop Parameters

8.1 Adding Power Losses to a Testplan

빌트인 효율 테스트 플랜은 컨버터의 전체 효율을 측정합니다. 이 절에서는 내장된 효율성 테스트 플랜에 다음과 같은 내용을 추가하는 방법을 학습합니다.

- 보고서에 개별 전력 손실을 추가하여 전력 손실이 회선 및 부하 변동에 따라 어떻게 변하는지 관찰할 수 있습니다.
- Gate 드라이브의 전력 손실을 회로의 입력 소스 전력과 분리하십시오.

이 예제는 다섯 개의 그래프를 생성합니다.

- 동기 벅 회로에서 MOSFET 의 총 Switching 손실
- 동기 벅 회로에서 MOSFET 의 총 전도 손실

- 전반적인 효율성
- Gate 드라이브 전력 손실
- 회로의 남은 손실

참고: 남은 전력 손실을 플롯하기 위해 CreateXYScalarPlot() 함수의 기능을 사용하여 측정된 scalar 값의 수학적 표현을 그릴 수 있습니다.

이 예는 MOSFET 손실을 직접 측정할 수 있도록 개별 패키지 MOSFET 을 사용하는 새로운 회로도를 기반으로 합니다. 아래에 표시된 효율 및 전력 손실 설계도는 다음의 경로 SIMPLIS_dvm_tutorial_examples.zip 에서 사용할 수 있습니다.

ISL6527A\8.1_Sync Buck Efficiency.sxsch

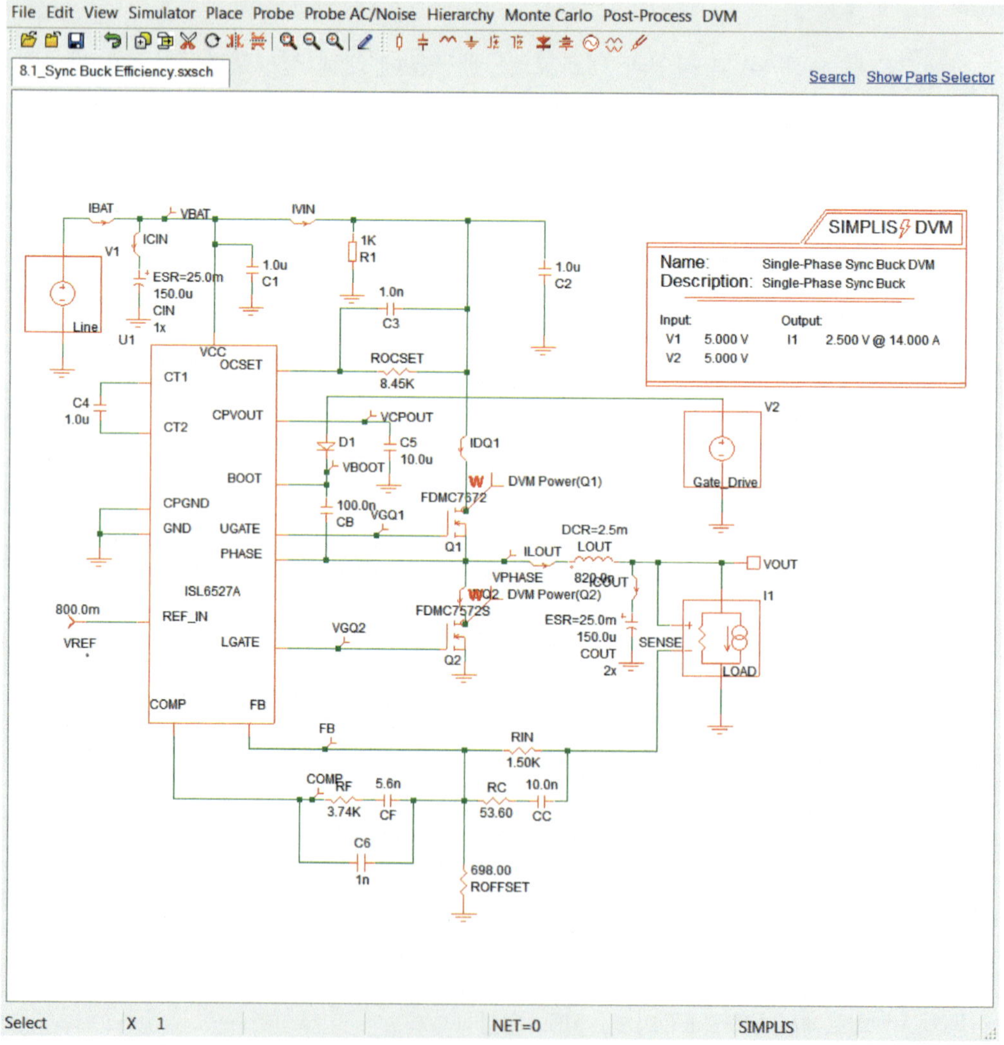

이전 회로도와 비교할 때 다음과 같은 차이점이 있습니다.

- "평균" 고정 Probe 측정이 적용된 고정 전력 Probe 가 MOSFET Q1 및 Q2 에 배치되었습니다. 이 Probe 는 장치의 총 손실에 대한 scalar 값을 생성합니다.
- 하이사이드 Gate 드라이버에 전원을 공급하기 위해 두 번째 입력 소스가 추가되었습니다. DVM 은 회로의 효율을 계산할 때 모든 입력 소스와 모든 출력 부하의 전력을 포함합니다. 각 입력 소스에 의해 전달되고 각 출력 부하에 의해 분산되는 개별 전력도 측정되고 scalar 값으로 보고됩니다.
- 다음과 같은 이유로 소스의 이름이 기능을 보다 잘 설명하도록 변경되었습니다.
- 생성된 scalar 이름에는 그 이름이 포함되기 때문에 Probe 와 소스의 이름이 중요합니다.
- 테스트 플랜은 Alias(별칭) 함수를 사용하여 고유 한 scalar 이름을 생성하므로 테스트 플랜과 회로도는 동일한 Probe, 소스 및 로드 이름을 가져야 합니다. 이것은 기존의 테스트 플랜을 가지고 새로운 회로도에서 사용할 때를 기억하는 것이 중요합니다.

이 준비된 회로도는 빌트인 효율 테스트 플랜과 똑같이 실행됩니다.

- scalar 값은 Probe 와 DVM 에 의해 생성됩니다.
- 그런 다음 scalar 에 테스트의 입력 전압을 기반으로 별칭이 지정됩니다.
  모든 테스트가 완료되면 최종 테스트가 실행되어 요약 곡선이 생성됩니다. createXYScalarPlot() 곡선 함수를 정의하기 위해 create 열을 사용하는 대신 final-process 스크립트를 사용하면 테스트 플랜을 보다 쉽게 관리할 수 있습니다. 이 스크립트는 이 경로의 SIMPLIS_dvm_tutorial_examples.zip 에서 사용할 수 있습니다.

  scripts / 8.1_efficiency_and_powerloss_post_process.sxscr

논의가 필요한 이 스크립트의 한 부분은 CreateXYScalarPlot() 함수의 scalar 표현식 기능입니다. 예를 들어 CreateXYScalarPlot() 함수 중 하나는 다음과 같습니다.

```
Let ignoreme = SimplisDVMAdvancedUtilMeasurementCreateXYScalarPlot(['ILOAD_Nom', 'Power_Line_Nom - Power_Load_Nom - Power_Q1_Nom - Power_Q2_Nom + Power_Gate_Drive_Nom', 'ILOAD_Nom Power_Line_Nom Power_Load_Nom Power_Q1_Nom Power_Q2_Nom Power_Gate_Drive_Nom', 'DVM Vin Nom', 'DVM Remaining Power Loss', 'A1', 'vert', 'xlabel=Load Current xunits=A ylabel=Power Loss yunits=W showpoints=true color=blue'], log_file)
```

이 함수의 두 번째 인수는 입력 라인, 출력 로드, Gate 드라이브 및 MOSFET 전력 손실이 제거되면 남아있는 전력 손실의 수학적 표현입니다.

```
'Power_Line_Nom - Power_Load_Nom - Power_Q1_Nom - Power_Q2_Nom + Power_Gate_Drive_Nom'
```

이 표현은 DVM 이 포인트 단위로 평가한 다음 결과 값을 플롯하는 scalar 수학의 좋은 예입니다.

이 회로도의 테스트 플랜은 SIMPLIS_dvm_tutorial_examples.zip(testplans / 8.1_efficiency_and_powerloss.testplan) 경로에서 사용할 수 있습니다.

이 테스트 플랜은 5.1 Running the Built-In Efficiency Testplan 과 유사하지만 다음과 같은 점에서 다릅니다.

- 두 번째 입력 소스를 추가하면 두 개의 소스 열이 생깁니다.
- scalar 별칭에 대한 Measurement 열이 추가되었습니다.
- 테스트 플랜의 마지막 줄에는 사후 프로세스 스크립트에 대한 단일 FinalProcess 항목이 있습니다. 회로도와 관련된 경로로 .. .. scripts \ 8.1_efficiency_and_powerloss_post_process.sxscr
- 효율성 곡선 포인트를 채우기 위해 낮은 부하 전류에 대한 추가 테스트가 추가되었습니다. 이 테스트 플랜은 전체 부하의 5%~40%까지의 5% 부하 단계와 전체 부하의 40%에서 100%까지 10% 부하 단계를 사용합니다.

Test Plan은 Link 참고 :

http://www.simplis.com/documentation/simplis/dvm_tutorial/topics/8_1_adding_power_losses_to_testplan.htm

8.1_Sync Buck Efficiency.sxsch 회로도에서 8.1_efficiency_and_powerloss.testplan 을 실행한 후 개요 테스트 보고서에는 5 개의 그래프가 표시됩니다.

- Efficiency
- Power losses in the high-side MOSFET
- Power losses in the low-side MOSFET
- High-side gate-drive power
- Remaining power

새 회로도에 이 테스트 플랜을 적용합니다.

- 앞에서 언급했듯이 회로도의 소스, 로드 및 Probe 이름은 testplan 별칭 기능의 이름과 일치해야 합니다.
- 이 이름이 일치하도록 설계도 또는 테스트 플랜을 변경할 수 있습니다. 선택은 당신에게 달린 것입니다.
- 이 테스트 플랜은 회로도가 두 개의 입력 소스를 가지고 있을 것으로 예상합니다. 하나의 입력 소스가 있는 회로도에서 이 테스트 플랜을 실행하려고 하면 DVM 에서 오류 메시지를 생성하고 테스트 실행을 중단합니다.

8.2 Measuring Control Loop Parameters

DVM Bode Plot 테스트 목표는 단일 라인 전압 및 부하 전류에 대한 게인 크로스 오버, 게인 마진 및 위상 마진을 측정합니다. 다중 Bode Plot 테스트를 실행하고 결과를 집계하면 모든 라인 및 부하 조건에 대한 제어 루프 동작의 시각적 그림을 생성할 수 있습니다. DVM 은 테스트 실행 및 요약 곡선 생성 프로세스를 자동화합니다.

SIMPLIS AC 분석은 성공적인 POP(Periodic Operating Point) 분석 후에만 실행될 수 있으므로 각 Bode Plot 테스트는 먼저 POP 분석과 AC 분석을 실행합니다. 사용 가능한 두 가지 분석에 대한 데이터를 사용하여 DVM 은 POP 데이터에서 효율성을 비롯한 정상 상태 측정을 수행한 다음 AC 분석 데이터에서 AC 측정을 수행합니다. 따라서 Bode 플롯 테스트는 AC 데이터와 정상 상태 데이터를 생성할 수 있습니다.

이 예제는 일반적인 AC scalar 측정을 수집하고 정상 상태 데이터, 특히 컨버터의 효율 및 Switching 주파수를 측정하는 방법을 보여줍니다.

이 예의 회로도 디자인은 380V 의 PFC 컨버터 출력에서 동작하는 LLC 컨버터입니다. 출력 전압은 24V 이고 출력 전력 레벨은 120W 입니다. 이 예제의 회로도는 아래에 나와 있으며 이 경로의 SIMPLIS_dvm_tutorial_examples.zip 에서 볼 수 있습니다.

LLC / 8.2_LLC Closed Loop.sxsch

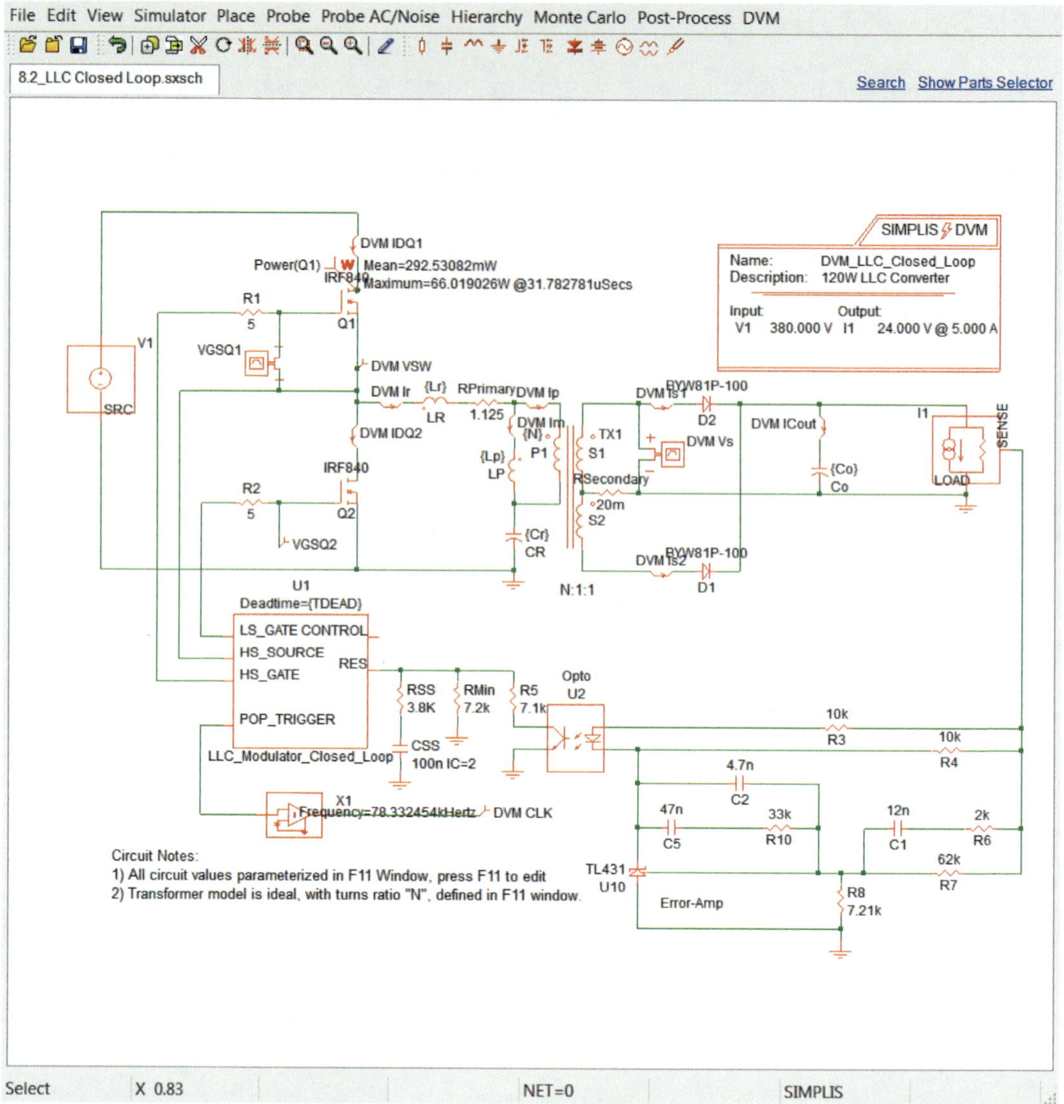

위의 회로도의 특징:

- 컨버터 Switching 주파수의 scalar 측정을 생성하기 위해 DVM CLK Probe를 회로도에 배치하고 POP Trigger 출력에 연결했습니다.
- 고정 Probe 측정 주파수는 DVM CLK Probe에 적용되어 시뮬레이션에서 측정된 값으로 Frequency(CLK)라는 scalar를 생성합니다.
- 테스트 플랜 Alias() 함수는 각 라인 전압에 대해 하나씩 scalar (공칭, 최소 및 최대) 별 scalar 측정 별칭을 만드는 데 사용됩니다.
- 모든 시뮬레이션이 완료된 후 CreateXYScalarPlot() 함수를 사용하여 요약 곡선이 생성됩니다. 8.1 Adding Power Losses to a Testplan의 예제와 마찬가지로 후 처리 스크립트는

SimplisDVMAdvancedUtilMeasurementCreateXYScalarPlot() 인 CreateXYScalarPlot() 함수의 SIMetrix 스크립트 버전을 사용하여 실행됩니다.

아래에 Link 된 이 예제의 테스트 플랜은 최소, 최대 및 최대의 3 가지 입력 전압에서 전체 부하의 5%에서 100%까지 로드 레벨에서 Bode Plot 테스트를 포함합니다. 8.1 Adding Power Losses to a Testplan 의 예제와 마찬가지로 이 테스트 플랜은 전체 부하의 5%~40% 및 전체 부하의 40%~100%의 10% 부하 단계에서 5% 부하 단계를 사용합니다. 최종 요약 곡선은 보고서를 쉽게 사용자 정의할 수 있도록 5 가지 테스트에서 생성됩니다.

참고 :
http://www.simplis.com/documentation/simplis/dvm_tutorial/topics/8_2_measuring_control_loop_parameters.htm

테스트 도식 LLC / 8.2_LLC Closed Loop.sxsch 에서 전체 테스트 플랜을 실행한 후 개요 테스트 보고서에는 5 개의 요약 그래프와 개별 테스트 보고서가 포함됩니다.
overview test report

9 Tutorial Summary

이 자습서에서는 다음과 같은 개념과 작업에 대해 설명했습니다.

- DVM 에서 성공적으로 실행되도록 작업 회로도를 구성하려면 기존 소스 및 로드를 DVM 소스 및 로드로 교체한 다음 회로도에 DVM 제어 기호를 추가해야 합니다. 이 구성 프로세스는 일반적으로 회로도가 적용 가능한 내장 DVM 테스트 계획을 실행할 수 있는 시점까지 약 5 분 정도 걸립니다.
- 싱크 벅 DC-DC 컨버터에서 실행할 테스트의 하위 집합을 선택하고 결과 DVM 테스트 보고서의 각 핵심 요소를 살펴보면 파형 및 scalar 측정을 보고서에 추가하는 방법을 보여줍니다.
- 두 가지 추가 내장 테스트 계획인 효율성과 라인 및 부하 조절은 DVM 테스트 보고서 생성에 대한 추가 예를 제공했습니다.
- 특정 요구 사항을 충족하기 위해 테스트 플랜을 사용자 지정하는 예제에는 구성 요소 값 변경, 테스트 플랜의 보고서에 곡선 추가 및 결과 요약 등의 테스트가 포함됩니다.
- 추가 사용자 지정 예제에서는 다음과 같은 접근 방식을 포함하는 기본 제공 테스트 플랜을 수정하는 방법을 보여줍니다.

- ○ 변수를 사용하도록 회로도 수정하기
- ○ Var() 및 GlobalVar() 테스트 플랜 함수를 사용하여 구성 요소 값 변경
- ○ Change() 함수를 사용하여 회로도를 수정하지 않고 구성 요소 값을 직접 변경합니다.
- ○ Change testplan 항목을 사용하여 회로도 구성을 변경합니다.

- 범용 사후 처리를 위한 Suppress, Promote 및 Create 테스트 플랜 항목 사용에는 추가 기능에 대한 세부 정보가 포함되었습니다.
  - ○ Alias() 함수를 사용하여 새 이름으로 scalar 측정 복사본을 만듭니다.
  - ○ 개요보고 기능인 PromoteScalar() 및 PromoteGraph()를 사용하여 측정된 scalar 값과 그래프를 개요 보고서에 배치합니다.
  - ○ NoSpecs(), NoScalars() 및 NoCurve () 함수를 사용하여 보고된 사양, scalar 및 곡선 데이터를 테스트별로 변경합니다.
  - ○ ArbitraryCurve() 및 ArbitraryBodePlot() 함수를 사용하여 보고서에 곡선을 추가합니다.
  - ○ ExtractCurve() 함수를 사용하여 이전에 실행한 테스트에서 생성 된 커브를 현재 테스트에 복사하여 여러 커브를 직접 시각적으로 비교할 수 있습니다.
  - ○ CreateXYScalarPlot() 함수를 사용하여 집계된 scalar 측정 값에서 새 곡선을 만듭니다.
- 사전 및 사후 프로세스 스크립트를 사용하여 SimplisDVMAdvancedUtilCreateSpec 및 SimplisDVMAdvancedUtilCreateScalar 기능을 사용하여 사용자 정의 사양 및 사용자 정의 scalar 값을 만들고 보고합니다.
- 라인 및 부하 변동 전반에 걸쳐 효율성, 전력 손실 및 제어 루프 동작을 측정하고 그래프로 작성한 후 저장한 설계 검증 모듈(DVM)의 두 가지 애플리케이션을 적용합니다.

여기까지 DVM 기능에 대한 사용 설명입니다. 수고하셨습니다.

4 SIMPLIS MDM Tutorial

Training with tutorial

1 Getting Started with the SIMPLIS MDM Tutorial
2 Buck Converter Inductor Design
3 PFC Inductor Considerations
4 Flyback Converter Transformer Design

SIMPLIS 자기 설계 모듈(MDM)은 SIMetrix/SIMPLIS 버전 8.40 부터 사용할 수 있습니다. MDM 을 평가하려면 sales@igtech.co.kr 으로 평가 요청을 보내 주십시오.

본 자습서의 목적은 SIMPLIS 자기 설계 모듈(MDM)의 기본 사항을 소개하는 것입니다. 이 작업은 두 가지 예를 통해 수행됩니다.

- 500kHz 에서 12V-1.2V, 10A 출력, Buck DC-DC 컨버터 스위칭을 위한 Output Energy-Storage Inductor 설계
- 절연된 AC 라인-5V, 2A 출력 자가 진동 플라이백 컨버터를 위한 Transformer 설계

이 튜토리얼에서는 다음 작업을 수행하는 방법에 대해 알아봅니다.

- SIMPLIS MDM 을 사용하여 코어 및 와이어를 포함한 표준 자기 부품에서 Inductor 및 Transformer 의 물리적 모델을 만듭니다.
- SIMPLIS MDM 에서 시뮬레이션 결과의 후처리를 통해 자기 구성 요소 내부의 손실에 대한 자세한 추정치를 얻습니다.
- 후처리 결과를 분석하여 설계를 개선할 수 있습니다.
- 전원 공급 장치 내부의 자기 장치 설계 및 작동의 열적 측면을 정의합니다.
- 자기 장치 설계(형상)를 저장하고 로드합니다.
- SIMPLIS MDM 의 "Virtual Winding Machine View"에서 설계한 Transformer 를 감는 방법에 대한 고급 문서를 제공하는 방법을 확인하십시오.

1 Getting Started with the SIMPLIS MDM Tutorial

이 자습서에서는 다음 두 가지 예를 사용하여 SIMPLIS 마그네틱 설계 모듈을 소개합니다.

❶ 벅 컨버터용 파워 Inductor 설계

❷ 자기진동 플라이백 컨버터를 위한 전력 Transformer 설계

튜토리얼을 진행하면서 모든 회로도 및 지원 파일을 다운로드할 수 있지만 다음 섹션에서 모든 예제 파일이 포함된 zip 아카이브를 다운로드하는 것이 가장 효율적입니다.

다운로드 주소 :

https://simplis.com/documentation/simplis/library/examples/simplis_mdm/simplis_mdm_examples.zip

1.1 Focus of the MDM Tutorial

본 자습서에서는 SIMPLIS MDM(Magnetics Design Module)을 사용하여 표준 자기 부품(코어, 보빈 및 와이어)을 사용하여 Inductor 및 Transformer 의 물리적 설계를 수행하는 데 중점을 둡니다. 회로 설계가 이미 완료되었으며 자기 장치에 대한 요구 사항이 이미 알려져 있다고 가정합니다. Inductor 의 경우 이러한 요구 사항에는 원하는 인덕턴스와 피크 및 최대 RMS 전류 요구 사항이 포함됩니다. Transformer 의 경우 기본 인덕턴스, 모든 회전 비율, 각 권선의 피크 및 최대 RMS 전류가 포함됩니다. 물론 실제 전원 공급 장치 설계 프로세스에서 전기 및 자기 설계 프로세스는 일반적으로 상호 작용이 매우 높고 순차적인 프로세스는 거의 없습니다. 자기 부품의 선택과 가용성은 전기 회로 설계에 큰 영향을 미칠 수 있습니다. 이 튜토리얼은 SIMPLIS MDM 의 기능을 간략하게 소개하는 데 초점을 맞추기 위해 전기 회로 설계는 고정된 것으로 간주되며 각 자기 장치의 설계 요구 사항도 마찬가지입니다.

그러나, 자기 장치 요구 사항의 고정 세트에도 불구하고, 전원 공급 장치와 그 자기 장치의 설계는 반복적인 프로세스입니다. 즉, 자기 장치의 전기적 요구 사항, 즉 Inductor 의 공칭 인덕턴스 및 포화 전류에서 시작하는 것은 간단합니다. 이 논리적인 출발점에서 자기 장치를 설계할 수 있습니다. 자기 장치는 확실히 공칭 인덕턴스와 포화 전류가 다릅니다. 자기 장치에 대한 간단한 전기적 요구 사항 세트(예: Inductor 의 공칭 인덕턴스 및 포화 전류)에도 이러한 요구 사항을 충족할 수 있는 자기 장치 설계가 광범위하게 존재합니다. 그러나 일단 애플리케이션 회로에 배치되면 설계에 따라 성능이 크게 달라질 수 있습니다. 이제 반복 프로세스가 시작됩니다. SIMPLIS MDM 을 사용하여 자기 장치의 전기적 모델을 장치의 전기적 성능을 시뮬레이션하고 손실을 예측할 수 있는 회로도를 작성합니다. 초기 자기 설계의 전기적 성능을 참조함으로써 자기 장치 설계를 개선하고 최적화할 수 있습니다. 이 자습서에서는 이 반복적인 설계 프로세스를 안내합니다.

1.2 Before you begin

이 자습서에서는 사용자가 이미 SIMetrix/SIMPLIS 에 익숙하다고 가정합니다. 이 자습서는 SIMPLIS 자기 설계 모듈(MDM)을 시작하는 데 도움이 되는 내용에만 초점을 맞추고 있습니다. SIMetrix/SIMPLIS 를 처음 사용하는 경우에는 먼저 SIMPLIS 자습서를 참조하는 것이 좋습니다. SIMPLIS 튜토리얼을 완료하면 SIMPLIS MDM 튜토리얼을 진행할 준비가 됩니다.

1.2.1 Simulator

SIMPLIS MDM 은 SIMPLIS 시뮬레이터에서만 작동합니다. MDM 은 현재 SIMetrix SPICE 시뮬레이터와 호환되지 않습니다.

1.2.2 Downloading and Extracting the Example Files

MDM 튜토리얼의 예제를 다운로드 하려면,

❶ 아래의 Link 주소로 해당 연습 File 을 simplis_mdm_examples.zip 을 다운로드합니다.
https://simplis.com/documentation/simplis/library/examples/simplis_mdm/simplis_mdm_examples.zip

❷ 결과 대화 상자에서 Windows 탐색기로 열기를 선택합니다.
결과 대화 상자에서 Open with Windows Explorer 를 선택합니다.

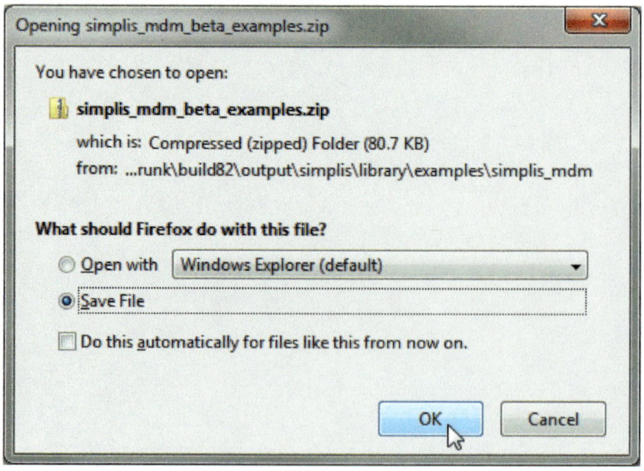

❸ 탐색기 창에서 Extract all files 을 선택하고 OK 눌러 File 을 압축 해제합니다.

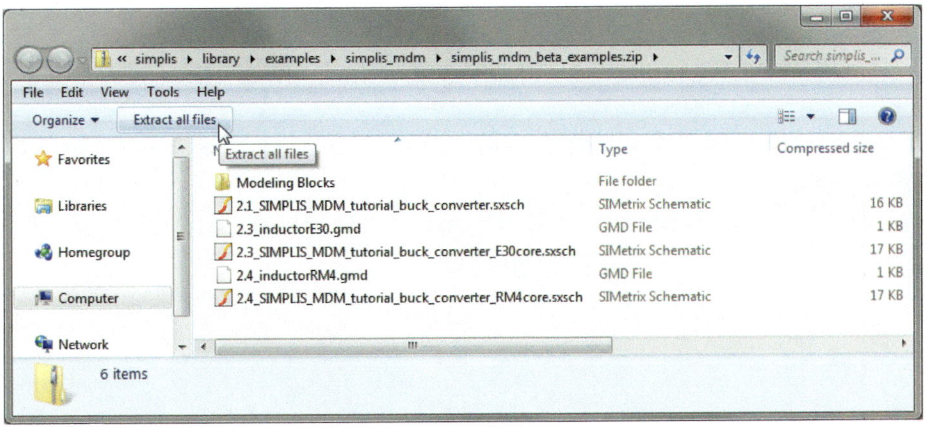

C:₩SIMPLIS MDM 또는 컴퓨터의 다른 위치에 파일 압축을 풉니다.

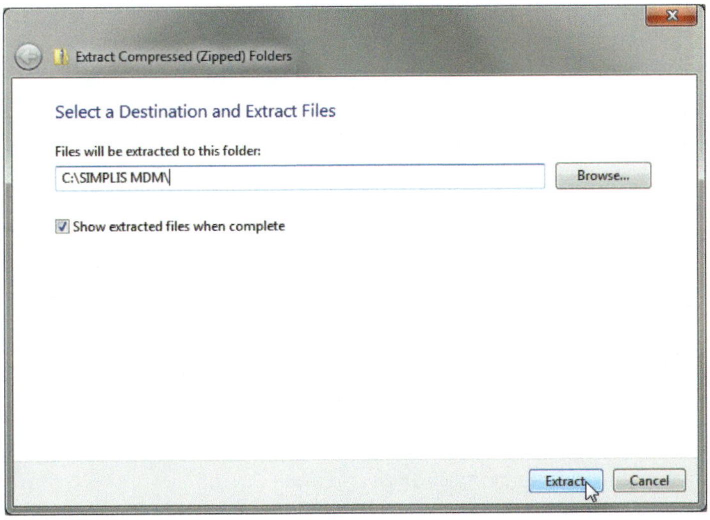

2 Buck Converter Inductor Design

튜토리얼의 이 섹션에서는 12V 에서 1.2V, 10A 출력, 500kHz 스위칭 주파수 Buck DC/DC 컨버터의 출력 필터용 Inductor 를 설계합니다. 이 회로는 SIMPLIS 튜토리얼을 통해 작성된 예제를 기반으로 합니다. 따라서 SIMetrix/SIMPLIS 에 익숙하지 않거나 익숙하지 않은 경우

SIMPLIS Tutorial 을 통해 다음 작업을 수행할 수 있는 SIMPLIS MDM Tutorial 섹션을 준비할 수 있습니다.

- SIMPLIS 의 Multi-Level Lossy PWL Inductor (버전 8.0+)의 새로운 레벨 2 모델에 대해 알아보십시오.
- MDM 을 사용하여 Inductor 의 물리적 모델을 구축하여 Level 2 Inductor 모델을 생성하는 방법에 대해 알아봅니다.
- 회로 시뮬레이션 후 MDM 을 활성화하여 Inductor 손실 분석 방법에 대해 자세히 알아봅니다.
- 결과를 분석하여 Inductor 설계를 개선합니다.
- Inductor 의 열 특성을 수정하고 이에 따른 성능에 대한 영향을 관찰합니다.

2.1 Buck Converter Circuit and Inductor

이 섹션에서는 사용할 벅 컨버터 회로를 소개하고, SIMPLIS 의 Multi-Level Lossy PWL Inductor(버전 8.0+)의 기본 사항을 살펴보고, 새로운 레벨 2 Inductor 모델을 소개합니다.

Key Concepts

이 항목에서는 다음과 같은 주요 개념을 다룹니다:

- 새로운 Inductor model 이 SIMPLIS MDM 이라는 패러다임을 통하여 도입되었으며 SIMPLIS 의 Multi-Level Inductor 의 확장입니다.
- MDM 을 사용하여 Inductor 를 설계하려면 Multi-Level Lossy PWL Inductor 의 Level 2 에서 확장하여 사용해야 합니다.
- SIMPLIS 회로도에서 Multi-Level Lossy PWL Inductor (버전 8.0+)는 piecewise-linear current-flux linkage curve 로 지정됩니다.

What You Will Learn

이 항목에서는 다음에 대해 배웁니다:

- Multi Lossy PWL inductor 모델을 검토합니다.
- Multi Lossy PWL inductor 편집 대화 상자에서 Lever2 모델을 찾아 시스템에서 SIMPLIS MDM 을 사용할 수 있는지 확인하는 방법.
- Level 2 모델과 Level 1 모델의 차이점.

2.1.1 Open the Schematic

이전에 다운로드 한 예제 디렉토리에서 회로도 "2.1_SIMPLIS_MDM_tutorial_buck_converter.sxsch"을 엽니다.

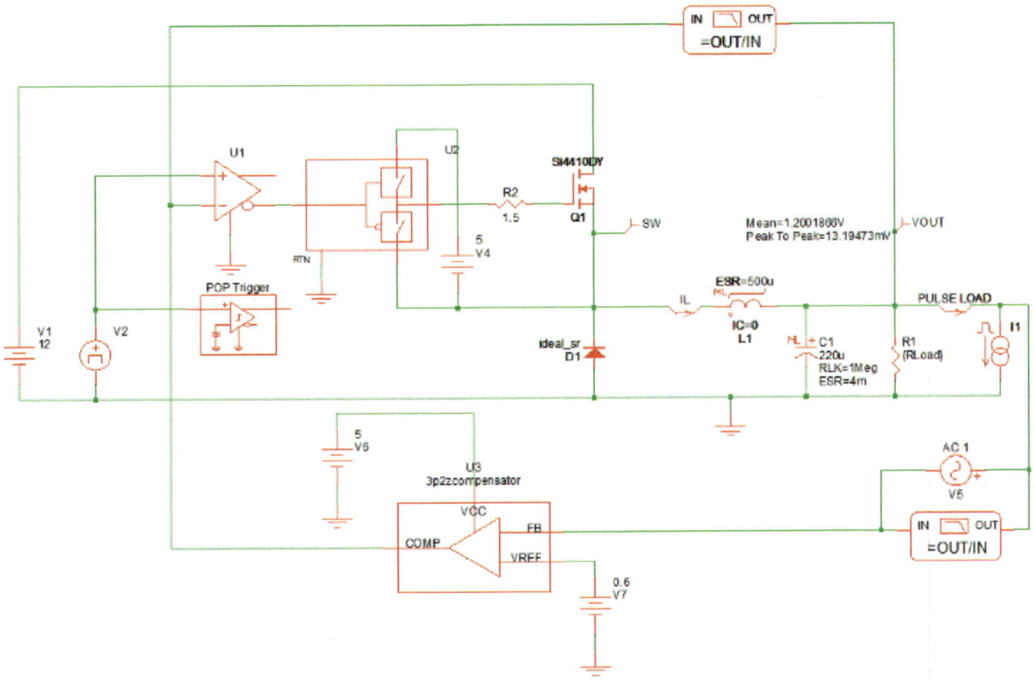

기호를 두 번 클릭하여 회로를 검사하십시오. 입력 전압은 V1 에서 12V 로 설정됩니다. 이 벅 컨버터의 출력 전압은 U3-3p2zcompensator 에 의해 조절됩니다. DC 출력 부하 전류는 현재 5A 로 설정되어 있으며 최대 설계 부하는 10A 입니다. 이 튜토리얼에서는 Inductor 설계만 수정하므로 이 튜토리얼에 설명된 경우를 제외하고는 회로의 파라미터 값을 변경하지 마십시오.

이 예제 도식은 SIMPLIS POP(Periodic Operating Point) 분석을 사용하여 정상 상태 분석을 위해 설정됩니다. POP 분석은 회로의 정상 상태 작동 포인트를 찾고 파형 뷰어에 정수의 정상 상태 전환 주기를 표시합니다. 다양한 SIMPLIS 시뮬레이션 유형을 검토하려면 SIMPLIS Tutorial 의 3.0 Simulating the Design 을 참조하십시오.

2.1.2 Examine the Inductor Model

이 벅 컨버터 도식의 기호 L1 은 이 튜토리얼에서 설계할 Output Energy-Storage Inductor 입니다. 앞서 언급했듯이, 이것은 Multi-Level Lossy PWL Inductor(버전 8.0+)입니다. SIMPLIS 에서 사용되는 Multi-Level Model 의 개념을 검토하려면 SIMPLIS Tutorial 의 2.3 Edit Multi-Level Models 을 참조하십시오.

Inductor 모델을 검사하려면 기호 L1 을 두 번 클릭합니다.

결과: Multi-Level Lossy PWL Inductor 편집 대화 상자가 열립니다:

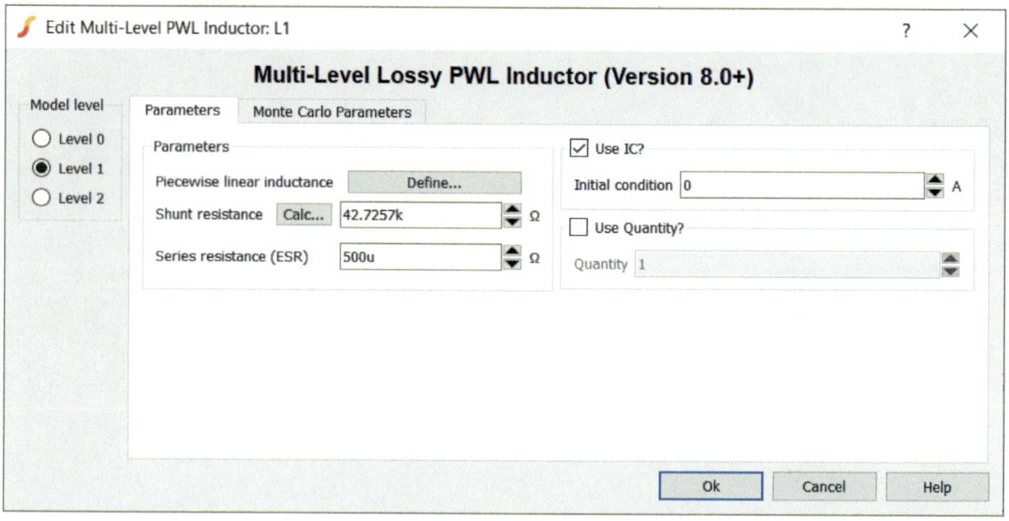

이 Inductor 에는 Level 1 모델이 지정되어 있습니다. SIMPLIS MDM 이 출시되기 전에는 이 Inductor 부품에 0 과 1 의 두 가지 모델 Level 만 있었습니다. 검토하기:

- Level 0 모델은 Shunt 저항이 있는 flux linkage 대 전류 곡선으로 정의된 구간별 선형(PWL) 인덕턴스로 구성됩니다. 직렬 저항 손실은 모델링되지 않습니다.
- Level 1 모델은 낮은 주파수 전도 손실을 모델링하기 위한 flux linkage 대 전류 곡선, Shunt 저항, 등가 직렬 저항(ESR)으로 정의된 PWL 인덕턴스로 구성됩니다.

Define...버튼을 클릭하여 인덕턴스를 정의하는 PWL 곡선을 검사하고 수정할 수 있습니다.

SIMPLIS MDM 은 Level 2 모델을 도입했습니다. **SIMPLIS MDM 에 대한 유효한 라이센스가 없는 경우 위 대화 상자에 "Level 2" 라디오 버튼이 표시되지 않습니다.** Level 2 Inductor 모델로 변경할 수 있는 경우 MDM 을 지원하는 SIMetrix/SIMPLIS 버전을 사용하고 있으며 유효한 MDM 라이센스를 보유하고 있습니다. 이 튜토리얼을 읽고 MDM 을 평가하려면 평가 요청을 sales@igtech.co.kr으로 보내 주십시오.

2.1.3 Level 2 Inductor Model

Multi-Level Lossy PWL Inductor 편집 대화 상자에서 Level 2 라디오 버튼을 클릭합니다.

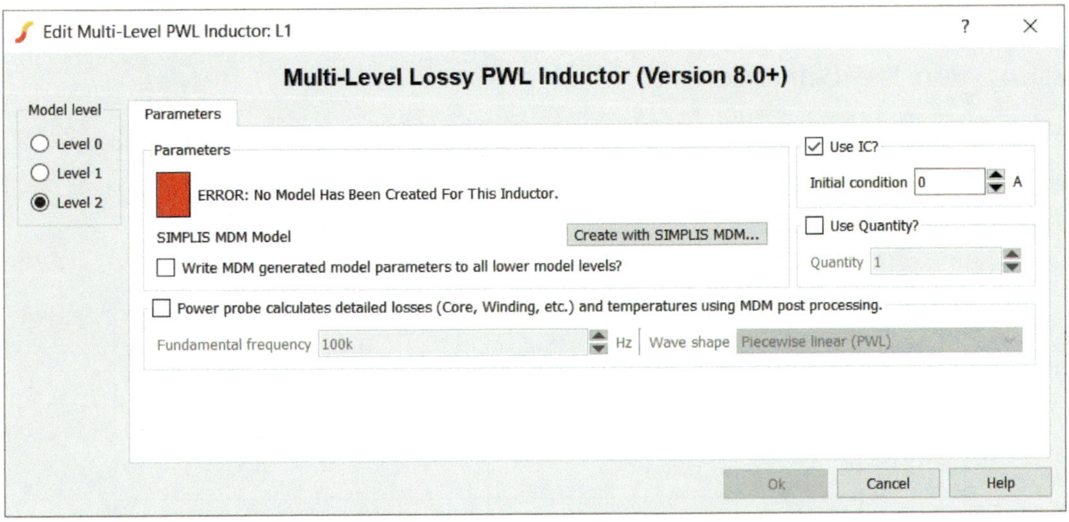

모델 상태 상자가 빨간색으로 표시되고 "ERROR: No Model Has Been Created For This Inductor"라는 메시지가 표시됩니다. 이 Inductor 에는 현재 SIMPLIS MDM 모델이 없기 때문입니다. SIMPLIS MDM 을 사용하여 모델을 생성할 때까지 Level 2 로 설정되어 있는 동안에는 대화 상자에서 확인을 클릭할 수 없습니다.

회로도의 시뮬레이션에 사용되는 것의 측면에서, Level 2 모델은 구조상 Level 1 모델과 동일하며, PWL 인덕턴스, Shunt 저항 및 ESR 을 포함합니다. 그러나 Level 1 과 달리 이러한 매개변수는 사용자가 직접 입력하거나 편집할 수 없습니다. 이들은 사용자가 MDM 을 사용하여 구축하는 Inductor 의 물리적 모델에서 추출됩니다.

"Write MDM generated model parameters to all lower model levels?"라는 체크박스를 클릭하여 지정합니다. Level 2 모델을 생성하고 이 상자를 선택하면 MDM 에서 계산한 PWL 인덕턴스 및 Shunt 저항이 Level 0 및 Level 1 모델에 자동으로 기록되고 MDM 에서 계산한 ESR 이 Level 1 모델에 자동으로 기록되어 이 기호와 연결됩니다. 따라서 Level 0 및 1 모델에 대한 사용자 정의 매개변수는 덮어쓰게 됩니다. 이 옵션을 선택하면 다양한 모델 레벨이 서로 일관성을 유지할 수 있으며, 변경을 통해 MDM 에서 설계한 물리적 모델과 서로 일관성을 유지할 수 있습니다. Level 2 모델에서 Level 0 모델로 전환하는 경우 회로도를 Simulation 할 때 Level 0 모델에 ESR 손실이 포함되지 않습니다, 하지만 PWL 인덕턴스는 그대로 유지됩니다.

[Cancel]를 클릭하여 대화상자를 닫고 수정한 내용을 삭제합니다.

2.1.4 Run the Simulation

"F9"를 눌러서 Simulation 을 실행합니다. 또는 메뉴에서 Simulator 〉 Run Schematic 하세요. 파형 뷰어가 나타나고 맨 위에서 출력 전압, Inductor 전류 및 스위칭 노드 파형의 세 가지 정상 상태 스위칭 사이클이 표시됩니다.

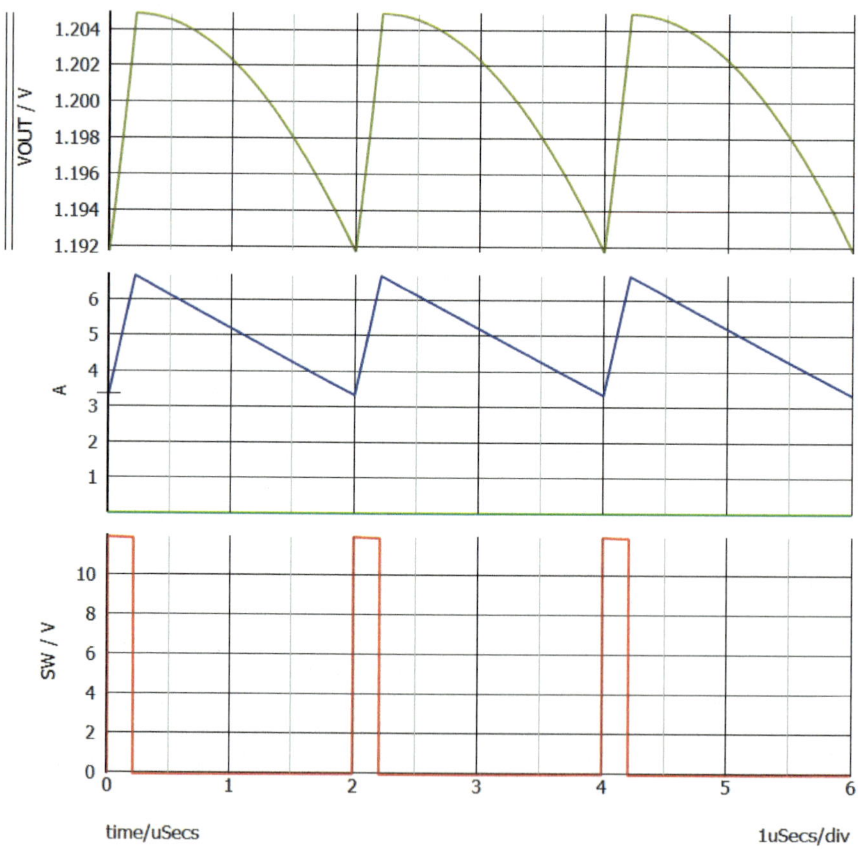

최대 Inductor 전류는 7A 미만입니다.

이 도식에서 PWL Inductor 를 사용하기 때문에 단일 인덕턴스 값은 어디에도 표시되지 않습니다. PWL 인덕턴스 곡선을 보려면,

❶ "L1" Inductor 를 우클릭합니다.

❷ 팝업되는 메뉴에서 Plot PWL points for R, L, TX, or C.를 클릭합니다.

결과: 새 탭인 **PWL 인덕터 포인트**가 파형 뷰어에 나타납니다.

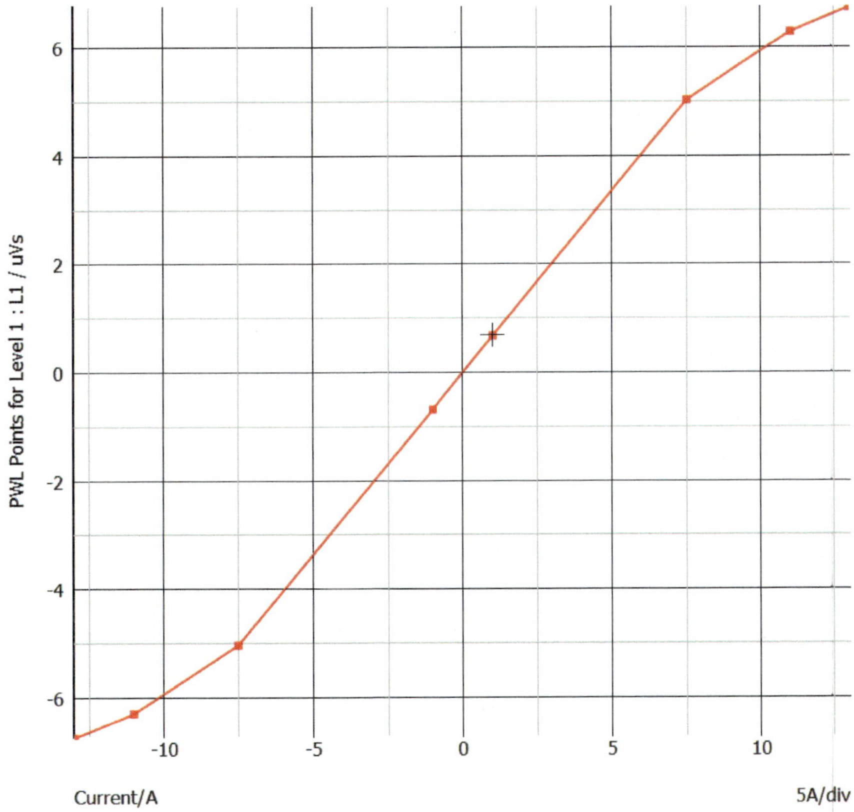

IL 이 -7.5A 에서 7.5A 의 범위에 있을 때 flux linkage 대 전류 특성이 일정하다는 것을 알 수 있습니다. 위에서 언급했듯이, Peak Inductor 전류는 7A 미만입니다. 이는 컨버터가 Inductor L1 의 선형 범위에서 작동하고 있음을 의미합니다. 즉, Inductor 는 이러한 작동 조건에서 포화 상태에 들어가지 않습니다. 차동 인덕턴스는 flux linkage 대 전류 곡선의 기울기입니다. 다음과 같은 방법으로 flux linkage 대 전류 특성에서 인덕턴스를 계산할 수 있습니다. Inductor 전류가 7.5A 일 때 flux linkage 가 약 5uVolt-secound 임을 알 수 있습니다. 이 Inductor 의 flux linkage 대 전류 특성의 선형 부분의 기울기는 5uVs/7.5A=667nH 입니다.

따라서 이 회로의 경우 SIMPLIS MDM을 사용하여 인덕턴스가 약 600~700nH인 Inductor를 설계합니다. 목표는 기존 Level 1 모델을 Level 1 시뮬레이션 모델과 거의 동일한 성능의 전기 도식을 갖춘 Level 2 모델로 교체하는 것입니다.

2.2 SIMPLIS MDM Overview

이 섹션에서는 처음으로 SIMPLIS MDM(Magnetic Design Module)의 메인 창을 열고 SIMPLIS MDM 인터페이스의 각 부분이 수행하는 작업을 살펴봅니다.

다음의 순서로 진행합니다.

- What You Will Learn
- 2.2.1 Start MDM and Open the Main SIMPLIS MDM Window
- 2.2.2 MagDB
- 2.2.3 MDM Main Window Core Tab
- 2.2.4 MDM Status Window
- 2.2.5 MDM Main Window Winding Tab
  - Defining the Winding Bobbin
  - Defining the Winding Pattern
  - Defining the Wire Dimensions
- 2.2.6 MDM Main Window Cooling Tab

What You Will Learn

이 항목에서는 다음에 대하여 학습합니다.

- SIMPLIS MDM을 시작하고 여는 방법.
- SIMPLIS MDM에 포함된 표준 부품 데이터베이스인 MagDB를 열고 보는 방법.
- MDM 상태 창을 열고 사용하는 방법.
- 기본 SIMPLIS MDM 창의 각 탭은 어떤 역할을 하는지 알아봅니다.

2.2.1 Start MDM and Open the Main SIMPLIS MDM Window

기본적으로 프로그램 시작 시간을 단축하기 위해 SIMetrix/SIMPLIS 를 시작할 때 SIMPLIS MDM 이 자동으로 시작되지 않습니다. 따라서 MDM 은 Inductor 를 배치하고 사용하려고 할 때 시작됩니다. 이 작업은 SIMetrix/SIMPLIS 를 닫을 때까지 SIMPLIS MDM 이 백그라운드에서 계속 실행됩니다. MDM 을 시작하려면 다음 단계를 수행합니다.

❶ 선택사항: 이전 섹션에서 실행한 시뮬레이션 결과를 표시하는 파형 뷰어를 닫습니다.

❷ L1 기호를 두 번 클릭합니다.

결과: Edit Multi-Level PWL Inductor(다중 레벨 PWL Inductor 편집) 대화 상자가 열립니다.

❸ 모델 레벨에서 Level 2 라디오 버튼을 선택합니다.

결과: Edit Multi-Level PWL Inductor(다중 레벨 PWL Inductor 편집) 대화 상자에 Level 2 모델 파라미터가 표시됩니다.

❹ Create with SIMPLIS MDM... 버튼을 클릭합니다.

결과: 아래 표시된 SIMPLIS MDM 스플래시 화면이 몇 초 동안 나타나 MDM 이 로드 중임을 나타냅니다.

결과: 위의 그림과 같은 스플래시 화면이 사라지면 아래와 같이 "Core" 탭에 기본 SIMPLIS MDM 창이 열립니다.

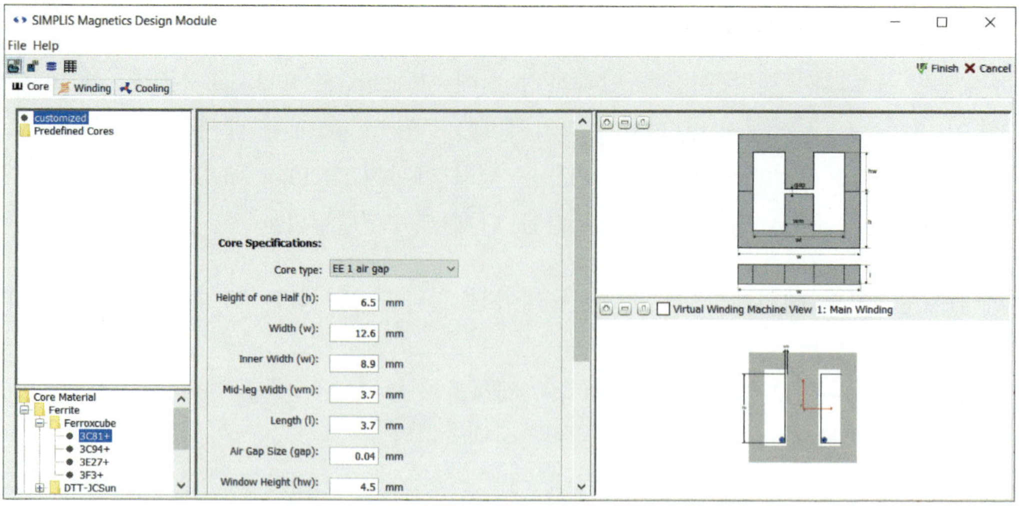

SIMPLIS MDM 기본 창이 열려 있는 동안 기본 SIMetrix/SIMPLIS 창과의 상호 작용이 차단됩니다. MDM 기본 창이 열려 있는 동안에는 SIMetrix/SIMPLIS 기본 창에서 아무 것도 할 수 없습니다.

기본적으로 **사용자 정의(customized)** EE 1 air gaps 코어가 선택됩니다. 즉, 모든 코어 치수를 직접 지정해야 합니다. 그러나 다양한 모양에 대한 표준 코어 형상을 선택할 수 있습니다. 미리 정의된 코어 형상을 선택하는 방법:

❶ 왼쪽 위 선택 메뉴에서 Predefined Cores 를 클릭합니다.
❷ 메뉴가 확장되면 첫 번째 옵션을 선택합니다: Cylinder + Round Block 을 선택한 다음 Chang Sung 을 선택합니다.
❸ 목록에서 첫 번째 코어인 CK2020RBK5420-15 를 선택합니다.
결과: 이제 "Core" 탭이 아래와 같이 나타납니다:

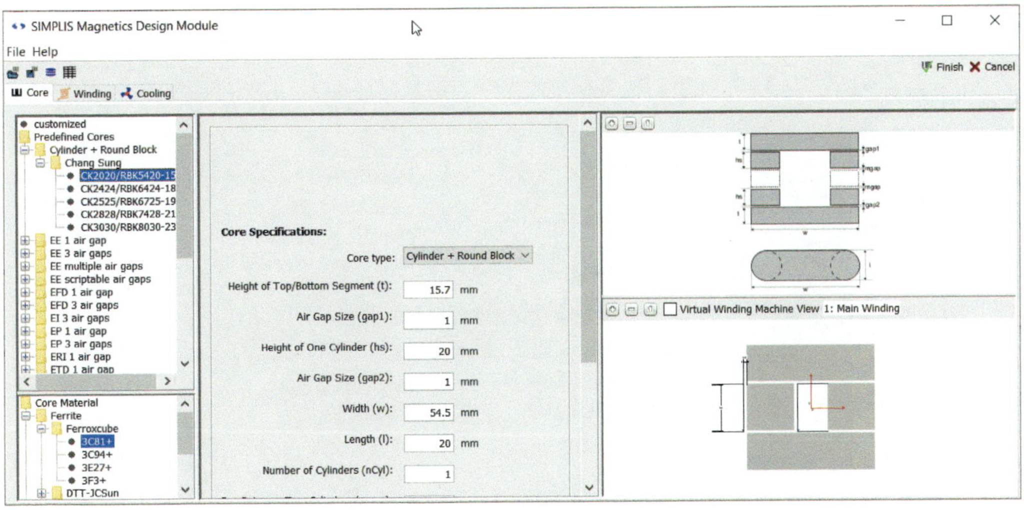

2.2.2 MagDB

기본적으로 선택된 MDM 기본 창의 Core 탭의 왼쪽 상단 모서리에 미리 정의된 자기 코어 모양 및 형상이 있는 선택 메뉴 트리가 표시됩니다. L1 에 대한 Level 2 모형이 없으므로 목록의 첫 번째 코어가 기본적으로 선택됩니다. 이 선택 메뉴 트리 아래 왼쪽 아래에는 자기 코어 재료에 대한 또 다른 선택 메뉴 트리가 있습니다. 코어 재료 목록의 첫 번째 재료도 선택됩니다.

이러한 핵심 형상 및 재료와 와이어 형상 및 재료는 MagDB 라고 하는 MDM 의 부품 데이터베이스에 정의되고 저장됩니다. MagDB 는 별도의 창에서 볼 수 있습니다. MDM 기본창의 메뉴바에서 File 〉 Open database 로 이동하거나, 기본창의 메뉴바 바로 아래 버튼 을 클릭합니다. 이렇게 하면 MagDB 창이 열립니다.

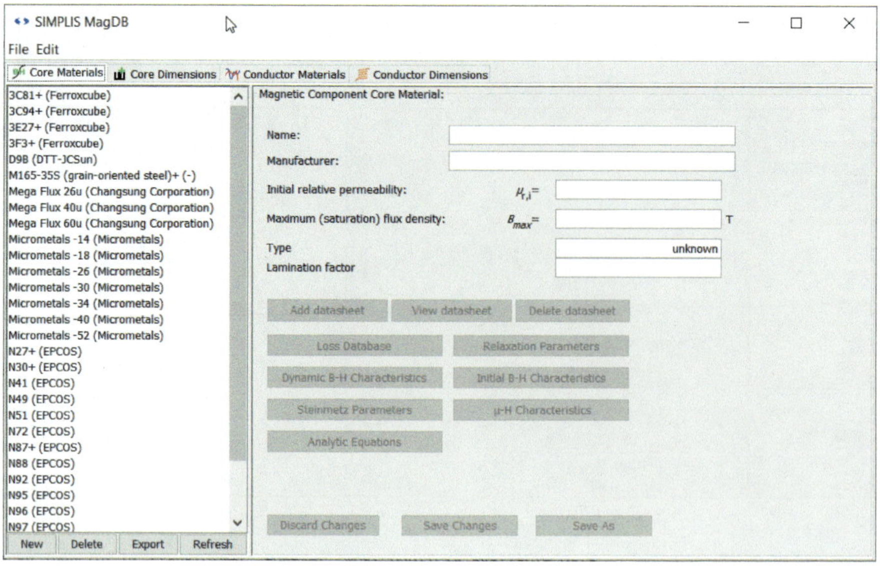

MagDB는 기본적으로 첫 번째 탭인 Core Materials(코어 재료)에서 열립니다. 여기서 SIMPLIS MDM을 사용하여 자기 부품 모델을 만드는 데 사용할 수 있는 자기 코어 재료 목록을 볼 수 있습니다. 왼쪽 목록에서 재료를 선택하지 않았기 때문에 오른쪽 필드는 비어 있습니다. 목록에서 재료를 클릭하면 해당 재료에 대한 정보를 필드에 입력합니다.

N87+와 같이 일부 재료의 이름 옆에 "+"가 있다는 점을 참고하십시오. MagDB는 서로 다른 플럭스 밀도, 주파수, 온도 및 DC pre-magnetizations(DC에서 사전 자화)에서 자성 재료의 손실에 대한 정보를 저장합니다. 이 정보는 Inductor 또는 Transformer 내부의 코어 손실을 계산하는 데 사용됩니다. 그러나 공개적으로 사용 가능한 대부분의 데이터 시트는 DC pre-magnetizations 없이 사인파 형태의 자극에 대한 손실만 명시하는 반면, 이 튜토리얼에서 사용하는 벅 컨버터와 같은 많은 전력 전자 회로에서 자기 구성 요소는 Piecewise-linear(예: 각진 형태)입니다. DC pre-magnetizations 또는 DC 바이어스가 현저하게 발생하는 파형(예를 들어 Inductor의 DC 전류로 인해). MagDB에서 이름 옆에 +가 있는 재료에는 SIMPLIS MDM을 위해 특별히 취해진 triangular flux excitation 및 DC 바이어스를 사용한 손실 측정값이 포함되어 있습니다. 이러한 측정값은 DC 바이어스 없이 사인파 형태의 자극에서 취한 표준 손실 데이터를 사용하여 가능한 것보다 더 정확한 코어 손실 예측을 가능하게 합니다. Buck 컨버터와 같은 회로에서 +로 표시된 자성 재료를 사용하면 그렇게 표시되지 않은 재료를 사용하는 것보다 MDM에서 더 정확한 코어 손실 계산을 할 수 있습니다. +로 표시되지 않은 재료에는 공개적으로 사용 가능한 데이터 시트의 손실 측정값이 포함되어 있습니다.

MagDB 내부의 자성 재료 정보를 수정하거나 삭제할 수 있습니다. 하지만 삭제하지 않는 것이 좋습니다. 수정은 매우 신중하게 수행되어야 합니다. 기존 항목을 수정하는 대신 수정 내용을 새 항목으로 저장하는 것이 가장 좋습니다. 이렇게 하려면 다음 단계를 수행합니다.

❶ 왼쪽 목록에서 재료 3F3+(Ferroxcube)를 선택합니다.
❷ 오른쪽의 이름 필드에서 이름을 3F3_2+로 변경합니다.
❸ Initial relative permeability 을 2200.0 으로 변경합니다.
❹ Maximum(saturation) flux density 를 0.35 로 변경합니다.
❺ 창의 오른쪽 하단 모서리에 있는 Save As(다른 이름으로 저장) 버튼을 클릭합니다.

새 재료 항목 3F3_2+(Ferroxcube)가 목록의 원래 재료 항목 아래에 나타납니다. 이제 이 새 항목을 선택할 수 있으며 재료에 대한 다른 정보(손실 측정, B-H 곡선 등)를 편집할 수 있습니다. 이 자습서에서는 자기 재료 정의 깊이에 대해서는 다루지 않습니다. 따라서 다음을 사용하여 방금 작성한 새 항목을 삭제합니다.

❶ 왼쪽 목록에서 재료 3F3_2+(Ferroxcube)를 선택합니다.
❷ 목록 아래 왼쪽에서 두 번째로 Delete 버튼을 클릭합니다.
❸ 결과 확인 대화상자가 나타나면 Yes(예)를 클릭합니다.

결과: "3F3_2+(Ferroxcube)" 재료가 더 이상 나열되지 않습니다. MagDB 에서 영구적으로 삭제되었습니다.

MagDB 창의 Core Dimensions 탭을 클릭합니다. 왼쪽 상단 모서리에는 코어 모양 목록이 있습니다. MDM 에서 자기 구성요소 모델에 사용할 수 있는 코어 모양입니다. 코어 모양을 편집, 삭제 또는 수정할 수 없습니다. MDM 이 업데이트되면 새 코어 모양이 추가됩니다. 그러나 왼쪽 아래 목록에 나열된 각 모양에 사용할 수 있는 형상를 편집할 수 있습니다. EE 1 air gap 에 사용 가능한 모든 형상을 보려면:

❶ Core shapes 의 맨 위 목록에서 EE 1 air gap 을 클릭합니다.

결과: 상단 패널에 이 코어 모양에 대한 매개변수와 다이어그램이 표시됩니다. 이제 맨 아래 목록에는 이 형상의 core geometries 만 표시됩니다.

❷ core geometries 의 맨 아래 목록에서 E20–0.50mm 를 클릭합니다.

결과: 아래쪽 패널에 이 코어 형상에 대한 매개변수와 다이어그램이 표시됩니다.

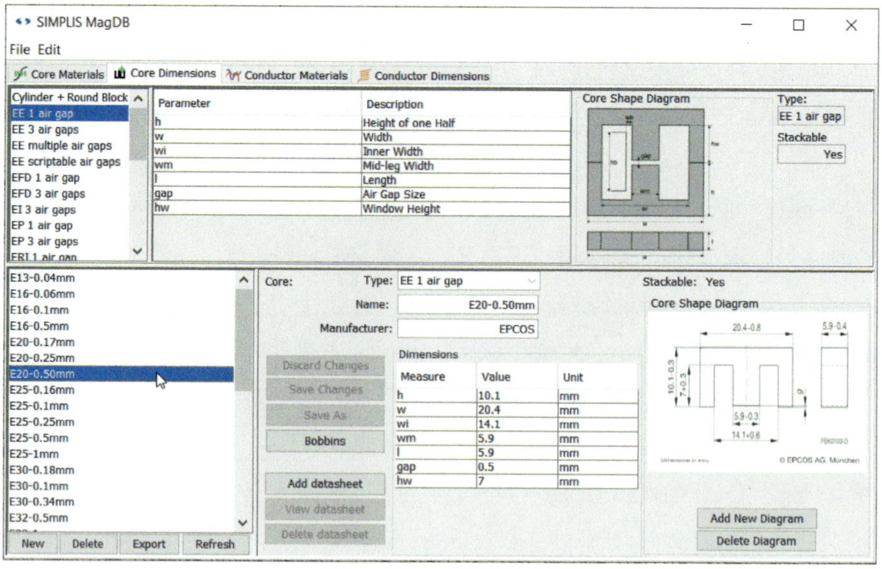

이제 core geometries 를 코어 재질와 유사한 방식으로 편집할 수 있습니다. Conductor Materials 및 Conductor Dimensions 탭에서도 유사한 절차를 수행할 수 있습니다. MagDB 를 자유롭게 탐색할 수 있습니다. 완료되면 MagDB 창 메뉴 모음에서 File 〉 Exit/Close 를 선택하여 MagDB 창을 닫습니다. 이제 기본 MDM 창으로 돌아가 탭을 하나씩 살펴봅니다.

2.2.3 MDM Main Window Core Tab

선택 메뉴 트리의 코어 형상은 코어 형상 및 제조업체별로 그룹화됩니다. 대부분의 코어 형상에는 1 air gaps 과 3 air gaps 변형이 있습니다. 1 air gaps 코어에는 수정할 수 없는 사전 정의된 air gaps 이 있으며, 일반적으로 3 개의 다리가 있는 코어의 중간 부분에 있습니다. 3 air gaps 코어는 일반적으로 동일한 2 개의 코어 절반으로 구성되며, 여기서 두 코어 절반 사이에 Spacer 를 배치하여 맞춤형 air gaps 을 정의할 수 있습니다. U-U 코어와 같은 두 다리 코어의 경우 2 air gaps 과 multiple air gaps 변형이 있습니다. 후자에서는 임의의 수의 air gaps 을 지정할 수 있습니다.

이미 MagDB 에 저장된 코어에만 제한되지 않습니다. 모든 설계에 대해 코어 형상 선택 메뉴 트리의 맨 위에서 customized 를 선택하여 사용자 정의 고유한 코어 형상을 입력할 수 있습니다. 그런 다음 가운데 패널의 Core type: 드롭다운 메뉴에서 코어 모양을 선택한 다음 아래의 각 코어 치수 값을 입력할 수 있습니다.

왼쪽 아래 선택 메뉴 트리도 마찬가지로 자기 코어 재료를 유형(철광, 강철 및 철 분말)별로 먼저 그룹화한 다음 제조업체별로 그룹화합니다. 메뉴에서 코어 재료만 선택할 수 있습니다. core geometry 와 달리 주 MDM 창의 Core 탭에서는 사용자 지정 코어 재료를 정의할 수 없습니다. 목록에 없는 재료를 사용하려면 먼저 이전 섹션에서 설명한 대로 MagDB 에 추가해야 합니다.

Core 탭의 오른쪽 상단 모서리에는 선택한 코어 모양의 다이어그램이 표시됩니다. 이 이미지는 정적이며 자기 장치를 설계할 때 변경되지 않습니다. 코어 형상을 완전히 정의해야 하는 코어 형상의 각 차원을 정의합니다. 다이어그램 위에는 세 개의 버튼이 있습니다. 버튼(왼쪽에서 첫 번째)을 눌러 다이어그램을 확대하고 버튼(왼쪽에서 두 번째)을 눌러 축소할 수 있습니다. 버튼(왼쪽에서 세 번째)을 눌러 전체 다이어그램을 표시하도록 보기를 재설정할 수 있습니다.

코어 탭의 오른쪽 하단 모서리에는 설계 중인 Magnetic device 의 시각화가 표시됩니다. 표시된 것은 권선이 배치된 코어의 단면입니다. 상부 다이어그램과 동일한 확대/축소 컨트롤이 존재합니다. 마우스의 가운데 스크롤 휠을 사용하여 확대 및 축소할 수도 있습니다. 도면을 클릭한 상태에서 끌어 이동합니다. 충분히 확대하면 코어 권선 창의 하단에서 코어의 왼쪽 다리 주변에 기본적으로 배치된 와이어 한 번의 회전이 표시됩니다. 이는 목록의 첫 번째로 기본적으로 선택된 코어가 기본적으로 선택된 와이어에 비해 매우 크기 때문입니다.

기본 MDM 창의 크기를 원하는 크기로 조정할 수 있으며 각 탭의 패널 크기를 서로 상대적으로 조정할 수도 있습니다. 화면 해상도에서 창이 너무 작으면 원하는 대로 크기를 조정하고 다시 정렬할 수 있습니다.

2.2.4 MDM Status Window

구성 요소의 설계를 구성할 때 SIMPLIS MDM Status Window 을 열어 도움이 되는 추가 정보를 얻을 수 있습니다. MDM 창 메인 메뉴바에서 File 〉 Show status window 를 선택하거나 메뉴바 아래 툴바의 버튼을 클릭하여 표시합니다. MDM 상태 창이 열릴 것입니다.

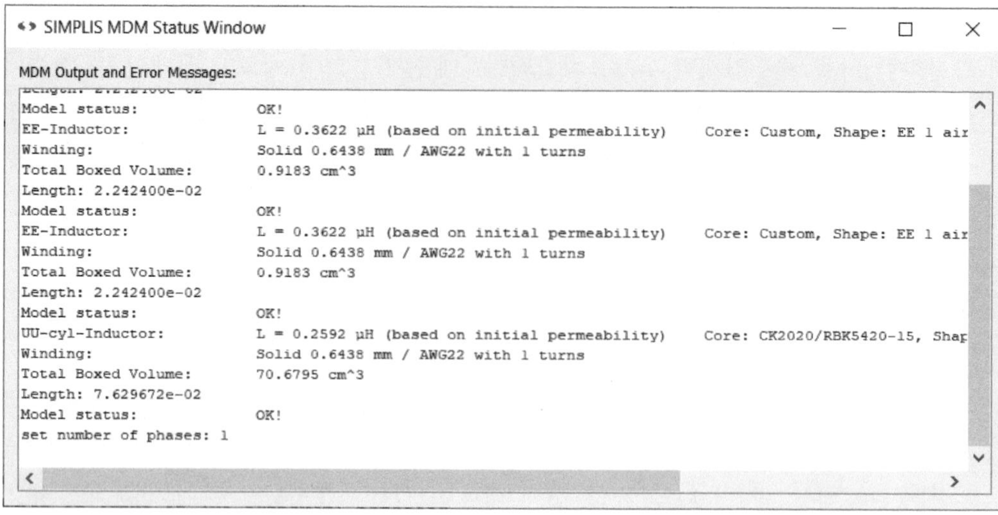

기본 MDM 설계 창과 상호 작용하면 MDM 상태 창에 상태 및 오류 메시지가 인쇄됩니다. 이 시점에서 가장 유용한 두 가지 정보가 있습니다. 첫 번째는 현재 모델 상태를 보여주는 상태창입니다. 위와 같이 "Model status: OK!"으로 표시되면 현재 정의된 모델은 물리적으로 유효한 Inductor 설계입니다.

중요: 이것은 반드시 Inductor 가 설계 요구 사항을 충족한다는 것을 의미하는 것은 아닙니다. 그것은 당신의 결정하기에 달렸습니다. 이는 현재 정의된 Inductor 모델이 MDM 이 알고 있는 한 구축할 수 있는 것임을 의미할 뿐입니다. 모델 상태가 "OK!"가 아닌 경우 오류 메시지가 표시됩니다. 예를 들어, 현재 선택된 와이어의 회전 수가 현재 선택된 코어의 권선 창에 들어갈 수 없음을 알려줍니다.

두 번째 정보는 현재 정의된 Inductor 의 초기 인덕턴스입니다.
이 경우, 당신은 "UU-cyl-Inductor: L = 0.2592 µH (based on initial permeability)"라고 쓰여진 선을 보아야 합니다.

MDM Status Window(MDM 상태 창)는 언제든지 닫을 수 있으며 MDM 기본 창이 활성화되면 언제든지 열 수 있습니다. 상태 창을 연 상태로 유지해도 기본 창처럼 SIMetrix/SIMPLIS 가 차단되지 않습니다. 최소화하거나 백그라운드에 배치할 수 있으며 작업을 계속할 수 있습니다. 이 메시지를 닫으면 인쇄된 메시지가 지워지지 않으므로 언제든지 돌아가서 현재 MDM 세션 시작 이후에 인쇄된 모든 메시지를 검사할 수 있습니다.

이제 상태 창을 옆으로 이동하여 전체 MDM 기본 창을 다시 볼 수 있습니다.

2.2.5 MDM Main Window Winding Tab

MDM 메인 창으로 돌아가서 Winding 탭으로 전환합니다. 여기서 Inductor 의 권선을 정의합니다. 사용할 와이어, 와이어의 회전 수 및 권선 창에서 회전이 배열되는 방식입니다.

왼쪽 상단 모서리에는 회전 수를 변경하는 spinner 가 있습니다. spinner 화살표를 클릭하여 회전 수를 1 씩 증가 또는 감소시키거나 회전 수를 직접 입력할 수 있습니다. 오른쪽은 코어 탭과 같이 Inductor 를 시각화한 것이지만 더 큽니다. 10 회전에 도달할 때까지 회전 수를 하나씩 증가시킵니다. 각 증분의 경우 시각화에서 오른쪽으로 새 회전이 그려지고, 각 증분의 상태 창에 Inductor 의 초기 인덕턴스가 표시됩니다. 따라서 부품을 설계할 때 각 단계에서 부품의 물리적 표현과 인덕턴스를 확인할 수 있습니다.

Defining the Winding Bobbin

회전수에 대한 spinner 아래에는 권선을 정의하는 패널이 있습니다. 그것은 세 개의 하위 패널로 나뉩니다. 첫 번째는 Bobbin 하위 패널입니다. 여기서 코어가 배치되고 권선이 감겨지는 bobbin (coil former)을 정의합니다. 두 가지 매개변수를 정의해야 합니다.

- Bobbin Gap (wb)는 코어 다리와 권선이 배치된 bobbin 의 외측 사이의 거리입니다. 보빈 자체의 두께와 bobbin 과 코어 사이의 간격(간격이 있는 경우)을 모두 나타냅니다.
- Bobbin Height (hb)는 회전을 따라 감을 수 있는 Bobbin 의 높이(또는 길이)입니다.

이 두 개의 Bobbin 치수는 Bobbin 하위 패널 오른쪽의 시각화에 표시됩니다.

Bobbin 을 정의하는 방법에는 두 가지가 있으며, Bobbin Parameter 옆의 드롭다운 메뉴에서 선택할 수 있습니다. 빠른 초기 설계를 위해 Relative Bobbin 을 선택할 수 있습니다. 이 경우 Bobbin 치수는 코어 권선 창의 비율(0~1)로 동적으로 정의됩니다. 실제 상세 설계의 경우 Absolute Bobbin 을 선택하고 보빈 치수를 밀리미터 단위로 입력해야 합니다. 보빈을 변경하는 방법:

❶ Bobbin Parameter 옆의 드롭다운 메뉴를 Absolute Bobbin 으로 전환합니다.

❷ Bobbin Height (hb)를 17 로 변경합니다.

결과: 왼쪽 시각화의 "hb" 치수가 더 작아져야 합니다.

Defining the Winding Pattern

Bobbin 하위 패널 아래에는 Winding Pattern 하위 패널이 있습니다. 일단은 건너뜁니다. 아래의 이름 없는 마지막 하위 패널로 스크롤합니다. 여기서 설계에 대한 와이어 치수를 정의합니다.

Defining the Wire Dimensions

코어 탭과 마찬가지로 왼쪽에는 와이어 형상 목록이 있습니다. wire geometries는 알파벳 순으로 나열되며 유형별로 그룹화되지 않습니다. 각 유형(모양)을 클릭하여 찾을 수 있습니다. 코어 형상과 마찬가지로 선택 메뉴 트리의 맨 위에서 customized를 선택하여 사용자 정의 와이어 형상을 정의할 수 있습니다.

와이어 재료는 MagDB의 기존 항목에서만 선택할 수 있습니다. 코어 재료와 마찬가지로 와이어(도체) 재료를 직접 정의하려면 먼저 MagDB에 추가해야 합니다. 기본 재료는 Copper (drawn wire)입니다. 하위 패널 상단의 드롭다운 메뉴에서 변경할 수 있습니다.

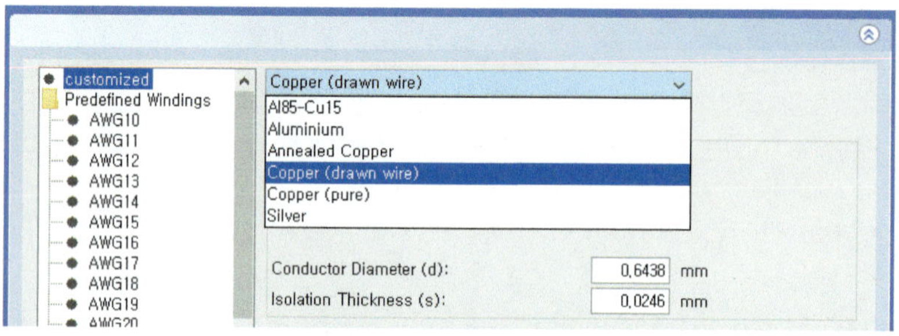

다음 절차에서는 Bobbin 높이가 17mm로 변경되었으며 회전 횟수는 10회입니다. 와인딩 보기는 다음과 같습니다.

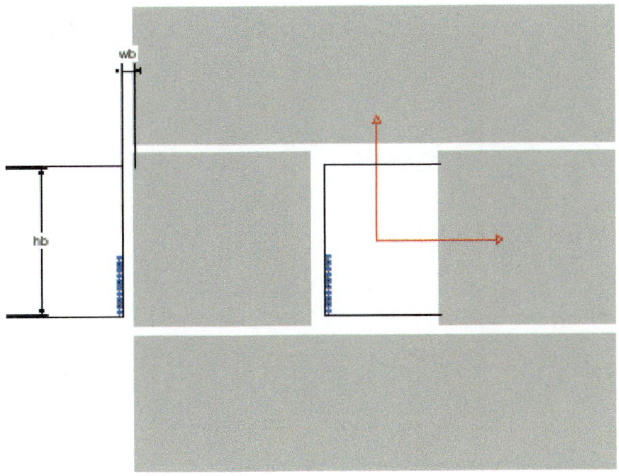

와이어와 권선을 변경하려면

❶ 선택 메뉴 트리를 맨 위로 스크롤합니다. AWG10 와이어를 선택합니다.
결과: 오른쪽으로 시각화된 회전이 눈에 띄게 커져야 합니다.

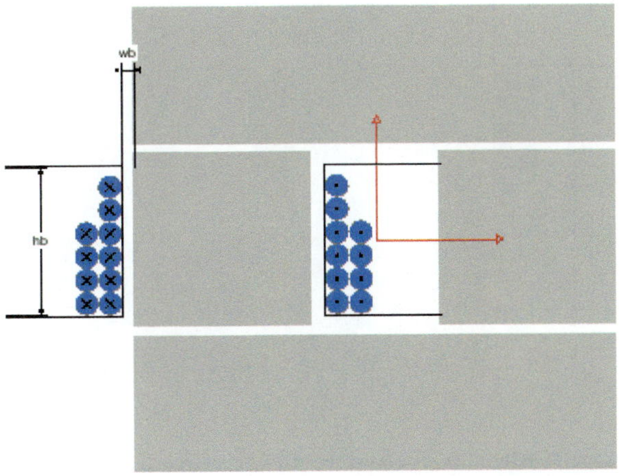

❷ Winding Pattern 하위 패널로 다시 스크롤합니다. 여기서 회전이 보빈 주위에 분포되는 방식을 변경할 수 있습니다. 먼저 맨 아래 섹션에서 top 라디오 버튼을 클릭합니다.
결과: 이제 이전과 같이 아래에서가 아니라 코어의 위쪽에서 차례가 배치됩니다.

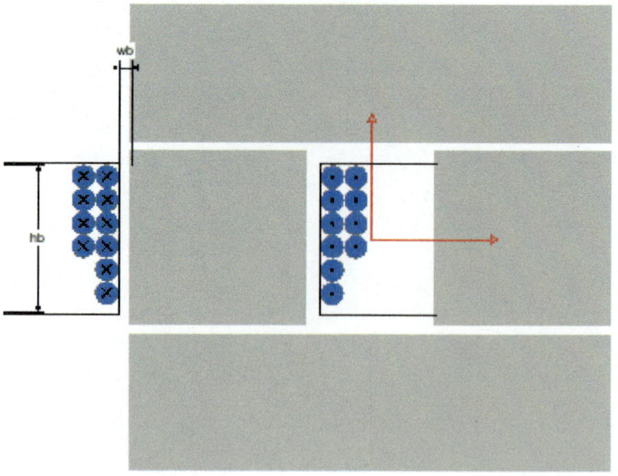

❸ 맨 위 섹션에서 hexagonal 라디오 버튼을 클릭합니다.

결과: 이제 권선의 두 번째 층의 회전이 첫 번째 층의 회전 사이에 배치됩니다.

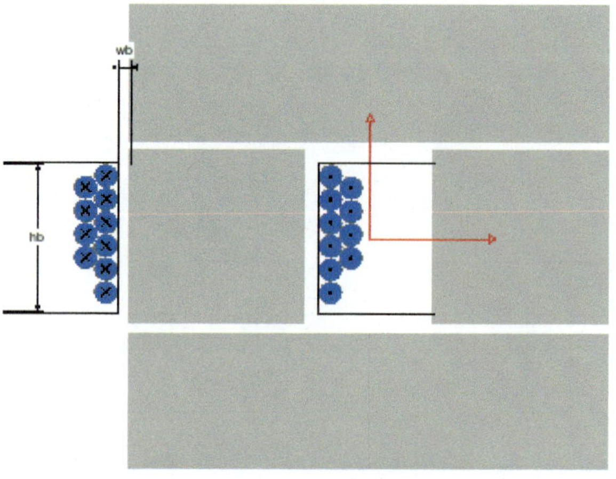

❹ 가운데 섹션에서 distributed 라디오 버튼을 클릭합니다.

결과: 이제 회전이 Bobbin을 따라 분배됩니다.

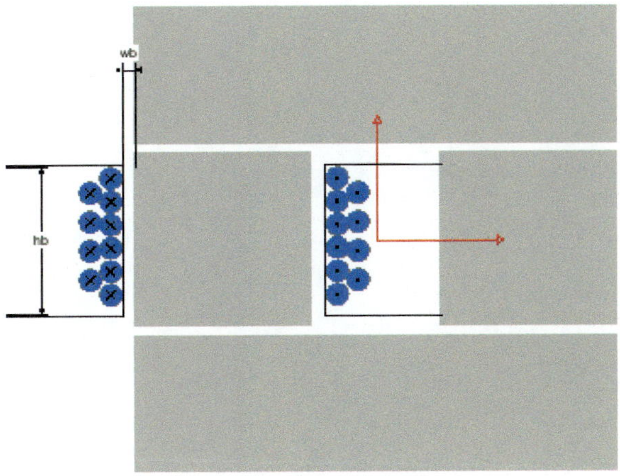

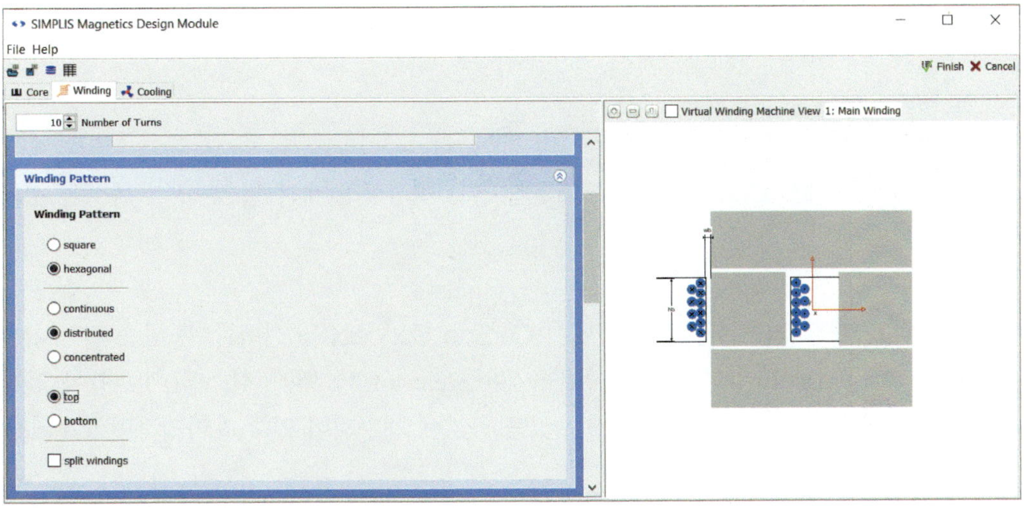

❺ 이것은 두 다리로 된 코어이기 때문에 두 다리로 권선을 분할할 수 있습니다. Winding Pattern(권선 패턴) 하위 패널 하단에 있는 split windings 상자를 선택합니다.

결과: 이제 권선이 코어의 양쪽 다리에 감겨 있습니다.

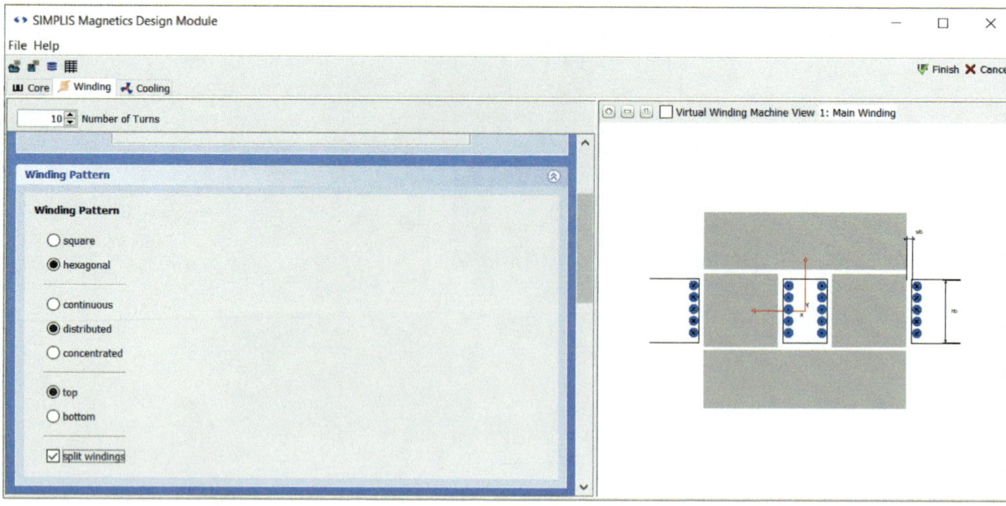

2.2.6 MDM Main Window Cooling Tab

이제 MDM 메인 창에서 Cooling 탭으로 전환합니다. 여기서 설계의 열 및 냉각 특성을 정의합니다.

먼저 왼쪽 상단 모서리의 드롭다운 메뉴에서 Cooling Concept 을 선택할 수 있습니다. 기본값은 Natural Convection(자연 대류)이며, 이것은 Heatsink 나 냉각 시스템(예: 팬)이 없지만 Inductor 의 모든 측면이 열이 빠져나갈 수 있는 공기에 개방되어 있다고 가정하여 Inductor 의 냉각을 적용합니다.

Inductor 가 배치될 수 있는 Heatsink 의 존재 또는 Inductor 의 일부 측면이 열을 전도하지 않는 재료 위에 배치된다는 사실을 적용하기 위해 Convection Sides 아래의 확인란을 변경할 수 있습니다. 오른쪽의 작은 다이어그램은 Inductor 의 측면 이름을 지정하는 방법을 나타냅니다. 기본적으로 모두 선택되어 있으므로 모든 면이 자연 대류에 의해 열을 전도합니다. 이것을 바꾸기 위해,

❶ 선택 상자 앞면 front 의 선택을 취소합니다.

결과: "front" 옆에 열 저항이 무한대임을 나타내는 상자가 나타납니다.

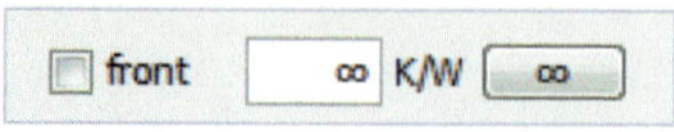

❷ 전면 측면의 열 저항을 그대로 유지합니다. 즉, 열이 전도되지 않습니다. 선택 상자 bottom 의 선택을 취소합니다.

❸ "bottom" 열에 표시된 상자에 2.5 의 열 저항을 입력합니다.

결과: 이것은 2.5K/W 의 내열성을 가진 Heatsink 또는 기타 열전도성 소자에 대한 Inductor 의 특성이 적용됩니다.

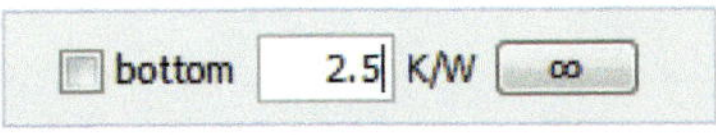

이제 대류 유형을 변경합니다. 팬의 존재를 적용하려면 Cooling Concept 을 Forced(강제 대류)로 변경합니다. 이전에 정의한 여러 면의 열 저항이 보존됩니다. 아직 점검 중인 측면은 모두 강제 공기 흐름에 노출되어 있습니다. 이제 다음 요소를 설정할 수 있습니다.

❶ Ambient temperature(주변 온도)는 Inductor 에 전류 또는 전압이 인가되기 전의 온도를 정의합니다. 이것은 이 온도 아래로 떨어질 수 없습니다. 35 로 바꿔주세요.

❷ Orientation(Gravity Direction)은 중력 방향과 비교하여 Inductor 의 방향을 정의합니다. 탭의 오른쪽 패널에서 전면과 상단에서 코어의 다이어그램을 볼 수 있으며, 그 옆에서 코어에 대한 공기 흐름과 중력 방향을 볼 수 있습니다. 방향은 자연 대류와 강제 대류 모두에 대해 설정됩니다. 드롭다운 메뉴에서 Orientation 을 Left-Right 으로 변경합니다.

결과: 오른쪽 다이어그램에서 중력을 나타내는 화살표가 바뀝니다.

❸ 강제 대류의 경우 공기 흐름 방향도 지정해야 합니다. Direction 드롭다운 메뉴에서 Front-Back 을 선택합니다.

결과: 오른쪽 다이어그램에 공기 흐름이 변경되었음을 나타내는 화살표가 표시됩니다.

❹ 마지막으로 강제 공기 흐름의 공기 속도를 지정해야 합니다. Speed 를 3.3 으로 변경

결과: 이제 다음이 표시됩니다.

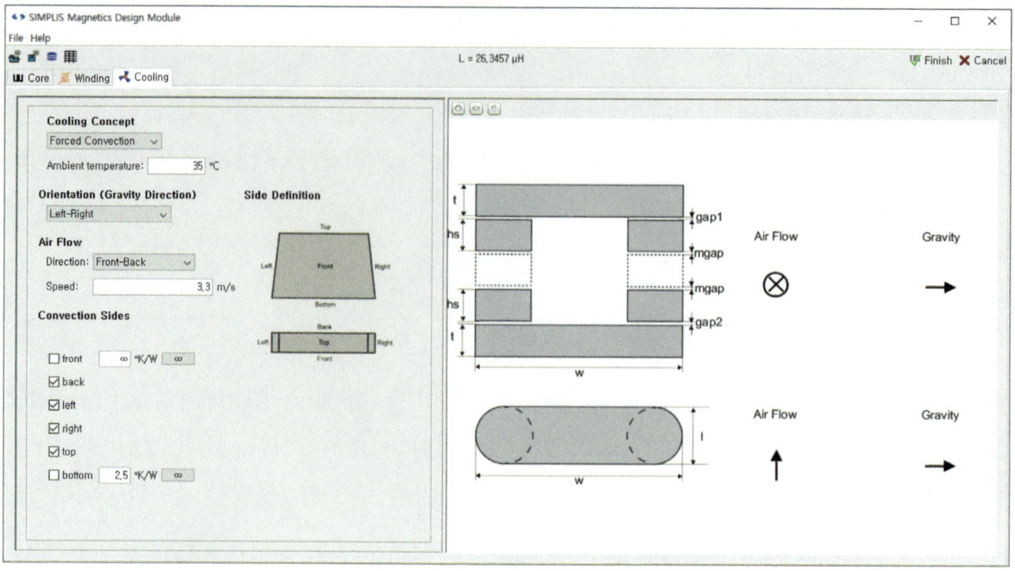

냉각 개념이 자연 대류 또는 강제 대류로 설정된 경우 MDM은 열 수렴이 달성될 때까지 Inductor 손실을 계산하는 동안 반복됩니다. 매우 뜨거워지는 구성 요소의 경우 시간이 오래 걸릴 수 있습니다. 따라서 냉각 개념을 **열 모델링 없음**으로 설정할 수도 있습니다. 이 경우 온도만 지정됩니다. 이는 앞의 두 경우와 같은 주변 온도가 아니라 Inductor가 전체적으로 존재하는 것으로 가정되고 코어 및 권선 손실 계산이 수행되는 일정 온도입니다. 이제 MDM Status 창을 닫습니다. 기본 MDM 창의 오른쪽 상단 모서리에서 Cancel(취소)을 클릭합니다.

포커스가 차단 해제된 기본 SIMetrix/SIMPLIS 창으로 돌아갑니다. 취소를 클릭한 이후로 Inductor 모델이 저장되지 않았으며 L1에 대한 Level 2 모델이 아직 존재하지 않습니다. 다음 섹션에서 하나를 작성합니다.

2.3 Design an Inductor Using MDM

이 섹션에서는 벅 컨버터의 초기 Inductor 설계를 작성합니다. 그런 다음 회로를 Simulation 한 후 MDM에서 후처리를 수행하여 상세한 Inductor 손실 추정치를 얻습니다.

다음의 순서로 진행합니다.

- Key Concepts
- What You Will Learn
- 2.3.1 Design the Inductor
- 2.3.2 Add a Power Probe
- 2.3.3 Add Mean Measurement to Power Probe
- 2.3.3 Run the Simulation Without MDM Post-Processing
- 2.3.4 Run the Simulation With MDM Post-Processing
- 2.3.5 Analyze the MDM Results

Key Concepts

이 항목에서는 다음과 같은 주요 개념을 다룹니다.

- Level 2 모델은 회로도 내부의 Inductor 기호에만 DC 권선 저항(ESR)을 추가합니다. 보다 정확한 권선 및 코어 손실을 얻기 위해서는 MDM 에서 후 처리를 수행해야 합니다.
- MDM 후 처리는 SIMPLIS 에서 회로 시뮬레이션 후에 이루어지며, 결과적인 회로 시뮬레이션 파형의 일부를 받아들이도록 올바르게 설정해야 합니다.
- MDM 은 제공된 시뮬레이션 기간 동안 Inductor 의 평균 전력 손실을 계산합니다. 따라서 의미 있는 결과를 얻으려면 MDM 에 일정한 수의 정상 상태 사이클(가능하면 1 회)에 걸쳐 정상 상태 변환기 파형을 제공해야 합니다.

What You Will Learn

이 항목에서는 다음에 대해 배웁니다:

- 설계 요구 사항을 충족하는 SIMPLIS MDM 을 사용하여 Inductor 를 설계하는 방법
- 상세한 Inductor 손실 추정치를 얻기 위해 MDM 에서 후 처리를 적절하게 설정하고 수행하는 방법
- MDM 이 제공하는 결과 분석 방법

2.3.1 Design the Inductor

기억하세요. Inductance 가 600nH 에서 700nH 사이인 Inductor 를 사용해야 합니다. Buck 컨버터의 초기 Inductor 설계를 작성하려면 다음 단계를 수행합니다.

❶ 기호 L1 을 두 번 클릭합니다.
❷ 대화 상자에서 모델을 Level 2 로 전환합니다.

❸ Write MDM generated model parameters to all lower model levels? 확인란을 선택합니다.

❹ Create with SIMPLIS MDM... 버튼을 클릭합니다.

❺ MDM 기본 창에서 Core 탭이 아직 표시되지 않은 경우 이 탭으로 이동합니다.

❻ 코어 형상 선택 메뉴에서 EE 3 air gaps 〉 EPCOS 〉 E32 를 선택합니다. 이 설계를 위해 3 개의 가변 공기 갭이 있는 E32 코어를 선택했습니다.

❼ 코어 재료 선택 메뉴에서 Ferrite 〉 EPCOS 〉 N87+를 선택합니다. E32 코어는 N87 재료로 제조되어 상업적으로 사용할 수 있습니다.

❽ 오른쪽 아래 패널에서 [아이콘]클릭하여 Inductor 시각화의 중심을 다시 맞춥니다.

❾ 코어 치수를 보여주는 가운데 패널에서 Air Gap Size(gap):의 입력 필드가 나타날 때까지 아래로 스크롤하고 1 로 설정합니다.

결과: 코어 탭은 다음과 같습니다.

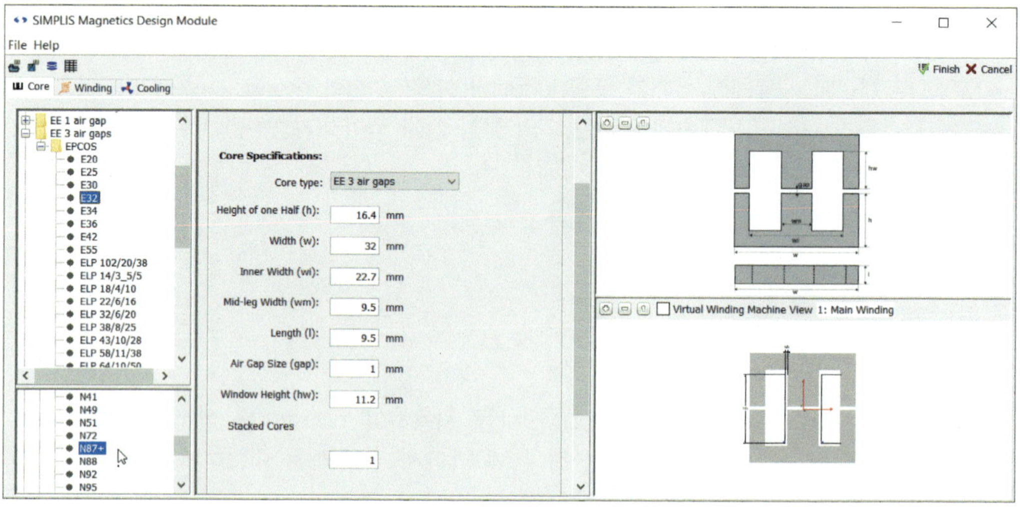

❿ MDM Status Window 을 엽니다. MDM 메인 창과 전체 MDM 메인 창을 모두 볼 수 있도록 옆으로 이동합니다.

⓫ Winding 탭으로 전환합니다.

⓬ 왼쪽 패널에서 이름이 지정되지 않은 세 번째 하위 패널이 나타날 때까지 아래로 스크롤합니다. 와이어 선택 트리 메뉴에서 Predefined Windings 〉 AWG10 을 선택합니다.

⓭ 회전수를 3 번으로 늘립니다.

결과: 상태 창에 이 Inductor 의 인덕턴스가 **878nH** 로 표시됩니다.

⓮ 인덕턴스가 세 바퀴만 돌면 너무 크기 때문에 더 작은 코어를 사용해 보십시오. Core

탭으로 돌아갑니다.

⑮ 작은 코어를 선택합니다: EE 3 air gaps 〉 EPCOS 〉 E30.

⑯ 코어의 air gap을 1.1까지 높이고 Enter 키를 누릅니다.

결과: 이제 상태 창에 이 Inductor의 인덕턴스 615.6nH가 표시됩니다:

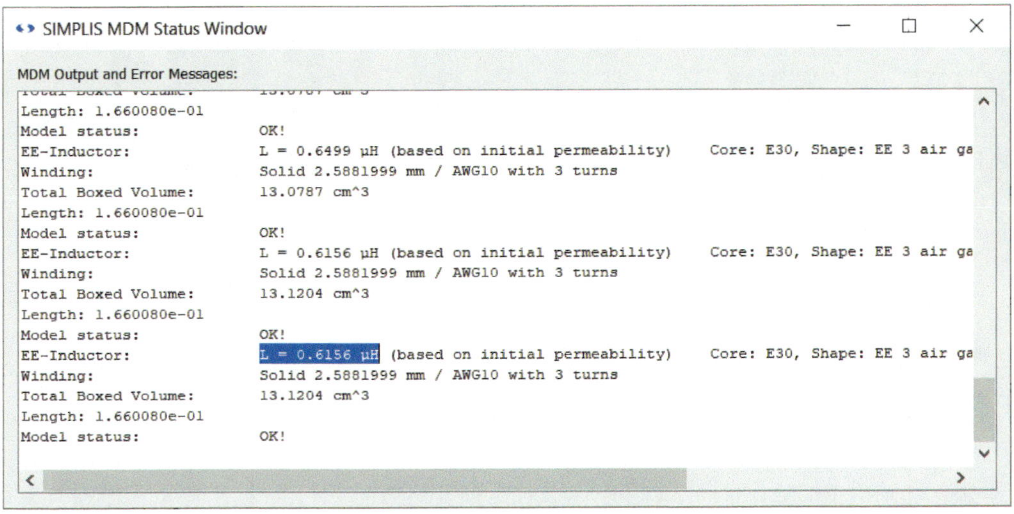

⑰ 이제 허용 가능한 초기 인덕턴스를 갖게 되었습니다. Winding 탭으로 돌아갑니다.

⑱ 단 세 바퀴만 돌면 필요한 인덕턴스에 도달할 수 있습니다. 그러나 코어의 권선 창에는 여전히 많은 여유 공간이 있습니다. 따라서 구리를 더 추가할 수 있지만 추가 회전이 필요하지 않습니다. 회전을 추가하지 않고 구리를 더 추가하려면 권선을 다중 필라멘트로 만들 수 있습니다. MDM을 사용하면 ... n-필라 권선을 만들 수 있습니다. 와이어 선택 메뉴 트리 옆의 패널에서 Filar: 라는 spinner 이름을 찾습니다.

⑲ 이 spinner 옆에 있는 드롭다운 상자에서 Y를 선택합니다.

⑳ Filar spinner를 2로 늘립니다.

결과: 이제 Winding 탭이 다음과 같이 표시됩니다.

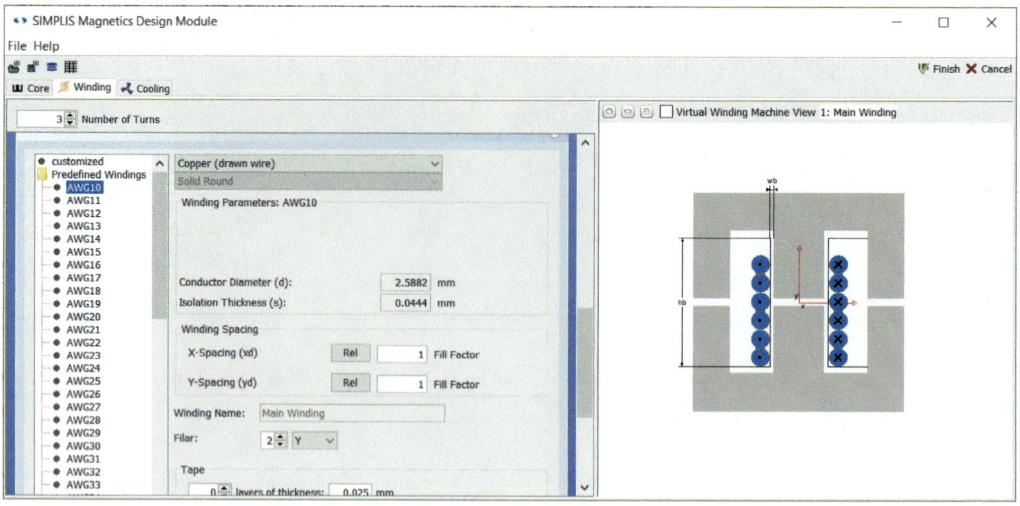

㉑ MDM Status Window를 닫습니다.

㉒ 기본 MDM 창의 오른쪽 상단 모서리에서 Finish을 클릭합니다.

이제 Inductor의 MDM 물리적 모델을 기호 L1에 저장했습니다. 이 물리적 모델에서 L1에 대한 Level 2 모델이 추출되었습니다. 이를 보려면 L1을 두 번 클릭합니다. 다음이 표시됩니다.

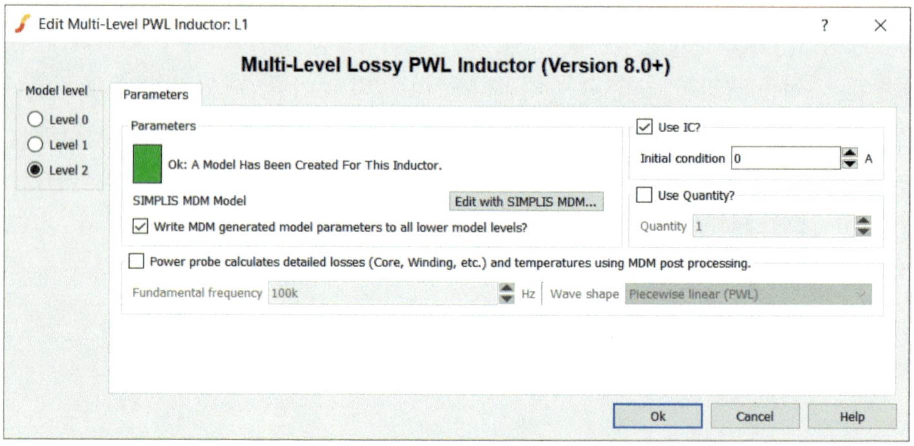

모델 상태 상자가 녹색이고 모델 상태가 OK: A Model Has Been Created For This Inductor.

Power probe calculates detailed loss(세부 손실을 계산함) 확인란이 선택되어 있지 않은 상태를 확인합니다. 그런 다음 OK를 클릭하여 대화 상자를 닫습니다.

2.3.2 Add a Power Probe

이제 MDM 에서 생성한 Level 2 모델의 ESR 이 L1 위의 도식에 표시되는 것을 확인할 수 있습니다. 손실을 측정하려면 구성 요소의 전력 손실을 측정하려는 SIMPLIS 의 표준 절차와 마찬가지로 Power Probe 를 추가해야 합니다. 그렇게 하기 위해서,

❶ Part Selector 에서 Probe 〉 Power Probe 를 두 번 클릭합니다.

❷ L1 의 오른쪽 핀에 Power Probe 를 놓습니다.

❸ 방금 배치한 Power Probe 를 두 번 클릭합니다.

❹ 나타나는 Edit Probe 대화상자의 Analyses 에서 Transient 및 POP 상자가 선택되어 있는지 확인합니다.

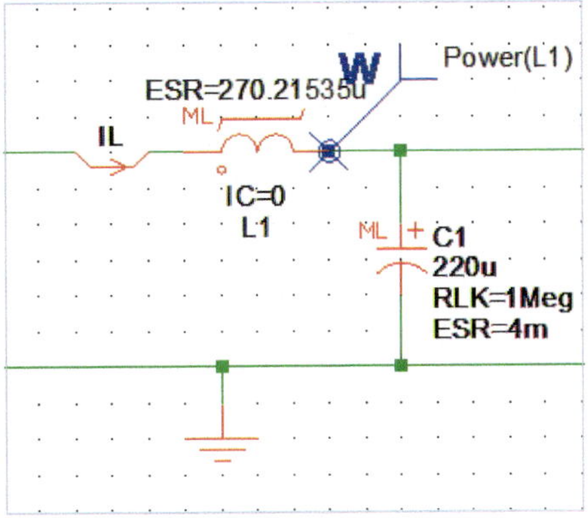

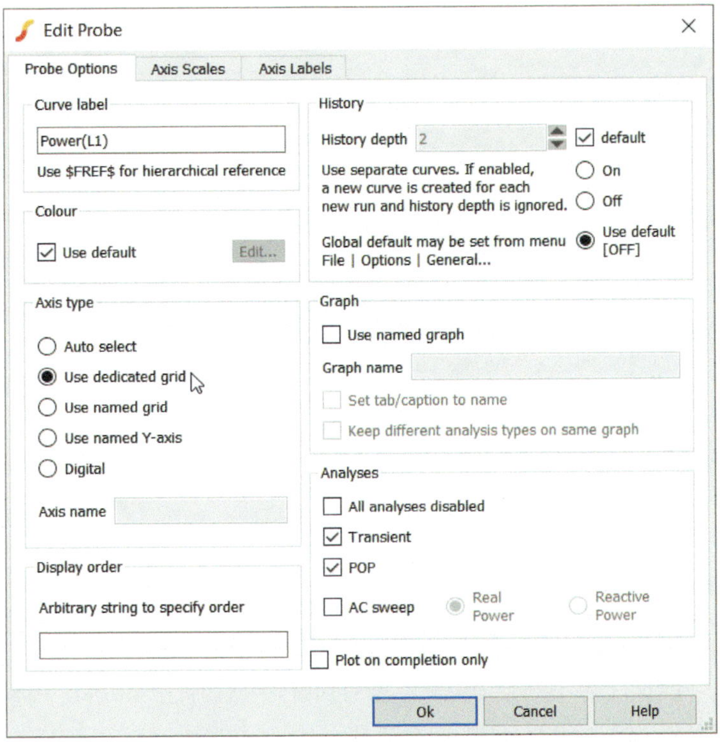

❺ 이렇게 하면 시뮬레이션이 실행될 때 Inductor 의 전력 손실이 파형 뷰어에 표시됩니다. 이제 Axis type 에서 Use dedicated grid 사용을 선택합니다. OK 을 클릭합니다.

2.3.3 Add Mean Measurement to Power Probe

다음으로 평균 측정값을 Power Probe 에 추가합니다. 이 측정은 모든 시뮬레이션 후 파형 뷰어로 출력되는 전력 분산의 평균값으로 수행됩니다.

평균 측정값을 Power(L1) Probe 에 추가하려면 다음 단계를 수행합니다.

❶ Power Probe 인 Power(L1)을 선택합니다.
❷ 마우스 오른쪽 버튼을 클릭하고 Edit/Add Measurement...메뉴를 실행합니다.
❸ Measurement 드롭다운 목록에서 Mean(평균 측정)를 선택합니다.

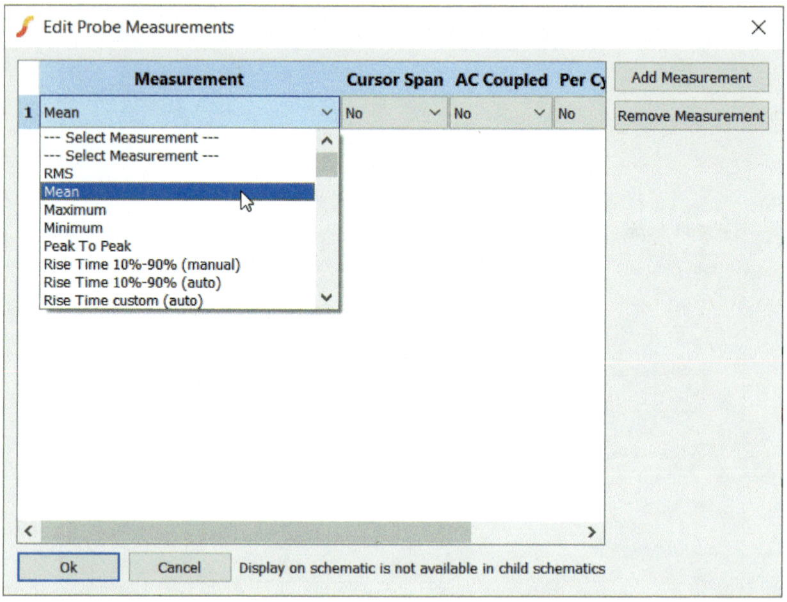

❹ OK 를 클릭합니다.

2.3.4 Run the Simulation Without MDM Post-Processing

이제 Power Probe 를 사용하여 사후 처리에 MDM 을 사용하지 않고 Level 2 모델을 기반으로 Inductor 손실을 계산하는 시뮬레이션을 실행합니다. 이전에는 SIMPLIS 에서 손실을 계산할 수 있는 유일한 방법이었습니다. 이전 섹션에서는 Power Probe 에 평균값 측정을 추가했습니다. 이 섹션에서는 이 측정이 Inductor 의 RMS 전류로 인한 손실만 측정하는 것을 확인할 수 있습니다.

❶ F9 를 눌러 시뮬레이션을 실행합니다.

결과: 이제 Inductor 의 전력 손실을 포함한 결과가 파형 뷰어에 표시됩니다.

❷ 파형 뷰어를 클릭합니다.

결과: 메뉴 표시줄이 변경되어 **Measure** 메뉴가 표시됩니다.

❸ 파형 뷰어의 오른쪽 아래에 있는 측정 창에서 Power(L1) Mean 에 대한 측정값을 찾을 때까지 스크롤합니다.

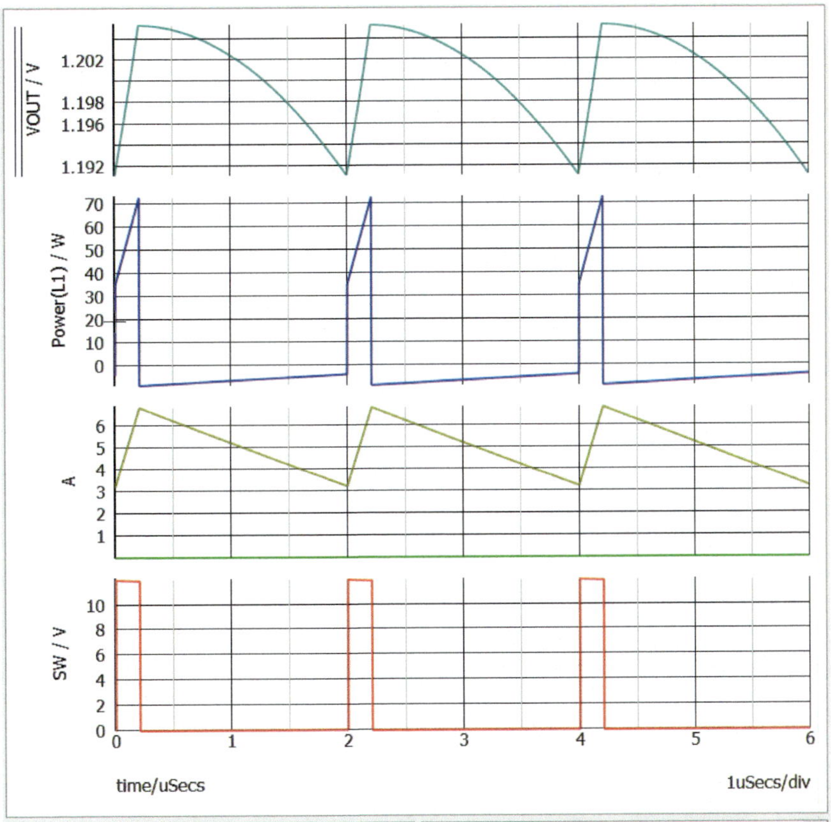

Curve label	Name	Value
PULSE LOAD	Mean	111.86838uA
Power(L1)	Mean	7.3899179mW

Power Probe 가 Inductor 의 평균 손실을 7.39mW 로 측정한 것을 확인할 수 있습니다. 그러나 도식에 표시된 레벨 2 모델의 ESR 은 Inductor **권선의 DC 저항만을 기반으로** 합니다. 따라서 방금 수행한 손실 측정에는 코어 손실, AC 권선 손실 및 근접 효과로 인한 **손실이 포함되지 않습니다.**

이러한 상세 손실을 얻으려면 회로 시뮬레이션 후 MDM 후 처리를 실행해야 합니다.

2.3.5 Run the Simulation With MDM Post-Processing

이제 회로 시뮬레이션 후에 설정 및 MDM 후 처리를 실행하여 코어 손실, AC 권선 손실 및 근접 효과뿐만 아니라 Inductor 온도를 포함한 Inductor 손실의 상세한 계산을 구합니다. 이 중 이전 하위 섹션에서와 같이 일반 SIMPLIS Power Probe 를 사용하여 얻을 수 있는 것은 없습니다.

후 처리에서 MDM 은 회로 시뮬레이션 파형의 지정된 섹션에 대한 평균 Inductor 손실을 계산합니다. 일반 Power Probe 에 의해 제공되는 순간 전원 손실 파형은 제공되지 않습니다. 따라서 결과가 의미 있게 되려면 MDM 이 **컨버터의 정상 상태 주기의 정수 배수**를 계산에 사용해야 합니다. 더 많은 사이클이 포함될수록 계산에 시간이 오래 걸리므로 이상적인 사이클 수는 1 입니다. 하나의 정상 상태 사이클에서 평균 전력 손실을 계산하면 변환기가 정상 상태일 때 Inductor 의 평균 전력 손실을 얻을 수 있습니다.

MDM 은 사용자가 의미 있는 결과를 생성하기 위해 후 처리를 설정했다고 가정합니다. 명령에 따라 1/4 또는 반주기, 3.37 주기 또는 컨버터 시동 중에 전력을 계산합니다. 정상 상태에서의 평균 전력 손실이 일반적으로 가장 관심이 있는 것이지만, 다른 유형의 파형에서 후 처리를 실행하는 경우 결과를 올바르게 이해하는 것은 사용자에게 달려 있습니다.

Inductor 의 경우 MDM 은 Inductor 의 전류 및 전압 파형이 모두 필요합니다. SIMPLIS 에서 파형 뷰어에 명시적으로 표시할 필요는 없습니다. 이 예에서는 Inductor 전류는 표시되지만 Inductor 전압은 표시되지 않습니다. MDM 은 사용자가 파형 뷰어에 표시하는 내용에 관계없이 필요한 파형을 자동으로 획득합니다.

Buck 컨버터의 Inductor 에 대한 MDM 후처리를 설정하기 위해,

❶ L1 을 두 번 클릭합니다.
   결과: Level 2 모델을 보여주는 Multi-Level PWL Inductor 편집 대화 상자가 열립니다.

❷ 체크박스 Power probe calculates detailed losses(Core, Winding, etc.) and temperature using MDM post processing 확인란을 선택합니다.
   결과: 이제 확인란 아래의 두 필드가 활성화되었습니다.

❸ Fundamental frequency 필드는 MDM 에서 후 처리를 위해 전송되는 회로 시뮬레이션 파형의 양을 결정합니다. MDM 은 후 처리 계산에 사용할 시뮬레이션 파형의 마지막 기본 주기(입력된 기본 주파수의 역수로 계산됨)가 소요됩니다. 앞서 언급한 바와 같이 단일

정상 상태 변환기 사이클인 경우가 가장 좋습니다. 벅 컨버터에서 정상 상태 사이클은 스위칭 사이클입니다. 이 변환기의 스위칭 주파수는 500kHz 이므로 Fundamental frequency 에 500k 를 입력합니다.

❹ MDM 은 파형의 모양을 알고 있어야 합니다. 이것은 코어 손실의 정확한 계산을 위해 필요합니다. Wave shape 드롭다운 메뉴에서 이 값을 지정해야 합니다. 벅 컨버터의 Inductor 에 직사각형 전압이 인가되어 Inductor 가 삼각형태의 전류를 전도하므로 Wave shape 을 Piecewise linear(PWL)로 설정합니다. 대화 상자는 다음과 같습니다.

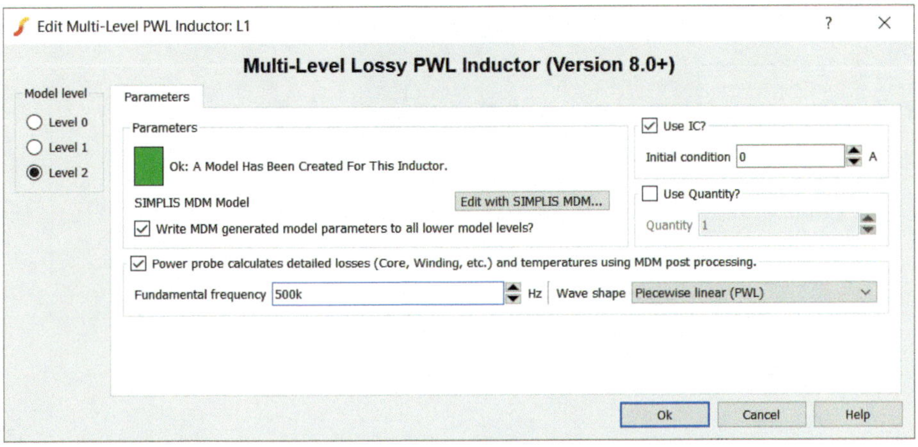

❺ OK 를 클릭합니다.

결과: label 에 MDM POSTPROCESSING 이 L1 위에 나타납니다.

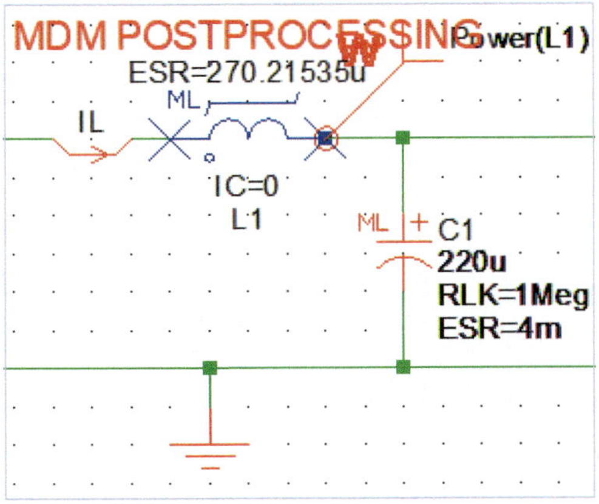

❻ F9 를 눌러서 Simulation 을 실행하세요.

결과: 회로 시뮬레이션이 완료된 후 MDM 후 처리를 나타내는 창이 나타나고 "Calculating losses for L1..."(L1 에 대한 손실 계산)이 표시됩니다.

❼ MDM 후 처리가 완료되면 MDM Results 창이 나타납니다.

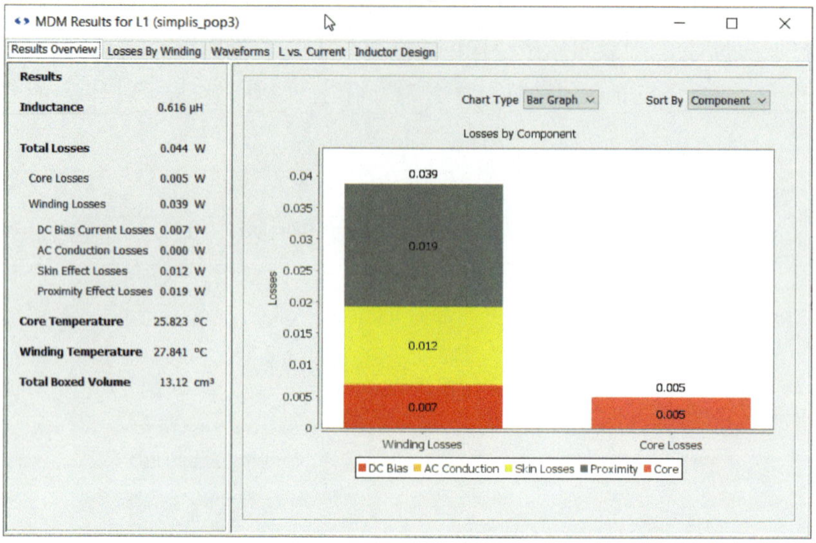

기본적으로 MDM Results(MDM 결과) 창은 Results Overview 탭에 열립니다. 왼쪽에는 초기 인덕턴스, Inductor 의 다양한 손실 유형에 대한 텍스트 분석, 코어 및 권선 온도, Inductor 의 박스 볼륨이 표시됩니다. DC Bias Current Losses 은 이전에 전원 프로브로 측정한 것과 동일한 0.007W 로 제공됩니다. 그러나 실제 총 손실은 0.044W 로 훨씬 높습니다. MDM 후 처리를 통해 도식에 ESR 을 설정하는 것보다 Inductor 손실이 얼마나 되는지 훨씬 더 잘 파악할 수 있습니다.

Level 1 모델에서 L1 의 ESR 을 44mW 의 손실을 얻기 위해 필요한 값으로 설정하는 것만으로 동일한 결과를 얻을 수 없는지 자문할 수 있습니다. 물론 이것은 가능하지만, 이 접근법에는 두 가지 제한이 있습니다. 첫째, Inductor 설계를 개선하는 데 사용할 수 있는 상세한 손실 분석을 제공하지 않습니다. 둘째, ESR 의 이 값을 미리 알지 못합니다. MDM 에서 Inductor 의 물리적 모델이 생성되면 DC 권선 저항을 계산하는 것이 쉽지만, AC 권선 손실 및 코어 손실은 주파수, 코어 내부의 플럭스 밀도, 온도, 파형의 듀티 비율 및 DC 전류와 같은 작동 포인트에 의존하는 많은 요인에 따라 달라집니다. 따라서 각 작동 지점의 "ESR"은 서로 다릅니다. MDM 후 처리를 통해 회로도에서 Inductor 의 ESR 을 조정할 필요 없이 다양한 작동 지점에 대한 정확한 손실 추정치를 얻을 수 있습니다.

다음과 같은 중요한 사항이 있습니다.

- MDM 결과 창은 기본 MDM 창처럼 SIMetrix/SIMPLIS를 차단하지 않습니다. 언제든지 닫거나 최소화하거나 백그라운드에 둘 수 있습니다. MDM 베타 버전에서는 닫은 결과 창을 되돌릴 수 없습니다. 일단 닫으면 다시 생성할 수 있는 유일한 방법은 시뮬레이션을 다시 실행하는 것입니다.
- 다중 레벨 PWL Inductor 편집 대화상자에서 후 처리 확인란을 선택하면 "일반" 전원 프로브가 "MDM 후 처리" 전원 프로브로 변환됩니다. MDM 후 처리를 수행하려면 상자만 선택해도 충분하지 않습니다. 기호에 전원 프로브를 모두 배치하고 확인란을 선택해야 합니다.
- Inductor 기호 위에 있는 **MDM POST PROCESSING** 라벨을 사용하면 MDM 후 처리가 선택된 기호와 MDM 레벨 2 모델이 정의된 기호를 쉽게 확인할 수 있습니다.
- **MDM Results** 창의 제목 표시줄에서 결과가 어떤 기호에 사용되고 어떤 SIMPLIS 시뮬레이션 그룹을 참조하는지 확인할 수 있습니다. 이 예에서 제목은 L1(simplis_pop3)에 대한 MDM 결과입니다. 따라서 여러 개의 창이 열려 있는 경우 이를 참조하여 어떤 기호에 대해 어떤 시뮬레이션이 실행되는지 확인할 수 있습니다.

2.3.6 Analyze the MDM Results

이제 MDM Inductor 결과를 더 자세히 분석할 수 있습니다. DC 권선 손실과 코어 손실이 각각 약 7mW와 5mW로 매우 낮음을 알 수 있습니다. 그러나 총 권선 손실은 상당히 높으며, 근접 손실은 19mW에서 지배적입니다. 근접 손실이 높은 이유를 자세히 알아보려면 MDM Results 창의 Losses By Winding 탭으로 전환합니다.

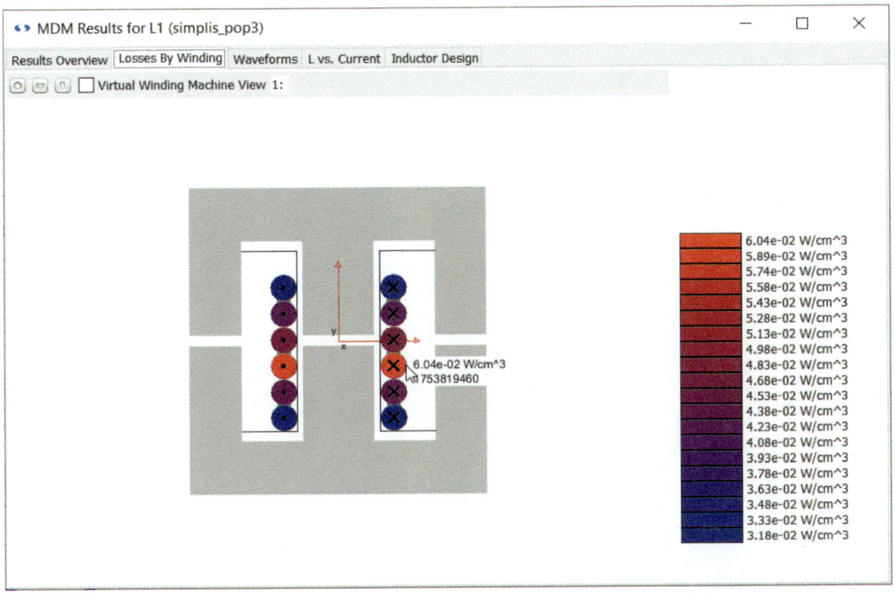

여기에는 권선의 각 회전(W/cm3 단위)의 손실 밀도가 표시됩니다. 빨간색으로 회전할수록 내부의 손실이 커집니다. 오른쪽의 눈금은 상대적이며 Inductor 와 작동 지점마다 다릅니다. 가장 강렬한 빨간색 턴은 다른 턴에 비해 가장 많은 손실을 입은 턴입니다. 이것이 반드시 매우 덥다는 것을 의미하지는 않습니다.

공극에 가장 가까운 회전은 손실 밀도가 가장 높다는 것을 알 수 있습니다. 이것은 코어의 공극에 의해 생성된 프링 플럭스 필드의 결과입니다. 코어의 자속이 공극을 가로질러 이동할 때, 자속이 휘어지며 권선에 근접 손실을 발생시키는 권선 창 내부에 자기장이 생성됩니다. 따라서 권선 저항을 줄이기 위해 큰 바이필러 와이어를 사용하더라도 에어 갭에 상대적으로 회전이 배열되는 방식은 상당한 권선 손실을 초래합니다.

이제 MDM Results 창의 Waveforms 탭으로 전환합니다. 여기에는 인덕터 코어 내부의 플럭스 밀도(Tesla), 인덕터 전류(암페어 단위) 및 인덕터 전압(볼트 단위)이 표시됩니다.

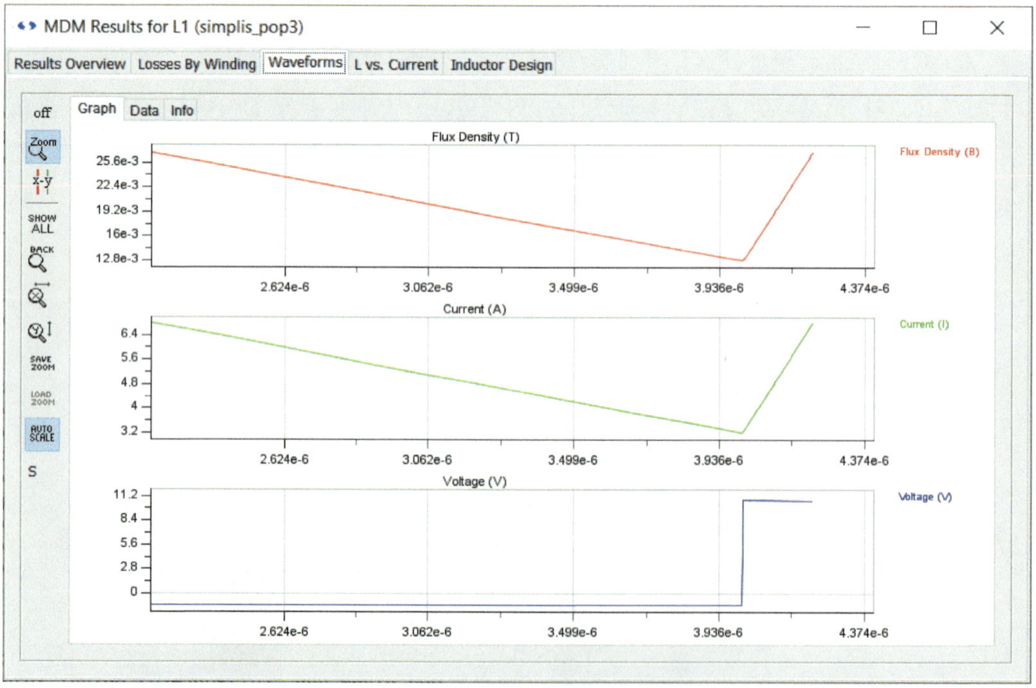

피크 플럭스 밀도는 약 25mT 입니다. MagDB 내부에서 이 Inductor 에 사용되는 N87+ 재료를 검사하면 이 재료의 피크 플럭스 밀도가 360mT 로 표시됩니다. 또한 Inductor 의 피크 전류는 약 6.5A 입니다.

이제 L vs. Current 탭으로 이동합니다. 여기에는 전류의 함수로서 Inductor의 인덕턴스가 표시됩니다.

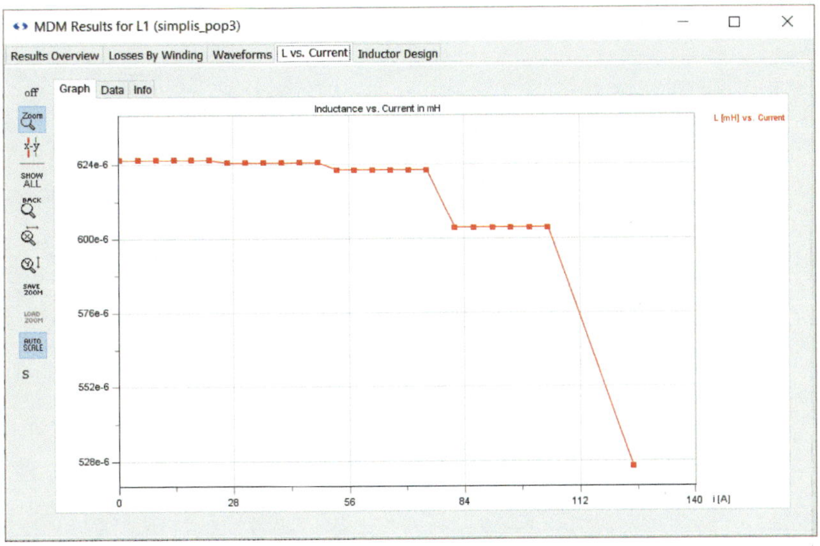

인덕턴스는 48A 이후에만 감소하기 시작하고 75A 이후에는 또 다른 현저한 감소가 발생하며, Inductor는 105A 이상에서만 포화됩니다. 이는 이 컨버터의 피크 Inductor 전류보다 몇 배 더 높습니다. 피크 플럭스 밀도 뿐만 아니라 이 Inductor가 이 용도에 너무 큰 코어를 사용하고 있다는 결론을 내릴 수 있습니다. Results Overview 탭으로 돌아가면 상자에 들어 있는 볼륨이 13.12cm^3 을 알 수 있습니다. 7A, 600nH Inductor는 훨씬 작을 수 있습니다. 또한 코어 및 권선 온도를 보면 Inductor가 주변 온도인 25도보다 3도 미만으로 가열되어 상당히 냉각된 것을 알 수 있습니다.

따라서 이 Inductor 설계를 개선할 여지가 많습니다. 이 작업은 다음 섹션에서 수행합니다.

2.4 Refine the Inductor Design Using MDM

MDM 결과 창을 최소화하거나 닫습니다. 현재의 회로 도면을 2_my_buck_E30_core.sxsch로 저장합니다.

MDM 후 처리를 위해 설정된 이 섹션에서 개발된 Inductor 설계의 회로 도면은 2.3_SIMPLIS_MDM_tutorial_buck_converter_E30core.sxsch File을 열어 확인할 수 있습니다.

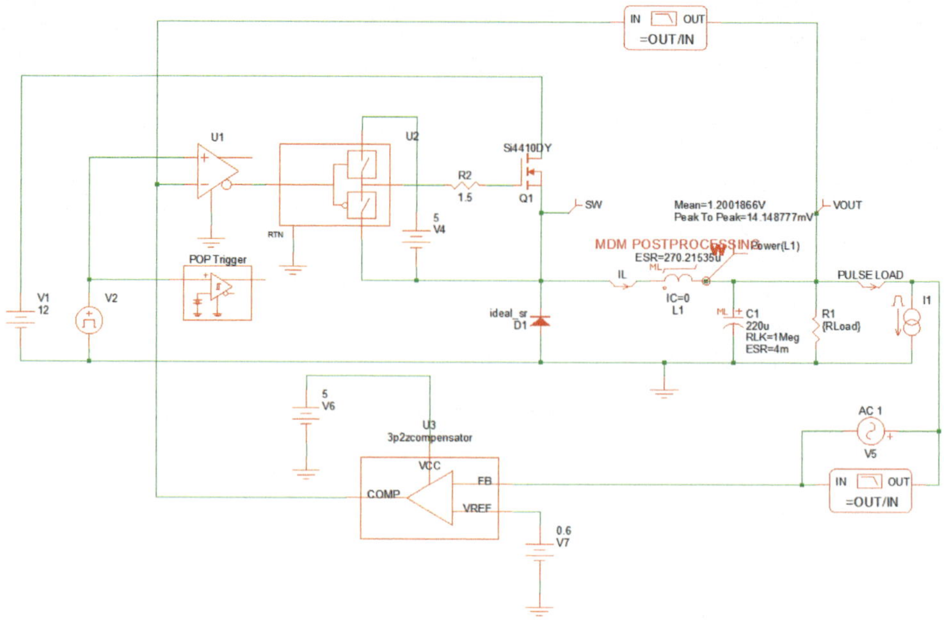

2.4 Refine the Inductor Design Using MDM

이 섹션에서는 섹션 2.3 Design an Inductor Using MDM 에서 생성한 Inductor 의 크기(박스 볼륨)와 근접 손실을 줄이기 위해 Inductor 설계를 개선합니다.

다음의 순서로 진행합니다.

- What You Will Learn
- 2.4.1 Change the Inductor Design
- 2.4.2 Run the Simulation and MDM Post-Processing
- 2.4.3 Analyze the New Results

What You Will Learn

이 항목에서는 다음에 대해 배웁니다.

- MDM 에서 기존 Inductor 설계를 수정하고 그 결과를 분석하는 방법.
- 사용자 정의 와이어 형상을 만드는 방법.

2.4.1 Change the Inductor Design

Analyze Results Section에서 설명한 것처럼 이전에 생성한 설계에서 너무 큰 코어를 사용했습니다. 결과를 분석한 결과, 코어가 훨씬 작아야 함을 알 수 있습니다. 따라서 첫 번째 단계는 더 작은 코어를 선택한 다음 원하는 인덕턴스를 얻기 위해 권선을 재설계하는 것입니다.

❶ L1 기호를 두 번 클릭합니다.

❷ 결과 대화상자에서 Edit with SIMPLIS MDM... 버튼을 클릭합니다.

참고: MDM Results 창을 열어 둔 경우, 이제 메인 MDM 창이 작업 표시줄에서 바로 표시되는 대신 최소화된 상태로 깜박일 수 있습니다. 이 경우 작업 표시줄의 SIMPLIS 아이콘을 클릭하여 MDM 창을 표시합니다.

❸ MDM Status Window를 열고 옆으로 이동합니다.

❹ 훨씬 작은 코어를 선택합니다. Core 탭으로 이동합니다. MDM 데이터베이스에서 사용할 수 있는 가장 작은 코어 중 하나는 RM4 코어입니다. Core geometry 선택 트리 메뉴에서 아래로 스크롤하여 RM 3 Air Gaps 〉 EPCOS 〉 RM 4(Low Profile)를 선택합니다.

결과: 권선이 너무 커서 이 코어에 맞지 않습니다. 상태 창에 다음과 같은 오류 메시지가 표시됩니다: 오류: Winding is too large for bobbin width!

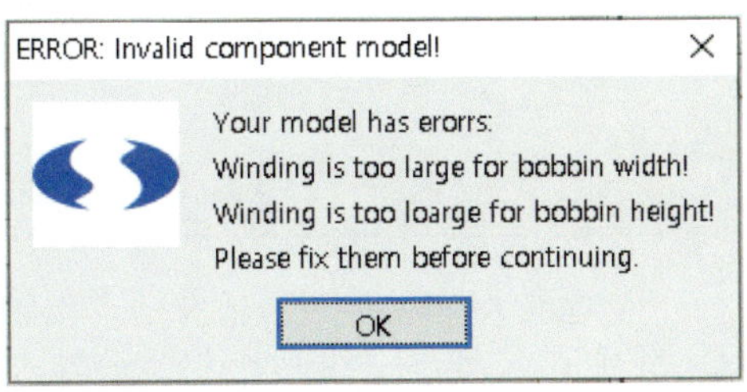

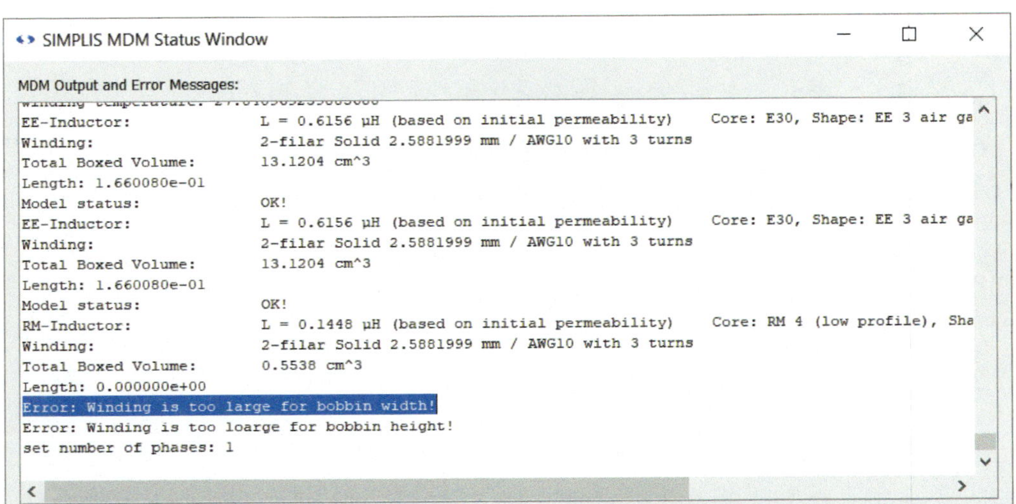

❺ [icon]을 클릭하여 Inductor 시각화의 중심을 다시 맞춥니다. 이 코어에 비해 Air gap이 너무 크다는 것을 알 수 있습니다.

❻ Core 탭의 가운데 패널에서 아래로 스크롤하여 Air Gap Size(gap)를 0.05로 설정하고 Enter 키를 누릅니다.

❼ Winding 탭으로 이동합니다. 와이어 선택 트리 메뉴로 스크롤하여 Predefined Windings 〉 AWG21을 선택합니다.

결과: 와이어가 코어 권선 창에 들어갈 수 있을 정도로 작으며, 3회전의 바이필러 와이어가 있습니다.

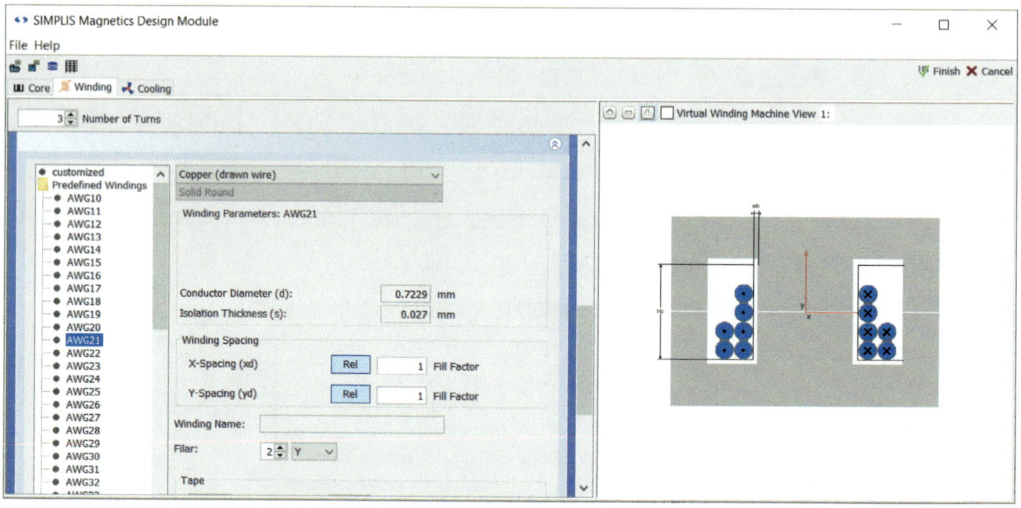

❽ MDM Status Window를 보세요. 그러나 이제 Inductor의 인덕턴스가 1.8341uH임을 알 수 있습니다. 이것은 너무 큽니다.

❾ 따라서 Winding 탭의 회전 수를 2로 변경합니다. 이제 인덕턴스는 815.2nH입니다.

❿ Core 탭으로 돌아가서 Air Gap Size를 0.07로 약간 늘립니다.

⓫ Winding 탭으로 돌아갑니다. MDM Status Window에서 인덕턴스가 업데이트되고 611.3nH로 표시됩니다. 새 코어로 원하는 인덕턴스를 얻을 수 있습니다.

코어와 Air gap이 더 작은 Inductor가 있습니다. 그러나 선택한 와이어를 사용하면 코어 권선 창에 여전히 많은 여유 공간이 있음을 알 수 있습니다. 그 공간을 구리로 더 단단히 채우십시오.

❶ 와이어 형상 선택 메뉴 트리에서 customized를 선택합니다.

❷ Filar spinner를 1로 변경하고 옆에 있는 드롭다운 메뉴에서 None를 선택합니다.

❸ 이 하위 패널의 상단에 있는 두 번째 드롭다운 메뉴에서 선택 영역을 Solid Round 에서 Solid Rectangular 로 변경합니다.

❹ Winding Parameters 섹션에서 Conductor thickness (d)를 1.6 으로 설정합니다.

❺ Conductor Length (l):를 1.75 로 입력하세요.

❻ 입력란 Isolation Thickness (s):을 0.1 로 입력하세요.

결과: 이제 권선 창을 거의 완전히 채우는 사각 와이어로 만든 사용자 정의 권선을 만들었습니다.

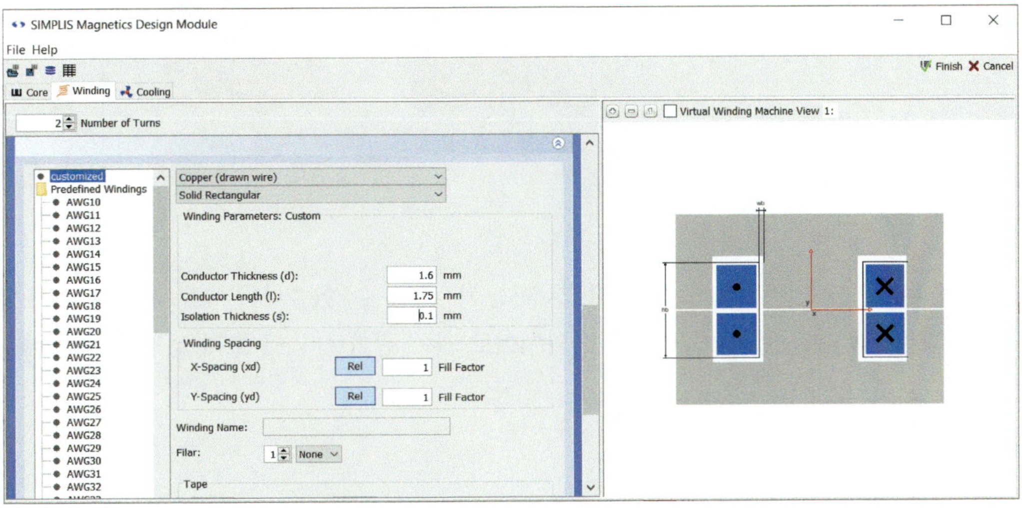

❼ Finish 를 눌러서 완료하세요.

❽ MDM Status Window 를 닫습니다.

완성된 회로 도면을 Save As…를 사용하여 2_my_buck_ RM4_core.sxsch 으로 저장합니다. 이 섹션에서 개발한 Inductor 설계의 전체 도식은 2.4_SIMPLIS_MDM_tutorial_buck_converter_RM4 .sxsch File 을 열어 비교 검토할 수 있습니다. 이 회로 도면은 첫 장에서 다운받은 File 의 목록에 포함되어 있습니다.

2.4.2 Run the Simulation and MDM Post-Processing

F9 를 눌러 시뮬레이션을 실행합니다. 이전과 마찬가지로 회로 시뮬레이션이 완료되면 MDM 후 처리가 실행되고 완료되면 MDM Results(MDM 결과) 창이 표시됩니다.

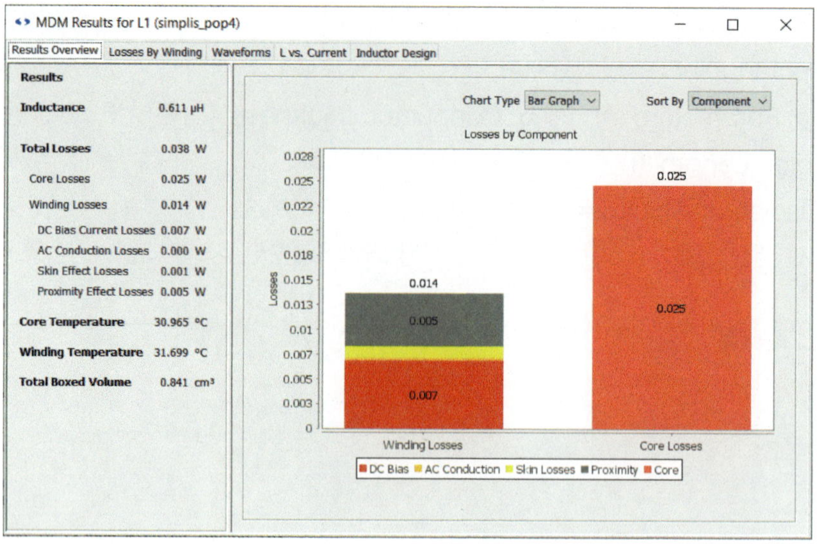

이번에는 후처리 시간이 더 오래 걸린 것을 눈치 챘을 수 있습니다. MDM에서 직사각형 및 호일 권선의 손실을 계산하는 데 둥근 와이어로 만든 권선보다 더 오래 걸리기 때문입니다.

2.4.3 Analyze the New Results

먼저 Total Boxed Volume을 확인합니다. 이제 겨우 0.841cm^3 입니다. 이것은 E30 코어를 탑재한 기존 설계보다 15.6배 작은 것입니다.

또한 DC 권선 손실은 7mW에서 이전과 거의 동일하지만, 현재 총 권선 손실은 훨씬 낮다는 것을 알 수 있습니다. 근접 손실은 이제 DC 손실보다 낮은 5mW에서만 훨씬 감소합니다. Losses By Winding 탭에서도 이를 확인할 수 있습니다.

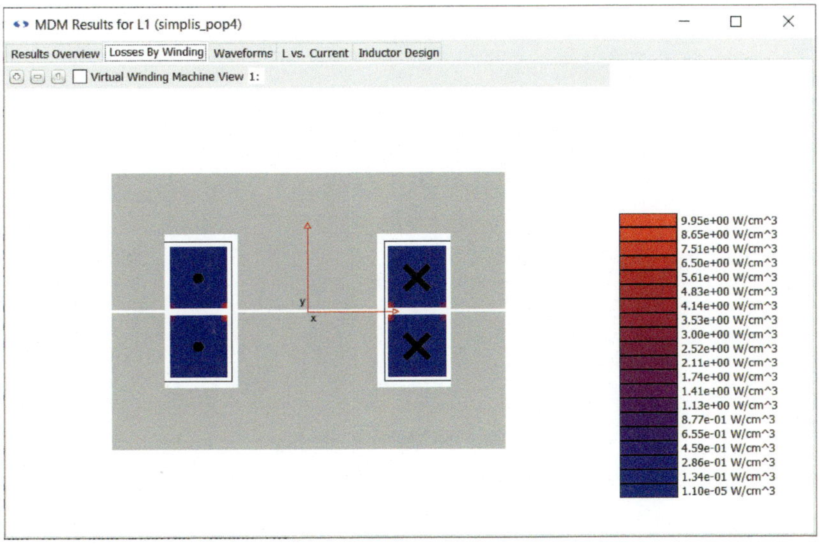

방향 전환은 Air gap 에 가장 가까운 가장자리 주변에만 빨간색으로 표시됩니다. 이것이 보이지 않으면 [+] 버튼을 누르거나 마우스의 가운데 스크롤 휠을 사용하여 확대합니다. Results(결과) 창의 시각화는 기본 창의 Core(코어) 및 Winding(권선) 탭의 시각화와 동일한 방식으로 작동합니다.

그러나 권선 손실을 거의 3 분의 2 까지 대폭 줄였음에도 불구하고 총 손실은 38mW 에서 첫 번째 설계와 비교했을 때 그렇게 급격하게 감소하지는 않습니다. 또한 Inductor 가 크게 뜨거워지는 것을 볼 수 있습니다. 너무 뜨겁지는 않지만, 이제 주변 온도보다 약 7 도 높습니다.

이 설계에서 첫 번째 설계와 비교하여 수행한 작업은 코어 손실에 대한 권선 손실을 비교하는 것입니다. 이제 25mW 에서 훨씬 더 커졌습니다. Waveforms(파형) 탭을 보면 그 이유를 알 수 있습니다. 코어 내부의 피크 플럭스 밀도가 176mT 로 훨씬 커졌습니다. L vs. Current 탭에는 이제 Inductor 가 약 16A 로 포화되고 첫 번째 주요 인덕턴스가 7.2A 로 감소하는 것을 볼 수 있습니다. 여전히 피크 Inductor 전류보다 높습니다.

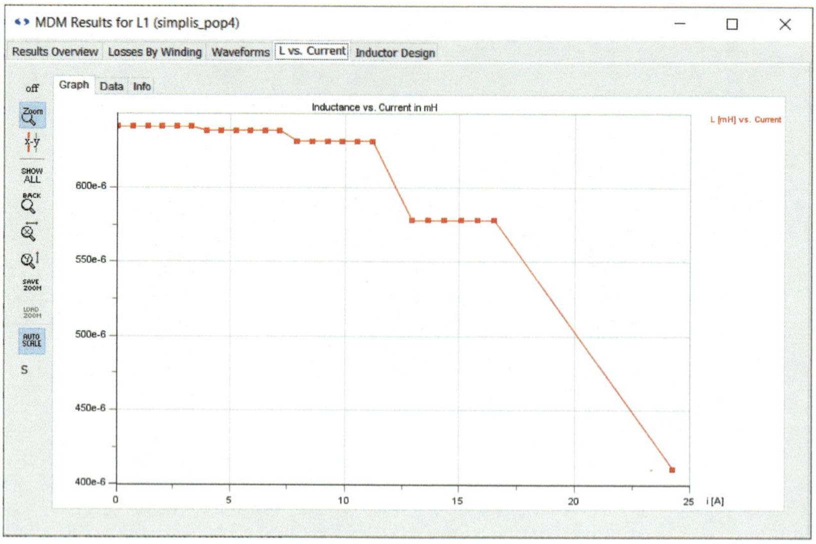

최종 결과는 허용 가능한 온도 상승, 거의 동일한 손실 및 첫 번째 설계보다 훨씬 작은 부피를 갖는 Inductor 입니다. 따라서 이 정교한 설계는 이전 섹션에서 작성한 초기 설계를 크게 개선한 것입니다.

2.5 Change the Cooling Parameters in MDM

이 튜토리얼 섹션에서는 메인 MDM 창의 Cooling 탭에서 Inductor 설계의 열 특성을 수정합니다. 다음의 순서로 진행합니다.

- What You Will Learn
- 2.5.1 Define a Different Thermal Environment for the Inductor
- 2.5.2 Run the Simulation and Analyze the Results

What You Will Learn

이 항목에서는 다음에 대해 배웁니다.

- Inductor 의 한쪽에 부착된 Heatsink 의 존재를 모델링하는 방법.
- Inductor 의 모든 측면에서 낮은(또는 0) 열전도를 모델링하는 방법.

2.5.1 Define a Different Thermal Environment for the Inductor

본 자습서에 사용된 벅 컨버터와 같은 컨버터에서는 일반적으로 컨버터를 냉각하기 위해 자연 대류가 사용됩니다. 그러나 Inductor 는 Heatsink 또는 기타 열전도성이 높은 표면에 부착될 수 있습니다. 동시에 컨버터가 포장되는 방식에 따라 Inductor 의 일부 측면에서는 열이 전혀 전도되지 않을 수 있습니다. 다음 절차에서는 냉각 매개변수가 이러한 변경 사항을 반영하도록 RM4 코어로 Inductor 설계를 수정합니다.

❶ 기호 L1 을 두 번 클릭합니다.

❷ 결과 대화상자에서 Edit with SIMPLIS MDM...을 클릭합니다.

❸ 기본 MDM 창에서 Cooling 탭으로 이동합니다.

❹ 컨버터는 종종 실온보다 높은 주변 온도에서 작동합니다. 이를 반영하려면 Ambient temperature 를 35 로 변경합니다.

❺ Convection Sides: 아래의 Top 확인란의 선택을 취소하고 열 저항을 0.02 로 입력합니다. 이는 상부 측면이 열을 많이 전도하지 않는 단열재와 마주보고 있음을 반영합니다.

❻ Convection Sides: 아래에 있는 bottom 확인란의 선택을 취소하고 2.5 의 열 저항을 입력합니다. 이는 Inductor 하단에 부착된 열전도율이 상대적으로 높은 Heatsink 의 존재를 모델링 합니다.

결과: 이제 Cooling 탭이 다음과 같이 표시됩니다.

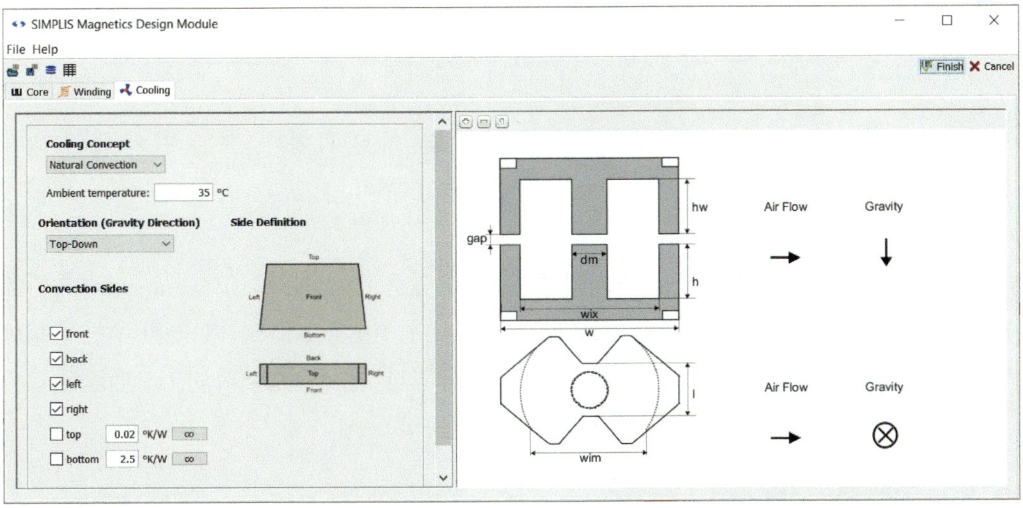

❼ Finish 를 클릭합니다.

수정된 회로 도면을 2_my_buck_RM4_core_cooling.sxsch 으로 저장합니다.

이 섹션에서 학습한 Inductor 설계의 전체 회로 도면은 2.5_SIMPLIS_MDM_tutorial_buck_converter_RM4core_heatsink.sxsch 로 비교 검토할 수 있습니다.

2.5.2 Run the Simulation and Analyze the Results

F9 를 눌러 시뮬레이션을 실행합니다. MDM 후 처리가 완료되면 MDM Results 창이 나타납니다.

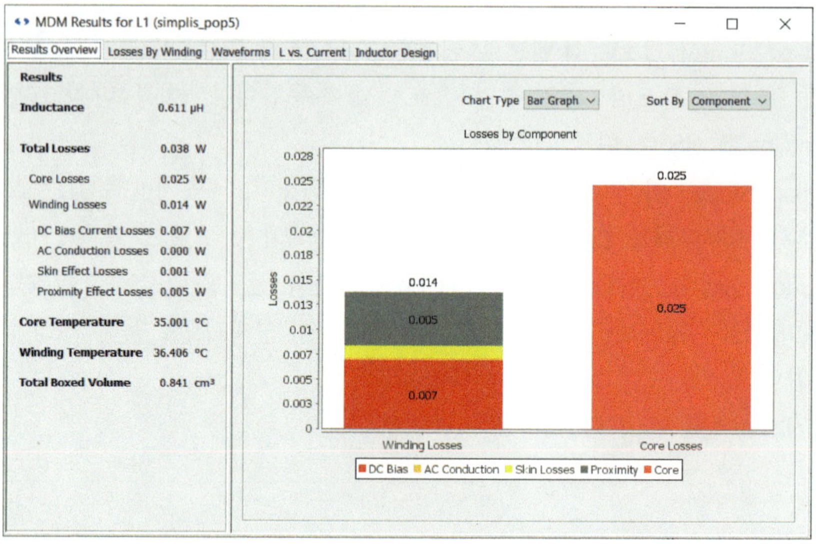

이전 2.4 Refine the Inductor Design Using MDM 의 결과에서, 모든 면에 자연 대류만 적용된 Inductor 온도는 주변 온도보다 약 7 도 높았습니다.

여기서 Inductor 의 한쪽 면이 열을 거의 전도하지 않음에도 불구하고 Heatsink 의 존재로 인해 온도 상승은 주변으로부터 1 도 밖에 되지 않습니다. 따라서, 10 도 더 높은 주변 온도에서 작동함에도 불구하고 수정된 디자인은 이전의 것보다 약간 더 시원합니다. 열 모델링이 결과에 어떻게 큰 영향을 미칠 수 있는지 보여줍니다.

이상으로 본 자습서의 벅 컨버터 Inductor 설계 부분을 완료합니다. 이제 지금까지 작업한 모든 결과 창과 회로 도면을 닫을 수 있습니다. 다음 챕터인 3.0 PFC Inductor Considerations 에서는 4.0 Flyback Converter Transformer Design 의 Transformer 설계로 넘어가기 전에 AC/DC 컨버터, 즉 PFC 의 Inductor 설계를 간략히 살펴보겠습니다.

3 PFC Inductor Considerations

2.0 에서는 동기식 DC/DC Buck 컨버터의 Inductor 설계를 작성했습니다. 본 자습서의 이 섹션에서는 임계 전도 모드(CCM)에서 작동하는 PFC 정류기인 AC/DC 컨버터에 사용되는 Inductor 를 MDM 에서 적절하게 시뮬레이션하고 후 처리하는 방법에 대해 배우게 됩니다. 다음의 순서로 진행합니다.

- Key Concepts
- What You Will Learn
- 3.1 PFC Circuit and Inductor
- 3.2 Waveform Shapes Recognized by MDM
- 3.3 Determine the Inductor Waveform Shape and Frequency
- 3.4 Run the Simulation and MDM Post-Processing

Key Concepts

이 항목에서는 다음과 같은 주요 개념을 다룹니다.

- 올바른 Inductor 손실 결과를 얻으려면 MDM 후 처리를 위한 기본 주파수 및 파형을 정확하게 설정해야 합니다.
- Inductor 파형이 순수하게 Piecewise-linear (PWL)인지, 순수하게 사인파인지, 아니면 사인파와 PWL 의 혼합물인지, 그리고 사인파 성분이 수정되었는지 여부를 결정할 때도 주의해야 합니다.
- 후 처리에 두 개 이상의 정상 상태 사이클을 사용하면 한 사이클만 사용하는 것과 동일한 결과를 얻을 수 있지만 시간이 더 오래 걸립니다.
- 파형이 더 복잡할 경우 후 처리 시간이 더 오래 걸립니다.
- AC/DC 컨버터가 AC 라인 전압에 연결되어 있다고 해서 반드시 전체 라인 사이클이 Inductor 파형 정상 상태 사이클이라는 의미는 아닙니다.
- POP 분석 대신 Transient 시뮬레이션을 실행할 때 컨버터가 정상 상태인지 확인하는 것은 사용자의 책임입니다.

What You Will Learn

이 항목에서는 다음에 대해 배웁니다.

- MDM 이 인식할 수 있는 다양한 유형의 파형은 무엇이 있습니까.
- PFC 정류기의 Inductor 에 대한 MDM 후처리를 올바르게 설정하는 방법.

3.1 PFC Circuit and Inductor

회로 도면 File 3.0_PFC_Critical_Conduction_Mode_with_MDM_Inductor.sxsch 를 엽니다. 이 장의 처음에 다운받은 File 에 포함되어 있습니다.

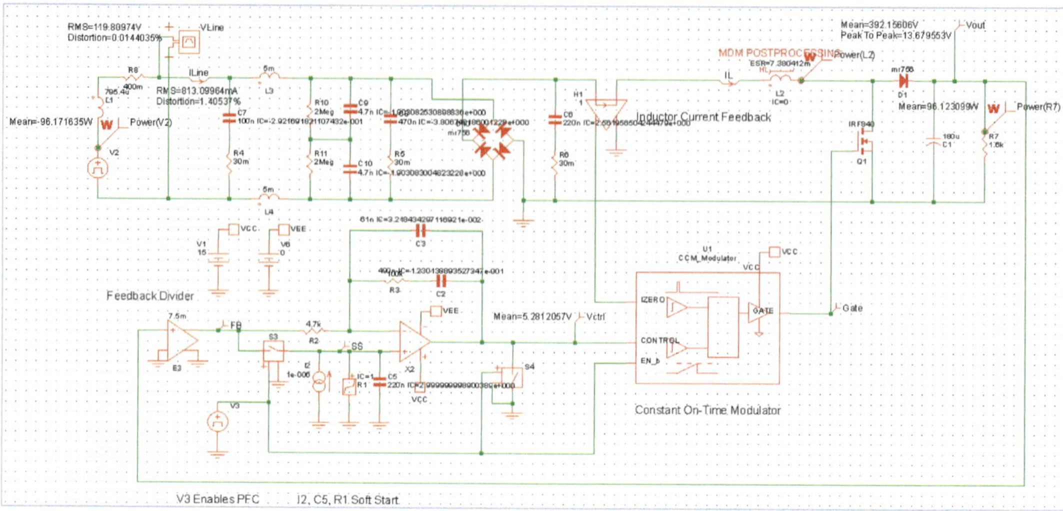

이 튜토리얼에서는 PFC 컨버터의 Inductor 설계에 대해 설명합니다. Inductor 설계는 이미 제공되었으므로 수정하지 않습니다. MDM 후 처리를 올바르게 설정하고 수행하기 위해 Inductor 의 기본 주파수 및 파형을 정확하게 식별하는 데에만 초점을 맞춥니다.

위의 도식에서 Inductor L2 가 MDM 후 처리용으로 표시되어 있으므로 Level 2 모델이 포함되어 있음을 알 수 있습니다. 기호 L2 를 두 번 클릭합니다.

결과: Edit Multi-Level PWL Inductor 편집 대화 상자가 나타나 다음을 표시합니다.

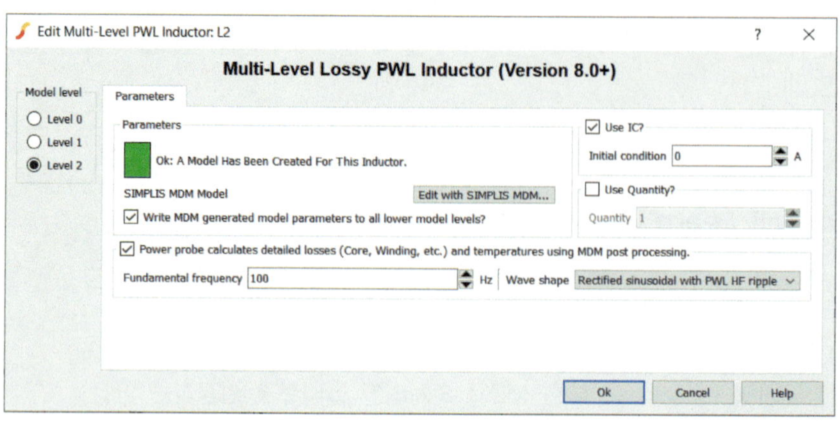

인덕터 모델을 검사하려면 Edit with SIMPLIS MDM.... 을 클릭합니다.

결과: EE32 를 사용하여 설계된 Inductor 는 3C81 재료로 제작된 0.2mm 코어와 20 턴의 약간 유사한 Litz Wire 로 제작되었습니다.

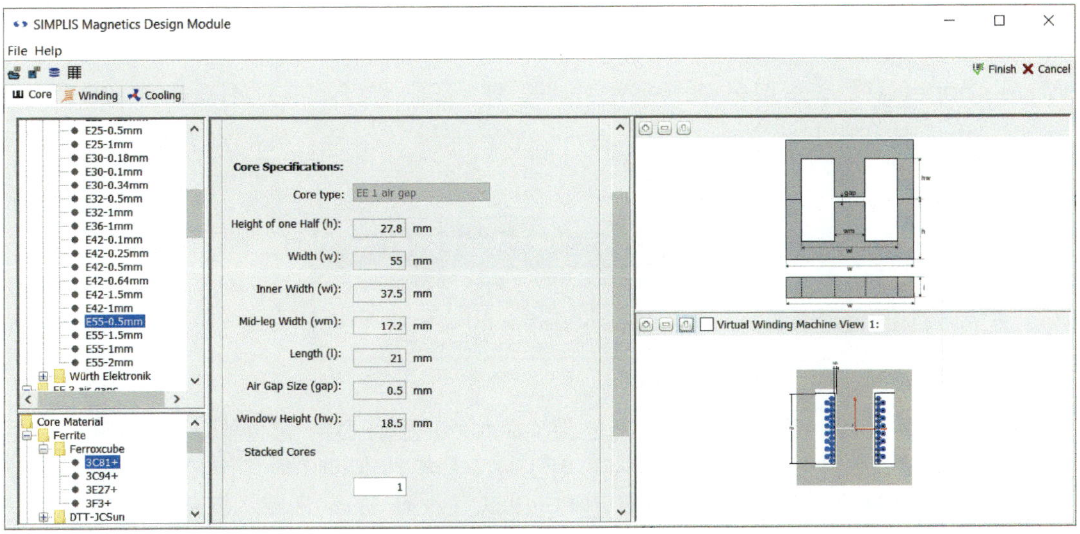

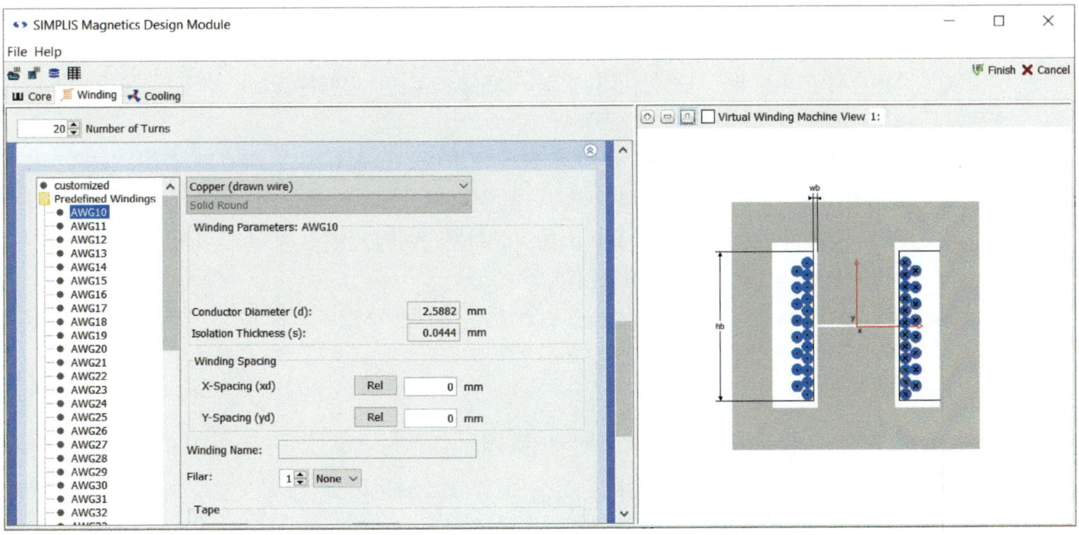

자기 설계를 변경하지 않고 기본 MDM 창을 닫으려면 Cancel(취소)을 클릭합니다.

3.2 Waveform Shapes Recognized by MDM

L2를 두 번 클릭하여 Edit Multi-Level PWL Inductor(다중 레벨 PWL 인덕터 편집) 대화상자를 다시 엽니다.

Wave shape(파형) 드롭다운 메뉴에서 아래쪽 화살표를 클릭합니다. 선택할 수 있는 다음 파형 모양이 표시됩니다.

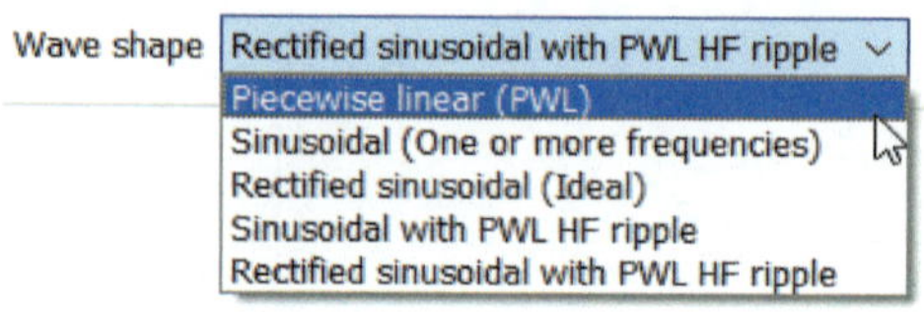

- Piecewise linear (PWL): Inductor(또는 Transformer) 전압, 전류 및 플럭스 밀도 파형이 모두 선형 세그먼트로 구성된 경우 사용합니다. 이전 장에서 벅 컨버터에 대해 이 파형을 사용했습니다. 이 모양은 일반적으로 비공진 DC/DC 컨버터(Buck, Boost, Buck-Boost, SEPIC, Chuk 등)에서 발생합니다.
- Sinusoidal (One or more frequencies): 파형이 서로에게 가해지는 여러 사인파로 구성되거나 단일 이상적인 사인파일 때 사용합니다. 일반적으로 이러한 파형은 EMI 필터, 공진 컨버터 및 스위칭 컨버터 외부의 다른 많은 회로에서 볼 수 있습니다.
- Rectified sinusoidal (Ideal): 정류 사인파 하나. 다이오드 정류기의 출력과 같이 발생합니다.
- Sinusoidal with PWL HF ripple: 파형에 더 높은 PWL 스위칭 파형(예: kHz 범위)이 중첩되는 저주파 사인파 반송파(예: 50-100Hz)가 있을 때 사용합니다. 많은 AC/DC, DC/AC 및 AC/AC 컨버터에서 볼 수 있는 파형의 유형입니다.
- Rectified sinusoidal with PWL HF ripple: 위와 동일하지만, 사인파 캐리어가 정류된 상태입니다. 많은 AC/DC 컨버터에서 발견됩니다.

파형이 위의 범주에 깔끔하게 맞지 않으면 어떻게 됩니까? 이 경우 파형이 일련의 사인파 고조파로 표시될 수 있으므로 **사인파(하나 이상의 주파수)**를 폴백 설정으로 사용합니다. 예를 들어 이전 장에서 PWL 설정 대신 벅 컨버터에 해당 설정을 사용할 수 있었지만 계산된 코어 손실의 정확도는 상당히 떨어졌습니다.

3.3 Determine the Inductor Waveform Shape and Frequency

Power probe calculates detailed losses...의 선택을 취소합니다. MDM 후 처리를 즉시 실행하지 않을 수 있습니다. 먼저 기본 주파수와 파형을 결정해야 합니다. 이를 위해 처음에는 후처리 없이 시뮬레이션을 실행합니다. OK를 클릭하여 대화 상자를 닫습니다.

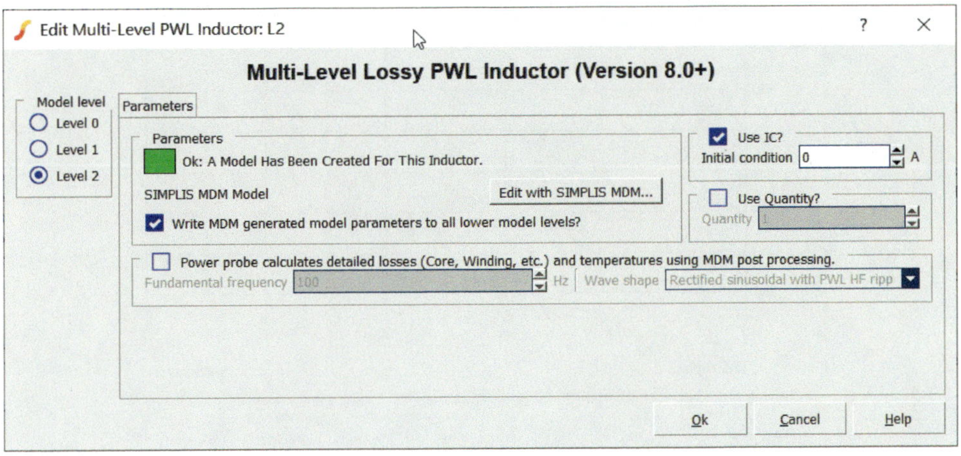

F9를 눌러 시뮬레이션을 실행합니다. 이 도식은 이전 장에서 수행한 POP analysis 대신 Transient analysis을 수행하도록 설정되어 있습니다. Transient analysis를 실행할 때는 회로가 정상 상태로 안정될 때까지 시뮬레이션이 충분히 지속되는지 확인해야 합니다.

시뮬레이션이 완료되면 파형 뷰어 하단에 있는 simplis_tran1 Vout 탭을 선택합니다. 시뮬레이션이 완료되면 Inductor 전류(녹색)가 정상 상태로 설정된 것을 확인할 수 있습니다.

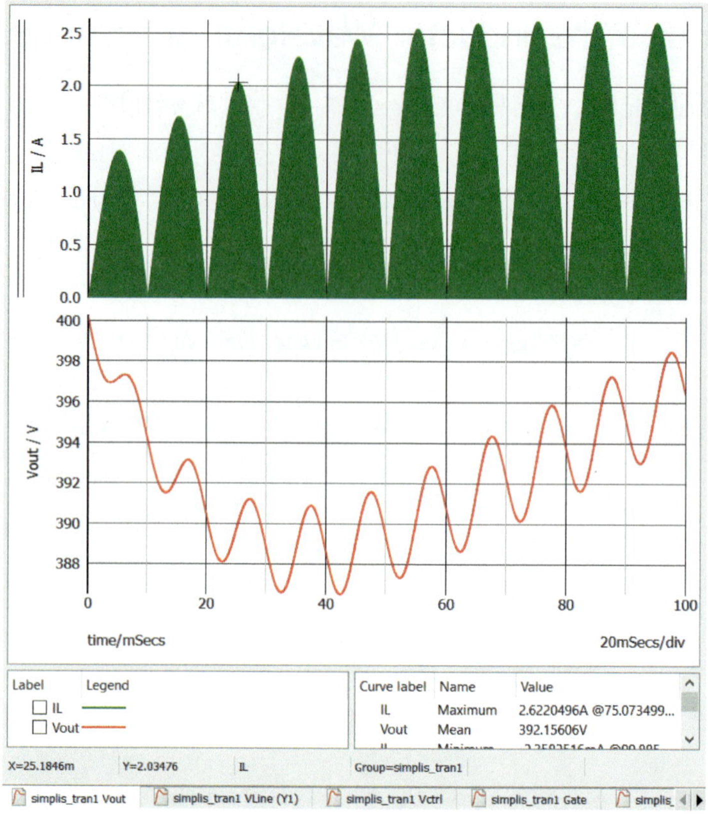

이제 zero-crossing 주변의 Inductor 전류를 확대합니다. Inductor 전류가 높은 주파수 PWL 리플을 가진 정류 사인파 파형임을 분명히 알 수 있습니다.

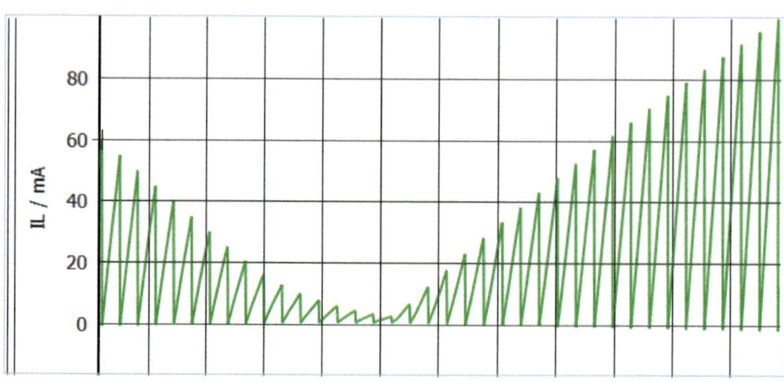

PWL 고주파 스위칭 리플이 사인파 반송파에 중첩되어 있는 것을 볼 수 있습니다. PFC 정류기는 임계 전도 모드에서 실행되므로 다음 변환 주기가 시작되기 전에 전류가 항상 0 으로 감소합니다.

이 도식의 AC 라인은 주파수가 50Hz 입니다. 따라서 파형의 기본 주파수를 50Hz 로 설정할 수 있습니다. 이는 잘못된 것이 아닙니다. 그러나 사인파 라인 전압이 정류되므로 인덕터 파형에 관한 한 라인 사이클의 전반과 후반은 동일합니다. 50Hz 를 사용하면 정확한 결과가 나오지만, 같은 계산을 두 번 반복할 필요는 없습니다. 따라서 이 경우에는 100Hz 를 기본 주파수로 사용할 수 있습니다.

이제 MDM 후 처리에 대한 도식을 설정하려면 다음과 같이 하십시오.

❶ 기호 L2 를 두 번 클릭합니다.
❷ 결과 대화상자에서 Power probe calculates detailed loss...를 Check 하여 선택합니다.
❸ Fundamental frequency 에 100 을 입력합니다.
❹ Wave shape 에서 Rectified sinusoidal with PWL HF ripple 를 선택합니다.
❺ OK 를 클릭합니다.

3.4 Run the Simulation and MDM Post-Processing

F9 를 눌러 시뮬레이션을 실행합니다. MDM 후 처리는 Buck 컨버터를 사용할 때보다 훨씬 더 오래 걸린다는 것을 알 수 있습니다. MDM 후 처리가 진행 중임을 나타내는 팝업 대화 상자가 기계 속도에 따라 약 1 분 동안 표시될 수 있습니다:

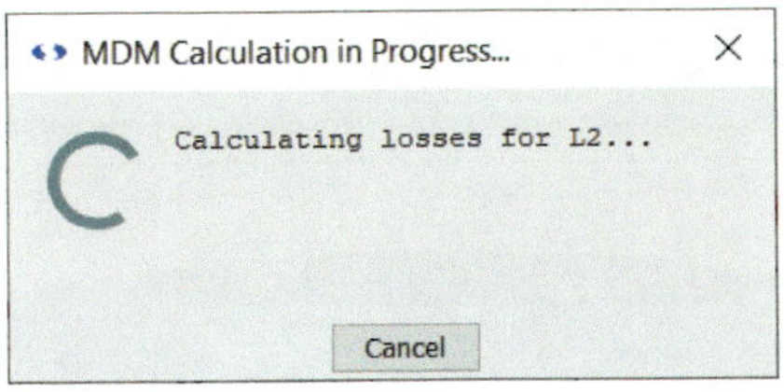

마지막으로 MDM 결과 창이 나타납니다.

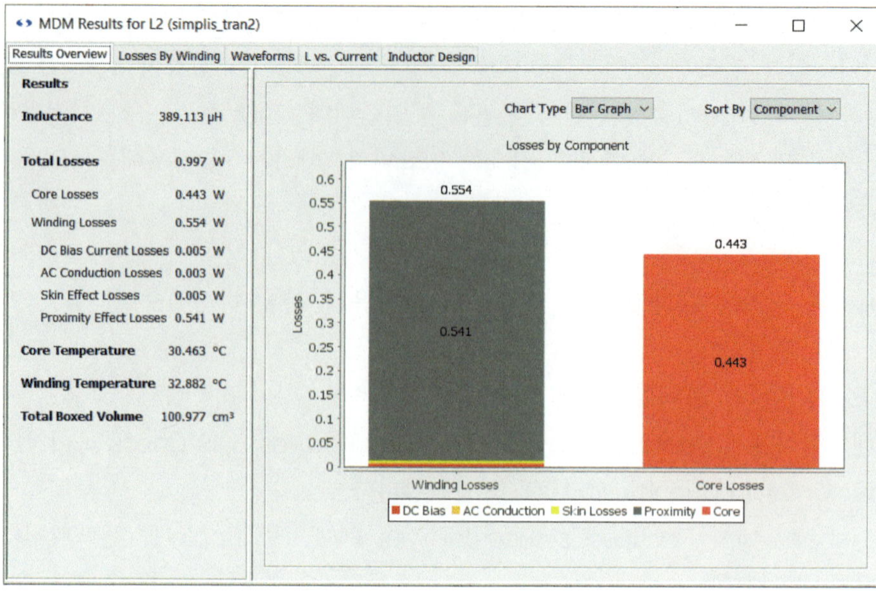

결과 창의 Waveforms 탭으로 전환합니다.

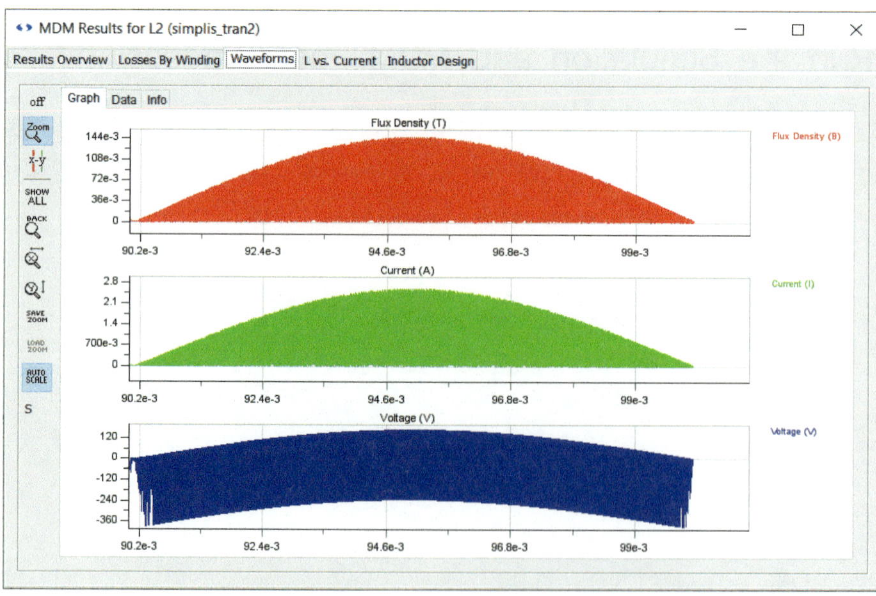

플럭스 밀도 파형을 확대하면 PWL 리플이 표시됩니다.

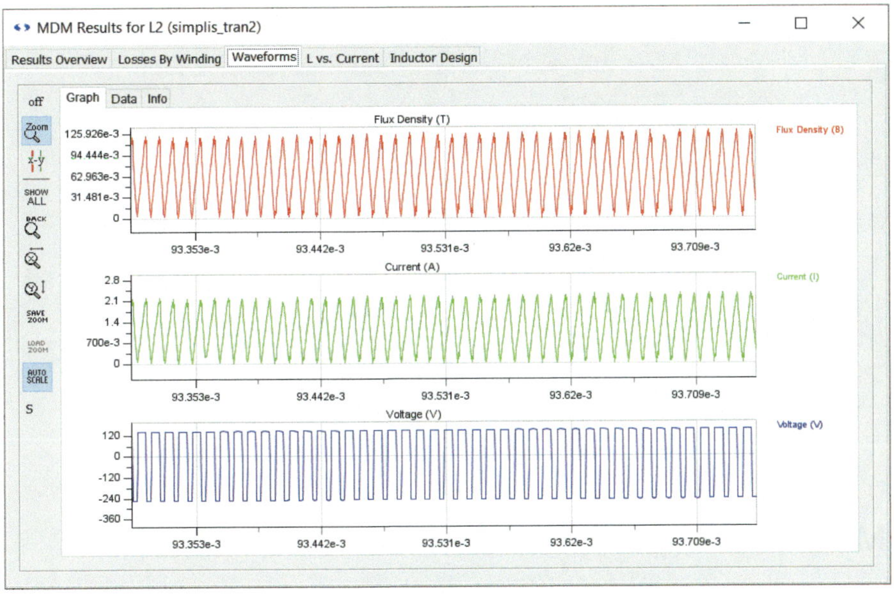

코어 손실을 정확하게 계산하기 위해 MDM은 이러한 각 PWL 플럭스 세그먼트에 대한 에너지 손실을 계산한 다음 100Hz 기간 동안 총계를 평균하여 전체 파형의 평균 전력 손실을 계산합니다. 따라서 후처리 시간이 플럭스 밀도 파형에 두 개의 PWL 세그먼트만 포함되는 Buck 컨버터보다 훨씬 더 오래 걸립니다. 따라서 파형이 복잡하고 커질수록 후 처리 시간이 길어집니다.

이제 이 회로도면의 MDM 결과 창을 닫을 수 있습니다. 이상으로 본 자습서의 Inductor 처리를 마칩니다. 이제 다음 장인 4.0 Flyback Converter Transformer Design 에서 Transformer 설계로 이동합니다.

4 Flyback Converter Transformer Design

이 튜토리얼의 장에서는 310V 에서 5V, 2A 출력의 자가 진동 플라이백 컨버터용 Transformer를 설계합니다. 학습 내용:

- SIMPLIS 의 Multi-Level Lossy Transformer(버전 8.4+) 구성 요소(버전 8.40 부터 제공)에 대해 설명합니다.
- SIMPLIS MDM 을 이용한 Transformer 설계 및 후처리 설정 방법.
- 회로 시뮬레이션 후 MDM 후처리를 수행하여 상세한 Inductor 손실 분석을 얻는 방법에 대해 알아봅니다.

- Transformer 설계를 개선하기 위한 후처리 결과 분석 방법.
- SIMPLIS MDM 에서 자기 구성 요소 형상을 저장하고 불러오는 방법.

다음의 순서로 진행합니다.

4.1 Multi-Level Lossy Transformer
4.2 Design a Transformer in SIMPLIS MDM
4.3 Load a Different Transformer Design
4.4 Virtual Winding Machine View

4.1 Multi-Level Lossy Transformer

이 자습서 섹션에서는 버전 8.40 부터 사용할 수 있는 새로운 다중 레벨 손실 Transformer SIMPLIS 도식 기호를 소개합니다. Transformer 에 대한 설명서는 Multi-Level Lossy Transformer (Version 8.4+)에서 찾을 수 있습니다.

다음의 순서로 진행합니다.

- Key Concepts
- What You Will Learn
- 4.1.1 Place a Multi-Level Lossy Transformer on a Schematic
- 4.1.2 Transformer Model
  -Level 3 Model

Key Concepts

이 항목에서는 다음과 같은 주요 개념을 다룹니다.

- 버전 8.40 부터는 더 이상 Transformer 모델을 수동으로 구성할 필요가 없습니다. Multi-Level Lossy Transformer 를 사용할 수 있습니다.
- 다양한 모델 수준은 복잡성이 증가하는 Transformer 모델을 나타냅니다.
- Transformer 모델 Level 0-2 는 사용자가 직접 정의하며 MDM 을 생성할 필요가 없습니다.
- SIMPLIS MDM 을 사용하여 Transformer 를 설계하려면 Level 3 모델을 사용해야 합니다.

What You Will Learn

이 섹션에서는 다음에 대해 배우게 됩니다.

- 회로도면에 Multi-Level Lossy Transformer를 배치하는 방법.
- Multi-Level Lossy Transformer의 다양한 모델 레벨을 정의하는 방법.
- Transformer 모델 레벨간의 차이입니다.

4.1.1 Place a Multi-Level Lossy Transformer on a Schematic

메뉴바에서 File 〉 New 〉 SIMPLIS Scheme을 선택하여 새 회로도를 만듭니다. 다중 레벨 손실 Transformer를 배치하려면,

❶ Part Selector에서 Magnetics 〉 Transformers로 이동합니다.

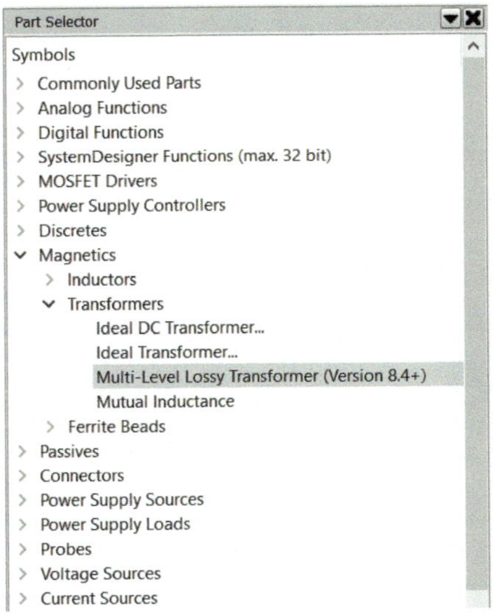

❷ Multi-Level Lossy Transformer (Version 8.4+)를 두 번 클릭합니다.

결과: Define Multi-Level Lossy Transformer(다단계 손실 Transformer 정의) 대화 상자가 열립니다.

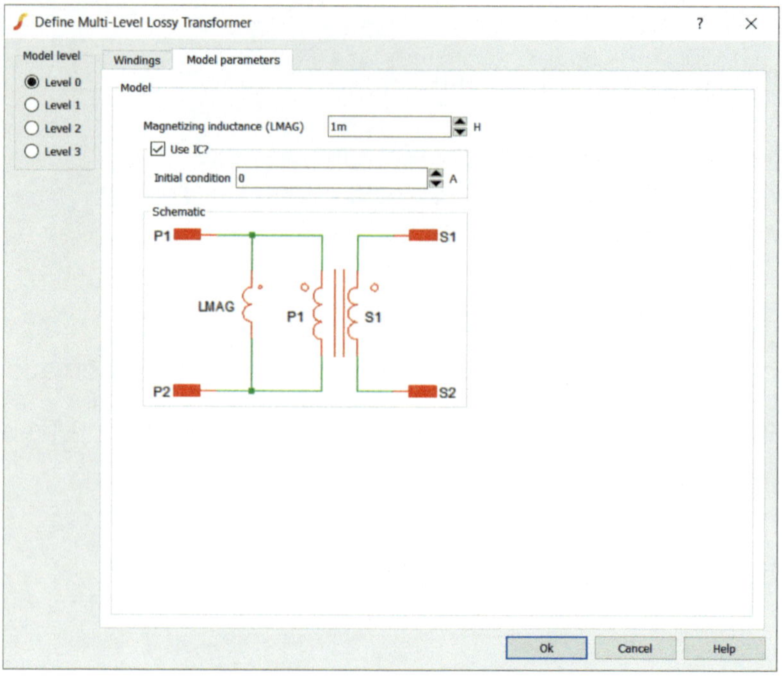

❸ 기호를 배치하기 전에 먼저 권선 수와 Transformer의 회전 비율을 정의해야 합니다. 이렇게 하려면 대화 상자의 Windings 탭으로 전환합니다.

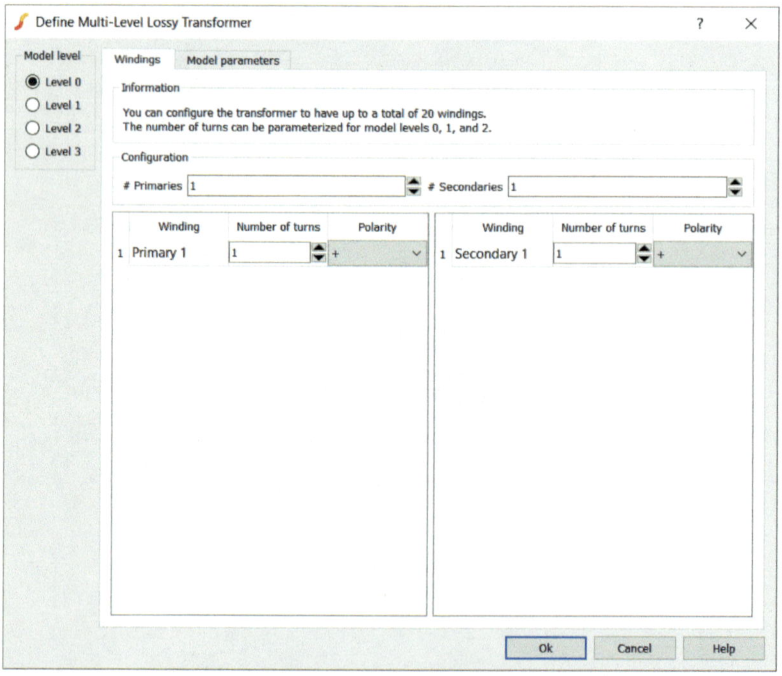

❹ # Primaries에 2를 입력.

❺ # Secondaries에 3을 입력.

❻ Primary 1의 Number of turns에 25를 입력.

❼ Primary 2의 Number of turns에 12를 입력.

❽ Secondary 1의

a. Number of turns에 10을 입력.

b. Polarity를 -로 변경.

❾ Secondary 2의 Number of turns에 5를 입력.

❿ Secondary 3의 Number of turns에 6을 입력.

결과: 이제 대화 상자가 다음과 같이 나타납니다.

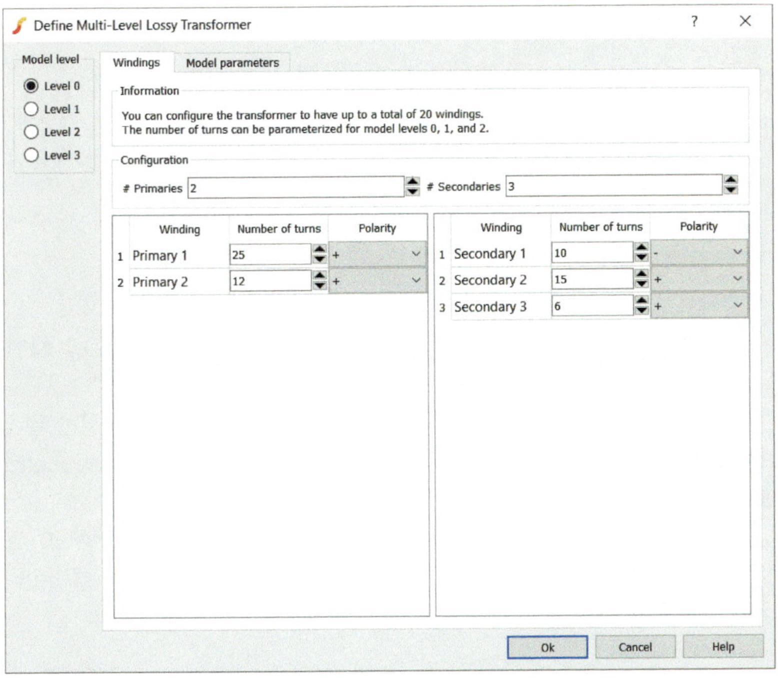

⓫ OK를 입력하여 편집상자를 닫습니다.

⓬ 회로 도면을 클릭하여 기호를 배치합니다.

결과: 2개의 1차, 3개의 2차 Transformer 기호가 회로도에 배치됩니다. 첫 번째 2차 권선은 대화 상자에 정의된 대로 하단 권선 단자에 도트가 있습니다.

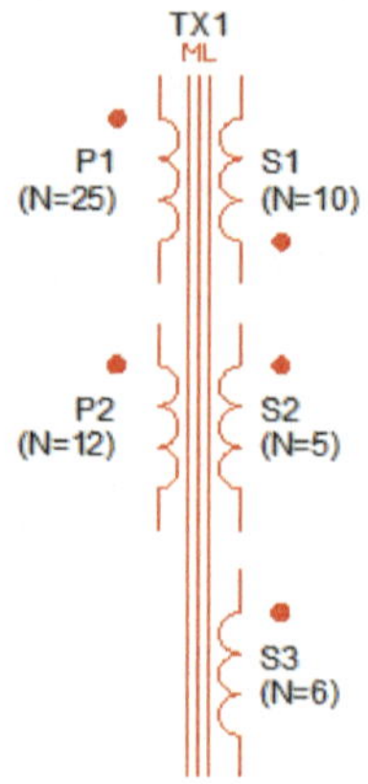

4.1.2 Transformer Model

Transformer 모델에는 Level 0, 1, 2, 3 의 네 가지 Level 이 있습니다.

방금 만든 Transformer 기호를 두 번 클릭합니다.

결과: Define Multi-Level Lossy Transformer(다단계 손실 Transformer 정의) 대화상자가 나타나고 Model parameters(모델 매개변수) 탭에 Level 0 이 표시됩니다.

왼쪽에 있는 Model level(모델 레벨) 라디오 버튼을 클릭하여 다양한 모델 레벨을 확인합니다.

- **Level 0** 모델은 Primary1 와 이상적인 DC Transformer 이 병렬로 배치된 일정한 Magnetizing inductance(자화 인덕턴스)로 구성됩니다. Level 0 모델을 정의하려면 **Magnetizing inductance (LMAG)**(자화 인덕턴스) 아래에 값을 입력하면 됩니다.
- **Level 1** 모델에서는 Magnetizing inductance 가 Piecewise-linear (PWL)이 됩니다. PWL Magnetizing inductance(자화 인덕턴스) 특성을 입력하려면 **Define...**을 클릭합니다. 버튼을 누르고 current vs. flux linkage curve 로 PWL 인덕턴스를 정의합니다.

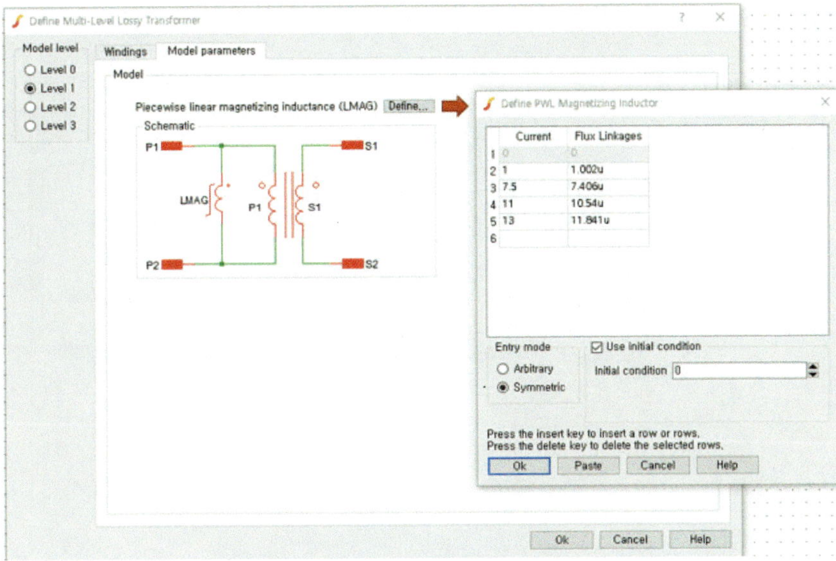

• **Level 2** 모델은 각 권선의 일정한 저항을 정의할 수 있도록 하여 저항 손실을 추가하며, 션트 저항이 병렬로 있는 Primary 1 와 직렬로 **Leakage inductance (LLK)**(Stray inductance(스트레이 인덕턴스)라고도 함)를 추가합니다.

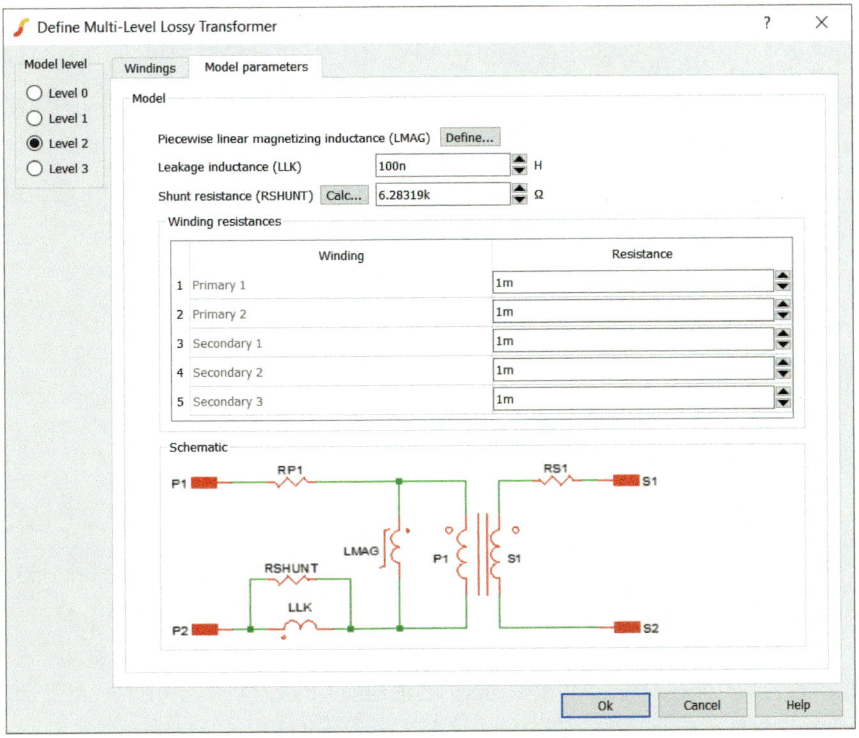

• Level 3는 SIMPLIS MDM을 사용하여 생성해야 합니다.

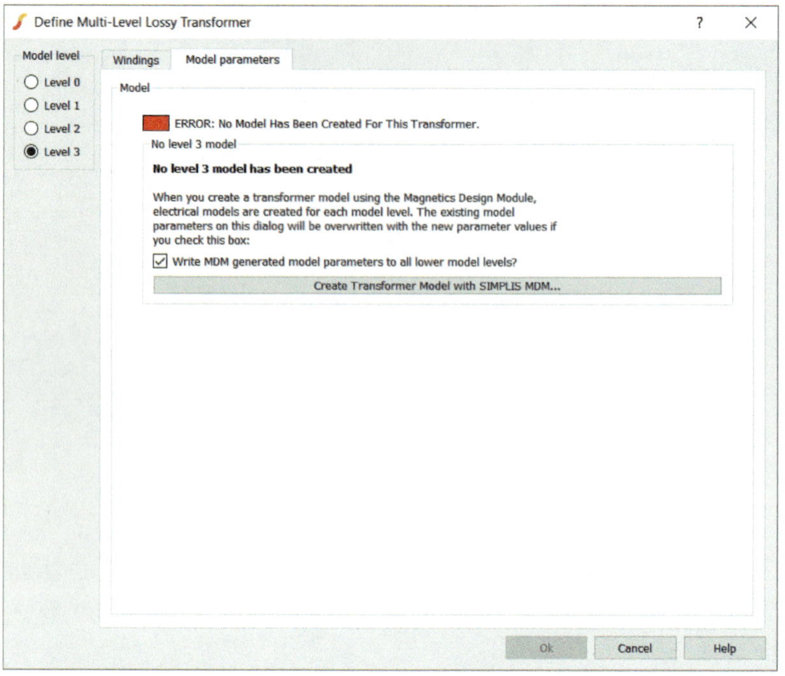

보시다시피 Level 3 모델의 모델 상태 상자는 빨간색으로 표시되어 ERROR: No SIMPLIS MDM model has been created for this transformer를 나타냅니다. 그리고 하단에 Write MDM generated model parameters to all lower model levels? 선택상자가 기본적으로 선택되어 있습니다. 즉, MDM을 사용하여 Level 3 모델을 생성하면 해당 모델에서 Level 0-2 모델이 추출되고 모든 모델 수준이 일관됩니다.

Level 3 Model

이전 섹션의 Inductor와 달리 MDM에 의해 생성된 Level 3 모델은 사용자가 수동으로 정의할 수 있는 하위(Level 2) 모델과 구조적으로 동일하지 않습니다.

Level 3 모델은 Reluctance model, 즉 Magnetic circuit 입니다. 본 자습서에서는 자기 저항 모델링에 대해 자세히 설명하지 않고 간단히 자기 회로에 대해 설명합니다.

- Magnetic reluctance(자기 저항)은 electrical resistance(전기 저항)과 유사합니다.
- Magneto-motive force (MMF)(자기 동력)은 Voltage(전압)과 유사합니다.
- Magnetic flux(자속)은 Current(전류)와 유사합니다.

따라서 SIMPLIS는 회로의 일부로 자기 회로를 시뮬레이션 할 수 있습니다. Transformer 코어의 각 부분에서 Magnetic flux(자속)을 정확하게 시뮬레이션 할 수 있습니다. 저항 모델은 MDM에서 생성하는 Transformer의 물리적 모델에서 파생됩니다. Level 2 모델과 달리 Level 3 Reluctance(자기 저항) 모델에서는 다음과 같이 수행됩니다:

- 자화 인덕턴스는 Primary 1와 병렬로만 배치되지 않고 회로 전체에 분포된 PWL 저항에 의해 모델링 됩니다.
- Primary 1와 직렬로 연결된 single lumped leakage 대신 자기 회로 내부의 각 권선에 대해 정의된 leakage reluctance가 있습니다.
- 권선 저항은 각 권선의 DC 권선 저항만 나타냅니다.

따라서 Level 3 모델을 사용하여 시뮬레이션 할 때는 Level 2 모델을 사용하여 시뮬레이션 할 때와는 조금 다른 동작을 기대할 수 있습니다. 이는 모델 구조가 다르고 더 정확하기 때문입니다.

취소를 클릭하여 대화상자를 모두 닫고, 이 회로 도면은 저장하지 않고 닫습니다. 다음 섹션에서는 SIMPLIS MDM에서 Level 3 transformer model를 작성합니다.

4.2 Design a Transformer in SIMPLIS MDM

이 튜토리얼 섹션에서는 310V에서 5V, 2A 출력을 가진 Self-oscillating converter용 flyback transformer를 설계합니다. 그런 다음 설계를 개선하여 손실을 줄입니다.

다음의 순서로 진행합니다.

- Key Concepts
- What You Will Learn
- 4.2.1 The Self-Oscillating Flyback Converter Circuit
- 4.2.2 Initial Transformer Design
  - Selecting a Core
  - Designing the Windings
    - + Change the Filar Count and Spacing of Secondary 1 Winding
    - + Change the Filar Count and Spacing of Secondary 2 Winding
  - Defining the Cooling for the Transformer

- 4.2.3 Transformer Leakage Inductance
- 4.2.4 Effect of Changing Transformer Model Level
- 4.2.5 Run MDM Post-Processing for the Transformer
- 4.2.6 Analyze the Post-Processing Results
- 4.2.7 Refine the Transformer Design

Key Concepts

이 항목에서는 다음과 같은 주요 개념을 다룹니다.

- Primary 및 Secondary 권선 수, 권선 극성 및 권선당 초기 회전 수와 같은 Transformer 의 구조는 SIMPLIS MDM 을 사용하기 전에 Define Multi-Level Lossy Transformer 대화 상자의 Windings 탭에서 정의됩니다.
- Transformer 의 물리적 구조는 SIMPLIS MDM 내부에서 정의됩니다. MDM 에서는 회전 수를 변경할 수 있지만 권선 수와 1 차 또는 2 차 권선으로 지정할 수 없습니다.
- 모델 구조가 다르기 때문에 Level 3 변환기 모델과 동일한 Level 2 모델에서 파생된 Level 3 변환기 모델과는 약간 다른 동작을 기대할 수 있습니다.

What You Will Learn

이 항목에서는 다음에 대해 배웁니다.

- SIMPLIS MDM 을 이용한 Transformer 설계 방법
- Transformer 설계를 개선하기 위한 MDM 후처리 결과 분석 방법
- Bobbin 을 따라 Transformer 의 권선 레이어 권선을 균일하게 간격을 두는 방법
- SIMPLIS MDM Transformer 모델의 권선 사이에 테이프를 추가하는 방법

4.2.1 The Self-Oscillating Flyback Converter Circuit

회로도 File 의 zip 아카이브에서 4.2_SIMPLIS_MDM_selfoscillating_flyback_converter.sxsch 를 엽니다.

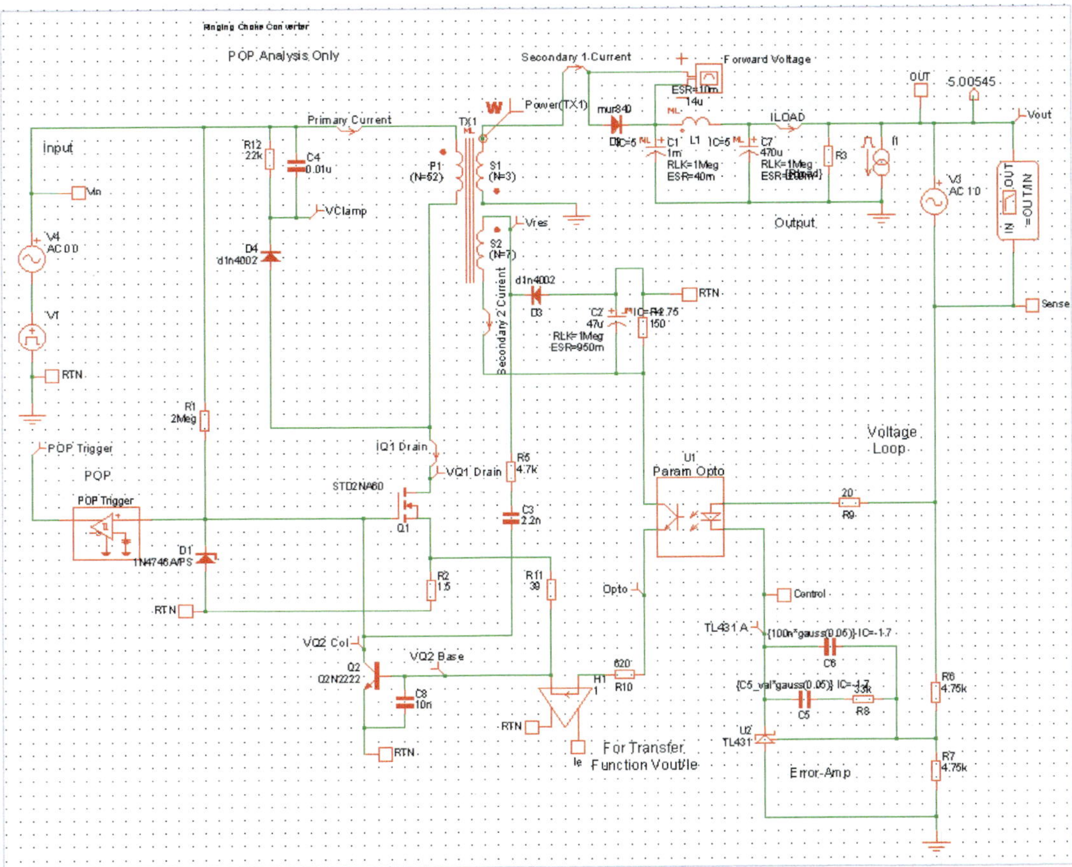

File 이름에서 알 수 있듯이, 이 회로는 고정된 스위칭 주파수로 작동하지 않고 입력 및 출력 전압, 부하 전류와 같은 작동 조건에 따라 정상 상태의 스위칭 주기로 정착됩니다. Transformer의 특성은 특히 정상 상태 스위칭 주파수에 큰 영향을 미칩니다. 이 도식은 POP Analysis 을 위해 설정되었습니다. F9 를 눌러 시뮬레이션을 실행합니다. 파형 뷰어에 다음 파형이 표시됩니다.

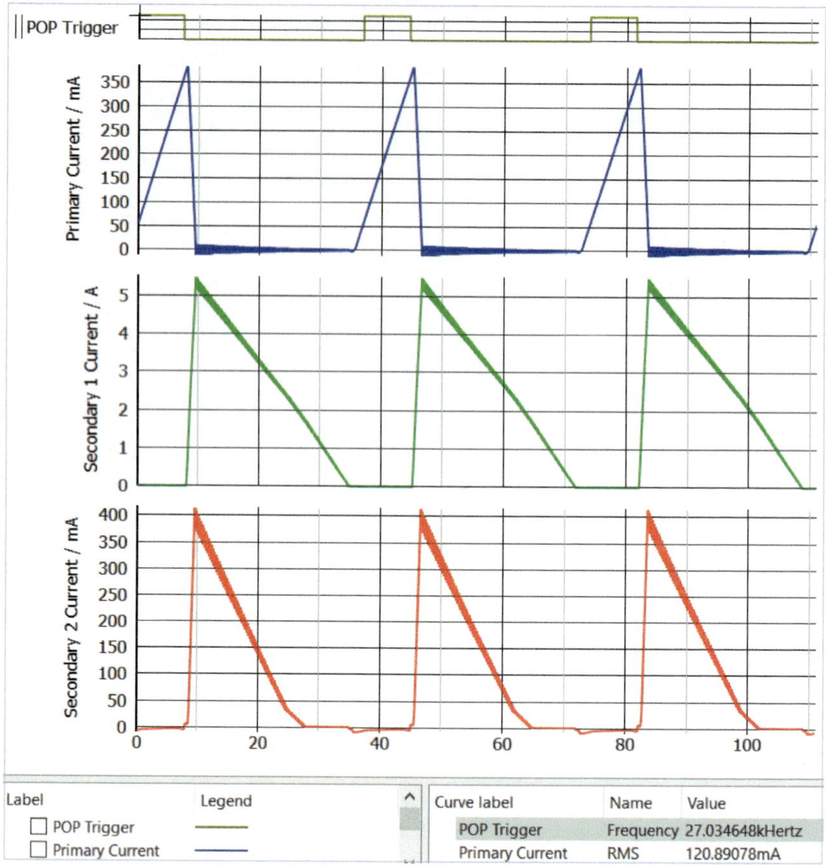

오른쪽 아래 코너에서 컨버터의 self-oscillation(switching) 주파수를 나타내는 POP Trigger 신호에 대한 주파수 측정을 볼 수 있습니다. 이 경우 약 27kHz 입니다. 또한 세 개의 권선에 대한 RMS 전류가 측정되어 권선에 대한 구리 요구 사항을 파악할 수 있습니다.

실제로 transformer 권선비와 자화 인덕턴스를 선택하는 것은 flyback converter 설계의 주요 부분입니다. 그러나 이 튜토리얼의 Inductor 예제와 마찬가지로 MDM 에서 transformer 의 물리적 모델을 구축하는 데 초점을 맞추기 위해 Transformer 의 전기 매개변수와 원하는 권선비 및 자화 인덕턴스가 고정 매개변수로 사용됩니다. 따라서 자습서의 이 장에서 작성할 모든 Transformer 설계에는 회로 도면의 transformer 기호에 회전수가 표시됩니다.

- 단일 기본 권선(Primary 1)는 52 회전을(N=52) 표시합니다.
- 첫 번째 2 차 권선(Secondary 1)는 3 회전을(N=3) 표시합니다.
- 두 번째 2 차 보조 권선(Secondary 2)는 7 회전을(N=7) 표시합니다.

이는 또한 위의 시뮬레이션 결과에 나타난 바와 같이 Primary 1 의 최대 전류가 항상 약 380mA, Secondary 1 의 경우 약 5.5A, Secondary 2 의 경우 약 400mA 임을 의미합니다. 이제 transformer 기호 TX1 을 두 번 클릭하여 이전 섹션에서 설명한 Define Multi-Level Lossy Transformer(다중 레벨 손실 Transformer 정의) 대화 상자를 엽니다. transformer 가 현재 Level 2 모델을 사용하도록 설정되어 있음을 알 수 있습니다. Level 3 모델이 아직 존재하지 않습니다(대화 상자에서 Level 3 라디오 버튼을 선택하면 알 수 있음).

이제 Level 0 라디오 버튼을 클릭합니다. 여기서 transformer 의 공칭 자화 인덕턴스가 약 6.5mH 임을 알 수 있습니다. 따라서 이 장의 모든 설계에 대해 약 6.5mH 의 자화 인덕턴스를 목표로 합니다. 이렇게 하면 위의 시뮬레이션에서와 거의 동일한 스위칭 주파수를 유지할 수 있습니다. 자화 인덕턴스를 크게 변경하면 스위칭 주파수에 큰 영향을 미칩니다.

4.2.2 Initial Transformer Design

이제 다음 절차를 사용하여 SIMPLIS MDM 으로 초기 transformer 설계를 작성합니다.

❶ TX1 에 대한 Multi-Level Lossy Transformer 정의 대화 상자에서 Level 3 라디오 버튼을 클릭합니다.

❷ Create Transformer Model with SIMPLIS MDM... 버튼을 클릭합니다.

결과: 기본 MDM 창이 나타나고 Core 탭이 표시됩니다.

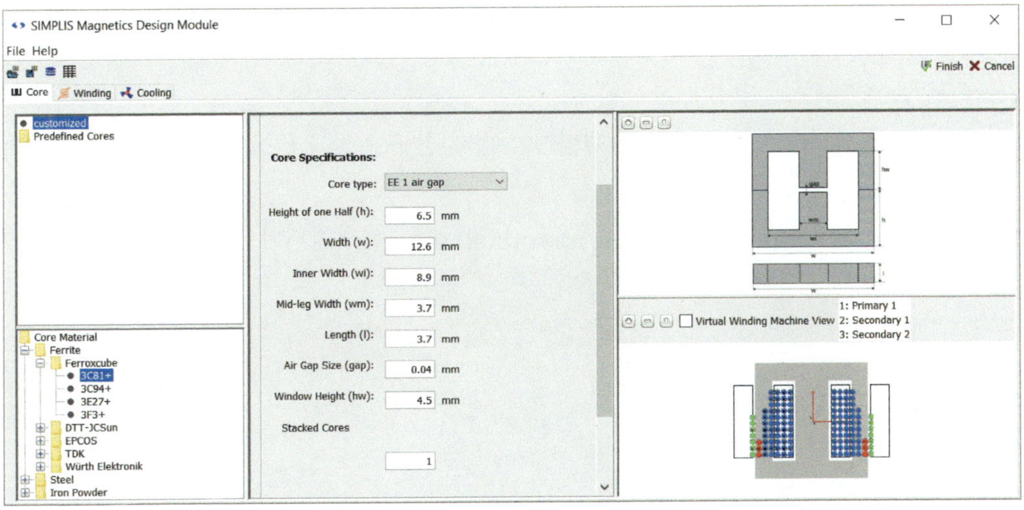

MDM은 데이터베이스에서 첫 번째 코어를 선택하고 일부 기본 와이어 게이지의 원하는 회전 수와 Monofilar(권선)을 맞추려고 시도했습니다. 오른쪽의 시각화에서 볼 수 있듯이, 세 개의 변압기 권선은 기본 와이어 크기로 이 코어에 들어갈 수 없습니다. Finish(마침)을 바로 클릭하려고 하면 MDM 창이 닫히지 않고 다음과 같은 오류 메시지가 표시됩니다.

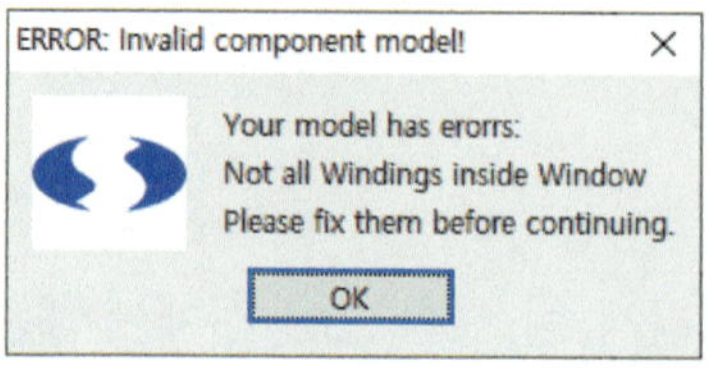

물리적으로 유효한 설계를 정의할 때까지 Finish(마침)를 클릭하여 기본 MDM 창을 종료할 수 있습니다(물론 Cancel(취소)을 클릭하여 언제든지 설계를 닫고 폐기할 수도 있습니다).

Selecting a Core

Transformer를 설계할 때의 Core 탭은 이전 섹션에서 완료한 Inductor 설계와 동일한 방식으로 작동합니다. 유일한 차이점은 회전 수(windings)가 이미 Define Multi-Level Lossy Transformer(다중 레벨 손실 변압기 정의) 대화 상자에서 정의(및 MDM에 의해 배치됨)되었다는 것입니다. 따라서 원하는 자화 인덕턴스를 충족하는 코어를 즉시 선택할 수 있습니다. Transformer 설계를 시작하려면 다음 절차를 따릅니다.

❶ 툴바 아이콘을 클릭하거나 메뉴의 File 〉 Show status window을 사용하여 MDM Status Window을 엽니다.

❷ 코어 재료 3C81+는 기본적으로 선택되어야 합니다. Ferrite 〉 EPCOS 〉 N27+을 선택하여 다른 재료로 변경합니다.

❸ 코어 EE 1 air gap 〉 EPCOS 〉 E55–0.5mm를 선택합니다.
결과: 상태 창에 **2.5448mH**의 자화 인덕턴스가 표시됩니다.

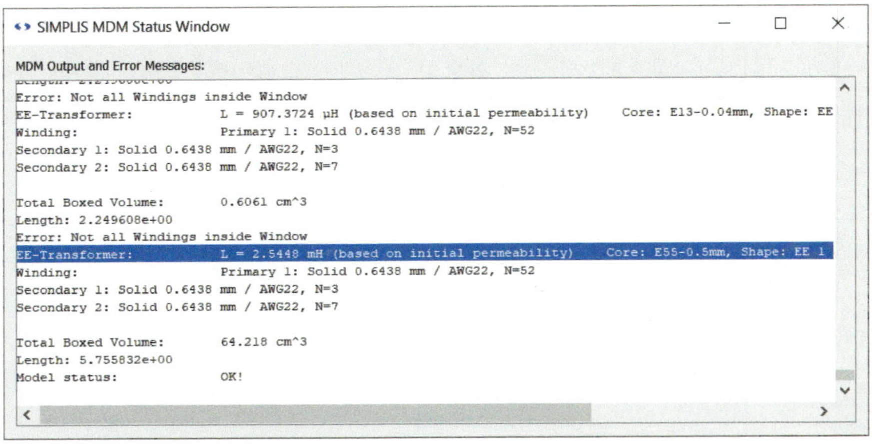

❹ 자화 인덕턴스는 air gap 를 감소시켜 증가시킬 수 있습니다. 그러나 0.5mm 는 EE 1 air gap cores 를 사용하는 데이터베이스에서 사용할 수 있는 가장 작은 air gap 입니다. 대화상자의 중앙 창에서 Core Specifications 을 보면 치수가 비활성화되거나 회색으로 표시되어 코어 치수가 고정되었음을 알 수 있습니다. 다음 단계에서는 사용자 지정 코어 형상으로 전환합니다.

❺ core geometry selection 메뉴 트리에서 맨 위로 스크롤하고 customized 를 클릭합니다.
결과: 이제 다양한 **Core Specifications** 컨트롤이 활성화되었습니다.

❻ E55-0.5mm 코어의 치수는 사용자 정의된 EE 1 air gap core 에 복사되며, 이제 Core 탭의 중간에 있는 모든 치수 필드를 편집할 수 있습니다. Air Gap Size (gap) 필드가 보일 때까지 아래로 스크롤 합니다.

❼ Air Gap Size (gap)의 경우 0.135 를 입력하고 Enter 키를 누릅니다.
결과: 상태 창에 **6.5295mH** 의 자화 인덕턴스가 표시됩니다.

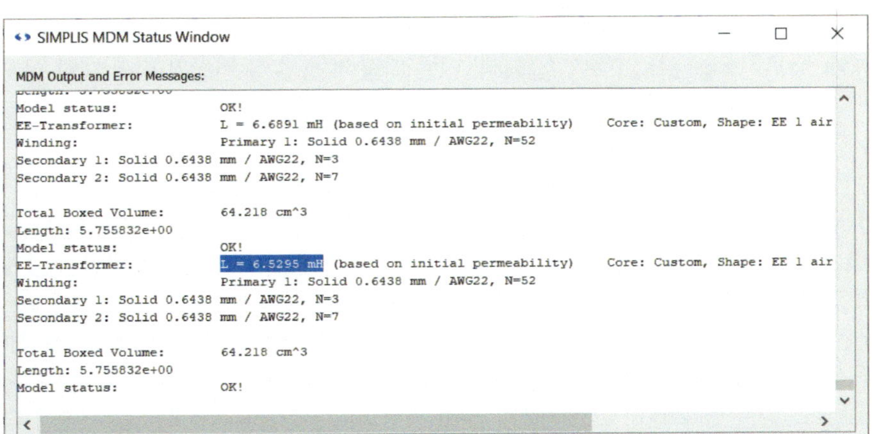

데이터베이스에서 사용할 수 없는 customized core geometry 를 사용하려는 경우 모든 코어 차원을 0 에서 정의하는 것으로 시작할 필요가 없음을 알 수 있습니다. 요구 사항에 가장 적합한 미리 정의된 코어를 선택한 다음 **customized** 를 눌러 필요에 따라 해당 코어의 치수 편집을 시작할 수 있습니다.

이제 Core 탭이 다음과 같이 나타납니다.

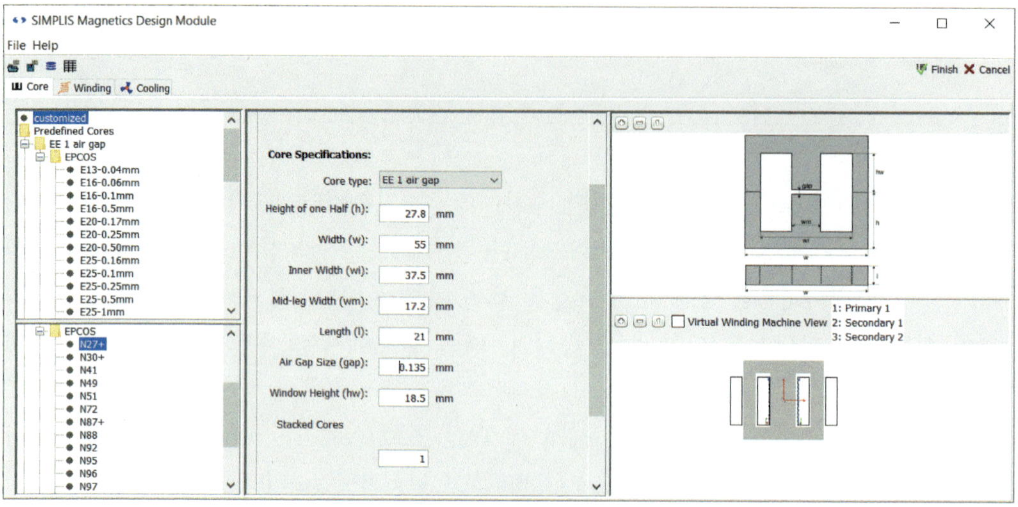

Designing the Windings

이제 메인 MDM window 의 Winding 탭으로 전환합니다. 앞 장에서 설명한 인덕터 설계와 비교하여 몇 가지 차이점이 있음을 알 수 있습니다.

- 왼쪽 위에는 Winding Placement 및 Number of Windings 을 정의하는 하위 패널이 있습니다. Number of Windings 은 3 으로 고정되며, 이는 다중 레벨 손실 변압기 정의 대화 상자에 정의된 권선 수이기 때문에 여기서 변경할 수 없습니다. 이 자습서에서 다루는 유일한 권선 배치 방법은 기본 단순입니다. 이 설정을 변경하지 마십시오.
- 첫 번째 하위 패널은 보빈 정의용이며 Inductor 설계 대화 상자와 동일합니다.
- 보빈 하위 패널 아래에는 각 변압기 권선에 대한 하위 패널이 있으며, 상단에는 특정 권선의 이름이 라벨로 표시되어 있습니다(이 경우 1 차 1, 2 차 1 및 2 차 2). 각 하위 패널에는 와이어 형상 및 배열을 정의하는 동일한 설정이 포함되어 있습니다.
- 각 권선은 회전 수가 다를 수 있으므로 회전 수를 정의하는 Spinner 는 이제 Inductor 케이스에서와 같이 상단이 아닌 별도의 권선 하위 패널 각각에 있습니다.
- Inductor 와 같은 Winding Pattern(권선 패턴) 하위 패널은 없습니다. 이 자습서에서 다루는 단순 권선 배치 방법은 각 권선의 회전을 정렬할 수 있는 방법이 더 제한적입니다.

Secondary 권선은 Primary 권선(120mA)보다 높은 RMS current(Secondary 1 2.69A, Secondary 2 157mA)를 전도합니다. 따라서 우리는 Primary 보다 Secondaries 의 구리 면적을 winding window 에 더 많이 할당하고자 합니다. 이 Transformer 의 Windings 을 설계하기 위해,

❶ Primary 1 하위 패널로 스크롤하고 AWG17 와이어를 선택합니다.
❷ Secondary 1 하위 패널로 스크롤하여 사용 가능한 가장 큰 와이어인 AWG10 을 선택합니다.
❸ Secondary 2 에서도 마찬가지로 와이어를 AWG10 으로 설정합니다.
결과: 이제 Winding 탭이 다음과 같이 나타납니다.

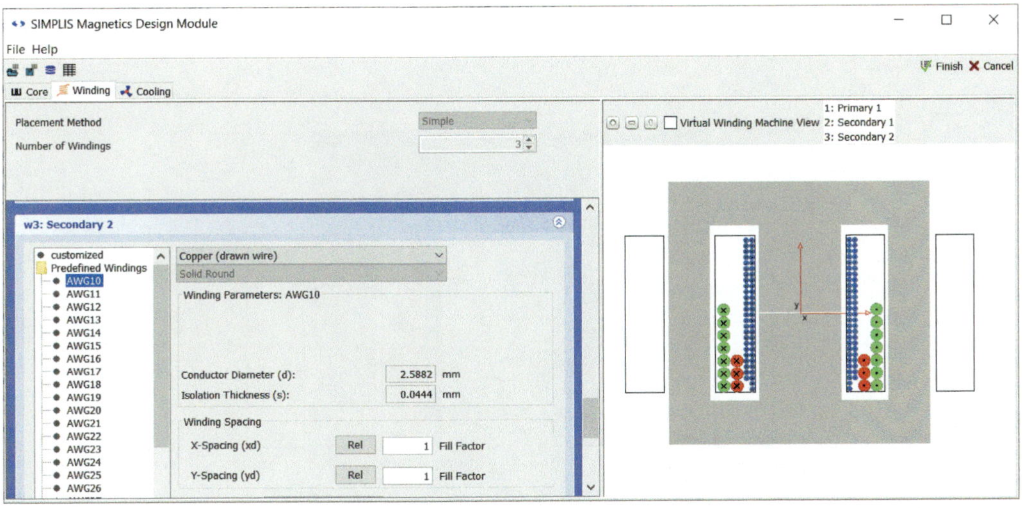

Change the Filar Count and Spacing of Secondary 1 Winding

❶ 특히 Secondary 1 의 경우 여전히 더 많은 구리가 필요합니다. 표준 와이어 크기로 이 작업을 수행하는 유일한 방법은 필라멘트라고도 하는 병렬 와이어 수를 늘리는 것입니다. 하위 패널로 스크롤하여 Secondary 1 를 찾습니다.
❷ Filar 옆의 드롭다운 메뉴에서 Y 를 선택합니다.
❸ Filar spinner 을 5 로 늘립니다.
결과: 이제 Secondary 1 를 세 번 돌리면 winding 윈도우에 더 이상 들어갈 수 없습니다.

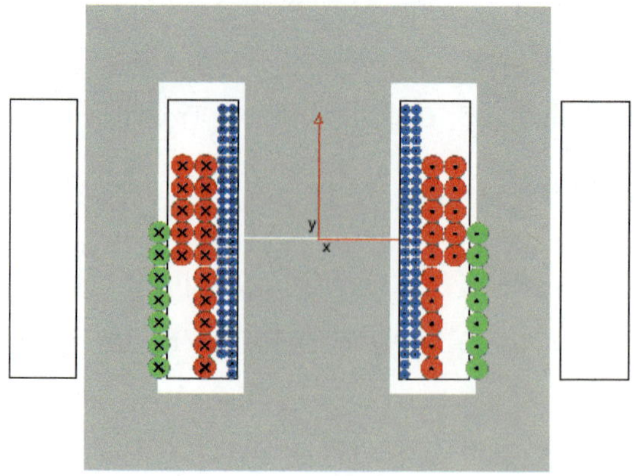

❹ Secondary 1용 와이어를 AWG12로 변경합니다.

결과: 이제 모든 권선이 장착됩니다:

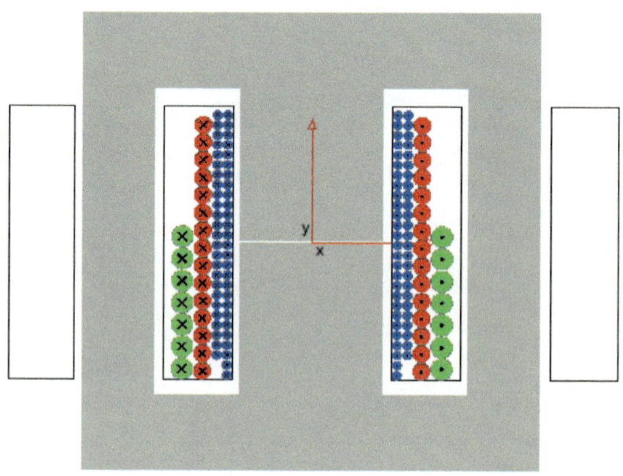

❺ Winding Spacing에서 파라미터를 변경하여 bobbin을 따라 권선의 간격을 조정할 수 있습니다.

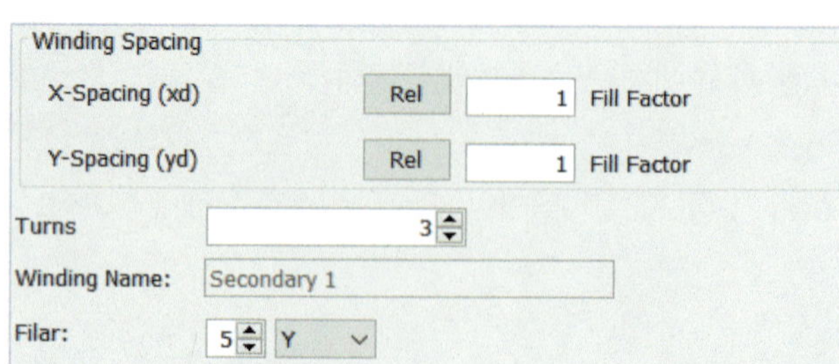

❻ Y-Spacing (yd)는 각 회전 사이에 bobbin 를 따라 배치되는 공간을 나타냅니다. Fill Factor 가 1(기본값)이면 회전이 서로 바로 옆에 쌓여 있음을 의미합니다. Y–Spacing(yd)을 0.95 로 변경하고 Enter 키를 누릅니다.

결과: 이제 Secondary 1 를 따라 bobbin 이 균일하게 배치되었으며, 5–filar AWG12 의 3 회전이 뚜렷하게 보입니다.

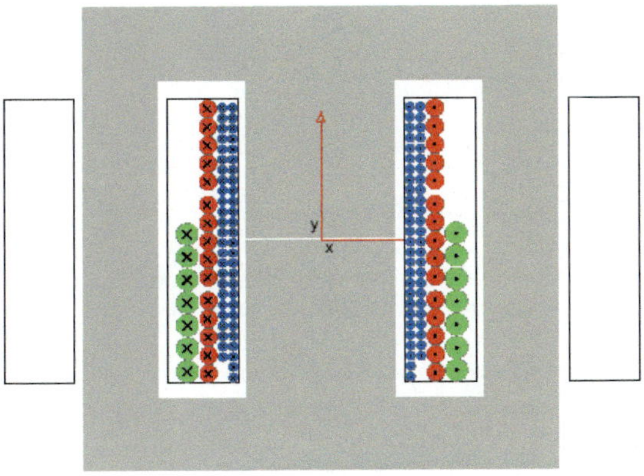

Change the Filar Count and Spacing of Secondary 2 Winding

❶ 하위 패널로 스크롤하여 Secondary 2 를 찾습니다. Filar spinner 을 3 으로 늘립니다. Filar 열의 드롭다운 메뉴에서 Y 를 선택합니다.

❷ 와이어를 AWG15 로 변경합니다.

❸ Y–Spacing(yd)을 0.96 으로 변경하고 Enter 키를 누릅니다.

결과: 이제 Winding 탭이 다음과 같이 표시됩니다.

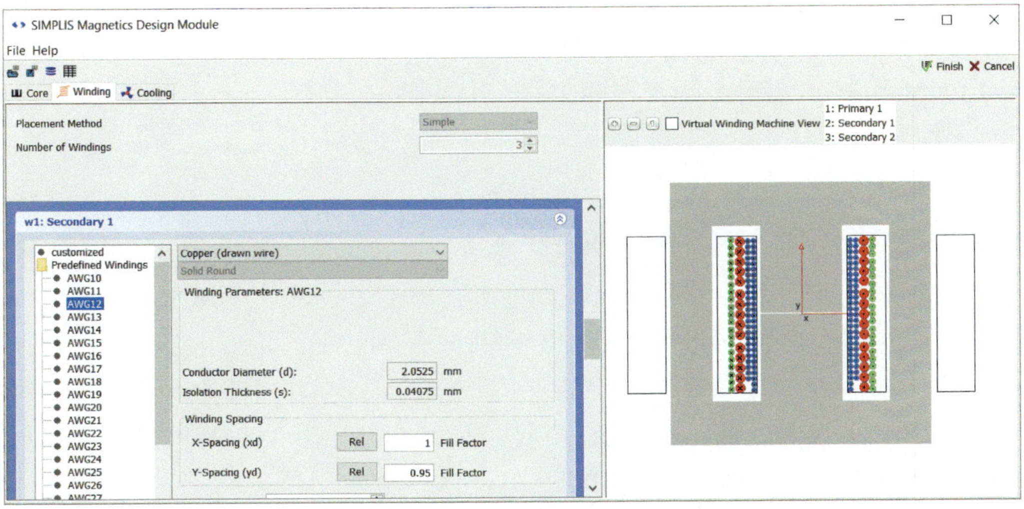

Defining the Cooling for the Transformer

이제 Cooling 탭으로 전환합니다. 모든 것이 inductor 의 경우와 같습니다. 모든 항목을 그대로 두고 Finish 을 클릭합니다.

TX1 기호를 두 번 클릭합니다. 이제 Level 3 모델이 생성되었음을 알 수 있습니다.

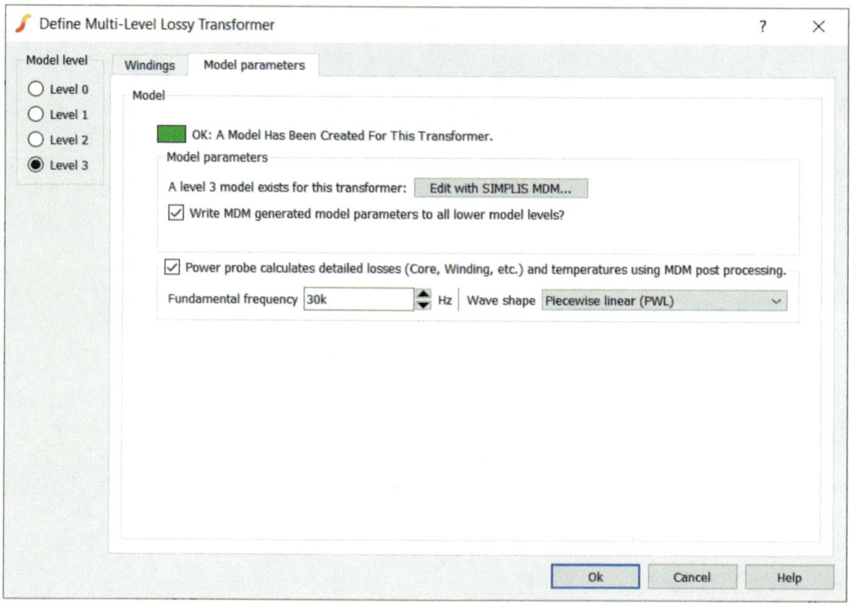

회로 도면을 4_myflyback_transformer1.sxch.로 저장

MDM 후 처리를 위해 설정된 이 하위 섹션에서 개발된 inductor 설계가 포함된 전체 도식은 도식 파일의 zip 압축파일에서 4.2_SIMPLIS_MDM_selfoscillating_flyback_converter_with_initial_transformer_design.sxsch 로 사용할 수 있습니다.

4.2.3 Transformer Leakage Inductance

Transformer 자화 인덕턴스 외에도 Transformer 의 또 다른 중요한 유도 특성은 누출 또는 Stray(표류) 인덕턴스입니다. MDM 에서 누출 인덕턴스를 계산하는 것은 자화 인덕턴스를 계산하는 것보다 계산 집약적인 프로세스이므로 이 값은 MDM 모델의 파라미터를 변경할 때마다 상태 창에 표시되지 않고 대신 Finish 를 클릭한 경우에만 계산됩니다. 그런 다음 누출 인덕턴스를 확인하는 두 가지 방법이 있습니다:

• Finish 를 클릭하면 Leakage 인덕턴스가 MDM Status Window 에 표시됩니다.

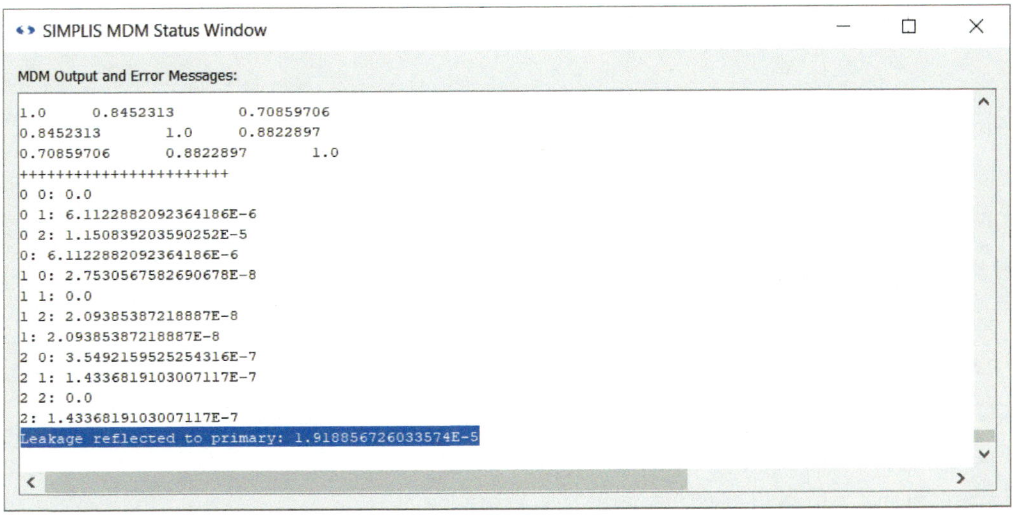

• Transformer 기호를 두 번 클릭하고 대화 상자에서 Level 2 라디오 버튼을 클릭할 수도 있습니다.

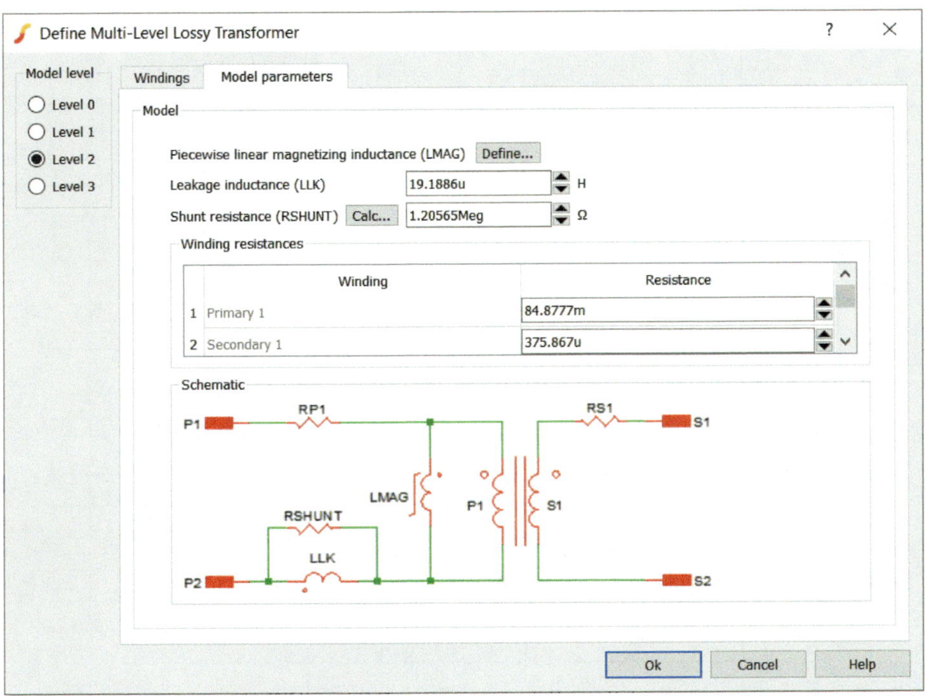

MDM 후 처리 후 MDM Results Window 에도 leakage inductance 가 표시됩니다.

Level 3 모델에서는 leakage inductance가 저항 회로 전체에 분포합니다. Level 2 모델에서와 같이 모두 함께 통합되어 기본 모델에 반영되지는 않습니다.

4.2.4 Effect of Changing Transformer Model Level

이전 섹션에서 언급한 바와 같이, 내부 구조에서 서로 다른 transformer levels가 상당히 다릅니다. 이는 이러한 self-oscillating converter와 같은 회로의 시뮬레이션 결과에 눈에 띄게 영향을 미칠 것으로 예상할 수 있습니다. 이제 각 모델 level에서 결과가 어떻게 보이는지 살펴 보십시오.

❶ TX1 기호를 두 번 클릭합니다.
❷ Level 0 모델을 선택합니다. OK을 클릭합니다.
❸ F9를 눌러 시뮬레이션을 실행합니다.

결과: 결과는 31.38kHz의 진동 주파수를 보여줍니다.

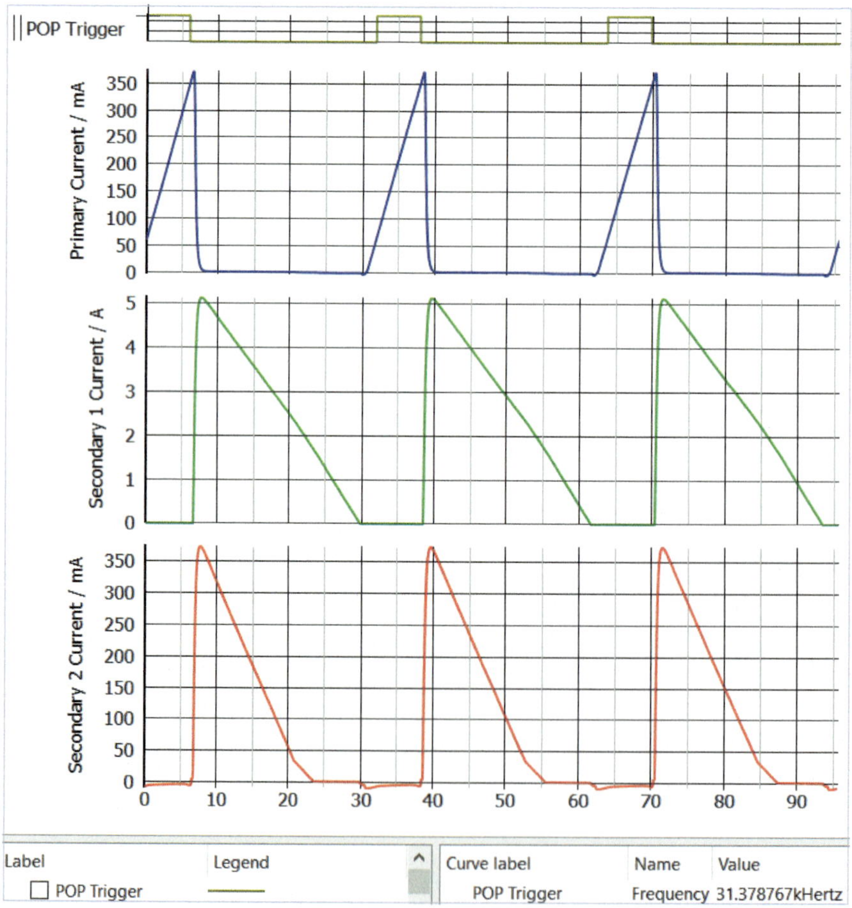

❹ TX1 기호를 다시 두 번 클릭합니다.

❺ Level 1 모델을 선택합니다. OK 을 클릭합니다.

❻ F9 를 눌러 시뮬레이션을 다시 실행합니다.

결과: 결과는 **28.17kHz** 의 진동 주파수를 보여줍니다.

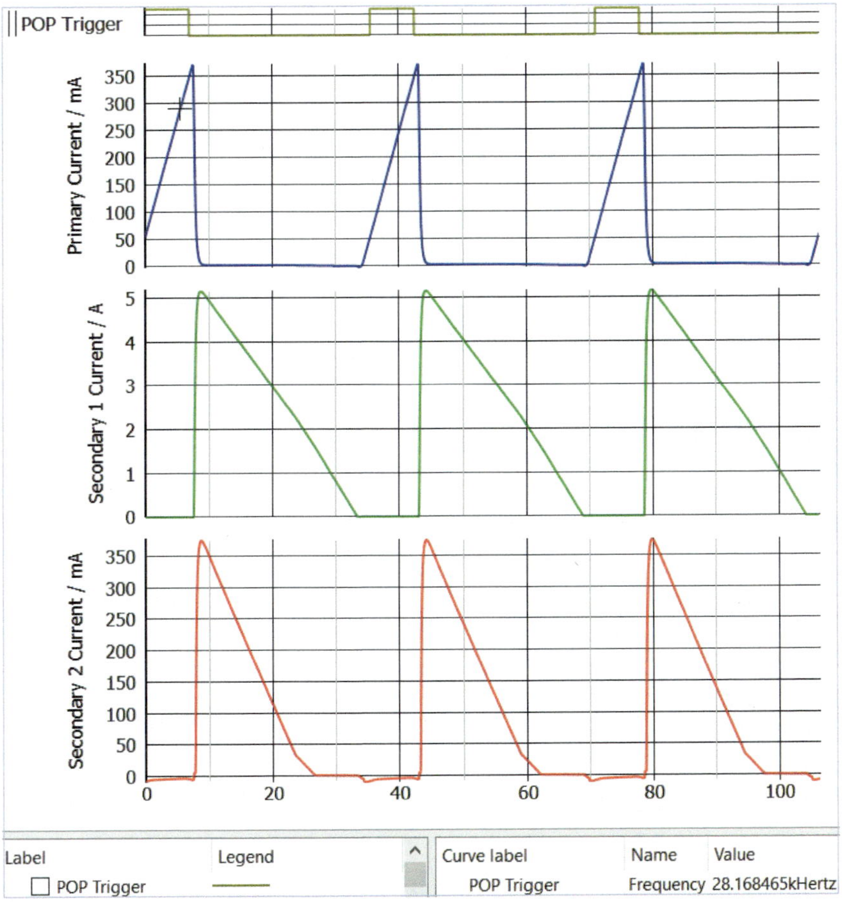

❼ TX1 기호를 다시 두 번 클릭합니다.

❽ Level 2 모델을 선택합니다. OK 을 클릭합니다.

❾ F9 를 눌러 시뮬레이션을 다시 실행합니다.

결과: 결과는 **28.08kHz** 의 진동 주파수를 보여줍니다.

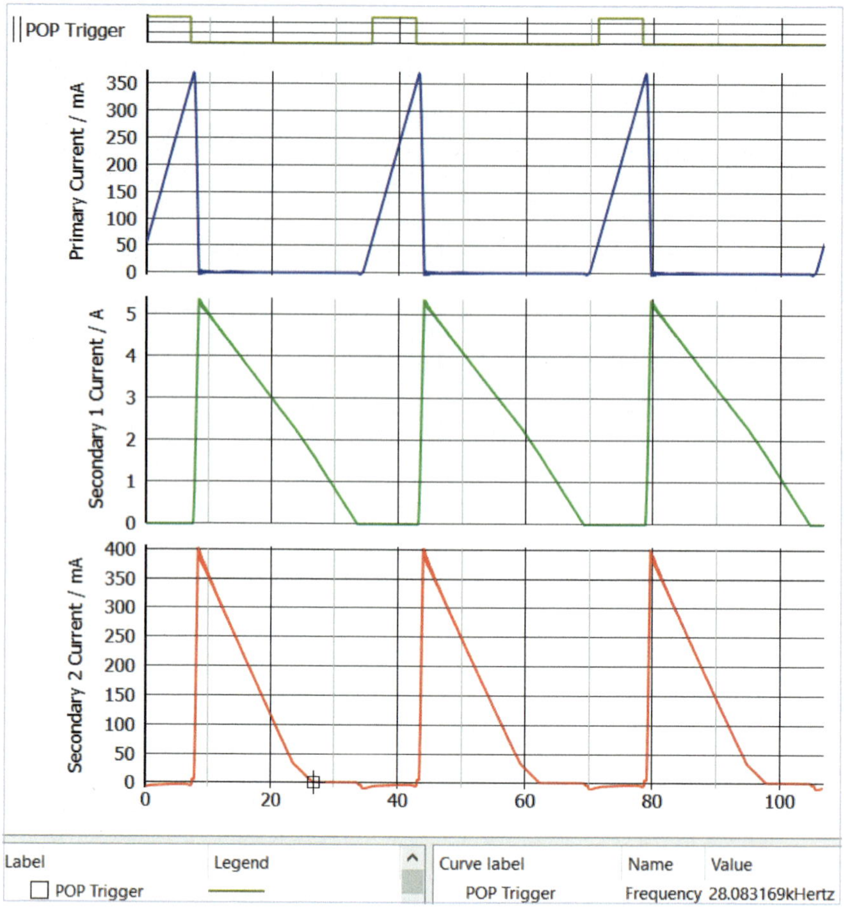

⑩ Level 2 모델은 저항성 손실을 포함하는 첫 번째 모델입니다. 따라서 Waveform Viewer 하단에 있는 simplis_pop9 Vout 탭을 클릭하여 전원 프로브에 표시된 전원 손실을 확인합니다.

결과: Transformer 에서 평균 **3.67mW** 의 손실이 측정되었습니다.

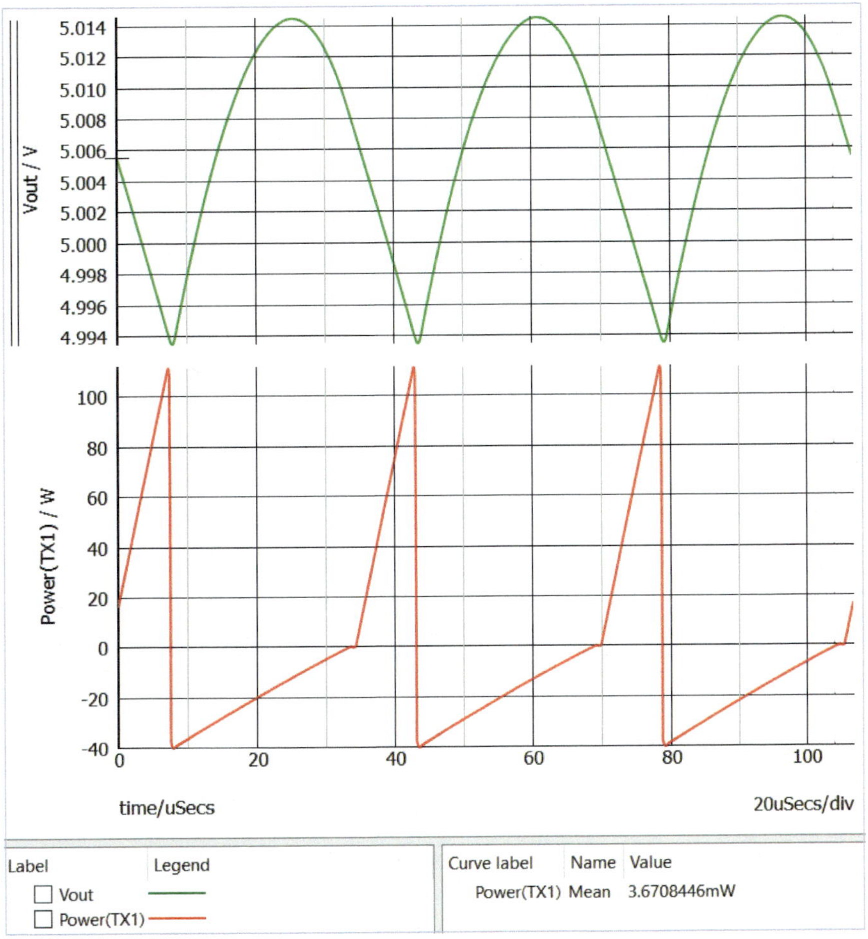

⑪ TX1 기호를 두 번 클릭합니다.

⑫ Level 3 모델을 선택합니다.

⑬ Power probe calculates detailed losses… 확인란을 Uncheck 합니다. Level 3 모델의 첫 번째 실행에서 MDM 후 처리를 수행하지 않을 수 있습니다.

⑭ OK 를 클릭합니다.

⑮ F9 를 눌러 시뮬레이션을 다시 실행합니다.

결과: 결과는 29.18kHz 의 진동 주파수를 보여줍니다.

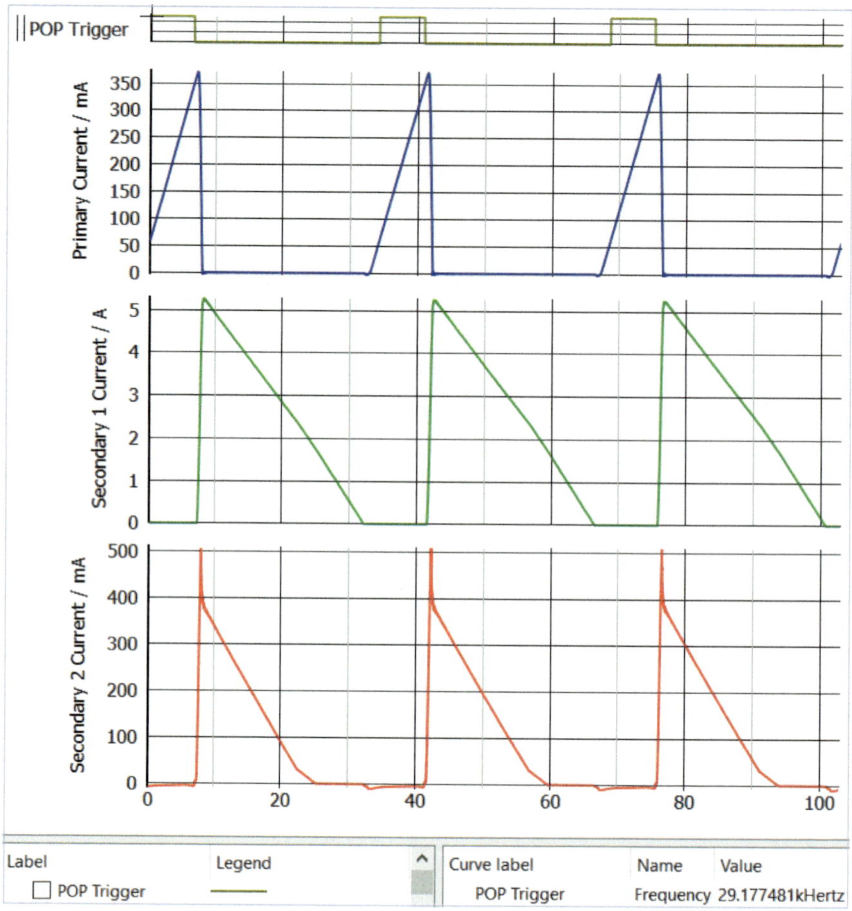

⑯ Waveform Viewer 에서 simplis_pop10 Power(TX1) 탭을 클릭하여 전력 손실 측정 값을 확인합니다.

결과: Transformer 에서 평균 3.56mW 의 손실이 측정되었습니다.

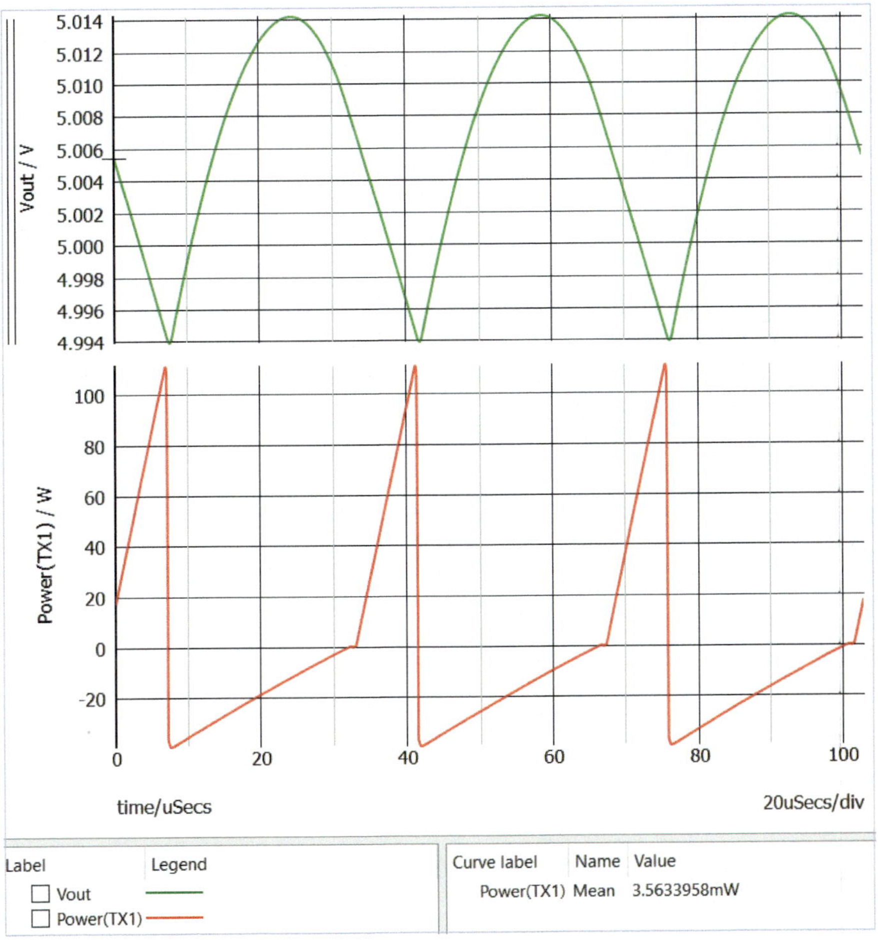

MDM 에서 이 Transformer 의 모형을 만들 때 확인란 **Write MDM generated model parameters to all lower level models?**가 선택되어 있으므로 모든 모형 수준이 일치합니다. Level 3 모델은 MDM 에서 Transformer 의 물리적 모델에서 먼저 생성된 후 Level 0, 1, 2 모델을 추출하였습니다. 그럼에도 불구하고 각 모형 수준을 사용하여 시뮬레이션 할 때 결과의 차이를 확인할 수 있습니다. 주의해야 할 사항은 다음과 같습니다.

- 각 모델 레벨의 구조가 다르기 때문에 Transformer 파형이 약간 다릅니다. 이로 인해 self-oscillating converter 에서 전환 주파수가 각 경우마다 조금씩 다릅니다.
- Level 0 에서 Level 1 모델로 변경하면 일정한 자화 인덕턴스에서 PWL 인덕턴스로 이동하는 효과를 볼 수 있습니다.
- Level 1 에서 Level 2 모델로 변경하면 Leakage inductance 와 권선 저항이 추가되는 효과를 확인할 수 있습니다(PWL 자화 인덕턴스는 변경되지 않습니다).
- Level 2 에서 Level 3 모델로 변경할 때(권선 저항은 변하지 않음) 기본 권선에만 배치되지 않고

자화 및 Leakage inductances 가 분포된 reluctance 모델을 사용하는 효과를 확인할 수 있습니다.

- Level 2 와 3 개 모델의 권선 저항은 동일하지만 전류 파형이 다르기 때문에 측정된 손실이 다릅니다.
- 권선 저항은 DC 권선 저항만 나타냅니다. 정확한 손실 결과를 얻으려면 MDM 후 처리를 실행해야 합니다.

4.2.5 Run MDM Post-Processing for the Transformer

Post-processing 를 설정하고 실행하려면,

❶ TX1 을 두 번 클릭합니다.
❷ Power probe calculates detailed losses.... 확인란을 선택합니다.
❸ Fundamental frequency 를 위에서 확인한 29.18k 로 설정합니다.
❹ Wave shape 를 Piecewise linear(PWL)로 설정합니다.
❺ OK 를 클릭합니다.
❻ F9 를 눌러 시뮬레이션을 실행합니다.

결과: 모든 작업이 완료되면 MDM Results Window 가 나타납니다.

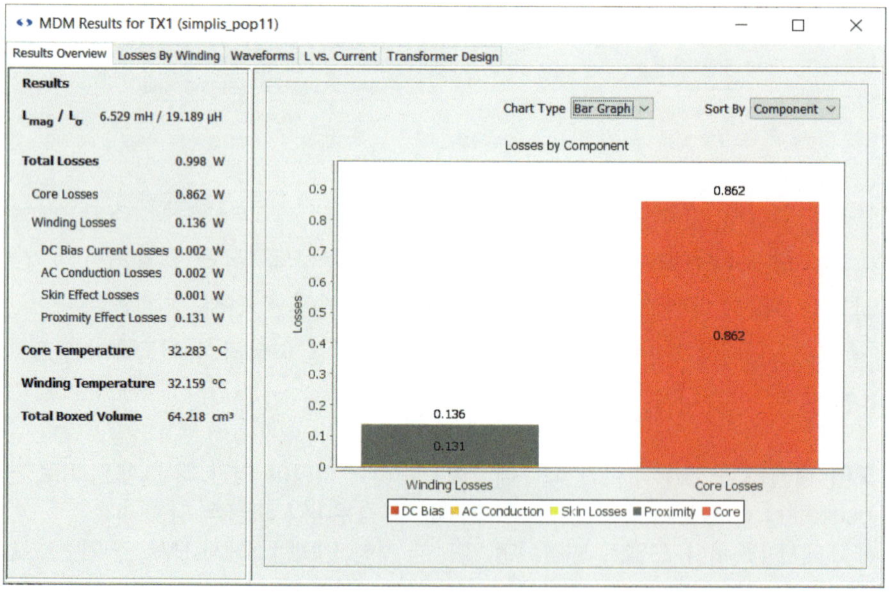

맨 위에는 자화 인덕턴스 – 6.529mH 와 Leakage inductance – 19.189μ H 가 모두 표시됩니다. 또한, Transformer 의 박스 부피는 64.218cm^3 입니다.

4.2.6 Analyze the Post-Processing Results

우선, 총 998mW 의 transformer 손실이 Power probe 가 이전에 측정한 것보다 훨씬 크다는 것을 알 수 있습니다! 코어 손실은 862mW 에서 대부분을 차지하며 권선 손실은 136mW 입니다. 이전에는 Post-processing 이 없었다면 코어 손실을 고려하지 않았을 것이 분명했지만, 권선 손실은 여전히 DC 권선 저항만으로 측정한 것보다 약 38 배 더 높습니다. DC 바이어스와 AC 전도 손실의 합은 약 4mW 로 후처리 없이 측정된 것과 유사하지만 권선 손실의 대부분은 실제로 131mW 의 근접 손실입니다. 그 이유를 알아보려면 Results 창의 Loss by Winding(권선별 손실) 탭으로 전환합니다.

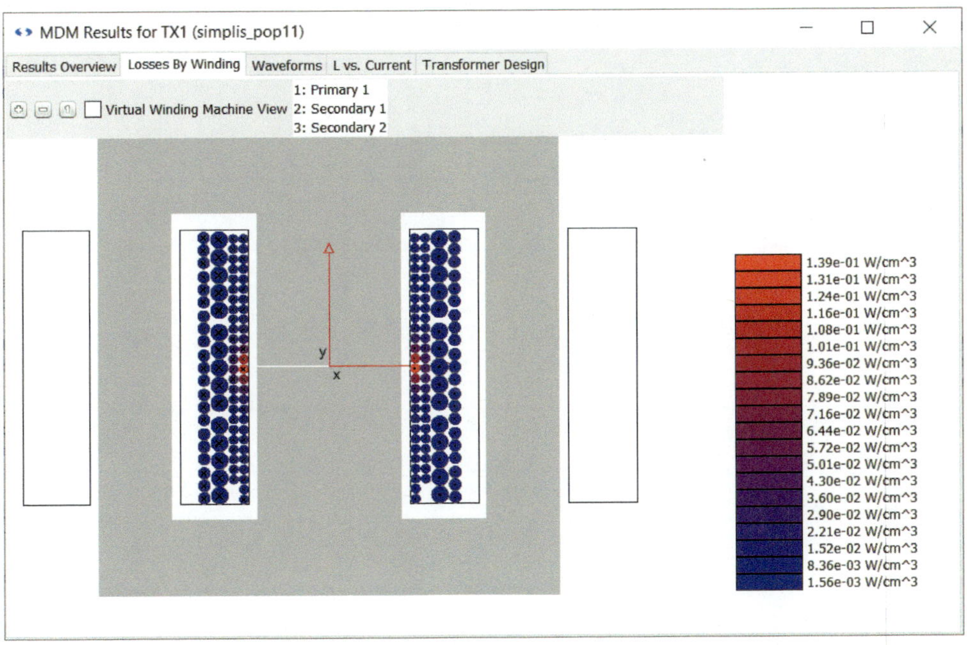

예상대로 air gap 주변에서 일부 턴이 뜨거워지는 모습을 볼 수 있습니다. 하지만 이 디자인은 air gap 이 작고, 이 사진으로 판단하면 너무 많은 회전에 영향을 주지 않습니다. 특히 primary 보다 많은 전류를 전도하는 2 차 권선의 손실에는 큰 영향을 미치지 않습니다. 근접 손실은 주로 권선 배열에 의해 발생한다는 결론을 내릴 수 있습니다. 즉, air gap 은 권선 회전 자체에 의해 주로 발생합니다.

Waveforms 탭으로 전환합니다. 첫 번째 그래프에서는 LEFT, CENTER, 및 RIGHT 레이블이 지정된 코어의 세 다리 모두에서 플럭스 밀도를 볼 수 있습니다. 두 번째 플롯에는 세 개의 권선 각각의 전류가 표시되고 세 번째 플롯에는 권선 전압이 표시됩니다.

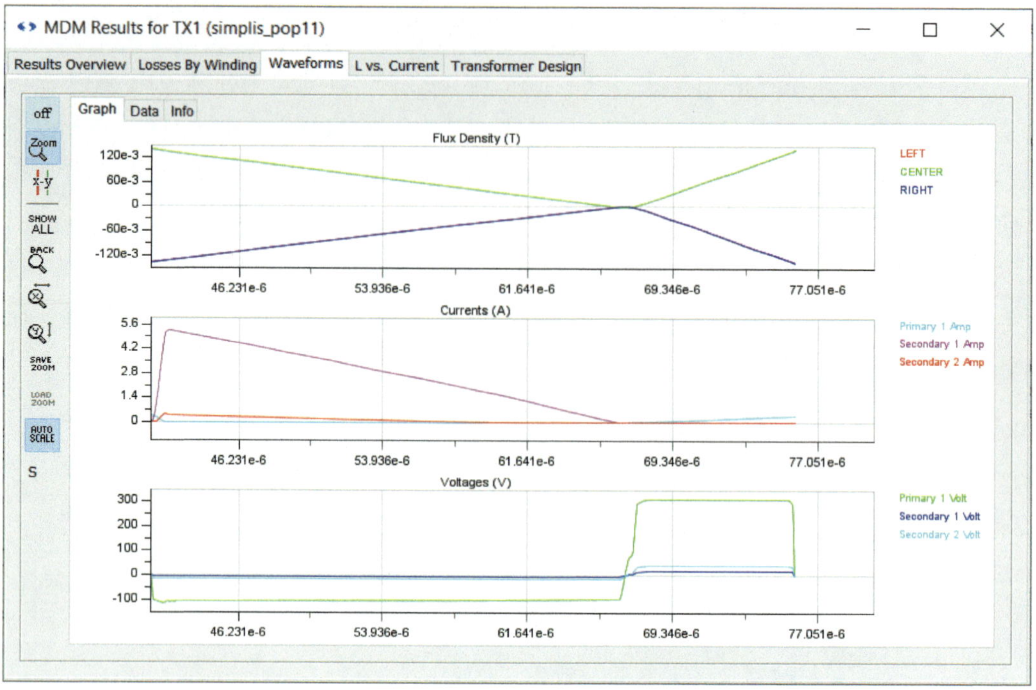

전류의 함수로서 자화 인덕턴스는 L vs. Current 탭에 표시됩니다.

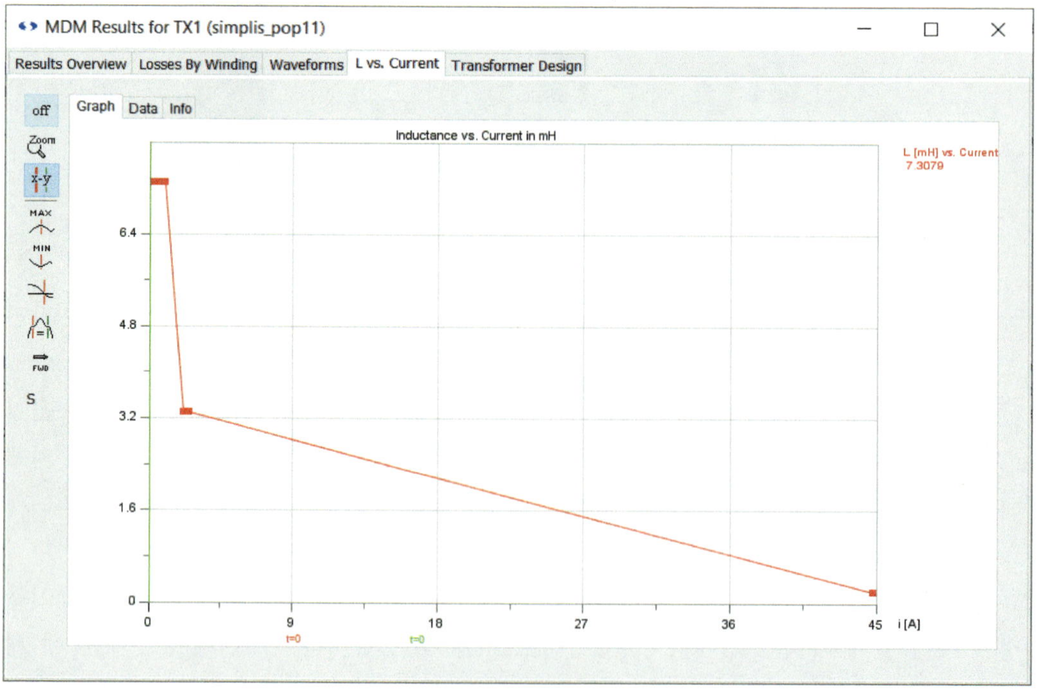

이 특성은 처음에는 이상하게 보일 수 있으며, 이는 transformer 이 다소 빠르게 포화된다는 것을 보여줍니다. 그러나 인덕턴스 특성은 재료의 최대 플럭스 밀도까지 계산되며, 이 경우 약 45A 의 1 차 전류에 해당합니다. 이 예에서 최대 1 차 전류는 훨씬 낮습니다(0.5A 미만). 전류 관심 범위에 대한 자화 인덕턴스를 확인하려면,

❶ 인덕턴스 그림 왼쪽에 있는 도구 모음의 Zoom 버튼을 클릭하여 확대 및 축소를 활성화합니다.

❷ 마우스 왼쪽 단추를 클릭하고 0A 에서 약 2.5A 사이의 상자를 만들 때까지 끌어서 곡선 시작 부분을 확대합니다. x 축과 y 축의 대략적인 전체 범위입니다.

❸ 마우스 왼쪽 버튼을 놓으면 확대된 인덕턴스 특성이 표시됩니다.

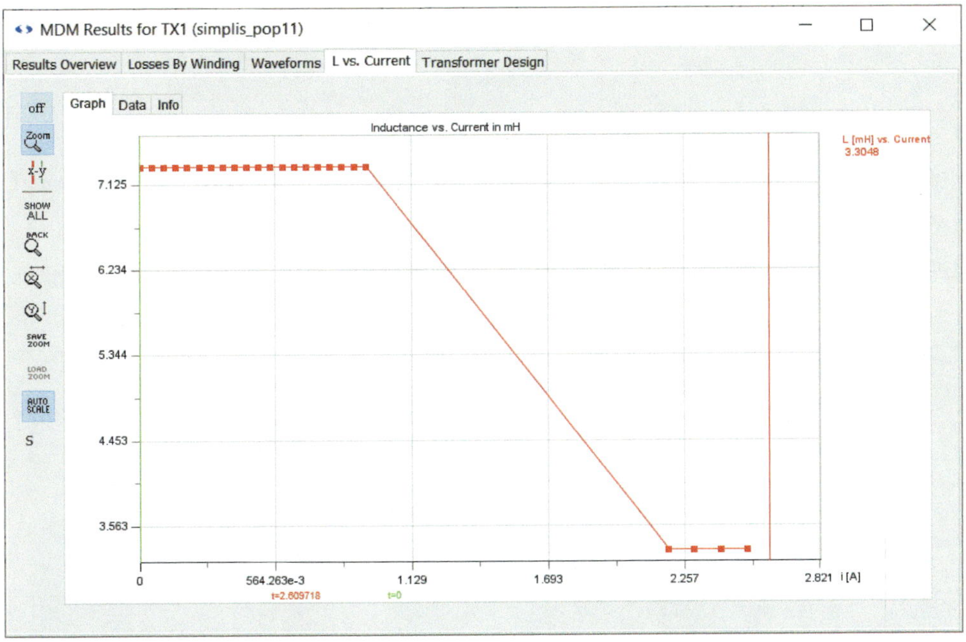

이제 transformer 가 약 0.95A 의 1 차 권선 전류 위에서 포화되기 시작하는 것을 볼 수 있습니다. 이는 이 예제의 피크 전류보다 훨씬 높습니다.

4.2.7 Refine the Transformer Design

이제 transformer 의 설계를 개선하여 근접 손실을 줄일 수 있습니다. 그렇게 하기 위해서,

❶ TX1 기호를 두 번 클릭합니다.

❷ 편집을 위해서 Edit with SIMPLIS MDM... 버튼을 클릭합니다.

❸ 기본 MDM 창에서 Winding 탭으로 이동합니다.

❹ 근접 손실을 줄이기 위해 할 수 있는 첫 번째 방법은 보빈과 1차 권선 사이에 테이프를 추가하여 와이어를 air gap에서 멀리 이동시키는 것입니다. 기본 권선의 두 레이어 사이에 테이프를 추가하면 두 번째 레이어가 더 멀리 이동하고 레이어가 분리되어 근접 필드가 서로에게 미치는 영향이 줄어듭니다. X-Spacing(xd) 매개변수를 수정하여 테이프를 추가합니다. Primary 1에 대한 패널에서 위치를 찾습니다.

❺ X-Spacing(xd) 열에 있는 Rel 버튼을 클릭합니다. 그러면 간격 정의가 Fill Factor에서 mm로 변경됩니다.

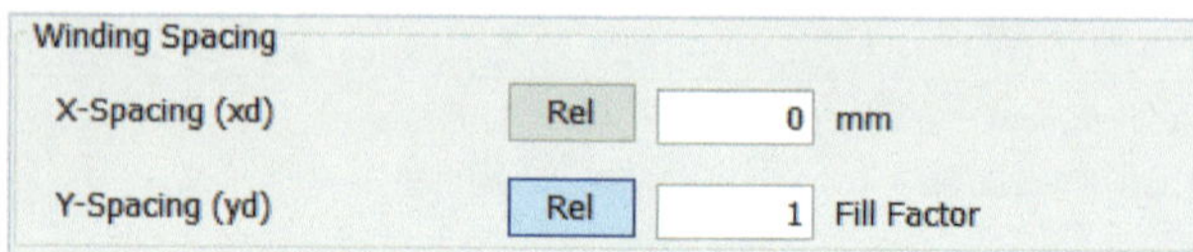

❻ 이제 절대 간격(테이프 두께)을 밀리미터 단위로 입력할 수 있습니다. X-Spacing (xd)의 경우 1을 입력하고 Enter 키를 누릅니다.

결과: 이제 테이프가 보빈과 Primary 1 사이, 그리고 Primary 1의 두 Layer 사이에 들어갑니다.

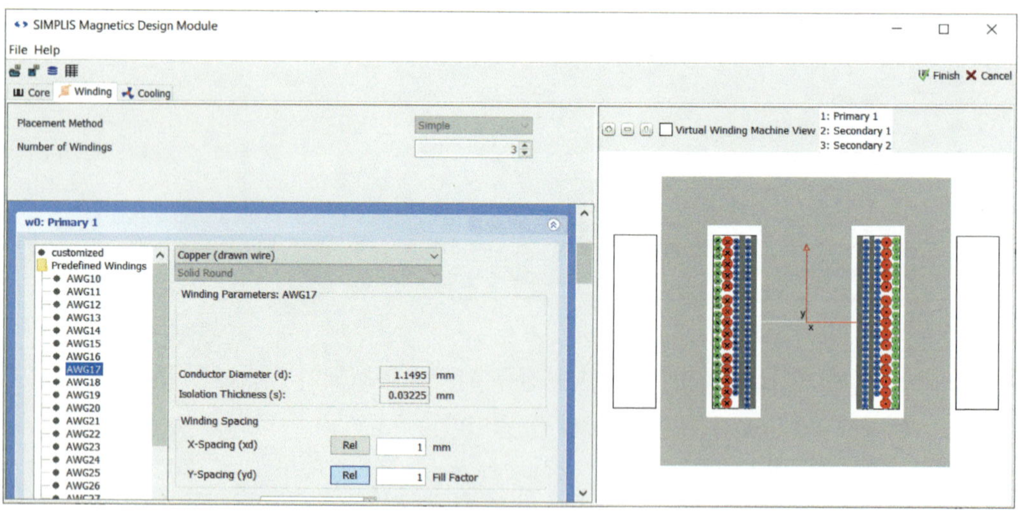

❼ 2차 권선의 근접 손실을 줄이려면 solid 와이어에서 litz 와이어로 변경합니다. 하위 패널로 스크롤 하여 Secondary 1을 확인합니다.

❽ 오른쪽 와이어 선택 메뉴 트리에서 PF AWG38 135 와이어를 선택합니다. 이것은 한 턴당 135가닥의 AWG38 와이어를 나타냅니다.

❾ 이렇게 하면 와이어의 총 직경이 줄어들기 때문에 보빈을 따라 회전을 펼치려면 Y-Spacing (yd)을 0.7 로 변경합니다.

결과: Secondary 1 이 다시 그려집니다:

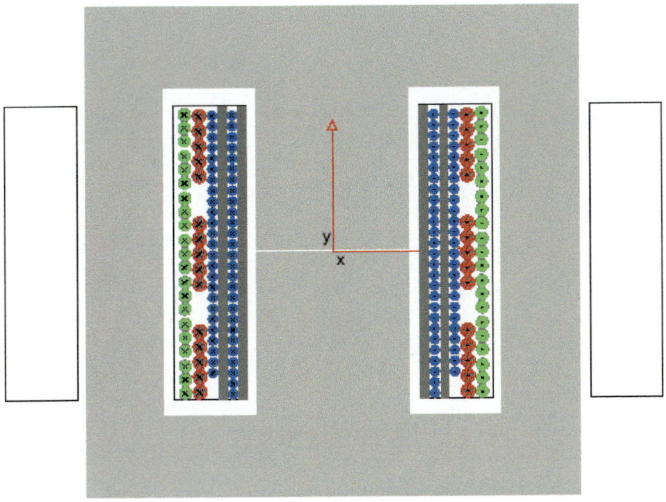

❿ 하위 패널로 스크롤하여 Secondary 2 를 확인합니다.

⓫ 와이어를 PF AWG38 105 로 변경합니다.

결과: Secondary 2 이(가) 다시 그려집니다.

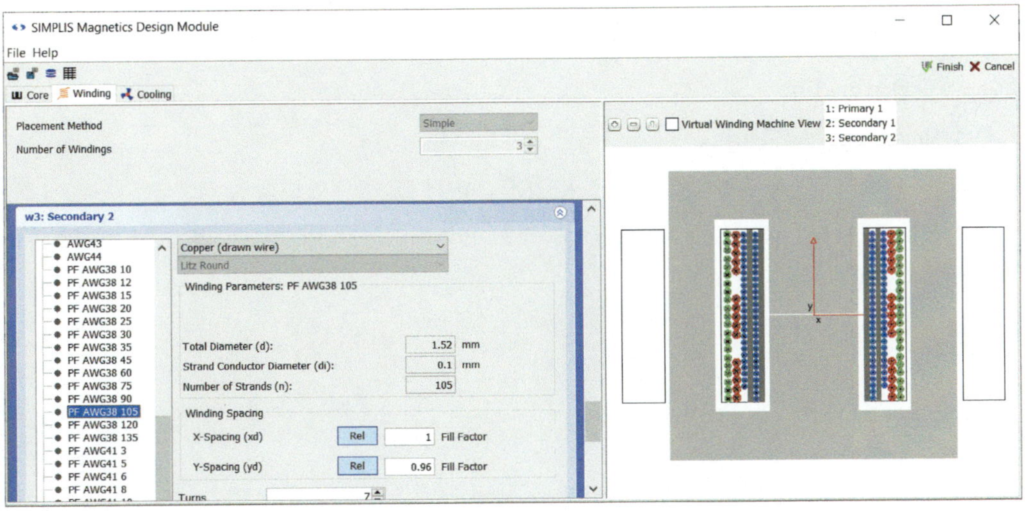

⓬ Finish 를 클릭합니다.

⑬ F9를 눌러서 Simulation을 실행합니다.

결과: MDM Results Window가 나타납니다.

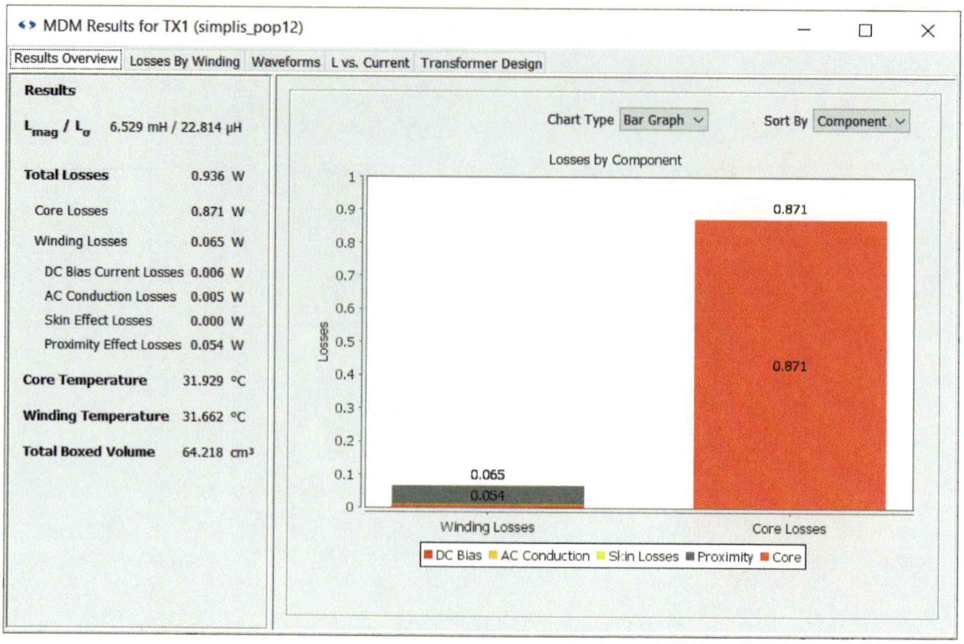

⑭ Waveform Viewer에 스위칭 주파수가 29.16kHz로 약간 변경된 것을 볼 수 있습니다. 자화 인덕턴스는 동일하지만 이제 Leakage가 22.814μ H로 달라져 주파수에 영향을 미쳤습니다. 회로의 DC 권선 저항도 변경되었습니다. 손실은 936mW로 줄었고, 근접 손실은 54mW로 절반 이상 감소했습니다. 이제 1차 권선을 litz wire로 변경하여 더 줄일 수 있는지 확인합니다.

⑮ TX1을 두 번 클릭합니다.

⑯ 편집을 위해서 Edit with SIMPLIS MDM... 버튼을 클릭합니다.

⑰ 메인 MDM 창에서 Winding 탭으로 이동하고 Primary 1을 변경하여 PF AWG4135 와이어를 사용합니다.

결과: Primary 1이 다시 그려집니다.

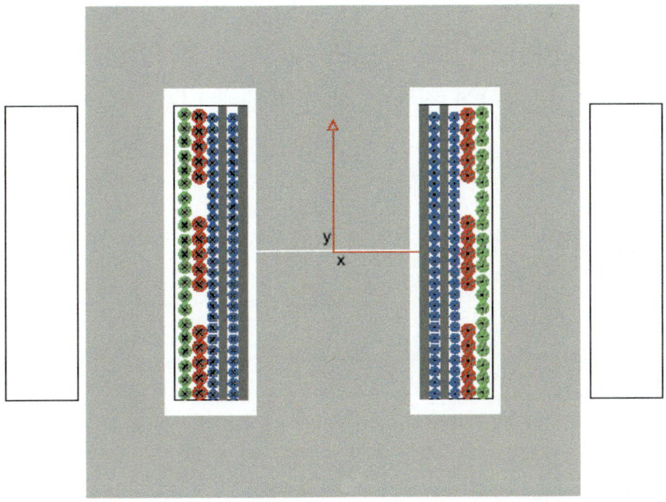

⑱ Finish 를 클릭합니다.

⑲ F9 를 눌러 Simulation 을 실행합니다.

결과: 새로운 MDM Results Window 가 나타납니다.

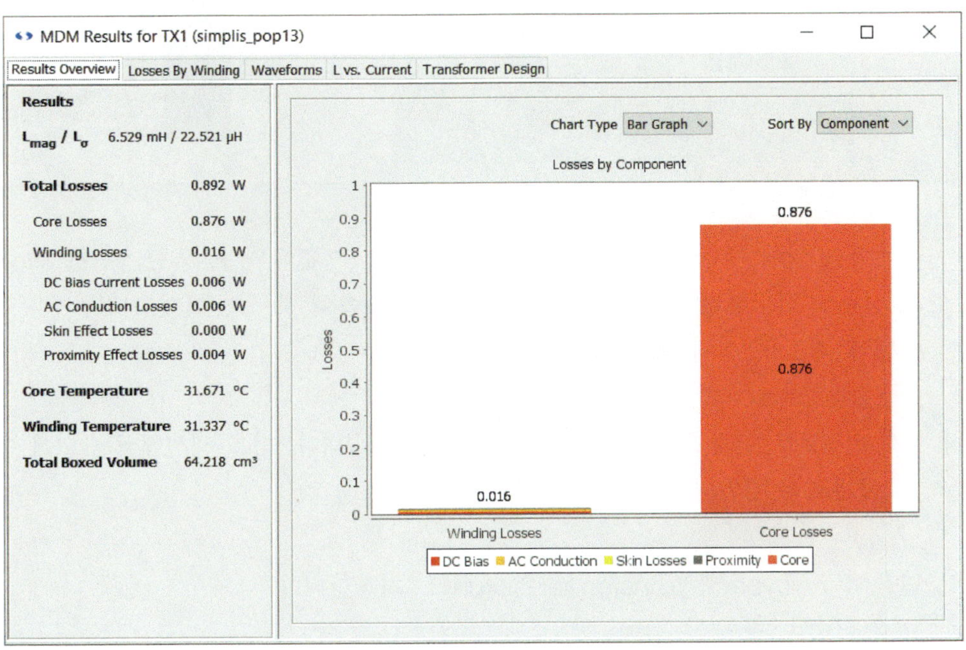

손실은 이제 더욱 감소되었으며, 초기 설계와 비교하여 10% 이상 증가한 892mW 입니다. 권선 손실은 16mW 로 감소되었고 근접 손실은 4mW 에 불과합니다! DC 및 AC 전도 손실은 초기 설계에 비해 사용된 총 와이어 직경이 작기 때문에 더 크지만 근접 손실의 감소로 인해 이는 보상 이상입니다.

Losses By Winding 탭으로 전환합니다.

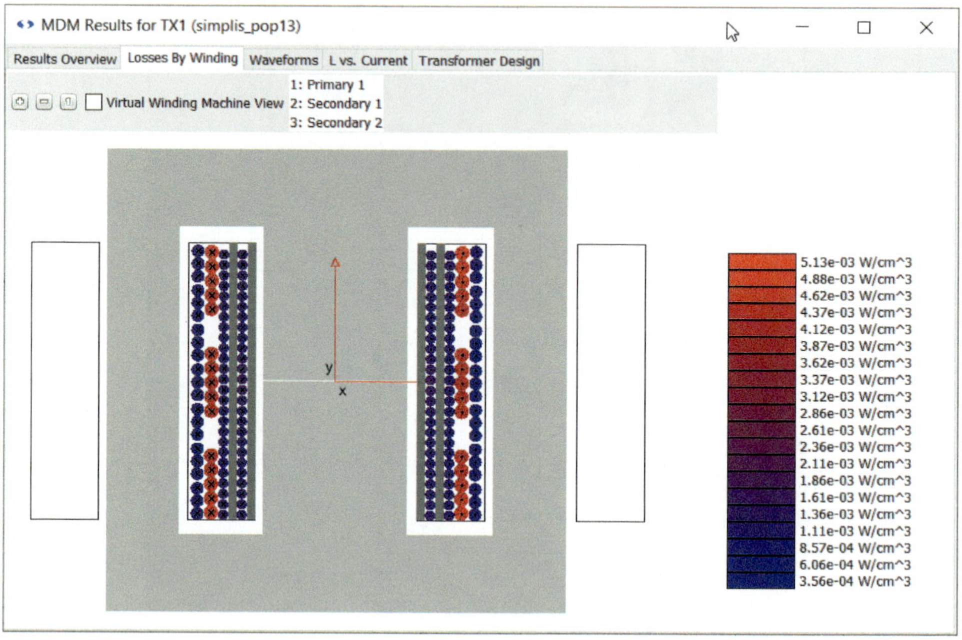

여기서는 권선 손실에 대한 Air gap 의 영향을 거의 볼 수 없습니다. 또한, Secondary 1 는 가장 높은 전류를 전도하기 때문에 가장 빨간색입니다. 손실 분포는 이제 이전과 같은 근접 손실이 아니라 전도 손실에 의해 결정됩니다.

그러나 설계 변경으로 인해 코어 손실이 줄어들지는 않았습니다. 다음 섹션에서는 코어 손실이 훨씬 적은 설계로 변경합니다.

회로 도면을 4_myflyback_transformer2.sxch 로 저장합니다.

MDM 후 처리를 위해 설정된 이 하위 섹션에서 개발된 inductor 설계가 포함된 전체 도식은 회로 도면 파일의 zip 압축 파일에서 4.2_SIMPLIS_MDM_selfoscillating_flyback_converter_with_refined_transformer_design.sxsch 로 비교하여 사용할 수 있습니다.

4.3 Load a Different Transformer Design

이 섹션에서는 코어 손실이 적은 다른 transformer 설계를 시뮬레이션 합니다. 그러나 이전 섹션에서와 같이 직접 설계하지 않고 파일에서 준비된 설계를 불러 옵니다.

다음과 같이 진행합니다.

- Key Concepts
- What You Will Learn
- 4.3.1 SIMPLIS MDM Geometry Design File
- 4.3.2 Save an MDM Design to a File
- 4.3.3 Load an MDM Design from a File
- 4.3.4 Simulate the Loaded Design

Key Concepts

이 항목에서는 다음과 같은 주요 개념을 다룹니다.

- MDM Inductor 및 transformer 모델(모듈)은 SIMPLIS MDM Geometry Design File(*.gmd)에 저장할 수 있습니다.
- 매번 처음부터 inductor 또는 transformer 을 설계하거나 생성한 각 MDM 물리적 모델에 대해 서로 다른 버전의 회로 도면를 저장하는 대신 MDM 주 창의 SIMPLIS MDM Geometry Design File(*.gmd)에서 불러와서 서로 다른 MDM 모델(설계)을 동일한 회로 도면에 불러와서 배치할 수 있습니다.
- 동일한 inductor 또는 transformer 설계를 다른 회로 도면에서 쉽게 재사용할 수 있습니다. 주어진 도식 안에서 특정 transformer 또는 inductor 를 사용하는 것이 타당한지 확인하는 것은 물론 여러분에게 달려 있습니다.

What You Will Learn

이 항목에서는 다음에 대해 배웁니다.

- MDM 모델을 .gmd 파일에 저장하는 방법.
- .gmd 파일에서 MDM 모델을 불러와서 배치하는 방법.

4.3.1 SIMPLIS MDM Geometry Design File

Inductor 또는 Transformer 설계를 생성한 후 Finish 을 클릭하면 이 inductor 및 transformer 의 실제 모델이 MDM 에 의해 메모리에 저장됩니다. 그러나 SIMetrix/SIMPLIS 를 종료하면 이 메모리는 당연히 지워집니다. 다음에 동일한 도식을 시작하고 열 때 MDM 의 물리적 모델이 재생성될 수 있도록 MDM 은 설계를 설명하는 SIMPLIS MDM Geometry Design File 를 생성합니다. Finish 을 클릭하면 이 파일이 디스크에 저장되지 않습니다. 대신 해당 내용과 설계를 설명하는 XML 문자열이 작성한 inductor 또는 변환기 기호 및 MDM 모델에 기호 속성으로 추가됩니다.

이전 섹션에서 마지막으로 만든 설계의 파일을 보려면,

❶ 기호 TX 를 마우스 오른쪽 버튼으로 클릭합니다.

결과: Multi-Level Lossy Transformer 의 상황에 맞는 메뉴가 나타납니다.

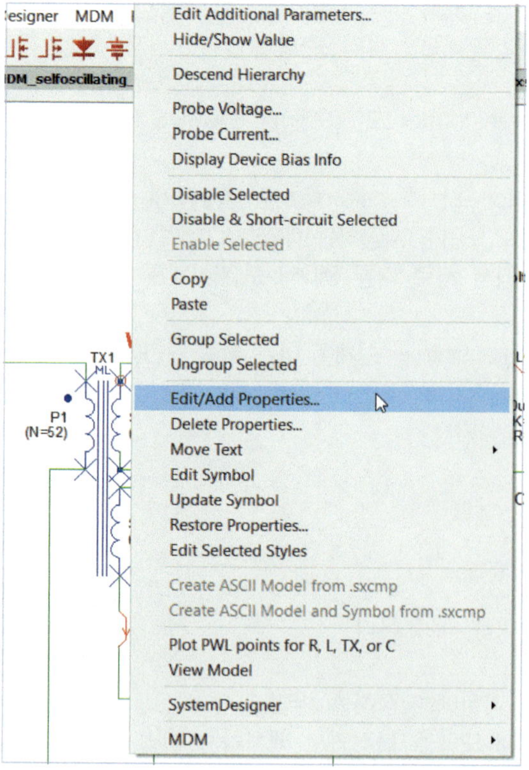

❷ Edit/Add Properties. 클릭

결과: Edit Properties 대화 상자가 나타납니다.

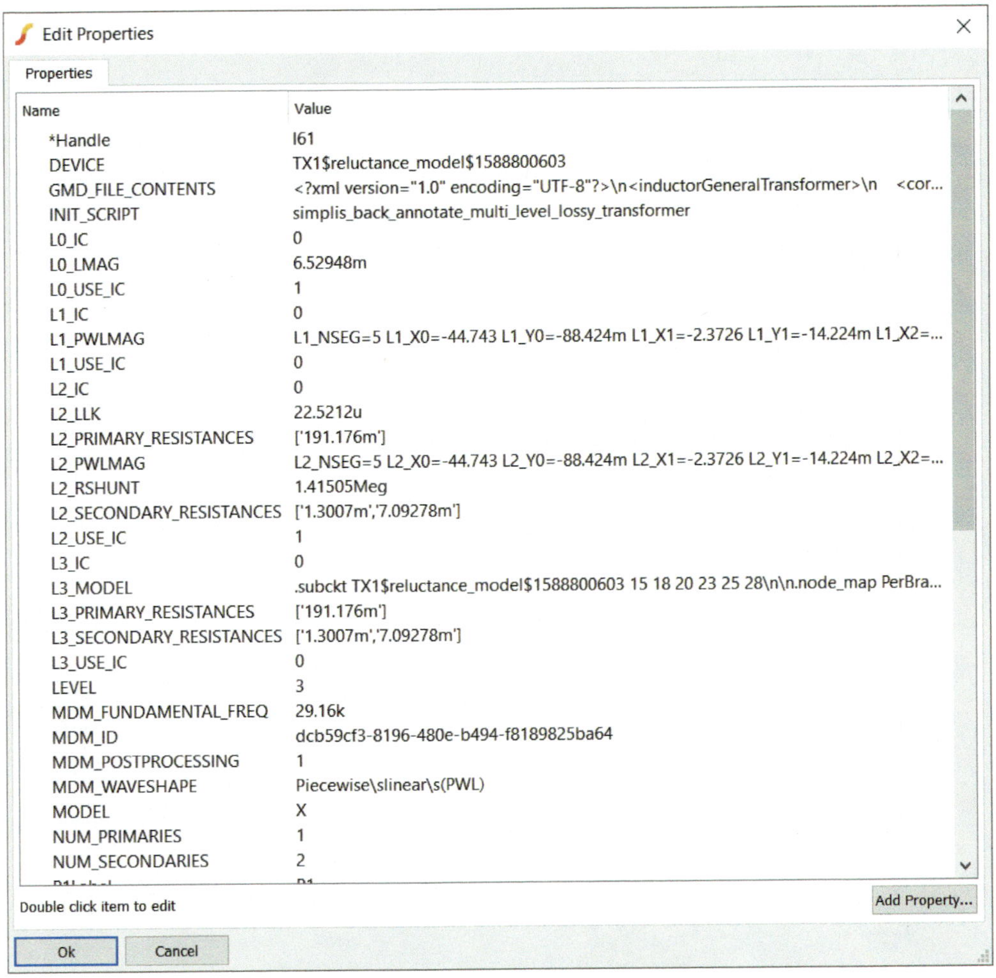

❸ GMD_FILE_Contents 속성을 두 번 클릭합니다.

결과: Edit Property 대화 상자가 나타납니다.

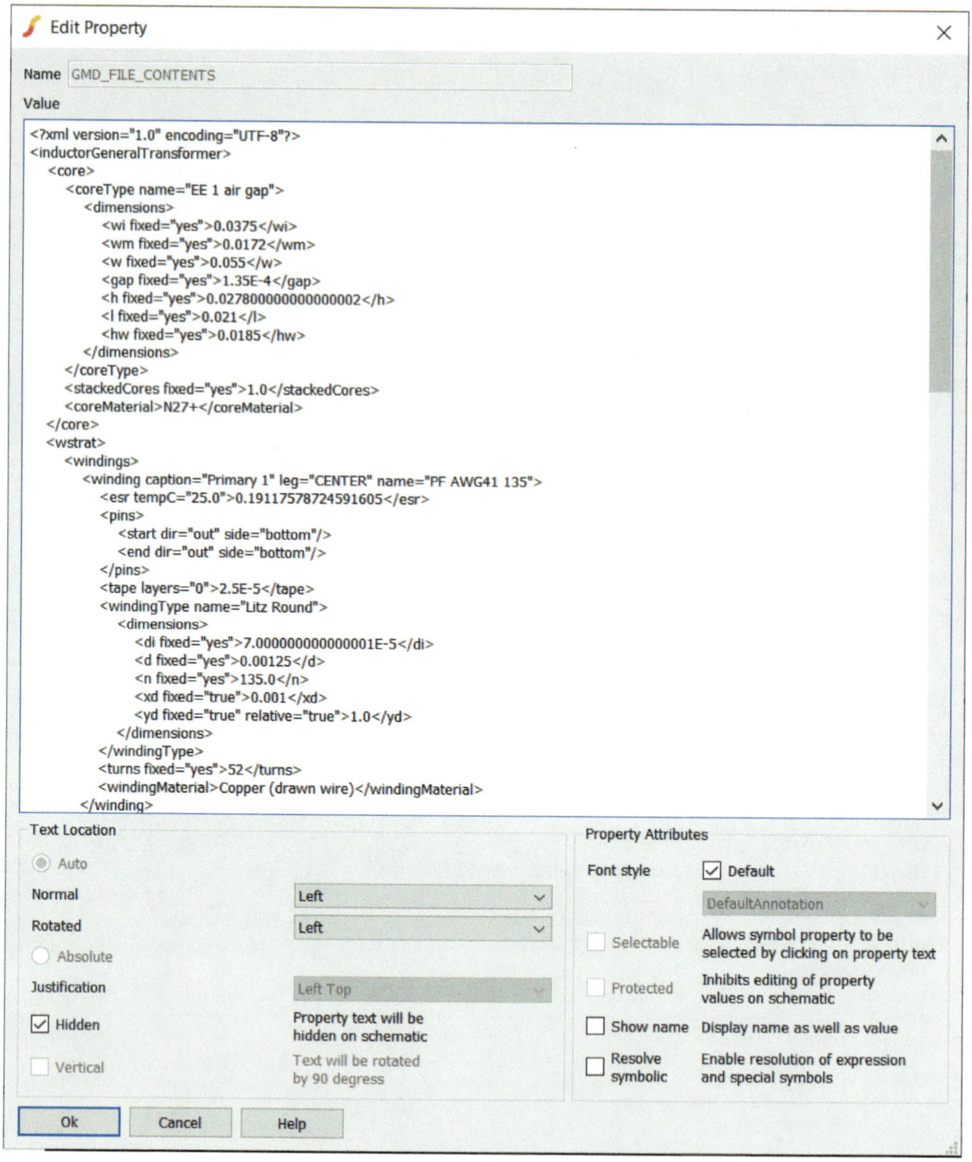

이제 geometry design file의 내용을 볼 수 있습니다. SIMetrix/SIMPLIS를 닫았다가 다시 연 다음 이 회로 도면을 열고 시뮬레이션을 실행하거나 클릭하여 MDM에서 설계를 편집하면 이 정보가 MDM으로 전달되고 메모리에 있는 Transformer의 물리적 모델이 재생성 됩니다. 그러나 이 정보는 사용자가 작성한 특정 기호(이 경우 TX)에만 첨부됩니다. MDM에서 설계를 열고 변경하면 새 Geometry design file이 생성되어 이전 Geometry design file을 덮어쓰고 이전 설계가 손실됩니다. 이전 설계가 손실되지 않도록 하려면 먼저 이 이전 설계가 포함된 전체 회로 도면의 복사본을 저장한 다음 새 설계가 포함된 버전을 별도의 도식 파일에 저장해야 합니다. 이것이 이 튜토리얼에서 지금까지 수행한 작업입니다. 이 튜토리얼에서와 같이 나머지 회로 도면은 변경하지 않고 Transformer 와 Inductor 설계 MDM 을 변경하는 경우가 많습니다. 따라서 각 새 설계에 대한 새 도식을 MDM 에 저장하는 것은 비효율적입니다. 나중에 사용할 수 있도록 MDM 설계를 저장하는 더 좋은 방법이 있습니다.

모든 대화 상자를 닫으려면 Cancel 를 두 번 클릭합니다.

4.3.2 Save an MDM Design to a File

SIMPLIS Geometry Design File 를 디스크에 확장명이 .gmd 인 실제 파일에 저장할 수 있습니다. 이를 위해,

❶ TX1 기호를 두 번 클릭합니다.
❷ Edit with SIMPLIS MDM... 버튼을 클릭합니다.
❸ MDM 기본 창에서 메뉴 모음에서 File 〉 Save geometry:를 선택합니다.

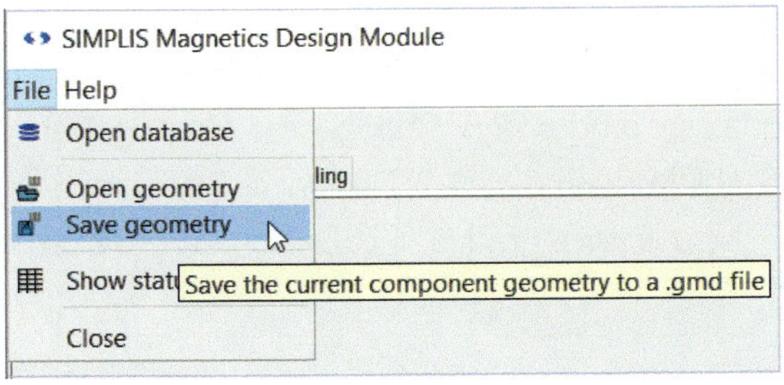

❹ 또는 작업 표시줄의 두 번째 단추를 클릭합니다.

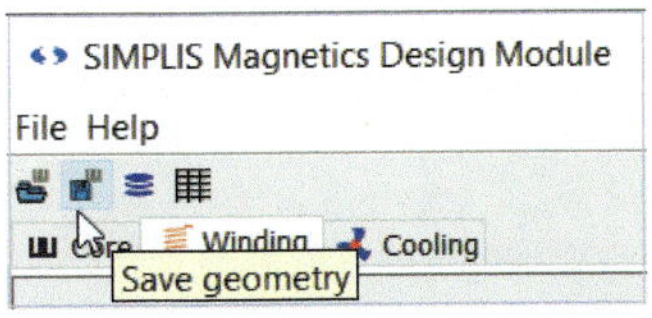

❺ Save Geometry(형상 저장) 대화 상자가 표시됩니다.

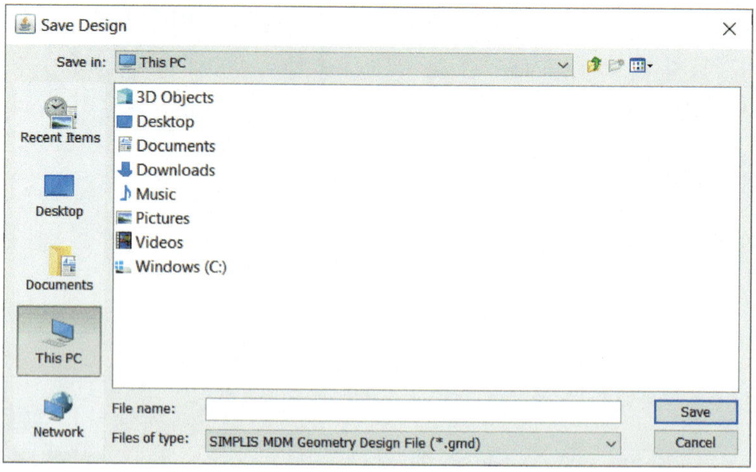

❻ 이전에 이 자습서의 회로 도면 파일을 저장한 폴더로 이동합니다.

❼ my_trans_design.gmd 를 File name 에 입력하고 저장을 클릭합니다.

참고: 본 자습서에서 이전에 작성한 모든 설계는 처음 제공된 압축 파일에 있습니다

- 2.3_inductorE30.gmd à 2.3 Design an Inductor Using MDM
- 2.4_inductorRM4.gmd à 2.4 Refine the Inductor Design Using MDM
- 2.5_inductorRM4_heatsink.gmd à 2.5 Change the Cooling Parameters in MDM
- 4.2_transformerE55_solidwire.gmd à 4.2 Design a Transformer in SIMPLIS MDM
- 4.2_transformerE55_tape_litzwire.gmd à 4.2 Design a Transformer in SIMPLIS MDM

4.3.3 Load an MDM Design from a File

이제 다음 파일에서 이미 준비된 새로운 transformer 설계를 불러 옵니다.

❶ MDM 메인 윈도우의 메뉴 모음에서 File 〉 Open geometry 를 선택합니다.

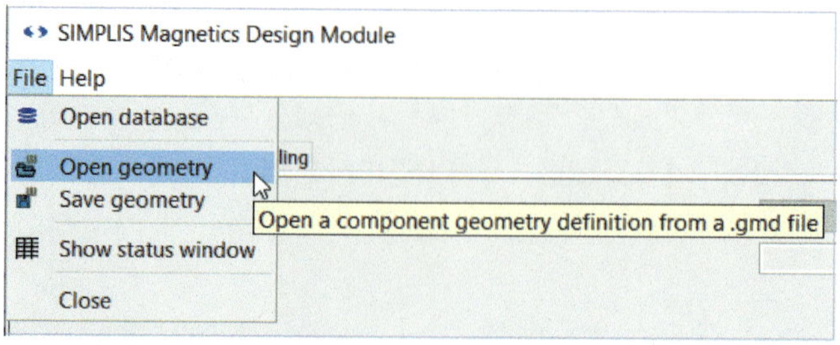

❷ 또는 작업 표시줄의 첫 번째 단추를 클릭합니다.

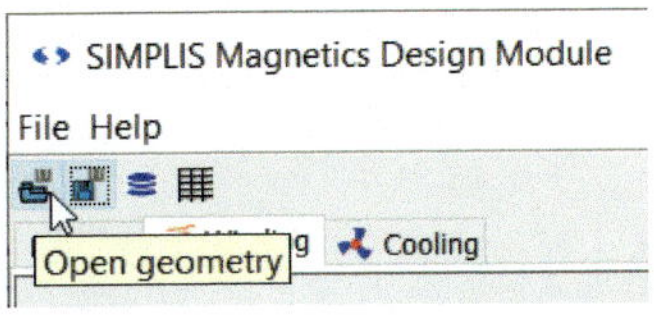

❸ Open Design 대화 상자가 나타납니다. 이 File 은 처음 제공된 zip 압축 File 을 추출한 폴더로 이동하여 4.3_transformerP70.gmd:

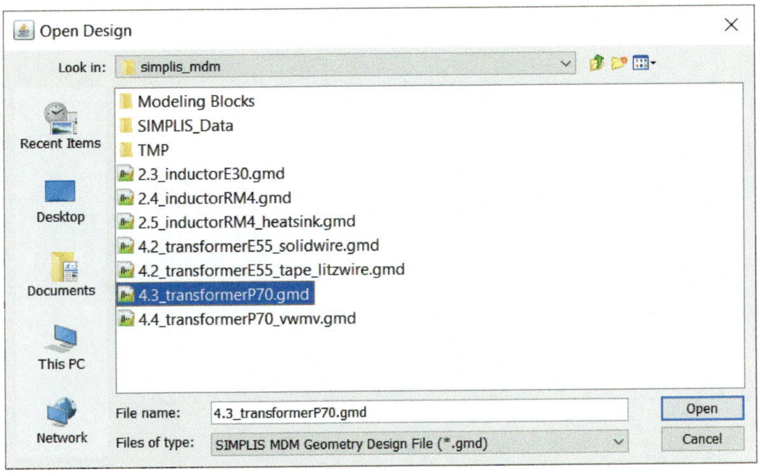

이제 새 설계가 MDM main window 에 Load 됩니다.

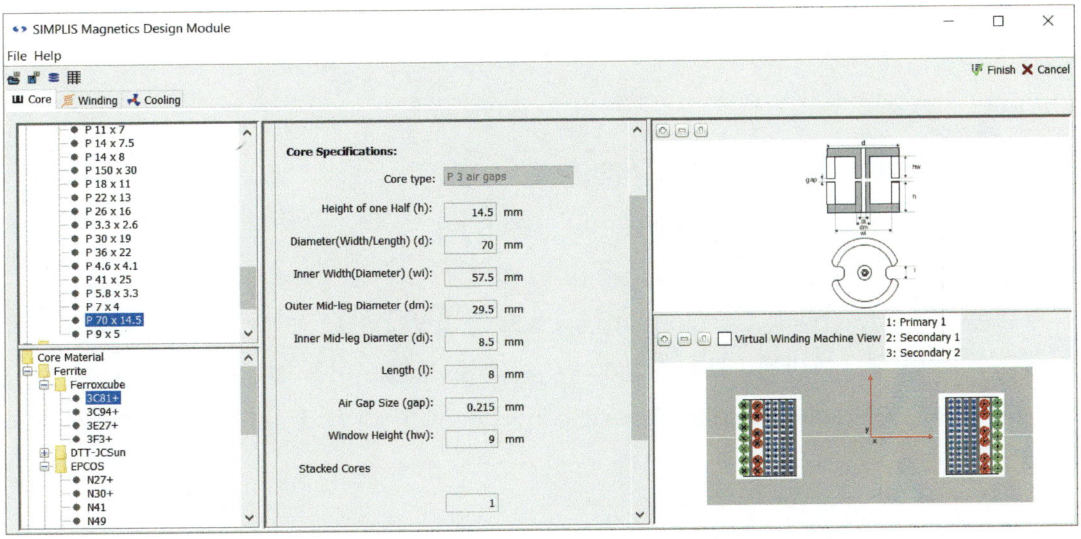

이 설계에서는 Ferroxcube 3C81+ 그리고 다른 코어를 함께 사용합니다. three-gap pot core, P 70 x 14.5 가 사용되며, 여기서 각 Core leg 의 Air gap 은 0.215mm 로 설정됩니다. 상태창을 보면 이 Transformer 의 자화 인덕턴스가 6.6073mH 임을 알 수 있습니다.

이제 Winding 탭으로 전환합니다.

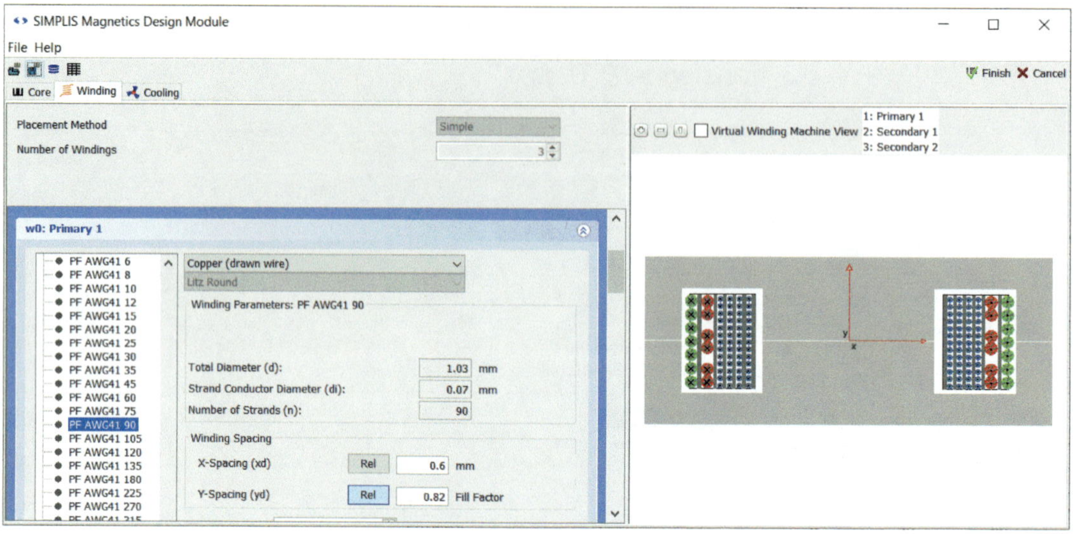

이 디자인의 모든 Winding 과 Layers 는 0.6mm 테이프로 분리되어 있습니다. 모든 회전은 보빈을 따라 고르게 펼쳐집니다. 모든 권선은 litz wire 를 사용합니다. Primary 1 는 single-filar PF AWG41 90 을 사용하고, Secondary 1 는 double-filar PF AWG41 405 와이어를 사용, Secondary 2 는 single-filar PF AWG41 405 와이어를 사용합니다.

4.3.4 Simulate the Loaded Design

Load 된 설계를 도식에 저장하려면 Finish 클릭합니다.

회로 도면을 4_myflyback_transformer3.sxch 으로 저장합니다. MDM 후 처리를 위해 설정된 이 하위 섹션에서 개발된 Inductor 설계의 전체 회로 도면은 처음 제공된 zip 압축 파일에서 4.2_SIMPLIS_MDM_selfoscillating_flyback_converter_with_loaded_transformer_design.sxsch 로 사용할 수 있습니다.

F9 를 눌러 시뮬레이션을 실행합니다. 새로운 MDM Results Window 가 나타납니다. 그러나 Waveform Viewer 를 보면 이제는 서로 다른 변압기 설계로 인해 전환 주파수가 29.83kHz 로 증가했음을 알 수 있습니다.

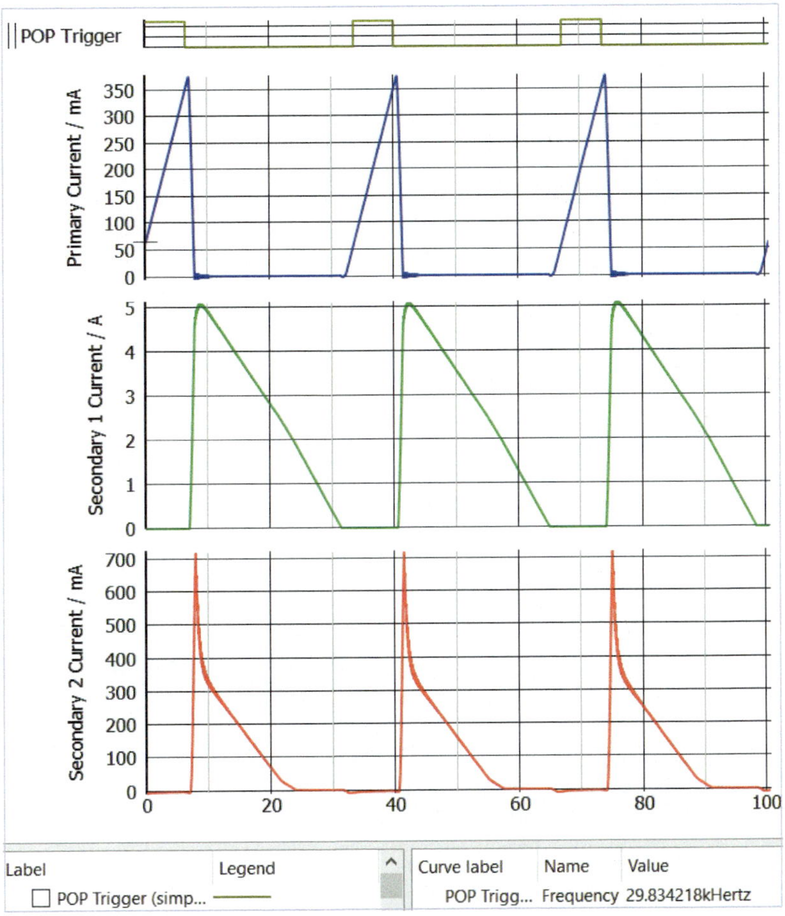

따라서 유효한 결과를 얻으려면 MDM 후 처리의 기본 주파수를 조정해야 합니다.

❶ 방금 나타난 MDM 결과 창을 닫습니다. 결과는 잘못된 기본 주파수를 사용하여 계산되므로 폐기해야 합니다.

❷ TX1 기호를 두 번 클릭합니다.

❸ Fundamental frequency 에 29.83k 를 입력합니다.

❹ OK 을 클릭합니다.

❺ 회로 도면을 저장합니다.

❻ F9를 눌러 Simulation을 다시 실행합니다.

결과: 올바른 손실 계산이 포함된 새 결과 창이 나타납니다.

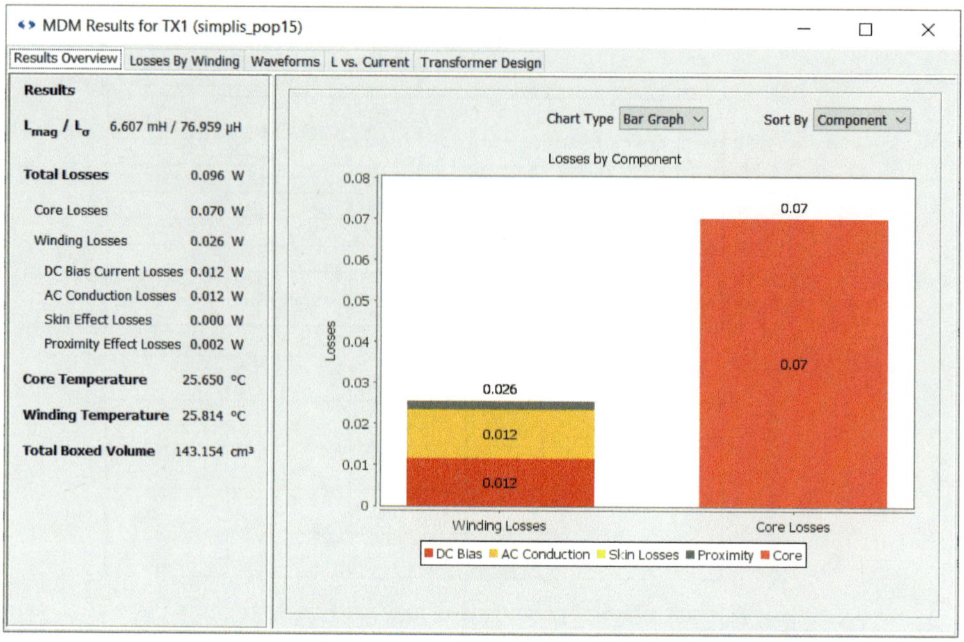

이전 섹션의 세련된 설계와 비교하면 코어 손실이 70mW로 10배 이상 상당히 감소했습니다. 그러나 이 코어는 이전에 사용된 E55 코어보다 훨씬 커서 이전 섹션의 디자인보다 두 배 이상 많은 143.154cm^{3}의 박스 용적을 제공합니다. 이는 낮은 코어 손실에 대한 설명의 일부입니다. 코어가 클수록 동일한 권선 전류에 대한 피크 플럭스 밀도가 상당히 낮아집니다. 나머지 차이점은 3C81+ 재료가 이전에 사용된 N27+ 재료보다 이 작동 지점에서 코어 손실이 낮다는 사실로 설명됩니다.

Litz 와이어의 사용으로 인해 근접 손실이 2mW로 낮아져 이전 설계에 비해 절반 수준으로 줄었지만, 총 권선 손실은 실제로는 26mW로 상당히 높습니다. 코어가 클수록 동일한 회전 횟수 동안 더 긴 와이어가 필요하므로 전도 손실이 더 커집니다. 그러나 코어 손실이 적기 때문에 총 변압기 손실은 96mW에 불과하며, 이는 이전 섹션의 개선된 설계에 비해 거의 90% 감소한 수치입니다.

반면에 누설 인덕턴스는 76.959μH로 상당히 높습니다. 이 설계를 사용하면 손실 감소와 부피 증가 및 누출을 상쇄할 수 있습니다.

이제 MDM 을 사용하여 Transformer 를 설계하고, 후처리 결과를 분석하고, 설계를 세분화하고 변경하는 방법을 배웠습니다. 이 튜토리얼의 다음이자 마지막 섹션에서는 MDM 이 변압기를 감는 방법을 이해하는 데 어떻게 도움이 되는지 알아봅니다.

4.4 Virtual Winding Machine View

이 튜토리얼 섹션에서는 실생활에서 변압기를 구축하는 데 도움이 되도록 와인딩이 보빈에 어떻게 감겨져야 하는지 시각적으로 표현한 MDM 의 Virtual Winding Machine View 을 소개합니다.

다음의 순서로 진행합니다.

- Key Concepts
- What You Will Learn
- 4.4.1 Showing the Virtual Winding Machine View
- 4.4.2 Bobbin Pins
- 4.4.3 Adding Tape between Windings
- 4.4.4 Viewing the Virtual Winding Machine View in the Results Window

Key Concepts

이 항목에서는 다음과 같은 주요 개념을 다룹니다.

- MDM 은 transformer 권선 다이어그램을 그려 권선을 시작할 보빈 핀, 보빈을 따라 및 주변에 분배하는 방법, 마무리할 보빈 핀을 보여줄 수 있습니다.

What You Will Learn

이 항목에서는 다음에 대해 배웁니다.

- MDM Virtual Winding Machine View 를 사용하여 Winding 다이어그램을 추가하는 방법.
- 권선의 각 층 사이에 테이프를 추가하지 않고 권선 사이에 테이프를 추가하는 방법.

4.4.1 Showing the Virtual Winding Machine View

모든 MDM Results Windows과 MDM Status Window을 닫습니다.

TX1을 두 번 클릭하고 Edit with SIMPLIS MDM...를 클릭하여 메인 MDM 창을 연 다음 Winding 탭으로 이동합니다.

오른쪽의 transformer 시각화 위에 오른쪽에 Virtual Winding Machine View라는 레이블이 지정된 확인란이 표시되고 그 옆에 변압기 권선 목록이 표시됩니다. Virtual Winding Machine View(가상 권선 시스템 보기)를 사용하도록 설정하려면 이 상자를 Check.

결과: 이제 transformer 시각화는 다음과 같습니다.

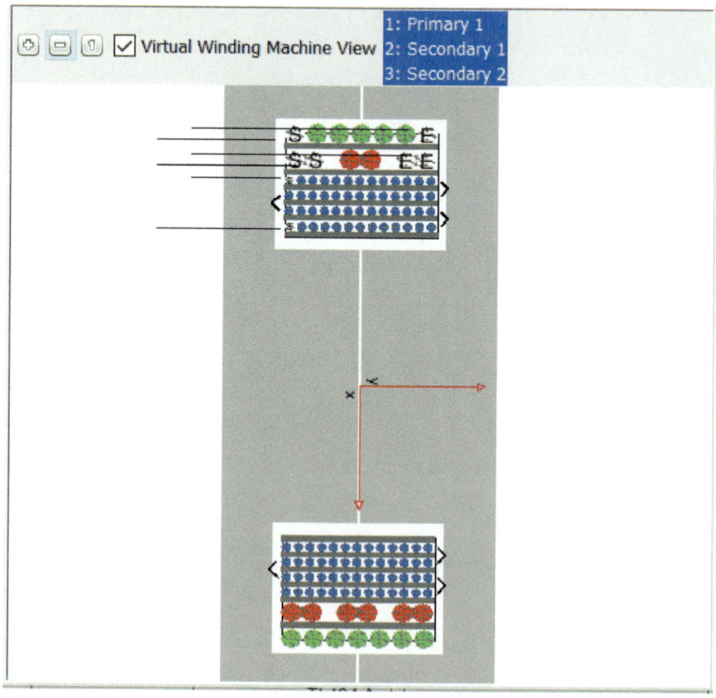

Transformer의 시각화는 여러 가지 방식으로 변경되었습니다. 먼저, 90도 회전했습니다. 왜냐하면 이것이 일반적으로 실제 와인딩 기계에서 보빈을 볼 수 있는 방식이기 때문입니다. 모든 권선에 대해 가상 권선 보기가 기본적으로 표시되므로 Virtual Winding Machine View 확인란 옆의 필드에서 모든 권선 이름이 선택되어 있음을 확인할 수 있으므로 오버레이가 많이 추가되었습니다. 기본 권선에 대한 가상 권선 시스템 보기만 표시하려면 1: Primary 1을 클릭하여 선택된 상태로 유지합니다.

가상 권선 시스템 보기에 표시되는 내용을 더 잘 보려면 코어의 위쪽으로 확대합니다.

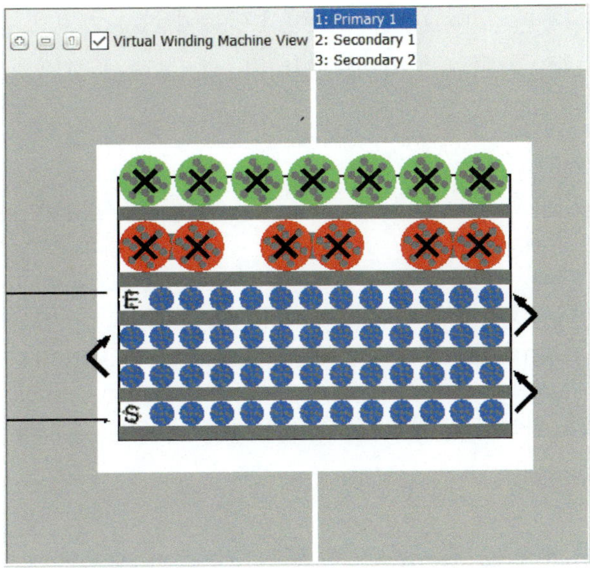

두 바퀴에 S와 E가 표시되어 있는 것을 볼 수 있습니다. 이것은 “S”는 Start 그리고 “E”는 end가 각각 전선을 감는 시작점과 끝점입니다. 층 사이의 화살표는 권선 방향을 나타냅니다. S에서 시작하여 와이어가 보빈을 왼쪽에서 오른쪽으로 감기고 끝에 도달하면 다음 층이 즉시 시작되어 오른쪽에서 왼쪽으로 감깁니다.

화살표는 S를 가리키고 E에서 떨어져 있지만 화살표 끝에는 아무것도 없습니다. 보빈 핀 번호(라벨)가 있어야 합니다.

4.4.2 Bobbin Pins

왼쪽의 각 권선에 대한 하위 패널에 Bobbin Pins라는 섹션이 표시됩니다.

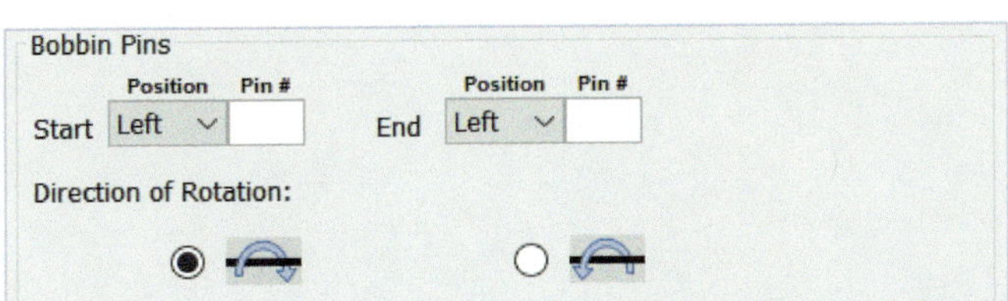

정의할 핀은 Start 와 End 두 개로, 각각 S 와 E 로 표시된 턴의 배치를 정의합니다. Position(위치) 드롭다운 메뉴에서 옵션을 변경하여 시작 핀이 코어의 Left 또는 Right 에 있는지 여부를 선택할 수 있습니다. 이것은 어떤 보빈들은 코어의 양쪽에 핀을 가지고 있는 반면, 어떤 보빈들은 코어의 한쪽에만 핀을 가지고 있기 때문입니다. Pin #에서 보빈 핀 번호 또는 레이블을 입력합니다.

이 아래에는 이 권선을 감을 때 보빈의 Direction of Rotation(회전 방향)을 결정하는 라디오 버튼이 있습니다.

아이콘은 각 경우에 보빈이 축을 중심으로 회전하는 방식을 보여줍니다. 의 경우 아래쪽 감기 창이 화면 밖으로 회전하고 위쪽 감기 창이 화면 안으로 회전하는 것과 반대로  회전하는 것을 나타냅니다.

각 권선에 대한 보빈 핀을 정의하려면,

- Primary 1 의 설정은 Bobbin Pins 아래에 Start 위치를 Left 쪽으로 설정하고 Pin #에 1 을 입력합니다. End 의 경우 Position 을 Left 로 설정하고 Pin #에 2 를 입력합니다. Direction of Rotation (회전 방향)은 변경되지 않습니다.

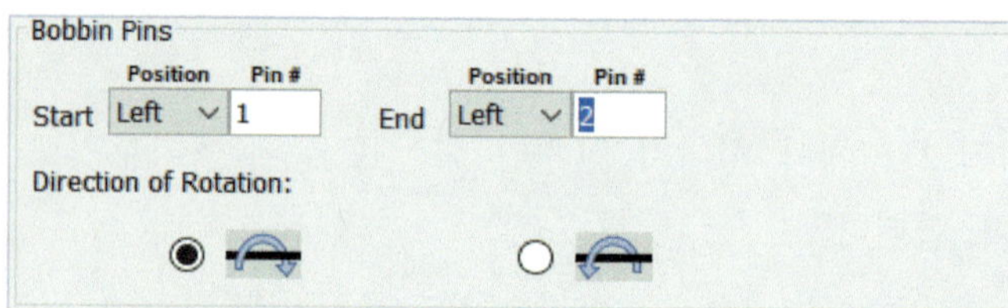

- 핀 번호를 볼 수 있도록 시각화를 축소 및 이동합니다.

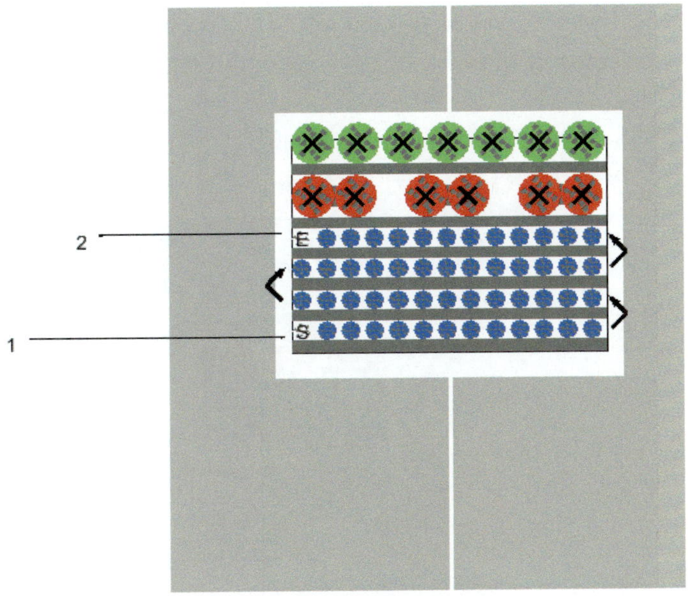

- Secondary 1 의 설정은 Bobbin Pins 아래에 Start 위치를 Left 쪽으로 설정하고 Pin #에 3 을 입력합니다. End 의 경우 Position 을 Right 로 설정하고 Pin #에 4 를 입력합니다. 또한 Direction of Rotation(회전 방향)을 아이콘으로 변경합니다.

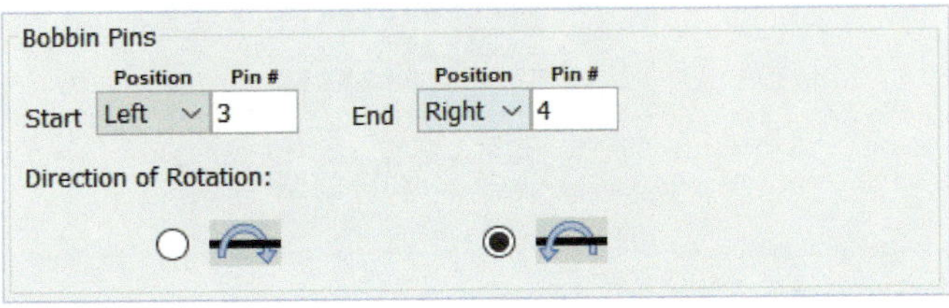

- Secondary 2 의 설정은 Bobbin Pins 아래에 Start 위치를 Left 쪽으로 설정하고 Pin #에 5 을 입력합니다. End 의 경우 Position 을 Right 로 설정하고 Pin #에 7 를 입력합니다. Direction of Rotation(회전 방향)은 변경되지 않습니다.

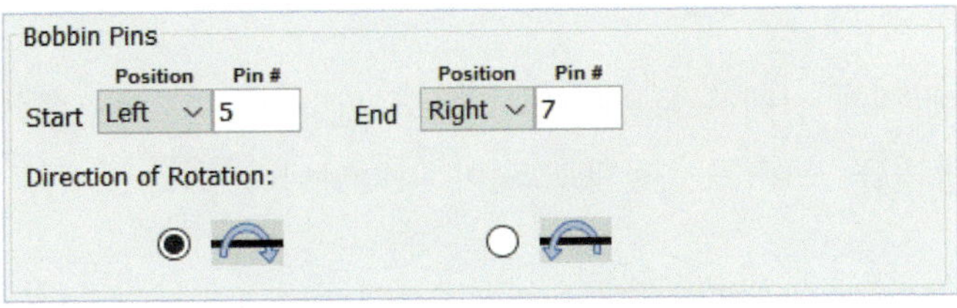

- 세 개의 권선 모두에 대한 Virtual Winding Machine View 을 한 번에 표시하려면 **Ctrl** 키를 누른 상태에서 **Manufacturing View** 확인란 옆에 있는 상자에서 **2: Secondary 1** 및 **3: Secondary 2** 를 클릭합니다.

결과: 확대하면 시각화가 다음과 같이 표시됩니다.

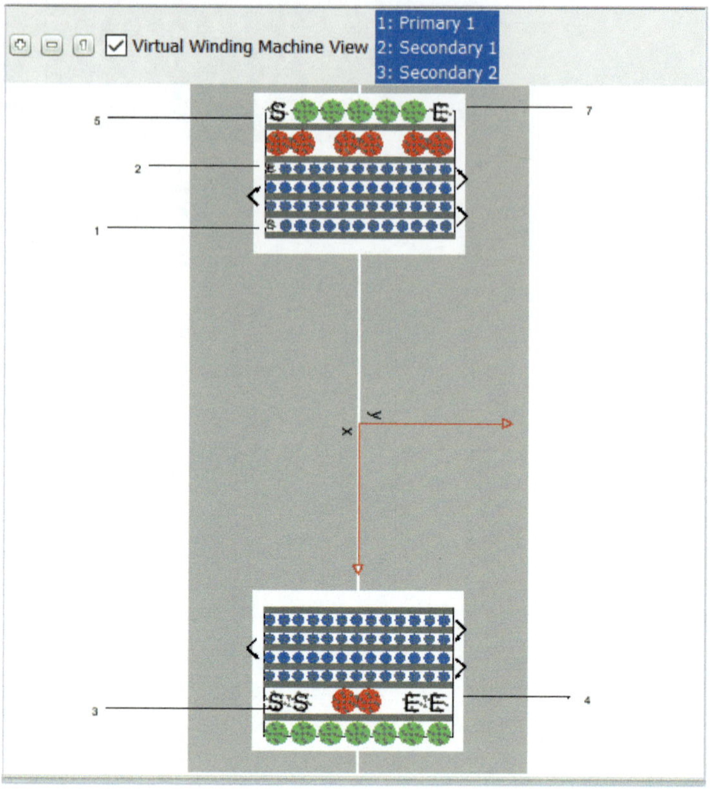

이제 각 권선이 핀과 보빈을 따라 어떻게 시작되고 끝나고 어떻게 감는지 확인할 수 있습니다. Secondary 2 의 Direction of Rotation 를 변경하면 시작 및 종료 회전이 하단 권선 창에 표시되는 것을 볼 수 있습니다. 와이어가 보빈의 어느 쪽으로 감기기 시작하고 끝나는지에 따라 회전 방향이 달라집니다.

이 Transformer 에 대해 선택한 보빈의 핀 번호와 핀 위치를 올바르게 입력했다고 가정하면 와이어를 감는 방법을 보여주는 전체 그림이 나타납니다.

다양한 보빈 핀 매개변수를 사용하여 시각화가 어떻게 변하는지 자유롭게 실험해 보십시오.

4.4.3 Adding Tape between Windings

지금까지 이 자습서에서는 X-Spacing 매개변수를 변경하여 테이프를 추가했습니다. 이 예제에서는 Primary 1 에 와인딩의 각 레이어 사이에 테이프가 추가됩니다. 또한 서로 다른 권선 사이에만 테이프를 추가할 수 있으며, 동일한 권선의 레이어 사이에는 테이프를 배치하지 않고 간격을 두지 않습니다(그리고 확장 시에는 레이어 사이와 권선 사이의 두 공간을 독립적으로 설정하십시오).

이 작업은 Bobbin Pins 하위 패널 바로 위에 있는 Tape 하위 패널을 통해 수행됩니다.

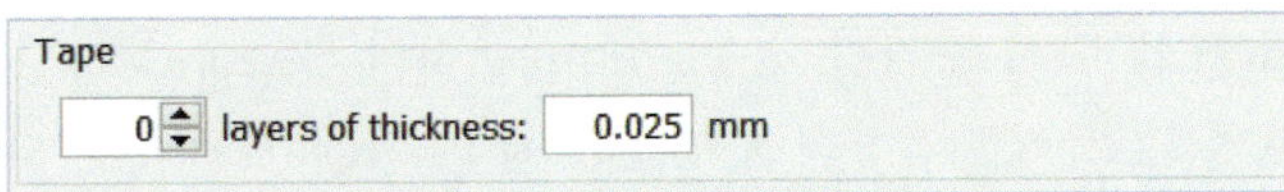

Primary 1 과 Secondary 1 사이에 테이프를 추가하는 방법:

❶ Primary 1 의 X-Spacing 을 0 으로 설정합니다. 이제 Primary 1 과 보빈 사이 및 Primary 1 의 서로 다른 계층 사이에 더 이상 테이프가 없습니다.

❷ Secondary 1 의 X-Spacing 도 0 으로 설정합니다. 이전에는 Primary 1 과 Secondary 1 사이에서 볼 수 있었던 테이프도 사라졌습니다. Secondary 1 은 단층 권선이므로, 층 사이에 제거할 테이프가 없습니다.

❸ Primary 1 의 Tape 하위 패널에서 spinner 를 사용하여 테이프를 5 Layer(5 겹)로 설정하고 tape thickness(테이프 두께)를 0.3 으로 설정합니다.

결과: 테이프 하위 패널과 확대하면 시각화가 다음과 같이 표시됩니다.

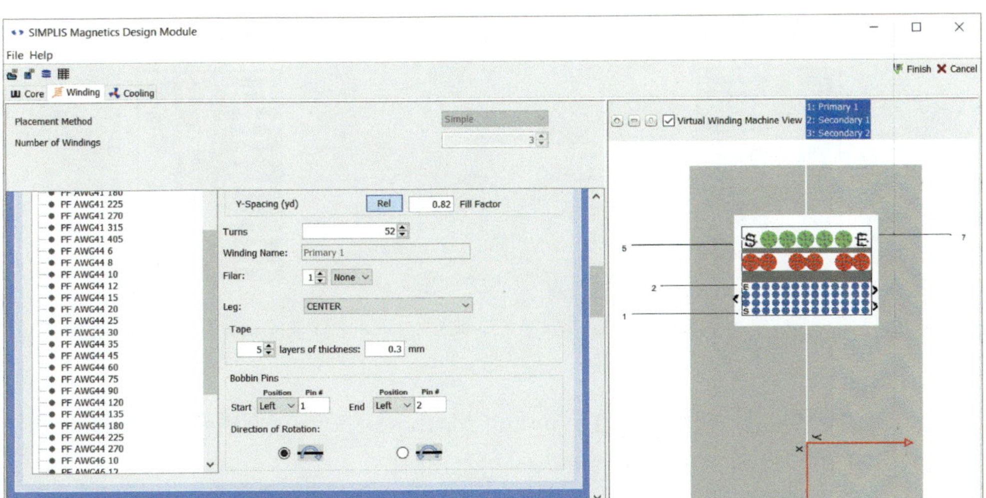

이제 Primary 1 과 Secondary 1 사이에 총 1.5mm 두께의 테이프가 있으며 Primary 1 의 레이어 사이에는 테이프가 없습니다.

X-Spacing 매개변수는 한 권선의 레이어 사이에 공간(또는 테이프)을 추가할 뿐만 아니라 해당 권선 앞에도 추가합니다(보빈 주위의 첫 번째 권선인 경우 보빈과 해당 권선 사이, 그리고 후속 권선의 경우 해당 권선과 이전 권선 사이).

반면에 Tape 매개변수는 와인딩 후 공간(즉, 테이프)을 추가합니다. 이는 권선의 X-Spacing 매개변수에 관계없이 다음 권선의 배치(존재하는 경우)를 상쇄합니다. 예를 들어 Secondary 1 를 위해 X-Spacing 을 다시 추가할 경우 Primary 1 와 Secondary 1 사이의 총 공간은 Primary 1 의 Tape 와 Secondary 1 의 X-Spacing 의 합계가 됩니다. Secondary 2 에 테이프를 추가할 수도 있습니다. 그러면 후속 권선이 없는 경우에도 테이프가 표시됩니다.

Layer 사이에 테이프를 추가하지 않고 보빈과 첫 번째 다층 권선 사이에만 테이프를 추가하는 효과를 Simulation 하려면 이 테이프의 두께를 Bobbin Width (wb)에 추가하기만 하면 됩니다. 이러한 모든 다른 매개변수의 사용을 결합하여 각 권선 및 Layer 의 위치를 정밀하게 제어할 수 있습니다.

이제 Virtual Winding Machine View 를 Check 해제하고 수정된 Transformer 설계를 다시 한 번 살펴보십시오.

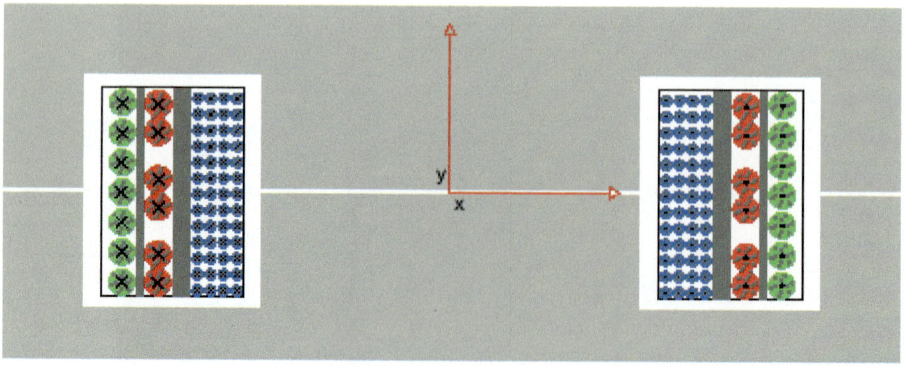

Finish 을 클릭합니다. 입력한 Virtual Winding Machine View 매개변수가 저장되었으며, 이 Transformer 설계를 다시 열 때 사용할 수 있습니다.

4.4.4 Viewing the Virtual Winding Machine View in the Results Window

MDM 후 처리가 실행된 후 Results 창에서 Virtual Winding Machine View 에 액세스할 수도 있습니다.

❶ F9 를 눌러 시뮬레이션을 실행합니다.
❷ Results Window 에서 Losses by Winding 탭으로 이동합니다.
❸ Virtual Winding Machine View 확인란에 Check 합니다.
결과: 이전에 입력한 보빈 핀 정보가 이제 표시됩니다.

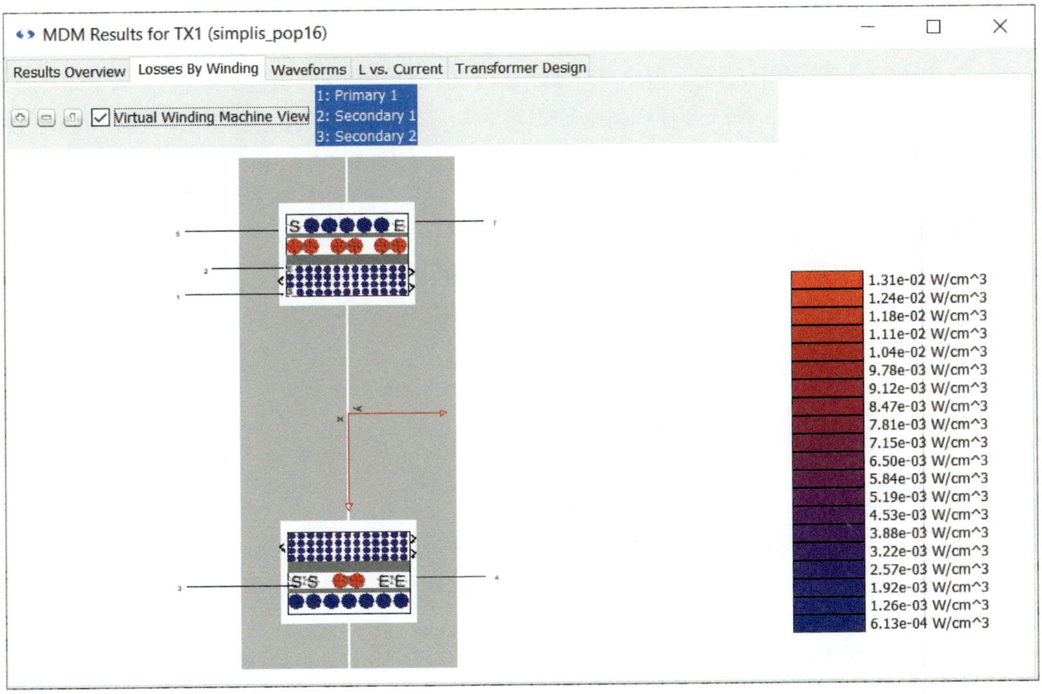

Conclusions

이 튜토리얼에서는 SIMPLIS MDM 을 사용하여 inductor 와 transformer 를 설계하고, 설계에 따라 생성된 결과 모델을 시뮬레이션하고, MDM 에서 후처리를 수행하여 자세한 권선 및 코어 손실 결과를 얻는 방법에 대해 배웠습니다. 또한 이러한 결과를 분석하여 당면한 애플리케이션에 대한 설계를 개선하는 방법을 알아가기 시작했습니다.

The SIMPLIS Magnetics Design Module

- SIMPLIS MDM은 SIMPLIS의 추가 기능으로 inductor 및 transformer의 물리적 모델을 만들 수 있습니다.
- 코어, 보빈 및 와이어와 같은 표준 부품을 사용하여 inductor 및 transformer의 물리적 모델을 구축합니다. MDM의 데이터베이스(MagDB)에 이미 있는 부품을 사용하거나 사용 가능한 코어 및 와이어 모양을 기반으로 사용자가 직접 정의할 수 있습니다.
- 회로도면에 사용할 전기 모델은 MDM에서 생성한 실제 모델에서 추출됩니다.
- MDM 내부에서 생성한 여러 설계를 .gmd 파일에 저장하여 다른 회로도면에서 재사용하거나 여러 설계를 동일한 회로도면에 Load할 수 있습니다.
- MDM 물리적 모델에서 추출한 전기 모델에는 저항 손실이 일부 포함되어 있지만, 전력 프로브를 배치하는 것만으로 inductor 및 transformer 내부에서 실제로 발생하는 모든 손실이 제공되는 것은 아닙니다. 이러한 정보를 얻으려면 MDM 후 처리를 수행해야 합니다.
- 유효한 MDM 후 처리 결과를 얻으려면 inductor 및 transformer 파형의 기본 주파수와 모양을 올바르게 식별해야 합니다. 그런 다음 MDM 후 처리 결과를 통해 총 손실을 코어 및 다른 유형의 권선 손실, 각 권선 회전별 권선 손실, inductor 및 transformer의 상세 파형(플럭스 밀도 포함), inductor 및 transformer 박스 볼륨, 코어 및 권선 온도, 전류의 함수로서 인덕턴스 또는 자화 인덕턴스를 사용합니다.
- 이러한 상세한 후처리 결과를 통해 설계를 개선하는 방법, 즉 크기를 줄이는 방법 또는 손실을 줄이는 방법, 포화 상태를 방지하는 방법, 온도 상승을 줄이는 방법 등에 대한 중요한 통찰력을 얻을 수 있습니다.

Inductor Model

- MDM은 Multi-Level Lossy PWL Inductor에 새로운 Level 2 모델을 도입했습니다.
- Level 2 모델은 Level 1 모델과 전기적으로 동일하지만 사용자가 입력하지 않고 물리적 MDM 모델에서 추출됩니다.
- Level 0 및 1 모델은 MDM에서 생성한 Level 2 모델에서 추출할 수 있습니다.

Transformer Model

- MDM과 함께 새로운 기호인 Multi-Level Lossy Transformer가 도입되었습니다.
- Level 0-2의 Multi-Level Lossy Transformer는 MDM이 필요하지 않으며 사용자가 입력할 수 있습니다.
- Level 3의 Multi-Level Lossy Transformer는 MDM 물리적 모델에서 생성된 저항 회로입니다. 생성하려면 MDM이 필요하며 MDM 후 처리에 사용해야 합니다.
- Level 0-2는 MDM에서 생성한 Level 3 모델에서 추출할 수 있습니다.
- 선택한 모델 수준에 따라 회로에서 Transformer가 작동하는 방식에 상당한 차이가 있을 수 있습니다.

Electrical and Magnetic Co-Simulation and Co-Design

이 튜토리얼을 진행하는 동안 수행한 작업은 전기적 및 자기적 Co-Simulation(공동 연계 시뮬레이션)을 수행하는 것입니다. 개략도는 SIMPLIS 에서 전기적으로 시뮬레이션 되었고 Inductor 또는 Transformer 는 MDM 에서 자기적으로 시뮬레이션 되었습니다.

본 자습서에서는 MDM 내부의 물리적 모델 구축에만 초점을 맞추고 도식 자체를 수정하지는 않았지만, 이러한 유형의 Co-Simulation (공동 연계 시뮬레이션)을 통해 컨버터의 전기 및 자기 Co-design(공동 연계 설계)를 수행할 수 있습니다. 컨버터의 전기적 요구 사항은 필요한 자기 구성 요소를 결정하고, 자기 구성 요소는 회로의 전기적 동작의 많은 부분을 결정합니다. SIMPLIS MDM 을 사용하면 회로와 Magnetics(자기 특성 모델)을 동시에 설계할 수 있으며, 동시에 최적화할 수 있습니다.

Final Remarks

이 책을 끝까지 읽어 주셔서 감사합니다. 이 책은 현재 기존의 모든 SIMPLIS Tutorial 을 바탕으로 기본적인 설명서로 구성되어 있습니다. 가까운 미래에 이 책의 섹션이 확장되고 추가 정보와 결합되어 보다 포괄적인 사용 설명서를 제공할 예정입니다. 이 책을 바탕으로 Simulation 을 사용하는 동안 문제가 발생하거나 질문이 있는 경우 또는 SIMPLIS 평가 요청은 sales@igtech.co.kr 으로 문의하십시오.

SIMetrix / SIMPLIS

전력전자회로해석

2025년 2월 20일 2판 2쇄 발행

저자 심재원, 박소민, 차헌녕, 김래영, 이택기, 김종수
발행인 송광헌
편집 한승희

펴낸곳 도서출판 복두(더)
출판등록 | 1993년 11월 22일 제10-902호
주소 | 서울 영등포구 경인로82길 3-4 807호(문래동, 센터플러스)
전화번호 | 02-2164-2580 팩스 | 02-2164-2584
이메일 | info@bogdoo.co.kr
홈페이지 | www.bogdoo.co.kr

ISBN 979-11-6675-545-3 93560

값 33,000원